TRAITÉ
THÉORIQUE ET PRATIQUE
DE LA FABRICATION
DE LA BIÈRE

IMPRIMERIE D'E. DUVERGER,
Rue de Verneuil, n° 4.

TRAITÉ

THÉORIQUE ET PRATIQUE

DE LA FABRICATION

DE LA BIÈRE

PAR F. ROHART,

CHIMISTE MANUFACTURIER, ANCIEN BRASSEUR.

TOME PREMIER

PARIS

LIBRAIRIE AGRICOLE DE LA MAISON RUSTIQUE

RUE JACOB, 26

Et chez tous les Libraires de la France et de l'Étranger.

1848

A MON COMPATRIOTE

M. Ad. DAVID

Deus et veritas.

A vous, dont le cœur est si plein de sympathies pour tous ceux qui souffrent, à vous l'hommage de ce livre.

A vous, zélateur du travail, cette oblation pieuse qui vous était acquise le jour où vous m'avez aimé pour la première fois. Puisse le souvenir qui s'y rattache vous être aussi cher que le fut à mon âme la chaleur vivifiante de vos paroles et l'enseignement salutaire de vos généreuses leçons.

Puisse cette consécration, la plus sainte de toutes celles que je pourrai jamais faire de ma vie peut-être, vivre éternellement dans votre pensée, comme un profond témoignage d'admiration, de respect, de dévouement et de reconnaissance.

F. Rohart.

Paris, 16 août 1847.

INTRODUCTION.

> « Il est très peu de professions mécaniques ou d'états ouvriers que l'on ne puisse baser sur des règles fondamentales qui s'appliqueraient utilement à tous les cas ; mais quant à l'art du brasseur, il est tellement au-dessus des capacités routinières, qu'il ne faut s'attendre à aucune amélioration sensible que quand les sciences, perfectionnées, se seront humanisées et rendues vulgaires, pour lui communiquer leur salutaire influence. »
>
> JUSTI, *Mémoire sur l'Économie domestique.*

L'idée de cette publication ne me serait jamais venue à la pensée, si dans ma conviction il eût existé un travail vraiment complet, ou seulement spécial au fond, et traitant la question de la brasserie sous son véritable point de vue.

J'ai cru voir une lacune immense, j'ai essayé de la combler. Si je n'ai pu faire une œuvre scientifique, j'aurai au moins présenté un travail consciencieux.

Je n'ai pas la prétention d'élever un monument impérissable, mais seulement une chose utile, sinon à tous, du moins à quelques-uns.

Offrir à chacun ma part de butin, apporter à tous ma part de travail, voilà mon but ; *utile si je puis*, voilà ma devise. Puisse le fait être à la hauteur de l'intention, et je serai mille fois heureux.

Ce que j'offre au lecteur, c'est le fruit de mes nombreuses veilles, c'est le résultat de tous mes loisirs pendant cinq années d'un travail opiniâtre et après une période double d'études sérieuses, car ce que j'ai appris, je le dois moins aux hommes qu'au temps et à l'expérience.

La brasserie est une des industries qui offrent le plus de ressources à l'exploration de l'intelligence ; il y en a peu où les observations se présentent sous des variétés de formes plus distinctes, qui se multiplient et se subdivisent en autant de phénomènes remarquables, en théories aussi riches, en applications aussi positives, en transformations aussi pleines d'intérêt pour l'homme appelé à expliquer chacune des réactions qui s'opèrent sous ses yeux. En un mot, c'est tout un système de chimie organique vivant dans une usine.

En effet, les plus belles transformations de la chimie organique s'y produisent tous les jours, car tous les jours s'opère la conversion de l'amidon des céréales en sucre dans l'acte de la germination, et par le contact de la diastase dans les infusions. Plus tard, le gluten et l'albumine végétale se séparent et s'isolent par l'action du feu pendant la cuisson de la bière, et plus tard encore le ferment opère la conversion du sucre en gaz acide carbonique et en alcool, que le temps convertit en acide acétique sous les influences de l'air, et que la science peut transformer en éthers, propres à être convertis eux-mêmes en carbone et en eau, en oxygène et en hydrogène, etc., etc.

Et cette admirable reproduction du ferment pendant

la transformation du sucre en alcool, l'action de ce même agent sur toutes les matières sucrées, ses caractères si différents, ses propriétés si diverses, son histoire, son étude et sa composition, n'y a-t-il pas dans tous ces beaux phénomènes un véhicule suffisamment attractif pour une imagination avide d'instruction et dominée surtout par la noble pensée de jeter quelque lumière sur une question enveloppée jusqu'ici de profondes ténèbres?

C'est donc en vue d'accomplir un devoir comme homme, d'acquitter une dette comme citoyen, et parce que j'ai senti en moi une conviction profonde, que je me suis imposé une tâche dont je ne me suis dissimulé ni l'importance ni l'étendue, et que j'ai cru au moins utile à la cause de la vérité.

Si la brasserie est riche de faits intéressants et nouveaux au point de vue de la science et de l'application, c'est en outre une industrie considérable au point de vue des intérêts privés qui y sont engagés, et des intérêts généraux qui s'y rattachent *directement* par l'hygiène et la salubrité publique; aussi la question doit-elle être traitée d'une manière complète, sans restriction et sans réserve.

Nous nous sommes borné à l'énonciation des faits généraux et particuliers que nous avons observés, des applications que nous avons pu faire.

Ce que nous avons à dire n'en sera pas moins positif pour être simplement exprimé, et l'autorité des chiffres et des faits suppléera au besoin à l'élégance de l'expression.

La brasserie tient une large place dans la production des substances alimentaires: il est temps enfin qu'une aussi riche et aussi belle industrie sorte des limbes où l'ont enfouie l'ignorance et la vanité des uns, la coupable apathie des autres.

Malgré le haut intérêt que présentent les faits qui se rattachent à l'exercice de cette profession, ces questions sont encore neuves aujourd'hui, et nous le prouverons en démontrant que pas un homme vraiment spécial n'en a fait jusqu'ici l'objet d'études sérieuses; malheureusement la brasserie n'est pas un art qu'on étudie, c'est un métier qu'on exploite; il n'en est pas qui soit demeuré aussi stationnaire dans ses applications, et si les jeunes hommes qui lui ont consacré leur vie tout entière, et aux mains desquels elle est livrée, ne sont pas assez forts pour la régénérer et s'affranchir des vieilles routines et des anomalies de toute espèce qu'elle renferme, elle échappera aux mains de ceux qui l'exercent aujourd'hui, pour retomber plus tard dans celles des exploiteurs et des monopoliseurs; car tel est le sort que l'avenir réserve à toutes les grandes industries qui tendent vers le monopole et l'exploitation exercés par quelques-uns au détriment de tous.

Pour l'industrie qui nous occupe, des applications d'un intérêt réel et immense, des découvertes précieuses, dont nous sommes redevables à la science, ont été signalées depuis tantôt un siècle: chose incroyable! les plus évidentes n'ont pas franchi le seuil du laboratoire qui les a vues naître; nous croyons les avoir examinées toutes, nous les avons étudiées, appliquées, la plupart sont exactes en tout point, et l'application n'en a été faite nulle part. Quelles en ont été les causes? L'ignorance et la routine.

S'il y a imprudence à accepter trop légèrement soit un système nouveau, soit une théorie nouvelle, il y a à nos yeux une culpabilité toujours équivoque à repousser l'un ou l'autre sans les avoir appréciés dans leurs plus intimes détails, et nous ajoutons que, dans ce cas, il n'y a qu'une incapacité notoire qui puisse expliquer l'étourderie des uns, l'indifférence des autres, dans laquelle se reconnaît malgré eux le sentiment de leur apathique insouciance.

Disons-le une fois seulement, mais disons-le de manière à ce qu'on s'en souvienne : si nous récriminons aussi haut, si nous sommes souvent obligé de le faire, c'est positivement parce que les indifférents sont trop nombreux, et que nous serons forcément obligé de les aiguillonner en passant afin de les réveiller un peu. Quand le prédicateur monte dans sa chaire, il est indispensable qu'il connaisse la physionomie de son auditoire, qu'il sache bien à quel public il s'adresse, comme il est non moins indispensable de lui en tenir compte au besoin.

La brasserie est une question épuisée, disent les plus téméraires ; épuisée quant aux effets, nous voulons bien ne pas le nier, mais nous maintenons que c'est une question neuve quant aux causes. C'est beaucoup, sans doute, que de connaître les effets produits, mais il est bien plus grave et surtout plus utile, à notre sens, de connaître les causes qui les ont déterminés.

La plupart de ceux qui ont décrit la fabrication de la bière dans les ouvrages de chimie industrielle ou élémentaire que nous connaissons, en sont restés aux généralités, à l'ensemble, sans examen ni contrôle. Cela se conçoit à peine pour les ouvrages destinés aux gens du monde, et nous en donnerons les raisons plus tard; mais nous ne comprenons pas que dans les publications éminemment scientifiques, on ne se soit pas donné la peine d'étudier la question; aussi, les uns ne sont-ils que des compilations ou des reproductions littérales des autres. On a *raconté* la fabrication de la bière avec une confiance telle qu'il semblerait en vérité que tout est au mieux dans la préparation de l'antique *cervoise;* aussi avons-nous trouvé beaucoup de *conteurs* et peu de savants.

Soit dit en passant, c'est un peu le défaut inhérent à la plupart des ouvrages concernant les arts chimiques, où, dans les questions industrielles de quelque importance, on s'est tout simplement contenté d'énoncer sur quels principes elles étaient fondées dans l'application, mais sans rechercher si elles sont vicieuses ou non, de façon que le public s'approprie les erreurs aussi bien que les procédés rationnels; et il y est bien obligé, puisqu'il n'y trouve ni opinions, ni observations, ni discussions fondées sur la comparaison. Une telle manière de procéder est vicieuse, on en conviendra, en ce sens qu'elle accrédite des erreurs sur lesquelles, à défaut de spécialité, les écrivains ont passé sans s'en apercevoir, et plus tard la tâche devient très difficile pour ceux qui viennent combattre ces mêmes erreurs, parce que déjà elles ont dans l'esprit des masses des racines profondes.

Aussi, combien n'en voyons-nous pas s'accréditer tous les jours; que de vieux et détestables préjugés sont encore debout! Aussi, les abus et tout leur bagage de succession se transmettent-ils de génération en génération, et comme héritages, pour attester de l'indifférence et de l'ignorance des masses, capables pourtant d'efforts prodigieux quand arrive la nécessité.

Dans d'autres ouvrages, mis soi-disant à la portée de tout le monde, on emploie *ex abrupto* et sans préambule des locutions ignorées ou peu connues, sans les expliquer; or, c'est là un défaut de plus, qui tend à autoriser les gens du monde à se servir d'expressions dont ils ne connaissent ni la signification, ni la valeur, ni l'application qui leur est propre et spéciale; d'autant plus qu'assez souvent chaque auteur fait abus de synonymie à sa manière.

C'est donc afin d'éviter cet écueil que, comme base fondamentale, nous avons dû entrer forcément dans des considérations scientifiques quelque peu élémentaires, dont nos lecteurs comprendront bien l'utilité à mesure que nous entrerons dans des vues d'un ordre plus élevé.

Voilà surtout le but vers lequel tendent tous nos efforts, où viennent converger toutes nos idées; et nous n'aurions fait que répéter ce qui a été dit par les quelques auteurs qui nous ont précédé sur ce terrain, si nous ne nous étions surtout attaché à rechercher les causes qui peuvent provoquer l'insuccès, celles enfin qui amènent si souvent avec elles de cruelles déceptions.

C'est qu'en effet il est impossible d'apporter un remède efficace à un mal que l'on ne connaît pas, et d'en déterminer la cause sans invoquer les lumières de la science, sans faire un appel constant à leur puissant concours. Les citations ne nous manqueront malheureusement pas.

Voilà ce que nous avons fait, et praticien dévoué à la cause du travail que nous embrassions, nous avons d'abord marché sans tenir compte des données scientifiques ; mais plus tard, guidé dans l'observation des faits par les observations de la science, nous les avons coordonnées pour en faire l'application dans des circonstances difficiles ; alors seulement nous avons compris toute l'étendue de leur puissance, en les associant aux faits acquis par l'expérience, et il en est résulté pour nous l'évidence la plus complète.

Nous avons donc demandé à l'étude des sciences physiques et chimiques de suppléer aux connaissances purement pratiques que nous avait imposées une sage mais aveugle prévoyance dont nous avons eu à subir l'impuissance, nous plus que personne. En les associant les unes aux autres, nous avons trouvé dans les éléments qu'elles nous offraient, non-seulement des découvertes nouvelles, mais des auxiliaires puissants qui nous ont permis de nous placer dans des conditions de production beaucoup plus normales.

L'application des vues scientifiques dans les arts industriels a surtout pour objet d'amener des manipulations plus abrégées, et par conséquent plus rationnelles et plus certaines. C'est qu'en matière d'industrie, et en matière de brasserie surtout, il y a de ces riens que l'œil de la routine ne peut apercevoir, mais qui sont autant d'obtacles à vaincre, car ils s'enchaînent les uns aux autres et peuvent compromettre à toujours par leur nombre l'avenir d'un établissement.

En effet, est-ce un métier ordinaire, une profession routinière et qui n'exige aucun fonds de connaissances spéciales que celle dans laquelle la plus petite imprévoyance peut devenir une très grande faute, où la plus petite faute peut déterminer des résultats ruineux, des conséquences terribles enfin, car nous prouverons qu'il n'y a rien d'exagéré dans cette opinion, et nous la justifierons par des faits patents?

Le travail que nous offrons à une nombreuse et intéressante famille de travailleurs doit, avant tout et par-dessus tout, être utile et complet; il n'aura dépendu ni de notre persévérance, ni de l'énergie de notre volonté qu'il en soit autrement, car nous avons dépensé en recherches et en applications tout ce que le temps et les circonstances nous ont permis de faire, non-seulement dans l'intérêt de ceux qui exploitent et dans l'intérêt de la fabrication elle-même, mais encore, nous le répétons, comme question d'hygiène et de salubrité pour les masses, comme garantie pour les consommateurs aussi bien que pour tous ces malheureux ouvriers, saintes victimes du travail dont la vie est trop souvent mise en péril et la santé compromise sans compensation aucune.

Chacun de ces motifs nous a déterminé à traiter toutes les questions qui se rattachent à l'exercice de la brasserie sous le point de vue le plus large, le plus complet, souvent même le plus minutieux.

Pour atteindre ce but, nous invoquerons l'opinion des hommes les plus éminents dans les sciences exactes, ceux dont les travaux ont le plus contribué au développement de toutes les industries.

Nous désignerons chacun des savants illustres qui auront fourni carrière à nos recherches et dont les noms seuls sont une gloire pour la société; nous le ferons par devoir, pour que nos lecteurs sachent bien à quels hommes ils sont redevables de reconnaissance; nous le ferons dans le but d'offrir personnellement à ces savants un témoignage éclatant de la sympathie qu'ils ont su éveiller en nous, par le nombre infini de travaux dont ils ont doté la science et l'humanité.

Nous accepterons, et au besoin nous abriterons sous notre responsabilité toutes les appréciations, théories, observations ou discussions que les faits nous auront permis de mentionner, comme étant les nôtres, comme ayant été consignées d'après nos propres expériences.

S'il devait nous en revenir quelques éloges, nous les revendiquerions tous au profit d'un homme de bien, d'un honorable et savant professeur, M. Bergoulnioux[1], qui méritait mieux que la froide indifférence d'une population ingrate.

Pendant quatre ans qu'il nous dirigea, enfant, sur les bancs d'une école gratuite, nous avons apprécié tous les généreux bienfaits de ses paternelles leçons ; et, plus tard, aidé de la bienveillance de ses conseils dans la

(1) Professeur de chimie à l'Ecole municipale de Reims.

carrière industrielle que nous avons commencé à parcourir, nous avons puisé l'enseignement si fécond et si salutaire de ses douces paroles et de sa profonde sagesse.

Il nous a enseigné, par l'exemple, que la dette de la reconnaissance est le plus saint de tous les devoirs; c'est à la justesse de ses préceptes, et surtout à son amour de la vérité, que nous devons le bonheur de lui renouveler ici l'expression de notre éternelle gratitude.

Quelques-uns des auteurs scientifiques que nous rencontrerons sur notre chemin, et auxquels nous n'adressons que le seul reproche d'être trop savants et trop peu spéciaux, ont indiqué des théories devant lesquelles l'application est demeurée souvent impuissante; on n'en doit pas moins à chacun d'eux une très large part d'admiration pour avoir facilité l'étude de toutes les industries, pour avoir traité des questions neuves qui ont au moins eu le mérite d'imprimer une impulsion favorable en éveillant l'amour de l'étude et des recherches, pour avoir signalé des résultats qui tournent toujours au profit de la science, quelle que soit la nature à laquelle ils appartiennent.

A ceux-là donc nous accorderons volontiers notre estime et notre reconnaissance; mais, en revanche, nous livrerons au mépris public tous ces vendeurs de procédés dont l'exploitation éhontée est trop souvent favorisée par l'ignorance des masses.

Aussi de tous les abus que nous rencontrerons, et nous parlons surtout des abus qui touchent à l'hygiène publique, pas un seul ne saurait trouver grâce devant nous ; nous les frapperons au cœur et sans pitié, nous ne céderons à aucune considération d'intérêts privés pour ceux qui s'en sont rendus coupables, parce qu'il y va de l'intérêt général. Nous leur infligerons sans crainte la fustigation qu'ils ont si bien méritée en hâtant dans l'esprit public, par leurs coupables manœuvres, le discrédit et peut-être la ruine d'une immense et belle industrie qu'ils ont exploitée ou qu'ils exploitent indignement.

Ils n'échapperont pas plus au châtiment que leurs ténébreux secrets ne sauraient échapper à la publicité. Nous ne procéderons pas par accusations vagues, par hypothèses douteuses, mais pièces et preuves en main, que nous tiendrons à la disposition de tout le monde.

Il faut que les brasseurs sachent bien quelle est la source des alarmes répandues sur la qualité de leurs produits et des causes qui les ont motivées, afin de s'opposer à la propagation d'une prévention enracinée plus fortement qu'on ne le pense et qui compromettrait peut-être à jamais la cause de la brasserie. Nous voulons avant tout que la bière soit une boisson salutaire et bienfaisante, et non une préparation dangereuse.

Nous poursuivrons le charlatanisme scientifique autant que les abus, car il est indigne de la science de s'abaisser chaque jour au niveau de l'enseigne, et de servir de prospectus. Il faut que l'homme qui respecte le sacerdoce de la science soit seul respecté. Donc, sous quelque forme que se présenteront devant nous les charlatans et les dupeurs, nous les prendrons à partie pour leur faire publiquement leur procès.

« La science ne devient tout à fait utile qu'en devenant vulgaire. »

Certes, voilà un des plus beaux et des plus vrais aphorismes que nous connaissions; nous considérons que sa réalisation serait l'un des plus grands bienfaits que pourrait accomplir notre société moderne, et, pour notre part, nous allons apporter une pierre de plus à l'édification de cette grande œuvre régénératrice qui va bientôt s'accomplir. Pour y arriver, nous serons dans l'impérieuse obligation d'employer le langage scientifique usité, qu'un assez grand nombre de nos lecteurs ignorent; quelques-uns même pourront nous reprocher d'avoir fait du purisme en employant les expressions techniques; que ceux-là se rassurent, nous savons bien que nous ne parlons pas à des savants, mais à des travailleurs qui ont l'amour de leur métier, à des hommes intelligents qui auront à cœur de nous comprendre, qui savent bien que sous les efforts de l'impulsion imprimée à notre siècle par une première et glorieuse révolution, l'immobilité permanente serait non-seulement un contre-sens, un tort grave, une culpabilité morale dans le présent, mais un danger réel, un péril imminent dans l'avenir.

A ceux donc qui croient et espèrent nous suivre, de marcher avec nous; et, s'ils veulent bien nous prêter la bienveillante attention dont nous avons surtout besoin, les différences de langage disparaîtront bientôt en présence de l'émulation à laquelle ils céderont, de l'énergique volonté qui les animera, mais surtout en face du danger qui les menace.

Nous ferons de cette dernière assertion un fait évident pour tous, et par opposition à la manière dont on procède assez généralement quand on veut s'épargner les difficultés de comparaison, d'étude et de recherches, nous argumenterons d'abord, nous prendrons nos conclusions ensuite.

Pour traiter la question d'une manière spéciale, complète, nous devrons examiner avec soin tout ce qui y est relatif : Appareils, — Procédés de toute nature, — Opinions de toute espèce, — Théories fausses et théories vraies. Publications obscures d'auteurs inconnus, ou publications plus généralement répandues, tout devra être examiné, apprécié, analysé par nous. Nous ne le ferons pas pour user d'un droit commun à tous, ni au bénéfice d'une discussion oiseuse, car cette seule considération aurait pu nous en dispenser, mais bien parce que nous savons quelle influence morale peuvent exercer des *livres de recettes*, des publications de la nature de celles que nous avons à examiner.

Pour atteindre ce but et suivre invariablement le plan que nous nous sommes tracé, nous rencontrerons sur notre passage des noms et des hommes honorables dont il nous faudra quelquefois discuter les opinions ; nous nous efforcerons de le faire avec toute la réserve que doit comporter une critique sage quoique sévère, avec tout le ménagement que commandent des citoyens respectés et respectables à plus d'un titre.

Signaler à leurs auteurs les erreurs qu'ils ont pu commettre, c'est leur offrir par ce moyen la possibilité de la réfutation ou de la discussion, en présence des mêmes spectateurs au profit desquels la lutte doit se terminer, et pour la cause des idées vraies et le triomphe de la vérité.

Ce n'est pas seulement obéir à une conviction, c'est céder aux exigences d'une situation obligée, que de signaler des erreurs à la gravité desquelles on attache une importance d'autant plus grande qu'elles émanent d'hommes dont le profond savoir est un mobile puissant dans l'esprit des masses.

Les indications de la science ne peuvent être, dans aucun cas, des choses de convention; elles doivent être basées sur des données certaines ou disparaître complétement, et céder la place aux faits acquis par l'application dans les arts industriels.

Donc, si légitime que soit notre hésitation, si contraire que soit à nos principes la guerre d'opinions que nous aurons à provoquer, nous en aurons le courage en présence d'un intérêt bien autrement puissant que le nôtre, de ces questions d'amélioration et de progrès qu'il est temps enfin de produire au grand jour; nous en aurons le courage parce que notre conviction est loyale, sincère, et que nous aimerions mieux briser notre plume que de sacrifier une conviction honnête à la vanité d'un seul homme et souvent d'une seule cause, celle de l'erreur, et par conséquent celle du mensonge.

Nous n'aurons qu'un seul droit : la justice; nous n'aurons qu'une seule loi : la vérité.

Pour nous résumer en quelques mots, ou plutôt pour justifier d'un seul coup l'opportunité de cette publication, il nous suffira de poser quelques questions et d'énoncer quelques faits.

Est-il vrai que depuis quelques années la consommation de la bière décroît sensiblement? — Oui.

Est-il vrai que cette décroissance a lieu tous les ans à mesure que la température ambiante s'élève davantage? — Oui.

Est-il vrai que pendant les cinq années précédentes, même en exceptant celle de 1846-47, le prix des matières premières s'est accru de 40 pour 100? — Oui.

Est-il vrai que de tous les États européens, la France soit celui dans lequel on fabrique les plus mauvaises bières? — Oui.

Est-il vrai que tous les consommateurs se plaignent de la fabrication actuelle.? — Oui.

Est-il vrai qu'il y a possibilité de dépenser moins en faisant mieux? — Oui.

Oui! la brasserie en France est dans un état pitoyable, et ses intérêts sont très gravement compromis dans l'avenir. Ces faits ne peuvent être niés; les chiffres sont là, et les statistiques répondront victorieusement pour nous.

Voilà surtout les motifs qui ont éveillé notre attention, voilà pourquoi nous avons recherché chacune des causes avec le plus grand soin, et nous sommes fermement convaincu de les avoir indiquées toutes.

Sachez-le bien, votre système d'exploitation et l'organisation de vos usines sont en tout point... vicieux, pour ne pas nous servir d'une expression beaucoup plus dure, mais beaucoup plus vraie; et tous, vous en conviendrez avec nous, lorsque nous serons arrivés au terme du voyage et que vous aurez vu se dérouler sous vos yeux le tableau analytique de toutes ces myriades de petites causes qui ont si souvent fait votre désespoir. Nous vous montrerons comment vous dépensez trois et quatre fois plus de forces de locomotion que cela n'est rigoureusement nécessaire dans des exploitations de cette nature; et les faits sauront bien vous obliger à reconnaître comment vous absorbez le plus précieux de votre travail, et comment l'avenir va vous échapper si vous n'y prenez garde.

Depuis bien longtemps on vous l'a dit, et tous les jours on vous le répète à satiété, « l'exploitation morcelée des matières premières emploie cent bras pour un et produit quatre fois moins en dépensant huit fois plus, absorbe une immense quantité de forces physiques et intellectuelles; l'exploitation en grand permet des économies énormes; pour un prix moindre, elle met l'abondance où était la disette, elle substitue le luxe à la misère. Les capitalistes l'ont bien compris, et partout déjà surgit, à côté de la propriété morcelée, la propriété actionnaire, c'est-à-dire individuelle et collective à la fois; l'industrie a commencé; l'agriculture entre, timidement encore pourtant, dans cette même voie de transformation au bout de laquelle sont des prodiges de luxe et d'abondance. »

Comprenez-vous maintenant quels dangers vous menacent, à quels désastres vous êtes exposés? Il n'y a pas à nier aujourd'hui; ces assertions n'ont rien d'exagéré, elles sont de tout point exactes, et c'est là ce qui nous a préoccupé, ce qui nous préoccupe encore aujourd'hui; car, on ne peut se le dissimuler, la question est jugée; les nombreuses applications qui viennent d'être faites dans ces derniers temps le prouvent surabondamment, et les effets produits ont été tels que, dans un avenir plus ou moins rapproché, la centralisation des intérêts aura infailliblement amené la centralisation des grandes industries. C'est une impulsion nouvelle que notre siècle vient de recevoir; il doit la subir, il la subira, nous vous l'attestons pour notre part.

Et maintenant, croyez-vous que la brasserie ne puisse être centralisée avec succès aussi bien dans les grandes villes que dans les bourgs les plus obscurs? Oui, évidemment; c'est déjà fait, le signal est donné, et les résultats obtenus ont dépassé toutes les prévisions.

C'est donc sous l'empire de ces appréhensions et en face d'un danger réel que nous avons été amené à vous présenter sur leur véritable terrain toutes les questions concernant l'exercice et l'avenir de la brasserie. C'est ce que nous allons faire avec tout le soin possible; nous ne réclamons de vous qu'un peu d'attention et beaucoup de bienveillance.

Si nous pouvons être assez heureux pour devenir utile à une nombreuse et intéressante famille de travailleurs, à une classe laborieuse que nous défendons et à laquelle nous offrons tout notre dévouement, nous aurons obtenu la seule et éternelle satisfaction que puisse envier un homme de cœur, celle d'avoir coopéré à l'enseignement d'un progrès important, à la réalisation d'une amélioration réelle, d'une grande vérité, à l'accomplissement d'une réforme utile.

F. R.

TRAITÉ
THÉORIQUE ET PRATIQUE
DE LA FABRICATION
DE LA BIÈRE

La pratique est un fait; la théorie n'est qu'un mot.

PREMIÈRE PARTIE
HISTORIQUE

CHAPITRE I.

Origine de la fabrication de la bière. Son importance.

« Un fait qu'il est impossible de méconnaître aujourd'hui, et qui cause la joie des hommes sincèrement attachés à leur pays, c'est la marche rapide de l'industrie manufacturière et son influence puissante sur le bien-être général. Mais ce bienfait n'a pu être réalisé que par un échange des découvertes et des travaux des amis de l'humanité. Ce concours fécond appelle tous ceux qui, foulant aux pieds de mesquines individualités, s'élancent dans l'arène et viennent apporter le tribut de leurs veilles, quelque faible qu'il puisse être. La publicité, sauvegarde des libertés, répand au loin ces germes puissants qui trouvent entre les mains des industriels une heureuse application. Appuyons donc de toutes nos forces les tentatives de publicité, quelle que soit la main qui tienne son brillant flambeau, si, en versant la lumière sur tous les points accessibles à son influence, elle répand avec elle la richesse et le bonheur. »

HOUZEAU-MUIRON.

§ 1. Origine de la fabrication.

La découverte de la bière remonte aux temps fabuleux. Tous les historiens qui en ont parlé s'accordent à dire que son invention est due aux Égyptiens et aux

Phéniciens, qui, privés de la vigne, excellaient dans l'art d'imiter le vin par la fermentation du sucre des céréales. Quelques écrivains, Hérodote principalement, en attribuent la découverte à Isis, femme d'Osiris; d'autres à Osiris lui-même ; d'autres enfin à Cérès, qui en dota les peuples dont les terres étaient impropres à la culture de la vigne.

C'est sur les bords du Nil, à Péluse, dit-on, que se préparait la meilleure bière, à laquelle on donna d'abord, par ce motif, le nom de *boisson pélusienne*. On l'appelait aussi *cervoise* (*cervitia*[1]), du nom de Cérès, déesse des moissons et des céréales qui servaient à la confection de la bière. Aristote et Théophraste font mention de l'ivresse occasionnée par le vin d'orge que les Espagnols servaient à leurs rois dans des coupes d'or.

Plus tard, les Égyptiens firent le *zithum* et le *carmi*, qui différaient par la couleur, la saveur et la manière dont on les préparait. C'était alors la boisson ordinaire de la plus grande partie de l'Égypte. Elle parvint bientôt sous ces deux dénominations jusque dans les Gaules et dans la Germanie, où elle fut pendant longtemps la boisson préférée. L'empereur Julien, gouverneur des Gaules, en fait mention dans une épigramme.

Certaines lois des anciens ont puissamment contribué à répandre l'usage de la bière; l'une de ces lois prohibait à Carthage l'usage du vin pendant la guerre; Platon interdit le vin aux jeunes gens au-dessous de vingt-deux ans, Aristote aux enfants et aux nourrices;

(1) *Cerevisia, ceria, cervitia, cervisiarius*, expressions de Pline pour signifier *cervoise*, bière, ou *boisson faite de grains* ; brasseur.

et Palmarius nous apprend que les lois de Rome ne permettaient aux prêtres et aux sacrificateurs que trois petits verres de vin par repas.

L'ivresse était, dans l'antiquité, l'objet d'un tel mépris que Lycurgue, pour en inspirer l'horreur à la jeunesse de Lacédémone, lui offrait en spectacle des esclaves ivres.

Des Germains, la fabrication de la bière passa aux Anglo-Saxons, aux Danois et à la plupart des nations du Nord, qui en firent bientôt leur boisson favorite. Tacite raconte qu'avant leur conversion au christianisme presque tous ces peuples attribuaient aux *boissons de malt fermenté* la joie et le bonheur que goûtaient après leur mort, dans le palais d'Odin, les héros de leur temps.

Plus tard encore, à l'époque où vivait Strabon, cette boisson se répandit en Flandre et en Angleterre, sous la dénomination de *cervoise,* qu'elle conserva même au moyen âge.

Selon Théophraste, Athénée et Dioscoride, l'usage de la bière pénétra en Grèce, en Italie et jusque dans les contrées dont les terrains étaient les plus favorables à la culture de la vigne.

Buchan, dans son histoire d'Écosse, désigne sous le nom de *vinum ex frugibus corruptis* une boisson dont l'usage dans cette contrée remontait aux temps les plus éloignés.

Vers 1500 on connaissait la bière de *couvent* ou *covent,* ainsi nommée par opposition à la bière forte, qu'on appelait *bière des Pères;* celle-là était légère et brassée pour les couvents de femmes; celle-ci, fortement alcoolisée, était brassée pour les moines (*Percz*).

L'intrépide et infortuné Mungo-Park introduisit la fabrication de la bière dans l'intérieur de l'Afrique, où il apprit aux Nègres à tirer des semences du *holcus spicatus* (espèce d'orge sauvage) le produit que nous obtenons de notre orge.

La fabrication et l'usage de la bière se répandirent promptement; quelques siècles plus tard elle avait envahi toute la surface du globe; elle conservera, nous l'espérons, sa conquête, sinon à cause de sa supériorité sur toutes les autres boissons, au moins en raison des qualités réelles qu'elle possède, sans y joindre, comme beaucoup d'autres, des propriétés malfaisantes.

§ 2. *Origine du mot bière.*

Selon Clavereus, le mot *bière* aurait une origine celtique. Vossius le fait dériver du verbe latin *bibere*; il croit que son origine est due à une habitude prise par le peuple et les soldats romains de répéter fort souvent: *Da bibere*, d'où, par abréviation, ils auraient fait *biber*, que les Italiens auraient changé en *biera*, quoiqu'ils eussent précédemment employé *cervogia*. A leur tour les Anglais l'auraient appelée *beer*, les habitants du pays de Galles *bir*, les Allemands *bier* et *gerstenbier*, les Hollandais *bier*; d'où le mot *bière* en français.

Les Danois appellent la bière *oll* ou *olt*, les Suédois *öl*, les Espagnols *cerveza*, les Portugais *cerveja*, les Russes et les Polonais *piwo*, *kwas*.

Il serait fort difficile, comme on le voit, de se prononcer sur la valeur des opinions émises sur l'origine du mot *bière*.

Nous trouvons la même confusion sur l'origine du mot *brasser*. Pline parle d'un grain que l'on cultivait dans les Gaules sous le nom de *brace*; il servait à la préparation de la bière, comme l'orge aujourd'hui. Plusieurs auteurs et d'anciens titres rapportés par Ducange font aussi mention de ce grain; ces auteurs prétendent que de son nom et de ses usages sont dérivés les mots *brasser*, *brasseur*, *brasserie*; ce dernier mot a deux significations; par la première, que le Dictionnaire de l'Académie a oubliée, on désigne l'art du brasseur; par la seconde on indique le local où la bière se prépare.

Selon d'autres écrivains, le mot *brasser* viendrait de *mélanger* À FORCE DE BRAS. Cette opinion nous paraît mieux fondée, car le mot *brasser* s'emploie plus spécialement pour exprimer la manœuvre que les brasseurs exécutent dans la cuve-matière, où s'opère intimement le mélange d'orge et d'eau, à l'aide d'une espèce de trident, appelé *vague*, que l'on dirige dans la cuve à force de bras.

Le mot *brasser* a passé dans les arts; ainsi on dit : *Brasser les métaux*, les mélanger pour en faire un alliage lorsqu'ils sont en fusion. *Brasser les cuirs*, en terme de tannerie, signifie remuer les cuirs, renouveler les surfaces. En terme de marine, on dit: *Brasser les vergues; — brasser les voiles sur le mât; — brasse au vent*. En terme de pêche, *brasser* signifie aussi : *agiter et troubler l'eau avec le bouloir pour effrayer le poisson et l'obliger à abandonner momentanément sa retraite.*

Ces dénominations identiques, appliquées à des choses, à des opérations toutes différentes, nous font regretter les mots *cervoise* et *cervoisier*, que nous eussions préférés aux mots *bière* et *brasseur*, si le temps ne les eût mis avec tant d'autres, hélas! au nombre de ceux qui ne sont plus compris.

On peut dire que l'usage de la bière est aujourd'hui devenu une nécessité, car, quelle que soit la partie du globe qui se présente à la pensée, on la trouve partout; les procédés de fabrication sont plus ou moins rationnels, et les substances employées varient; mais au fond c'est le même caractère; les règles et les principes fondamentaux sur lesquels repose l'ensemble des opérations ne permettent pas de se méprendre. Le *bullo* des Nègres, le *cachiri* des Caraïbes, la *chicha* des Péruviens, sont autant de boissons fermentées dans lesquelles le principe sucré des céréales a été converti en alcool par la fermentation; seulement, à défaut de houblon, les indigènes emploient les fleurs, les feuilles, les tiges, les racines aromatiques que leur offre leur pays, pour relever le goût ou pour dissimuler la saveur fade que pourraient avoir leurs boissons.

Les Allemands du Nord paraissent être les premiers peuples modernes qui se soient occupés activement de la fabrication de la bière; aujourd'hui encore, c'est chez eux que se fabrique la meilleure bière de l'Europe. Disons toutefois qu'ils doivent cette supériorité à la nature de leurs terrains, aussi peu propice à la culture de la vigne qu'elle est éminemment propre à la culture du houblon. Il en est pour ainsi dire de même des Anglais, des Hollandais et des Belges.

Les Anglais ont deux espèces de bière, l'*ale* et le *porter*. La première, légère et d'une facile digestion, de couleur paille, peu houblonnée, d'une saveur douceâtre, est d'une conservation de courte durée quoiqu'elle soit assez riche en alcool (environ 7,50 p. 100). L'*ale* était connu de *Galien* et de *Dioscoride*, qui en font mention. Sous Édouard le Confesseur, il en fut, dit-on, servi avec quelque apparat dans un banquet royal.

Le *porter* est lourd et d'une digestion laborieuse pour ceux qui n'y sont pas habitués; il est rouge purpurin, très houblonné, et d'une amertume telle qu'on s'y accoutume difficilement; sa saveur aromatique plus que prononcée était due jadis à la présence du *gingembre*. La quantité d'alcool qu'il renferme (environ 12 p. 100) permet de le transporter au loin; on en exporte à Bourbon, à Cayenne, à Rio-Janeiro, aux Indes orientales, etc., dans des bouteilles fermées par des capsules, comme l'étaient les vins de Champagne il y a quelques années; dans cet état, les indigènes le vendent 2 fr. la bouteille.

Le *mum* de Brunswick est exporté avec un égal succès. Le *moll* ou *blanquette*, préparé par les Hollandais et les Flamands, quoique moins riche en alcool que le *porter* et l'*ale*, entre lesquels il tient le milieu, est de tout point préférable à ces boissons.

§ 3. Principaux lieux de fabrication de la bière.

Pour mettre nos lecteurs à même d'apprécier l'*importance de la fabrication de la bière en Europe,* nous croyons devoir leur offrir, dans cette partie de notre travail, un aperçu rempli d'intérêt, que nous empruntons au *Dictionnaire du Commerce et des Marchandises,* l'un des ouvrages les plus complets et les plus consciencieux que nous connaissions.

« Dans la ville d'Aarhus, en Danemark, on prépare de grandes quantités de drèche (orge maltée) [1], et on y fait une bière qui a la réputation de se bien conserver sur mer; les brasseries y sont nombreuses.

« Celle de la ville d'Altona est aussi réputée. Celle d'Annaberg, dans la Haute-Saxe, ne jouit pas d'une moindre réputation.

« La bière est, à Archangel, en Russie, un objet de grande importance, et sa qualité est fort bonne. Dans cet État despotique, tout le commerce de bière se fait au profit de la couronne.

« La bière forte, faite avec partie de froment et partie d'orge, qui se fabrique à Arnstadt, ville d'Allemagne dans le cercle de Schwartzbourg, jouit d'une grande réputation. On y fait aussi de la petite bière.

« Les villes de Tuppin, de Brandebourg, de Cothas, de Crossen et de Bernau, en Prusse, envoient annuelle-

(1) Dans la plupart des publications *savantes,* nous le disons à regret, on emploie continuellement l'un pour l'autre le mot *malt* et le mot *drèche,* qui ont cependant une signification bien différente; car le mot *malt* indique l'orge germée et touraillée, disposée pour la fabrication de la bière, tandis que le mot *drèche* désigne le malt dépouillé de ses principes sucrés par le moyen des *infusions* ou *trempes.*

ment à Berlin au delà de cinquante mille tonnes de bière.

« Celle de Bernau surtout est fort estimée, à cause de l'excellent houblon qu'on récolte sur le territoire de cette ville.

« La bière qui se brasse à Brême, et qui est connue et fort réputée sous le nom de cette ville, convient parfaitement pour les navigateurs au long cours, et il s'en exporte de grandes quantités jusqu'aux Indes.

« C'est à Brunswick, dans le duché de ce nom, que se prépare le fameux *mum*, bière extrêmement alcoolique et houblonnée, qui s'exporte au loin par la voie de mer.

« Les brasseries de Carinthie sont en réputation.

« On doit citer, au nombre des bières réputées excellentes, celle qui se brasse à Cobourg, dans la Haute-Saxe, sur le territoire de laquelle ville il y a une immense culture de houblon.

« La bière double brassée à Dantzick, et connue sous le nom de *Pruissing*, est très forte et est regardée comme extrêmement salutaire et sudorifique.

« La ville de Delft, en Hollande, possède de vastes brasseries dont les produits sont très estimés.

« Dans la forêt Noire (en allemand *Schwarzwald*), c'est l'*épeautre* qui est employé pour la bière, et il en donne d'excellente, surtout une bière blanche fort réputée. Les étrangers viennent de loin s'approvisionner de la bière de qualité supérieure qui se brasse à Fergberg, grande ville de la Misnie.

« Les immenses houblonnières du territoire de Gardeleben, belle ville dans la vieille marche de Brandebourg, y permettent la fabrication d'une énorme quantité de fort bonne bière, connue dans toute l'Allemagne sous le nom de *garley*.

« On distingue aussi la bière moitié froment et moitié orge des brasseries de Gorlitz, dans la Haute-Lusace. Celle de Goslar, en Saxe, est encore plus réputée ; il s'en exporte en divers pays. Dans la ville de Gouda ou Tergow, en Hollande, on compte trois cent cinquante brasseries, dont les produits s'écoulent dans tout le royaume. Le *brégon* est une bière d'un goût délicieux, que les brasseurs préparent à Halberstadt, dans la Basse-Saxe.

« La bière de Hambourg jouit d'une réputation méritée. Il y en a de deux sortes : celle dite *ordinaire*, qui est fort saine et d'un goût agréable, et celle appelée *junkernbier*. Il s'en exporte de grandes quantités.

« Les bières de Kabsdorf, Kaisertad, Lentschen, Presbourg et Neusohl, dans la Hongrie, jouissent d'une grande réputation, ainsi que celle de Kaisermack.

« Le *duckstein*, dont on fait tant de cas en Allemagne, est une bière excellente qui se brasse dans la petite ville de Kœnigslutter. On assure que l'eau qui sert à cette préparation n'acquiert les qualités requises pour la fabrication de la bière qu'après avoir traversé la ville sur des tufs qui la purifient [1].

« La bière blanche de Minden, ville capitale de la

(1) C'est une question que nous examinerons et que nous traiterons spécialement, en parlant de l'eau considérée au point de vue de la fabrication de la bière.

principauté de ce nom, passe pour être la meilleure de toute la Westphalie.

« Cette sorte de bière blanche si forte, appelée *ambok*, et qui imite parfaitement, pour le goût, l'*ale* anglais, est brassée à Munich au printemps, jusqu'en juin.

« La ville de Hunsterberg, en Silésie, entourée de houblonnières, est le siége d'une brasserie considérable dont les produits sont réputés.

« La bière de Naumbourg, ville de Saxe, doit, dit-on, ses excellentes qualités à la pureté de l'eau qui sert à sa fabrication. On cite encore la bière de Nimègue, en Hollande. La meilleure bière du Danemark se fabrique à Odensée.

« La principale industrie des habitants de la ville de Prague (Bohême) consiste dans la fabrication de la bière, qui y est excellente.

« En Prusse et en Pologne, la bière de Rastenbourg, ville de Prusse, jouit de beaucoup de faveur.

« A Teschen, ville d'Allemagne, dans la Silésie, il se fait un grand commerce de fort bonne bière, brassée avec du froment et de l'orge. Cette bière est connue sous le nom de *matzmatz*.

« Mais quelque étendues que soient toutes les fabrications de bière que nous venons de citer, elles n'approchent pas, du moins pour les quantités produites, de la brasserie anglaise. Ici la production est vraiment gigantesque.

« D'après Anderson, l'usage de la bière et l'établissement des cabarets où on en vend, en Angleterre, datent de bien loin. Les lois promulguées par Ina, roi de Wessex, en font mention.

« En Angleterre, on distingue deux sortes de bière, la bière forte et la bière douce, et ces deux sortes se subdivisent chacune en plusieurs variétés. Toutes ne diffèrent entre elles principalement que par la quantité de malt employée dans la fabrication et par la durée qu'on accorde à la fermentation. Dans le langage de l'*excise*, perception du droit, la première sorte comprend toutes les bières dont le prix est au-dessus de 6 shillings par baril, et la seconde toutes les bières inférieures à ce prix.

« La consommation de la bière en Angleterre est immense, et les droits dont cette boisson est frappée produisent à l'État un revenu dont le chiffre est effrayant[1].

« La bière se vend en Angleterre et paie l'impôt par baril ou par galon ; le baril de bière forte est de trente-six galons, et celui de bière douce est de trente-deux galons ; le galon équivaut environ à quatre pintes de Paris.

« Il est défendu de mêler de la bière forte à de la petite bière après que les jaugeurs jurés ont pris la contenance des barils.

« Les lois de l'excise sont extrêmement gênantes et de la dernière rigueur. Cependant les personnes qui veulent brasser chez elles, et pour leur propre consommation, jouissent de quelque adoucissement à ces lois, sont admises à composer avec les officiers de l'excise, et contractent des abonnements.

« On sait que le malt, que nous appelons en français

(1) On l'a porté, je crois, en 1820, à 5,997,216 liv. sterl., correspondant à 143, 933,184 fr.

la drèche, est le grain germé, séché à la touraille et grossièrement moulu. Cette matière première de la bière est l'objet d'un immense commerce en Angleterre.

« On estime que dans ce pays il s'emploie pour la petite bière, laquelle se brasse chez les particuliers pour leur usage, environ douze millions de boisseaux de grain; et dans toute l'Angleterre, pour la fabrication de la bière forte, au delà de vingt-cinq millions de boisseaux.

« Le malt, imposé à l'art et indépendamment de sa fabrication, est aussi une branche importante du revenu public; on l'estime à plus de 15 millions de francs.

« Le houblon est aussi passible d'un droit considérable, et les licences pour la culture de cette plante imposent de grandes gênes.

« Le *porter* de Londres, la *bière forte* de Bristol et l'*ale* de Burton jouissent partout d'une grande réputation.

« La brasserie de Paris est considérable. Ce sont les brasseurs qui y vendent la bière en gros..... Le détail de consommation journalière se fait par les limonadiers, les fruitiers, etc. »

En France, les départements septentrionaux, le Pas-de-Calais, le Nord, la Somme et les Ardennes, sont ceux où il se fabrique le plus de bière. Dans les départements de l'Est, qui viennent ensuite, on peut faire figurer en première ligne le Haut et le Bas-Rhin. Dans tous ces départements, la bière est réellement la boisson naturelle du pays.

Dans la plupart des départements du centre, de l'Ouest et du Midi, on peut, dans certains cas et dans certaines localités, la considérer comme boisson auxiliaire; aussi la consommation y est-elle moins importante que partout ailleurs. Nous ne parlons pas des grands centres manufacturiers, où la bière est devenue une nécessité pour la classe ouvrière.

Les brasseries les plus en renom pour la qualité de leurs produits sont sans contredit celles de Strasbourg et de Lyon, quoique depuis quelques années Strasbourg ait généralement compromis sa réputation par diverses causes que nous examinerons successivement, et surtout par un esprit fâcheux d'imitation; il en est de même d'une foule d'autres localités.

Nous devons nous empresser d'ajouter qu'il n'y a pas eu, en général, coopération volontaire des brasseurs dans ce mouvement rétrograde; ils n'y ont participé qu'indirectement; en un mot, c'est le torrent qui les a emportés, et nous le prouverons. Nous ferons voir au *public* que c'est à lui, à lui seul, qu'il doit s'en prendre de la mauvaise qualité de la bière dans certains pays.

Si la brasserie de Lyon s'est un peu ressentie des changements opérés au nom d'un prétendu progrès, ajoutons toutefois que c'est elle qui a le plus dignement soutenu sa réputation.

La brasserie de Paris, longtemps, et tout récemment encore, calomniée par des adversaires malveillants dont nous aurons à apprécier les opinions et les motifs de rivalité, est loin d'être ce que l'on a voulu la faire, surtout depuis la fabrication de ses *bières blanches, dites de Strasbourg,* que nous avons préparées nous-même et spécialement étudiées depuis. Nous y reviendrons donc avec quelques détails.

Nous voudrions qu'il nous fût permis de ne parler des *bières du Nord* que pour mémoire, mais l'importance de leur consommation ne nous permet pas de nous taire. Elles ont une certaine réputation, et pourtant nous ne connaissons pas de boisson qui, plus que celle-là, soit faite contre les règles de l'art, de l'hygiène et du sens commun.

Nous regrettons, et pour les amateurs et pour les brasseurs eux-mêmes, d'être obligé de nous exprimer aussi sévèrement, mais nous fournirons des preuves, et des preuves concluantes, de ce que nous avançons. Cependant nulle part en France la brasserie n'a pris un développement aussi considérable que dans les contrées septentrionales. Du reste, les brasseurs du Nord se sont trouvés dans une position analogue à celle des brasseurs du reste de la France, c'est-à-dire qu'ils ont eu à subir la volonté des uns, les caprices des autres, et qu'ils ont été forcés d'accepter, comme conditions de fabrication, celles que l'habitude avait suggérées à leurs consommateurs; car, dans le Nord comme ailleurs, la brasserie compte des hommes intelligents, dont le savoir, restreint par certains usages, reste forcément renfermé dans des applications routinières, et cela au grand regret des plus éclairés et des plus instruits.

La plupart des bières qui se fabriquent dans les départements du centre se ressemblent à peu près toutes et ne présentent que des variétés de goût dont les nuances sont généralement peu senties; elles sont loin toutefois d'être ce qu'elles pourraient, ce qu'elles devraient être.

Nous traiterons de chacune des espèces de bière en parlant de leurs propriétés organoleptiques et des caractères généraux qui les distinguent.

Pour nous résumer, qu'il nous suffise de dire que l'importance de la fabrication de la bière en France est telle aujourd'hui qu'il n'est pour ainsi dire pas d'arrondissement qui ne possède une ou plusieurs brasseries, à l'exception pourtant de quelques contrées du Midi[1]. Cette industrie est devenue l'objet d'une exploitation tellement importante qu'elle compte aujourd'hui plus de dix mille chefs d'usine ou brasseurs, qui paient au Trésor et aux octrois 20 à 25 millions de francs par année; elle est en outre la source d'un commerce considérable, pouvant représenter annuellement 2 à 300 millions environ.

Nous ne pouvions terminer la partie historique de notre travail sans mettre sous les yeux de nos lecteurs les anciens statuts des brasseurs de Paris; c'est un document qui ne manque pas d'originalité et auquel nous conservons son caractère.

Sous saint Louis, en 1268, la brasserie de Paris était régie, comme la plupart des corporations de ce temps-là, par des règlements à l'observation desquels chaque

(1) « Il est une autre explication de l'état de souffrance dans lequel se trouve actuellement la culture de la vigne : c'est l'extension énorme qu'a acquise, aux dépens du vin, la consommation de la bière.

« La consommation de la bière augmente considérablement chaque année, et la plupart des cantons de la Suisse possèdent aujourd'hui des brasseries. »

(J. de Vroïl, *Étud. d'écon. politiq.; Aperçu de la situation économique de la Suisse.*)

membre se faisait un devoir de veiller, pour en assurer l'exécution pleine et entière.

Voici le texte de ces règlements :

« Art. 1. Nul ne brassera et ne charriera ou fera charrier bière les dimanches, les fêtes solennelles et celles de la Vierge.

« Art. 2. Nul ne pourra lever brasserie sans avoir fait cinq ans d'apprentissage et trois ans de compagnonnage, *avec chef-d'œuvre.*

« Art. 3. Il n'entrera dans la bière que bons grains et houblons bien tenus, bien nettoyés, sans y mêler sarrasin, ivraie[1], etc. Pour cet effet, les houblons seront visités par les jurés, afin qu'ils ne soient employés échauffés, moisis, gâtés, mouillés, etc.

« Art. 4. Il ne sera colporté par la ville aucune levûre, mais elle sera toute vendue dans la brasserie aux boulangers et pâtissiers, et non à d'autres.

« Art. 5. Les levûres de bière apportées par les forains seront visitées par les jurés avant que d'être exposées en vente.

« Art. 6. Aucun brasseur ne pourra tenir dans la brasserie bœufs, vaches, porcs, oiseaux, canes, volailles, comme contraires à la netteté.

« Art. 7. Il ne sera fait dans une brasserie qu'*un brassin par jour,* de quinze setiers de farine au plus.

« Art. 8. Les caques, barils et autres vaisseaux à contenir bière seront marqués de la marque du bras-

(1) L'ivraie (*lolium temulentum*) était principalément rejetée à cause de ses propriétés vireuses et enivrantes.

seur, laquelle marque sera frappée en présence des jurés.

« Art. 9. Aucun maître n'emportera des maisons qu'il fournit de bière que les vaisseaux qui lui appartiendront par convention.

« Art. 10. Nul ne pourra s'associer dans le commerce d'autre qu'un maître du métier.

« Art. 11. Ceux qui vendent en détail seront soumis à la visite des jurés.

« Art. 12. Aucun maître n'aura qu'un apprenti à la fois, et cet apprenti ne pourra être transporté sans le consentement des jurés. Il y a exception à la première partie de cet article pour la dernière année. On peut avoir deux apprentis, dont l'un commence sa première année et l'autre sa cinquième.

« Art. 13. Tout fils de maître pourra tenir ouvrier en faisant *chef-d'œuvre.*

« Art. 14. Nul ne recevra pour compagnon celui qui aura quitté son maître contre le gré de ce maître.

« Art. 15. Une veuve pourra avoir serviteurs et faire brasser, mais non prendre apprenti.

« Art. 16. Les maîtres ne se soustrairont ni ouvriers ni apprentis les uns des autres.

« Art. 17. On élira trois maîtres pour être juré et gardes; deux desquels se changeront de deux ans en deux ans.

« Art. 18. Les jurés et gardes auront droit de visite dans la ville, les faubourgs et banlieues.

« La bière est sujette à des droits, et, pour que le roi n'en soit point frustré, le brasseur est obligé, à chaque brassin, d'avertir le commis du jour et de l'heure qu'il met le feu sous les chaudières, sous peine d'amende et de confiscation. »

Ces statuts furent remis en vigueur en 1489, par suite de quelques abus qui consistaient principalement dans l'introduction de diverses substances dans les bières de ce temps-là. Sous Louis XII, en 1515, il y eut de nouveaux statuts, qui n'étaient guère qu'un remaniement de ceux-ci.

Louis XIII en accorda de nouveaux par lettres patentes du mois de février 1630. Elles furent confirmées par Louis XIV en septembre 1686; seulement il y fut ajouté dix articles nouveaux.

La brasserie de Paris comptait alors soixante-dix-huit brasseurs (maîtres brasseurs).

Par un édit du mois d'août 1776, la corporation des brasseurs de Paris fut érigée en communauté. Les droits de réception étaient fixés à 600 livres.

Il ne fallait rien moins que les idées aristocratiques de ce temps-là pour enfanter de semblables merveilles. Remercions le ciel de ce que notre glorieuse révolution, dont les principes sont impérissables, nous a débarrassés à jamais des jurandes et des maîtrises.

CHAPITRE II.

Généralités.

§ 1. Définitions pratiques.

La *bière* est une boisson alcoolique obtenue par la fermentation du sucre des céréales et aromatisée avec le houblon.

La fabrication, qui semble se réduire à quatre opérations principales : la *germination* ou *maltage*, le *brassage*, la *cuisson*, la *fermentation*, exige en réalité quinze opérations différentes, toutes également indispensables.

Ainsi la *germination* ou *maltage* comprend cinq manipulations distinctes, savoir : le *mouillage*, la *germination* proprement dite, la *dessiccation*, la *séparation des radicelles* (*germes, touraillons*), la *mouture*.

Le *brassage* demande deux opérations, qui sont la *trempe préparatoire* (*salade*), et les *infusions* proprement dites (*trempes*.)

La *cuisson* en compte quatre : la *séparation du gluten* (*écumes*), la *coction du houblon*, la *coloration*, le *refroidissement* [1].

(1) Si nous faisons figurer la coloration dans la cuisson, c'est surtout parce qu'elle se complète dans cette opération ; mais, comme nous le verrons plus tard, elle dépend beaucoup des opérations précédentes.

Nous avons passé sous silence, dans notre énumération, certaines conditions essentielles, que nous retrouverons d'ailleurs dans le cours de cet ouvrage, parce que, sans constituer proprement des manipulations, elles dépendent surtout des soins que ces manipulations exigent.

La *fermentation* en renferme quatre : la *mise en fermentation* (*en levain*), la *fermentation* proprement dite (*guillage*), le *soutirage*, la *clarification*.

C'est quand la bière a passé successivement par chacune de ces périodes qu'on peut la livrer au commerce. Jusque-là, rien ne paraît plus simple, plus facile que cette fabrication, qui peut s'exposer en quelques mots, qui semble se réduire à quelques opérations de peu d'importance. Mais quand il s'agit de mettre en pratique ces manipulations si simples, si faciles, d'une conduite toute routinière, les choses changent bien de face; et celui qui met la main à l'œuvre s'aperçoit bientôt qu'il ne suffit pas de l'œil du maître, comme on est trop généralement porté à le croire; car il est nécessaire qu'il possède une habileté, un savoir réel, outre que sa surveillance et son travail sont de tous les jours, de toutes les heures, de toutes les minutes.

Non, la brasserie n'est pas simplement un métier manuel et routinier qui dispense de toute conception, où la force musculaire peut avantageusement suppléer aux forces de l'intelligence; nous allons bientôt montrer que celui qui veut se placer dans les conditions les plus favorables doit dérober à la nature le secret de certaines transformations qu'elle seule sait opérer et qu'il faut suivre attentivement si on veut les seconder avec art, parce que les causes les plus mobiles et les plus multiples peuvent en changer l'équilibre, en modifier ou même en détruire les résultats.

Au contraire, l'esprit d'observation et de comparaison est une qualité essentielle pour un brasseur; sans elle tout succès devient douteux, car les éventualités sont nombreuses, et celui qui marche au hasard doit s'attendre à voir ses espérances souvent déçues.

Si les procédés de fabrication sont rationnels, s'ils on été observés avec intérêt, suivis avec zèle, étudiés avec amour, dirigés avec l'assurance que donne une connaissance approfondie des ressources de l'art, la réussite peut être considérée comme certaine.

Nous savons bien que le succès n'est pas toujours la récompense d'un travail assidu, d'une existence honnête et laborieuse, toute de fatigues, de privations, de périls et de peines; mais cela tient à des considérations d'un autre ordre, auxquelles nous nous arrêterons pour les examiner attentivement, lorsqu'elles se rencontreront sur le chemin que nous avons à parcourir. Disons cependant qu'il nous semble que la plupart des mécomptes sont une seule et même cause, et cette cause, c'est l'*inexpérience*.

§ 2. Classification des bières.

Nous venons d'énumérer les opérations à l'aide desquelles on peut transformer le sucre des céréales en une boisson alcoolique bienfaisante ; nous allons maintenant examiner les caractères principaux et quelques-unes des diverses nuances que la différence de fabrication lui imprime dans certaines localités; puis nous passerons aux descriptions et aux applications théoriques et pratiques[1].

(1) Nous avons pensé qu'il ne serait pas sans importance d'exposer la manière dont se comportent certaines variétés de bière, au point

On fabrique en France trois espèces de bière bien distinctes : les *bières amères*, les *bières douces* ou *sucrées*, et les *bières acides*.

Les premières, généralement blanches et peu colorées, sont surtout celles qui se préparent sur la frontière de l'Est et dans toute l'Alsace, à Strasbourg, par exemple, et depuis les Vosges jusqu'à la forêt Noire.

Les secondes, que l'on pourrait considérer comme demi-brunes, quoique présentant partout des variétés assez nombreuses, se fabriquent dans la plupart des départements du centre.

Les troisièmes, qui, comparativement aux précédentes, sont, en général, des bières brunes, ne se trouvent guère que dans la partie septentrionale de la France, comme à Lille, Arras, Douai, Cambrai, Valenciennes, et Dunkerque jusqu'à Luxembourg, en suivant la ligne frontière. Les bières de Charleville, Sedan, et de quelques autres villes, ne sont que des variétés de celles-là.

Les *bières amères*, c'est-à-dire celles dans lesquelles le parfum du houblon domine un peu, sont incontestablement les meilleures et les plus agréables au goût ; elles sont les meilleures, non-seulement par rapport aux propriétés bienfaisantes du houblon, mais encore parce qu'elles ne sont livrées à la consommation que lors-

de vue de leurs propriétés hygiéniques considérées dans des conditions données ; car nous croyons que ceux qui fabriquent et qui livrent chaque jour à la consommation des quantités de boissons considérables doivent en connaître les avantages aussi bien que les inconvénients.

qu'une partie du sucre qu'elles renferment toujours, même après la fermentation, a été presque complétement convertie en alcool par le temps. En un mot, ce sont les plus légères, celles que les estomacs faibles s'assimilent le plus facilement et qui s'éliminent ensuite sans fatiguer les voies urinaires. De toutes les bières de France, ce sont celles qui approchent le plus des premières bières du monde, c'est-à-dire des *bières de Bavière*.

Les *bières douces* ou *sucrées* devraient être impitoyablement proscrites, et on va comprendre les motifs de notre réprobation : la plupart contiennent par hectolitre jusqu'à 5 et 6 kilogr. de sucre à l'état libre, comme celles de Reims, par exemple, dans lesquelles la consommation du *glucose* (sucre de fécule, d'amidon, ou de pommes de terre, etc., etc.) figure pour le chiffre effrayant de CENT MILLE KILOGRAMMES chaque année.

Dans cet état elles sont lourdes; leur digestion, toujours pénible, ne s'opère qu'au détriment des fonctions digestives, et cela par une raison bien simple : c'est qu'avant d'arriver dans les voies urinaires la portion de sucre qu'elles contiennent doit nécessairement passer par l'estomac; or, pour opérer la conversion de ce sucre en alcool, il faut qu'il s'établisse une fermentation active, quelquefois violente. Il en résulte pour les matières alimentaires qui occupent la région gastrique un état d'ébullition, d'effervescence, qui réagit sur tout le tube intestinal et détermine toujours un relâchement momentané. Cet effet souvent reproduit est capable d'amener à son tour dans l'organisme de graves désordres, tels que l'inflammation du tube digestif, la dyssenterie chronique, etc., etc.

Les bières sucrées ont encore l'inconvénient d'altérer beaucoup plus que les autres; cela résulte du surcroît de travail imposé à l'estomac pour opérer l'assimilation de cette espèce de bière; les efforts qu'il est obligé de faire y déterminent une augmentation de chaleur qui non-seulement provoque une abondante transpiration cutanée, mais encore détruit bientôt l'effet que l'on voulait obtenir en y introduisant une boisson fraîche, ou, pour mieux dire, elle produit un effet inverse. Une expérience constante prouve que l'usage de cette boisson rend la soif plus intense au lieu de la calmer, et que ceux qui en abusent en ressentent des effets d'autant plus pernicieux qu'elle contient une plus grande quantité de sucre de fécule à l'état libre.

Fort souvent encore les bières sucrées déterminent les affections bronchiques; un verre suffit quelquefois pour les provoquer de nouveau quand elles ont disparu depuis un temps assez long.

Il est facile de comprendre pourquoi la fermentation de ces espèces de bière s'établit promptement dans les régions abdominales; c'est qu'elles y trouvent réunies toutes les conditions nécessaires pour fermenter d'une manière active : une température constante de 36°, de l'eau en abondance, enfin de nombreuses substances en voie de décomposition, qui empruntent une nouvelle énergie à l'action des matières fermentescibles qu'on introduit dans l'économie animale.

C'est surtout dans de telles circonstances qu'une pareille boisson peut déterminer dans les intestins un effet analogue à celui qu'excite ordinairement le *vin doux;* mais ici l'action est beaucoup plus énergique, parce que la plupart de ces bières contiennent un excès de *levûre*, ou que cet excès se produit toujours lorsque la fermentation se développe de nouveau.

Pour appuyer nos propres observations, nous citerons, dans le cours de ce chapitre, quelques exemples que nous empruntons au *Dictionnaire des Sciences médicales*, où nous lisons :

« C'est à ces espèces qu'il faut le plus ordinairement rapporter la plupart des reproches qu'on a faits à la bière d'une manière trop générale ; ce sont elles qui déterminent, surtout lorsqu'elles sont nouvelles, des coliques, des gonflements gazeux, de l'ischurie, des blennorrhagies même et des rétentions d'urine, etc.

« Chez ceux qui en boivent avec excès, ces effets paraissent dépendre principalement de la présence d'une certaine portion de *levûre* suspendue ou divisée dans la liqueur, et qui ne s'est point encore suffisamment assimilée. On sait, en effet, que *la levûre est un irritant très actif; Roseinstein* l'employait en pilules comme purgatif; et l'exemple d'un homme dont parle M. Wauters, qui périt d'un flux dyssentérique pour avoir bu de la bière dans laquelle on avait imprudemment délayé de la levûre, confirme encore cette vérité.

« Un autre inconvénient de ces boissons, même pour ceux qui les digèrent bien, c'est de favoriser le relâchement des organes abdominaux et de disposer à des engorgements des viscères ou à un développement excessif du tissu cellulaire graisseux, d'où résulte une obésité incommode. »

Tout concourt donc à faire des bières sucrées une boisson toujours mauvaise, quelquefois dangereuse, qu'une police sanitaire bien entendue devrait impitoyablement repousser, non-seulement dans l'intérêt des masses, mais encore dans celui des brasseurs eux-mêmes ; car chaque jour voit augmenter le discrédit dont est frappée une boisson saine, d'une utilité incontestable, et cela par la faute d'une certaine classe de consommateurs qui *exigent*, dans les produits qu'on leur livre, des conditions qui ne sont propres qu'à les rendre malsains.

Les bières de Lyon ne ressemblent que de loin à l'espèce dont nous venons d'entretenir nos lecteurs. Cependant, quoiqu'elles soient fort agréables au goût et que nous leur reconnaissions toutes les qualités d'une très bonne boisson, on ne peut, dans une classification générale, les considérer que comme une variété des bières sucrées.

Nous les aurions même classées avant les bières d'Alsace si elles n'avaient le désavantage d'être plus lourdes et d'une digestion plus difficile que celles-ci pour les estomacs qui n'y sont pas habitués depuis longtemps. De toutes les bières de France, les bières de Lyon sont certainement celles qui ont le plus d'analogie avec le *porter* des Anglais, mais elles n'en ont pas les défauts.

Les *bières acides* ne doivent le peu d'agrément qu'elles offrent au goût qu'à un commencement de fermentation acide[1]. Dès que cette fermentation a commencé, chaque jour amène, par la décomposition des principes constituants, des transformations nouvelles ; et l'alcool que contiennent les bières diminue en raison directe du progrès de l'acidification.

Elles ont sur les précédentes une propriété qui leur fait donner quelquefois la préférence : c'est de rafraîchir plus efficacement les papilles et les glandes salivaires, tout en provoquant la salivation.

Les bières acides sont d'une digestion beaucoup plus facile que les bières sucrées ; le temps, en les vieillissant, a opéré l'action décomposante que les autres éprouvent dans l'estomac, et dès-lors celui-ci a une moins grande somme de force à dépenser pour se les assimiler d'une manière complète.

Elles n'ont pas, comme les bières sucrées, l'inconvénient d'agir à la manière d'un laxatif énergique, mais elles déterminent quelquefois des aigreurs chez les sujets d'un tempérament délicat.

En résumé, on peut regarder les bières amères comme une boisson confortable et réellement bienfaisante, capable de remplacer le vin pour les jeunes gens et fort souvent pour certains vieillards, si nous en jugeons par ces paroles que nous adressait, il y a peu de temps, un des débris de notre ancienne gloire : « La bière est, à mon avis, pour tous les tempéraments, quels

(1) On désigne par *fermentation acide* la réaction qui détermine la transformation de l'alcool contenu dans la bière en *acide acétique* (vinaigre). Nous donnerons dans un chapitre spécial toutes les explications que demande cette importante question.

que soient l'âge ou le sexe, la boisson la plus saine, la plus bienfaisante ; c'est à elle que je dois d'être encore, à soixante-dix ans, aussi fort, aussi jeune et aussi alerte que vous. »

Les bières sucrées ne sont qu'une véritable boisson de convention, à laquelle on conserve, à tort, selon nous, une dénomination qui ne saurait leur être propre.

Enfin, les bières acides peuvent être considérées comme une boisson rafraîchissante seulement. Malheureusement il n'en est pas toujours ainsi de leurs propriétés désaltérantes ; nous en examinerons la cause en nous occupant de la *Coloration*.

Dans quelques cantons du département du Nord, les cabaretiers, fermiers, propriétaires, ont l'habitude de louer, pour le temps nécessaire à la fabrication d'un brassin, un établissement auquel on donne avec une prétention assez outrecuidante le nom de brasserie. Nous ne saurions nous élever avec trop de force contre les procédés de fabrication ordinairement en usage dans ces établissements, où les gens les plus ignorants des lois de la fabrication préparent des liquides malsains qu'ils imposent ensuite à leurs domestiques ou à leurs ouvriers.

Nous n'avons jamais bu, nous pouvons le dire en toute humilité, rien qui ressemble moins à de la bière que cette boisson-là. A coup sûr, la *cervoise*, même à son origine, lui était infiniment supérieure.

Généralement les bières d'Alsace et du Nord se livrent non mousseuses, et dans des vases de grès, ou simplement de verre, appelés *pots*, *cannettes*, etc. La plupart des autres au contraire, particulièrement celles du Midi, sont livrées à la consommation dans des bouteilles ou dans des cruchons, et dans ce cas elles sont mousseuses.

Cependant on fait aujourd'hui dans la plupart des départements du centre des bières façon de Strasbourg, dont la vente s'opère de la même manière; mais ce qu'elles offrent de plus remarquable, dans quelques localités, c'est le titre qu'on leur donne; car elles ne ressemblent en rien à celles dont on usurpe bien illégalement le nom.

On a dit que toutes les espèces et variétés de bière pouvaient, par un usage abusif, sinon provoquer l'obésité, au moins en hâter le développement d'une manière sensible chez les individus qui y ont quelque prédisposition naturelle; tout en admettant cette opinion pour un instant, nous pensons que les bières du Nord doivent agir en ce sens avec moins d'énergie que les autres, par suite de leur état presque constant d'acidité.

Quant à l'état d'embonpoint de la plupart des ouvriers brasseurs et des brasseurs eux-mêmes, nous pensons que, si l'usage fréquent de la bière y entre pour quelque chose, la cause en est bien plus au développement que prennent les membres par suite de l'activité des travaux; en un mot, nous croyons que l'assiduité et la régularité du travail jouent, dans ce cas, un rôle beaucoup plus actif que la bière elle-même[1].

(1) N'en déplaise au savant et spirituel auteur de la *Physiologie du Goût* qui professe, à l'égard de la bière, une certaine pruderie gastronomique et des craintes qu'il serait dangereux pour le Trésor de voir partager à la majorité des Français.

La vieille médecine a été longtemps divisée sur la question de savoir si la bière pouvait être considérée comme une boisson salutaire. L'école de Galien, de Dioscoride, l'avait frappée d'un discrédit complet en disant « qu'elle engendrait de mauvais sucs, offensait les nerfs, attaquait le cerveau, occasionnait des vents, déterminait les rétentions d'urine, produisait la lèpre, et qu'enfin un breuvage qui naît de la corruption[1] ne peut jamais avoir que de mauvais effets, etc., etc., etc. »

Nous avons d'abord partagé quelques-unes de ces idées, mais d'une manière restrictive et par rapport à certaines bières seulement; il est fâcheux que les savants des temps anciens les aient généralisées d'une manière aussi absolue. Nous y reviendrons en parlant des propriétés hygiéniques du houblon.

Le temps, heureusement, a fait justice de ces opinions, ou au moins de l'absolutisme doctoral qui les avait enfantées; et les médecins de l'école moderne diffèrent complétement de leurs illustres devanciers.

Il suffit, au surplus, de se rappeler la constitution physique des peuples chez lesquels la bière est la boisson naturelle, comme les Anglais, les Allemands, les Flamands, pour s'aperçevoir bientôt que, comparativement à certains autres Européens, ils sont tout à la fois les plus beaux en couleur, les plus forts, les plus robustes et les plus sains.

Nous maintenons donc que la bière, faite avec soin

(1) Le mot corruption était alors employé, outre son acception actuelle, dans le sens de *fermentation, décomposition, transformation*.

et dans des conditions que nous indiquerons avec tous les détails possibles, est, après le vin, la boisson la plus saine et la plus salutaire. Rafraîchissante et tout à la fois antiseptique, diurétique, apéritive, soporative, dépurative, elle possède les qualités hygiéniques les plus précieuses, et nous semble appelée à rendre d'éminents services aux pauvres gens qu'une condition malheureuse prive de l'usage du vin.

On a considéré pendant longtemps et on considère encore aujourd'hui la bière comme douée de propriétés nutritives ; mais ce fait n'est pas suffisamment constaté. On en est encore à se demander si l'embonpoint dont jouissent ceux qui en font usage peut suffire pour résoudre la question dans le sens de l'affirmative, ou si elle n'agit qu'en imprimant aux organes une action stimulante qui place l'économie dans des conditions telles que le mouvement nutritif y devient plus actif.

Tels sont les termes de la question posée par le *Dictionnaire des Sciences médicales*, avec lequel nous partageons le doute et l'incertitude, quoiqu'un grand nombre de faits laissent croire aux propriétés nutritives de la bière.

Nous emprunterons à l'un des savants les plus distingués de l'Allemagne, M. Liébig, une importante citation sur cette question. Ses *Lettres sur la Chimie*, qui ont fourni carrière à nos études et à nos recherches, vont nous donner l'appréciation raisonnée des vues de l'auteur.

« Un des faits les plus remarquables et les plus importants de notre époque, dit M. Liébig, c'est l'alliance qui s'est opérée entre la chimie et la physiologie, alliance qui a jeté une lumière nouvelle et inattendue sur les phénomènes vitaux dont les animaux et les végétaux sont le siége. Grâce à elle, nous savons maintenant à quoi nous en tenir sur la valeur des mots *aliment, poison* et *médicament*. Aujourd'hui les idées de faim et de mort ont pour nous une signification claire et précise, et nous ne sommes plus obligés de nous contenter d'une simple description des états que ces mots désignent.

« Nous savons actuellement d'une manière positive que toutes les substances qui servent d'aliments à l'homme doivent se diviser en deux classes : la première comprend toutes les substances qui servent à la nutrition proprement dite et à la reproduction; la deuxième comprend celles qui jouent un rôle tout différent dans l'organisme animal. *On peut démontrer mathématiquement que la bière n'est pas nourrissante,* qu'aucun des éléments qui la constituent n'est capable d'entrer dans la composition du sang, de la fibre musculaire ou d'un organe quelconque de l'activité vitale. Une révolution complète s'est opérée dans les idées relativement au rôle que la bière, le sucre, l'amidon, la gomme, etc., jouent dans les phénomènes vitaux, etc.[1] »

On pourrait donc déduire de ce qui précède que, si la bière suspend momentanément la faim, c'est en raison des fonctions purement mécaniques, si on veut bien nous permettre cette locution, que l'estomac remplit pour en opérer la digestion, et non pas parce qu'elle

(1) Lettre XVII, page 227.

en opère l'assimilation au profit des organes vitaux.

Sans prétendre que l'opinion que nous émettons ici doive faire autorité, nous avons cru utile de déduire les conséquences qui nous paraissaient le plus d'accord avec la raison.

Quoi qu'il en soit, nous sommes convaincu que la bière détermine une espèce d'anorexie qui n'est particulière à aucune autre boisson au même degré; en effet, si elle n'est pas douée de propriétés nutritives, on ne saurait nier qu'elle dissimule la faim, à la manière de la gomme, des réglisses, des pâtes pectorales de lichen, de guimauve, etc., etc. C'est à cette propriété qu'il faut attribuer l'opinion généralement accréditée aujourd'hui que *la bière est nourrissante.*

Les bières qui sont d'une digestion facile conviennent à tous les estomacs : rafraîchissantes, elles apaisent la soif et tempèrent la chaleur de l'épigastre ; diurétiques, elles facilitent la sécrétion des urines et déterminent une légère transpiration cutanée qui tient la peau fraîche pendant tout le temps que dure l'assimilation, et même au delà ; laxatives, elles relâchent les membranes muqueuses, surtout celles du canal intestinal, et une partie des organes sexuels ; en un mot, elles facilitent toutes les évacuations.

Coupées avec de l'eau, elles peuvent, dans quelques cas de fièvres aiguës, remplacer avantageusement et économiquement les tisanes ordinaires ; *Boerhaave*, *Cullen*, *Stol* les ont souvent administrées dans ce cas, et même dans les affections cutanées, telles que les maladies éruptives. *Sydenham* en conseillait l'emploi dans la coqueluche, et la goutte dont il était atteint fut longtemps combattue, dit-il, par le même moyen, avec un succès satisfaisant.

L'école moderne accorde à la bière une certaine efficacité dans les maladies de la moelle épinière et lui attribue assez généralement la propriété de s'opposer à la formation des calculs urinaires, graviers, etc. Il paraît que ces dernières maladies sont beaucoup moins fréquentes dans les contrées où la bière est d'un usage général que partout ailleurs.

Selon John Sinclair, la gravelle et la pierre sont extrêmement rares en Écosse, où la bière est la boisson quotidienne des habitants. On attribue la rareté de ces maladies à l'action diurétique du houblon sur la vessie.

Un lithotomiste distingué du quinzième siècle, Abraham Cyprianus, a constaté que, sur quatorze cents personnes opérées de la pierre, il ne s'en trouvait aucune qui fît de la bière sa boisson habituelle. C'est ce qui a fait dire :

Ne unus quidem cerevisiæ deditus[1].

Les bières légères et peu houblonnées ont produit de bons effets, dans les affections phthisiques, sur des tempéraments secs et bilieux ou sanguins et irritables ; lorsque la maladie est arrivée à une certaine période, elles atténuent son caractère inflammatoire, et au début elles s'opposent à son développement.

(1) *Traduction libre :* Et aucun de ceux qui buvaient de la cervoise n'en était atteint.

On s'accorde en outre à leur attribuer des propriétés adoucissantes et pectorales, qu'elles partagent avec le plus grand nombre des décoctions d'orge, et elles sont d'une digestion beaucoup plus facile que celles-ci ; elles sont aussi moins débilitantes, tant à cause du principe amer du houblon qu'elles renferment que du *gaz acide carbonique* tenu à l'état de dissolution dans toutes les espèces de bières.

Les petites bières de Paris ont été employées avec succès dans certaines inflammations chroniques du poumon et surtout de l'estomac; aussi leur donnait-on la préférence sur toutes les autres boissons, lorsque les gastrites chroniques touchaient à leurs dernières périodes.

Dans les maladies qui ne sont que la conséquence de celles dont nous venons de parler, comme la cardialgie, par exemple, on employait de la bière légèrement mousseuse, et elle agissait alors à la manière de l'eau de Seltz. Nous avons souvent observé que la bière mousseuse, prise dans la proportion de deux verres quelques moments après le repas, ou même vers la fin, facilitait ou activait, chez certaines personnes, la digestion avec autant de succès que l'auraient fait deux verres de vin de Champagne.

Le gaz acide carbonique n'est pas étranger à cette heureuse réaction, et l'emploi de l'eau de Seltz le prouve; toutefois nous pensons qu'il faut tenir compte des principes fermentescibles que la bière entraîne toujours avec elle, et qui agissent à leur tour sur les aliments ingérés. Dans ce cas, l'acide carbonique qu'elle renferme, favorisé par la température de l'estomac, se développe lui-même librement, soulève ou plutôt distend les aliments, et les tient dans un état de liquidité, de division, qui doit sans aucun doute en faciliter l'assimilation.

Quelques médecins ont fait de la bière une boisson médicamenteuse en y ajoutant des infusions de *quinquina*, de *centaurée*, de *cresson*, de *raifort*, de *cochléria*, de *beccabunga*, de *scille*, de *colchique*, et différentes racines amères.

Les bières les plus fortes, comme celles de Lyon en France et le *porter* en Angleterre, sont employées dans les fièvres adynamiques, dans certains cas de fièvres ataxiques, et surtout dans le typhus contagieux des hôpitaux et des prisons; il convient dans ce cas qu'elles soient extrêmement fortes.

L'illustre Fourcroy a souvent prescrit la bière légère pour toute boisson dans les fièvres putrides et les fièvres bilieuses, dans la sciatique, le rhumatisme aigu, etc.; seulement il s'assurait personnellement de la qualité de celle qu'il employait comme médicament.

On le voit donc, la bière a rendu, de temps immémorial, des services éminents en thérapeutique.

S'il n'a jamais été facile d'assigner à la bière des propriétés hygiéniques particulières, et d'indiquer, à un point de vue général, des caractères qui lui soient spéciaux, il serait bien plus difficile de le faire aujourd'hui qu'il y a autant d'espèces et de variétés de bières qu'il y a de brasseurs, et que chacune d'elles possède en quelque sorte un mode d'action différent.

Quoi qu'il en soit, la bière convient bien aux tempéraments secs et bilieux, aux personnes dont les organes irritables et la chaleur propre très ardente nécessitent l'ingestion d'une plus grande quantité de liquides rafraîchissants; mais elle convient particulièrement à celles dont les évacuations intestinales sont d'ordinaire sèches et dures.

Comme la plupart des substances fermentées dont l'amidon forme la base essentielle, la bière détermine chez tous les mammifères, et particulièrement chez la femme, une abondante sécrétion de lait. Des observations nombreuses nous ont démontré que cette propriété est plus développée dans la bière nouvelle, et qu'on peut rendre son action plus efficace encore en y ajoutant, après la fermentation, 6 ou 800 grammes de sucre brut (cassonade) par hectolitre. La proportion dépend de la qualité même de la bière, et elle doit être telle que le sucre soit un peu dominant. Mais il faut bien se garder dans ce cas d'employer le *glucose* (sucre de fécule), dont les propriétés éminemment laxatives pourraient, à notre avis, en rendre l'usage funeste, et même produire des effets diamétralement opposés à ceux que l'on veut obtenir. Dans la Bavière et la Bohême, où la bière, la bonne bière, est la boisson usuelle des habitants, les nourrices ont presque toujours assez de lait pour pouvoir allaiter pendant un an deux enfants vigoureux. Ce fait est certainement l'un de ceux qui doivent nous faire croire aux propriétés nutritives de la bière.

On a prétendu et on prétend encore que l'abus de la bière peut déterminer dans les voies urinaires des *écoulements muqueux* ayant tous les caractères de la gonorrhée. Bien que ces affections aient été souvent constatées à la suite d'excès de ce genre, elles n'avaient cependant aucun caractère dangereux ; et il est démontré aujourd'hui qu'elles sont réellement moins fréquentes qu'on ne l'avait cru jusqu'ici.

Il est plus vrai de dire que la bière récemment fabriquée, prise en quantité un peu notable, agit réellement comme somnifère, principalement lorsqu'on s'est servi de *houblons nouveaux*. Cette singulière propriété, que personne avant nous, que nous sachions, n'avait constatée, n'en est pas moins certaine; car nous en avons maintes fois fait l'épreuve sur nous-même, et nous avons vu souvent le même effet se produire sur des individus d'un tempérament absolument opposé au nôtre.

On a aussi observé que ceux qui font de fréquents abus des bières fortes, du *porter*, par exemple, sont exposés aux affections de cachexie lymphatique.

Prise immodérément, la bière produit les mêmes phénomènes que toutes les autres boissons alcooliques fermentées : elle provoque l'ivresse. Elle ébranle le système nerveux, alourdit les membres, paralyse le jeu des organes vitaux, détermine la faiblesse, et amène à sa suite les vertiges et la somnolence. L'ivresse causée par la bière se traduit souvent par une joie bruyante suivie de fureur; l'irrégularité des mouvements du corps est accompagnée d'une loquacité niaise, à laquelle succèdent la stupeur et l'ébêtement, à mesure que l'homme disparait pour faire place à la brute. Bientôt l'estomac suspend ses fonctions; la véritable existence est arrêtée dans sa marche; le désordre qui règne dans tout l'organisme est venu absorber l'intelligence, pour ne laisser à nu que l'instinct bestial le plus méprisable chez les uns, le plus digne d'intérêt et de bienveillante sollicitude chez les autres.

Selon M. Dumas, le pouvoir enivrant de l'eau-de-vie, à 55.59, étant représenté par 100, celui de la bière forte sera représenté par 19,98.

« Il est difficile, dit M. Raspail (*Nouveau Système de Chimie organique*, t. III, p. 485), d'expliquer par quel procédé l'eau-de-vie, en petite quantité, guérit de l'ivresse occasionnée par la bière. »

M. Raspail, l'un des plus patients et des plus habiles expérimentateurs que nous connaissions, nous paraît avoir enregistré là un fait fort contestable. Mis en présence, trop souvent peut-être, par notre position, avec des hommes qui avaient la malheureuse habitude de chercher au cabaret, dans de copieuses libations de bière, un soulagement moral que la tempérance réprouve et que la raison défend, nous n'avons jamais vu l'eau-de-vie servir d'antidote à l'ivresse causée par la bière; et cependant, depuis que nous avons vu ce fait consigné dans les travaux de M. Raspail, nous avons observé attentivement tous les cas de ce genre dont nous avons eu l'occasion d'être témoin.

Nous irons même plus loin, nous dirons que l'ingestion de l'eau-de-vie succédant à une absorption déjà considérable de bière détermine presque toujours l'ivresse, et qu'il n'est pas rare de voir un individu, que huit ou dix litres de bière n'auraient pas enivré, succomber sous l'influence des trois centilitres d'eau-de-vie que représente, à peu de chose près, le classique petit verre.

Mais puisque nous en sommes aux propriétés hygiéniques de l'alcool, nous demandons la permission d'ajouter quelques mots sur cette intéressante question, bien qu'elle nous éloigne un peu de notre sujet.

L'alcool, qui fait la base essentielle de tous les liquides fermentés, constitue le principe actif de l'eau-de-vie. Le mot *alcohol*, d'origine arabe, signifie *corps très subtil*, *très divisé*. Boerhaave, l'un des médecins les plus distingués des siècles passés, lui donna ce nom parce qu'il le considérait comme le corps inflammable le plus pur et le plus simple. Plus tard on l'a appelé *esprit-de-vin*, dénomination qu'il conserve aujourd'hui, mais à laquelle on supplée par son synonyme *alcool*, en raison de sa brièveté.

Étendu d'eau, c'est-à-dire à l'état d'eau-de-vie et tel qu'on le trouve dans le commerce, il excite momentanément les forces, surtout s'il est pris en minime quantité; à une dose plus élevée, il les détruit et occasionne l'ivresse. L'usage trop fréquent de l'eau-de-vie, ou de toute autre liqueur spiritueuse, peut produire de graves désordres dans l'économie animale; car il détermine presque toujours des irritations chroniques et des lésions organiques très dangereuses; l'abus de ces liqueurs suffit pour déterminer un état de faiblesse musculaire, une sorte d'imbécillité dont il n'est pas rare de voir de tristes exemples chez ceux qui sont adonnés à l'ivrognerie.

Une simple injection d'alcool pur dans les veines peut donner la mort aussi instantanément que le ferait la foudre, et la perturbation générale qui en résulte est occasionnée par la coagulation immédiate du sang.

Il est facile de comprendre, d'après ce que nous avons dit plus haut de la nature de l'alcool, qu'il pénètre dans tous les organes avec une grande rapidité, et c'est à l'imprégnation qui résulte de l'abus des liqueurs spiritueuses qu'il faut attribuer la *combustion spontanée.*

On appelle ainsi la combustion ou l'incinération du corps humain au contact d'un objet en ignition qui dans d'autres circonstances n'aurait déterminé qu'une brûlure ordinaire.

L'état d'abrutissement moral et d'abjection que l'abus de l'eau-de-vie peut produire aurait dû la faire nommer de préférence *eau de mort;* car si on connaissait le nombre exact des victimes que l'alcool fait chaque jour, on frémirait d'épouvante autant qu'on ressentirait de dégoût.

Mais il est temps de revenir aux propriétés enivrantes de la bière. Un grand nombre d'auteurs prétendent que l'ivresse qu'elle engendre est plus tenace, plus insupportable, quelques-uns ajoutent même plus dangereuse que celle occasionnée par le vin. Bien que nous n'ayons pas d'exemple à citer pour appuyer notre opinion, nous sommes tout disposé à regarder ce fait comme exact dans certains cas.

Parmi les moyens de la combattre, on a recommandé

particulièrement l'éther sulfurique. Nous avons souvent vu employer avec succès les pastilles de Vichy, la magnésie, ou une cuiller à café d'ammoniaque liquide dans un verre d'eau sucrée; mais on n'administre l'ammoniaque à cette dose que pour des constitutions robustes, comme celles de garçons brasseurs, par exemple. L'ammoniaque et la magnésie ont pour effet saturer une partie des divers acides, liquides ou gazeux, contenus dans la région de l'estomac, et cette saturation s'opère avec une promptitude et une efficacité telles qu'elle détermine des vomissements abondants; lorsque les évacuations paraissent terminées, une tasse de thé suffit quelquefois pour faire cesser complétement les symptômes de l'ivresse, et pour amener un calme réparateur dont on a tant besoin après de semblables indispositions.

La plupart des boissons, et particulièrement le vin, pour peu qu'on veuille apprécier la finesse de leur saveur, demandent à être bues dans des limites de température peu étendues; la bière ne fait pas exception à cette règle : au-dessous de 6 degrés de chaleur et au-dessus de 12, elle perd une partie de son goût; au-dessous du point de liquéfaction de la glace, c'est-à-dire à 0°, les qualités qui distinguent une bonne bière deviennent difficilement appréciables pour le palais; soumise à un froid plus intense, elle se trouble un peu avant sa solidification, et non-seulement alors elle n'est plus bonne, mais elle devient tellement méconnaissable qu'il est presque impossible de dire quel est le détestable breuvage que l'on cherche à qualifier. Au-dessus de 12 ou de 15 degrés au plus, sa saveur primitive disparaît; on n'y retrouve plus l'amertume, le bouquet, le parfum du houblon; tout cela est remplacé par une saveur âcre à laquelle on ne peut s'habituer. Si la température est poussée à un degré plus élevé, il ne reste plus rien qu'une mauvaise tisane, ce qu'en termes vulgaires on appelle une *médecine*.

Parmi les causes surprenantes qui modifient la saveur de la bière, nous devons mentionner spécialement le camionnage, en d'autres termes le transport au moyen de voitures. Ce fait, tout inexplicable qu'il soit, n'en est pas moins certain, et on peut affirmer qu'une bière voiturée, toutes conditions de limpidité étant égales, n'a plus la saveur que présente la *même* bière tenue dans l'immobilité après la fermentation. Cette différence se fait tellement sentir dans certains cas qu'il est impossible de reconnaître le lendemain la bière dégustée la veille à la brasserie. Cette modification peut-elle être raisonnablement attribuée à la perte d'une certaine quantité de *gaz acide carbonique* que la bière abandonnerait par l'agitation? Nous ne le pensons pas; car la saveur primitive tendrait à reparaître à mesure que, par les dernières périodes de fermentation, la quantité d'acide carbonique augmenterait dans le liquide; or ce dégagement ne modifie en rien les nouvelles conditions dans lesquelles se trouve la bière. Est-ce au contraire le résultat d'une absorption d'air? Nous craindrions de nous tromper en nous prononçant sans réserve pour l'affirmative, mais, jusqu'à preuve contraire, nous estimons que telle est la véritable cause dont nous recherchons l'origine. Quoi qu'il en soit, on peut dire que cette saveur si délicate, si recherchée par les amateurs de bière et surtout par les Allemands, s'est modifiée au point de faire perdre à la bière un quart de sa qualité.

Ainsi s'explique la légitime préférence que les Strasbourgeois accordent à la bière qu'ils boivent dans les brasseries mêmes sur celle qu'ils pourraient avoir dans leur propre demeure.

Nous avons dit plus haut que la bière ne devrait jamais être livrée à la consommation qu'autant qu'elle ne renferme plus de sucre, au moins en quantité facilement appréciable ; toutefois on doit préférer les bières qui sont légèrement sucrées à celles qui ont une saveur acide, car la quantité d'acide acétique produit représente, et au delà, la quantité d'alcool détruit.

L'école de Salerne émettait l'opinion suivante sur les qualités que doit posséder la bière au moment où elle peut être bue :

> *Non acidum sapiat cerevisia ; sit bene clara,*
> *Et granis sit cocta bonis ; satis ac veterata* [1].

La même école apprécie ses effets de la manière suivante : *Crassos humores nutrit cerevisia, vires præstat, et augmentat carnem, generatque cruorem* [2].

Pour compléter ce que nous avons dit des caractères

(1) Que la cervoise n'ait point de goût acide ; qu'elle soit bien claire, faite avec de bons grains ; de plus, qu'elle ait assez vieilli.

(2) La cervoise entretient les humeurs épaisses, donne des forces, et augmente l'éclat de la chair en y produisant le sang.

généraux, des propriétés caractéristiques de la bière et de ses divers usages, il nous reste à parler de quelques-uns de ses emplois gastronomiques ; nous en connaissons deux : le *birambrot* et le *punch à la bière*. Par le premier on désignait autrefois un potage préparé avec de la bière un peu acide, à laquelle on ajoutait comme condiment un mélange de sucre et de muscade, afin d'aromatiser le tout d'une manière agréable. Aujourd'hui encore, sur les frontières septentrionales de la France, on fait de *la soupe à la bière*, de la manière que nous venons d'indiquer, en ajoutant quelques tranches de pain au mélange, lorsqu'il est à une température voisine de l'ébullition ; ce n'est, à proprement parler, qu'une variété du *birambrot*.

Le *punch à la bière* n'est guère connu que des peuples du midi de l'Europe, et particulièrement des Espagnols et des Portugais ; il s'obtient en opérant le mélange suivant :

Deux bouteilles de bière mousseuse ;

Un demi-litre de limonade sucrée au citron ;

Six centilitres de rhum.

Le tout doit être mélangé promptement et dans les plus grandes conditions de fraîcheur possible ; on obtient ainsi une boisson non moins agréable que rafraîchissante.

Il s'en faisait jadis une consommation très importante à Madrid et dans plusieurs provinces de l'Espagne où le *punch à la bière* est encore aujourd'hui d'un usage très général.

§ 3. Des bières particulièrement résineuses.

Nous empruntons au *Dictionnaire des Sciences médicales* les paragraphes suivants, qui nous ont paru rentrer parfaitement dans notre sujet, et qui compléteront la partie historique de ce travail.

« Ces bières sont faites avec de fortes décoctions de pin ou de sapin, et ont été nommées, par cette raison, *bières épinettes* ou *sapinettes*. On emploie pour cet objet, au Canada, trois espèces de sapins désignés dans l'ouvrage de M. Lambert sous les noms d'*abies alba, nigra* et *rubra*. Les habitants font bouillir les branches et les feuilles de ces arbres avec des copeaux, quelques fruits et des graines céréales grillées ; ils mettent ensuite dans ce moût du sirop et de la levûre au moment de la fermentation, et au bout de vingt-quatre heures la bière est potable.

« Le procédé que M. Duhamel a donné dans son *Traité des Arbres* (t. I, p. 17) diffère peu de celui-ci. Il ajoute seulement du pain ou du biscuit grillé, ce qui augmente la quantité du corps muqueux, et par conséquent les propriétés nutritives de la bière. Les Hollandais fabriquent au Canada cette boisson d'une manière beaucoup plus simple. Ils font bouillir les feuilles et les tiges de sapin hachées, et mettent ensuite dans la décoction du sucre et de la levûre. Cette bière, qui contient autant d'acide carbonique et d'alcool que la précédente, est plus légère et peu nutritive.

« A la Nouvelle-Zélande, Cook a préparé, à peu près de la même manière, une espèce de bière, en mêlant à la décoction d'un pin du pays du jus épaissi de moût de bière et de la mélasse. Dans le nord de l'Europe, M. Faxe a fait les mêmes essais avec le *pinus sylvestris* de Linné, et il a retiré des jeunes rameaux et des feuilles de cet arbre un extrait résineux qui, suivant ce qu'il rapporte dans les *Nouveaux Mémoires de l'Académie des Sciences de Stockholm* (t. I, année 1780), peut se garder plusieurs années sans s'altérer, et supporter les voyages de mer ; il sert à faire une très bonne bière, et, suivant l'auteur, en le mêlant même à celle qu'on transporte sur les vaisseaux, il l'empêche de s'aigrir. Les Anglais connaissent depuis longtemps l'extrait de sapin, qu'ils nomment *essence de spruce*, et s'ils n'en sont point les inventeurs, ils n'en ont pas moins tiré un parti avantageux pour préparer aussi une espèce de bière, et même, suivant quelques journaux, comme moyen préservatif de la fièvre jaune. Thomas Wilson a obtenu de la *sapinette noire* une essence avec laquelle il fait de la bière, en y ajoutant de la mélasse. John Sinclair a décrit ce procédé très simple, qui est en usage, à ce qu'il paraît, sur les bâtiments britanniques ; car M. Keraudren a adressé, en 1807, à la Faculté de Médecine de Paris, plusieurs pots de cette essence de spruce qui avaient été pris sur *le Wodbine*, échoué sur la côte de Boulogne. Cette substance était en fermentation et très altérée, ce qui ne semble pas confirmer ce que M. Faxe dit de son extrait de pin. Il paraît nécessaire, en effet, pour que cette décoction rapprochée puisse se conserver, qu'elle soit très cuite et presque desséchée ; tant que le mucilage et la matière sucrée de la sève seront un peu abondants, ils tendront nécessairement à se décomposer, et lorsque cette substance est bien sèche, ce n'est plus qu'un mélange d'extrait et de résine. Il semble donc qu'il serait facile d'y suppléer, soit avec la térébenthine, comme l'avait déjà proposé M. Duhamel, soit avec le goudron ou quelques autres substances résineuses. Toutes ces bières sapinettes ne diffèrent, en effet, des autres que par leur extractif résineux, qui remplace le houblon; la liqueur fermentée est due au sucre, à la mélasse, au grain, à la drèche, etc., ou, quand on emploie des tiges et des branches, aux sucs propres et séreux qui sont susceptibles par eux-mêmes de fermentation ; les principes nutritifs de ces boissons sont également fournis par les matières sucrées et mucilagineuses, comme dans les autres espèces de bières, et l'extractif résineux, réuni à l'acide carbonique et à l'alcool, les rend plus ou moins spiritueuses, stimulantes et toniques.

« Quant aux propriétés antiscorbutiques qu'on attribue, particulièrement aux sapinettes qui sont employées sous ce point de vue médical sur les bâtiments, et dont on fait un grand usage, surtout à Terre-Neuve et au Canada, je ne me permettrai pas de prononcer, n'ayant par moi-même aucune expérience décisive; je ferai seulement observer que toutes les bonnes bières, que toutes les décoctions végétales un peu stimulantes, que tous les sucs frais d'un grand nombre de végétaux, jouissent de propriétés également antiscorbutiques ; et avant d'accorder une si grande prééminence aux bières résineuses, je demanderai si des expériences comparatives bien faites et multipliées ont pu justifier cette prérogative. Consultons les écrits des voyageurs et des médecins sur ce point, et partout nous trouverons que le *scorbut* de mer cesse en général assez promptement dès que les malades peuvent être portés à terre et faire usage d'aliments frais et de boissons préparées avec de bonne eau et des sucs de végétaux récents. Je suis donc loin d'être convaincu que les sapinettes aient dans cette circonstance un avantage très marqué sur les autres espèces de bières ordinaires pures, ou sur celles qui sont préparées avec des plantes dites antiscorbutiques, ou mélangées, comme le faisait *Lind*, avec de l'eau-de-vie, du vinaigre et du sucre. »

§ 4. Bières médicamenteuses.

« La plupart des espèces de bières dont nous avons parlé jusqu'ici ont été souvent employées comme des moyens très utiles dans beaucoup de maladies, quoiqu'elles servent d'ailleurs de boissons habituelles ; mais on a donné particulièrement le nom de *bières médicamenteuses* à celles qui sont préparées uniquement pour les besoins de la thérapeutique, et dans l'intention particulière de produire telle ou telle médication.

« On distinguait autrefois, en pharmacie, deux sortes de bières médicamenteuses : celles qui étaient préparées en ajoutant le médicament à la décoction du malt, et celles qu'on obtenait par une simple macération.

« Les premières sont avec raison entièrement abandonnées, parce que la fermentation détruit le plus souvent toutes les propriétés qui ont pu échapper d'abord à la décoction.

« Les bières par macération sont les seules qui puissent être en usage, et encore supportent-elles difficilement sans se décomposer les sucs des plantes très aqueuses. Les bières un peu alcooliques et peu houblonnées, comme certains *ales* anglais, sont celles qu'on doit choisir de préférence pour les préparations pharmaceutiques, parce que plus la liqueur est épaisse et chargée de mucilage et de matière extractive, moins elle est susceptible de dissoudre de nouveaux principes; aussi les vins conviennent-ils mieux, en général, pour la dissolution des médicaments, et sont-ils plus actifs à moins forte dose.

« La bière dans laquelle on a fait macérer du lierre terrestre, et que les Anglais nomment *gill-ale*, et celles qui sont préparées avec les racines de raifort, de cochléaria et d'autres plantes crucifères, sont regardées comme très antiscorbutiques. On estimait autrefois, comme diurétiques et utiles dans les néphrites calculeuses, celles qui étaient préparées avec le bouleau et les graines de carotte sauvage. Enfin, on compose aussi des bières toniques et stomachiques avec le quinquina, la gentiane, etc., et des bières purgatives avec l'aloès, la rhubarbe, le séné et plusieurs autres substances. Sydenham et Morton se servaient surtout de ces remèdes évacuants chez les goutteux.

« On conçoit très bien que les bières toniques et fortifiantes de genièvre, de quinquina, de bardane, etc., sont absolument nécessaires dans les pays où il est difficile de se procurer de bon vin; et même, dans certains cas, chez quelques individus sur lesquels le vin produit une irritation particulière, ces bières médicamenteuses doivent toujours être employées de préférence. Mais quels peuvent être les avantages de la bière dans les potions purgatives recommandées par les médecins anglais? A-t-on pu s'assurer que cette liqueur, qui servait simplement de véhicule, ait été pour quelque chose dans les résultats qu'on a obtenus avec un remède d'ailleurs très composé? Cette préparation bizarre a donc besoin d'être soumise de nouveau à une expérience scrupuleuse, et sera sans doute par la suite retranchée de la thérapeutique.

« Guidé par les principes qui ont dirigé M. Parmentier dans la réforme des vins médicinaux, nous proposerons de remplacer les bières médicamenteuses toniques en ajoutant à de bonnes espèces d'*ales* une suffisante quantité de teintures alcooliques de gentiane, de quinquina, etc. M. Keraudren avait déjà conseillé, pour suppléer à l'extrait de sapin de Thomas Wilson, de se servir de teintures de houblon, de genièvre; et par ce moyen on pourrait, avec de la drèche sèche et de la levûre, se procurer facilement et en peu de temps une bonne bière pour l'usage de la marine. Ce procédé, appliqué aux bières médicamenteuses, me paraît devoir être utile dans beaucoup de cas; mais je ne pense pas qu'il puisse toujours remplacer les bières par macération; car je suis convaincu, par ma propre expérience, que les mélanges des teintures amères avec les liqueurs fermentées n'agissent pas toujours de même que les vins médicinaux obtenus, comme on le faisait autrefois, par une simple macération.

« Je terminerai cet article par quelques mots sur l'application extérieure de la bière; les effets qu'on obtient de ces applications topiques se rapprochent jusqu'à un certain point de ceux du vin, et sont d'ailleurs plus ou moins énergiques selon que la bière est elle-même plus ou moins forte. On l'emploie tantôt seule, tantôt unie à d'autres substances qui en modifient les vertus; c'est ainsi que les *lotions* faites avec un mélange de bière et de beurre frais produisent les effets les plus avantageux dans les engorgements inflammatoires qui se manifestent aux parties extérieures de la génération, après les accouchements laborieux; on peut même faire infuser quelques plantes aromatiques dans la bière, afin de la rendre plus résolutive, lorsque la douleur commence à se dissiper. Les fomentations chaudes de ce même mélange sont également très utiles, si l'on en croit Blenk, pour résoudre les engorgements laiteux des mamelles. »

Enfin, M. Bouchardat, dont les nombreux et utiles travaux enrichissent chaque année la science, mentionne dans son *Annuaire de Thérapeutique*, pour 1847, une espèce de bière préparée avec les feuilles de *hachisch;* mais l'auteur ajoute que les effets en sont si violents qu'il lui paraît impossible qu'ils ne fassent pas courir quelque danger à ceux qui en feraient usage.

On a beaucoup vanté dans ces derniers temps les effets merveilleux du *hachisch* sur l'économie animale. Nous avons voulu goûter aussi les délices de cette *fantasia* si estimée, dit-on, des Orientaux, et deux fois nous avons été soumis aux influences de la graine de chanvre indien (*cannabis indica*), sans éprouver autre chose que des impressions fatigantes.

L'état dans lequel nous nous sommes trouvé ressemblait à une ivresse naissante, ou plutôt à ce milieu transitoire qui sépare l'état de veille du sommeil, mais qui approche davantage de ce dernier. Pendant tout le temps que dura l'action du hachisch, il ne nous fut pas plus possible d'imprimer une direction fixe à nos idées que d'analyser, à mesure qu'elles se produisaient, les sensations que nous éprouvâmes. En un mot, nous pensons que le désordre occasionné par le hachisch dans toute l'organisation doit imposer aux amateurs du *merveilleux* une très grande circonspection ; car nous sommes fermement convaincu que son action se porte principalement sur le cerveau, et, dans notre opinion, cette action est assez énergique, assez violente, pour amener des accidents chez les sujets dont le moral n'est pas solidement constitué.

§ 5. Observations concernant les évaluations et les indications thermométriques[1].

Comme nous avons pris pour base de nos évaluations thermométriques le *thermomètre centigrade*, nous

(1) Nous demandons à nos lecteurs la permission de relater un fait qui trouve naturellement ici sa place, et qu'aucun physicien, que nous sachions, n'a constaté, au moins de manière à fixer l'attention des savants. Bien qu'il ait peu d'importance pour des hommes pratiques, il peut offrir quelque intérêt à ceux qui étudient les phénomènes qui sont du ressort des sciences positives.

Toutes les fois qu'on fait passer un thermomètre d'une température quelconque à une température supérieure, le mercure qu'il renferme, augmentant de volume, passe successivement par chacun des

Figure 1.

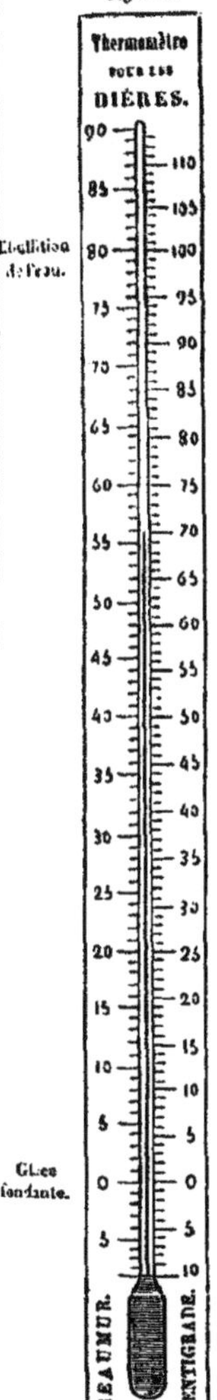

avons pensé qu'il serait utile de mettre en regard des degrés de celui-ci une échelle graduée sur le *thermomètre de Réaumur*, afin que les comparaisons pussent s'établir facilement et sans qu'il fût nécessaire de faire aucune recherche. C'est dans cette intention que nous donnons (*figure* 1) un thermomètre dont la graduation a été opérée sur

degrés intermédiaires compris entre ces deux points, jusqu'à ce qu'enfin il s'arrête à la température maximum du milieu dans lequel il se trouve. Or nous avons souvent remarqué que, lorsque le thermomètre reçoit brusquement l'action de la chaleur, il s'opère dans la colonne de mercure un mouvement de contraction qui fait descendre celle-ci d'un demi-degré, quelquefois même d'un degré, avant que la dilatation se manifeste et lui imprime un mouvement ascensionnel.

Supposons un thermomètre à mercure placé dans un milieu indiquant une température de + 10°, par exemple, et plongé rapidement dans de l'eau à + 90°; aussitôt que le réservoir à mercure en reçoit le contact, il s'opère dans la colonne qui occupe le tube une contraction qui permet au thermomètre de descendre à + 9°, tandis qu'il indiquait auparavant + 10°. Ce fait, dont nous attestons l'exactitude, s'est passé fréquemment sous nos yeux; mais il faut l'examiner avec une attention toute particulière pour le constater avec quelque succès, car la réaction s'opère avec une telle promptitude qu'il n'est possible de l'observer que pendant un moment fort court.

Nous pensons que ce phénomène doit être attribué à l'action exercée par le calorique sur les molécules du verre; très probablement, la dilatation opérée d'abord sur la surface du réservoir à mercure augmente momentanément sa capacité; ce qui oblige par conséquent la colonne de mercure à descendre.

chacune de ces deux échelles; de cette manière un coup d'œil suffira pour arriver au but.

Le signe + (plus) indique les degrés au-dessus de 0, c'est-à-dire depuis ce point jusqu'au sommet de l'échelle indicative; ainsi, + 30° correspond à 30 degrés de chaleur. Le signe — (moins) indique les degrés au-dessous de 0°, c'est-à-dire à partir de ce point jusqu'au bas de l'échelle indicative; ainsi, — 10° correspond à 10 degrés de froid.

DEUXIÈME PARTIE

PARTIE PROFESSIONNELLE

Ire OPÉRATION : MALTAGE

SECTION PREMIÈRE. — PRÉLIMINAIRES SUR LA GERMINATION.

§ 1. Théorie de la germination.

« Les connaissances chimiques doivent être familières au brasseur pour diriger convenablement les opérations multiples qui constituent sa fabrication. »
(*Encyclopédie des Gens du Monde.*)

La germination est l'acte par lequel les graines fécondes se développent pour donner naissance à de nouvelles graines qui leur sont complétement identiques. C'est aussi, dit M. Raspail, la végétation qui se réveille et reçoit une impulsion de développement. Voilà pour la désignation rigoureuse et purement scientifique du mot *germination*.

Pour le brasseur, pour l'homme pratique, la germination est une opération qui a pour objet de développer, dans les céréales employées à la fabrication de la bière, la plus grande quantité possible de principes sucrés et de diastase[1].

La germination est la clef de voûte de l'art du brasseur ; elle forme la base de toutes les autres opérations ; en un mot, elle est la condition essentielle et primordiale du succès.

Pour bien comprendre la théorie de la germination, il est extrêmement important de connaître les différentes parties dont le grain est formé ; nous allons d'abord nous livrer à cet examen ; nous nous occuperons ensuite des opérations pratiques qui doivent précéder la germination; car ici rien ne doit être négligé ; il faut posséder à fond son sujet, et nous ne craindrons pas d'entrer dans quelques développements pour en assurer la connaissance parfaite.

Comme nous voulons circonscrire les limites d'une description qui tendrait à nous éloigner de notre but, nous nous bornerons à dire que la graine (*fig.* 2) pré-

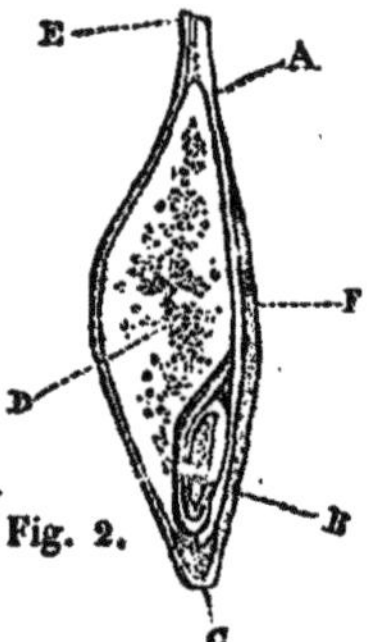

Fig. 2.

Coupe longitudinale d'un grain d'orge.

(1) Nous expliquerons bientôt ce que l'on entend par *diastase*.

sente à sa surface une peau A, plus ou moins épaisse, que l'on désigne par le nom de *test* ou de *pellicule extérieure*. Sous cette enveloppe se trouve l'amande D (*périsperme*), partie farineuse ordinairement blanchâtre, et qui forme la presque totalité de la graine. L'embryon B est la partie la plus essentielle de celle-ci; c'est lui en effet qui renferme tous les organes destinés à préparer ou à transmettre à la jeune plante les aliments dont elle a besoin; par conséquent, s'il n'existait pas, ou si quelque cause l'avait oblitéré, toute germination deviendrait impossible.

Les conditions les plus favorables pour déterminer la germination sont : une certaine température peu variable, la présence de l'eau, de l'air et d'une lumière diffuse, c'est-à-dire tenant le milieu entre l'ombre et l'obscurité.

La température la plus convenable est comprise entre + 5° et + 15°; au-dessous de 5° la germination est pour ainsi dire suspendue ou s'opère avec beaucoup de lenteur; au-dessus de 15° elle devient beaucoup trop active; au-dessous de 0° il n'en existe et n'en saurait exister aucune apparence.

En s'abaissant, la température contracte les parties aqueuses que renferme la graine, et produit des tiraillements, des déplacements, qui, dans un tissu auss compacte, ne peuvent s'opérer sans déterminer des modifications brusques dont le principal effet est de fatiguer l'embryon. Donc, un abaissement de quelques degrés au-dessous de 0° suffit pour désorganiser l'embryon, pour provoquer une perturbation générale dans toute la graine, et pour suspendre la marche de la germination au point de ne pouvoir ensuite lui imprimer aucune activité nouvelle.

Ce fait trouve son explication dans la loi d'après laquelle un corps, quel qu'il soit, mû par une force quelconque, ne perd son activité, représentée ici par les fonctions germinatives, qu'en vertu d'une résistance supérieure à la force qui le meut; de même qu'un corps à l'état de repos ne sort de son immobilité, de sa léthargie, que lorsqu'une cause extérieure, une force vitale enfin, vient agir sur lui et lui communiquer une impulsion nouvelle.

On peut se rendre compte de la désorganisation qu'opère sur l'embryon un certain abaissement de température en se rappelant que, dans les hivers rigoureux, on voit quelquefois des troncs d'arbres crever avec explosion, comme le feraient des vases remplis d'eau et exposés à la gelée.

Une température trop élevée donne des résultats qui ne sont pas moins désastreux; elle dessèche la graine, brûle les tissus, imprime à chacun des organes une activité dévorante à laquelle ne peut suffire la circulation normale. En résumé, elle peut faire éprouver à l'embryon, mais dans un sens inverse de la congélation, une métamorphose, un nouveau groupement d'atomes, dont le dernier terme amène toujours la décomposition partielle ou totale.

Personne n'ignore que l'eau est le véhicule complémentaire, nous devrions dire essentiel, de tous les actes de la végétation; sans eau donc point de germination, puisque ses éléments, ses principes constitutifs sont les auxiliaires indispensables des mouvements qui s'opèrent dans l'intérieur de la graine pour amener son développement.

Il est vrai que la sécheresse n'a pas toujours pour effet de désorganiser les tissus végétaux; mais si nous admettons qu'elle suspend les fonctions végétatives d'une manière indéfinie, comme nous aurons l'occasion de le démontrer tout à l'heure, il s'ensuit nécessairement que la germination doit s'arrêter aussitôt que l'humidité manque aux graines qu'on veut amener à cet état.

Les fonctions de l'eau dans l'acte de la germination sont multiples; leur énumération en fera ressortir l'importance. En pénétrant dans l'intérieur de la graine, l'eau ramollit les téguments et les dispose à se rompre sans effort; elle délaie les parties solubles, gonfle les parties charnues et facilite l'action de l'air; elle dispose la graine à l'assimilation des corps qu'on lui présente, et qu'elle-même se charge de conduire jusqu'à l'embryon, auquel ils arrivent dans un état de division parfait par des vaisseaux particuliers, par des espèces de viscères qui vont de la *radicule* à la *plumule*[1]. L'eau, pour tout dire en un mot, est ici l'agent immédiat de

(1) La *radicule* est la partie charnue attachée à l'embryon, que celui-ci féconde et que la germination développe. Les brasseurs l'appellent assez communément *germe*. Elle n'est visible pour le brasseur qu'au moment où la germination commence à se développer; elle a alors la forme d'une proéminence blanchâtre qui traverse le *hile ou point d'attache* en C (*fig.* 2), et qui plus tard se divise en deux, trois, quatre et même six *radicelles*.

La *plumule* est aussi un des organes charnus attachés à l'embryon;

toute circulation, puisqu'en rendant facile la fluidification du périsperme elle imprime aux évolutions et aux décompositions qui s'accomplissent la marche la plus propice au développement de la plumule et de la radicule.

Quoique l'air soit d'une nécessité moins rigoureuse que l'eau dans l'acte de la *germination*, son importance comme auxiliaire ne saurait faire l'objet d'aucun doute. Les végétaux, pas plus que les animaux, ne sauraient vivre longtemps sans le secours de l'air atmosphérique. La vie des uns et des autres s'éteint également dans le vide; d'où l'on pourrait inférer que les végétaux ont, eux aussi, des organes respiratoires, puisqu'ils peuvent périr par asphyxie.

M. Raspail, auquel nous avons déjà emprunté quelques citations, et dont le profond savoir doit nous inspirer toute confiance, dit:

«L'air atmosphérique pénètre les végétaux et les animaux jusqu'à ce que la portion absorbée soit mise en équilibre avec la portion ambiante; toutes leurs cavités en sont remplies; dans leurs cellules et leurs interstices, dans leurs fruits vésiculeux, tout ce qui n'est pas liquide est de l'air, que l'on peut recueillir par la pression ou en faisant le vide.»

Où trouver en effet les éléments nécessaires à la ger-

elle n'apparaît ordinairement que lorsque la germination est complète, et après avoir traversé la graine dans toute sa longueur, dans une direction opposée à la radicule, pour sortir en E par les *valvules calcinales*. C'est à la plumule que, dans toute la France, et même dans une grande partie de l'Allemagne, les brasseurs donnent la dénomination de *hussard*, probablement en raison de sa configuration, qui présente quelquefois l'aspect d'un sabre en miniature.

mination des graines, telle qu'elle s'opère sur le dallage de nos germoirs? où la germination les puise-t-elle, si ce n'est dans l'air qui environne le grain et dans l'eau que nous avons fait absorber à ce dernier pendant le *mouillage?*

Au surplus, l'influence de l'air sur la végétation est un fait depuis longtemps acquis à la science; des expériences nombreuses et délicates, auxquelles se sont livrés des hommes de talent, ont démontré que c'est dans la couche atmosphérique que les végétaux vont chercher l'oxygène[1] nécessaire à leur existence comme à l'accroissement de chacun des organes soumis aux lois de la germination.

MM. Sennebier et Th. de Saussure ont surtout démontré de quelle importance était le rôle de l'air dans la germination. La science leur est redevable d'une foule d'expériences comparatives du plus haut intérêt.

La lumière a aussi son action directe sur chacune des phases de la germination; trop intense, elle détermine dans l'intérieur de la graine un accroissement de température toujours nuisible, en ce sens qu'elle stimule chacun des organes si délicats, si faibles, qui sortent de l'embryon, et leur imprime une activité intempestive à laquelle il est essentiel de s'opposer. Il faut donc ménager la lumière avec soin pour éviter les accidents dont nous avons parlé en signalant les inconvénients

(1) Le gaz oxygène est l'un des principes constituants de l'air; l'atmosphère dans laquelle nous vivons en contient 21 parties sur 100. Sans la présence de l'oxygène, il ne saurait y avoir ni respiration, ni végétation, ni combustion, ni germination, ni fermentation, etc., etc.

d'une chaleur trop forte. La connaissance de ce fait est due à M. de Saussure ; il fit arriver sur des graines en germination, à travers un verre coloré, les rayons solaires qui jusqu'alors leur étaient parvenus directement ; la puissance calorifique des rayons solaires se trouva ainsi absorbée, et les graines en voie de germination; placées dans des conditions plus normales et plus favorables, reprirent bientôt la marche lente et progressive que les rayons directs avaient trop accélérée.

L'obscurité doit donc être considérée comme nécessaire à l'élaboration de la graine et aux transformations qu'elle subit pendant la germination.

§ 2. Transformations des céréales par la germination.

Maintenant que nous connaissons les conditions nécessaires au mécanisme de la germination, nous pouvons nous occuper de la composition de l'orge, avant et après la germination; nous aurons ainsi, au moyen d'une étude simple, rendue facile par le rapprochement des chiffres, la théorie des transformations par lesquelles s'opère la production de la matière sucrée spéciale qui forme la base de l'industrie du brasseur. Nous examinerons en dernier lieu quelles sont les réactions chimiques qui accompagnent chacune de ces mystérieuses décompositions, dont la science elle-même ne possède peut-être pas encore tous les secrets.

Suivant Einhoff, 100 parties d'orge se composent de :

Eau	11, 20
Son	18, 75
Farine	70, 05
	100, 00

L'analyse chimique de 100 parties de farine d'orge, que ce même auteur a faite, lui a donné pour résultats :

Eau	9, 37
Amidon et gluten réunis	67, 18
Fibre mêlée à du gluten et à de l'amidon	7, 29
Albumine coagulée par la chaleur	1, 15
Gluten dissous	3, 52
Sucre	5, 21
Gomme	4, 62
Phosphate de chaux	0, 24
Perte	1, 42
	100, 00

Les analyses faites par M. *Proust* sur de l'orge non germée lui ont donné sur 100 parties :

Résine	1
Gomme[1]	4
Sucre	5
Gluten	3
Amidon soluble et insoluble	87
	100

Pour nous, la composition de la graine peut se réduire à deux substances, l'*amidon* et le *gluten*, à l'étude desquelles nous nous livrerons bientôt. Toutes deux, en effet, font la base essentielle de l'amande, de la partie farineuse du grain. Il est donc extrêmement

(1) A l'époque où M. Proust fit ses analyses, on n'avait pas encore découvert la dextrine et la diastase. Nous pensons donc qu'il faut substituer ici le mot *dextrine* au mot *gomme*. Quant à la diastase, elle représente environ les 2 ou 3 millièmes du poids de l'orge germée.

important de considérer avec soin le rôle que joue chacun de ces corps dans l'acte de la germination, de connaître les modifications qu'il subit, les produits nouveaux auxquels il donne naissance; car, nous ne saurions le répéter trop souvent, de la connaissance parfaite des lois en vertu desquelles s'opèrent ces transformations dépend le succès des *opérations suivantes*. Sans cette connaissance préalable, on se trouve dans l'impossibilité d'utiliser, dans la suite, chacun des produits nouveaux qui en sont le résultat, et de mettre à profit la manière dont ils se comportent envers ceux avec lesquels on les met en contact.

Nous avons entendu dire quelquefois : « Que m'importe la manière dont se produit le sucre dans la germination des céréales ? Dès l'instant que je sais le développer, cela me suffit. » Non ! cela ne suffit plus aujourd'hui, en présence des dangers sérieux qui vous menacent dans l'avenir. Non ! cela ne suffit pas ; car, quelles que puissent être les prétentions des hommes dont nous rapportons les tristes paroles, comment lutteront-ils contre un accident imprévu, contre un dérangement dans l'équilibre des corps auxquels ils ont affaire ; comment, enfin, remédieront-ils à une perturbation générale ou partielle, aux causes qui l'ont déterminée, aux circonstances qui l'ont accompagnée, si des effets ils ne peuvent remonter à ces causes elles-mêmes ? Non, ce ne sont pas des hommes sérieux et réfléchis, des praticiens éclairés et intelligents qui repousseront la lumière, quand elle peut les guider sûrement, et les conduire par le chemin de la vérité à la solution des plus importantes questions d'économie pratique, de toutes celles enfin qui se rattachent directement à l'industrie qu'ils exercent.

Mais laissons là les réflexions que nous inspirent l'apathie des uns, l'ignorance des autres, et reprenons le fond de notre examen. L'amidon et le gluten nous occuperont d'une manière particulière; car les autres produits n'ont pour nous qu'une importance secondaire.

En effet, c'est à l'amidon que nous allons emprunter la quantité de sucre dont nous aurons besoin pour constituer la richesse de nos moûts; c'est lui que plus tard, et après sa conversion en sucre, la fermentation transformera en alcool, le principe, l'agent conservateur le plus efficace, lorsqu'il est développé abondamment dans les produits que nous fabriquons.

Le gluten, que nous allons étudier, a son mode d'action spécial dans la conservation de la bière; agissant à l'inverse de l'alcool, il accélère l'acidification; il est donc indispensable d'examiner comment il se comporte pendant la germination, quelles modifications il subit, et comment il est aisé, à une époque déterminée, de rendre son élimination facile, c'est-à-dire d'en séparer la plus grande quantité lors de la *cuisson.*

Dans son savant *Système de Physiologie végétale et de Botanique*, M. Raspail a émis une opinion qui nous paraît des plus rationnelles, en disant que la germination ne se développe pas seulement à l'époque où la radicule apparaît, mais bien « dès le moment où le mouvement de la vie se manifeste dans les organes élaborants, et où les agents favorables à la germination ont pénétré dans les divers organes ; dès l'instant où l'élaboration commence en chacun d'eux, où la radicule s'allonge, où les enveloppes crèvent sous l'effort de l'accroissement successif, heure par heure, de la plumule et de la radicule, sous l'influence de telle température et de telles ou telles circonstances météorologiques. »

A ce moment donc les premiers phénomènes de la germination s'accomplissent; à peine se sont-ils développés dans l'intérieur de la graine que le périsperme D (*fig.* 2) se liquéfie et prend l'aspect d'un suc laiteux; il y a production d'acide acétique (vinaigre), et dès lors aussi le gluten perd sa consistance.

Dans les premières périodes de la germination, la perte n'est que peu ou point sensible, et les phénomènes accomplis sont peu appréciables ; tout est sain, excepté le test A qui recouvre le périsperme D, et l'embryon, qui non-seulement a perdu le goût de noisette qu'on lui trouve dans certaines céréales, mais qui a même contracté un goût amer et nauséabond.

« La germination tend de jour en jour et de proche en proche à faire éclater les grains d'amidon et à transformer le gluten et l'amidon en sucre ; à chaque heure, à chaque instant qui s'écoulera, la graine renfermera un plus grand nombre de grains de fécule éclatés, par conséquent une plus grande quantité de substance soluble de la fécule, une plus grande quantité de sucre et une plus grande quantité d'acides acétique et carbonique propres à rendre soluble le restant du gluten.» (Raspail.)

Une partie du *périsperme* est donc décomposée par

le travail de l'*embryon*, d'où résultent la germination et le développement d'une matière sucrée; diverses substances concourent à ce développement, et la diastase, qui est un produit de la germination, y contribue dans une proportion considérable; sous son influence l'amidon subit d'abord une transformation en dextrine, puis en sucre.

« Dans le traitement de la fécule par la diastase, dit M. Dumas, la fécule se convertit en dextrine. La solution de diastase en présence de la dextrine convertit à son tour et complétement cette dernière en sucre. »

« Sous l'influence de la diastase, l'amidon passe d'abord à l'état de dextrine avant de se transformer en sucre. » (Thenard.)

M. Liebig partage l'opinion de M. Thenard sur ce point, et s'exprime ainsi : « On obtient toujours la dextrine comme premier produit qui précède la formation du sucre, quand on fait réagir la diastase sur l'amidon. »

Ce qui vient d'être dit prouve suffisamment que les produits développés par la germination ont eu surtout pour effet utile de déterminer la rupture des grains de fécule, et, par l'action de la diastase, d'opérer la conversion de cette fécule d'abord en dextrine, puis en sucre. Peu à peu le périsperme ne renferme plus que du gluten dissous par l'acide acétique, et un liquide laiteux charriant dans tous les sens les téguments vides de la substance amylacée soluble qu'ils contenaient dans leur premier état.

Pendant la germination, la graine absorbe l'oxygène de l'air et expire de l'acide carbonique; la somme d'oxygène absorbé est égale à la somme d'acide carbonique produit. C'est de cette absorption que résulte l'élévation de température qui favorise l'action de la diastase sur l'amidon et détermine sa conversion en sucre, tout en servant au développement des radicelles.

Nous avons dit précédemment que l'eau et l'air étaient les agents indispensables de la germination ; en effet, l'amidon, le sucre et le gluten ne peuvent prendre une part active à la fécondation des radicelles que par le concours de ces deux corps, dont l'un fournit l'oxygène nécessaire, tandis que l'autre, les tenant à l'état fluide, facilite à l'embryon l'assimilation des substances que réclame le développement de ses organes de nutrition.

L'amidon, en se transformant en sucre, et le gluten, rendu soluble par la présence de l'acide acétique, acquièrent la faculté de se prêter à toutes les exigences de la graine, et tous deux concourent, jusqu'à leur complète transformation, à la production des radicelles. Si l'une ou l'autre de ces deux substances se trouvait en excès, sa présence deviendrait absolument inutile.

Reprenons maintenant les analyses de M. Proust, et comparons leurs résultats avant et après la germination.

100 parties d'orge, avant la germination, étaient composées de :

Résine	1
Gomme	4
Sucre	5
Gluten	3
Amidon soluble et insoluble	87
	100

100 parties d'orge, analysées après la germination, ont donné :

Résine	1
Gomme	15
Sucre	15
Gluten	1
Amidon soluble et insoluble	68
	100

Nous trouvons l'analyse qualitative suivante parmi celles qui ont été faites depuis les travaux de M. Proust et depuis la découverte de la dextrine et de la diastase :

Dextrine.	Albumine.
Diastase.	Huile essentielle à odeur désagréable.
Amidon.	Acide acétique.
Gluten.	Acide lactique.
Gomme.	Divers sels.

Tous ces résultats justifient pleinement l'opinion que nous avons émise au commencement de ce chapitre, que, pour le brasseur, la germination a pour objet de développer, dans les céréales employées à la fabrication de la bière, la plus grande quantité possible de principes sucrés et de matières capables d'en produire encore pendant les autres opérations de la fabrication.

Les chiffres que nous venons de fournir à l'appui de cette énonciation en sont une preuve irréfragable; d'une part, 49 parties d'amidon, sur 87, ont complétement disparu; la quantité de sucre s'est accrue dans le rapport de 5 à 45, et, d'autre part, 4 parties d'une matière gommeuse ont été remplacées par 45 parties de dextrine, susceptible elle-même de se convertir en sucre, comme nous allons bientôt le démontrer. Encore ne parlons-nous pas de la diastase, appelée à jouer un rôle si important dans les infusions, et dont, au point de vue de l'économie pratique, on peut tirer un si grand parti dans les opérations subséquentes.

Le gluten lui-même, dont nous aurons l'occasion d'apprécier l'importance en parlant de la maladie appelée *graisse*, a en partie disparu pendant les transformations que la nature opère dans la graine à l'époque de la germination.

Nous terminerons par l'étude de la diastase, de la dextrine et du gluten, ce que nous avions à dire sur la théorie de la germination. La connaissance approfondie de leurs propriétés nous est nécessaire pour bien comprendre la signification des mots que nous emploierons en décrivant la manière dont se comporte chacune d'elles dans les opérations pratiques qui vont suivre.

§ 3. De la diastase.

La *diastase* est un produit de la nature dont la découverte récente (1833) est due à MM. Payen et Persoz.

Sa propriété la plus remarquable est de convertir l'amidon en dextrine et celle-ci en sucre, sous l'influence de l'eau et d'une température que nous déterminerons quand nous nous occuperons du *brassage*. Elle se développe principalement par la germination dans plusieurs espèces de céréales, telles que l'orge, l'avoine et le froment. On la trouve aussi dans les pommes de terre, mais après la germination seulement. Dans les céréales elle prend naissance près des germes, et non pas dans les radicelles, comme quelques brasseurs le pensent; dans les pommes de terre elle ne se trouve que dans le tubercule, autour de leur point d'insertion. De nombreuses analyses ont démontré que la diastase n'existe pas dans ces plantes avant la germination.

Elle existe aussi sous les bourgeons de l'*ailanthus glandulosa*.

L'orge germée paraît en fournir la plus forte proportion, et cependant elle ne représente guère, comme nous l'avons dit, que la 2 ou 3 millième partie de son poids.

La diastase est une substance solide, blanche, sans type de cristallisation, d'une saveur encore mal définie, se dissolvant facilement dans l'eau et peu ou point dans l'alcool pur.

Abandonnée au contact de l'air, elle s'altère promptement, devient acide, et perd la merveilleuse propriété de transformer l'amidon en sucre. Son altération est d'autant plus prompte que le milieu qui l'environne est plus humide. Une température de + 75° en opère la décomposition.

Pour que la germination développe dans l'orge la

plus grande somme possible de diastase, il faut qu'elle soit poussée à ses dernières limites. On peut, sans craindre de compromettre le succès de l'opération, permettre aux radicelles d'atteindre une fois et demie et même deux fois la longueur du grain ; en d'autres termes, il faut que la plumule, après avoir traversé le grain dans toute sa longueur et dans une direction opposée à la radicule, soit au moment de percer le test pour sortir en E (*fig.* 2) par les *valvules calcinales*. Mais il faut bien se garder d'attendre que la plumule (*le hussard*, si l'on veut) se soit fait jour à travers le test, car alors son accroissement n'aurait lieu qu'aux dépens de tous les principes utiles que la germination a développés dans le grain. Il ne faut pas conclure de ce que nous venons de dire que les soins que l'on donne ordinairement à la couche soient superflus ; il n'en est pas moins nécessaire que les progrès de la germination soient très attentivement suivis. Nous le démontrerons en nous occupant des manipulations et des conditions indispensables au succès de cette importante opération.

Voyons dans quelles proportions peut s'établir la conversion de l'amidon ou de la fécule en sucre, sous l'influence de la diastase. D'après M. Dumas, « elle détermine la dissolution et la conversion en sucre d'une proportion de fécule 60 fois plus considérable que celle opérée dans le même temps par l'acide sulfurique [1]. »

L'orge germée ne contient, comme nous l'avons dit,

(1) L'acide sulfurique est le réactif employé dans les fabriques de sucre de fécule (*glucose*) pour convertir l'amidon en sucre. (*Voir* au mot *glucose* pour la fabrication de ce produit.)

que les 2 millièmes de son poids de diastase; il faudra donc, pour obtenir 1 kilogramme de diastase, opérer sur 2000 kilogrammes d'orge. Mais si, d'après M. Dumas[1], 1 kilogramme d'acide sulfurique convertit 50 kilogrammes de fécule en sucre, 1 kilogr. de diastase, agissant dans une proportion 60 fois plus considérable, pourra suffire à la conversion en sucre de 3000 kilogrammes de fécule; donc, la quantité d'orge (2000 kilogr.) représentant 1 kilogr. de diastase pourra convertir en sucre 3000 kilogrammes de fécule que l'on y ajouterait. En réduisant ces chiffres à une expression plus simple, nous trouverons que 100 kilogr. de farine d'orge pourront supporter une addition de 150 kilogr. de fécule pour utiliser toute la diastase que la germination aura développée dans ces 100 kilogr.; en termes généraux, tant que la proportion de fécule brute ajoutée ne dépassera pas 1 fois ½ le poids de l'orge employée, elle sera complétement transformée en sucre par la diastase que la germination aura produite dans cette dernière.

L'opinion de M. Thénard est que « l'orge germée agit « sur la fécule à la manière de la diastase; 6 à 10 par- « ties d'orge germée suffisent pour transformer 100 « parties de fécule en dextrine et en sucre. »

M. Dubrunfaut dit que 25 parties d'orge germée en transforment 90 d'amidon en sucre, et M. Liébig, que 1 partie de diastase (supposons 1 kilogr. produit par la germination de 2000 kilogr. d'orge) suffit pour 2000 parties de fécule.

(1) *Traité de Chimie appliquée aux arts*, t. VI, p. 283.

On voit qu'il y a dissidence complète d'opinion entre les savants.

M. Dumas admet que l'orge germée peut opérer la saccharification de la fécule dans le rapport de 100 parties de celle-ci et de 150 de celle-là ; M. Liébig dit : parties égales de l'une et de l'autre ; M. Thénard demande en moyenne 8 parties d'orge pour en convertir 100 de fécule en dextrine et en sucre ; M. Dubrunfaut avance qu'il en faut 25 pour en saccharifier 90 ; enfin M. Payen [1] prétend que 20 à 25 kilogr. d'orge germée peuvent opérer la conversion en sucre de 80 ou 85 kilogr. de fécule.

N'est-il pas profondément affligeant de voir ainsi les princes de la science en désaccord complet dans des questions de chiffres qui intéressent aussi vivement l'industrie? En présence d'une pareille diversité d'opinions, il ne peut plus y avoir de place dans l'esprit de l'industriel que pour le doute et l'incertitude. Au lieu d'avancer résolument dans la voie du progrès, il est retenu par un sentiment d'hésitation fort naturel, et s'en tient à des pratiques routinières.

Ne croirait-on pas que chacun des savants que nous venons de citer ait des moyens d'analyse qui lui soient propres et en dehors des règles communes de l'expérimentation ? Pourtant les opérations analytiques sont les mêmes pour tous. Aussi nous unissons-nous de toute notre force à l'auteur du *Nouveau système de Physiologie végétale et de Botanique* pour demander « l'u-

(1) *Dictionnaire technologique*, t. XVI, p. 417.

nité dans la science, car l'unité est dans la nature. »

Nous avons, pour notre part, éprouvé un sentiment des plus pénibles en examinant la question qui nous occupe.

Heureusement les divergences d'opinions, les différences de rapports dont nous venons de parler n'influent en rien sur le fait principal et ne peuvent faire mettre en doute sa réalité. La conversion de l'amidon ou de la fécule en sucre par la diastase est pour nous un fait acquis, ayant toute l'autorité de la chose jugée, et dont l'application est du plus haut intérêt pour l'art de la brasserie. Nous le démontrerons d'une manière évidente en examinant les améliorations à introduire dans la fabrication, lorsque nous traiterons des infusions (*trempes*). C'est alors que nous indiquerons, avec tous les développements que comporte l'importance du sujet, comment la diastase peut servir à réaliser l'un des nombreux principes d'économie dont nous avons déjà parlé; car ici nous devions nous borner à la simple énonciation de ses propriétés caractéristiques.

§ 4. De la dextrine.

La *dextrine* est un produit de l'art, résultant de la désorganisation de l'amidon, sous les influences de la diastase et de divers acides.

La dextrine est blanche, sans odeur, d'une saveur fade, insipide, comme celle de la gomme[1], avec laquelle

(1) Nos lecteurs devront donc éviter de confondre la dextrine proprement dite, qui n'est nullement sucrée, avec le sucre de dextrine, qui l'est passablement.

elle présente quelque analogie, au moins en ce qui concerne ses propriétés physiques. Elle offre, lorsqu'elle est dissoute dans l'eau, un aspect gélatineux; desséchée avec soin, elle possède la diaphanéité de la gomme, et se présente comme elle à l'état amorphe; sa cassure est conchoïde et vitreuse. Dans cet état elle est inaltérable à l'air sec, et non moins friable que la gomme.

L'eau la dissout à chaud et à froid; sèche, elle peut supporter une chaleur très forte sans en être altérée. M. Thenard a constaté que sa décomposition ne s'opère qu'à la température de + 125°.

La dextrine est toujours un produit immédiat de la réaction opérée sur l'amidon par la diastase et par divers autres agents; en un mot, elle est le résultat de la première transformation de l'amidon, avant la conversion de celui-ci en sucre. On peut la considérer, dit M. Raspail, comme la partie soluble de l'amidon, comme la substance gommeuse la plus pure qu'il renferme[1].

Le ferment proprement dit (levure de bière) est sans action sur la dextrine pure. C'est en raison de la facilité avec laquelle la dextrine peut être convertie en sucre que, dans le commerce, le glucose est indifféremment désigné

(1) Il y a bien eu, à propos de la dextrine, de la diastase, etc., etc., création d'une foule de mots des plus savants; mais nous ne voulons toucher en rien à cette logomachie scientifique où la science avait tout à perdre, où chacun semblait disputer à son compétiteur la prééminence d'un grand mot, d'une consonnance bien sonore, plutôt que le mérite et la priorité d'une découverte utile à la science, précieuse à l'humanité. Il y a eu de grands abus et de gros mots, de grandes querelles et de grosses colères dont nous connaissons le triste mobile; et c'est parce que nous le connaissons que nous jetterons sur tout cela un voile que l'on n'aurait jamais dû soulever.

sous les noms de *sucre de dextrine, sucre d'amidon, sucre de fécule, sucre de pomme de terre, glucose*, etc.

Afin d'éviter l'emploi de quatre dénominations qui ne pourraient que fatiguer la mémoire de nos lecteurs, nous nous servirons désormais du nom technique, qui est *glucose*.

C'est à la dextrine qu'appartient la propriété de communiquer à la bière cet aspect gommeux qui rend la mousse persistante quand la fermentation s'établit dans les bouteilles. On le voit donc, elle ne joue pour nous que le rôle d'un épaississant. Cette dernière propriété a valu à la dextrine, dans les arts, de nombreux emplois dont l'examen sortirait de notre cadre. Nous verrons, lorsque nous arriverons à certaines applications, quelle importance elle a dans la fabrication de la bière, et comment on peut la produire à son gré.

§ 5. Du gluten.

Le *gluten* est, comme la dextrine, la diastase et l'amidon, un produit de la nature ; associé avec ce dernier dans le périsperme des céréales, il en fait la base essentielle, conjointement avec diverses autres substances. C'est lui que les enfants isolent du froment par la mastication ; l'état laiteux qu'offre dans ce cas la salive est dû à la séparation de l'amidon ; le gluten reste dans la bouche sous la forme d'un corps pâteux et élastique. On sépare ordinairement le gluten contenu dans la farine des céréales en soumettant celle-ci à l'action constante d'un filet d'eau froide, qui entraîne l'amidon au travers des mailles du tamis sur lequel on opère, tandis que le gluten reste à la surface; celui-ci se présente donc sous l'aspect d'un corps membraneux, insoluble dans l'eau, mou lorsqu'il est uni à elle, cassant quand il en est privé; son élasticité lui fait tenir le milieu entre le caoutchouc et la glu.

Son odeur est légèrement spermatique, sa couleur grise ou d'un blanc sale, selon qu'il a été plus ou moins habilement séparé de la farine des graminées, et particulièrement de celle du froment, à laquelle on donne la préférence. La proportion de gluten que contient le froment varie de 10 à 12 pour 100 environ; dans l'orge elle n'est guère que de 3 pour 100. C'est lui qui communique aux farines une partie de leurs propriétés nutritives.

Les céréales d'une même espèce ne renferment pas toujours des quantités égales de gluten; la nature du sol influe considérablement sur la proportion de ce produit; ainsi l'avoine de telle localité peut donner 5 pour 100 de gluten, tandis que celle d'une autre localité n'en donnera que 4,50; il en est de même de l'orge, du froment, du sarrasin, du seigle, du maïs, etc.

Le gluten, comme nous l'avons vu en parlant de la germination, est facilement soluble dans l'acide acétique (vinaigre); lorsqu'il est en dissolution, il communique au liquide qui l'a dissous une viscosité analogue à celle que lui donnerait une solution de gomme; aussi est-ce à une quantité indéterminée de gluten dissous dans l'acide acétique, pendant ou après la fabrication, qu'il faut attribuer la maladie connue sous le nom de *graisse*. Nous donnerons la preuve de cette assertion dans le cours de notre travail, et nous signalerons chacun des cas dans lesquels cette dissolution peut s'opérer.

M. Liébig pense que, sous l'influence de la germination, le gluten subit dans les céréales une modification qui le rend soluble dans l'eau. Nous n'avons pas à nous étendre ici sur cette opinion; mais un fait bien réel, c'est que, à l'état humide, le gluten s'altère promptement et donne les produits qui caractérisent la fermentation putride, que nous examinerons plus tard.

Selon le célèbre chimiste russe M. Kirschoff, le gluten possède, comme la diastase, la singulière propriété de saccharifier l'amidon.

Uni au sucre, le gluten peut aussi déterminer la fermentation alcoolique, mais toutefois avec moins d'énergie que le ferment lui-même. Cependant M. Berthollet a observé qu'en ajoutant un peu de tartre au gluten, celui-ci acquérait, sous l'influence de la chaleur, des propriétés fermentescibles plus énergiques que le ferment (levûre de bière).

Le gluten en dissolution se coagule à la manière de l'albumine des œufs; cette coagulation commence à s'opérer à + 75°.

L'un des caractères principaux du gluten est d'être soluble indistinctement dans tous les acides et dans la plupart des alcalis, et de pouvoir être isolé de son dissolvant par un alcali, si on a employé un acide, ou par un acide, si on a employé un alcali. L'alcool et le tannin le précipitent également de ses dissolutions.

M. Liébig estime que c'est le gluten modifié qui se sépare à l'état de levûre dans la fabrication de la bière.

En parlant de la fermentation et de la reproduction du ferment, nous aurons à discuter cette théorie, que des faits nombreux ne nous permettent pas de considérer comme exacte.

Le fait le plus important pour nous, celui qui paraît avoir le plus spécialement fixé l'attention du savant chimiste dont nous venons de parler, est que le gluten, en présence de l'alcool, peut s'emparer d'une partie de l'oxygène de celui-ci et le convertir en acide acétique (vinaigre). Nous ne saurions trop recommander ce dernier fait à l'attention de nos lecteurs, car le gluten est pour le brasseur un ennemi formidable qu'il faut souvent combattre.

SECTION II. — DE L'ORGE (*hordeum hexasticum*[1]).

Pour fabriquer de la bière, deux matières premières sont indispensables : l'une est appelée à fournir d'abord le sucre et plus tard la portion d'alcool qui constitue la richesse de la liqueur; l'autre, la partie aromatique essentielle au goût.

Toutes les céréales, le froment, l'orge, le seigle, l'avoine, le riz, le sarrazin, le maïs, etc., peuvent fournir, par la germination, à cause de l'amidon qu'elles renferment, la quantité de sucre nécessaire pour obtenir, par la fermentation, une boisson alcoolique bienfaisante.

(1) Dans la Picardie on lui donne le nom de *pamelle*, quoique celle-ci ne fût à son origine qu'une variété d'orge que l'on cultivait spécialement dans ce pays; mais aujourd'hui, pour désigner l'orge proprement dite, on dira, par exemple : De la pamelle de Champagne.

Le principe aromatique est extrait du houblon, dont les propriétés et la composition nous offriront en temps utile la matière d'un examen approfondi.

Quoique toutes les céréales puissent être employées à la fabrication de la bière, l'orge cependant doit plus spécialement fixer notre attention, puisque c'est elle dont l'usage est le plus général en France.

On en compte de nos jours *treize* variétés; au commencement de ce siècle, les plus riches collections botaniques n'en mentionnaient que *cinq*.

Pline prétend que ce fut la première céréale employée à la nourriture de l'homme. Le pain qu'on en obtient est lourd, et d'une digestion laborieuse pour des estomacs un peu faibles.

On cultive l'orge avec succès dans les terrains calcaires légers; sous ce rapport, ceux de la Champagne sont assez estimés, et les produits qu'on y récolte servent à l'alimentation des départements limitrophes et de la brasserie de Paris.

Bien que nous ayons pu employer, en 1843, de l'orge dont l'hectolitre pesait 72 kilogr., on peut établir qu'en France

			kilogr.
Le poids moyen	d'un hectolitre	d'orge est de. . . .	61
—	—	méteil.	72
—	—	seigle.	70
—	—	avoine.	47
—	—	sarrasin.	65
—	—	maïs et millet. . . .	67
—	—	légumes secs. . . .	78
—	—	menus grains. . . .	76

Nous croyons faire plaisir à nos lecteurs en mettant

sous leurs yeux le tableau suivant, qui fait voir d'un seul coup d'œil l'importance de la production annuelle de chacune de ces espèces de céréales et l'emploi de leur produit.

Hectares ensemencés.	Nature des récoltes.	Produit total en hectolitres.	Moyenne par hectare.
			hectolitres.
4,666,400	Froment.	47,850,000	10,25
2,619,400	Seigle.	22,300,000	8,51
887,200	Méteil.	9,850,000	11,10
1,180,000	Orge.	16,950,000	14,37
572,950	Maïs et millet. . .	5,780,000	10,09
698,000	Sarrazin.	7,140,000	10,23
195,000	Menus grains . . .	2,100,000	10,72
245,200	Légumes secs. . .	2,284,000	9,33
2,473,300	Avoine.	40,822,000	16,47
13,537,450		155,076,000	11,23

EMPLOI DU PRODUIT.

	Hectolitres.
Pour les semences.	24,000,000
Pour la nourriture des animaux de toute espèce.	29,400,000
Pour les distilleries et brasseries.	1,600,000
Pour la nourriture des hommes.	97,000,000
	152,000,000
Excédant des produits sur la consommation.	3,000,000
Total égal au produit.	155,000,000

(Extrait du *Dictionnaire du Commerce et des Marchandises.*)

La récolte de l'orge en France représente donc, comme on le voit, environ le tiers de celle du froment.

L'orge, que les Anglais appellent *barley*, les Allemands *gerst* et *garst*, les Italiens *arzo*, les Espagnols *cebada*, les Portugais *cevada*, les Danois *byg*, les Suédois *biugg*, les Polonais *jecymien* et les Russes *jatschmien*, l'orge, avons-nous dit, présente treize variétés différentes; celles que l'on cultive en France, quoique d'une assez bonne qualité, sont inférieures à celles que fournissent quelques contrées de l'Allemagne et de l'Angleterre; ces dernières méritent une mention toute particulière, car, dans les années ordinaires, leur volume l'emporte sur celui de nos plus beaux froments. On donne généralement trop peu de soins à la culture de l'orge, dans notre pays, surtout après le fauchage, dans les années humides, et ce défaut de précaution, joint à la nature du sol dans certaines contrées, doit nécessairement influer sur la qualité des produits. Parmi les divers procédés indiqués comme devant donner les meilleurs résultats, aucun, que nous sachions, n'a été expérimenté jusqu'au bout; nous nous bornerons donc à insérer ici un article de M. *Ch. Pichat*, professeur de pratique agricole à l'Institut royal de Grignon, qui nous semble renfermer les prescriptions les plus utiles; publié d'abord par *l'Écho agricole* en 1845, il a été reproduit par *l'Industriel de la Champagne*, toujours empressé de porter à la connaissance de ses lecteurs ce qui peut avoir un intérêt véritable.

« La moisson, cette année, a commencé sous de fâcheux auspices. Le temps, qui pendant toute la saison a été pluvieux ou incertain, ne semble pas vouloir changer de sitôt; la température est froide; nous nous croirions déjà en automne; les céréales, faute de chaleur, restent vertes et ne mûrissent qu'imparfaitement; battues par les orages, elles se couchent; de leurs pieds partent de nouvelles tiges; les mauvaises herbes prennent le dessus : tout, en un mot, nous présage une moisson laborieuse et difficile.

« Voici l'indication de quelques procédés de moissonnage mis en pratique dans les contrées ordinairement humides, et qui pourront être avantageusement imités dans les circonstances présentes. Et d'abord il est utile cette année de commencer à couper les céréales avant complète maturité, surtout si elles sont versées; de cette manière l'on évitera leur altération et leur germination sur pied, et l'on se donnera la possibilité de profiter de tous les moments favorables pour leur rentrée. Il est reconnu d'ailleurs que, loin de nuire à la qualité du grain, une coupe un peu prématurée lui donne plus de valeur pour la mouture.

« Les localités dans lesquelles la faux est employée pour la moisson auront cette année un grand avantage, sous le rapport de la main-d'œuvre, sur celles où l'on se sert encore de la faucille pour cette opération, puisqu'un faucheur, accompagné de sa ramasseuse, peut faire en une journée l'ouvrage de quatre faucilleurs.

« Parmi les procédés de conservation des récoltes pendant leur séjour dans les champs, nous devons indiquer en premier lieu celui recommandé par *Mathieu de Dombasle* dans les années pluvieuses. Ce procédé consiste dans la construction des *meulons* (petites meules). On place sur un endroit sec et élevé une première javelle repliée en deux, l'épi en dessus, de manière qu'il ne se trouve pas en contact avec le sol. Les autres javelles sont disposées ensuite circulairement, les épis au centre et la base des tiges à la circonférence. Le tas est élevé ainsi à la hauteur d'un mètre à un mètre et demi, et présente à peu près la forme d'un cône; car, à mesure que le *meulon* s'élève, les tiges doivent se croiser d'autant plus. Le tout est recouvert par une gerbe fortement liée près de sa base et renversée en forme de parapluie. L'eau des pluies reste ainsi à la surface et s'écoule le long de la paille, sans jamais pouvoir pénétrer dans l'intérieur.

« Les céréales peuvent ainsi rester en *meulons* jusqu'à ce que le temps et les autres travaux permettent de les rentrer. Elles n'y souffrent d'aucune intempérie; la maturité du grain s'achève très bien, et celui-ci y prend une belle qualité.

« Une autre méthode consiste à lier le blé en très petites gerbes, près de l'épi, et à placer trois, quatre ou cinq de ces gerbes verticalement et appuyées l'une contre l'autre en faisceau, en ayant soin de laisser un vide dans l'intérieur. Ces huttelottes (petites huttes) sont recouvertes de la même manière que les *meulons*. Cette pratique a sur la première l'avantage d'éviter l'échauffement des gerbes, lorsque celles-ci sont garnies d'herbes dans leur intérieur ou qu'elles se trouvent encore un peu vertes et mouillées. La dessiccation de la paille a lieu très rapidement par ce procédé; il suffit pour cela d'un rayon de soleil ou d'un peu de vent.

« Quelle que soit la méthode que l'on adopte pour faire la récolte, activité et célérité seront les conditions indispensables du succès. « Chaque jour de beau temps,

« disait *Mathieu de Dombasle* en parlant de la moisson, « doit être employé comme si on comptait avec certitude « sur la pluie pour le lendemain et même pour le soir. »

« Ce principe est surtout applicable cette année. »

La régularité de la germination, condition essentielle du succès des opérations suivantes, paraît tenir à la grosseur des grains d'orge, mais surtout à l'égalité approximative du volume de chacun d'eux ; et cette égalité semble dépendre particulièrement des soins apportés à la culture.

Un bon grain se distingue par un test, ou pellicule extérieure, mince, lisse, et par conséquent peu ridé ; sa couleur doit être d'un jaune tendre (paille). Le périsperme, blanc, ne doit présenter que peu de cohésion à l'intérieur, sans être mou pourtant. La partie farineuse ne doit pas offrir, par sa séparation sous la dent, une cassure vitreuse. Lorsque la cassure offre ce caractère, on peut, à coup sûr, estimer que l'orge est de mauvaise qualité, bien qu'à la première vue on pût être porté à juger contraire. Dans ce cas, en examinant avec plus de soin, on voit que le périsperme, quoique blanc, est visiblement cotonneux ; il présente à la loupe des crevasses assez larges ; de plus, il est très friable sous les doigts. A volume égal, les grains les plus denses sont ceux auxquels on doit accorder la préférence ; tous doivent tomber au fond de l'eau après avoir été agités avec elle, et, par l'absorption de celle-ci, augmenter de volume dans un rapport de 25 à 30 pour 100. Les orges de la récolte de 1846, qui étaient généralement de bonne qualité, nous ont offert une augmentation de 40 pour 100.

Il paraît démontré aujourd'hui que la composition des engrais n'exerce aucune influence sur la nature chimique des graines; car si l'on incinère un poids égal de grains récoltés sur différents sols, le résultat est toujours environ de 2 pour 100 de cendres, contenant toutes, dans des proportions peu variables, des phosphates de potasse, de silice, de chaux, etc. La couleur rousse indique toujours dans l'orge une récolte mal soignée et un emmagasinage de gerbes encore humides; celle qui présente cette couleur doit être impitoyablement rejetée, dans les temps chauds particulièrement, car elle moisit promptement au germoir, et peut par cela seul compromettre la réussite d'une *couche* tout entière.

Il faut repousser également celles qui sont restées plus d'une année au contact de l'air, quel que soit le local où elles aient été mises en dépôt; car l'orge s'altère beaucoup plus promptement que le froment et le seigle; aussi perd-elle au bout d'une année une grande partie de sa puissance végétative. Par conséquent la germination se fait avec une irrégularité toujours pernicieuse. Ce dernier inconvénient se manifeste principalement lorsqu'on opère sur des orges de diverses provenances; on trouve l'explication de ce fait dans ce que nous avons dit en faisant l'histoire du gluten : que les céréales d'une même espèce n'en renferment pas toujours des quantités égales. Or il est évident que cette circonstance seule suffit pour modifier les conditions dans lesquelles s'opère la germination. Il ne faut donc pas perdre de vue que, pour obtenir de bons résultats, des résultats égaux, il faut opérer sur des graines placées dans des conditions égales, et non pas, comme nous le supposons, sur des graines dont la nature est différente par cela même qu'elles ont été récoltées dans des terrains qui ne se ressemblent pas. Nous n'ignorons pas qu'il y a une foule d'autres circonstances qui peuvent déterminer pendant la germination cette irrégularité contre laquelle nous voulons prémunir les hommes pratiques; nous les examinerons une à une, et avec tout le soin que nécessite l'opération délicate qu'elles viennent troubler.

Cette nécessité d'uniformité dans la nature et dans la provenance des orges est un grave inconvénient pour les petits brasseurs, pour ceux qui forment la classe la plus nombreuse et la plus intéressante, parce qu'elle renferme, généralement parlant, ceux qui produisent le plus et qui absorbent le moins. C'est un grave inconvénient en ce sens que, forcés par leur position de fortune d'avoir recours aux acquisitions partielles, les plus détestables que l'on puisse faire, ils ne peuvent s'approvisionner que sur les marchés et les places publiques, où ils achètent, pour composer une couche, quinze ou vingt hectolitres d'orge récoltés peut-être dans dix ou douze localités différentes.

Nous ne savons comment expliquer la manière d'agir des brasseurs qui, sous prétexte d'économie, font avec intention leurs approvisionnements comme sont forcés de les faire ceux dont nous venons de parler; nous craignons qu'elle ne provienne d'une apathie qui ne nous paraît pas excusable. Au moins, le motif d'économie qu'ils mettent en avant est-il inadmissible; car c'est en comprendre fort mal l'application que d'exposer une couche à une mauvaise germination, conséquence presque forcée, comme on l'a vu, de la réunion de graines provenant de toutes sortes de terrains.

Quelque régulière que puisse être l'orge, et ne présentât-elle que l'irrégularité qui se rencontre naturellement dans les épis mêmes, dont le centre est formé de grains plus gros que ceux qui occupent les extrémités, particulièrement l'extrémité supérieure, cette circonstance est toujours un obstacle à la simultanéité de la germination; à plus forte raison en est-il ainsi lorsque de nouvelles causes viennent s'ajouter au défaut naturel de conformité de volume.

Nous avons eu souvent occasion de remarquer que vers la fin de la saison il vaut mieux employer des orges nouvellement battues ou au moins récemment vannées; elles germent mieux et plus régulièrement que celles qui ont été conservées en tas dans les greniers pendant quelques mois.

L'orge, comme les autres céréales, ne contient que très peu ou même point de sucre à l'état libre; il faut donc que la germination intervienne pour développer au sein de la graine toute la quantité de sucre que la fermentation est appelée à convertir plus tard en alcool. Or, de chacune des conditions que nous venons de signaler dépendent nécessairement les qualités germinatives du grain; ce n'est donc qu'en les réunissant autant que possible que la fabrication repose sur des bases solides et rationnelles.

Si l'orge, récoltée mûre et bien sèche, est demeurée

quelque temps sur terre après son fauchage, elle doit pouvoir être conservée à l'air, et principalement dans son épi, pendant au moins une année, sans perte et sans augmentation de poids. Dans cet état elle renferme environ 12 pour 100 d'eau, qu'elle abandonne en grande partie lors de la *dessiccation*.

Comme toutes les céréales, et en général comme toutes les matières organiques, l'orge se conserve fort longtemps, à l'abri du contact de l'air; aussi les anciens conservaient-ils leurs récoltes dans des fosses hermétiquement fermées [1].

Aujourd'hui encore, les Espagnols et les Hongrois conservent pendant plusieurs années, sans craindre qu'elles se détériorent, des graines qu'ils renferment dans des silos très larges, et placés à plus de vingt mètres de profondeur. On conserve aussi d'une manière analogue, en France, les betteraves destinées aux fabriques de sucre indigène, et d'autres racines dont on n'a pas l'emploi immédiat. Les momies d'Égypte offrent la preuve que les matières animales, à l'abri du contact de l'air, peuvent, comme les matières végétales, se conserver également pendant un laps de temps considérable.

Les Hollandais font avec la farine d'orge un pain destiné à leurs matelots; ils lui attribuent la propriété de les préserver du scorbut.

(1) Sur les bords de l'Oxus, l'armée d'Alexandre éprouva de grandes privations occasionnées par une disette factice, parce que les habitants de ces contrées conservaient leurs grains dans des fosses souterraines dont la situation n'était connue que de ceux qui les avaient creusées.

(*Quinte-Curce.*)

Les Écossais l'emploient à la préparation d'une liqueur qu'ils désignent sous le nom de *wisky*.

Les indigènes du Thibet la font servir, avec le riz, le froment et la cacalie, à la confection d'une boisson qu'ils appellent *chong*.

Dans quelques parties de l'Europe on fabrique la bière avec un mélange d'orge et de froment. La bière de Gorlitz, dans la Haute-Lusace, et le matzmatz, si recherché, que l'on prépare à Teschen, dans la Silésie, sont faits avec un mélange de ce genre.

L'orge a été pour les Arabes le point de départ, le prototype d'une partie de leur système métrique. « Le doigt (mesure de longueur adoptée par ce peuple) se divisait en six grains d'orge placés sur le dos, l'embryon en dehors; leur grain d'orge équivalait à 0m,03433, ce qui est encore la dimension de notre céréale en largeur. La mesure du grain d'orge se divisait en six crins de chameau, qui ont encore aujourd'hui un sixième du grain d'orge [1]. »

Il arrive souvent que des cultivateurs peu soigneux entremêlent dans les granges les gerbes d'orge non battues avec celles de diverses autres espèces de grains, ou qu'ils les laissent en contact avec elles, par couches, dans les champs, après le fauchage. Cette négligence sert trop souvent de prétexte à la fraude pour que nous ne la signalions pas ici, car il en résulte toujours pour l'acheteur une perte réelle qui varie de 7 à 10 pour 100. C'est encore là un des inconvénients des acquisitions partielles

(1) *Métrologie ancienne et moderne* de *Saigey*, p. 78.

dont nous avons déjà parlé, car c'est dans ce cas que les falsifications se présentent le plus fréquemment. Mais il n'y a pas seulement ici préjudice pour l'acheteur à cause de la qualité du produit qu'on lui vend; il y a, de plus, danger de compromettre le succès de quelques-unes des opérations qu'exige la fabrication de la bière, et particulièrement celui de la germination.

Ainsi, il ne faut pas se borner, dans ses acquisitions, aux caractères que nous avons indiqués comme constituant une orge propre à la fabrication; il faut, en outre, apporter dans son choix toute l'attention nécessaire pour se prémunir contre ces altérations volontaires ou accidentelles.

« La mesure légale des grains, en France, est l'hectolitre (100 lit.), avec ses subdivisions en demi-hectolitre (50 lit.), double décalitre (20 lit.) et décalitre (10 lit.). Avant l'introduction du système décimal, chaque marché, pour ainsi dire, avait une mesure différente; malheureusement, nous avons encore beaucoup de marchés où la mesure ancienne a été conservée, non pas comme mesure légale, mais comme mesure commerciale.

« Ainsi, à Marseille, les affaires se concluent à la *charge* de 160 litres; à Nantes, au *tonneau* de 45 hectolitres; à Saumur, à la *fourniture* de 27h,69; à Meaux, à la *mesure de rivière* de 165 litres; à Villers-Cotterets, au *sac* de 162 litres ½; à Soissons, au *muid* de 45 hectolitres; à Pont, au *sac* de 186 litres; à Senlis, au *sac* de 175 litres, etc.

« Il serait à désirer que la mesure fût partout l'hectolitre, ou les subdivisions légales de cette mesure, suivant le système décimal. Peut-être serait-il mieux encore d'adopter le poids de 100 kilogrammes (quintal métrique) comme base des prix. La Guerre et la Marine traitent ainsi depuis plusieurs années. » (*Dictionnaire du Commerce et des Marchandises.*)

Pour compléter ce que nous avions à dire sur l'orge, nous expliquerons en quelques mots, d'après l'*Encyclopédie méthodique* (agriculture), ce que l'on entend par *orge mondé* et *orge perlé*.

« On appele *orge mondé* celle dont on a simplement enlevé l'enveloppe et l'écorce, et arrondi les deux extrémités; on en fait peu en France, où elle est remplacée avantageusement par *l'orge perlé*. Voici les procédés qu'on suit en Saxe pour la fabriquer.

« Trois ou quatre cents livres d'orge sont mises à la fois dans la trémie, six ou huit heures après avoir été mouillées le plus également possible.

« Le moulin a des meules de trois pieds et demi de diamètre; elles sont rayonnées de deux ou trois lignes de profondeur; elles sont écartées juste de l'épaisseur du grain qu'on veut moudre.

« Les archures qui renferment les meules sont des têtes piquées en râpes; il y a trois pouces de distance de la râpe à la meule tournante.

« Deux petits balais sont adaptés à la meule, afin de ramasser le grain qui se porte vers le pourtour.

« Les grains mondés tombent dans un crible ou ventilateur, et toutes les pellicules qui s'y trouvent sont rejetées en dehors.

« Ces trois à quatre cents livres d'orge en grain four-

ERREUR D'IMPRESSION
VOIR PAGE 133.

nissent de deux cent cinquante à trois cent cinquante livres d'orge mondé.

« *L'orge perlé* diffère de *l'orge mondé* en ce que ses grains sont plus petits, demi-transparents, polis comme une perle. Le moulin avec lequel on la fabrique ne diffère pas essentiellement de celui qui vient d'être décrit; seulement ses meules sont de bois, plus profondément cannelées, et elles sont plus rapprochées; les déchets sont par conséquent beaucoup plus considérables, mais ils ne sont pas perdus, puisqu'ils servent à la nourriture des hommes et des animaux. Comme n'offrant que le centre de chaque grain, l'orge perlé est moins âcre que l'orge mondé, et il est par conséquent plus propre à être employé en forme de riz, soit au lait, soit au bouillon, soit autrement. »

§ 1. Mouillage.

Le mouillage a pour objet de faire absorber à la graine la quantité d'eau nécessaire à l'alimentation de l'embryon dans l'acte de la germination, de rendre plus facile l'assimilation des grains de fécule renfermés dans le périsperme, et de les préparer, en distendant leurs téguments, aux diverses transformations qu'ils doivent subir.

Bien que ce soit l'une des opérations les plus simples de la brasserie, elle n'a pas moins son importance, comme toutes les autres, pour un esprit observateur et pour un praticien jaloux d'opérer avec méthode et intelligence.

La cuve dans laquelle s'opère le mouillage s'appelle *cuve mouilloire;* nous lui conserverons religieusement ce nom, qui indique clairement son usage. Sa capacité varie en raison de l'importance des *couches* [1], qui elles-mêmes sont subordonnées à l'étendue des germoirs. Leur forme peut être indistinctement cylindrique, cubique ou elliptique, selon les lieux et les circonstances.

Ce qui nous frappe d'abord dans les cuves mouilloires regarde la position dans laquelle elles doivent être par rapport au sol. Dans le plus grand nombre des brasseries que nous avons pu visiter, leur base se trouve au niveau du sol ; c'est là, selon nous, une fâcheuse disposition, qui ne tend à rien moins qu'à augmenter les manipulations et à amener des pertes de temps toujours regrettables. On comprendra facilement que, si les cuves mouilloires se trouvaient élevées à un mètre au-dessus du sol, par exemple, il suffirait de donner issue au grain par une large ouverture ménagée à la base, pour qu'il se répandît sans effort et par son propre poids. Au contraire, par la disposition dont nous venons de parler, il faut employer un ouvrier pour enlever le grain de la cuve, avant de le répandre sur le sol du germoir. Il y aurait donc un avantage incontestable à élever les cuves mouilloires au-dessus du sol ; car cette disposition, sans être plus dispendieuse, permettrait d'obtenir à la fois, et la même somme de travail dans un temps plus court, et le même effet utile, sans recourir à une manipulation particulière.

(1) On appelle *couche* la quantité de grain, quelle qu'elle soit, que l'on répand uniformément sur le sol du germoir pour y faire développer la germination. On dit dans toutes les localités : retourner une couche (avec la pelle), remonter une couche (pour l'aérer dans les greniers).

Dans d'autres établissements, la *cuve mouilloire* est à une extrémité de l'usine tandis que le germoir est à l'autre. Nous ne pensons pas avoir besoin de relever longuement les inconvénients d'un pareil état de choses ; il suffit de la moindre réflexion pour voir que, plus encore que dans le cas précédent, il y a ici une perte de temps que l'on semble avoir recherchée, et nous devons croire que ceux qui laissent subsister une telle anomalie sont empêchés d'y remédier par quelque obstacle invincible. Cette disposition vicieuse complique le travail et la main-d'œuvre au lieu de les simplifier, et rend, d'un autre côté, la surveillance beaucoup plus difficile.

Dans un assez grand nombre de brasseries on introduit d'abord le grain dans la cuve et on l'immerge ensuite. Cette méthode offre des inconvénients graves, sur lesquels nous devons nous arrêter un moment. En procédant ainsi, on emprisonne les *faux grains* dans la masse, qui pèse sur eux et les empêche de surnager. Ils restent donc forcément mêlés aux autres, et lorsqu'on retire le grain de la cuve pour le mettre au germoir, ils deviennent un obstacle au développement égal de la germination dans la couche et apportent un trouble préjudiciable aux résultats de cette opération. C'est un fait dont nous donnerons bientôt la preuve.

Si, au contraire, l'eau est introduite d'abord et le grain ensuite, il devient très facile de séparer, à l'aide d'une écumoire, les faux grains qui surnagent, et de les réserver pour la nourriture des volailles ou des autres animaux.

Le poids des grains défectueux est, approximativement, de moitié moindre que celui des grains que leur densité entraîne au fond de l'eau ; en d'autres termes, ils pèsent, à volume égal, 50 pour 100 de moins.

Nous insisterions moins vivement sur cette séparation des mauvais grains, si leur présence n'amenait pas toujours à sa suite des mécomptes irréparables ; car, en admettant un moment que la germination n'en souffre pas, il en résulte toujours une altération dans la qualité de la bière.

Nous avons dit, en exposant la théorie de la germination, que l'eau et l'air étaient les deux agents indispensables à son libre développement ; nous avons aussi démontré que les graines se conservent indéfiniment dans une atmosphère privée d'humidité. Pour compléter ce que nous avions à dire sur ces deux importantes questions, nous ajouterons que la germination ne saurait se manifester dans le sein d'une graine qui aurait absorbé de l'eau non saturée d'air. Des expériences directes l'ont prouvé, et nos lecteurs peuvent les répéter facilement, puisqu'il ne s'agit que d'immerger quelques grains d'orge dans de l'eau privée par l'ébullition de tout l'air qu'elle renfermait primitivement ; si la dessiccation de ces grains n'a pas lieu promptement après leur complète imbibition, ils se couvriront de moisissures et périront sans avoir donné aucune apparence extérieure de germination.

S'il y avait un commencement de germination, la cause en serait due exclusivement à l'air que contenait la graine elle-même ; mais aussitôt qu'il aura été absorbé par l'eau, qui en sera devenue avide, ou par l'embryon, qui se l'assimilera, toute fonction végétative sera immédiatement suspendue.

Il est facile de tirer de ce que nous venons de dire une conclusion qui en découle tout naturellement : c'est que la qualité de l'eau dont on se sert pour le mouillage est loin d'être indifférente, et qu'il faut éviter avec un soin particulier celle qui n'est pas saturée d'air.

Quelques auteurs ont prétendu que l'on pouvait suppléer *avec avantage* à ce manque d'air en faisant absorber à l'eau de petites quantités de *chlore*, ou en y faisant dissoudre un peu d'*iode*. Ce fait peut avoir, au point de vue scientifique, une grande importance; mais nous devons avouer qu'il nous paraît si peu justifié par la théorie, et qu'il est d'ailleurs si peu commode à mettre en pratique, que nous n'avons pas cru devoir en tenter l'application, dont les plus simples données de la science ne nous permettent pas d'espérer un bon résultat.

La question importante de *l'eau considérée dans ses emplois en brasserie* devant être l'objet d'un chapitre spécial, nous nous bornerons pour le moment à dire que les eaux de pluie et de rivière sont les plus favorables à l'imbibition de l'orge, parce que, constamment fouettées par la couche atmosphérique, elles absorbent nécessairement la plus grande quantité d'air possible. Elles ne conviennent pas au même degré pour toutes les autres opérations; nous en déduirons les motifs en temps utile.

Assez ordinairement le mouillage se fait au moyen de deux ou trois immersions successives; il serait préférable que celles-ci fussent opérées par un jet d'eau continu, comme cela se pratique dans quelques brasseries favorisées par la nature des localités. Lorsqu'on a la possibilité d'user de ce moyen, on a soin d'introduire dans la cuve une quantité d'eau suffisante pour qu'elle s'élève de quelques centimètres au-dessus du niveau du grain, et on lui ménage un écoulement également continu par une ouverture réservée à la base de celle-ci, et calculée de manière à ce que la quantité d'eau déversée soit constamment la même que celle fournie par le jet. Ce moyen est sans contredit le plus avantageux et le plus rationnel à la fois; mais on ne peut guère l'employer que lorsqu'on dispose d'eaux courantes, et ceux qui jouissent de cette faveur sont en si petit nombre qu'ils peuvent se considérer comme de véritables privilégiés.

Revenons donc à ceux qui sont placés dans les conditions ordinaires, et qui forment la grande majorité; car nous devons nous occuper de la règle plutôt que des exceptions.

Le nombre des immersions n'est pas déterminé, et les conditions dans lesquelles on agit sont d'autant plus favorables qu'elles ont été plus multipliées. Il est important de faire écouler la première eau le plus promptement possible, parce que c'est elle qui tient en dissolution tous les principes extractifs impurs que contient la graine. Aussi cette eau a-t-elle ordinairement une teinte dont la couleur rappelle celle d'une bière demi-brune. Cette coloration donne quelquefois lieu à des méprises assez divertissantes; ainsi, par exemple, un passant officieux, en voyant ces eaux couler dans le ruisseau, s'empresse, dans un mouvement de charité fort louable, de tirer le cordon de votre sonnette, afin de vous prévenir que votre bière se répand sur le pavé. Quelquefois aussi la malveillance sait y trouver un prétexte pour s'attaquer à la capacité de l'industriel ; c'est un fait que nous pouvons malheureusement affirmer.

Un nouveau motif de faire écouler promptement la première eau du mouillage, c'est l'odeur fétide de paille moisie qu'elle répand ; de plus, dans les grandes chaleurs, elle se corrompt en très peu de temps. Le résidu brun foncé qu'elle présente, après une évaporation à siccité, a une odeur nauséabonde et une amertume d'une âpreté insupportable ; elle paraît renfermer principalement une matière résineuse et des combinaisons d'acides azotique et chlorhydrique avec la chaux, qui *forment environ 1,50 pour 100 de la quantité* de grain employé ; ces diverses substances proviennent probablement du test, ou pellicule extérieure qui sert d'enveloppe à la graine.

Quelques auteurs ont avancé que le mouillage fait augmenter le volume de l'orge de 150 pour 100; c'est une erreur qui s'est trop facilement accréditée ; nous pouvons assurer que l'augmentation de volume ne dépasse pas 50 pour 100, et encore faut-il, pour arriver à ce résultat, agir sur des orges de premier choix et prolonger la durée du mouillage. L'orge absorbe environ 40 pour 100 d'eau, c'est-à-dire un peu moins que la moitié de son propre poids.

Ces erreurs de chiffres dans des questions aussi minimes ont peu d'importance sans doute, mais nous en rencontrerons sur notre chemin de beaucoup plus sérieuses, auxquelles nous serons forcé de nous arrêter un instant. Celle qui suit est de ce nombre.

La plupart de ceux qui ont essayé d'écrire l'histoire de la fabrication de la bière ont cru pouvoir assigner un terme à la durée du mouillage. Ce point une fois établi, ils sont arrivés facilement à une précision mathématique, et ils ont indiqué le nombre d'heures que devait durer cette opération ; seulement, ils ne se sont pas aperçus qu'ils n'avaient tenu compte, dans les éléments de leurs calculs, ni de la saison, ni de l'état de la température au moment où elle avait lieu, ni de l'âge du grain employé, ni de sa nature, ni de son essence, ni de sa ductilité, ni de sa friabilité, ni de son état d'humidité ou de sécheresse, ni du terrain qui l'avait produit, ni enfin de la nature de l'eau qui servait à l'imbibition de la graine, en un mot, d'aucune des conditions dont il est indispensable de s'occuper lorsqu'il s'agit de mettre la main à l'œuvre.

Ainsi, par exemple, l'imbibition se fait plus rapidement l'été que l'hiver, parce que l'élévation de température de l'eau facilite son absorption par la graine. Cependant la durée du mouillage doit être plus longue en été, parce que la température ambiante, étant elle-même plus élevée, enlève à la graine, lorsqu'elle est mise en couche, une notable partie de l'eau nécessaire à sa germination. C'est tout le contraire de ce qui a été avancé jusqu'ici par les écrivains qui se sont occupés trop théoriquement de la fabrication de la bière.

Les grains récoltés dans les années chaudes et sèches,

comme ceux que la brasserie a employés pendant le cours de cette année (1847), sont plus compactes et plus durs que ceux récoltés dans les années froides et humides ; leur imbibition s'opère plus lentement, et il en résulte que l'opération du mouillage demande plus de temps.

Dans les années humides, au contraire, le périsperme étant d'une moins grande dureté, ses pores étant plus distendus, l'absorption de l'eau se fait plus promptement, et la durée du mouillage se trouve abrégée en raison même de ces circonstances.

Il en est de même des orges récoltées dans les terrains légers, dont l'imbibition a lieu plus rapidement que celle des orges fournies par des terrains trop forts.

Le contraire arrive lorsque l'on opère sur des orges fraîchement récoltées ; la durée de leur mouillage doit être plus longue que celle des orges d'une année, par exemple, qui absorbent l'eau bien plus avidement que les premières.

Le nature de l'eau exerce aussi une influence facilement appréciable sur le mouillage ; c'est pour cela que nous avons conseillé tout à l'heure l'emploi des eaux de pluie ou de rivière de préférence à celles de puits, l'imbibition se faisant mieux et plus promptement avec les unes qu'avec les autres, surtout quand ces dernières tiennent en dissolution une certaine quantité de sels calcaires.

Les observations qui précèdent prouvent suffisamment que le mouillage demande à être fait avec soin pour obtenir tout l'effet utile qu'il peut produire.

Sans établir de règle fixe pour sa durée, on peut dire qu'elle ne varie guère qu'entre trente-six et cinquante-quatre heures; on dépasse rarement cette limite [1].

Indépendamment des considérations que nous venons de développer sur la durée du mouillage, il en est d'autres qui se rattachent plutôt aux conditions où se trouve le germoir et à la longueur du germe que l'on veut obtenir qu'à la nature du grain lui-même; nous nous en occuperons en traitant de la germination au point de vue pratique.

Pour bien se convaincre que le mouillage s'est effectué d'une manière complète, on place un grain d'orge dans sa hauteur entre le pouce et l'index, et on appuie progressivement et jusqu'au point de le faire éclater; si l'imbibition est réellement arrivée à son terme, le grain, pendant tout le temps de cette petite opération, se pliera avec facilité et sans qu'il en résulte aucun craquement. On peut encore placer un grain entre les dents, dans le sens de son épaisseur; si le mouillage est suffisant, on pourra, au moyen d'une pression ménagée, rapprocher les deux incisives et refouler le périsperme à chaque extrémité de la graine, sans qu'il y ait rupture du test ou enveloppe extérieure.

Il faut éviter avec soin de pousser le mouillage jusqu'à ses dernières limites; car alors l'embryon surchargé d'eau se trouve en quelque sorte noyé, et cette seule circonstance suffit pour retarder son développe-

(1) L'un des plus habiles germeurs que j'aie rencontrés, et qui existe encore, ne mouillait guère son grain chez moi que trente-six heures; il se nomme Conrad Goldschaldt. Je désire que ce témoignage de sa capacité lui soit aussi utile qu'il le mérite.

ment, ou même pour s'y opposer d'une manière absolue. Dans ce cas, le périsperme est, pour ainsi dire, liquéfié, et la rupture du grain détermine une exsudation laiteuse qui indique qu'il s'est opéré une espèce de combinaison entre l'eau et les principes constituants de la graine.

Nous trouvons ci une nouvelle occasion de justifier la condamnation que nous avons prononcée sur les acquisitions partielles d'orge. En effet, l'imbibition ne peut se faire régulièrement qu'à la condition de soumettre au mouillage des grains qui présentent une certaine conformité de grosseur et de constitution, et il est évident que ces garanties d'uniformité se rencontreront bien plutôt dans des graines provenant de la récolte d'un même terroir que dans celles qui auront été rassemblées de divers points de production.

Les cuves dont on se sert le plus généralement pour le mouillage sont de trois espèces différentes; les unes sont en pierre, les autres en bois; enfin les dernières sont aussi en bois, mais garnies intérieurement de cuivre, de plomb ou de zinc, afin d'éviter leur détérioration. On ne prend, le plus souvent, cette sage précaution que par mesure d'économie; par le fait, il s'y rattache une question de succès dont l'explication trouvera naturellement sa place dans la partie de notre ouvrage où nous nous occuperons des *phénomènes de pourriture*.

Nous nous bornerons, quant à présent, à frapper de proscription l'usage des cuves mouilloires qui ne seraient pas en pierre, ou plutôt celles en bois non garnies de métal. Nous ne pouvons mieux faire, pour appuyer notre opinion à l'égard des matières susceptibles de se pourrir et de la manière dont elles se comportent lorsqu'elles entrent en décomposition, que de citer les paroles de M. Liebig, que nous aimons à consulter souvent, et qui dit que « tous les corps pourrissants sont capables de provoquer la fermentation dans d'autres corps, de la même manière que des substances fermentescibles peuvent le faire. » C'est là, à notre avis, une opinion judicieuse, basée sur des faits faciles à vérifier, comme nous ne manquerons pas de le faire, et qui nous prouveront comment le bois, en se décomposant, peut faire éprouver aux grains d'orge avec lesquels il est en contact, par exemple, une décomposition semblable à celle dont il est attaqué.

Que l'écoulement des eaux de mouillage soit intermittent ou continu, il n'en faut pas moins, lorsqu'il a cessé, laisser l'orge un certain temps dans la cuve avant de la mettre au germoir, afin que les dernières portions de grains puissent s'égoutter facilement ou absorber l'excès d'eau dont elles sont encore entourées et qui peut leur être nécessaire.

Le mouillage par intermittence exige au moins trois immersions; à la dernière, l'eau ne doit plus avoir d'autre saveur que celle qui lui est propre, ou bien alors l'opération est incomplète, et il faut avoir recours à une quatrième immersion.

Dans tous les cas, il est indispensable que le fond de la cuve ait quelques centimètres d'inclinaison du côté où se trouve le tuyau de décharge, afin que les eaux puissent trouver un écoulement facile; autrement, leur état de stagnation les rend promptement visqueuses, et leur décomposition putride devient le résultat immédiat de la condition où elles se trouvent.

Pour préserver les cuves mouilloires, qui se font le plus ordinairement en bois, de l'action pourrissante de l'humidité et du contact de l'air, il est essentiel de les revêtir au dehors d'une couche de goudron ; celui qui provient de la carbonisation du bois en vase clos, et dont on se sert pour goudronner les navires, est le plus généralement employé, parce qu'il se trouve à l'état liquide; on peut cependant se servir du goudron des usines à gaz et obtenir les mêmes résultats pour un prix dix fois moindre; il suffit d'ajouter 120 grammes d'essence de térébenthine par kilogramme de goudron. C'est de cette manière que nous en avons fait usage, et toujours avec succès.

Ce que nous disons des cuves mouilloires peut s'étendre indistinctement à toutes les autres; cette sage prévoyance a pour résultat une assez notable économie, puisqu'elle s'oppose à la pourriture des appareils.

Les poisons végétaux et minéraux exercent, en général, une action désorganisatrice aussi énergique sur les tissus végétaux que sur les tissus animaux ; il serait donc imprudent d'employer au mouillage des grains de l'eau qui en contiendrait en dissolution, quelque minime qu'en fût la quantité.

§ 2. De la germination proprement dite.

Nous avons étudié la *théorie de la germination ;* nous

connaissons les réactions qui s'opèrent au sein de la graine pendant qu'elle se développe et les produits nouveaux auxquels ces réactions donnent naissance. Il nous reste à examiner le mécanisme pratique et les diverses conditions à observer pour obtenir les nuances de germination nécessaires à chaque espèce de bière.

Au sortir de la cuve mouilloire, on forme avec le grain des *couches* dont l'épaisseur est subordonnée à l'élévation de la température extérieure et de celle du germoir. Ces couches ont pour objet de développer dans la masse la quantité de calorique nécessaire pour augmenter les dispositions germinatives de la graine. L'élévation de leur température étant d'autant plus prompte que l'air ambiant est lui-même plus chaud et la masse plus considérable, il est inutile et même nuisible, pendant la saison des chaleurs, de réunir en un seul tas les matières dont on dispose, puisque l'effet que l'on veut obtenir se trouve déjà, en grande partie, produit par les circonstances extérieures.

Dans les hivers rigoureux, au contraire, on amoncelle d'abord la couche en pyramide, et on revêt la masse d'une toile de bâche ou de plusieurs sacs, pour éviter, d'une part, l'action de la température extérieure, et, de l'autre, la déperdition du calorique qui se dégage au sein de la pyramide. Toutes les conditions nécessaires au développement de la *radicule* se trouvant réunies, celle-ci ne tarde pas à se faire jour à travers le *test* ou pellicule extérieure, et elle apparaît bientôt, sous la forme d'une proéminence blanchâtre, en C (*fig.* 2, p. 58), au *hile* ou point d'attache. On dit alors : Le grain pique.

Lorsque chaque grain, ou au moins le plus grand nombre, se trouve dans cet état, et que la température s'est élevée dans le milieu de la masse à + 15° ou 20°, on enlève les toiles et l'on *met en couche*. Il nous est impossible de déterminer par une règle fixe l'épaisseur que l'on doit donner à ces couches pour y maintenir la température que nous venons d'indiquer, puisque cela dépend, comme nous l'avons dit, non-seulement de la nature du germoir, qui peut varier à l'infini, mais encore des variations thermométriques, qui peuvent provenir d'une multitude de causes qu'il n'est donné à personne de prévoir. Ordinairement la température que nous venons d'indiquer se trouve ramenée à + 10° ou 12° après la mise en couche.

C'est donc à l'habileté du germeur et à la connaissance qu'il possède de son germoir qu'appartient le soin d'apprécier les conditions dans lesquelles il est placé ; il faut toutefois que l'épaisseur de la couche soit ménagée de telle façon que la masse ne puisse jamais se refroidir d'une manière sensible, car la germination souffrirait de l'espèce d'engourdissement qui en résulterait pour la graine.

Nous avons une observation à faire aux germeurs à propos de la mise en tas qui précède la mise en couche dans les saisons rigoureuses; elle est importante, et si quelques-uns la regardent comme indigne de leur attention, nous sommes convaincu que les plus intelligents sauront en faire leur profit. Ordinairement on monte cette pyramide, ce cône de grains, au milieu du germoir, afin de s'éviter quelques coups de pelle quand vient le moment de l'éparpiller également sur le sol. Cette manière d'opérer est vicieuse. En effet, la température de la partie du sol qui porte la pyramide augmente en même temps que celle du tas, et toutes deux finissent par se mettre à peu près en équilibre; si plus tard, lorsqu'on établit la couche, une partie de celle-ci occupe l'espace où a été élevée la pyramide, il en résulte que le sol, échauffé en cet endroit, imprime au grain qui le recouvre une impulsion plus hâtive que celle qu'il reçoit dans les parties froides qui l'environnent; de là une irrégularité dans la germination, et la régularité est la condition *sine qua non* de la réussite de cette opération, aussi bien que des diverses périodes de fabrication qui la suivent, et par conséquent de l'ensemble de la fabrication elle-même.

Ce n'est donc pas au milieu du germoir qu'il convient d'amonceler les tas d'orge, mais dans un des angles les plus reculés, sans pour cela les appuyer contre les murailles (car le remède serait pire que le mal), dans un endroit qu'on ne soit pas obligé de couvrir d'une partie de la couche, ou au moins dont on n'ait besoin que vingt-quatre ou quarante-huit heures plus tard, c'est-à-dire après que le sol se sera suffisamment refroidi.

Une fois l'orge mise en couche, on l'abandonne à elle-même; mais il faut avoir soin de donner à celle-ci une épaisseur plus considérable sur les côtés, qui reçoivent directement l'action de la température ambiante. Cette espèce de cadre a pour objet de développer une plus grande quantité de calorique dans les points où les causes de refroidissement sont plus nombreuses; par une raison inverse, nous avons vu d'habiles germeurs, hommes d'intelligence, amincir la couche vers le centre, c'est-à-dire à l'endroit où la température peut s'élever à un degré trop considérable.

En résumé, l'essentiel est de faire naître au sein de la couche, et le plus uniformément possible, la quantité de calorique nécessaire à l'égal développement de tous les grains.

Avant d'abandonner sa couche, le germeur, le *bierknecht* enfin, car c'est ainsi qu'on nomme l'ouvrier, qu'on a soin de choisir parmi les plus habiles, chargé de diriger cette opération, pose son palon (*fig.* 3) de telle manière que la partie concave soit en contact avec le grain, et par conséquent que la partie convexe se trouve en dessus; et, afin que plus tard il puisse lui servir d'indicateur de la marche de la germination, il le place sur la partie dont la hauteur représente approximativement l'épaisseur moyenne de la couche. Bientôt la température s'élève de nouveau, et elle se développe également dans toute la couche si celle-ci a été convenablement disposée. La radicule, le germe, comme on l'appelle, le *keimme* des Allemands, si l'on veut, apparaît, se développe, se bifurque, et présente au bout de quelque temps deux, trois ou quatre radicelles. Alors commence cette *transpiration végétale* qui n'est autre chose que l'évaporation d'une partie de l'eau que renfermait la graine.

Figure 3.

« Les végétaux, dit M. *Raspail*, transpirent comme les animaux, car la substance organique qui forme les tissus est aussi perméable chez les uns que chez les autres, et les organes des uns et des autres ne sauraient s'assimiler les molécules d'un liquide nourricier sans être doués de la faculté d'éliminer les liquides superflus, l'une des deux fonctions étant la conséquence nécessaire, le contre-coup de l'autre. »

En parlant de la théorie de la *germination*, nous avons dit qu'il y avait production d'*acide acétique;* c'est un fait qu'il est facile de vérifier lorsque la transpiration végétale est suffisamment développée; il suffit, pour reconnaître les propriétés acides de cette *sueur,* de la mettre en contact avec un morceau de *papier de tournesol,* dont la couleur violette passe immédiatement au rouge. Une portion de cette eau vient se condenser sur la partie concave du palon, dont nous avons indiqué précédemment la position; c'est là un indice certain que la germination s'opère. Si on observe la manière dont se comporte cette eau quand on place le palon verticalement, on s'aperçoit qu'elle présente, sur la surface du bois, un écoulement dont la forme ressemble à celui de l'alcool dans un vase de cristal dont les parois internes en sont recouvertes et le long desquelles le liquide tend à descendre. La diminution de cette condensation est, pour quelques germeurs, l'indication du moment favorable pour *retourner la couche;* d'autres en jugent par la température de la masse, dans laquelle ils plongent leur main à divers endroits; d'autres prennent pour guide les efforts qu'il faut faire pour rompre les radicelles lorsqu'on veut atteindre le fond de la couche ; d'autres encore se basent sur la longueur et la régularité des *radicelles* et sur l'odeur herbacée que les grains exhalent ; enfin, les moins expérimentés attendent, en hiver, que la température de la couche se soit élevée à + 15° pour la retourner la première fois, et à + 22° ou 23° avant de procéder une seconde fois à cette manœuvre.

Lorsqu'on a atteint le point convenable, on rompt la couche en relevant chacun de ses bords et en projetant à la surface les grains qui en proviennent. On met à nu ceux qui se trouvaient plus avant dans l'intérieur de la couche et qui sont relativement plus avancés que ceux qui recevaient le contact immédiat de l'air. Ensuite on retourne la couche. Il faut, dans cette opération, veiller à ce que la partie qui était d'abord au-dessus se trouve dessous lorsqu'elle est terminée, afin que la chaleur du sol imprime aux *radicelles* toute l'activité nécessaire pour les amener promptement au point où sont parvenues les autres. On ramène à la surface, par le moyen de la pelle, les grains qui sont les plus avancés, et on répartit uniformément dans toute la couche ceux qui en occupaient primitivement le centre. Il est donc essentiel que cette opération soit confiée aux soins d'un seul homme ; la régularité de sa marche en dépend. Chaque germeur a son *coup de pelle ;* les uns retournent la couche sens dessus dessous en trois coups de palon, tandis que les autres en donnent quatre ou cinq ; et, bien que ces modes d'opérer, pris isolément, ne présentent aucun inconvénient réel, ils deviennent vicieux dès qu'ils sont employés simultanément. Ainsi, que deux germeurs d'une capacité égale soient appelés à soigner une couche; on peut assurer d'avance que, si l'un est chargé de commencer la germination et l'autre de la terminer, la couche en souffrira.

C'est dans le Nord, et particulièrement à Lille et à Douai, que l'abus dont nous venons de parler se présente le plus fréquemment; il n'est pas rare, dans cette partie de la France, de voir quatre, cinq, six et quelquefois sept garçons brasseurs, armés chacun d'une pelle, marcher l'un derrière l'autre et exécuter la manœuvre tous ensemble. Sans doute c'est un excellent moyen d'alléger le travail dans des établissements où les couches sont formées de 40 et 50 hectolitres d'orge, car l'opération de la germination est très fatigante, très pénible; mais nous n'admettons pas que les chances de réussite doivent devenir moindres parce qu'on opère sur une plus grande quantité de matières premières, et telle est cependant, il est facile de le comprendre, la conséquence presque forcée de l'emploi de plusieurs germeurs pour une même couche. En effet, la négligence ou le mauvais vouloir d'un seul ouvrier suffit ici pour compromettre le succès de toute une opération, sans qu'il soit possible de faire retomber la responsabilité sur le coupable; avec un seul germeur, au contraire, il n'y a point à craindre d'adresser à tort un reproche d'incurie ou de maladresse, et, par-dessus tout cela, les garanties de régularité et d'uniformité sont évidemment beaucoup plus nombreuses.

En général, le premier coup de pelle, celui qui se prend à la surface de la couche, est projeté sur la partie déjà retournée, dans un rayon de 1 mètre à 1m,50 autour du germeur; le second et le troisième sont projetés dans un rayon plus étendu, et enfin le quatrième se met au pied, surtout lorsque le sol n'est encore que peu échauffé. Dans le cas contraire, il est indispensable que le grain qui était en contact avec le sol forme le dessus de la couche, afin de ralentir par le contact de l'air la végétation développée par une trop haute température.

Dans certains germoirs, où la nature du sol et le fond du terrain ne permettent pas de donner partout à la couche une égale épaisseur, il est important de varier celle-ci en raison des motifs que nous signalerons en nous occupant du germoir.

La germination s'opérant plus lentement en hiver, il est souvent nécessaire que la couche soit retournée jusqu'à huit ou dix fois de la manière que nous venons d'indiquer; en été, cinq ou six fois suffisent ordinairement. Au surplus, il faut toujours agir selon les circonstances, et tenir compte de l'état de l'atmosphère, de la nature du grain ou du germoir, ainsi que du développement que l'on veut donner aux radicelles, et de l'espèce de bière que l'on veut produire, etc. Toutefois l'épaisseur de la couche doit diminuer à mesure que la germination avance et que la température ambiante s'élève.

L'opération de la germination exige des soins très assidus, un certain esprit d'observation, une longue pratique et beaucoup d'activité ; en général les ouvriers brasseurs possèdent ces deux dernières qualités, mais il est assez rare de rencontrer des sujets qui réunissent toutes les conditions désirables. C'est pendant l'été principalement que la germination réclame une intelligente prévoyance, une attention soutenue, une grande habileté de savoir-faire et la connaissance parfaite du germoir dans lequel on opère. Rien ne doit entraver le travail d'une couche, et, quel que soit l'homme auquel elle est confiée, il doit être libre de tous ses instants, afin de pouvoir observer d'heure en heure, s'il le faut, les progrès de la germination et de la diriger à sa guise.

Si l'opération a été conduite avec zèle, si chacune des périodes a été observée avec soin, si, en un mot, la germination s'est développée régulièrement, si les radicelles se sont accrues progressivement et sans secousse, elles doivent être frisées, avoir une tendance à se contourner en spirales, comme nous l'indiquons dans la *figure 4*, et offrir cinq, six et quelquefois sept radicelles, fermes sans roideur, souples sans toutefois se prêter à toutes les formes.

Figure 4.

Si, au contraire, la germination a été trop active par suite d'un mouillage trop prolongé, et que le retard qui a été apporté au retournement de la couche ait laissé les radicelles s'enchevêtrer les unes dans les autres, de manière à ce que les grains se tiennent comme une espèce de gazon, les radicelles seront peu nombreuses. Si la négligence date du commencement de l'opération, elles seront roides et dures, et les unes prendront un développement qui pourra atteindre deux ou trois fois la longueur de la graine, tandis qu'à côté de celles-ci il existera d'autres grains qui n'offriront pas la moindre apparence de germination.

Le retard que nous venons de signaler n'est pas la seule cause qui puisse amener le développement subit des radicelles; c'est aussi l'une des conséquences les plus immédiates de l'*arrosage*, qui ne se pratique ordinairement que lorsque l'une des précédentes opérations a été mal conduite; ainsi, par exemple, lorsque l'imbibition a été incomplète, ou l'orge trop brusquement refroidie, ou bien encore lorsque la couche a été retournée en temps inopportun ou rompue avant le temps voulu, ce qui peut suffire pour suspendre les fonctions végétatives de la graine, à laquelle on imprime alors une activité nouvelle au moyen d'une aspersion d'eau fraîche en été, d'eau un peu adoucie en hiver. Quand on a recours à ce moyen, toujours mauvais, il faut l'employer avant de retourner la couche dont la marche est momentanément suspendue. L'eau agit alors comme un stimulant énergique; mais presque toujours cette opération détermine dans la graine une perturbation générale et des mouvements brusques et violents qui la fatiguent.

De là résulte le plus ordinairement l'irrégularité des radicelles, qui alors sont plus droites et plus roides, plus fines, plus déliées; en un mot, elles ont généralement la forme que représente la figure 5. C'est

Figure 5.

en parlant de cet accroissement si prompt, si instantané, que les brasseurs disent ordinairement : *Le germe file*. C'est toujours là le résultat d'une imprévoyance ou d'une négligence coupable, qui change totalement la qualité du *malt*, puisque, la germination ayant été irrégulière, il se trouve une partie des grains qui n'a pas même commencé à germer. Toute la portion qui se trouve dans ce cas est à peu près perdue; car elle ne produit rien d'immédiatement utile, comme nous le verrons en revenant sur les propriétés de la *diastase*.

Si, dans cette circonstance, on s'en rapportait à la longueur des radicelles, la germination paraîtrait complète. Il n'en est rien pourtant, car une grande portion de l'amidon et du gluten a échappé à la décomposition. Toute l'action s'étant portée sur l'embryon, la partie d'amidon transformée en sucre est peu considérable, et le gluten lui-même se retrouve abondamment après cette germination manquée. Il n'y a que peu ou pas de diastase produite, et il en résulte plus tard des *moûts* faibles et peu chargés de principes sucrés.

La marche à donner à la germination dépend encore de l'espèce de bière que l'on veut fabriquer. Ainsi, pour certaines variétés de *bières blanches* dont nous nous occuperons dans le cours de cet ouvrage et qui sont faites uniquement avec de l'orge, le mouillage doit être de courte durée; la germination doit s'opérer lentement, progressivement et sans secousse; c'est là du reste une règle sans exception; mais, indépendamment de cela, il est nécessaire que les radicelles n'atteignent qu'une fois environ la longueur du grain ; il faut donc que les couches soient retournées fréquemment, c'est-à-dire quatre ou cinq fois par jour, non-seulement dans les temps chauds, mais même dans les mois de mars et d'avril. En un mot, il faut, comme on le dit en termes de pratique, *germer à froid*, ce qui signifie qu'il faut retourner la couche autant de fois que sa température semble vouloir dépasser celle de la partie qui reçoit le contact de l'air.

Ordinairement, pour toutes les espèces de bières, on pousse la germination de manière à donner aux radicelles environ une fois un tiers la longueur du grain ; c'est avec quelque raison que l'on considère l'opération comme d'autant mieux réussie que les radicelles se frisent et se contournent davantage, comme on le voit dans la figure 4, et qu'elles sont plus nombreuses.

Dans le cas où la germination de l'orge est destinée à convertir l'amidon en sucre pendant l'opération des trempes, le mouillage doit, toutes conditions égales d'ailleurs, être prolongé de quelques heures. Mais la germination ne doit pas être moins soignée et conduite avec moins de ménagements ; car il est extrêmement important que la croissance des radicelles s'opère le plus uniformément possible, d'une manière lente mais continue, et sans perturbation aucune; elle exige enfin toute l'habileté d'un germeur capable et dont l'émulation soit vivement stimulée. En un mot, et comme nous l'avons dit en parlant de la *diastase*, il faut que la germination soit poussée jusqu'à sa période la plus élevée, jusqu'à ce que les radicelles aient une fois et demie et même deux fois la longueur du grain, c'est-à-dire jusqu'au moment où la *plumule* va percer le *test*. Nous savons qu'en général les brasseurs, se fondant sur cette opinion erronée qu'*un trop long germe épuise le grain*, ont une appréhension assez grande, une espèce d'aversion préconçue pour ce mode de germination. Certains germeurs (il en est que nous pourrions nommer), qui se dispensent volontiers de réfléchir à l'importance des observations les plus sérieuses, que leur apathie ne leur a pas permis de faire eux-mêmes, semblent répugner à exercer avec intelligence les fonctions purement mécaniques auxquelles s'est borné jusqu'ici leur labeur habituel. Ce n'est cependant pas en repoussant tout examen, et en laissant aux autres tout le travail de l'intelligence, que l'on peut espérer de se rendre maître des difficultés qui peuvent surgir, et, plus que tout cela, de faire face aux exigences que chaque jour fait naître pour le brasseur.

Quant à nous, qui, plus soucieux de l'avenir que du passé, n'avons reculé devant aucun moyen de nous éclairer, nous pouvons attester, sur la foi de l'expérience, et d'une expérience chèrement et péniblement acquise, que les craintes dont nous avons parlé n'ont aucun fondement, et que les conditions de germination que nous avons indiquées sont les plus productives, les plus économiques, en même temps que les plus rationnelles. C'est ce que nous établirons en temps utile, et de manière, nous l'espérons, à satisfaire la curiosité fort légitime des hommes les plus intelligents et à dissiper les appréhensions des plus timides. Ce que nous avons à dire démontrera que, *s'il est utile de posséder la connaissance de la théorie, il est bien plus indispensable encore de posséder la théorie de l'expérience.*

Il ne suffit plus aujourd'hui, surtout en face des nécessités du moment [1], de convertir seulement en sucre l'amidon des céréales soumises à la germination ; il faut encore savoir développer tous les produits auxquels celle-ci peut donner naissance, afin d'en tirer, pendant les diverses opérations que demande la fabrication, tout le parti possible, et d'arriver à la réalisation de ces questions d'économie si importantes pour les producteurs, quel que soit l'objet de leur industrie.

Ce que nous avons dit jusqu'ici a dû suffire pour faire comprendre combien était fondée la préférence que nous accordons aux orges récoltées dans un même terroir sur celles qui ne sont pas dans ces conditions. Nous pouvons maintenant expliquer les inconvénients que peut éprouver le brasseur qu'une position peu aisée contraint à des acquisitions partielles. Il est impossible, en effet, que la régularité de la germination ne ressente pas une atteinte profonde quand on opère sur des orges de diverses provenances ; toutefois, entre des mains habiles, le mal n'est pas sans remède, et le meilleur parti que l'on puisse prendre, si cette irrégularité se fait sentir dans une proportion trop considérable, est de pousser aussi loin que possible les limites de la germination ; c'est le seul moyen de faire développer, dans les grains qui

(1) Si nous ne nous trompons, l'orge vient de se vendre (1847), sur les principaux marchés de France, 17 francs l'hectolitre, c'est-à-dire 60 pour 100 de plus que dans les années moyennes.

germent régulièrement, une quantité de diastase capable d'opérer, au moment des trempes, la conversion en sucre de l'amidon non attaqué que renferment les grains qui ont échappé à l'action de la germination. C'est une faible compensation, sans doute, eu égard à la grande quantité de gluten qui se trouve encore dans les grains restés intacts, mais c'est la seule que nous puissions indiquer.

L'été est sans contredit la saison pendant laquelle l'opération de la germination présente le plus de difficultés; c'est à cette époque que les chances d'altération du grain sont les plus nombreuses, et, par conséquent, l'insuccès plus à redouter; les soins les plus assidus, la vigilance la plus active, le plus louable zèle, l'attention la plus soutenue, la plus sage prévoyance, la plus parfaite connaissance de l'art sont trop souvent insuffisants pour prévenir certains dangers; car, soumis, comme on l'est, à tous les mouvements de la température, à l'influence des moindres phénomènes qui s'accomplissent au sein de l'atmosphère, il est impossible de ne pas être fréquemment en butte aux plus funestes accidents. Quelque minime que soit l'épaisseur que l'on donne aux couches afin d'éviter leur échauffement, l'élévation de la température ambiante suffit pour imprimer à la graine une impulsion, une activité énervante qui s'étend à chacun de ses organes et qui détermine une perturbation générale; ceux-ci ne se dessèchent plus, ils se brûlent, s'il est permis de s'exprimer ainsi, et il est difficile qu'il en soit autrement en présence des agents les plus capables d'amener la désorganisation des tissus. Ces agents, l'air, l'eau et une température élevée, se trouvant réunis dans les conditions les plus favorables pour développer et entretenir ces altérations, il n'est pas étonnant qu'ils exercent leur fatale influence avec une énergie telle qu'elle vienne anéantir tout espoir de succès.

Ces désordres, ces révolutions totales ou partielles ont chacun une marche régulière qu'il est utile d'observer. Si la température de la couche s'élève un peu trop, les radicelles s'enchevêtrent les unes dans les autres; leur croissance détermine le rapprochement des grains; ceux-ci se pelotonnent, font corps un à un, deux à deux, quatre à quatre, et la multiplicité de ces rapprochements fait prendre à la masse l'aspect d'un gazon volumineux; les radicelles s'allongent dans une proportion démesurée, et si le germeur ne vient rompre avec la pelle ces myriades de ligaments et rafraîchir un peu la couche en diminuant son épaisseur, elles présentent bientôt dans toute leur longueur une végétation cotonneuse qui a l'apparence de poils fins et déliés qu'un œil observateur aperçoit et que l'usage d'une loupe rend parfaitement distincts. L'extrémité des radicelles se termine alors par une petite pointe qu'il faut observer de près pour bien la voir, dont la couleur est d'un vert très pâle, et qui se présente ordinairement sous l'aspect d'un petit bourrelet, d'un petit point d'insertion. Au milieu de ce désordre apparaît la *plumule*, et son développement s'opère avec une rapidité telle qu'il suffit quelquefois de deux ou trois heures pour que le grain soit complétement perdu, sans qu'il reste même l'espoir de l'utiliser pour la nourriture des volailles. Arrivée à ce point, la plumule, comme on l'a vu plus haut, s'assimile tous les produits que la germination a développés dans le périsperme et même ceux dont elle n'a pu opérer la conversion ; ainsi, non-seulement tout le sucre produit par la saccharification de l'amidon est absorbé, mais la diastase, l'amidon, le gluten, tout, en un mot, disparaît pour opérer la conversion de la plumule en *tigellule*, jusqu'à ce qu'enfin il ne reste que les parties charnues de l'embryon et le test qui sert d'enveloppe à la graine.

Du mois d'octobre au mois d'avril, ces désordres ne sont à craindre qu'autant que l'on a pour germeur un ouvrier inhabile ou négligent, ou, ce qui arrive quelquefois, que la malveillance s'en mêle; mais du mois de mai, et particulièrement du mois de juin au milieu ou à la fin du mois de septembre, le plus léger retard, la plus petite erreur, la moindre circonstance que l'on aura négligé d'observer, suffisent pour enfanter toutes ces perturbations, pour compromettre la réussite de l'opération, et, par suite, celle de plusieurs brassins, si la couche est considérable. Qu'espérer, en effet, d'un travail préparatoire défectueux, qui ne vous laisse entre les mains qu'une matière première en mauvais état ? Rien que des tribulations sans nombre et des déceptions sans limites. Qu'attendre d'une germination qui s'est opérée dans les conditions les plus défavorables, lorsque, dans les cas ordinaires, la réussite est toujours difficile, lorsqu'on voit surgir à chaque instant une foule de circonstances dont on ignore la cause, et qui toutes tendent à s'opposer au succès définitif de l'opération la plus délicate de toutes celles qui constituent la fabrication de la bière?

Nous ne saurions donc trop recommander à l'attention de nos lecteurs la surveillance la plus scrupuleuse, les soins les plus assidus, pendant tout le temps que dure la germination. Que ceux qui détournent leurs regards de cette question, parce qu'ils supposent que les dangers que nous avons signalés ne peuvent les atteindre, puisqu'ils amoncellent leurs provisions pendant l'été, après avoir préparé leur malt pendant les mois que nous avons signalés comme les plus favorables, que ceux-là, disons-nous, veuillent bien s'y arrêter un instant, et ne pas abriter leur indifférence derrière les faveurs de la fortune; car nous aurons bientôt à leur montrer que la somme des inconvénients qui résultent des approvisionnements d'hiver est plus considérable que celle des accidents que nous venons d'énumérer.

Il est donc prudent de ne germer pendant l'été que de très petites couches, d'opérer dans de grands germoirs si l'on veut *germer à froid*, pour nous servir de l'expression consacrée, c'est-à-dire de ne donner à la couche que la moindre épaisseur possible, et de la tenir dans un état de division tel que sa température ne puisse jamais s'élever au delà de la température ambiante, de manière à ce que la germination s'opère très lentement. En un mot, ce travail exige des germeurs d'une habileté peu ordinaire, et le nombre de ceux-ci est malheureusement encore fort restreint.

Les faits que nous venons de passer en revue sont d'autant plus à redouter qu'ils entraînent le plus souvent de désastreuses conséquences; cependant ils sont peu de chose si on les compare aux autres accidents que l'application fait surgir lorsque l'ensemble des opérations est dirigé avec inhabileté. Dans les conditions ordinaires de la vie industrielle, on trouve ordinairement, en compensation d'un travail pénible et assidu, un succès bien légitime qui dédommage de la peine que l'on a prise. Il n'en est point ainsi, nous pouvons l'affirmer sans crainte d'être contredit, il n'en est point ainsi pour le brasseur; sa vie est une lutte continuelle, et, ce qui est plus terrible, une lutte contre des éléments qu'il ne lui est pas toujours possible de maîtriser. Qu'on nous indique, si on le peut, un seul industriel qui soit autant que lui en butte aux influences atmosphériques et à tout le cortége de réactions que ces influences exercent sur les opérations qui font la base de son industrie? Pour nous, nous n'en connaissons pas un seul; et ce n'est pas sans un sentiment douloureux que nous faisons ces réflexions; car nous avons été si souvent témoin de ces vicissitudes, que nous ne pouvons nous empêcher de plaindre ceux qui y sont exposés tous les jours. Encore s'il nous était donné de produire le chaud ou le froid, le beau temps ou la pluie, comme d'autres ont pu faire, à leur profit, la baisse ou la hausse! Mais revenons à notre sujet, et complétons ce que nous avons à dire relativement à la germination.

Nous avons annoncé que nous nous occuperions d'une manière spéciale des *phénomènes de pourriture,* ou *combustion lente;* ce sera alors que nous donnerons avec tout le détail nécessaire, et au point de vue général, les développements que comporte cette partie de notre sujet; il nous suffira donc d'examiner ici les causes qui peuvent produire la pourriture des grains pendant l'opération de la germination, et les nombreux accidents qui résultent de ce phénomène.

Ces causes sont de deux espèces : les unes sont inhérentes à la nature de l'orge elle-même et à l'état dans lequel elle se trouve; les autres, que l'on pourrait nommer accidentelles, dépendent principalement de la nature du germoir. Ainsi la pourriture se manifeste de préférence dans les orges récoltées pendant les années pluvieuses, dans celles provenant de terrains immergés lors des derniers mois de la maturité, enfin dans celles qui ont été mal soignées après la fauchaison et emmagasinées dans des locaux humides. Les céréales attaquées par les animaux malfaisants, qui font si souvent le désespoir des cultivateurs, sont encore dans cette catégorie; mais alors la pourriture atteint plus particulièrement les grains où l'embryon a été séparé de la graine ou seulement soumis à l'action de la dent, parce qu'il s'opère postérieurement une espèce de solution de continuité, résultant d'une première altération qui ôte à la graine toute la vigueur d'action qui lui est propre. Les faux grains, ceux qui ne possèdent pas la puissance végétative, parce que leur périsperme ne renferme pas assez de principes nutritifs pour suffire à l'alimentation de l'embryon, sont aussi affectés de pourriture plutôt que tous les autres.

Les causes accidentelles les plus capables de développer la pourriture des grains pendant la germination résultent ordinairement de la compression violente que les ouvriers germeurs impriment quelquefois aux grains par l'action de la pelle ou de leurs chaussures, surtout lorsque celles-ci sont ferrées.

Il y a deux moyens de se mettre, autant que possible, à l'abri de ces funestes accidents : le premier est d'être d'une sévérité rigoureuse dans le choix des orges, et de les faire passer au crible pour en séparer les faux grains et ceux attaqués par la dent des animaux, avant de les livrer à la germination; le second est d'avoir dans chaque germoir une paire de chaussons en caoutchouc[1], et d'obliger le germeur à s'en chausser toutes les fois que sa présence est nécessaire dans le germoir.

La pourriture des céréales soumises à la germination dans des conditions favorables n'est guère à redouter qu'à partir du 15 juin; dans les années sèches, elle apparaît rarement avant cette époque, même lorsque les grains employés ne présentent pas des conditions avantageuses. Il ne suffit pas, pour suspendre les fonctions végétatives de la graine, que le périsperme ait été foulé; il faut que la plumule soit meurtrie, déchirée, brisée, pour que la vie s'éteigne, s'il est permis de parler ainsi, pour que les phénomènes de désorganisation qui en résultent amènent la pourriture. Quand la radicule ou les radicelles seules ont été attaquées, les fonctions de la germination sont suspendues, mais elles ne tardent pas à reprendre leur activité lorsque les conditions premières se rétablissent. Au nombre de celles-ci il faut surtout compter la température, qu'on doit maintenir entre + 5° et + 15°, puisque au-dessous et au-dessus de

(1) Ces chaussons se trouvent, à Paris, chez les principaux marchands de la rue des Lombards.

cette chaleur la germination entière subit une influence fâcheuse, comme nous l'avons déjà démontré.

La pourriture se manifeste d'abord dans les grains brisés, qui ont perdu leurs facultés végétatives, ou dans ceux dont l'embryon a été séparé ou profondément altéré par diverses causes; plus tard elle s'étend à ceux qui, quoique entiers, ont supporté une pression considérable ou qui ont éprouvé quelque lésion capable de pénétrer au delà du test, en attaquant l'intérieur du grain; à une époque encore plus éloignée, elle se communique aux grains sains, non altérés par les causes extérieures, à ceux enfin qui jusque-là avaient été à l'abri de tout accident. Une fois arrivée à ce point, elle s'étend à toute la masse avec une rapidité effrayante, les désordres qu'elle provoque sont aussi nombreux que graves, et ce n'est qu'au moyen d'une vigilance de tous les moments et de soins assidus que l'on peut espérer y apporter quelque remède; sans ces soins et cette vigilance, la totalité d'une couche peut en être affectée au point de ne laisser aucun espoir de l'utiliser.

Nous aurons à examiner les palliatifs au moyen desquels on peut atténuer le mal lorsqu'on lui a permis d'arriver à cette extrémité; mais ne serait-il pas infiniment plus rationnel, plus prudent et plus sage de chercher à l'éviter? Or, le plus souvent on ne fait rien, ou du moins pas assez, pour arriver à ce but; trop souvent les opérations, confiées aux soins de gens sans courage et sans cœur, ou remises en des mains inhabiles, marchent comme elles peuvent, et un grand nombre, un trop grand nombre de brasseurs, malheureusement, s'inquiètent beaucoup plus de quelques manipulations insignifiantes que d'opérations essentielles, qui réclament non-seulement le travail d'ouvriers habiles et expérimentés, mais encore l'intelligence du *maître*, puisque ce mot est encore consacré par l'usage.

Maintenant que nous savons quels sont les grains que la pourriture affecte de préférence, voyons comment elle se comporte ordinairement et quelles sont les conséquences qui en résultent. Dès qu'elle s'est manifestée dans les grains froissés ou meurtris, ceux-ci deviennent d'une couleur plus foncée que les autres et se couvrent promptement d'une végétation cryptogamique d'un bleu-verdâtre, dont la conformation rappelle les phénomènes de pourriture qui s'opèrent dans les fruits, et particulièrement dans les pommes ; ils contractent une odeur qui a beaucoup d'analogie avec celle que répandent les fruits qui se gâtent, et cette seule indication devient tellement saisissante pour l'odorat qu'elle suffit pour annoncer une couche qui est gravement affectée de cette maladie.

Des grains froissés la pourriture s'étend aux faux grains, et elle s'avance au sein de la masse, s'attaquant de préférence à ceux qui sont le moins propres à entrer en germination. Si le contact est trop prolongé, si la température s'élève, elle gagne indistinctement tous les autres. Pour s'en convaincre, il suffit d'introduire dans un flacon à large ouverture, et présentant à l'air un accès facile, des grains sains et en bonne voie de germination, et d'y mêler quelques grains qui commencent à pourrir ; un jour ou deux, souvent même quelques heures suffisent pour que la totalité soit complétement altérée. Ces phénomènes de décomposition s'opèrent toujours en vertu de deux lois qu'il est très important pour nous de ne pas perdre de vue un seul instant : « Un atome mis en mouvement par une force quelconque peut communiquer son propre mouvement à un autre atome qui se trouve en contact avec lui. » D'où il résulte, ainsi que nous l'avons déjà vu dans une citation empruntée à M. Liebig, que « tous les corps pourrissants sont capables de provoquer la fermentation dans d'autres corps, de la même manière que des matières fermentescibles peuvent le faire. » En effet, le mal va grossissant d'heure en heure; et ce n'est pas seulement un accident auquel on peut facilement remédier, c'est une véritable épidémie qui se déclare, c'est une lèpre qui va étendre au loin sa plaie hideuse; c'est, en un mot, un parasite destructeur qui vient s'implanter là, et qui va vivre aux dépens de trente ou quarante hectolitres de grains qu'il rendra improductifs sans devenir lui-même capable de produire rien qui soit utile. La rapidité des ravages croît avec l'extension du mal, puisque chaque grain qui se corrompt tend à gangrener tous ceux qui l'environnent; et bientôt se manifeste un envahissement tel qu'il ne reste pas même l'espérance d'y apporter le moindre remède.

Lorsque, pendant la germination, on laisse à la plumule le temps de se développer au delà d'un certain terme que nous avons indiqué, toutes les substances restées intactes dans le périsperme ou produites par la germination elle-même sont successivement absorbées au profit de l'alimentation de cette plumule. Dans ce cas, si on arrête les fonctions végétatives de celle-ci, on peut espérer encore retrouver une partie des principes sucrés que la germination a développés aux dépens de l'amidon. Il n'en est pas de même dans le cas dont nous nous occupons; car il ne s'agit plus ici d'une modification du gluten et de l'amidon, mais bien d'une altération profonde de l'un et de l'autre, d'une décomposition qui vient frapper de mort le grain dans lequel elle se déclare. C'est une espèce d'oxydation qui a lieu, ou, pour mieux dire, c'est une véritable combustion intérieure qui s'opère.

§ 3. Résumé historique de la germination.

« Dès l'instant qu'on met en contact la semence avec l'eau à l'état liquide et à celui de vapeur humide, dit M. Raspail, on peut dire que la germination commence, si, par le mot de germination, on entend l'ensemble des élaborations qui concourent à réveiller la végétation dans l'embryon qu'emprisonnent les enveloppes de la graine. L'eau pénètre par le *hile* chez les semences dont le *test*, ou plutôt le *péricarpe*, est résineux, ou d'une épaisseur ligneuse considérable; elle est absorbée par toute la surface de l'enveloppe corticale chez les autres; et, dans l'un comme dans l'autre cas, elle pénètre dans l'enveloppe suivante, non-seulement par son point d'attache, mais encore par toute sa périphérie. Mais cette imbibition est plus lente ou plus rapide, et par conséquent les signes extérieurs de la germination seront plus ou moins tardifs, selon que les tissus externes ou internes sont plus ou moins perméables, que le périsperme, ou l'organe qui en tient lieu, est plus ou moins desséché, que la graine a été cueillie plus ou moins mûre, et qu'elle est d'une date plus ou moins récente.

« La précocité de la germination n'indique nullement la supériorité des qualités d'une graine; souvent même elle est le résultat d'une maturité incomplète, et par conséquent le présage d'une moins heureuse végétation.

« L'eau, l'air, les sels ayant pénétré dans l'intérieur des organes, la germination peut encore s'effectuer plus ou moins lentement, selon que les tissus et les sucs seront plus ou moins tardifs à fermenter, et selon que les produits de la fermentation seront plus ou moins abondants, enfin selon que la chaleur sera plus ou moins favorable à la végétation. Mais la germination n'en commencera pas moins chez toutes les graines dès l'instant qu'on les aura déposées également dans le milieu qui leur convient; et les expressions dont nous nous servons habituellement pour noter les dates des germinations ne doivent être considérées que comme servant à indiquer l'époque plus ou moins arbitraire à laquelle la germination donne au dehors des signes de son élaboration intestine. Ainsi, les graines que nous disons germer au bout d'un an sont des graines qui germaient depuis un an, qui végétaient sous leurs enveloppes à l'insu de l'observateur, mais d'une manière toute spéciale, toute préparatoire; au bout d'un an, la somme de ces préparations est devenue appréciable. »

En effet, les céréales donnent des signes extérieurs de germination à des époques bien différentes; ainsi :

	Jours.
Le millet germe au bout de.	1
Le froment.	1
Le bléton, l'épinard, la fève, le haricot, le navet, la rave, la moutarde.	3
La laitue, l'anet.	4
Le cresson, le melon, le concombre, la calebasse.	5
Le raifort, la poirée.	6
L'orge.	7
L'arroche.	8
Le pourpier.	9
Le chou.	10
L'hyssope.	30

L'amandier, le *melampyrum*, le pêcher, la pivoine, le *ranunculus falcatus* ne donnent des signes extérieurs de germination qu'au bout d'un an;

Le cornouiller, le rosier, l'aubépine, le noisetier-avelinier, au bout de deux ans.

§ 4. Du Germoir (*Malzkeller*).

Nous avons dit, en parlant de la germination, que tous les germoirs n'étaient pas propres à la développer également. En effet, ce développement dépend du mode de construction adopté et des dispositions intérieures du germoir.

On choisit ordinairement des caves, des celliers ou des locaux situés au rez-de-chaussée, pour en faire des germoirs; nous n'ignorons pas que cela dépend bien plus de la disposition des lieux que de la volonté des brasseurs; mais toujours est-il qu'en général ils sont tous plus ou moins vicieux, et que le nombre de ceux qui sont dans les conditions voulues est extrêmement restreint.

L'irrégularité de la germination ne doit pas être attribuée seulement aux causes que nous avons signalées précédemment, mais encore à l'accroissement de température qui se manifeste dans telle partie du germoir ou à tel endroit du sol, et au refroidissement que la couche éprouve dans d'autres parties. Si on opère pendant l'hiver, et que les joints des murailles ou les ouvertures des portes laissent pénétrer l'air extérieur, celui-ci vient ralentir ou paralyser la marche de la germination dans les points où son action se fait sentir le plus directement, tandis que dans les endroits inaccessibles au passage de l'air elle s'opère d'une manière plus active.

Nous avons démontré que toute variation brusque de température était pernicieuse au développement des radicelles, et que les perturbations qu'elle occasionne peuvent provenir également de son élévation ou de son abaissement. Il est donc essentiel d'éviter, ou au moins de diminuer le plus possible toutes ces chances d'irrégularité, en veillant à ce que les joints des murailles soient soigneusement fermés, de manière que l'air extérieur ne puisse pénétrer plus facilement par un endroit que par un autre. C'est surtout aux germoirs situés au rez-de-chaussée qu'il faut porter le plus d'attention, car c'est un des principaux inconvénients qu'ils présentent.

Ces petites causes de perturbation, et une foule d'autres que nous aurons à signaler, paraîtront peut-être sans importance à un grand nombre de nos lecteurs; nous savons bien que, prise isolément, chacune d'elles ne peut exercer de ces influences désorganisatrices qui compromettent le succès de toute une opération; mais ce n'est pas en détail qu'il faut les envisager; il faut les considérer dans leur ensemble, et nous verrons bientôt que la multiplicité de ces causes, minimes séparément, constitue une puissance contre laquelle il faut lutter par des efforts inouïs, et trop souvent superflus.

Les accidents qui peuvent se manifester dans les temps chauds ne sont pas moins graves; l'air alors vient absorber, au détriment de la graine, la quantité d'eau qui est nécessaire à celle-ci pour germer convenablement, et si la portion vaporisée est trop considérable, on est obligé d'avoir recours aux *arrosages*, dont nous avons déjà signalé les inconvénients.

La nature des matières employées à la confection du sol et le fond de terrain sur lequel il est établi exercent aussi diverses influences auxquelles il n'est pas toujours facile de porter remède. Le choix des matériaux ne saurait donc être indifférent, puisque chacun de ceux dont on fait ordinairement usage présente presque toujours des résultats qui varient beaucoup. Le plus souvent, le sol est composé de dalles ou de briques, ou fait en mortier de chaux et ciment, ou enfin établi avec de la craie concassée et réduite à l'état de mortier à l'aide de l'eau seulement. Les sols en dalles et en briques s'échauffent assez facilement, ce qui leur a valu la préférence qu'on leur accorde toujours en hiver; mais, pendant l'été, ils se refroidissent avec trop de lenteur, et cette circonstance suffit pour déterminer une germination trop active. L'élévation de la température extérieure, à cette époque, offre déjà un obstacle assez grand, sans y ajouter une nouvelle source de calorique qui vient encore contribuer à l'échauffement de la masse.

Les germoirs construits en chaux et ciment, ou en craie seulement, se trouvent dans des conditions tout à fait opposées : ils ont l'inconvénient de s'échauffer difficilement; cette circonstance les rend précieux en été, et ils ne peuvent causer qu'un léger retard dans la saison rigoureuse.

Nous verrons bientôt en quoi ceux-ci sont inférieurs aux autres, et nous justifierons des motifs qui nous empêchent d'accepter entièrement l'un ou l'autre.

A mérite égal, nous préférerions ceux qui, susceptibles de se laver facilement, se dégraderaient le moins par l'action du balai; or, les germoirs construits en chaux et ciment ne nous paraissent pouvoir supporter ni de fréquents lavages, ni un balayage vigoureux, indispensable pour détacher du sol certaines *fongosités* que nous aurons à examiner, sans qu'il s'y détermine des cavités qui contrarient le maniement de la pelle, et sans que la craie absorbe une assez grande quantité d'eau, ce qui est un nouvel inconvénient à ajouter à ceux dont nous avons encore à nous occuper. On ne rencontre pas ces difficultés avec les dalles ou les briques, mais le défaut que nous avons signalé nous oblige sinon à les proscrire entièrement, au moins à faire connaître quelques-uns des inconvénients de leur emploi.

Le sol d'un bon germoir doit être complétement imperméable à l'eau et présenter une surface plane; il doit offrir une pente qui facilite l'écoulement des eaux de lavage, et être d'une solidité telle que l'action du balai ne puisse l'entamer; de plus, il faut qu'il ne puisse pas s'échauffer trop facilement. Le ciment romain de Vassy seul nous paraît réunir ces qualités, et il doit obtenir la préférence sur les autres matériaux, pourvu qu'il soit établi sur un fond de cailloux concassés, ou simplement de craie tassée de manière à ne subir aucun affaissement.

Les dalles ou les briques sont exposées à se briser; les mortiers employés à faire les joints s'écaillent, se soulèvent; les eaux de lavage s'infiltrent dans le sol, et, si on apporte le moindre retard dans les réparations, elles fermentent et dégagent des miasmes infects. Les conditions de solidité sont donc beaucoup moins grandes et les frais d'entretien plus considérables.

Quant au prix de revient de chacun de ces systèmes, seule considération qui puisse empêcher de recourir au mode de construction que nous préférons, le voici[1] :

Le dallage en pierres coûte 10 fr. le mètre carré : soit, pour 20 mètres, 200 fr.

Le même, en briques de Bourges, coûte 4 fr. 50 c. le mètre carré; soit, pour 20 mètres, 90 fr.

Le même, en ciment romain de Vassy, de $0^m,05$ d'épaisseur, coûte 20 fr. le mètre carré; soit, pour 20 mètres, 120 fr.

Béton en cailloux concassés, de $0^m,10$ d'épaisseur, 1 fr. 80 c. le mètre carré; soit, pour 20 mètres, 36 fr.

Ainsi donc, l'établissement du sol d'un germoir de 20 mètres carrés, en ciment romain appliqué sur une bonne couche de béton, coûtera 156 francs, tandis que le même, construit en dalles, reviendra à 200 fr.; il est vrai que celui en briques n'occasionnerait qu'une dé-

(1) Nous prenons pour base de notre estimation le prix des constructions de Paris, et nous supposons un germoir de 20 mètres carrés.

pense de 90 fr.; mais si l'on prend la moyenne de ces deux derniers modes de construction, on a 145 fr., et, en raisonnant sur ce chiffre, on ne trouve qu'un excédant de dépense de *onze francs*, soit 7 pour 100 environ, sur une construction des plus importantes; cette différence, on en conviendra, ne doit pas, ne peut pas former une objection sérieuse dans l'esprit d'un industriel qui comprend ses véritables intérêts.

Quelle que soit la nature des matériaux employés à la confection du sol, les garanties de régularité dans la germination qu'ils présentent disparaissent complétement si le fond sur lequel ce sol est établi n'est lui-même dur et compacte, si le ferme, en un mot, n'existe pas d'une manière uniforme. Les germoirs situés au-dessus des caves, et particulièrement ceux qui sont traversés dans le sens de leur longueur ou de leur largeur par de gros murs d'appui, sur lesquels reposent, par exemple, deux voûtes de caves contiguës, en sont une preuve évidente; dans la partie du sol du germoir correspondant à l'épaisseur d'un mur de séparation, la germination est lente, tandis qu'au-dessus des voûtes elle est très active; si l'une des deux caves est plus accessible que l'autre à l'air extérieur, toute la partie de la couche qui est située au-dessus de celle-là en ressentira les effets dans les hivers rigoureux; la germination s'y fera lentement, tandis qu'au-dessus de la voûte voisine elle se développera avec activité.

S'il existe des excavations dans le sol, les mêmes phénomènes se produiront; on les verra également se manifester dans les germoirs dont le fond présentera des nuances diverses de terrains, telles qu'une maçonnerie ou un gravier d'un côté et un terrain mouvant et sableux de l'autre.

Dans l'application, toutes ces nuances de construction se font sentir ; pas un brasseur ne l'ignore; cependant on ne s'en préoccupe que peu ou point quand il s'agit d'améliorer une brasserie, de donner une disposition nouvelle à une usine. Nous ne pouvons nous empêcher de déplorer cette insouciance, parce qu'elle a pour résultats des irrégularités toujours dommageables, souvent funestes au succès de la germination, la plus essentielle de toutes les opérations préparatoires.

Il est vrai que l'intelligence du germeur est là pour quelque chose et que sa mission est de remédier aux accidents de terrains qui se présentent dans presque tous les germoirs ; mais, encore une fois, n'est-ce pas assez des difficultés inhérentes à ce travail, et des obstacles que font naître les influences atmosphériques, sans y ajouter des circonstances qui peuvent les aggraver? Dans tous les cas, c'est là une complication réelle, un embarras sérieux dans les moments difficiles.

Ce que le germeur doit faire pour atténuer les effets qui résultent d'une construction défectueuse, c'est de donner à la couche une épaisseur plus considérable dans les parties froides et une épaisseur moindre dans celles où la température s'élève plus facilement ; mais les résultats seront toujours différents de ceux qu'on obtiendrait d'une germination uniforme. D'ailleurs, chaque fois que l'on change d'ouvriers, ce sont des essais et des tâtonnements nouveaux ; le travail en souffre et les manipulations se compliquent au lieu de se simplifier.

Améliorer le travail, c'est le rendre plus court, plus économique, plus facile, afin de diminuer les pertes de temps; c'est, pour tout dire en un seul mot, en réduire le prix, tout en supprimant ce qu'il a de pénible pour l'ouvrier qui l'exécute. Voilà comment nous comprenons l'amélioration du travail, et le but auquel doivent tendre, à notre avis, des industriels éclairés qui comprennent leur mission et leurs devoirs.

S'il n'est pas toujours facile de remédier aux inconvénients que nous venons de signaler, il en est d'autres, dont l'importance n'est pas moins grande, auxquels on peut apporter facilement des améliorations. Nous voulons parler des germoirs qui laissent arriver trop abondamment les rayons lumineux sur la surface des couches. Nous devons rappeler ici que la lumière, agissant à la manière de la chaleur, imprime à la graine une activité inopportune, et que la germination en reçoit une fâcheuse atteinte. Dans certaines brasseries, l'exiguité du terrain ou la mauvaise distribution des locaux ne permet pas toujours de changer la destination primitive qu'on leur a assignée sans nécessiter des dépenses qu'il est quelquefois prudent d'éviter; mais le moyen dont nous voulons parler conserve à chaque partie d'un établissement les dispositions qui leur sont devenues spéciales; il suffit, dans le cas actuel, de remplacer les vitres incolores par des vitres de couleur, et préférablement par des vitres bleues, qui sont d'un prix moins élevé que les autres; de cette façon on intercepte le passage des rayons lumineux, et on fait disparaître les causes qui peuvent amener dans la graine un développement trop considérable.

Nous arrivons maintenant à des considérations d'un ordre non moins élevé et sur lesquelles nous appelons toute l'attention de nos lecteurs; nous allons nous occuper de la ventilation des germoirs.

§ 5. Ventilation des germoirs.

Nous avons dit qu'à défaut d'air les végétaux, comme les animaux, languissaient, que chacun de leurs organes en ressentait une profonde atteinte, et que la privation d'air trop prolongée amenait infailliblement la mort. Une expérience que chacun de nos lecteurs peut répéter va nous en fournir une preuve évidente. Si on introduit dans un flacon, en assez grande quantité pour qu'il n'y reste que peu ou point d'air, de l'orge qui a commencé àgermer, et si on abandonne ce flacon à lui-même, après l'avoir bouché hermétiquement, chacun des organes cesse ses fonctions; toute élaboration est suspendue; en un mot, la végétation s'arrête, la graine périt, et toute la masse, soumise aux lois naturelles de la décomposition, éprouve la fermentation putride, pour ne plus offrir bientôt qu'une inutile poussière.

Il est donc essentiel que la couche d'air qui enveloppe les grains en voie de germination puisse se renouveler facilement, puisqu'il n'y a pas de germination possible sans le contact de l'air; nous ne disons pas le contact absolu, car l'air peut être chargé d'une assez grande quantité de gaz délétères sans arrêter complétement les phénomènes de la germination; cependant, lorsque ceux-ci sont en trop forte proportion, elle en ressent de fâcheux effets, qui suffisent pour entraver la régularité de sa marche et s'opposer au libre développement des radicelles.

Le gaz qui se dégage pendant la germination est celui qui a reçu le nom de *gaz acide carbonique*, ou, plus simplement, d'acide carbonique. Comme nous aurons fréquemment occasion d'en parler, nous allons examiner sommairement chacune de ses propriétés et les caractères qui le distinguent.

C'est ce gaz que les végétaux et les animaux expirent après s'être assimilé la portion d'oxygène, indispensable à leur existence, que contient l'air atmosphérique. Nous le retrouverons plus tard comme un produit de la fermentation de la bière, et cette considération seule suffirait pour justifier notre examen; car il nous est d'autant plus indispensable de connaître la manière dont il se comporte dans nos opérations, et les terribles influences qu'il peut exercer dans nos usines sur l'économie animale, que chaque brasserie est un vaste foyer qui vomit par torrent des quantités incalculables d'acide carbonique.

Comme l'air atmosphérique, le gaz acide carbonique est incolore, élastique et presque sans odeur; mais il est environ deux fois plus pesant que lui. Il éteint les corps en combustion, et cette propriété sert à faire reconnaître sa présence dans les lieux d'où il se dégage; car il suffit de plonger une bougie dans un local où il domine pour qu'elle s'éteigne subitement.

Mêlé à l'air en petite quantité, il détermine une oppression pénible, excite la toux, provoque des sensations douloureuses de cuisson aux yeux et même le larmoiement; mélangé avec une quantité d'air égale à son volume, il cause une espèce d'ivresse, une insupportable fatigue dans les jambes, et des commotions violentes au cerveau; le sang de celui qui le respire circule avec une incroyable activité; et si le séjour dans ce milieu se prolonge, si la dose d'acide carbonique augmente, les vertiges arrivent promptement, puis les spasmes nerveux et les convulsions. Bientôt la face devient rouge pourpre, les yeux sortent de leurs orbites, les vaisseaux sanguins se gonflent comme s'ils allaient s'entr'ouvrir; la bouche se contracte convulsivement et laisse échapper une espèce de sanie épaisse et baveuse; plus tard, la vie s'éteint dans des douleurs atroces [1].

Pur, l'acide carbonique peut déterminer la mort en quelques secondes. Il ne s'écoule pas d'année dans laquelle des milliers de personnes n'en soient victimes.

L'acide carbonique agit avec la même intensité sur les végétaux; dès lors, une couche de grains germant au milieu d'une atmosphère qui en est surchargée ne saurait y rester longtemps sans être placée dans les conditions les plus défavorables à la germination, et les plus capables de provoquer par la suite les phénomènes de pourriture dont nous avons parlé.

C'est en été que les dégagements d'acide carbonique

(1) C'est le résultat de nos propres impressions que nous rapportons ici, après avoir procédé par expérience directe et avoir échappé à une mort certaine.

produits par la germination sont le plus à redouter, et particulièrement lorsqu'ils ont lieu dans les caves ; la température de celles-ci étant plus basse, l'air y est moins dilaté, et par conséquent plus dense et plus lourd à ces causes purement physiques il faut ajouter le poids spécifique de l'acide carbonique, qui, comme nous l'avons dit, est deux fois plus pesant que l'air.

Ce n'est donc pas une simple ventilation, un simple courant d'air, qui pourront enlever la masse d'acide carbonique développée ; il faut un tirage constant, régulier, établi de telle façon que la ventilation puisse s'opérer au besoin en quelques minutes, que les gaz puissent être promptement portés au dehors à une hauteur considérable, et que l'air extérieur vienne remplacer celui qui se trouvait dans le germoir et qui était devenu nuisible à la germination.

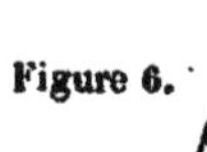

Figure 6.

C'est pour parvenir à ce résultat que nous indiquons ici un procédé qui nous a parfaitement réussi et dont nous allons donner le détail. Supposons que le germoir A (*fig.* 6) soit complétement rempli d'acide carbonique; si l'on établit un appel dans la cheminée verticale D, au moyen d'un foyer établi à l'extrémité de la cheminée horizontale E, il suffira de donner issue à l'acide carbonique par le tuyau B (de $0^m,10$ de diamètre), en ouvrant la clef C, pour qu'en quelques minutes tout le gaz soit porté hors de l'usine par la cheminée D.

Il faut que le tuyau B descende à quelques centimètres du sol, à cause de la pesanteur spécifique de l'acide carbonique; par cette disposition, l'air extérieur arrive au sommet de la voûte par le soupirail S, en agissant de haut en bas, tandis que l'écoulement de l'acide carbonique dans la cheminée d'appel s'opère de bas en haut. Si le tuyau B ne descendait que peu au-dessous du sommet de la voûte, s'il se terminait en C, par exemple, la couche supérieure seule serait attirée et remplacée par une quantité d'air égale venant du soupirail, mais l'acide carbonique contenu dans le germoir y resterait, au moins jusqu'à une certaine hauteur, ou n'en serait chassé qu'après un laps de temps fort long.

Ce système peut parfaitement s'appliquer à toutes les usines, car il n'est pas indispensable que la cheminée soit immédiatement au-dessus du germoir; lorsqu'elle se trouve à peu de distance, quelques mètres de tuyaux de zinc suffisent; mais si la cheminée la plus proche est éloignée de dix, quinze, vingt mètres, on pratique une tranchée dans le sol, et on y place autant de tuyaux de communication que la longueur l'exige, en ayant soin surtout de ménager des courbes comme en F, F (*fig.* 6), au lieu de les couder à 90°, comme on le voit en GG (*fig.* 7); cette dernière disposition ferait éprou-

Figure 7.

ver aux gaz une résistance et des frottements susceptibles de retarder leur écoulement.

Par ce mode de ventilation nous avons enlevé en 22 minutes, d'un germoir souterrain où il y avait 30 hectolitres d'orge en germination, tout l'acide carbonique dont il était rempli.

Il n'est pas rigoureusement nécessaire que la cheminée soit dans les conditions que nous avons indiquées (*fig.* 6); une cheminée ordinaire remplit le même objet; seulement, si ce n'est pas une cheminée d'usine, il est utile qu'elle soit hermétiquement fermée à sa base par une maçonnerie, et à l'endroit du foyer, si elle dépend d'un appartement. On peut se dispenser d'établir un tirage d'appel, en faisant du feu, quand la ventilation a le temps de s'établir ou lorsqu'elle se continue indéfiniment; mais si l'on a besoin d'agir rapidement, il faut faire intervenir la chaleur pour activer le tirage.

En hiver ces mesures deviennent superflues, la température des caves étant plus élevée que celle du dehors, l'air qu'elles renferment tend naturellement à gagner les régions supérieures; il se dirige vers les ouvertures qui communiquent avec l'extérieur, et ce seul effet détermine l'ascension de l'acide carbonique, qui, malgré sa densité plus grande, s'écoule néanmoins très facilement; il s'établit dans ce cas une ventilation constante.

Dans les germoirs situés au rez-de-chaussée, il est rare que les moyens ordinaires de ventilation ne suffisent pas; ceux que nous indiquons sont donc plus spécialement destinés aux germoirs souterrains, dont le nombre est assez considérable.

Cette disposition, facilement applicable, peut être encore utilisée dans d'autres circonstances que nous signalerons à l'attention de nos lecteurs à mesure qu'elles se présenteront à nous.

Aujourd'hui il n'est guère de brasserie un peu importante qui n'ait un germoir d'été et un germoir d'hiver, quoique le plus souvent le hasard seul ait fait les frais des avantages que présentent celui-ci et celui-là.

Nous avons dit que le germoir demandait de fréquents lavages, et qu'il fallait que le sol fût de nature à ne pas en ressentir de dommage. En effet, après la germination successive de plusieurs couches dans le même germoir, le sol se couvre d'une espèce de végétation savonneuse, infecte, grasse au toucher, et quelquefois assez glissante sous les pieds pour devenir dangereuse; ce fait, indépendant de la nature des matériaux employés à la construction du sol, est inhérent à la germination. Quoique ce soit une conséquence immédiate de cette opération, il n'en faut pas moins la combattre le plus efficacement possible, particulièrement dans les temps chauds.

Si on abandonne au contact de l'air humide cette espèce de *fongosité*, elle se décompose promptement et donne des signes manifestes de fermentation putride, tout en développant une odeur nauséabonde; chauffée, elle dégage des vapeurs fétides et abandonne au moins 90 pour 100 d'eau.

Il est essentiel d'éviter le développement trop considérable de ces fongosités ; car, outre les émanations qu'elles produisent dans les temps chauds, elles s'attachent toujours un peu aux grains, facilitent la pourriture de ceux qui y ont une tendance, leur communiquent une saveur insipide qui s'oppose à la clarification des moûts, et contribuent peut-être à leur altération. On en ressent encore les fâcheux effets même dans les bières fabriquées, sans qu'on puisse les attribuer tout d'abord à une cause bien déterminée.

Le seul moyen que l'on emploie généralement pour combattre ces végétations fongueuses consiste à opérer un lavage à grande eau, et à les détacher du sol par le frottement d'un balai ; cette opération, qui, en été, a en outre l'avantage de rafraîchir le sol et de prévenir, dans la couche qui va être déposée au germoir, un développement trop actif, doit être fréquemment répétée. Il n'y a jamais de danger à la pratiquer souvent ; il peut y en avoir beaucoup à la négliger.

Dans les germoirs situés au-dessous du sol, on est quelquefois disposé à n'opérer ces lavages que de loin en loin, à cause de la difficulté de se débarrasser des eaux infectes qui restent après cette opération. Le plus souvent on ménage à l'une des extrémités du germoir, et à la partie la plus inclinée du sol, un petit réservoir en maçonnerie, de quelques centimètres de profondeur, à l'effet de recevoir ces eaux ; il faut alors que les ouvriers les enlèvent à l'aide de seaux, et cette manœuvre a l'inconvénient de faire dépenser beaucoup de temps. Elle pourrait être faite par un seul homme et en quelques minutes, au moyen d'une petite pompe mobile en zinc, dont l'acquisition est très peu dispendieuse, et qui est susceptible d'être affectée, dans une brasserie, à des besoins d'une autre nature.

Quoi qu'il en soit, nous ne saurions trop recommander de pratiquer de fréquents lavages dans les germoirs; car il faut bien se convaincre que les résultats les plus mauvais, les plus ruineux pour les brasseurs, ont souvent pour cause ces questions de détails qui échappent à l'esprit ; on se préoccupe de certaines questions d'ensemble, quand le plus souvent le mal réside dans celles dont nous venons de parler.

Le réservoir dont il vient d'être question peut devenir un véritable foyer d'infection si on ne le vide pas à fond avant d'abaisser le couvercle qui doit le fermer hermétiquement. Quelque minime que soit la quantité d'eau qui y reste, elle ne tarde pas à se corrompre et à développer des émanations pestilentielles : c'est ce qui n'arrive que trop fréquemment dans les germoirs où il en existe.

Il y a un moyen infaillible de s'opposer à la putréfaction de ces eaux : c'est de placer au fond de cette bâche environ dix litres de noir animal en gros grains ; il possède des propriétés désinfectantes très énergiques. Nous l'avons fréquemment employé avec succès, et sans que cela nous ait entraîné à une dépense importante , puisque 100 kilogrammes, du prix de 12 à 15 francs, nous suffisaient pendant une année pour un germoir. Quel que fût le temps écoulé depuis la dernière ouverture du réservoir, jamais il ne s'en exhalait d'odeur fétide; le *noir animal* avait absorbé toute la matière odorante, à mesure qu'elle se produisait.

Ce qu'il est non moins essentiel d'observer dans la construction d'un germoir, c'est la position qu'il doit avoir relativement aux autres parties de l'usine; il faut, autant que possible, le placer au-dessous des greniers qui doivent contenir l'orge brute; de cette façon, il suffit de lever une petite planche pour que le grain descende seul dans la *cuve mouilloire;* cette disposition évite des frais de main-d'œuvre qui figurent dans toutes les brasseries pour un chiffre assez considérable, puisqu'en général la manutention des bières représente environ 12 pour 100 de leur valeur.

Nous avons déjà énuméré les inconvénients qui résultent du retard apporté au travail d'une couche; c'est principalement à la fin de l'opération qu'il est urgent de les éviter. Par suite de la mauvaise disposition d'un grand nombre de germoirs, au lieu de deux ouvriers rigoureusement nécessaires pour remonter une couche, c'est-à-dire pour la porter dans les *greniers d'aérage*, on est souvent obligé d'employer tous ceux qui se trouvent dans l'usine, et cela dans un moment où une autre opération, non moins importante, nécessite leur présence et réclame leurs soins.

Lorsque les greniers d'aérage sont situés, comme ils doivent l'être, au-dessus des germoirs, il suffit de ménager des ouvertures ou des trappes dans les planchers pour livrer passage à la corbeille indiquée par nos figu res 8 et 9; au moyen d'une petite grue mobile ou d'un

Figure 8.

Figure 9.

treuil placé sur le plancher du grenier, deux ouvriers suffisent; car tandis que l'un, placé dans le germoir, emplit la corbeille, l'autre la reçoit à l'étage supérieur et étend le grain à mesure qu'il lui arrive. On peut encore simplifier le mécanisme en substituant au treuil ou à la grue un contre-poids qui fait équilibre au poids de la corbeille. Mais quel que soit le mode adopté, il offre toujours l'avantage, dans une brasserie importante, de laisser chacun des ouvriers aux travaux qui lui sont confiés, au lieu de les déranger tous. Quant à la question de dépense comparée pour chacun de ces moyens, elle est nulle, parce qu'à l'aide des transports mécaniques on évite un matériel de sacs dont l'acquisition est assez dispendieuse et dont l'entretien ne laisse pas que d'être fort coûteux. Les appareils dont nous avons parlé peuvent fonctionner au moins vingt ans avant d'être remplacés.

Le balayage du germoir est toujours nécessaire après le transport de la couche dans les greniers d'aérage; car les grains qui restent, étant ordinairement meurtris, pourrissent promptement et peuvent faire pourrir un plus grand nombre de grains employés dans l'opération suivante. En un mot, aucune des précautions que nous venons d'indiquer ne doit être négligée dans une opération aussi essentielle que la germination ; car si les résultats en sont vicieux, tout le reste de la fabrication le sera de même, et les diverses substances auxquelles on aura recours pour suppléer au peu de sucre développé dans les grains ne seront que des correctifs impuissants si le mal a été trop considérable.

SECTION III. — DE QUELQUES CÉRÉALES EMPLOYÉES A LA FABRICATION DE LA BIÈRE.

§ 1. Du Froment (*Triticum*[1]).

Nous avons suffisamment étudié l'orge et les conditions à observer pour en opérer la germination ; occupons-nous des autres céréales employées à la fabrication de la bière, et particulièrement du *froment* et de l'*escourgeon*.

L'un et l'autre sont relativement moins utilisés que l'orge dans le travail des brasseries ; c'est pourquoi nous avons cru utile de choisir celle-ci pour nos démonstrations ; d'ailleurs le mode d'action de la germination, tel que nous l'avons indiqué, n'étant pas spécial à l'orge, on peut partir des mêmes règles et des mêmes faits généraux pour la développer dans toutes les autres graminées ; car elles ne diffèrent en réalité que par quelques légères nuances.

L'emploi du froment dans la fabrication de la bière

(1) En anglais, *wheat;* en allemand, *weizen;* en italien, *grano;* en espagnol, *trigo*.

remonte aux temps les plus reculés. Les Allemands sont ceux qui en font le plus fréquent usage aujourd'hui ; c'est sans doute par imitation qu'il s'est répandu sur les frontières d'Allemagne et dans quelques villes de nos départements de l'Est.

On l'emploie généralement peu dans les départements du centre, trop peu peut-être ; car il exerce sur l'ensemble de la fermentation une action favorable, mais détruite malheureusement, il est vrai, par d'autres inconvénients que nous examinerons en parlant de la fermentation.

§ 2. Malt-froment.

Nous empruntons à un ouvrage que M. Sigismond Kolb, brasseur à Strasbourg, a publié, sous le titre de l'*Art du Brasseur, ou Méthode théorique et pratique pour faire la bière*, les passages suivants qui concernent la germination du froment ; nous consignerons dans des notes les points sur lesquels nous sommes en désaccord avec l'auteur, qui nous a fourni le titre même de ce paragraphe.

« Je donne ici les règles de la confection du malt de froment avec tant de clarté qu'elles doivent satisfaire en tout point celui qui les suivra exactement, et qu'il peut être assuré d'une réussite parfaite et infaillible ; elles sont le fruit d'observations suivies soigneusement, d'essais chèrement achetés par la non-réussite de plus d'une couche, et il m'a fallu beaucoup de persévérance pour parvenir enfin à un résultat non équivoque dans un procédé qui avait été, à cause de son peu de réussite, abandonné par tous mes confrères d'Alsace et dans le Palatinat, où certainement on trouve des maîtres brasseurs qui connaissent leur art à fond, et que le bas prix du froment devait inviter quelquefois à s'en servir de préférence à l'orge, s'ils avaient su quelle délicieuse boisson on en obtient, étant parfaitement germé.

« De plus, aucun, dans un grand nombre d'auteurs qui ont écrit sur l'art de faire la bière, n'a donné des instructions sur cette opération ; ils croyaient avoir rempli leur tâche en nommant les contrées où l'on faisait de la bière de froment, ou bien, convaincus des difficultés que ce point présente, ils n'osaient y toucher faute de connaissances suffisantes. Je crois que cet article contribuera à ne pas me faire confondre par mes collègues dans le nombre de ceux qui n'ont écrit que par ouï-dire ou en compilant des ouvrages des siècles passés.

« La confection du malt de froment diffère beaucoup de celle du malt d'orge.

« Le froment contient une quantité de gluten ou colle que l'orge ne contient pas [1] : c'est pour cela qu'étant soumis à notre fabrication *il est très susceptible d'une fermentation putride* [2]. Sa nature visqueuse et grasse est cause qu'il est plus difficile d'en développer la matière sucrée que celle de l'orge, et il paraît que cette diffi-

(1) En examinant l'analyse de l'orge que nous avons donnée, on voit qu'elle contient 3 pour 100 de gluten ; l'analyse du froment qu'on trouvera plus loin indique 12,5 pour 100. L'auteur donc a raison s'il parle dans un sens relatif, mais il se trompe s'il entend prendre son assertion dans un sens absolu.

(2) Nous mettons cette dernière phrase en italiques afin de fixer l'attention du lecteur ; nous aurons l'occasion de justifier cette opinion.

culté est la principale cause pour laquelle la plupart des bières qui se fabriquent avec le froment sont très rarement claires et limpides, à cause de la grande quantité de mucilage qu'il produit par l'infusion.

« Ma méthode de faire germer le froment évitera cet inconvénient, et, en suivant scrupuleusement et avec exactitude les règles que je donne ici, on fera un malt excellent, dégagé de toutes les parties étrangères et nuisibles, et qui donnera une boisson délicieuse. L'orge a besoin de cinquante à soixante heures de trempe pour être mise en germes ; le froment en a assez de trente-six à quarante ; on voit par là quelle faute commettent la plupart des brasseurs qui, dans cette opération, mettent ces deux espèces de grains dans une même cuve[1].

« L'orge pousse ses racines par un bout et le germe des champs par l'autre ; avec la racine du froment se montre en même temps, en forme de petite langue, le rudiment de la tige future : il est donc indispensable, pour faire un bon malt, de faire prendre aux racines la longueur qu'exige une bonne culture, et d'empêcher l'autre de faire des progrès qui, par leur développement, comme l'on sait, absorberaient les qualités essentielles qui produisent dans la suite un bon moût. Pour réussir dans cette entreprise, il faut donc, pour ainsi dire, presser tellement la croissance des racines que le germe de tige n'ait pas le temps de pousser.

« Cette proposition paraît difficile, car rarement la

(1) Quelque garantie que nous présente l'autorité de l'auteur, il nous est impossible d'admettre qu'il y ait des brasseurs assez inintelligents pour opérer ainsi.

nature se laisse arrêter pour suivre une volonté; et cependant j'ai la preuve certaine que ma méthode donnera une réussite complète à celui qui l'exécutera ponctuellement.

« La saison où la fabrication du malt-froment peut avoir lieu avec un plein succès sont les mois de décembre, janvier et février; on peut aussi faire germer dans les autres mois où les chaleurs ne sont pas fortes; mais plus il fera froid, plus l'opération réussira.

« Le froment n'a pas besoin d'être de première qualité, pourvu qu'il soit de la dernière récolte, franc, égal en grain, et sans mauvais goût.

« Les épreuves de la mouillure étant les mêmes que celles de l'orge, trente-six à quarante heures d'eau renouvelée doivent suffire. Comme c'est par les grands froids que cette imbibition doit se faire, il est nécessaire de renouveler l'eau aussi souvent; car plus elle est changée, moins elle risque de geler. On fera bien de recouvrir la cuve mouilloire et d'y mettre un manteau de sacs de houblon vides.

« Lorsqu'il est assez trempé et que l'eau est proprement soutirée, il doit encore rester six à huit heures dans la cuve pour se saturer de l'eau qui reste à la surface des grains; car il est de rigueur de ne pas le mettre au germoir tant qu'il *mouillera* la main qu'on y enfonce. Il est impossible de maintenir une couche de malt de froment, qui a été transportée au germoir étant encore mouillée superficiellement, dans un degré de température que la règle exige; car, malgré le travail assidu de la retourne, il prendra un degré de chaleur très nuisible, que suivront infailliblement des taches de moisi, auquel ce grain est très sujet et qu'il est essentiel d'éviter.

« Transporté au germoir, il est placé en couche de 0m,17 de haut, les parois de la couche un peu rehaussées, et retourné par douze heures de la manière que j'ai indiquée pour l'orge. Si le germoir est bien disposé et bien clos, les germes doivent se montrer au bout de quarante-huit heures. C'est déjà un grand pas de fait vers la réussite si les germes se montrent à égale croissance, et généralement alors on le retourne, en lui conservant toujours la même hauteur et en rehaussant toujours un peu les parois. Maintenant il doit être à son plus haut degré de germination et parvenir à + 20° de chaleur dans l'espace de vingt-quatre à trente-six heures; il doit avoir poussé des germes un peu plus longs que ceux usités pour l'orge, et les racines doivent avoir tellement rempli les intervalles entre les grains et s'être tellement jointes entre elles qu'il faut un grand effort pour y entrer avec la main; ce n'est qu'avec peine qu'on y introduit la pelle de bois, et, en marchant dessus pour vérifier le centre de la couche, l'empreinte des pieds n'y paraîtra presque pas. La germination est maintenant parvenue à son degré de perfection, et il est urgent de l'interrompre, pour empêcher que le germe des champs ne se développe. Deux ouvriers sont nécessaires pour ce travail; l'un retourne doucement et par petites pelletées le malt qui, dans cette situation, est extrêmement tendre, tandis que l'autre, muni d'un balai en osier, sépare les mottes et en éparpille les grains pour arrêter leur croissance sans les blesser; cette précaution est très nécessaire, car les grains qui sont froissés entrent aisément en moisissure. Cette retourne principale doit se faire avec beaucoup de soin et de patience; car s'il reste après l'opération de grosses mottes non éparpillées à huit ou dix grains, elles se seront tellement resserrées, lorsqu'on viendra pour faire la suivante, qu'elles ne pourront l'être qu'en les arrachant avec la main, et souvent le germe des champs a dans cet intervalle pris une croissance funeste au malt.

« Six ou huit heures après, la couche sera refroidie et facile à retourner; trois ou quatre heures après cette seconde retourne, le malt doit sortir du germoir et être transporté au grenier pour faner, ainsi qu'il a été dit pour le malt d'orge.

« On peut maintenant s'assurer des symptômes dont j'ai parlé plus haut : on verra à l'embryon du grain, à côté de la racine, une petite languette, qui est le germe de la tige, mais auquel on n'a pas laissé le temps de se développer davantage par la germination extrêmement hâtive des racines, et par le refroidissement soudain de la couche lorsqu'ils étaient parvenus à leur degré de croissance suffisant.

« Transportés au grenier pour faner, il faut qu'ils soient retournés trois fois par jour et ne soient pas couchés à plus de $0^{m},06$ d'épaisseur. S'il survient un temps humide, il faut se hâter de les faire passer au séchoir; car, malgré toutes les précautions, on s'expose à ce qu'ils prennent des taches de moisi, principalement les grains blessés par la pelle. En général, aucun ouvrier ne doit, dans cette opération, avoir des souliers ferrés; mieux vaudrait les lui faire ôter à chaque entrée au germoir ou au grenier; le dégât incalculable des grains broyés ainsi par l'insouciance des ouvriers devrait éveiller l'attention des maîtres brasseurs, et cette surveillance formerait encore, au bout de l'année, un petit article d'économie.

« Il fait bon d'observer qu'on entend par froment de première qualité celui dont les grains sont d'un beau brun, transparents, et d'une peau très fine; la seconde qualité, et qui se vend à un prix bien inférieur, a une couleur jaune pâle et terne, n'est pas si gros en grain; mais s'il est sec au toucher et égal, sans mauvaise grenaille, il convient parfaitement à notre usage [1]. »

On n'a songé à utiliser le froment dans la fabrication de la bière qu'à cause des deux propriétés suivantes qui lui sont généralement attribuées, savoir : qu'il produit une bière plus nourrissante et plus d'alcool.

La boisson *qui nourrit* nous paraît un non-sens, car nous ne sachions pas que l'on boive de la bière autrement que pour se désaltérer; nous reviendrons sur cette question.

Nous accordons néanmoins à la bière de froment, en raison de la grande quantité de gluten qu'elle renferme, quelques propriétés nutritives. Ainsi M. Proust,

(1) M. Kolb, et généralement tous ceux qui ont écrit sur la fabrication de la bière, professent certaines idées qu'il nous paraît dangereux de laisser accréditer; nous y reviendrons, par intérêt pour la science et pour la vérité, dans un examen critique spécialement consacré à ce sujet. Nous laissons à l'auteur la responsabilité tout entière de cet article, que nous avons textuellement copié.

qui nous a fourni précédemment les analyses de l'orge, a trouvé que :

100 parties de froment étaient composées de :

Amidon.	74,00
Gluten	12,50
Extrait gommeux et sucré.	12,00
Résine	1,00 [1]

M. Th. de Saussure a soumis à l'analyse 100 parties de froment germé, et y a trouvé :

Amidon.	65,08
Gluten	7,64
Dextrine.	7,91
Sucre.	3,07
Albumine.	2,67
Son	5,60
Acide carbonique.	Quantités indétermin.
— acétique.	
Alcool.	

(1) Les diverses variétés de froment (les botanistes en comptent douze) donnent chacune à l'analyse des résultats différents, comme on peut s'en convaincre par le tableau qui suit :

NOM DES FARINES.	Humidité.	Gluten.	Amidon.	Matière sucrée.	Matière gommo-glutineuse.	Son resté sur le tamis.
Farine brute de froment.	10	10,96	71,49	4,72	3,32	
— de méteil (seigle et froment).	6	9,80	75,50	4,22	3,28	1,20
— brute de blé dur d'Odessa. .	12	14,55	56,50	8,48	4,90	2,30
— brute de blé tendre d'Odessa.	10	12,00	62,00	7,36	5,80	1,20
— *id.* 2e qualité.	8	12,10	70,84	4,90	4,60	
— de service, dite de seconde.	12	7,30	72,00	5,42	3,30	
— des boulangers de Paris. . .	10	10,20	72,80	4,20	2,80	
— des hospices, 2e qualité. . .	8	10,30	71,20	4,80	3,60	
— *id.* 3e qualité.	12	9,02	67,78	4,80	4,60	

Si nous comparons la quantité de sucre produite par la germination de l'orge et par celle du froment, nous trouvons que la première en donne 15 pour 100, tandis que l'autre n'en fournit que 5. Malgré la haute autorité de M. de Saussure, il nous est impossible de croire que les résultats qu'il a posés soient exacts ; en effet, si le périsperme du froment est plus abondant que celui de l'orge, la quantité d'amidon sera relativement plus considérable, et dès lors la quantité de sucre produite par la germination devra être plus forte dans le premier cas que dans le second. Même en la supposant égale, ou, qui plus est, inférieure, il est invraisemblable que, si la quantité produite par l'orge = 15, celle du froment ne soit que 5,07, c'est-à-dire deux fois moindre.

Quoi qu'il en soit, il faut nécessairement admettre qu'à quantité égale de froment et d'orge germés dans les conditions les plus favorables, le premier ne donne guère que 42 pour 100 d'alcool et la seconde 40 ; c'est ce qui résulte du tableau suivant, dont les chiffres viennent corroborer notre opinion sur l'inexactitude de ceux donnés par M. de Saussure. Dans son *Traité de Chimie appliquée aux arts* [1], M. Dumas dit :

100 kil.	froment	donnent	40 à 45 litres	alcool à 50°.
—	seigle	*id.*	36 à 42	*id.*
—	orge	*id.*	40	*id.*
—	avoine	*id.*	36	*id.*
—	sarrasin	*id.*	40	*id.*
—	maïs	*id.*	40	*id.*

(1) T. VI, p. 523.

M. Liebig présente les résultats suivants dans son *Traité de Chimie organique*[1] :

« Dans les meilleures conditions et dans les bonnes distilleries on peut obtenir de

50 kil.	froment	30,70 litres eau-de-vie à 50.
—	seigle	20,40	*id.*
—	orge	28,10	*id.*
—	pommes de terre	11,00	*id.* »

La plupart des brasseurs croient que l'emploi du froment dans la fabrication de la bière est propre à développer une plus grande quantité d'alcool ; les indications que nous venons de fournir prouveront suffisamment que le rapport qui existe entre les quantités produites par le froment et par l'orge n'offre pas une différence assez sensible pour que l'on s'expose à donner la préférence au froment, malgré les quelques avantages qu'il présente et sur lesquels nous reviendrons.

§ 3. De l'Épeautre (*Triticum spelta*).

L'*épeautre* n'est qu'une variété du froment, comme l'*espiote* est une variété de l'orge ; soumis à la germination, tous deux se comportent de la même manière que l'espèce à laquelle ils appartiennent; seulement l'espiote est moins employée que l'épeautre; celui-ci est en usage dans quelques villes du département du Nord, mais plus particulièrement dans le Schwarswald (forêt Noire), où on en obtient, dit-on, une bière blanche fort agréable. Le *froment locar* et *locular* n'est pas autre

(1) T. III, p. 216.

chose que l'épeautre proprement dit. Sa configuration rappelle d'un peu loin celle de l'orge.

§ 4. De l'Escourgeon[1] (*Hordeum vulgare*).

La germination de l'escourgeon ne diffère de celle de l'orge que par la durée du mouillage; la moyenne de cette opération pour celui-là n'est guère que de seize à vingt heures environ. L'escourgeon ne se distingue extérieurement de l'orge qu'en ce qu'il est plus aplati vers le centre et plus allongé vers les extrémités; de plus, le premier présente un épi à deux rangs de grains, tandis que dans la seconde on en compte six.

L'escourgeon se récolte ordinairement vers le 15 août, et à cette époque il rend quelques services à la *brasserie*; sa germination étant alors beaucoup plus facile que celle de l'orge récoltée l'année précédente, il aide à la clarification des moûts et active la marche de la fermentation, à laquelle il semble imprimer une vigueur nouvelle. C'est que l'orge préparée au printemps a subi une déperdition notable, bien qu'elle échappe aux praticiens les plus habiles. Nous nous occuperons de cette question en parlant des approvisionnements.

L'effet produit par l'escourgeon résulte donc de ce que les produits que peut développer la germination n'ont encore subi aucune espèce d'altération, et non de la nature de la graine elle-même, comme on le croit assez généralement.

Pour prouver ce que nous avançons, il nous suffira de

(1) Dans une partie de la Picardie on l'appelle *orge de couvraine*, *orge hâtive*.

dire que la bière produite par un poids donné d'orge sera infiniment plus riche en alcool que celle provenant d'un poids égal d'escourgeon. Cela vient de ce que dans l'escourgeon le test est relativement plus abondant que dans l'orge, et que le périsperme y est en moins grande quantité.

Tous les brasseurs connaissent si bien ce fait que, s'ils produisent, par exemple, un hectolitre de bière avec 25 kilogrammes d'orge, ils en emploieront, pour obtenir un résultat égal, au moins 30 d'escourgeon, c'est-à-dire 20 pour 100 de plus; et encore tout l'avantage sera-t-il en faveur de l'orge.

Pour s'en convaincre, il suffit de connaître le mode de fabrication usité dans le nord de la France et la bière produite par l'escourgeon. Quelques mois après la fabrication, une grande partie de l'alcool produit par la fermentation se trouve transformée en *acide acétique*.

Nous ne comprenons donc l'emploi de l'escourgeon d'une manière exclusive que dans les départements septentrionaux, par la raison que la plupart des consommateurs donnent, par habitude, la préférence aux bières qui en résultent.

Il est heureux qu'il en soit ainsi, car les terrains de ces contrées se prêtent mieux à la culture de l'escourgeon qu'à celle de l'orge, et les houblons eux-mêmes, ceux de la pire espèce que l'on récolte en France aujourd'hui, y croissent avec une facilité qui amènerait bientôt un encombrement général, si la plus grande partie ne se consommait sur les lieux mêmes.

Les avantages que présente l'escourgeon, employé

pendant les mois d'août et de septembre, dans la proportion d'un cinquième à un quart de la quantité d'orge nécessaire à un brassin, ne doivent pas faire oublier que les bières qui en résultent sont sujettes à tourner à l'aigre, surtout si on a remplacé poids pour poids par de l'escourgeon la quantité d'orge distraite à cet effet.

Il faut encore tenir compte de la différence d'au moins 20 pour 100 qui existe entre lui et l'orge ; en prenant ces précautions, on peut l'employer avec succès, d'autant plus que les bières fabriquées à cette époque sont d'un écoulement prompt et facile.

§ 3. De l'Avoine[1].

L'*avoine* et le *seigle* n'étant que peu ou point employés en France à la fabrication de la bière, nous nous bornerons à en dire quelques mots. Quant au *riz* et au *maïs*, bien qu'ils se trouvent dans le même cas, nous croyons qu'ils pourraient rendre de tels services que nous entrerons à leur égard dans des détails un peu plus circonstanciés.

L'avoine n'a été que fort peu employée d'une manière exclusive, si ce n'est à des époques assez éloignées ; on n'en a guère fait partiellement usage de nos jours que pendant la disette de 1816 à 1817, et encore n'entrait-elle dans la fabrication de la bière que dans la proportion de 30 pour 100 au plus.

(1) En latin, *avena ;* en anglais, *oats;* en allemand, *haber*, *hafer;* en italien. *vena*, *avena ;* en espagnol, *avena ;* en hollandais, *haver ;* en portugais, *avea ;* en danois, *havre ;* en suédois, *hafre ;* en russe, *oves*.

Les botanistes comptent dix-huit espèces ou variétés d'avoine.

Par l'*imbibition* elle augmente peu de volume et absorbe peu d'eau ; mais cette opération s'effectue assez promptement, puisqu'un *mouillage* de douze heures lui suffit.

La *germination* de l'avoine se pratique de la même manière que celle de l'orge ; les couches doivent être de moitié moins épaisses, car elles s'échauffent promptement. Les radicelles (germes) ne doivent pas dépasser un tiers de la longueur totale du grain ; arrivée à ce point, la germination est suffisamment développée ; il vaut même mieux rester en deçà de cette limite que de la dépasser.

Il faut que la mouture de l'avoine soit beaucoup plus grosse que celle de l'orge, afin de faciliter l'écoulement des infusions (trempes) hors de la cuve-matière.

Pour les infusions elles-mêmes, l'eau doit être à une température beaucoup plus basse.

C'est dans le courant du siècle dernier que la préparation de cette bière a été pratiquée sur la plus grande échelle ; on la nommait *ale d'avoine ;* on la laissait, dit-on, en infusion pendant vingt-quatre heures, et on employait de l'eau chauffée à environ + 40°.

Les bières d'avoine étaient généralement épaisses et s'aigrissaient très promptement ; ce dernier inconvénient a puissamment contribué à les faire abandonner.

Autrefois les Hollandais et les Allemands employaient d'assez grandes quantités d'avoine pour leur fabrication ; les motifs que nous venons de signaler les ont engagés à suivre l'exemple des autres brasseurs.

Cependant les Polonais et les Russes fabriquent encore aujourd'hui une *bière blanche d'avoine*, c'est ainsi qu'ils la nomment, très saine et fort agréable au goût ; la nature de l'avoine qu'ils emploient a probablement une grande et heureuse influence sur les résultats qu'ils obtiennent.

Il s'en fabrique également, dit-on, à Rastenbourg (Prusse) ; les habitants lui accordent même une certaine préférence.

Les décoctions d'avoine paraissent agir en sens inverse de l'orge, puisque chez les mammifères, et particulièrement chez la femme, elles tendent à faire disparaître le lait ; c'est au moins ce qui résulte de l'emploi qu'en ont fait longtemps les femmes de la Provence.

La bière d'avoine dans laquelle on a fait infuser de la pariétaire ou des graines de carottes sauvages convient aux personnes affectées de douleurs néphrétiques.

Dans les années de disette, l'avoine, quoique donnant un pain compacte, noir et de mauvaise qualité, est employée à la nourriture des hommes. Ce pain fait encore la base principale de l'alimentation des malheureux Irlandais et des Écossais.

M. Vogel a analysé l'avoine ; voici les résultats qu'il a obtenus :

Fécule.	59,00
Albumine.	4,30
Gomme.	2,50
Sucre et principe amer.	8,25
Huile grasse.	2,00
Sels divers.	*quantité indéterminée.*

M. Raspail, auquel nous empruntons cette analyse, la fait suivre de réflexions qui nous paraissent trop justes pour que nous les passions sous silence.

« L'albumine végétale, dit-il, équivaut ici au gluten; car Davy trouve, lui, 6 pour 100 de gluten dans la farine d'avoine. Dans la farine analysée par Vogel, le gluten s'est montré dissous par un acide; il s'est montré malaxable dans la farine analysée par Davy. Quel singulier amalgame qu'une quantité élémentaire qui porte en titre *sucre* et *principe amer*, deux produits que le palais des gourmets aurait de la peine à découvrir ensemble! Quelle plus singulière méthode que celle qui s'applique à préciser des nombres pour en laisser 24 sur 100 à une quantité indéterminée de sels! »

§ 6. Du Seigle[1].

Nous ne pensons pas que le seigle ait jamais été employé seul, en France ou ailleurs, à la fabrication de la bière; aussi n'avons-nous rien de précis sur le travail préparatoire qu'il faut lui faire subir. Cependant, comme toutes les céréales capables de transformer leur amidon en sucre par la germination et celui-ci en alcool par la fermentation, le seigle peut, à la rigueur, servir plus ou moins heureusement à la préparation d'une boisson qui remplacerait jusqu'à un certain point la bière d'orge.

Il en est de même du *sarrasin* et de toutes les sub-

(1) En latin, *secale*; en anglais, *rye*; en allemand, *roggen*; en italien, *segale*, *segala*; en espagnol, *centeno*; en hollandais, *rog*; en portugais, *seleio*, *centeio*; en danois, *rug*; en suédois, *rag*; en polonais, *rez zito*; en russe, *rosch*.

stances amylacées, pourvu qu'on leur fasse subir un mode de préparation spécial à chacune d'elles.

Cependant la grande quantité de gluten que renferment l'avoine, le seigle et le sarrasin, doit les rendre impropres à cette fabrication, ou au moins d'un emploi fort difficile, surtout si on voulait se dispenser de les mélanger avec d'autres graines.

Le seigle, dont la production en France représente environ moitié de celle du froment, est plutôt employé dans le nord de l'Europe à la fabrication des eaux-de-vie qu'à celle de la bière.

Le *kvas* des Russes n'est, dit-on, qu'une bière de seigle et d'avoine.

Comme l'*orge*, l'*avoine* et le *froment*, le *seigle* fait partie des *plantes siliceuses*, c'est-à-dire de celles dont les cendres laissent pour résidu de grandes quantités de silice.

D'après Einhoff, 3840 parties de seigle ont donné à l'analyse mécanique les résultats suivants :

Enveloppe.	930
Humidité	390
Farine.	2520

Le même auteur a trouvé à l'analyse chimique, sur les mêmes quantités, les proportions suivantes :

Albumine	126
Gluten non desséché.	364
Mucilage	426
Amidon.	2345
Sucre.	126
Enveloppe.	245
Perte	288

Pour nous, les mots albumine végétale, gluten, mucilage, sont synonymes, puisqu'ils désignent des substances qui se trouvent confondues sous une même forme dans les écumes qu'il faut séparer des infusions. Si les chiffres de M. Einhoff sont exacts, nous trouvons, sous les trois dénominations qui précèdent, sur 5840 d'avoine employée, 946 parties qu'il faudrait isoler des infusions, c'est-à-dire 40 pour 100. Cette énorme disproportion, comparée aux chiffres que donne l'analyse de l'orge, nous paraît une nouvelle preuve que la fabrication de la bière au moyen du seigle seul doit être fort difficile et aurait besoin d'être étudiée d'une manière toute spéciale.

§ 7. Du Riz [1].

De temps immémorial le riz sert à la fabrication de diverses liqueurs en Asie, en Afrique et en Amérique, où il est d'une importance au moins égale à celle du froment pour les Européens.

De toutes les graminées, le riz est celle qui renferme le plus d'amidon et le moins de gluten.

L'insalubrité des rizières a fait abandonner et même interdire la culture du riz en France et dans une partie de l'Europe. Cette mesure, quoique fort sage, n'en est pas moins regrettable, car l'analyse a démontré que le riz indigène renfermait plus d'éléments nutritifs que le riz exotique. Dans les années de disette comme celle que

(1) En latin, *oryza sativa;* en anglais, *rice;* en allemand, *reis*, *reiss;* en italien, *riso;* en hollandais, *ryst;* en danois, *riis;* en suédois, *ris;* en espagnol et en portugais, *arroz;* en polonais, *riz:* en russe, *pocheno saraginskoe.*

nous venons de traverser, le riz eût été d'une immense ressource pour les malheureux[1].

Nous sommes convaincu que le riz est éminemment propre à la fabrication de la bière, parce qu'il ne contient pas de gluten, comme nous le prouverons tout à l'heure. La quantité d'amidon y est considérable; le sucre développé par la germination doit donc se retrouver plus tard dans le même rapport, ainsi que l'alcool produit par la fermentation.

Du reste, ce fait ne saurait avoir d'importance qu'au point de vue scientifique; nous en eussions fait l'essai volontiers si les résultats avaient pu procurer une économie quelconque; mais cela est impossible, puisque le prix de ce grain ne s'abaisse jamais en France au-dessous de 60 fr. les 100 kilogrammes, tandis qu'en Piémont cette même quantité n'en coûte pas 25. L'emploi du riz présente de plus une impossibilité matérielle que nous allons examiner.

La germination du riz s'opère d'une toute autre manière que celle de l'orge, ainsi qu'il résulte des renseignements que nous fournit l'*Art de faire la Bière*, de L.-F. D., Paris, 1821, auquel nous empruntons les passages suivants:

« Pour obtenir la germination du riz, il faut, selon les procédés usités, mettre le grain dans de grandes cuves, le recouvrir d'eau, et fermer les cuves pendant

(1) La Camargue, près Arles, possède de fort belles rizières depuis trois ou quatre ans. Dans ces derniers temps, elles ont donné des produits supérieurs à ceux du Piémont.

plusieurs jours, puis examiner de temps en temps s'il germe. Pour cela, on en prend une poignée dans plusieurs endroits de la cuve, et tant qu'il n'y en a pas au moins la moitié de germé, on remet le riz qu'on a tiré et on laisse continuer la germination. Dans un temps froid, ou bien lorsqu'on veut hâter la germination, on fait tiédir l'eau, et de temps en temps on tire une certaine quantité de l'eau de dessus pour la faire chauffer; on la verse dans la cuve pendant qu'un ouvrier, avec un râble, agite le reste. Il faut beaucoup de précaution pour cette opération; si l'on agite trop fort, on risque de casser les germes; le riz se pourrit alors et empêche ensuite la fermentation [1] de ce qui reste. Pour remuer le riz, on pose sur sa surface un râteau qu'on enfonce doucement, en le tournant de même, jusqu'au fond de la cuve, et on agit d'une manière semblable pour remonter le râteau jusqu'à sa surface. Cette opération se répète toutes les douze heures.

« Lorsque le riz est à peu près à moitié germé, on ouvre un robinet placé au fond des cuves pour laisser échapper l'eau, et l'on retire le riz pour le porter dans une chambre, de la même manière que l'on traite l'orge dans la distillation des eaux-de-vie de grain. On y introduit une chaleur de + 12°, et il achève de germer. »

L'auteur indique encore d'autres procédés de germination que nous croyons inutile de reproduire ici.

(1) C'est probablement une erreur typographique qui fait dire ici à l'auteur fermentation; c'est évidemment germination qu'il faut lire.

M. L.-F. D. aurait bien dû dire sur quelle espèce de riz il a opéré; car ceux qui auront tenté l'application de ses procédés sur le riz du commerce ont dû éprouver une déception capable de leur faire croire qu'ils s'y étaient mal pris, tandis qu'il n'en est rien, puisque le riz du commerce ne saurait éprouver la germination dont parle l'auteur.

C'est là l'impossibilité matérielle dont nous parlions tout à l'heure; le riz n'est mis dans le commerce qu'après avoir été soumis à différents procédés de décortication qui ont séparé l'embryon de la graine. Or, nous l'avons dit en parlant de la théorie de la germination : « L'embryon est la partie la plus essentielle de la graine; c'est lui qui renferme tous les organes destinés à préparer ou à transmettre l'aliment nécessaire à la jeune plante, et sans lui, par conséquent, toute germination devient impossible. » C'est ce que nous avons éprouvé plusieurs fois en nous servant du riz du commerce, et, bien que nous l'ayons placé dans les conditions les plus favorables au développement de la germination, nous l'avons constamment vu se pourrir sans donner aucun signe apparent de végétation.

Si de nouveaux essais devaient être tentés avec le riz pour la fabrication de la bière, il faudrait l'employer alors qu'il est encore enveloppé dans sa balle; dans cet état il a conservé son embryon : il porte le nom de riz en paille à la Caroline et à l'île Maurice; les Piémontais le désignent sous le nom de *rizon*.

Le riz du commerce contient ordinairement de 6 à 10 pour 100 d'eau qui le rendent demi-transparent; par une dessiccation lente et modérée, celle-ci s'en sépare, et il reprend son opacité naturelle.

Pour séparer du riz les principes sucrés développés par la germination, on ne pourrait probablement pas procéder à l'aide d'une cuve à double fond, comme pour l'orge; dans celle-ci la quantité de son suffit pour tenir la masse dans un état de division qui facilite l'écoulement de la partie liquide; il ne saurait en être de même avec le riz. Il faudrait procéder par immersion, agiter constamment le mélange de farine et d'eau en élevant sa température jusqu'à l'ébullition, sauf à séparer plus tard les parties insolubles, afin de traiter isolément les moûts par le houblon et de faire opérer la coction de celui-ci.

Il est presque certain que par les moyens ordinaires la masse s'agglutinerait et ferait corps au point de ne pouvoir être séparée convenablement.

Nous n'avons pu trouver ailleurs que dans l'ouvrage de M. L.-F. D. quelques détails sur la germination du riz, et nous avons cherché en vain des renseignements sur la bière obtenue par ce procédé.

Il y a pourtant lieu de supposer que le *facki* des Japonais est une variété de bière préparée avec le riz.

C'est lui qui sert aux Indiens à préparer le *rack*, espèce de rhum très estimé, dont ils paraissent connaître la fabrication mieux qu'aucun autre peuple.

Les Chinois l'emploient aussi à la préparation d'une liqueur très riche en alcool, qu'ils nomment *samshoo;* le litre ne leur coûte guère, dit-on, que 27 ou 28 centimes; aussi en font-ils une abondante consommation, de préférence à toute autre boisson du même genre. L'*arack* qu'ils obtiennent encore avec le riz, mais par des procédés de fabrication particuliers, est une imitation du rack des Indiens.

C'est en faisant fermenter de la chair d'agneau avec du riz et divers végétaux que les Tartares préparent une boisson connue sous le nom de *kanyangtsyen*.

Le *chong* du Thibet est préparé par les indigènes à l'aide d'un mélange fermenté de riz, de froment, d'orge et de cacalie.

A Siam, le riz sert à la préparation d'une liqueur que les indigènes nomment *pau*.

Au Kamtschatka, on en fait une eau-de-vie que les habitants désignent sous le nom de *watky*, etc., etc.

Si nous avons donné la nomenclature des boissons obtenues du riz fermenté, c'est afin de bien faire comprendre le parti que l'on pourrait tirer de ce grain, particulièrement pour la préparation des boissons alcooliques.

Nous sommes convaincu que le riz produirait une bière essentiellement légère, par conséquent digestive et très bienfaisante, capable, en un mot, de rendre les plus grands services aux peuples qui s'occupent de sa culture avec succès; ce qu'il nous reste à dire sur la fabrication de la bière comme nous la comprenons justifiera, nous en sommes convaincu, notre opinion à cet égard.

M. Braconnot, qui a fait sur le riz du Piémont et sur celui de la Caroline des analyses comparatives, a obtenu les résultats suivants :

	Riz de la Caroline.	Riz du Piémont.
Eau.	5,00	7,00
Amidon.	85,07	83,80
Parenchyme.	4,80	4,80
Matière végéto-animale.	3,60	3,60
— gommeuse, voisine de l'amidon.	0,71	0,10
Huile.	0,13	0,25
Phosphate de chaux.	0,40	0,40
Chlorure de potassium et phosphate de potasse.	des traces.	
Acide acétique		
Sel végétal à base de chaux.		
— de potasse.		
Soufre		

M. Vogel a obtenu avec le riz ordinaire les quantités suivantes :

Fécule.	96,00
Sucre	1,00
Huile grasse.	1,50
Albumine.	0,20
Sels.	*quantité indéterminée.*

Enfin M. Payen, de son côté, a formulé, comme résultant de ses analyses, les résultats que voici :

Amidon ou fécule dépouillée de son enveloppe.	86,92
Tissu végétal	3,44
Substance azotée insoluble.	6,89
— soluble.	0,60
Gomme et sucre.	0,50
Huile grasse.	0,75
Phosphates de chaux et de potasse.	0,90
Chlorure de potassium.	
Sels végétaux de chaux et de potasse.	
Traces de soufre, d'huile essentielle, d'acide libre. . .	

§ 8. Du Maïs (1).

Le *maïs*, que l'on désigne encore aujourd'hui sous les noms de *blé d'Espagne*, *blé de Turquie*, *blé d'Inde*, mérite peut-être de fixer notre attention plus spécialement encore que le riz; car sa culture ne présente aucun des nombreux inconvénients de celle de ce dernier, et sa nature chimique ne le rend pas moins propre que lui à la fabrication de la bière.

D'après les indications que nous avons pu recueillir, le maïs ne contient que de minimes quantités de gluten et beaucoup d'amidon. Comme le riz, il a servi et sert encore aux Péruviens à la fabrication d'une bière particulière, de diverses boissons alcooliques et de liqueurs ; l'une d'elles, la *tchitcha*, détermine, dit-on, une ivresse accompagnée d'accès de turbulence tellement dangereux que les incas se virent obligés de la défendre par leurs lois religieuses. Aujourd'hui encore ces diverses boissons portent dans l'Amérique méridionale les noms de *chicha*, *chiacour*, *cassibry*.

C'est vers le commencement de ce siècle que des essais furent entrepris par MM. Longchamp et Parmentier sur la fabrication de la bière à l'aide du maïs. Nous regrettons que les résultats de leurs expériences n'aient point été livrés à la publicité; entre les mains de

(1) En anglais, *indian corn*, *maize;* en allemand, *türkisch corn*, *mays;* en italien, *grano turco o siciliano*, *grano d'India;* en espagnol, *trigo de Indias;* en hollandais, *turksch;* en portugais, *trigo de Turquéa;* en danois et en suédois, *turkisk hvede;* en russe, *turetskoichljeb*.

ces hommes distingués, la question devait grandir, ou au moins fournir des indications précieuses pour un avenir plus ou moins éloigné ; car nous croyons que tôt ou tard on s'occupera sérieusement en France de la culture si intéressante du maïs, plus capable qu'aucune autre graminée de rendre d'éminents services.

La nature cornée du test du maïs influe considérablement sur la durée de son imbibition, qui est, dit-on, fort longue ; il est probable que cette propriété le rendrait précieux dans les infusions, et que la dureté de son enveloppe faciliterait l'écoulement des trempes hors de la cuve-matière.

Il est peu de graminées qui offrent l'exemple d'une fécondité aussi phénoménale que celle dont nous nous occupons ; ainsi un seul grain peut en produire jusqu'à huit cents. Quelque temps avant la floraison du maïs, les tiges sont chargées d'une telle quantité de principes sucrés qu'on peut en extraire directement et par expression le suc qu'elles renferment, suc qui peut être promptement transformé en alcool.

Ainsi que nous l'avons démontré précédemment, 100 kilogrammes de maïs peuvent fournir 40 litres d'alcool à 50°, c'est-à-dire autant que l'orge. Nous n'avons pas de contre-expérience qui nous autorise à nier ces chiffres ; cependant il nous paraît difficile d'admettre que le maïs, qui contient relativement plus d'amidon que l'orge, ne donne pas une plus grande quantité d'alcool ; ou bien, si ces chiffres sont exacts pour le maïs, ils ne doivent pas l'être pour l'orge, et c'est l'hypothèse que nous admettons préférablement.

Nous accorderions donc au maïs une préférence égale à celle que nous avons donnée au riz comparé à l'orge, convaincu que nous sommes qu'on en obtiendrait, pour la fabrication de la bière, de très bons résultats.

SECTION IV. — DESSICCATION.

§ 1. Définitions pratiques.

La *dessiccation* est l'opération qui a pour but de priver l'orge, ou toute autre céréale, de la quantité d'eau qu'elle renferme après la germination, afin de détruire ou au moins d'éloigner les chances d'altération que la présence de l'eau suffit pour déterminer.

Voilà les principaux motifs de la dessiccation; il en existe encore d'autres, mais leur rôle n'est que secondaire; nous les examinerons cependant dans le cours de ce chapitre.

La dessiccation, telle qu'elle se pratique dans toutes les brasseries, est essentiellement du ressort de la physique, et non une opération chimique, comme quelques auteurs l'ont prétendu. En effet, pour se convaincre que l'action du feu n'entraîne, dans les cas ordinaires, ni l'altération mécanique des tissus, ni l'altération chimique des diverses substances qui composent la graine, il suffit de lui restituer un instant la quantité d'eau qui lui a été enlevée presque mécaniquement par le feu pour que la germination se développe de nouveau avec une grande énergie, même après six mois d'une complète dessiccation.

Pour nous donc la dessiccation ne sera plus désormais qu'une opération mécanique résultant de l'absorption de l'eau contenue dans la graine par un courant d'air agissant à des températures plus ou moins élevées.

§ 2. Dessiccation à l'air libre (*greniers d'aérage*).

En sortant du germoir l'orge est portée dans des greniers, afin que le contact de l'air enlève à la graine l'eau qu'elle contient et qui suffirait pour entretenir la germination, et afin que l'intensité de la lumière, en suspendant ses fonctions végétatives, s'oppose au développement des radicelles.

Les conditions indispensables à la dessication provisoire ne se trouvent réunies que dans les greniers disposés de manière à pouvoir y établir des courants d'air rapides, dans lesquels la lumière soit vive, en un mot, dans les greniers largement éclairés et ventilés ; car non-seulement une ventilation constante et une lumière intense suspendent instantanément l'action végétative, mais la quantité d'eau enlevée par le courant d'air permet encore une certaine économie de combustible quand il s'agit de compléter la dessiccation par l'action du feu.

Toutefois il ne faut pas perdre de vue que l'un des principaux motifs de cette première dessiccation est de prévenir la solidification gommeuse qui a fait donner aux grains qui en sont atteints la dénomination de *grains vitrés ;* nous expliquerons ailleurs les causes de cette réaction.

Pour faciliter le contact de l'air et de la lumière, il faut que le grain soit répandu le plus uniformément possible, et en couche mince, sur toute la surface du grenier. Mais il ne suffit pas de le laisser dans cet état; il faut encore le retourner souvent à la volée, afin de renouveler les surfaces et de changer leur point de contact; on augmente ainsi les chances d'évaporation.

A partir du mois de novembre jusque vers le mois de juin au plus tard, il y a peu d'inconvénients à laisser séjourner le grain dans les greniers, même pendant plusieurs jours. L'action qui s'opère alors détermine dans la graine un rétrécissement lent et progressif qui la dispose à recevoir désormais l'action du feu sans qu'il en résulte aucune altération sensible.

Après le mois de juin, et surtout dans les temps caniculaires, l'orge ne doit demeurer que le moins possible dans les greniers; car, à cette époque, l'état de l'atmosphère et les variations qu'elle éprouve doivent faire redouter une prompte apparition des phénomènes de décomposition.

Si le grain est suffisamment aéré à sa sortie du germoir, s'il est soumis à l'influence d'une lumière vive, la végétation s'arrête; mais aussitôt que la vie s'éteint commence le règne de la décomposition, car la matière ne peut rester longtemps stationnaire en présence d'un nombre considérable d'agents désorganisateurs, et c'est à cette décomposition que les grains doivent la perte de leur couleur primitive; ils prennent d'abord une teinte fauve qui devient de plus en plus sombre : plus tard il semblerait qu'ils ont passé par le feu.

En effet, c'est une véritable combustion lente qui s'opère au sein de la graine, alimentée qu'elle est par l'eau, l'air et le contact d'une lumière dont l'intensité tend à rendre général un envahissement d'abord partiel.

A cette teinte brune dont nous venons de parler succède bientôt un ramollissement général; puis vient la pourriture, qui se développe avec d'autant plus de rapidité qu'à cette époque une grande partie du grain en a été attaquée pendant la germination.

Nous sommes persuadé qu'aux époques caniculaires l'intensité de la lumière n'est pas étrangère à ce développement si actif; c'est une raison pour nous d'insister de nouveau sur la nécessité de ne laisser parvenir dans les germoirs qu'une lumière diffuse, car une partie des causes qui se produisent dans les greniers d'aérage doivent nécessairement amener les mêmes effets dans les germoirs. L'espèce de *botrytis* qui recouvre ordinairement les grains affectés de pourriture se propage dans les greniers avec une rapidité bien plus grande que celle dont nous avons parlé en traitant de la germination. Nous avons eu plusieurs fois l'occasion de compter, dans une couche germée au mois d'août, 15 et 20 pour 100 de grains affectés de pourriture pendant la germination, et de voir dans les greniers cette proportion s'élever à 25, 50 et même 40 pour 100 dans l'espace de 6 heures au moins et de 24 heures au plus.

La dessiccation immédiate d'une couche, ou seulement après quelques heures d'exposition à l'air, est donc à cette époque d'une nécessité rigoureuse; car les ravages causés par la pourriture s'exercent non-seulement sur les grains qui en sont affectés, mais la présence de ces grains nuit encore, dans les *infusions*, à la qualité de ceux qui sont restés intacts, et augmente les chances d'altération des produits.

Il est essentiel que les *greniers d'aérage* soient un peu plus élevés que la touraille, ou au moins au même niveau; cette disposition évite des pertes de temps qu'il faudrait subir s'ils étaient situés au-dessous; dans le premier cas il suffit d'un râteau (*fig.* 10) pour charger en quelques minutes dix ou douze hectolitres de grain.

Figure 10.

Quoiqu'il soit bien démontré que les greniers d'aérage peuvent être considérés comme indispensables dans un établissement de brasserie bien organisé, quelques-uns en sont encore complétement dépourvus. Cependant une usine placée dans de pareilles conditions ne peut être que défectueuse, puisqu'à défaut des soins exigés pour la préparation des grains et des moyens propres à assurer le succès de l'opération la plus importante, il faudra de toute nécessité recourir plus tard, comme compensation, à l'emploi d'une quantité de matière première plus considérable, pour obtenir un résultat égal à celui qu'on obtiendrait naturellement en se plaçant dans de bonnes conditions de fabrication.

A défaut de *greniers d'aérage*, on est forcé d'amonceler le grain dans le germoir après la germination, afin de faire place à la couche qui vient d'être préparée à cette opération par un mouillage dont l'état avancé ne permet plus de différer davantage.

Le grain germé reste donc dans cet état jusqu'au moment où la touraille, ou le calorifère de *nouvelle invention*, est disposé à le recevoir. Du sein de cette masse se dégagent d'énormes quantités de calorique qui fatiguent la graine, étouffée d'ailleurs sous le poids considérable qu'elle supporte ; mais ce qui est pire encore, c'est qu'elle reste emprisonnée au milieu d'une atmosphère d'acide carbonique qui ne peut trouver d'issues suffisantes pour s'échapper. La vapeur d'eau développée vient se condenser à la surface ; les grains qui s'y trouvent en absorbent une partie à mesure qu'elle se produit, et il en résulte une liquéfaction laiteuse du périsperme qui plus tard rend la dessiccation très difficile, toujours très irrégulière, puisqu'une partie des grains renferme une plus grande quantité d'eau que l'autre.

Il y a dans ce cas non-seulement une prolongation de végétation inutile, mais une véritable fermentation qui ne peut s'établir qu'aux dépens de la matière sucrée développée dans la graine. De là un rendement moindre, qui explique l'absolue nécessité de recourir à l'emploi d'une quantité de matière plus considérable, comme nous le disions il y a quelques instants, afin de rétablir l'équilibre détruit par un travail vicieux.

Si, au lieu d'amonceler la couche en un seul tas, on n'en prend que la moitié, le tiers ou même le quart, comme cela arrive presque toujours, pour charger la touraille, et si le reste est étendu sur toute la surface du germoir en attendant le moment de la dessiccation, les inconvénients qui en résultent, s'ils sont moins graves, ne sont pas moins très préjudiciables à la régularité de la *germination;* car de deux choses l'une : ou la première partie n'était pas arrivée à un point suffisant de germination, que les autres atteindront pendant que sa dessiccation s'opère; ou bien, si la première y était arrivée, pendant les vingt ou trente heures que durera sa dessiccation, la germination dépassera la limite voulue dans la partie restée au germoir; car la germination n'est pas arrêtée dans la portion d'orge restée dans ce local, puisque aucune des conditions sous l'influence desquelles elle se développait n'a été modifiée.

Donc, dans tous les cas, il ne saurait en résulter qu'une irrégularité préjudiciable à la marche de la germination, et par conséquent nuisible à l'opération la plus essentielle dans une brasserie, c'est-à-dire la préparation des matières premières destinées à la fabrication.

Est-il possible, en outre, que ce grain séjourne au milieu d'une atmosphère viciée et complétement saturée de vapeurs d'eau sans en ressentir les atteintes? Non, certainement; et si quelques brasseurs, opérant dans ces conditions, prétendent que leurs produits n'en sont pas moins supérieurs à ceux que fabriquent leurs confrères, c'est au prix de sacrifices énormes dont nous connaissons l'importance.

Pour notre compte, nous ne comprenons pas plus une brasserie sans greniers d'aérage qu'une brasserie sans germoir ou sans entonneries, ce qui offrirait peut-être encore moins d'inconvénients. Nous ajouterons qu'au point de vue de l'économie pratique une pareille organisation est d'autant plus dommageable qu'elle existe dans un établissement plus important, puisqu'on y opère sur de plus grandes quantités de matière, et que le mal que nous venons de signaler y existe dans tous les cas d'une manière permanente.

D'ailleurs, posons des chiffres ; ils en diront plus que nous ne saurions le faire.

Nous avons pesé 1000 kilogrammes d'orge germée sortant du germoir, et nous les avons exposés à l'action de l'air et de la lumière pendant trois jours ; les ayant alors pesés de nouveau, nous n'avons plus trouvé que 670k,200; c'est donc 320k,800 d'eau qui se sont évaporés, soit 32,80 pour 100 du poids total.

Cette première dessiccation avait eu lieu dans les conditions les plus favorables, c'est-à-dire sur un plancher sec, au soleil de mars, et dans un courant d'air très rapide. Toutefois nous pensons qu'eu égard à la disposition plus ou moins rationnelle, nous devrions dire plus ou moins vicieuse, des *greniers d'aérage*, dans les neuf dixièmes des brasseries, on ne peut guère compter que sur 20 ou 25 pour 100 d'évaporation; aussi prendrons-nous ce dernier chiffre pour base de nos déductions.

Nous allons voir maintenant quelle quantité d'eau l'orge retient encore après sa dessiccation à l'air libre, et combien elle en abandonne à la dessiccation par le feu avant d'arriver à l'état sec, c'est-à-dire à l'état où il convient toujours de l'employer.

§ 3. Dessiccation à feu direct (*touraille*).

Si l'emploi de la *touraille* elle-même ne remonte pas aux premiers temps de la fabrication de la bière, on peut croire que le principe sur lequel elle repose date de l'origine de cette fabrication; car à cette époque il y avait bien plus de raisons qu'aujourd'hui d'opérer la dessiccation des grains, puisque les connaissances pratiques qui la régissent étaient encore au berceau.

Disons d'abord quelques mots de la construction de l'appareil employé dans la plupart des brasseries. La *touraille* la plus généralement adoptée, la plus simple et la plus ancienne tout à la fois (*fig.* 11, 12, 13, 14, 15, 16, 17), est encore, quoi qu'on ait dit, celle qui donne les résultats les plus satisfaisants.

Vue en élévation (*fig.* 11), sa forme est celle d'une

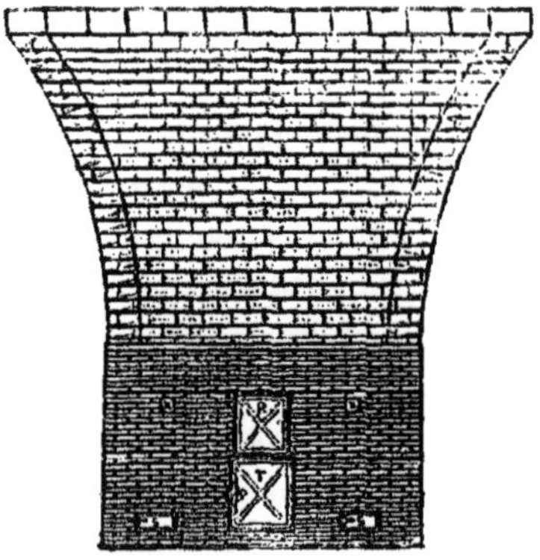

Figure 11.

pyramide rectangulaire renversée, ou, mieux encore, celle d'une *petite tour*, avec laquelle la touraille a tant d'analogie que nous sommes disposé à croire que les dénominations de *touraille* et *tourelle*, qui ont été alternativement employées, en dérivent.

Elle est formée, en plan, d'une plate-forme (*fig.* 12) de

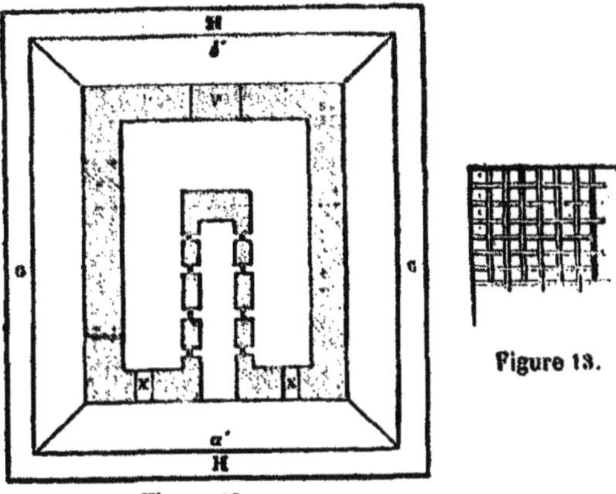

Figure 12.

Figure 13.

5 mètres de côté, en H, H, et de 5m,45 en G, G[1]; cette plate-forme se compose d'une toile métallique treillagée (*fig.* 13), supportée par des tringles en fer J (*fig.* 14 et 15) de $0^m,07$ de haut sur $0^m,025$ de large ; chacun des côtés de ce tissu de fer et chaque

(1) Les proportions de la touraille varient en raison de l'importance des brasseries ; celle dont nous donnons la figure développe au sommet une surface de 9m,45, et permet de sécher 15 hectolitres d'orge en 24 heures, soit, par mois, 450 hectolitres, et, pour les six mois pendant lesquels on fait ordinairement germer l'orge, 2700 hectolitres. Ce chiffre représente une moyenne de fabrication applicable à la grande majorité des usines.

extrémité de ces tringles est fixé dans l'intérieur de la maçonnerie, en K (*fig.* 15), à quelques centimètres de profondeur. Au-dessous et dans l'intérieur du massif est une autre maçonnerie L (*fig.* 14 et 15), espèce d'*obélisque*

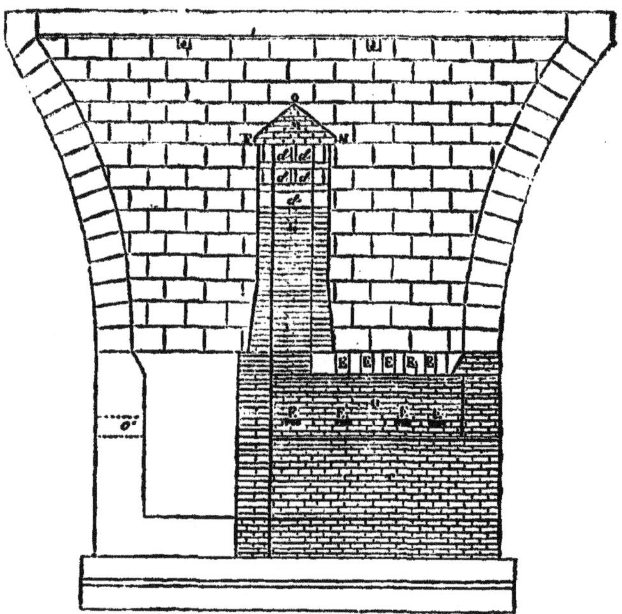

Figure 14.

creux dont le sommet M, en forme de comble, a conservé sa dénomination primitive de *truite;* les triangles N, O, F, qui forment cette *truite,* sont égaux, puisque chacun de leurs côtés est d'une longueur égale.

A la base de cet *obélisque* se trouve le *foyer* Q, recouvert d'une *voûte* R ; dans l'épaisseur de celle-ci on a ménagé des ouvertures E, E. En T est le *cendrier*. S, S (*fig.* 14) indiquent les ouvertures réservées au nettoyage de la *touraille*; U, U (*fig.* 15) sont les ca-

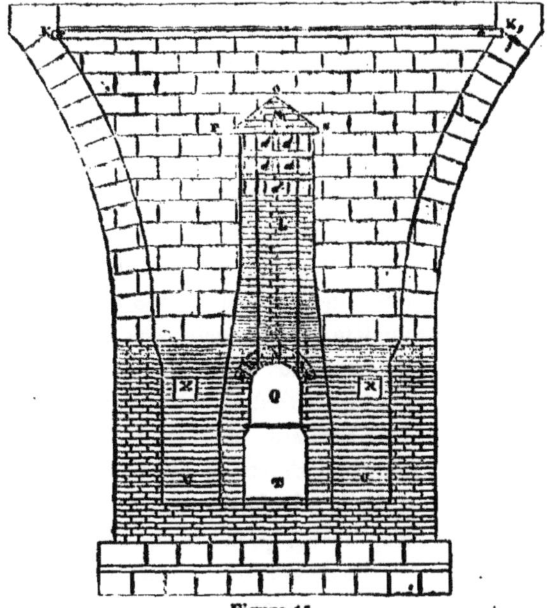

Figure 15.

naux destinés à recevoir les *touraillons*; V (*fig.* 12) est la *porte* par laquelle on peut entrer dans l'intérieur de la *touraille*; X, X (*fig.* 14, 12 et 15) sont deux espèces de *ventouses* destinées à l'introductionde l'air du dehors.

La toile métallique (*fig.* 15) est une innovation de notre époque; autrefois cette partie de la touraille se nommait la *haire*: elle était en crin; nos devanciers, moins rationnels que ceux qui les avaient précédés dans la fabrication de la *cervoise*, remplacèrent le tissu de crin par de petits carreaux en terre cuite, percés de trous, pour donner issue à la chaleur [1]. C'était un grossier contre-sens, car on ne pouvait guère imaginer de pire conducteur du calorique [2]. Telle est la cause qui leur a fait substituer plus tard des feuilles de tôle également percées de trous, et cela avec d'autant plus de raison que, lorsque le foyer était trop actif et les carreaux eux-mêmes à une température très élevée, on ne pouvait suspendre instantanément l'action du feu, puisque le refroidissement des carreaux était d'une lenteur extrême.

Les feuilles de tôle étaient une amélioration, mais bien incomplète; car, excepté ceux qui se trouvaient directement au-dessus des trous, les grains n'avaient que le contact de la chaleur et n'étaient pas soumis à un courant d'air constant; or, c'est dans ces deux conditions réunies que s'opère le mieux la vaporisation des liquides et dès lors la dessiccation des grains; sinon ces derniers n'éprouvent qu'une espèce de cuisson.

A ces feuilles de tôle, et même de cuivre, succédèrent promptement les toiles métalliques dont nous avons parlé, et qui furent dès l'abord acceptées par presque tous les brasseurs comme une amélioration positive.

(1) Il existe encore aujourd'hui quelques tourailles de ce genre.

(2) Les corps qui transmettent le mieux le calorique sont les métaux; puis viennent le verre, la porcelaine et les poteries, qui leur sont de beaucoup inférieurs. Le charbon et les bois secs sont les plus mauvais conducteurs, si l'on excepte la laine, le crin, etc., en un mot les corps dont l'état de division éloigne les points de contact entre leurs diverses parties.

En effet, il serait difficile d'imaginer quelque chose de plus rationnel, qui permît à la chaleur de traverser plus rapidement la couche de grains à dessécher, tout en laissant au calorique produit par la combustion la possibilité de se répartir uniformément au travers de ce tissu de métal. D'autre part, on ne pourrait guère employer de matériaux offrant plus de solidité, car ces toiles présentent sur ce point des garanties que l'expérience est venue sanctionner[1].

La partie L (*fig.* 14 et 15) de la *touraille* que nous avons désignée sous le nom d'*obélisque* est destinée à porter la chaleur et les divers gaz provenant de la combustion dans la partie comprise entre le *foyer* et la *toile métallique*; des ouvertures *d*, *d* sont ménagées à cet effet sur chacun des côtés de l'*obélisque*, afin que la chaleur se répartisse uniformément.

La truite M, qui se trouve au sommet, et dont nous donnons ici le plan (*fig.* 16), a un double but: d'abord celui d'arrêter l'ascension directe du calorique, dont la tendance naturelle à s'élever ferait porter l'action sur un seul point, tandis que par cette disposition la chaleur est obligée

Fig. 16.

(1) On se procure difficilement ces toiles dans un grand nombre de localités; nous croyons être utile à nos lecteurs en leur indiquant que tous les fabricants de toiles métalliques de Paris s'occupent spécialement de la fabrication de ces dernières. Nous en avons vues qui étaient disposées en forme de claies de parc, et dont l'exécution nous a paru irréprochable; elles nous ont été offertes, en 1846, sur échantillon, à 10 fr. le mètre superficiel. Elles ont sur les anciennes toiles métalliques l'avantage de pouvoir être retournées, puisqu'elles n'ont pas d'envers. A cette époque il en existait déjà dans les établissements de M. Jacob et de M. Lecoq, brasseurs à Lyon.

de se replier sur elle-même et de s'échapper par les ouvertures *d, d*. En second lieu, elle empêche les *touraillons* qui se détachent des grains pendant la dessiccation, et qui passent ensuite au travers du tissu métallique, de tomber sur la *voûte du foyer*, où ils développeraient en brûlant une odeur infecte. Par la disposition de la truite, les touraillons qui tombent sur elle sont rejetés dans le vide ménagé à la base de la touraille et dans tout le pourtour de l'obélisque.

Le *foyer* Q (*fig.* 14 et 15) est surmonté d'une *voûte* R, qui en s'échauffant jusqu'au rouge a pour effet de réverbérer la fumée et de lui permettre de se brûler avant que la chaleur produite ne s'échappe par les ouvertures E, E (*fig.* 12, 14 et 15). Il est essentiel que toute cette partie du foyer soit construite en *briques réfractaires*, quoique le plus souvent on néglige ce soin ; elles résistent très bien aux plus violents coups de feu, et on évite par leur emploi des dégradations fréquentes, des pertes de temps, et des frais d'entretien toujours considérables lorsqu'on fait usage de briques ordinaires.

Le *cendrier* T (*fig.* 11, 14 et 15) doit être muni d'une porte en tôle ajustée à l'extérieur dans la maçonnerie ; en la fermant on peut ralentir instantanément le tirage du foyer, et c'est un avantage précieux au besoin.

Dans la plupart des tourailles, les ouvertures S, S, que nous indiquons (*fig.* 14) comme devant servir à enlever les touraillons, sont remplacées par celles que nous avons figurées en X, X (*fig.* 11, 12 et 15), et dont nous parlerons tout à l'heure. La modification que nous proposons nous paraît indispensable ; car, en X, X, les briques reçoivent, comme dans tout le pourtour du *foyer*, l'action directe du feu, et il en résulte que les touraillons, qui viennent ordinairement s'y loger, brûlent au bout de quelque temps et répandent dans l'usine une odeur désagréable, qui, si elle n'est pas nuisible à la qualité du grain, ne peut certainement pas lui être favorable. L'introduction de l'air se faisant d'une manière constante par les ouvertures X, X, il s'ensuit qu'on offre à la combustion de ces touraillons tous les éléments qui doivent l'entretenir. L'inconvénient dont nous venons de parler n'existe qu'avec les tourailles dans l'intérieur desquelles on a ménagé, pour consolider l'obélisque L, des arcs-boutants qui se trouvent de niveau avec les ouvertures X, X. Nous n'avons pas figuré ces arcs-boutants, parfaitement inutiles quand la base de l'obélisque est assez épaisse pour supporter le tout sans danger.

En S, S (*fig.* 44), au contraire, il ne saurait y avoir de combustion, puisque là les touraillons n'ont nul contact avec le foyer. Pour nettoyer il suffit d'introduire une râclette emmanchée d'une longue *perche*, avec laquelle on amène au dehors les touraillons qui se trouvent à la base de la touraille et dans l'intérieur, sans qu'il soit nécessaire de suspendre un instant l'action du foyer; ce qui arrive presque toujours avec les tourailles ordinaires. dans l'intérieur desquelles il faut de plus aire entrer un ouvrier par l'ouverture V, ménagée à cet effet. Quant à celle-ci, il n'est pas indispensable qu'elle se trouve à l'endroit où nous l'avons figurée; on peut l'établir plus haut ou plus bas, même sur l'un des côtés, en raison des facilités qui peuvent en résulter.

Les ouvertures X, X ont été ménagées pour favoriser l'introduction de l'air extérieur, afin qu'il vienne se mélanger dans l'intérieur de la touraille aux produits de la combustion. Ce qu'il importe surtout de ne pas perdre de vue, c'est qu'il ne suffit pas de faire agir la chaleur pour se placer dans de bonnes conditions de *dessiccation;* il faut encore faire intervenir des *courants d'air d'autant plus abondants que la température intérieure de la touraille s'élève davantage.* La raison en est simple; les couches d'air chaud qui se succèdent empruntent à l'orge, en la traversant, une certaine portion de vapeur d'eau qui se répand bientôt dans l'atmosphère ambiante ; il faut donc, pour obtenir une dessiccation méthodique, que la quantité d'air introduite suive la même progression ascendante que la température. Autrement voici ce qui arrive : on n'évapore pas l'eau contenue dans le grain, on cuit celui-ci ; on détermine la réaction qui a fait donner aux grains le nom de *grains vitrés*, réaction dont nous avons déjà parlé et que nous examinerons bientôt. Si, au contraire, la quantité d'air introduite est trop considérable relativement à l'élévation de la température, il en résulte plus de sécurité dans la marche de l'opération, mais c'est aux dépens du combustible, et la dessiccation s'opère avec une lenteur très facilement appréciable ; il y a d'ailleurs à ceci un autre inconvénient : c'est de ne pouvoir sécher le grain à fond, comme il est facile de le faire avec un bon appareil.

On comprendra aisément par ces raisons pourquoi des tourailles construites en apparence de la même manière donnent des résultats en réalité si différents. La faute en est aux constructeurs, maçons ou architectes, qui ne se préoccupent guère, ou même pas du tout, des lois de physique qu'ils auraient cependant grand besoin de connaître dans tous les cas, mais surtout lorsqu'il s'agit de constructions industrielles.

La touraille dont nous donnons les détails de construction à l'échelle est, de toutes celles que nous connaissons, la plus satisfaisante par ses résultats; aussi engageons-nous ceux de nos lecteurs qui en auraient une à faire construire à observer scrupuleusement les questions d'ensemble et de détails que nous avons indiquées, mais particulièrement ces dernières, et surtout ce qui est relatif aux ouvertures; car il suffit de changer la moindre condition pour modifier complétement la nature des résultats.

Disons maintenant quelques mots des tourailles qui ne sèchent pas d'une manière uniforme, car il y a possibilité de les améliorer. Supposons d'abord une touraille séchant trop peu du côté du foyer, en *a'* (*fig.* 12), et trop fort du côté opposé, c'est-à-dire en *b'*. Dans ces conditions, il faut pratiquer en *c'* (*fig.* 14) une ouverture développant une surface égale à l'une des ouvertures parallèles X,X (*fig.* 15), et diminuer au contraire de la moitié, ou plutôt du quart, la surface de ces ouvertures X,X. Par cette modification, on peut compter sur une amélioration facilement appréciable. Si le mal qui existait précédemment se faisait encore trop sentir, il faudrait fermer l'ouverture *c'*, et en pratiquer une derrière la touraille, à droite et à gauche de celle-ci, c'est-à-dire parallèlement aux ouvertures X,X. Si le résultat obtenu est encore incomplet, il faut rouvrir celle en c', fermée primitivement ; en un mot, laisser trois ouvertures du côté b' (*fig.* 12), où le coup de feu est trop violent, en ayant soin de diminuer progressivement la section des ouvertures X, X. En thèse générale, il faut augmenter le courant d'air du côté où l'action du feu se fait trop sentir, et le diminuer au contraire du côté où cette action est trop modérée.

Pour les tourailles qui sèchent trop lentement, il faut aussi réduire la section des ouvertures qui amènent les courants d'air extérieur, ou augmenter la surface de chauffe, soit en prolongeant le foyer si le côté opposé à celui-ci sèche moins que le devant, soit en l'élargissant également sur chacun des côtés si la dessiccation s'opérait uniformément, soit en faisant l'un et l'autre, mais sans oublier jamais que la régularité méthodique de la dessiccation repose tout entière sur ce principe que *l'absorption de la vapeur d'eau par un courant d'air sera d'autant plus grande que celui-ci sera lui-même plus abondant et sa température plus élevée,* pourvu que ces deux conditions soient toujours dans le même rapport.

Il est une autre disposition importante que nous voudrions voir introduire dans toutes les tourailles ; elle est fort simple et peu dispendieuse ; nous voulons parler de la *hotte* (*fig.* 17, p. 202), destinée à recevoir les vapeurs provenant de la dessiccation de l'orge, pour les porter au dehors par le tuyau A. Dans la plupart des brasseries, pour ne pas dire dans toutes, la masse de vapeur d'eau qui se dégage des tourailles n'a d'autre issue que des ouvertures bâtardes par lesquelles elle s'écoule après avoir traversé l'usine en tous sens, et souvent même après avoir été en contact avec des grains disposés pour la fabrication. C'est là une fâcheuse disposition, dont les conséquences sont souvent fatales à la qualité des produits fabriqués. Hâtons-nous de le prouver.

Cette espèce de *végétation cryptogamique* qui se développe pendant la *germination* sur le sol de presque tous les *germoirs*, et que nous avons désignée sous le nom générique de fongosités, adhère, comme nous l'avons dit, à une grande partie des grains. Au moment de la dessiccation, ces *fongosités* cèdent, comme le grain, l'eau qu'elles contiennent (environ 90 pour 100), et l'abandonnent sous forme de vapeurs infectes qui jouent exactement le rôle d'*émanations miasmatiques*. Ce n'est plus alors de la vapeur d'eau qui parcourt l'usine; ce sont de véritables *miasmes*, qui se condensent sur tous les corps froids qui les environnent, et qui viennent s'ajouter à la poussière adhérente aux murailles, pour subir peu à peu cette fermentation intestine et continue qui amène une décomposition totale, pendant laquelle les nouveaux gaz produits sont expulsés de minute en minute par des courants d'air[1].

Qui oserait nier que les *miasmes* dont nous parlons ici existent d'une manière permanente dans toutes les brasseries? Ce fait est si exact que les phénomènes que nous venons de signaler sont encore facilement appré-

(1) Si quelques-uns de nos lecteurs étaient portés à regarder comme exagérés certains faits sur lesquels nous avons appuyé à dessein, même dans des questions de détails, nous les prierions d'ajourner leur décision jusqu'à ce que nous ayons déduit les motifs qui nous ont engagé à insister ainsi. Nous espérons pouvoir en justifier l'importance.

ciables dans un établissement où l'on a suspendu toute espèce de travaux depuis plusieurs mois, tandis que l'odeur disparaît, au moins en grande partie, lorsqu'on badigeonne les murs de l'usine avec un lait de chaux.

Au surplus, partout où l'on pratique les diverses opérations de la fermentation, la cause la plus minime peut la faire naître là où l'on veut l'éviter, et les effets produits sont eux-mêmes tellement mobiles que la moindre circonstance suffit pour en modifier les conditions, pour en changer l'équilibre, ou même pour l'anéantir au moment où l'on voulait la développer.

Ce que nous venons de dire expliquera suffisamment sans doute l'importance que nous attachons à tout ce qui concerne la formation des *miasmes* dans les brasseries. Nous aurons d'ailleurs l'occasion de revenir fréquemment sur cette question, dont on comprendra mieux dans la suite toute la gravité, non-seulement au point de vue qui nous occupe, mais encore parce que tout ce qui se rattache à la production des substances alimentaires mérite, selon nous, d'être examiné avec un soin tout particulier. C'est au moins sous ce double point de vue que nous avons envisagé la question.

Mais revenons au fond même de notre sujet, et disons que la présence seule de la vapeur d'eau dans toutes les brasseries suffit pour légitimer l'adoption de la mesure que nous proposons, parce que cette vapeur peut déterminer, dans les grains disposés pour la fabrication, une altération profonde, trop souvent ignorée, et dont nous aurons encore à nous occuper en traitant des *approvisionnements* d'hiver pour la fabrication d'été.

La vapeur d'eau exerce donc, comme nous le démontrerons en temps opportun, une influence fatale sur les grains *dont on a opéré* la dessiccation, sur le malt enfin; elle est la seule cause de la diminution du rendement du *malt* préparé depuis plusieurs mois, et cette diminution peut aller jusqu'à 25 pour 100.

D'ailleurs, il y a en dehors de ces considérations, les plus importantes assurément, une question d'économie qui, si minime qu'elle soit, n'est jamais à dédaigner: c'est que la vapeur d'eau, en se condensant sur les corps environnants, contribue puissamment à déterminer la pourriture des bois, la dégradation des murailles, mais plus particulièrement celle des couvertures des usines.

Il suffirait donc d'adopter au-dessus de la touraille une *hotte en zinc* (*fig.* 17) pour se mettre à l'abri des

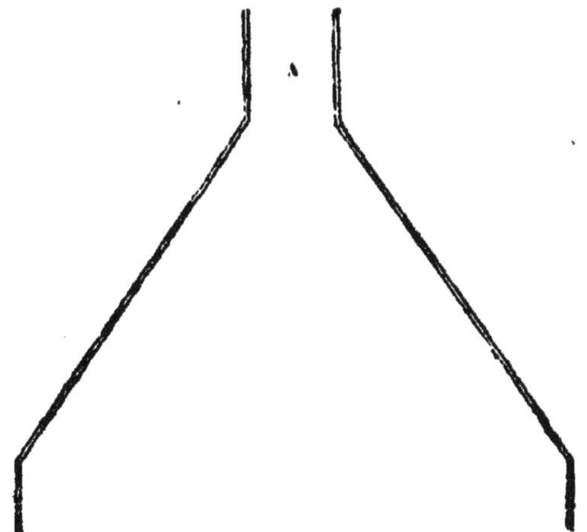

Figure 17.

vapeurs produites par la dessiccation ; la dépense ne dépasserait guère 100 francs. Pour obtenir de cette disposition tout l'effet utile qu'elle peut produire, il faut mettre l'extrémité du tuyau dont la hotte est surmontée en communication avec l'une des cheminées de la brasserie dont le foyer soit le plus actif; cette simple disposition suffira pour que le tirage de la cheminée appelle constamment à lui les vapeurs produites par la *touraille*, et établisse autour de celle-ci une ventilation constante dont les ouvriers eux-mêmes ressentiront le bienfait. A défaut de *cheminée d'appel*, il faut que le tuyau fasse cheminée ; il suffit pour cela de lui donner une hauteur minimum de 6 à 8 mètres, et, dans tous les cas, $0^m,40$ de diamètre, au moins.

§ 4. De la nature des combustibles employés à la dessiccation.

Les combustibles qu'on emploie le plus généralement sont les *houilles maigres*, le *coke* et le *bois*. La préférence qu'on accorde à l'un sur l'autre tient à la facilité que l'on a de se les procurer dans chaque localité bien plus qu'au résultat qu'ils donnent ; car les produits développés par leur combustion sont peu différents, au moins en ce qui concerne les *houilles maigres* proprement dites et le *coke*, l'*acide sulfureux* étant à peu près le seul gaz odorant qu'ils dégagent, si la combustion s'opère dans de bonnes tourailles. C'est, en un mot, une question d'économie et de convenances locales. Nous laisserons parler à ce sujet l'un des savants les plus distingués que la France possède, M. Girardin, professeur de chimie industrielle à l'école municipale de Rouen : « La *houille sèche* ou *maigre*, appelée aussi *houille non collante* et *charbon de grille*, beaucoup moins combustible que la houille grasse, en raison de la proportion plus faible de bitume qu'elle contient, est moins noire, plus compacte, plus lourde, moins friable ; elle s'enflamme plus difficilement, s'échauffe sans se gonfler, s'agglutiner ni fondre ; elle produit une flamme bleuâtre et une fumée fétide et sulfureuse, ce qu'elle doit à la grande quantité de pyrites [1] qu'elle renferme. Elle donne plus de cendres. Cette sorte de houille, qui se montre presque toujours dans les pays calcaires, tandis que la *houille grasse* se trouve exclusivement dans les terrains schisteux, est celle qui convient le mieux au service des fourneaux, parce que, ne réverbérant pas fortement la chaleur sur la grille comme la *houille grasse*, elle la répand au delà du foyer sur les objets que l'on a pour but d'échauffer. C'est elle qu'on choisit de préférence pour le chauffage des appartements, la cuisson des briques, de la chaux, du plâtre, etc. Il y a des houilles sèches qui donnent un *coke frité*, c'est-à-dire dont les fragments sont agglomérés entre eux, de sorte que les petits morceaux ne passent pas au travers des grilles, ce qui fait rechercher ces houilles pour l'usage des fabriques. D'autres variétés de houilles sèches fournissent un *coke pulvérulent* ; telle est la *houille de Fresnes*, que les brasseurs

(1) On désigne vulgairement sous le nom de *pyrites* un composé de soufre et de fer qui accompagne presque toutes les substances minérales, et qui s'offre habituellement en petits cristaux jaune d'or, d'un aspect métallique.

emploient de préférence dans leurs tourailles, parce qu'elle renferme si peu de bitume qu'elle brûle sans répandre de fumée.

« Les mines des environs de Marseille, d'Aix, de Toulon ; celles de la Mothe de Peschanard, près de Grenoble ; Fresnes sur l'Escaut, près de Condé (Nord) ; de Vieux-Condé (Nord) ; de Blanzy, près le Creuzot (Saône-et-Loire) ; de Salins, de Noroi et de plusieurs points du nord-ouest de la France ; de Durham, en Angleterre ; de quelques endroits de la Belgique, donnent des houilles sèches.

« La composition des houilles varie beaucoup. Pour la pratique il suffit de connaître les proportions du charbon, des cendres et des matières volatiles qu'elles fournissent par leur calcination. Nous présentons, dans le tableau suivant, le résultat de l'analyse immédiate de quelques houilles de France et de l'étranger. »

LIEUX D'EXTRACTION.	SUR 1000 PARTIES		
	Charbon.	Cendres.	Matières volatil.
HOUILLES SÈCHES.			
Bourg-Lastic (Puy-de-Dôme)	780	55	165
Fresnes, près de Valenciennes.	863	43	94
Lardin, près de Souillac (Dordogne). .	608	62	330
Blanzy près le Creuzot (Saône-et-Loire).	543	61	396
Salins (Jura)	500	130	370
Durham (Angleterre).	820	50	130
Mons, variété dite *anthracite*.	850	23	127
Oviédo (Asturies)	503	80	417
Ombrowa (Haute-Silésie)	510	40	450

Il est facile de voir, par le tableau ci-dessus, que les houilles de Fresnes sont celles auxquelles on doit accorder la préférence ; elles renferment une plus forte proportion de charbon et laissent par conséquent, après la combustion, moins de résidu que toutes les autres. Mais la difficulté de se procurer, même dans les départements qui avoisinent celui du Nord, les houilles sèches proprement dites, les a fait abandonner dans un grand nombre de brasseries, où les approvisionnements de coke sont beaucoup plus faciles. Tel est le seul motif qui a fait donner la préférence à ce dernier.

Les houilles sèches qu'on livre à l'industrie ne sont le plus souvent que des *houilles demi-grasses*, dont l'emploi à la touraille est détestable par l'odeur bitumineuse qu'elles développent, et par la quantité, toujours trop grande dans ce cas, de noir de fumée qui accompagne leur combustion. C'est pourquoi nous engageons ceux de nos lecteurs qui peuvent se procurer facilement des houilles sèches de Fresnes à leur accorder la préférence sur le coke lui-même ; car, comparativement, le prix de revient de celui-ci est de beaucoup supérieur à celui des houilles sèches, ainsi que nous allons le prouver.

Le *coke* est le résidu de la carbonisation de la houille en vase clos. Celui dont on se sert le plus ordinairement pour la dessiccation provient de la houille employée à la fabrication du gaz d'éclairage. Aujourd'hui qu'il existe des usines à gaz dans tous les centres de population de quelque importance, on trouve du coke partout ; on le vend généralement au prix de 2 fr. l'hectolitre, qui pèse en moyenne 45 kilogrammes ; il en résulte que les 100 kilogrammes coûtent 4 fr. 40 c., soit 44 fr. pour 1000 kilogrammes.

Le coke des usines à gaz a tous les avantages des

houilles sèches et n'a aucun des nombreux inconvénients de la houille demi-grasse; voilà ce qui justifie la préférence qu'on lui accorde, et, n'était son prix trop élevé, nous lui donnerions certainement la priorité sur tous les autres combustibles.

Nous avons employé l'un et l'autre, et voici quel a été le résultat de nos expériences comparatives. La houille maigre nous coûtait 44 fr. les 1000 kilogrammes; le même poids de coke nous coûtait aussi 44 fr., ou, si l'on veut, 2 fr. l'hectolitre. En brûlant alternativement l'une et l'autre dans la touraille dont nous donnons les plans, nous avons employé, pour sécher 1000 hectolitres de malt, 6565 kilogr. de *houille sèche* représentant une valeur de 289 fr.
(soit 0fr,289 pour 1 hectolitre d'orge); tandis qu'il nous a fallu, pour sécher la même quantité de malt, 217 hectol. de *coke* à 2 fr., soit : 434 »
(ou 0fr,434 par hectolitre d'orge); d'où il résulte, en faveur de la houille, une économie de 145 fr.
ou de 0fr,145 par chaque hectolitre de malt amené au même point de dessiccation.

C'est donc environ 33 pour 100 qu'il en coûte de plus en employant le coke.

On a fait grand bruit, dans ces derniers temps, de l'influence que l'*acide sulfureux*[1] développé par la combustion du coke et des houilles sèches exerce sur les grains; comme nous aurons à revenir sur ce fait en

(1) Tel est le nom qu'on a donné au gaz qui se produit toutes les fois qu'on brûle le soufre au contact de l'air.

examinant le *calorifère* dont M. Chaussenot se prétend l'inventeur, nous nous bornerons à en dire ici quelques mots.

On a dit qu'avec les tourailles il était impossible que le grain restât aussi blanc après sa dessiccation qu'il l'est lorsqu'on le dessèche par l'air chaud ; c'est une erreur, et ceux qui l'ont avancée ne l'ont fait que pour servir leurs intérêts, soit directement, soit indirectement.

L'*acide sulfureux*, spécialement employé dans diverses manufactures au blanchiment des tissus de laine, n'est-il pas également mis à profit, et avec succès, pour le blanchiment des pailles? Or, quelle différence y a-t-il entre la paille elle-même et l'enveloppe corticale du grain, que nous avons désignée sous le nom de test ou pellicule extérieure? Aucune assurément, si ce n'est dans la contexture; mais celle-ci n'influe en rien, dans ce cas du moins, sur les éléments chimiques qui composent l'une et l'autre.

Laissons donc là ce fantôme imaginaire, et tenons pour certain qu'il est impossible à un calorifère, quel qu'il soit, de conserver au grain, après sa dessiccation, plus de blancheur qu'on n'en obtient ordinairement avec une bonne touraille, et que l'acide sulfureux, loin de s'opposer à cette blancheur, y contribue au contraire puissamment.

Avec le bois toutes les conditions de la dessiccation changent; les grains retiennent une portion d'*acide pyroligneux* et d'*huile empyreumatique* qui communiquent à la bière qu'ils produisent une saveur spéciale qu'on ne trouve dans aucune autre. Est-ce un défaut? est-ce une qualité? c'est ce que nous allons examiner brièvement.

Dans toute l'Alsace et dans une partie de la Lorraine, le bois est exclusivement employé à la dessiccation des grains; les produits fabriqués sont-ils pour cela inférieurs? Non, évidemment; car Strasbourg est du nombre des localités qui emploient ce combustible, et si, depuis quelques années, Strasbourg a perdu une partie de la réputation qu'il avait si justement acquise, la faute en est exclusivement à certaines considérations que nous ferons valoir en nous occupant du *glucose* (*sucre de fécule*).

Il y a plus, c'est que la légère saveur empyreumatique qui distingue ordinairement les *bières de Strasbourg* est due en partie au mode de dessiccation des grains; et cette saveur n'est pas moins flatteuse au goût que celle que l'on rencontre dans les produits dont Mayence est si fière, et qui s'en imprègnent de la même manière; nous ne sommes même pas éloigné de croire qu'elle contribue dans un certain rapport à la longue conservation des bières de Strasbourg, *peut-être* même au développement du bouquet du houblon. Quoi qu'il en soit, nous verrons, en parlant de celui-ci, que son principe conservateur est dû aussi à une huile empyreumatique particulière, et que cette propriété est inhérente à tous les produits de cette nature.

Il est facile de comprendre maintenant comment se comportent à l'égard de l'orge les vapeurs dégagées de la combustion du bois : le malt s'en sature, et, plus tard, ces huiles essentielles se retrouvent dans les moûts, et même dans les bières après la fermentation. Pour notre compte, nous ne voyons pas d'inconvénients à employer le bois comme combustible, mais à la condition expresse toutefois que la saveur dont nous venons de parler ne se fera sentir que *légèrement*, et qu'on n'emploiera, comme à Strasbourg, que des houblons de choix.

Nous irons plus loin encore, et nous dirons qu'un grand nombre de brasseurs des départements du centre, qui ont fait de nombreuses tentatives pour imiter les bières de Strasbourg, n'ont échoué que parce qu'ils n'ont pas employé le même mode de dessiccation. Nous avons fabriqué des bières dans lesquelles la couleur, la densité, la quantité d'alcool, tout enfin, étaient dans le même rapport que dans celles de Strasbourg; le mode de fabrication avait été scrupuleusement observé, et pourtant, à défaut d'une dessiccation des grains par le bois, la saveur étoit complétement différente. Plus tard nous reprîmes les mêmes opérations; mais, cette fois, la dessiccation ayant été opérée au moyen du bois, nous obtînmes des résultats tels qu'il fut impossible à plusieurs Strasbourgeois, assez habiles en matière de dégustation, d'établir la moindre différence entre la bière de leur pays et la nôtre; et, en effet, il y avait identité complète.

Il faudrait bien se garder pourtant d'employer le sapin, car la quantité de résine qu'il contient développerait par la combustion une fumée infecte, et par conséquent beaucoup de noir de fumée. Les *schistes bitumineux* et la *tourbe* produiraient des effets non moins contraires aux principes que nous avons établis et sur lesquels doit reposer une dessiccation rationnelle.

5. Influence de la dessiccation au point de vue de la fabrication. Conséquences qui en résultent.

Nous avons dit au commencement de ce chapitre que nous expliquerions la nécessité de la dessiccation et son importance relativement à *toutes* les autres périodes de la fabrication. D'après les nombreuses observations pratiques que nous avons pu faire, nous espérons pouvoir justifier l'absolutisme de notre assertion.

Nous avons exposé en quelques mots la manière dont le gluten se comportait pendant la germination; sa séparation dans chacune des espèces de grains s'opère plus ou moins bien selon les conditions dans lesquelles on se place, et elle est beaucoup plus difficile dans l'orge germée que dans toute autre; cependant, si on prive celle-ci de toute l'eau qu'elle contient, si on opère sa dessiccation à une température d'au moins + 50°, le gluten se modifie au point de devenir non-seulement plus facilement coagulable que précédemment, mais même de se coaguler en plus forte proportion peut-être que dans aucune autre céréale.

En d'autres termes, si on traite de l'orge sortant du germoir par l'eau chaude, pour en séparer les principes sucrés développés par la germination, on obtient un liquide laiteux, trouble, présentant un aspect sale et boueux, dont la blancheur se dissipe plus tard, mais qui se refuse à toute espèce de clarification. Si, au contraire, on traite de la même manière de l'orge germée dans les mêmes conditions, mais préalablement desséchée à une température maximum de + 60°, le gluten se sépare facilement, et se présente sous forme d'écumes qui nagent à la surface d'un liquide très transparent et d'un jaune d'or.

D'une bonne et complète dessiccation dépend donc la facilité avec laquelle se séparera le *gluten* au moment de la *cuisson*. C'est là un fait dont nous justifierons l'importance en parlant de la *fermentation*, car alors seulement nous pourrons démontrer l'influence fâcheuse que le gluten exerce sur l'*acidification des bières*.

L'absolue nécessité de la dessiccation ne laissera aucun doute si l'on veut bien se rappeler, en outre, ce que nous avons dit précédemment de l'action exercée par l'eau sur le malt que l'on veut réserver pour les saisons chaudes.

Pour être complète, la dessiccation exige une progression ascendante dans l'action du foyer; elle ne saurait être méthodique qu'à la condition d'être dirigée de cette manière. Le feu doit donc être ménagé avec soin dans le commencement de l'opération, et la température s'élever lentement, quoique d'une manière continue.

Nous partageons entièrement sur ce point les opinions de M. Sigismond Kolb, à l'ouvrage duquel nous empruntons le passage suivant : « Le premier feu ne doit pas être trop vif, afin de chauffer par degrés, et non pas comme dans beaucoup de brasseries où l'on a coutume d'en faire beaucoup, afin, dit-on, de faire partir la vapeur avec force; car, de cette manière, les grains du fond, étant exposés de suite à une extrême chaleur, se resserreront, au lieu que, par une chaleur modérée, ils se dilateront. »

Lorsque le grain quitte le germoir pour recevoir immédiatement l'action du feu, et c'est le cas permanent des brasseries dépourvues de *greniers d'aérage*, le calorique, quel que soit l'appareil employé à la dessiccation, détermine une contraction violente qui agit principalement sur le *test* de la graine; l'enveloppe et même la couche supérieure du *périsperme* se durcissent et s'opposent à l'évaporation des parties aqueuses renfermées dans l'intérieur de la graine; ce fait est tellement exact qu'il nous est maintes fois arrivé de transformer en autant de petits appareils explosibles des grains d'orge soumis à la dessiccation. La vapeur d'eau accumulée dans l'intérieur de la graine à une température élevée, ne trouvant pas d'issue suffisante pour s'échapper, brise l'enveloppe supérieure qui la retient emprisonnée, et de cette brusque rupture résulte une légère détonation.

Ces explosions, qui ont lieu dans les brasseries chaque fois que le feu de la touraille a été poussé trop activement, sont beaucoup plus fréquentes lorsque l'orge n'a pas préalablement séjourné sur les *greniers d'aérage*.

Il ne suffit pas que le feu ait été ménagé à l'origine de manière à éviter la réaction dont nous venons de parler, il faut encore veiller à ce que la chaleur ne s'élève jamais au delà de + 65°, même lorsque la dessiccation est arrivée à sa dernière période; avant ce moment, il suffit de cette température pour que la portion d'eau en excès opère la fluidification de l'amidon, qui passe promptement alors à l'état d'empois, et qui, cédant ensuite une partie de l'eau qu'il contient, se dessèche, se durcit comme le fait l'empois lui-même, et amène cette cassure résineuse qui a fait donner aux grains qui en sont affectés le nom de *grains vitrés*. Nous verrons dans le chapitre qui va suivre que ces grains ne produisent rien au profit des *moûts*, que dès lors ils sont complétement perdus. Quoi qu'on ait dit, il n'y a pas de *calorifère* au moyen duquel on puisse éviter entièrement cette réaction.

D'autre part, si la température n'a pas été poussée au point de vaporiser toute l'eau que renfermait le grain, les conséquences qui en résulteront ne seront pas moins désastreuses ; car, comme nous allons le prouver, la présence de l'eau dans le malt, après la dessiccation, opère une transformation telle qu'au bout d'un certain temps le rendement subit une diminution de 25 pour 100.

Au contraire, si l'orge a abandonné dans les *greniers d'aérage* une portion de l'eau toujours en excès après la germination, aucun de ces accidents ne saurait se produire, pourvu que la dessiccation soit habilement dirigée.

Reprenons les chiffres dont nous avons déjà fait usage dans le chapitre précédent. Nous avons vu que 1000 kilogrammes d'orge avaient perdu, par l'évaporation à l'air, 32,80 pour 100 d'eau, qu'il nous restait par conséquent 670k,200 d'orge que nous avons soumis à l'action du feu, et que, par une dessiccation lente, continue, ménagée avec soin, nous avons pu sécher complétement. Après l'opération il nous est resté 580k,500 de malt rigoureusement sec ; soit, pour l'eau enlevée par la touraille, 89k,700, ou 8,97 pour 100 du poids total de l'orge.

Or, si la *dessiccation à l'air* enlève 32,80 p. 100 d'eau
et la *touraille*. 8,97

on trouve au total. . . . . 41,77 p. 100 d'eau
renfermée dans l'orge *au sortir du germoir*.

En présence de chiffres aussi concluants il est facile de comprendre pourquoi nous attachons une grande importance à la *dessiccation* primitive *à l'air* libre, et pourquoi nous recommandons avec tant d'insistance d'y veiller scrupuleusement.

En effet, non-seulement la dessiccation à l'air libre enlève à l'orge 25 pour 100 d'eau et rend les accidents dont nous venons de parler bien moins à craindre, puisque l'eau en est l'une des causes déterminantes; mais, de plus, cette opération préliminaire, en opérant au sein de la graine un rétrécissement progressif, la dispose à recevoir l'action du feu sans qu'il en résulte le durcissement du test dont nous avons signalé les inconvénients.

La conduite du foyer a une grande importance dans la dessiccation, mais il n'est pas moins essentiel de retourner le plus souvent possible le grain déposé sur la touraille, pour que l'évaporation de l'eau se fasse uniformément, pour que tous les grains à dessécher reçoivent en même temps une égale quantité d'air et de calorique, pour éviter enfin que ceux qui sont en contact immédiat avec la toile métallique, et qui par cette raison sèchent plus promptement que ceux qui se trouvent à la surface supérieure, ne reprennent plus tard une nouvelle quantité de vapeur d'eau, lorsqu'on les retournera sens dessus dessous, *et vice versâ*.

Ces conditions d'une bonne dessiccation nous paraissent tellement élémentaires que nous eussions moins insisté si nous n'eussions eu connaissance de certaines prescriptions que l'on a voulu établir pour régler les intervalles qu'il faut mettre entre ces diverses opérations; non pas, toutefois, que nous prétendions qu'il faille remuer continuellement le grain en voie de dessiccation; nous sommes d'avis qu'une intermittence de 15 minutes, par exemple, suffit, principalement pendant les premières heures de l'opération; mais, en fin de compte, cet intervalle doit toujours être subordonné à l'intensité du foyer. Il n'en est plus de même lorsque l'opération touche à son terme; cette manœuvre peut alors ne se pratiquer que de loin en loin, jusqu'au moment de *décharger la touraille;* mais il faut éviter avec le plus grand soin de dépasser jamais une température de + 75°, car au delà la *diastase* développée par la *germination* serait profondément altérée, et il est nécessaire d'en conserver la plus grande quantité possible, pour obtenir plus tard des *moûts* riches en principes sucrés.

C'est quand l'orge a passé successivement par chacune de ces périodes de germination et de dessiccation qu'elle prend le nom de *malt.*

Le degré de dessiccation à donner aux grains est subordonné à diverses circonstances que nous allons examiner, et dans lesquelles nous aurons à tenir compte des principes fondamentaux que nous venons d'établir. On peut donc dire, en règle générale, que du point auquel a été poussée la dessiccation dépend la limpidité des *moûts* destinés à la fabrication, bien que d'autres causes, comme nous le verrons bientôt, puissent modifier ce principe; que, si la dessiccation a été incomplète, le liquide obtenu plus tard, les moûts enfin, refuseront obstinément de se clarifier, parce que le *gluten* resté en suspension dans la liqueur ne pourra se coaguler et troublera leur transparence; que si, au contraire, la dessiccation a été amenée à un point convenable, la liqueur obtenue se clarifiera promptement, c'est-à-dire que le gluten se coagulera beaucoup plus facilement que dans le premier cas, que sa séparation du liquide s'opérera sans la moindre difficulté, et que dès lors celui-ci sera d'une limpidité parfaite.

Il existe d'autres causes qui exercent sur la coagulation du *gluten* une influence égale à celle de la dessiccation. Si nous n'en parlons pas plus explicitement ici, c'est pour ne pas intervertir l'ordre de chacune des périodes de fabrication, sur lesquelles nous avons basé la marche de notre travail; elles se représenteront naturellement et nous les développerons avec le soin qu'elles méritent lorsque nous serons arrivé au chapitre de la *trempe préparatoire* (salade).

Le *malt* est essentiellement *hygrométrique*, c'est-à-dire qu'il attire à lui et retient l'humidité de l'air. Celle que la graine absorbe provoque une telle modification du gluten que sa coagulation, après quelques mois d'exposition du malt à l'air, est toute différente de celle que l'on obtenait précédemment. La vapeur empruntée à l'air est-elle la seule cause de cette modification? C'est ce que nous aurons à examiner; contentons-nous, quant à présent, de démontrer l'évidence du premier fait que nous venons d'énoncer au moyen d'un seul exemple : c'est qu'il suffit, pour rendre au gluten ses propriétés primitives, de priver le grain, par une dessiccation nouvelle, de la quantité d'eau qu'il a absorbée. Nous ne saurions donc trop conseiller un *second touraillage* lorsque le malt a séjourné trois ou quatre mois dans les greniers; car il est impossible de nier qu'en été, dans les moments difficiles, si les moûts refusent de se clarifier, c'est à l'humidité du malt au moment de son emploi qu'il faut en attribuer une des causes principales; or il est rare que des moûts d'une clarification difficile ou impossible produisent des bières limpides. Nous avons vu souvent employer ce moyen par des praticiens habiles auxquels nous l'avions conseillé, et toujours le succès qu'ils en ont obtenu en a justifié l'opportunité.

C'est par ces motifs que le malt qui doit être immédiatement employé à la fabrication, c'est-à-dire dans les six ou huit jours de sa préparation, n'a pas besoin d'une dessiccation aussi complète que celui qui est mis en réserve pour n'être utilisé que quelques mois plus tard. Ce que nous venons de dire s'applique avec plus de vérité à la fabrication d'hiver qu'à celle dont on s'occupe l'été; les nombreuses difficultés qui surgissent à chaque instant dans cette dernière saison nous forcent à engager nos lecteurs à donner aux grains dans ce dernier cas un degré de dessiccation plus avancé, afin de rendre le gluten plus facilement coagulable, et d'avoir par conséquent des moûts d'une limpidité plus grande. C'est, à notre avis, l'un des moyens les plus efficace pour arriver, pendant les chaleurs, à des résultats aussi satisfaisants qu'on peut l'espérer à cette époque.

Il est d'ailleurs d'autant plus essentiel de procéder ainsi que la *coloration* des bières par la cuisson, comme nous le verrons en traitant de celle-ci, est en raison inverse de la vieillesse du malt, et peut-être un peu de l'élévation de la température ambiante. Il est vrai que la question de coloration n'offre maintenant de difficulté à personne, et nous nous félicitons d'avoir, pour notre compte, contribué à la simplifier. Nous en justifierons quand le moment sera venu.

D'autres considérations influent encore sur le point de dessiccation auquel il faut amener le malt; ainsi il ne doit pas être le même pour brasser à *malt clair* que lorsque l'on brasse à *malt trouble* (nous expliquerons plus tard ce qu'on entend par ces deux modes de fabrication). Dans le premier cas, la dessiccation a besoin d'être plus avancée, puisqu'on veut obtenir de suite des *infusions* (trempes) d'une grande limpidité. Dans le second cas, la dessiccation peut être poussée moins loin, surtout si le malt doit être promptement employé.

La différence est la même lorsqu'il s'agit de *bières blanches* et de *bières brunes;* dans la fabrication des premières surtout, il est essentiel d'opérer avec les plus grands ménagements, même avec lenteur, et de faire arriver dans la touraille la plus grande quantité d'air possible; ce qui s'obtient en laissant la porte du foyer ouverte pendant la moitié de l'opération, dût la dessiccation durer cinq ou six heures de plus.

Nous avons souvent vu opérer au soleil, sur une terrasse, la *dessiccation* de l'orge destinée à la fabrication des bières blanches; c'est une assez heureuse idée, que nous avons quelquefois mise en pratique, afin de nous en rendre compte, et qui procure une économie de combustible de quelque importance; mais, outre que l'opération est fort longue, elle a encore l'inconvénient de ne donner que des résultats imparfaits, c'est-à-dire que, pour compléter la dessiccation, il faut que les grains séjournent ensuite quelque temps sur la touraille; c'est au moins ce qui résulte des expériences comparatives que nous avons faites à ce sujet, sur une petite échelle, il est vrai, car nous n'avons guère opéré que sur quatre à cinq hectolitres à la fois.

Dans l'origine de la fabrication de la bière, et particulièrement des *bières brunes*, l'usage avait consacré un détestable moyen de *coloration* dont le temps et l'expérience sont venus faire bonne justice; il consistait à faire subir aux grains un commencement de torréfaction, ainsi que cela se pratique encore aujourd'hui en Angleterre[1]. Si quelque chose nous surprend dans la fabrication des *bières anglaises*, c'est assurément de voir qu'un aussi ridicule préjugé existe encore, alors surtout qu'il est en opposition flagrante avec l'expérience des faits et les notions pratiques les plus vulgaires.

(1) Nous avons sous les yeux une collection complète de divers échantillons de *malts anglais;* celui qui était destiné à la fabrication du *porter* est dans un tel état de torréfaction que sa couleur rappelle littéralement celle du café grillé; ce qui n'empêche pas que les grains ne soient encore beaucoup plus gros que ceux de notre froment.

Aujourd'hui heureusement nous n'en sommes plus réduits, pour obtenir une coloration satisfaisante, à nous attaquer aux principes sucrés qu'on ne parvient à développer dans l'orge qu'avec tant de peine et au prix de tant d'argent, puisque nous pouvons produire une matière colorante qui ne coûte rien et dont la saveur est nulle; nous la ferons connaître en parlant de la *coloration* par le *rouge végétal*.

Il est un indice *certain* de l'altération des principes sucrés de l'orge par la dessiccation: c'est l'odeur qu'elle développe à la fin de l'opération, et dont l'analogie avec celle des gâteaux chauds et sucrés est frappante. Si la comparaison est bizarre, au moins elle est vraie; nous n'en avons pas trouvé de plus exacte. L'odeur dont nous parlons est flatteuse pour l'odorat, mais il faut éviter avec soin qu'elle se produise, car elle ne se développe qu'aux dépens de la matière sucrée, et celle-ci s'altère d'autant plus que la coloration du malt par le feu est poussée plus loin; car s'il y a, et c'est en effet ce qui arrive, commencement de caramélisation, il y a aussi commencement de décomposition, et il est d'autant plus important de ne pas l'oublier que moins les moûts contiendront de principes sucrés, moins la fermentation produira d'alcool, et plus, par conséquent, la conservation de la bière sera rendue difficile.

Nos lecteurs doivent se souvenir qu'en parlant de la germination et des *acquisitions partielles* nous avons dit que celles-ci étaient l'une des raisons de la *moisissure des grains* au germoir, parce que les céréales de diverses provenances avaient une composition différente; nous avons signalé à cette occasion les autres causes qui contribuaient à développer ces diverses réactions. Nous allons, ainsi que nous nous y sommes engagé, indiquer un palliatif dont l'efficacité, si elle n'est pas absolue, est au moins capable d'atténuer un peu les mauvais effets qui peuvent en résulter.

Les grains affectés de moisissure exigent un degré de dessiccation plus prononcé que tous les autres, quelle que soit d'ailleurs la bière que l'on veuille en fabriquer et l'époque à laquelle cette fabrication doive avoir lieu: 1° parce que le *malt* qui en provient produit des *moûts* qu'il est toujours difficile de clarifier à la cuisson; 2° parce que cette *moisissure*, devenue pulvérulente par une dessiccation plus avancée, se sépare par le moindre choc ou le moindre frottement et peut dès lors être éliminée plus facilement. Nous donnerons le moyen d'en rendre la séparation complète; car, comme nous le verrons, ces *moisissures* exercent une fâcheuse influence sur la limpidité des moûts et sur la qualité de la bière.

La dessiccation doit encore être poussée à sa dernière limite lorsqu'on opère sur des grains dont la germination a été irrégulière, comme cela arrive, par exemple, quand il y a eu mélange d'orge vieille et d'orge nouvelle. En effet, les grains non germés retiennent plus longtemps l'eau que ceux dans lesquels la germination s'est développée régulièrement, parce que le périsperme de ces derniers est dans un état de division qui permet à la vapeur d'eau produite de s'échapper facilement et comme au travers des pores d'une éponge, pour ainsi dire, tandis que dans les premiers le périsperme offre une cohésion beaucoup plus grande, et qui s'oppose à la facile émission, du dedans au dehors du grain, de la vapeur dont la dessiccation provoque le développement.

On doit comprendre maintenant pourquoi nous avons tant insisté sur les soins minutieux à donner à la germination. Ainsi, la dessiccation d'une couche régulièrement germée est non-seulement plus facile, moins coûteuse, mais toutes les opérations qui suivent en éprouvent l'heureuse influence; car, si la dessiccation a été opérée uniformément sur des grains germés dans les mêmes conditions, la *moûture* devient plus aisée et plus régulière; les *infusions* (trempes) se ressentent de la régularité de la moûture, la matière sucrée des grains se sépare avec plus de facilité, les *moûts* sont plus riches, la *fermentation* fournit par conséquent plus d'*alcool,* et la bière devient d'une qualité d'autant meilleure que sa conservation est rendue plus longue et plus assurée.

Tout s'enchaîne dans les opérations de la brasserie; il ne suffit pas que l'une ou l'autre soit dirigée avec soin et habileté, il faut qu'elles le soient toutes; mais il faut surtout que la *germination* le soit plus qu'aucune autre.

La dessiccation est donc subordonnée à bien des circonstances, mais surtout aux conditions dans lesquelles s'est opérée la germination. Si nous en avons fait une aussi longue énumération, c'est parce que nous sommes convaincu qu'on ne saurait y apporter trop d'attention, et nous n'ignorons pas qu'en général on y attache beaucoup moins d'importance qu'elle n'en mérite. Malgré tout notre désir, nous n'avons pas pu réunir dans ce paragraphe tout ce que nous avions à dire à ce sujet; d'autres cas se présenteront encore; ils seront beaucoup plus faciles à expliquer lorsque nous nous occuperons de la trempe préparatoire (salade); c'est là que nous y reviendrons.

Les qualités qui distinguent un bon *malt*, c'est-à dire celui dont la *germination* et la *dessiccation* ont été opérées avec soin, sont facilement appréciables : il conserve la couleur primitive de l'orge, si même il n'est plus blanc; la main plongée dans un tas doit y glisser plus facilement que dans de l'orge brute et n'éprouver aucune sensation d'humidité. A volume égal, le poids du malt doit être moindre que celui de l'orge brute dans la proportion de $\frac{1}{6}$ au moins et de $\frac{1}{5}$ au plus. Placé sous la dent, il doit, par une simple pression entre deux incisives, se séparer en plusieurs parties et se débarrasser facilement de son enveloppe corticale ou test, ou bien encore le périsperme doit se diviser sans efforts et présenter, avec un aspect légèrement amylacé, sa couleur blanche primitive; sa saveur douceâtre doit être légèrement sucrée et exempte de toute saveur étrangère. L'intérieur du grain, frotté sur un corps dur, doit y déposer une trace blanche, comme le ferait de la craie, par exemple; en outre, le poids spécifique du malt étant moindre que celui de l'eau, il doit surnager quand on le jette dans ce liquide, tandis que les grains non germés descendent au fond.

On peut donc affirmer que, toutes conditions de fabrication étant égales, on obtient généralement des bières plus limpides en poussant la dessiccation à une limite un peu avancée; mais c'est quelquefois aux dépens de la qualité des produits, car les bières qui en résultent ont souvent une saveur moins agréable que celles fabriquées avec un malt moins desséché. Une dessiccation poussée trop loin entraîne donc aussi des inconvénients que nous ne pourrions signaler ici sans entrer dans des développements qu'il nous sera permis d'abréger en ne nous en occupant que quand nous serons plus familiarisés avec les principaux phénomènes de la fermentation.

§ 6. Maturité de miellation.

On a donné le nom de *maturité de miellation* à une opération complémentaire de la dessiccation, ou plutôt de la germination, qui consiste à placer l'orge germée dans une espèce de bain de vapeur produite par l'eau qu'elle renferme, et qui, *dit-on*, a pour but de développer au sein de la graine une plus grande quantité de principes sucrés. Cette opération se borne à placer l'orge sur la touraille, et à recouvrir toute sa surface d'une double toile pendant que le foyer est entretenu avec les plus grands ménagements. De cette façon, toute la vapeur d'eau produite est comme emprisonnée sous la toile, et le grain s'élève à une température de + 30 ou 35°, qu'on maintient pendant une heure et même deux; après quoi on enlève la toile pour opérer la *dessiccation*.

Tel est le mécanisme de l'opération que l'on prétend, à tort selon nous, avoir été conseillée par le savant chimiste M. Chaptal[1], car elle nous paraît appartenir

(1) Malgré toutes nos recherches, nous n'avons rien trouvé, dans

à M. L. F.-D.[1]. Quel qu'en soit l'auteur, nous avons pris l'idée au sérieux et nous en avons fait l'application; jamais il ne nous a été possible de constater le moindre avantage de son emploi dans les résultats obtenus; en un mot, nous n'avons trouvé aucune différence entre ce procédé et le procédé ordinaire. Toutefois nous devons dire que nous ne l'avons appliqué que fort peu de temps, et que nous n'avons pas établi de comparaison en chiffres, comme nous l'avons fait dans le plus grand nombre de cas. Cependant il nous semble incontestable que, si ce procédé avait été de nature à produire une amélioration évidente, nous en eussions été frappé au moins une fois, car nous l'avons mis en pratique dans quinze ou vingt occasions différentes[2].

Examinons pourtant si la théorie peut justifier cette application, et voyons ce qui devrait se passer s'il y avait formation d'une plus grande quantité de matière sucrée.

les ouvrages de M. Chaptal, qui traitât exclusivement de cette question; il en dit quelques mots dans son *Traité de Chimie appliquée à l'Agriculture;* c'est dans cet ouvrage que l'auteur, auquel on a attribué gratuitement un travail complet sur la brasserie, donne de la fabrication de la bière une idée fort succincte.

(1) Nous avons sous les yeux tous les auteurs qui ont écrit sur la brasserie, depuis 1549, époque de la première publication en ce genre, jusqu'à nos jours. L'ouvrage de M. Le Pileur d'Appligny (1783), qui précède le travail de M. L.-F. D., ne dit pas un mot de cette opération. M. L.-F. D. étant le premier qui l'ait fait connaître, il nous semble juste de lui en faire porter la responsabilité.

(2) M. Couroux, ancien brasseur à Grandpré (Ardennes), nous a néanmoins assuré qu'il avait obtenu de bons résultats de cette application. Nous regrettons qu'il ne se soit pas livré à des expériences comparatives sur ce sujet; nous les eussions consignées ici avec autant d'intérêt que d'empressement.

En fait, par la *germination* l'orge développe un principe auquel on a donné le nom de *diastase*; celle-ci possède la propriété de transformer l'amidon en sucre quand elle est unie à l'eau; cette réaction s'opère à diverses températures. Comment donc expliquer la formation d'une nouvelle quantité de sucre au sein de la graine autrement que par l'action de la *diastase* sur l'*amidon?* et à quelles conditions cette action peut-elle se manifester? Écoutons ce qu'un chimiste distingué, M. Guérin, dit dans les *Annales de Physique et de Chimie*: « La diastase *dissoute dans 30 fois son poids d'eau* n'agit pas sur l'amidon *entre* + 20 *et* 26°. » Ainsi il faut d'abord la présence d'une grande quantité d'eau, et ensuite une température supérieure à + 30°; or, aucune de ces deux conditions n'existe dans le procédé de maturité de miellation, et alors les faits énoncés sont inexacts, ou la science est en désaccord avec la vérité. Au surplus, comme aucune indication comparative n'a été signalée dans l'application, nous croyons devoir accepter comme vraie la théorie de M. Guérin, jusqu'à ce que l'expérience nous ait prouvé que nous sommes dans l'erreur.

D'ailleurs, en supposant même que les faits avancés soient exacts, est-ce à dire qu'en faisant réagir la diastase sur l'amidon aussitôt après la germination, et au sein de la graine elle-même, on opérera la transformation en sucre d'une plus grande partie de son amidon qu'en la laissant agir au moment des infusions (trempes)? Non, évidemment; on aura produit du sucre plus tôt, mais on n'en aura pas produit davantage.

Nous sommes d'autant plus disposé à nous tenir en

garde contre les dissertations scientifiques de M. L.-F. D. que nous trouvons dans son *Art de faire la Bière* des théories telles que les suivantes : « Dans cette manière de faire la *drèche*[1], comme dans toute autre, il ne faut pas faire sécher de suite le grain qui vient de germer, attendu qu'il n'est qu'à l'état de *maturité de végétation*, et que, semblable à un fruit qu'on cueille de l'arbre ou au raisin qui n'est pas mûri par le soleil, il ne donnerait qu'un principe FADE, ou légèrement DOUX et souvent AIGRE à la fois. Il est donc nécessaire de faire éprouver à ce grain une maturité secondaire, *afin d'unir entièrement l'acide et l'eau avec les principes substantiels.* » Et plus loin : « Le grain éprouve un mouvement intestin qui excite une combinaison de laquelle résulte la *conversion de l'acide et l'eau en partie sucrée.* » Ce n'est pas tout; nous aurons l'occasion de faire passer d'autres échantillons de la science de M. L.-F. D. sous les yeux de nos lecteurs.

§ 7. Dessiccation par l'air chaud (*calorifère*[2]).

> « Le privilége de la véritable indépendance est de n'avoir jamais d'autre intérêt que celui de la vérité, sans restrictions et sans conditions. »

Le *calorifère* n'est qu'une modification de la touraille; elle consiste à faire traverser l'orge par un cou-

(1) C'est sans doute encore une *erreur typographique* qui aura fait employer à l'auteur le mot *drèche* pour le mot *malt.*

(2) L'invention toute moderne (1839) de cet appareil, auquel on a donné le nom de son auteur, appartient à M. Chaussenot jeune (ingénieur civil). On a fait grand bruit de cette prétendue découverte. Était-ce bien la peine? C'est ce que nous allons examiner, tout en conservant volontiers au calorifère la dénomination dont le public a bien voulu l'honorer.

rant d'air chaud, au lieu d'utiliser directement les produits de la combustion.

Comme la touraille, ce calorifère se compose d'un massif rectangulaire en briques, dont le sommet supporte la toile métallique destinée à recevoir le grain; dans l'intérieur de ce massif se trouve une cloche en fonte sur laquelle se porte l'action du feu, et qui transmet le calorique qu'elle dégage dans l'espace compris entre le foyer et la toile métallique. Après avoir traversé cette cloche, les produits de la combustion sont portés au dehors au moyen d'énormes tuyaux de tôle qui sillonnent le calorifère en tous sens, dans l'intervalle ménagé entre le foyer et le treillage de fer.

Le foyer se trouve immédiatement au-dessous de la cloche de fonte; au niveau de ce foyer, et sur chacun des côtés du massif, on a pratiqué des ouvertures pour l'introduction de l'air extérieur; celui-ci, en passant contre la cloche et les tuyaux dont nous venons de parler, leur emprunte une portion de calorique qu'il cède à l'orge en traversant la toile métallique.

Avant d'entrer dans les développements que réclame une question aussi délicate, jetons un coup d'œil plus approfondi sur la construction de cet appareil, et laissons parler M. *Péclet*, l'homme le plus compétent quand il s'agit de traiter les questions relatives au calorique.

Nous reproduisons d'abord textuellement la description qu'il en a donnée; nous nous occuperons ensuite de montrer combien les prétentions de l'*inventeur* du calorifère sont exorbitantes.

« Les figures 18, 19 et 20 donnent une idée complète du *Calorifère de M. Chaussenot*. Voici la description de cet appareil. A (*fig.* 19), foyer surmonté d'une cloche en fonte B et d'un tuyau C; D, grille; E, cen-

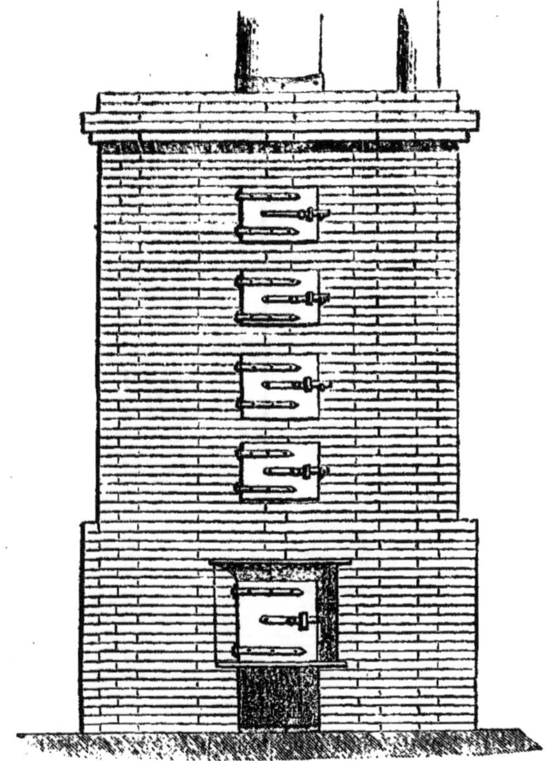

Figure 18.

drier; F, porte du foyer; G, tuyau enveloppant la cheminée C; il s'appuie sur la maçonnerie au-dessus de la cloche B; H, H', H'', H''', quatre couronnes creuses

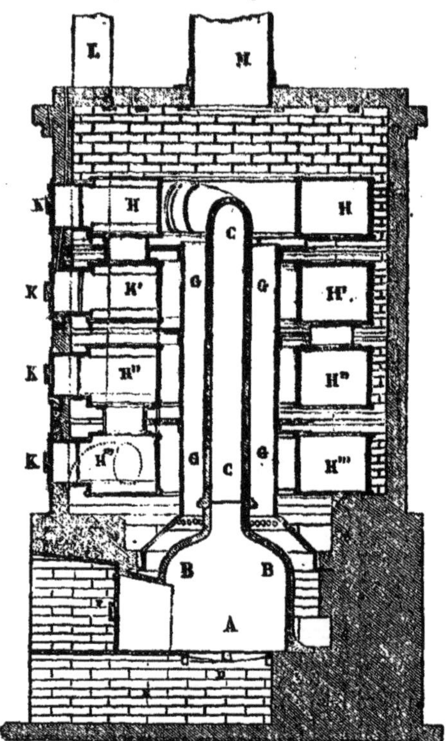

Figure 19.

en tôle, dans lesquelles circule l'air brûlé; I (*fig.* 20), tuyaux de communication entre les couronnes; K, K (*fig.* 19), portes par lesquelles on pénètre dans les couronnes pour les nettoyer; L, tuyau de sortie de la fumée, débouchant dans la couronne inférieure et s'élevant au-dessus du calorifère; M, tuyau pour le dégagement de l'air chaud; N, ouverture par laquelle arrive l'air extérieur, qui s'échauffe par son passage entre les tuyaux C et G; O, autre canal pour l'admission de l'air froid, qui passe autour des couronnes creuses; P, cloisons établies dans les couronnes, et qui forcent l'air brûlé à en parcourir toute la surface; Q, cloisons qui obligent l'air à circuler autour des couronnes.

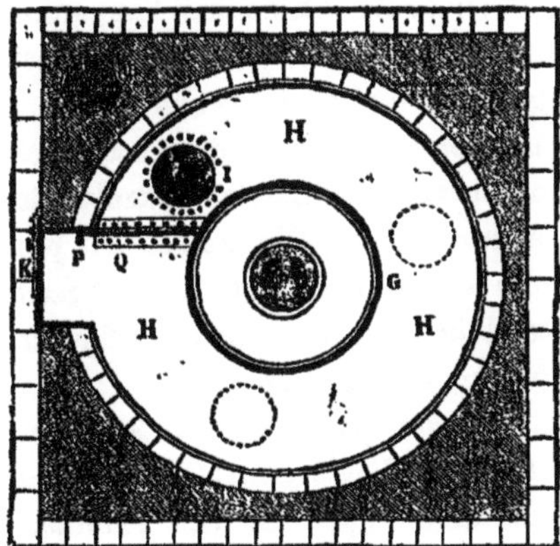

Figure 20.

« Cet appareil est maintenant employé dans un grand nombre d'ateliers. D'après le rapport fait à la Société d'Encouragement, cet appareil permettrait d'utiliser jusqu'à 0,6 de l'effet total du combustible; ce serait fort peu, beaucoup moins que les calorifères ordinaires. Mais à l'évaluation numérique donnée par la commission il manque deux éléments importants : la quantité de combustible consommée par heure, et l'étendue de la surface de chauffe; car il est facile de comprendre que, dans un appareil donné, l'effet utile relatif augmente à mesure que la quantité de combustible consommée diminue, et dans les appareils du genre de celui de *Chaussenot*, où le tirage a réellement lieu avant le chauffage, le tirage peut être très bon pour des consommations de combustible très variables. Il aurait été aussi très important de connaître la température à laquelle l'air brûlé abandonnait l'appareil, car cette température seule aurait permis d'apprécier avec assez d'approximation l'effet du calorifère[1].

« Les boîtes annulaires de ces appareils sont chères, d'une construction difficile, et, malgré les portes ménagées à leur contour, elles ne peuvent pas être nettoyées derrière la cloison P, comme il est facile de s'en convaincre à la seule inspection des figures. » (*Traité de la Chaleur*, t. II, p. 214.)

Commençons par remercier le savant professeur de physique de l'École centrale de la prudente circonspection qu'il a apportée dans l'examen d'un appareil d'une application toute nouvelle, et de l'impartialité avec laquelle il a porté son jugement dans une question scientifique que nul n'était plus apte que lui à apprécier. Nous regrettons sincèrement que la *Société d'Encouragement* ait pris des conclusions toutes différentes.

(1) Sur quelles bases s'appuie donc le rapport de la *Société d'Encouragement* dans cette circonstance, si elle a laissé de côté tous les éléments que signale M. Péclet?

Que si nous examinons la question au point de vue pratique, nous verrons que M. *Péclet* avait raison de dire, en parlant de l'effet produit : « C'est fort peu; c'est beaucoup moins que les calorifères ordinaires. » Et comme M. *Péclet* prenait les chiffres mêmes du rapport fait à la *Société d'Encouragement*, nous nous demandons comment la commission, partant des mêmes données, n'est pas arrivée aux mêmes conclusions. Il est vrai de dire qu'elle s'est tout simplement bornée à *approuver les* DISPOSITIONS *de l'appareil.*

Le mode d'action de l'air chaud dans le calorifère Chaussenot est *emprunté* au système anglais; l'ensemble et les détails de la construction sont identiquement les mêmes; il n'y aurait donc ici qu'une *importation* d'outre-Manche, mais non une invention [1].

En s'attaquant au procédé de dessiccation à feu direct, M. Chaussenot, pensons-nous, n'a pas eu d'autre but que de servir ses intérêts; mais comme nous devons, avant tout, rendre hommage à la vérité, nous allons la dire tout entière; car, envisagée sous un certain point de vue, la question dont nous nous occupons doit entraîner un jugement sévère.

Arrivons au fait. M. Chaussenot parle, dans une circulaire adressée à tous les brasseurs, de *la difficulté d'élever ou de modifier la température* dans la dessiccation à feu nu. Mais est-il donc si difficile, par le procédé ordinaire, de modérer instantanément le feu en ouvrant

(1) M. Chaussenot nous paraît avoir beaucoup étudié les systèmes anglais; nous en trouverons une nouvelle preuve dans son *appareil de fermentation*, pour lequel il a également pris un brevet.

la porte du foyer pour y introduire une plus grande quantité d'air, ou en le couvrant avec les menus et les cendres qui passent au travers de la grille, ou même en faisant l'un et l'autre?

Un peu plus loin l'inventeur reconnaît la possibilité d'opérer ainsi, mais il met en avant la grande quantité de combustible employée avec la touraille, comparée à celle que demande son calorifère. Nous ferons plus loin la même comparaison, mais avec des chiffres; c'est beaucoup plus certain.

L'influence malfaisante de l'acide sulfureux qui s'attache à la surface du grain ne nous paraît pas mériter un grand crédit; l'auteur en parle en homme complétement étranger à la question; ce que nous en avons dit précédemment suffit pour le prouver. De plus, si l'eau contenue dans le grain au commencement de l'opération en retient de très minimes quantités, il se volatilise nécessairement lorsque la dessiccation se complète à des températures élevées, c'est-à-dire entre + 60 ou 70°.

Mais admettons un instant, comme le prétend notre inventeur, que le grain en contienne. « Bientôt, dit-il, l'action nuisible se fera sentir en donnant à la bière un goût désagréable. » M. Chaussenot oublie que les infusions se font à des températures de + 40, 60, 80°; que plus tard elles subissent une ébullition de quatre, cinq, six et même huit heures; que, dès lors, si le grain contenait les moindres traces d'acide sulfureux, l'eau qui l'aurait dissous ne saurait supporter une ébullition de huit heures, ou même de quelques instants, sans que celui-ci s'en séparât. C'est là une question de physique élémentaire. Comment donc retrouver la moindre trace d'acide sulfureux après la fabrication de la bière, et surtout après la fermentation?

M. Chaussenot prétend que « la plupart des accidents qui se manifestent dans la fabrication de la bière n'ont d'autre cause que l'emploi du touraillage par le feu direct. »

L'idée, on en conviendra, était bien de nature à effrayer les plus timides, à réveiller les imaginations les plus engourdies, et M. Chaussenot n'était pas homme à rester en aussi bon chemin; aussi, sur sa simple parole, et par suite de son éloquente argumentation, la hache des démolisseurs entreprit-elle son œuvre de destruction, et l'on vit remplacer un simple et bon appareil, le plus économique de tous, par un appareil dont les bases ne reposent que sur un ridicule contre-sens.

Avec le calorifère de M. Chaussenot, au dire, du moins, de sa circulaire, on devait échapper à tous les désagréments; et pourtant, à cette heure, il n'en reste que des ruines: ce que nous regrettons sincèrement; car nous eussions désiré qu'il en restât ne fût-ce qu'un seul, pour montrer ce que peut encore de nos jours l'empirisme sur l'ignorance ou la peur.

Si encore M. Chaussenot se distinguait par la justesse de ses inductions scientifiques! Mais il nous dit : « L'amidon changé en empois ne peut être dissous par la diastase. » Tel n'est pas l'avis de M. Guérin, confirmé par M. Thénard; car le premier nous apprend que « la diastase liquéfie et saccharifie l'empois d'amidon, etc. 100 parties d'amidon réduites en empois, avec 30 fois leur poids d'eau à + 65°, puis mêlées avec 6,15 pour 100 de diastase dissoute dans 40 parties d'eau froide, ont donné 86,91 de sucre en les tenant exposées pendant une heure à une température de + 60 à 65°. »

Il en est de même de presque tout ce qu'a bien voulu nous dire M. Chaussenot : erreurs au point de vue scientifique, contradictions entre les appréciations et les conclusions qui en découlent, indications inexactes dans les résultats annoncés, tout cela pullule dans le prospectus qu'il a lancé à profusion.

Et d'abord peut-on admettre que M. Chaussenot parle sérieusement quand il vient nous dire que son calorifère dispense une brasserie de greniers d'aérage, ou au moins qu'il diminue les dépenses occasionnées par ceux-ci ?

Ici nous commençons à douter que l'inventeur du calorifère ait jamais mis le pied dans une brasserie. Bien que nous ne soyons pas, comme M. Chaussenot, ingénieur civil, nous nous permettrons de lui dire : Vous attribuez aux tourailles, que vous regardez comme un mauvais système, la solidification gommeuse qui s'opère quelquefois dans la graine pendant la dessiccation, et qui a fait donner à l'orge le nom d'*orge vitrée;* nous offrons de prouver que cette vitrification ne s'opère, toutes conditions de dessiccation égales quant à la température, que sur les orges qui n'ont pas été suffisamment privées, par une exposition préalable à l'air, d'une partie de l'eau qu'elles renfermaient au sortir du germoir; car ce phénomène n'a lieu que par suite de la transition subite de la température froide de celui-ci à la température très élevée du calorifère, et surtout par suite de la trop grande quantité d'eau renfermée dans la graine. Voici ce qui se passe alors: les globules d'amidon crèvent, et, comme vous l'avez dit, c'est au début de la dessiccation que l'amidon se change en empois, puisqu'il suffit pour cela d'une température de + 60 à 65°. Dans cet état, il peut encore être converti en sucre; mais si la température va croissant, on prive cet empois de son eau, et l'intérieur du grain présente une cassure vitreuse ayant beaucoup d'analogie avec la gomme, ou mieux encore avec l'empois lui-même lorsqu'il est complétement desséché. Le grain ainsi altéré résiste même à l'action de l'eau bouillante, qui, ne pouvant pénétrer jusque dans son intérieur, n'agit plus sur ses parties solubles.

Ceci est exact; mais ce qui ne l'est pas, c'est que cette fâcheuse réaction soit due à l'emploi de la touraille; elle est exclusivement due, nous le répétons, à l'excès d'eau que les grains renferment en sortant du germoir, et il suffit, pour se placer à l'abri de ces graves inconvénients, de laisser l'orge dans les greniers d'aérage pendant le temps que nous avons indiqué en parlant de ceux-ci. Ce qui peut également le prouver, c'est que le grain, pendant son séjour dans les greniers, abandonne 25 pour 100 d'eau, et que c'est précisément cette eau qui sert de dissolvant à l'amidon au début de l'opération.

Nous ne pouvons nous empêcher de faire encore ici

un rapprochement entre les diverses indications fournies par l'inventeur. « Cette même température (celle que produit la touraille), dit-il, poussée au delà de + 80 à 90 degrés, attaque profondément la diastose, altère son principe et la rend impropre à transformer l'amidon en sucre. » Plus loin, nous trouvons : « Dans le cas où la température s'élève au delà des limites voulues, + 80 à 90 degrés, la diastase perd son principe dissolvant, et l'amidon ne se convertit pas en sucre. »

Tout cela est vrai ; mais alors pourquoi M. Chaussenot finit-il par nous dire : « Mes appareils dégagent 50,000 litres d'air chaud à + 120° ? »

Nous avons cru d'abord qu'il y avait encore ici une erreur typographique ; car comment expliquer que ce qui est un immense inconvénient pour la touraille soit un précieux avantage pour le calorifère ? D'aussi singulières affirmations étaient, on est forcé de le reconnaître, en opposition flagrante avec le plus simple bon sens ; aussi l'application est-elle venue faire justice des prétentions de l'inventeur.

Si maintenant nous envisageons l'appareil dans quelques-uns de ses détails de construction, nous ne sommes pas moins étonné de voir M. Chaussenot ne tenir aucun compte des causes physiques qui déterminent la vaporisation de l'eau. Ainsi, dans la touraille ordinaire, l'air extérieur, en contact direct avec le grain, circule librement au-dessus de la toile métallique ; M. Chaussenot, au contraire, ferme en maçonnerie chacun des côtés qui environnent son treillage métallique, de façon que l'orge se trouve dans une espèce de chambre dont le foyer est à l'étage inférieur, et dans laquelle la chaleur n'arrive que par un plancher de métal à jours; la vapeur produite n'a d'issue que par une ouverture circulaire d'environ 0m,40 de diamètre; de telle sorte que le grain, constamment environné d'une atmosphère imprégnée d'humidité à son maximum le plus élevé, semble placé dans un bain de vapeurs infectes plutôt qu'au-dessus d'un véritable appareil à dessiccation.

Nous avons dit, en parlant de la *germination*, qu'il se développait sur le sol de tous les germoirs une espèce de fongosité que l'action du balai pouvait seule détacher, et qu'assez souvent les grains en contact avec lui en retenaient une certaine quantité. Lorsque ces mêmes grains sont soumis à la dessiccation, une portion de l'eau qu'ils contiennent se vaporise; mais les matières visqueuses qui composent ces *fongosités* cèdent également une partie de leur eau, et c'est cette dernière principalement dont l'odeur est nauséabonde. Si donc, au lieu d'établir des courants d'air abondants et faciles pour enlever cette masse de vapeur, on la retient emprisonnée et en contact avec le grain, celui-ci s'en imprègne au point d'en conserver un goût désagréable, même après une complète dessiccation.

Or, la moindre circonstance suffit pour déterminer l'effet dont nous parlons; supposons que, par une cause quelconque, le calorifère n'ait pas été suffisamment alimenté de combustible, et c'est là un cas qui arrive fréquemment, la nuit surtout; qu'arrive-t-il alors? M. Péclet nous dit (*Traité de Physique,* t. I, p. 509) que, « lorsque l'espace occupé par une vapeur en est saturé, le plus petit abaissement de température suffit pour en faire repasser une partie à l'état liquide. » Voilà exactement ce qui se passe avec le calorifère Chaussenot ; pour peu qu'il y ait une suspension de quelques instants dans l'action du foyer, la vapeur se condense, l'eau de condensation retombe sur le grain, et cela en quantité assez notable pour que sa surface en soit recouverte au point de mouiller complétement la main lorsqu'on y touche.

Tels sont les faits, d'accord du reste avec la théorie, que nous avons observés dans la brasserie de M. Watteau, à Saint-Quentin, chez lequel les grains développaient une odeur et une saveur très prononcées de beurre rance tant qu'il se servit du calorifère, et qui se vit à l'abri de ce désagrément le jour où, cédant à nos pressantes sollicitations, il l'eut remplacé par une touraille.

D'ailleurs est-il rationnel, dans une question d'évaporation, de dessiccation, d'opérer au milieu de la vapeur d'eau? Certainement non! Écoutons encore une fois M. Péclet, que nous aimons à laisser parler dans ces occasions et dont M. Chaussenot ne récusera sans doute pas la compétence : « L'évaporation d'un liquide à l'air libre dépend à la fois de la température, de l'état hygrométrique et de l'agitation de l'air. Elle augmente avec sa température et son agitation, et on admet que, toutes les autres circonstances étant les mêmes, elle croît proportionnellement à la tension du liquide diminuée de celle de la vapeur existant dans l'air. L'influence de la température est évidente ; celle de l'état hygrométrique se conçoit facilement, car l'évaporation serait nulle si l'air était saturé, et elle serait la plus grande possible s'il était parfaitement sec. Quant à l'influence du mouvement, il faut remarquer que, lorsqu'un liquide est en contact avec de l'air en repos, la couche d'air qui est à la surface du liquide se sature rapidement de vapeurs. Si cette couche restait immobile et conservait la vapeur qu'elle a reçue, l'évaporation s'arrêterait. » (Péclet, *Traité de Physique*, t. I, p. 506.)

Nous avons parlé de l'Angleterre, à laquelle nous avons dit que cet appareil a été *emprunté*; mais est-ce là une raison suffisante pour prétendre que c'est à son emploi qu'est due la réputation des bières anglaises? Prouvez-nous d'abord que les moyens de production sont les mêmes, que les produits ont quelque analogie entre eux; faites aussi entrer en ligne de compte l'exigence de la consommation; établissez, en un mot, l'identité des situations, et nous verrons alors ce que nous devons attendre de vos prétentions et de vos promesses; car si les conditions ne sont pas égales, les résultats ne sauraient être égaux.

Pour être juste, nous devons dire que le calorifère permet l'emploi de toute espèce de combustible, ce qu'on a déjà dû comprendre par la description que nous en avons donnée.

Avant d'en finir avec ce qui regarde la construction du calorifère, nous devons encore rapporter la manière dont M. Dumas, dans son *Traité de Chimie appliquée aux arts* (t. VI, p. 452), s'exprime à son égard. « Cette modification, dit-il, évite le contact du malt avec la fumée ; mais les conditions de vitesse dans la dessiccation, et de modification dans la température, ne sont guère mieux accomplies que dans les tourailles ordinaires[1]. »

Il nous reste à examiner maintenant la question d'économie. Ordinairement, dans les questions d'économie pratique, on procède avec des faits basés sur l'expérience, et l'on s'appuie de l'autorité des chiffres. M. Chaussenot a trouvé plus facile d'agir d'une autre manière; quant à nous, nous avons mieux aimé suivre la route ordinaire, et nous avons obtenu les chiffres suivants avec un calorifère qui donne *de très bons résultats*[2].

On avait mis au germoir 45 hectolitres d'orge, pour la dessiccation desquels nous avions fait peser 500 kilogrammes de houille. Le calorifère, après avoir fonctionné précédemment pendant trente-six heures, s'était refroidi depuis un temps égal ; comme il en était ordinairement de même à chaque opération, nous étions dans les conditions d'un *moyen terme*.

La dessiccation, commencée le dimanche 17 janvier 1847, à une heure après midi, s'est continuée sans interruption jusqu'au mardi 19, à une heure du matin

(1) Ce qui n'a pas empêché M. Dumas, membre du Comité de Salubrité publique, d'y donner son adhésion. Il est vrai que, comme ses illustres collègues, il s'est borné d'abord à *approuver les* DISPOSITIONS *de l'appareil;* pourquoi l'a-t-il indiqué plus tard comme un *excellent calorifère* (*sic*) ?

(2) Un motif de discrétion nous oblige à taire le nom de la personne qui a bien voulu nous laisser tous les moyens de vérification possibles. Nous avions été d'abord autorisé à indiquer la source de ces renseignements; ensuite on nous a prié de n'en rien faire. Nos lecteurs pourront apprécier bientôt les raisons qui commandaient cette réserve.

environ, c'est-à-dire pendant trente-six heures. Il restait après l'opération 25 kilogrammes de houille, ce qui donne, pour la dessiccation des 45 hectolitres de malt, 475 kilogrammes de houille employée. Elle revient dans cette ville à 46 fr. les 1,000 kilogrammes, soit, pour les 475 kilogrammes sus-mentionnés, 21fr,85, ou, par hectolitre de malt desséché, 0fr,48c.60.

Reprenons les chiffres que nous a donnés la touraille, et voyons ce qu'il peut en coûter par année à ceux qui ont cru M. Chaussenot sur parole.

La dessiccation d'un hectolitre de malt coûte avec la touraille 0fr,28c.90 en employant les houilles maigres, et 0fr,45c.40 en employant le coke des usines à gaz. Puisque M. Chaussenot ne nous a parlé que de l'économie à réaliser avec la *houille*, économie qu'il annonce devoir être *d'un tiers*, prenons la houille, et supposons une brasserie employant seulement 5000 hectolitres de malt par année; c'est le chiffre de la consommation dans l'établissement où nous avons expérimenté.

Si avec une touraille ordinaire on dépense 0fr,28c.90 par hectolitre de malt, et si avec le calorifère il en coûte 0fr,48c.60, on trouve que l'excédant de dépense s'élève, avec le calorifère Chaussenot, à 0fr,19c.70 par hectolitre; par conséquent,

	fr.
Sur 3,000 hect., l'excédant de la dépense annuelle est de	591
Dépréciation annuelle de 20 pour 100 sur 3,600 fr.[1] . .	720

Total pour excédant de combustible et dépréciation, 1,311 par an.

(1) C'est le prix de l'appareil Chaussenot avec lequel nous avons opéré.

La cause de l'excédant sur le combustible est évidente; l'énorme quantité d'air qui traverse le foyer, et la fumée elle-même, ne sauraient transmettre au travers des tuyaux de tôle tout le calorique qu'elles peuvent utiliser en agissant directement; de plus, la suie adhérente à l'intérieur des tuyaux, et mêlée d'ailleurs à de la poussière, devient un obstacle permanent à la transmission du calorique à travers la tôle; aussi la cheminée qui porte au dehors les produits de la combustion entraîne-t-elle, en pure perte, des quantités considérables de calorique.

En Angleterre, où, comme nous lerépétons, M. Chaussenot *a trouvé son invention*, les circonstances sont bien différentes; le combustible est à vil prix, et ce qui n'est qu'une question secondaire pour les brasseurs anglais devient une question importante pour nous qui payons la houille à un taux élevé; car, comme nous venons de l'établir, il y a augmentation de 32 pour 100 de dépense avec le calorifère en question.

Quant à la dépréciation annuelle de 20 pour 100 que nous avons portée en ligne de compte, elle nous a paru résulter du passage suivant d'une lettre que nous adressait, le 5 novembre 1846, un de nos confrères, qui s'est servi pendant trois ou quatre ans du calorifère Chaussenot : « Il suffit de douze à quinze jours pour que le nettoyage en soit rendu obligatoire, et cette opération ne se fait que *très difficilement*. Le ramoneur, tant petit soit-il, ne peut s'insinuer dans tous les endroits qui ont besoin d'être raclés. La cloche en fonte s'est brûlée assez promptement aussi, etc. »

Ainsi, voilà un appareil qui, tous les quinze jours au plus, exige un nettoyage *très difficile*, par cette raison même plus dispendieux qu'aucun autre, et qui, malgré tout, ne peut s'exécuter que d'une manière incomplète. On comprendra facilement que, si nous faisons subir à une *touraille*, exempte de tous ces inconvénients, une dépréciation annuelle de 10 pour 100, comme à tous les appareils ordinaires, il faudra bien compter 20 pour 100 quand il s'agira du calorifère; car il faut aussi compter pour quelque chose la détérioration et de cet attirail de tuyaux de tôle qui ne peut résister bien longtemps à l'action d'un foyer aussi actif, et de la cloche de fonte, puisqu'une fois détériorés ils ne présentent aucune espèce de valeur. Cette dépréciation est d'autant plus importante que ces objets entrent dans le prix du calorifère pour une somme assez considérable.

Devons-nous maintenant examiner le calorifère Chaussenot au point de vue sanitaire? Nous aurions voulu nous en dispenser; mais la question nous a paru tellement grave que nous nous sommes cru obligé de l'examiner très sérieusement.

Aux termes de la circulaire de M. Chaussenot, dont nous avons déjà parlé, son appareil jette par minute, dans le local où s'opère la dessiccation de l'orge, 50,000 litres d'air chaud à + 120° centigrades. Comment! on ne craint pas de contraindre de malheureux ouvriers à exécuter un travail pénible, vingt fois, trente fois, quarante fois par jour, au milieu d'une semblable température? Mais ceux qui ont sanctionné cet appareil n'y ont donc pas réfléchi autant que s'il se fût agi d'eux-mêmes?

aussi venons-nous protester de toutes nos forces contre la légèreté avec laquelle le *Comité des Arts chimiques a approuvé les* DISPOSITIONS *de cet appareil.*

Il y a longtemps que nous nous sommes expliqué la répugnance des garçons brasseurs à travailler dans les établissements où il existe des calorifères Chaussenot; et quand ils en sortent malades, et pour ainsi dire perclus pour plusieurs mois, ils n'ont que trop de raisons de s'écrier : *C'est le calorifère qui nous tue !*

La plus belle et la plus savante de toutes les théories ne vaut pas l'éloquence de cette exclamation, que nous avons plus d'une fois entendu retentir à nos oreilles.

Où est donc cette législation si sage et si prévoyante, dont on fait tant de bruit et qui laisse subsister au milieu du dix-neuvième siècle des abus aussi inhumains? Et jusques à quand une exploitation sordide et aveugle pourra-t-elle, sans examen, sans contrôle, mettre journellement en péril ceux qui lui livrent leur existence pour avoir du pain?

Qui donc élèvera la voix pour plaider la plus sainte cause d'entre toutes celles qui attendent aujourd'hui leur solution? A qui appartiendra la mission de défendre ces victimes de la convoitise, de plaider la noble cause des travailleurs, si ce n'est à ceux qui ont partagé leurs pénibles travaux?

Mais arrêtons-nous; car que pouvons-nous espérer à cette heure des récriminations les plus légitimes?

Notre avis est que, de tous les perfectionnements à introduire dans la brasserie, la dessiccation est la dernière opération à laquelle on puisse en apporter; car la disposition actuelle des tourailles repose sur des données très raisonnables. L'invention de M. Chaussenot est venue confirmer, par ses résultats, ce que nous avions prévu [1].

Pour justifier notre opinion, il nous suffira d'emprunter le passage suivant à la lettre dont nous avons déjà donné précédemment un extrait : « C'est afin d'éviter *tous ces désagréments* que je viens de monter une nouvelle touraille ; elle est de la plus grande simplicité; sa construction ne demande que le secours d'un maçon. J'en suis fort content, elle va parfaitement bien. La bière que j'ai fabriquée depuis s'est éclaircie très facilement. »

La personne qui nous écrivait cette lettre n'est pas la seule qui ait pris ce parti ; parmi les établissements de brasserie que nous connaissons, nous pouvons citer les suivants, dans lesquels le calorifère Chaussenot a été remplacé par la touraille ; ce sont ceux de MM. Bender, de Troyes ; Curt-Bonnet, de Bar-le-Duc ; Wateau, de Saint-Quentin, et Gilbert, de Versailles [2]. Il est évident que nous ne pouvons connaître tous les autres.

Un mot encore, et nous en aurons fini avec le calorifère. Si nous n'avons pas cru devoir nous taire, malgré la réprobation générale qui a frappé l'invention de

(1) Déjà vers 1840 nous eûmes à soutenir cette opinion contre un praticien trop crédule, auquel un sentiment de loyauté fit avouer plus tard que les faits et l'expérience l'avaient vaincu.

(2) M. Gilbert, brasseur à Paris, nous a affirmé que, dans son usine de Versailles, la dessiccation d'un hectolitre d'orge coûtait 0fr,16 de plus avec le calorifère Chaussenot qu'avec la touraille. Dans un établissement aussi considérable que le sien, l'excédant de dépenses annuelles, sur le combustible seul, devait être, au minimum, de 600 francs.

M. Chaussenot, c'est que nous n'avons pas voulu que la leçon si chèrement payée par quelques-uns fût perdue pour les autres dans l'avenir; c'est que nous avons voulu que chacun se tînt en garde désormais contre des approbations données à la légère à des inventions qui, si elles ne présentent pas toujours les inconvénients du calorifère qui nous a occupés si longtemps, n'apportent, le plus souvent, aucune amélioration réelle dans le travail que leurs inventeurs prétendent simplifier.

SECTION V. — SÉPARATION DES RADICELLES (*Germes, touraillons*).

Lorsque la dessiccation du grain est complète, on décharge la touraille, et le malt encore chaud est étendu sur le plancher en couche de quelques centimètres d'épaisseur, afin de briser, par une opération préliminaire, les *radicelles* qui lui sont adhérentes.

Cette opération, qu'on appelle *marcher-tripler*, consiste à marcher sur la couche en exécutant un mouvement de gauche à droite avec le pied droit, et de droite à gauche avec le pied gauche, en conservant toujours les talons pour point d'appui. Nous voudrions que l'on substituât le mot *piétiner*, dont l'acception plus française est infiniment plus exacte, aux mots *marcher-tripler*, qui ne présentent une signification intelligible qu'aux hommes du métier.

Ordinairement la séparation des radicelles s'opère de la manière suivante: un ou plusieurs ouvriers se placent à la file et exécutent avec les pieds les mouvements que nous avons décrits, en commençant par les extrémités de la couche pour arriver au centre, et en partant ensuite du centre pour revenir aux extrémités; ils décrivent dans leur marche une spirale, afin qu'aucune partie du grain n'échappe au frottement des pieds et à la pression du poids du corps.

Cette manœuvre, dont la durée est d'ailleurs fort courte, ne s'exécute ordinairement que dans les moments perdus; elle se répète trois ou quatre fois, selon que le besoin l'exige, mais toujours jusqu'à ce que la plus grande partie des *radicelles* se soit détachée des grains. Cette séparation s'opère d'autant plus facilement que la dessiccation a été plus complète.

Les grains affectés de moisissures exigent un piétinement plus long et plus soigné, afin qu'il s'en sépare par le frottement la plus grande quantité possible. Le *malt* est ensuite amoncelé pour être passé au *tarare* simple, travail auquel on consacre également les moments les moins précieux.

La manière dont se fait quelquefois le piétinement entraîne avec elle des inconvénients sur lesquels il nous semble prudent d'appeler l'attention de nos lecteurs.

Dans presque toutes les brasseries, les ouvriers piétinent le grain avec leurs chaussures habituelles; c'est là une habitude fâcheuse; car, outre la question de propreté, dont personne n'a le droit de s'affranchir, il en résulte des dangers trop sérieux pour qu'on ne cherche pas à les éviter, autant du moins qu'il est possible de le faire dans une usine.

Les chaussures ordinaires des ouvriers sont fréquemment en contact avec les levûres qui se répandent sur le sol des entonneries en quantité telle qu'il en est presque toujours couvert. Or, si on empêche ordinairement, et avec juste raison, les ouvriers de manger au-dessus des chaudières et des cuves-matière, dans la crainte que la petite quantité de principes fermentescibles qui se trouvent dans le pain n'agisse sur les infusions ou sur les moûts, comment admettre qu'on tolère un abus beaucoup plus grave, puisqu'il a pour résultat d'imprégner le malt d'une certaine proportion de ce même principe, quand on peut l'éviter par une mesure dont l'exécution est de la plus grande facilité?

En effet, il suffit de laisser, à proximité du local où se pratique le piétinement, plusieurs paires de sabots spécialement affectées à cet usage; on évite en outre, par ce moyen, le désagrément de mêler au malt les petits clous qui se détachent des chaussures, et qui, comme nous le verrons en parlant de la *mouture*, empêchent le moulin de fonctionner régulièrement.

Les considérations de propreté que nous venons de faire valoir nous semblent devoir suffire pour nous donner gain de cause; mais si maintenant nous envisageons la question au point de vue des chances d'altération que la présence du ferment accroît inévitablement, notre avis devra l'emporter sur toutes les raisons possibles; car, de tous les agents capables de développer la fermentation, il n'en est aucun qui agisse avec plus d'énergie sur le sucre que la levûre proprement dite.

Le tarare (*fig.* 21) dont nous avons parlé plus haut se compose d'une caisse rectangulaire en bois, montée sur un bâtis en charpente; d'un cylindre conique en fer treillagé, placé dans l'intérieur de la caisse et sur un plan incliné, afin que le malt arrive par son propre poids à l'extrémité, après avoir traversé le *tarare* (*fig.* 21)

Figure 21.

dans toute sa longueur. Au sommet est une trémie à la base de laquelle on a ajusté un coulisseau distributeur; celui-ci, comme son nom l'indique, permet l'introduction d'une plus ou moins grande quantité de malt dans l'intérieur du tarare. A la base, on a réservé un espace pour recevoir les radicelles qui se séparent du grain pendant l'opération et passent au travers du tissu métallique; on a également ménagé à la partie inférieure une ouverture par laquelle on fait écouler ces radicelles.

Rien n'est plus simple que le mécanisme de ce petit appareil; en effet, si la manivelle est mise en mouvement, le tarare, tournant sur les coussinets au moyen de l'arbre vertical, entraîne la portion de malt que le distributeur lui présente, et de ce mouvement continu, que chaque grain éprouve en parcourant le cylindre, résulte le tamisage de la poussière et des radicelles au travers des intervalles compris entre chaque fil de fer du treillage. Si le *malt* a été convenablement piétiné, il sera complétement débarrassé de toutes ces radicelles après avoir passé au tarare.

L'opération est encore plus facile à pratiquer que le mécanisme de l'appareil à comprendre; en un mot, c'est la plus simple de toutes celles que l'on exécute dans les brasseries, quoiqu'elle ne soit pas la moins importante.

Malgré la nécessité de cette opération et la facilité qu'elle présente, il existe encore quelques brasseurs, en fort petit nombre il est vrai, qui la regardent comme inutile. Que ceux qui se sont dispensés d'y recourir jusqu'ici veuillent bien faire l'expérience que nous allons leur indiquer, et ils verront si leur manière de procéder n'est pas condamnée par les résultats.

Prenez une quantité quelconque de radicelles, et traitez-les par l'eau exactement comme s'il s'agissait d'en faire de la bière; soumettez cette infusion à la dégustation, et vous reconnaîtrez qu'elle a une saveur herbacée nauséabonde et repoussante; laissez-la descendre à une température convenable pour développer la fermentation en y ajoutant de la levûre, c'est-à-dire à + 20 ou 25°, par exemple. Vous n'obtiendrez qu'une liqueur rousse, qui passera très promptement à l'état putride, en répandant autour d'elle une odeur infecte. Et il ne saurait en être autrement, car *les radicelles ne contiennent pas un atome de sucre*, et ne peuvent, par conséquent, fournir la plus minime quantité d'alcool.

Nous nous serions borné à quelques mots sur la séparation des radicelles, si, indépendamment de leur inutilité dans la fabrication de la bière, leur présence n'exerçait pas une influence défavorable sur les résultats définitifs.

Mais, en outre, et à part toute autre considération, il y a un véritable intérêt pour le brasseur à pratiquer cette opération, depuis que les débris qui en résultent sont devenus pour les agronomes éclairés un engrais des plus riches et des plus fertilisants ; en effet, la grande quantité de principes azotés qu'ils renferment les rend précieux en agriculture.

Pendant longtemps on ne savait en tirer aucun parti, mais aujourd'hui, à l'exception de quelques localités, grâce au concours si fécond de la science, on sait qu'en imbibant les radicelles d'orge de l'urine des bestiaux, du purin des fumiers, ou en les mêlant à moitié de leur poids environ de détritus végétaux ou animaux et d'excréments humains, on en fait un engrais énergique et capable de favoriser la végétation la plus luxuriante.

En Alsace, dans le Midi, et dans une partie des départements du centre de la France, les radicelles ou touraillons se vendent de 1 fr. 25 à 1 fr. 50 l'hectolitre. La plupart des brasseurs de Paris trouvent dans la vente de ces *germes,* car c'est aussi l'expression usitée, une somme équivalente à celle qu'ils dépensent pour les fourrages nécessaires à la nourriture de leurs chevaux. C'est donc une question jugée, si ce n'est par tous les agriculteurs, au moins par la grande majorité des hommes qui apportent dans la pratique agricole des lumières que nous voudrions voir plus généralement répandues.

Quant aux cultivateurs de la Champagne, ils trouvent plus simple d'acheter à grands frais les guanos de l'Amérique que d'utiliser des résidus précieux qu'ils ont sous la main, et qu'ils pourraient se procurer à vil prix.

Si l'opération du *criblage* suffit pour débarrasser le malt de toutes ses impuretés, c'est à la condition qu'elle aura lieu sur des grains dont la germination aura été opérée dans de bonnes conditions; si, au contraire, la germination a été mal conduite et qu'une partie des grains se soit couverte de moisissures, le criblage est insuffisant; il faut de toute nécessité recourir à l'emploi de la brosse, c'est-à-dire à l'*appareil* destiné *à brosser les blés bruinés*[1].

Cet appareil, dont la construction rappelle un peu celle du tarare, est également construit en bois et monté de la même manière; sa forme est celle d'un carré long; l'ensemble se compose d'un cylindre creux en bois, garni extérieurement de six brosses ajustées dans le sens de la longueur et fixées dans l'épaisseur du bois. L'axe transversal qui se trouve au centre de cette partie de l'appareil repose, à chacune de ses extrémités, sur des coussinets dans lesquels il se meut; ceux-ci sont établis dans le bâtis extérieur. Le cylindre principal tourne dans une autre brosserie disposée circulairement comme lui, mais qui est immobile et qui fait corps avec le reste de l'appareil; le fond de cette enveloppe circulaire, dans laquelle sont attachées les mèches de soie qui composent la brosserie, est fortement sablé

(1) Un modeste constructeur d'appareils treillagés, M. Desjalets, de Reims, a eu l'ingénieuse pensée de donner à celui-ci une disposition telle que 10 hectolitres de malt peuvent être complétement nettoyés en 10 à 15 minutes environ; c'est au moins ce qui résulte des diverses expériences que nous avons faites. Les résultats que nous avons obtenus ont dépassé toutes nos prévisions. Le prix de ces appareils varie de 200 à 250 francs.

au moyen d'un enduit particulier. Au sommet de cette enveloppe, et toujours dans le sens de la longueur, on a ménagé une ouverture pour l'introduction du grain. A la base, et dans le même sens, on a également réservé une autre ouverture, qui est fermée au moyen d'un treillage et située sur un plan incliné. Sous ce treillage métallique, et dans la partie la plus élevée, eu égard à l'inclinaison dont nous venons de parler, il existe un ventilateur à quatre ailes, qui a pour effet de chasser au loin la poussière produite par l'opération.

Le mécanisme de cet appareil, quoique très simple, n'en est pas moins fort ingénieux. Diverses transmissions de mouvement ont été appliquées de manière à accélérer ou à diminuer la vitesse du ventilateur, selon que les grains brossés tombent en plus ou moins grande quantité, mais toujours dans un rapport direct. Le grain n'est d'ailleurs expulsé de l'appareil qu'après avoir été brossé trois ou quatre fois par le cylindre principal. Les brosses sont disposées de manière à pouvoir être usées jusqu'à la dernière extrémité, par conséquent avec le moins de perte possible, car il est très facile de les rapprocher ou de les écarter l'une de l'autre.

Cet appareil peut remplacer avantageusement le tarare, puisqu'il est tout aussi propre à la séparation des radicelles, et qu'à l'égard des grains moisis il agit plus efficacement.

Nous pensons donc que la *machine à brosser les grains* est appelée à rendre de grands services dans les moments difficiles, puisqu'elle peut débarrasser instantanément le malt des *moisissures* qui se développent, à l'époque des chaleurs, pendant la germination, et que ces moisissures, comme nous le démontrerons plus tard, nuisent considérablement à la qualité des *moûts*.

On évalue en général à 18 ou 20 pour 100 le déchet que subit l'orge brute pour être convertie en malt; c'est une erreur; car si, comme nous l'avons établi précédemment, l'orge brute contient 12 pour 100 d'eau que la dessiccation lui enlève, et dont il faut nécessairement tenir compte, il ne reste donc par le fait que 8 pour 100 de déchet, qui peuvent être approximativement répartis de la manière suivante :

Principes extractifs dissous par le *mouillage*	1,50 p. 100
Germination et dessiccation.	3, »
Radicelles, poussière et menus grains.	3,50
Total. . . .	8 »

Si à ce chiffre on ajoute les 12 pour 100 d'eau que contenait l'orge brute, on trouve en effet 20 pour 100; mais ces 20 pour 100 ne constituent pas un déchet proprement dit, puisqu'ils portent en grande partie sur la quantité d'eau que contenait l'orge avant le mouillage.

En voici une autre preuve que nous a fournie une expérience que nous avons maintes fois répétée. Nous avons mis au *mouillage* 1,568 kilogrammes d'orge; après la germination, la dessiccation et la séparation des radicelles, exécutées aussi complétement et aussi régulièrement que possible, nous n'avons plus retrouvé que 1,270 kilogrammes de malt, c'est-à-dire qu'il y avait eu un déchet de 298 kilogrammes sur 1,568, soit 19 pour 100.

Dans quelques expériences comparatives que nous avons faites à ce sujet, le déchet a quelquefois été de 21 pour 100; c'est ce qui nous engage à considérer 20 comme étant une moyenne raisonnable. Cependant, dans les brasseries où on laisse peu germer les grains, c'est-à-dire où on ne fait arriver les *radicelles* qu'à une fois la longueur du grain, par exemple, on doit trouver rarement plus de 17 pour 100 de déchet. Mais il s'en faut que ce soit un avantage. Nous démontrerons par des chiffres, en parlant des *infusions* (trempes), qu'il est de beaucoup préférable de pousser la *germination* aussi loin que possible, dût-on subir sur la matière première un déchet de 2 pour 100 de plus.

Pour avoir exactement le *prix de revient du malt,* il faut d'abord fixer la valeur des 100 kilogrammes d'orge brute, en prenant pour base le poids et le prix de l'hectolitre. Supposons que ce dernier pèse 65 kilogrammes et qu'il coûte 12 fr.; à ce taux, les 100 kilogrammes reviendront à 19 fr. A ce chiffre il faut ajouter la valeur représentative des diverses dépenses occasionnées par le maltage, c'est-à-dire le prix du combustible employé à la dessiccation, l'évaluation approximative des frais de manipulation, qui peuvent s'élever ensemble en moyenne à 6 fr.; ce qui donne un total de 25 fr. pour 100 kilogrammes de malt.

Ces estimations ne sauraient être les mêmes dans toutes les localités; cependant les données qui ont servi de base à nos calculs nous portent à croire qu'elles peuvent servir de règle générale dans le plus grand nombre de cas.

SECTION VI. — MOUTURE.

§ 1. Définition pratique.

On donne le nom de *mouture* à une opération qui consiste à broyer grossièrement le malt et à le débarrasser, autant que faire se peut, de son enveloppe corticale ou pellicule extérieure [1], dont l'action purement mécanique, mais indispensable, a pour objet de tenir la partie solide du grain dans un état de division qui permette l'infiltration uniforme de l'eau dans tous ses interstices et de faciliter l'écoulement des infusions (trempes) au travers de la masse.

La mouture a plus d'importance qu'on ne lui en attribue généralement; en effet, de la régularité avec laquelle elle s'opère dépend la plus ou moins facile séparation des principes sucrés développés dans le malt par la germination, et nous avons déjà établi que de la proportion de ceux-ci résulte la pauvreté ou la richesse des *moûts*, par conséquent la qualité des produits fabriqués, qualité qui est toujours en raison directe de la quantité de sucre que l'on a pu utiliser.

Deux systèmes de mouture sont en présence, et tous deux sont encore en usage : l'un est la *mouture à la meule*, telle qu'elle se pratique dans les meuneries; l'autre est la *mouture aux cylindres* de fonte, ou

(1) Il vaudrait mieux employer le mot *concasser* que le mot *moudre*, qui entraîne avec lui l'idée d'un objet réduit en poudre; car le malt n'est pas amené à l'état de farine, il n'est que concassé; nous emploierons néanmoins les mots *moudre* et *mouture* consacrés par l'usage.

même de fer; cette dernière est la plus généralement employée aujourd'hui. Nous allons les examiner tous deux.

§ 2. Des cylindres et des meules.

La mouture à la meule, qui n'a aucun avantage sur la mouture aux cylindres, offre, entre autres difficultés, celle de ne pouvoir être facilement pratiquée dans l'usine même, car elle nécessite l'emploi d'une force motrice considérable[1]. Cet inconvénient est grave, parce qu'il exige des manipulations inutiles, dispendieuses, et qu'il entraîne des pertes de temps toujours regrettables.

En effet, la mouture au dehors de l'usine a pour conséquences une mise en sac, des pesées et un chargement à dos d'homme, qu'on évite en opérant chez soi. Il arrive fréquemment que c'est au moment même où l'on est le moins en position de consacrer du temps à toutes ces inutiles manipulations, que le meunier arrive et qu'il faut tout quitter pour lui livrer le grain. Au retour du moulin, mêmes manœuvres, suivies trop souvent de discussions avec le meunier, sous le prétexte plus ou moins fondé, de manquement dans le poids, etc.

Parmi les autres raisons qui nous obligent à repousser la *mouture à la meule*, nous devons mettre en première ligne les chances de fermentation que l'eau nécessaire à ce genre de mouture peut fournir au grain qui

(1) Autrefois le nombre des brasseurs ayant dans leurs établissements de petits moulins à meules était assez considérable; aujourd'hui il n'y en a pour ainsi dire plus; la plupart de ceux qui n'ont pas encore de moulins à cylindres font moudre chez le meunier.

y est soumis, et d'autre part l'influence que ce même agent peut exercer sur la *diastase;* deux considérations que nous ne pouvons qu'énoncer ici, mais que nous développerons en temps utile.

On sait, en effet, que, pour que la *mouture à la meule* s'opère convenablement, il est indispensable d'ajouter préalablement au malt environ 8 à 10 pour 100 d'eau; cette quantité, si minime qu'elle puisse être, nous paraît suffisante pour amener de graves désordres au sein de la graine, et nous n'en voulons pour preuve que l'impossibilité de conserver longtemps le malt ainsi préparé. Il n'est pas un seul praticien qui ne sache qu'au bout de quelque temps le malt moulu par ce procédé contracte une odeur qui s'explique à l'aspect des *moisissures* que l'on rencontre au milieu des sacs; or, il n'arrive à cet état qu'après avoir subi une fermentation intestine qui, pour n'être pas facilement appréciable à nos sens, n'en a pas été moins active; seulement la quantité d'eau absorbée n'était pas assez considérable pour que les réactions produites pussent devenir immédiatement appréciables à nos sens.

Dans tout état de cause, ce fait n'est pas moins fâcheux qu'évident, et nous le considérons comme beaucoup plus grave et plus sérieux qu'on ne le pense en général. Dans le cas qui nous occupe, c'est le gluten qui joue le rôle de ferment; car, comme nous aurons occasion de le prouver encore, le gluten est doué des propriétés fermentescibles les plus énergiques.

On est à l'abri de tous ces inconvénients en opérant chez soi avec l'appareil dont nous donnons la disposition (*fig.* 22, 23, 24, 25, 26, 27, 28). C'est le plus complet et

Figure 22.

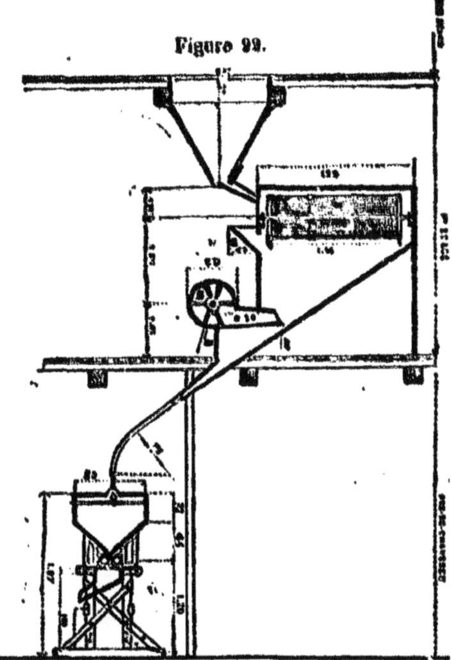

Figure 23.

le mieux établi de tous ceux que nous connaissons [1]. Il comprend le *tarare* ou crible que nous avons représenté

(1) Cet ingénieux appareil est dû à un habile constructeur, M. Duchauffourt-Achez, de Reims, qui a bien voulu nous prêter son concours afin que nous le reproduisissions aussi fidèlement que possible.

M. Duchauffourt, qui fait exécuter des appareils de précision d'une difficulté bien autrement sérieuse, est en mesure de satisfaire aux demandes qui pourraient lui être adressées. Nous en informons nos lecteurs avec empressement, car nous croyons servir utilement leurs intérêts.

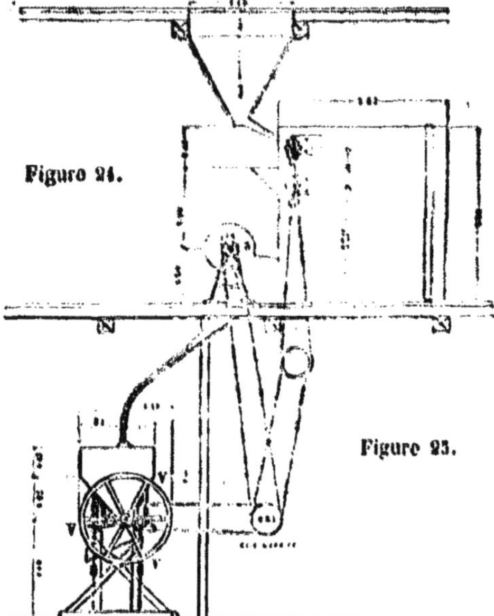

(*fig.* 21) ; seulement sa disposition est infiniment mieux comprise. Ainsi les cailloux, les pierres, les ordures de toute espèce, les clous même, sont retenus dans l'intérieur du cylindre treillagé M (*fig.* 22), disposé de manière à ne laisser passer absolument que les grains d'orge entre les fils de fer. Dans le *tarare* ordinaire, ce sont les *radicelles* qui passent au travers du tissu métallique, et l'orge, après s'être promenée dans toute la longueur du cylindre, s'échappe sans être débarrassée de tous les silex qui ont si souvent fait rejeter le *moulin à cylindres* à l'époque où sa construction n'avait pas encore été suffisamment étudiée.

Dans celui que nous indiquons, les radicelles et la poussière passent également au travers du *tarare*, mais le *ventilateur* N (*fig.* 26) qui se trouve au-dessous et que

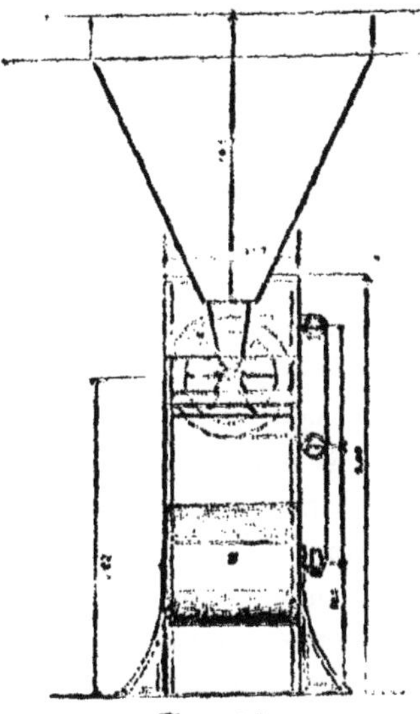

Figure 26.

commandent diverses poulies de renvoi mues par la poulie motrice, est disposé de façon à faire de 375 à 425 tours par minute. La précision mathématique de cet accessoire est telle que, d'après le système adopté par l'ingénieux constructeur, on peut accélérer ou diminuer la vitesse de manière à utiliser tout ou partie de la force produite par le ventilateur, qui peut être poussée au point de séparer jusqu'aux *faux grains*, dont la légèreté ne saurait résister à l'action d'un courant d'air aussi rapide, et qui, dans ce cas, se trouvent rejetés avec les radicelles et les poussières, comme un produit vraiment inutile [1].

Par diverses considérations que nous signalerons brièvement dans quelques instants, le *moulin à cylindres* a eu, comme les meilleures choses de ce monde, ses détracteurs aveugles.

Ce que nous allons dire de la construction de ces moulins en général fera comprendre que, si l'appareil était souvent défectueux par la manière dont il était monté, le principe sur lequel il repose n'en était pas moins au fond très rationnel.

Parmi les principaux reproches adressés au *moulin à cylindres*, on signalait la facilité avec laquelle ceux-ci s'écartaient à la moindre résistance qu'ils éprouvaient, d'où résultait naturellement l'irrégularité de la mouture; cet inconvénient était surtout déterminé par la présence des cailloux qui se rencontrent fréquemment dans l'orge, ou même par des pointes de fer; or, avec le tarare qui fait partie du moulin de M. Duchauffourt, ces accidents ne sauraient se présenter, puisque tous les corps étrangers sont retenus dans l'intérieur du cylindre métallique. Cependant il arrive assez souvent qu'à défaut d'avoir pris, au moment de piétiner le malt, les précautions que nous avons signalées en parlant de la *séparation des radicelles*, de petits clous se détachent des chaussures des ouvriers et viennent s'opposer à la marche régulière des cylindres; nous devons dire pourtant que ces clous ne peuvent passer qu'à la condition

(1) Toutes les fois que nous avons vu fonctionner cet appareil, nous avons pu constater les résultats que nous consignons ici.

que leur volume soit moindre que celui d'un grain d'orge, ce qui n'arrive que lorsqu'ils sont dépourvus de la tête qu'ils ont tous généralement. Néanmoins, comme il en est qui sont dans ce cas, ils peuvent alors se trouver mêlés au malt; mais comme ils sont en fer doux très malléable, et d'ailleurs fort mince, si le mouvement de rotation des cylindres est un peu accéléré et que ceux-ci soient en fonte anglaise très dure, les clous passent assez facilement et sans laisser même de traces de leur passage.

D'ailleurs le palier (*fig.* 27 et 28) qui emboîte les

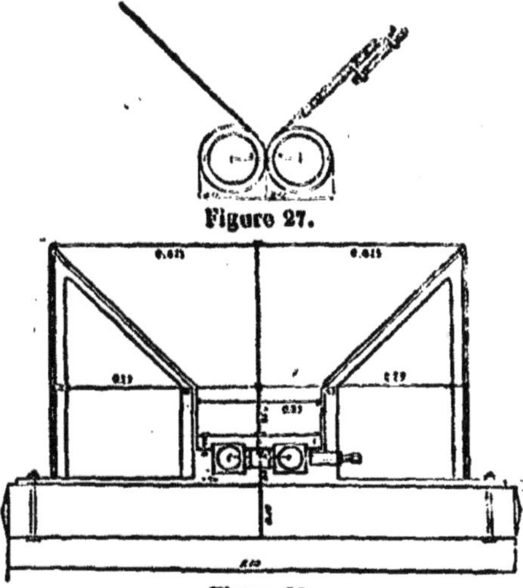

Figure 27.

Figure 28.

coussinets a été disposé de manière à éviter l'écartement des cylindres, tout en ménageant la possibilité de les rapprocher à volonté. Si donc, par une cause imprévue, un objet en fer, quel qu'il soit, se présente avec le malt, la résistance devenant trop grande, les cylindres s'arrêtent, et la courroie qui commande l'appareil glisse de la poulie motrice sur la poulie folle, et permet ainsi de retirer le corps qui s'est engagé entre les deux cylindres, si on les détourne légèrement à l'aide du volant V¹ (*fig.* 25).

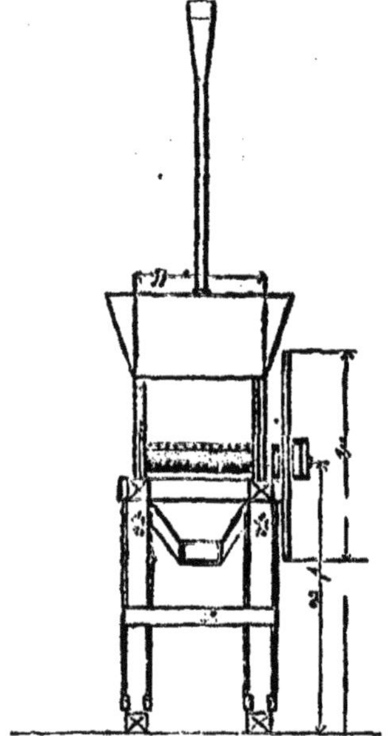

Figure 29.

(1) Nous croyons donner un bon conseil à nos lecteurs en les engageant à faire établir des poulies folles sur tous ceux de leurs moulins qui en sont dépourvus, mais principalement sur ceux qui empruntent à une machine à vapeur ou à un manége la force motrice dont ils ont besoin ; car, à défaut de ce soin, il peut arriver, et il arrive malheureusement trop souvent, des accidents très graves.

Pour notre compte, nous avons perdu d'un seul coup les ongles du

Certains moulins à cylindres établis à *bon marché* ont aussi mérité un reproche qui n'est que trop fondé et qui doit être également attribué à un défaut de construction; nous voulons parler de la vitesse proportionnelle de chacun des cylindres. Si, comme cela arrive fréquemment, cette vitesse est mal calculée, le malt se trouve comprimé en un seul point et en une seule fois contre les cannelures des cylindres; dans ce cas, la mouture est trop grosse. Pour obvier à cet inconvénient et obtenir une mouture plus satisfaisante, on rapproche les cylindres, et on s'imagine que, dès que l'œil est satisfait, le malt devra lui-même se trouver dans un état convenable. Il est bon d'y prendre garde pourtant, et de songer que si, d'une part, la cannelure des cylindres n'a pas été disposée comme nous allons l'indiquer, et si, de l'autre, la vitesse proportionnelle de chacun d'eux n'a pas été calculée dans un certain rapport, les cylindres, outre qu'ils diviseront mal chacun des grains, agiront en même temps par compression sur les parties séparées; dès lors ces parties seront d'autant moins perméables à l'eau, au moment des *trempes*, que l'état de compression dans lequel elles se trouveront sera lui-même plus prononcé.

M. Duchauffourt, pour obvier à chacun de ces inconvénients, a disposé le mécanisme de ses cylindres de telle sorte que l'un d'eux exécute environ 120 tours

médium et de l'annulaire de la main droite. On voit que nous parlons par expérience.

Ce que la prudence réclame non moins impérieusement, c'est que le volant et tous les engrenages soient recouverts d'une boîte en zinc, afin que rien ne puisse s'y engager par accident.

par minute, tandis que l'autre n'en fait guère que 60; de plus la cannelure de chacune est héliçoïdale, et par cette heureuse disposition les cannelures qui se rencontrent agissent chacune à la manière d'une paire de ciseaux qui aurait environ 0m,60 de longueur, puisque la longueur des cylindres est de 0m,55; il est dès lors impossible que les grains éprouvent la compression dont nous parlions tout à l'heure; aussi la mouture obtenue par ce moyen est-elle parfaite sous tous les rapports, mais principalement sous celui de la séparation de l'enveloppe corticale qui revêt le grain. Le périsperme est pour ainsi dire mis à nu, et plus tard le test, dont le rôle est fort important, ainsi que nous l'avons déjà dit, tient la masse, au moment des infusions, dans un état de division qui permet un écoulement plus facile aux liqueurs sucrées qu'on en obtient. Dans cet état, un hectolitre de bon malt concassé pèse rarement plus de 40 kilogrammes.

L'appareil que nous donnons ici est celui qu'emploient depuis huit ou dix ans la plupart des brasseries de Reims. Il nous souvient de lui avoir vu moudre 5,000 kilogrammes de malt dans la même journée, en dépensant à peu près la force de deux chevaux.

Il ne saurait évidemment servir que dans un établissement de premier ordre; mais si nous l'avons donné de préférence à tout autre, c'est d'abord parce que nous n'en connaissions aucun dont les résultats fussent aussi satisfaisants, c'est ensuite parce que nous devions en indiquer un qui pût servir de modèle à tous les autres, grands ou petits.

L'un des principaux avantages du *moulin à cylindres* consiste dans la facilité avec laquelle on peut conserver le malt concassé sans craindre aucune altération, puisqu'on évite par ce moyen l'addition d'une quantité d'eau suffisante pour servir de véhicule à la fermentation, ce que ne permet dans aucun cas le procédé de *mouture à la meule*. On peut donc, au moyen du moulin à cylindres, utiliser, dans les usines de peu d'importance, les moments perdus à concasser le malt, et en faire des approvisionnements à l'avance, lors même qu'il ne devrait être employé qu'un mois plus tard.

Il existe encore un autre système de moulin à cylindres; mais ceux-ci sont complétement dépourvus de cannelures, et c'est ce qui nous détermine à les rejeter. En effet des *cylindres non cannelés*, qui n'agissent que par compression, donneront indubitablement de mauvais résultats toutes les fois que le malt contiendra une certaine proportion d'eau. Il est vrai que, lorsqu'il en est complétement privé, la mouture se fait assez bien et avec une régularité satisfaisante, ainsi que nous avons pu le constater; mais il est très rare que le malt soit dans un état de siccité absolue, et ce seul motif suffit pour que nous ne considérions l'emploi de ce moulin comme utile que dans des circonstances exceptionnelles.

A ce propos nous engagerons nos lecteurs à ne jamais faire d'acquisition de machines sans avoir préalablement examiné à fond au moins un dessin détaillé de celle dont ils peuvent avoir besoin, fût-ce même pour un simple tarare. Ce qui nous engage à donner ce conseil, c'est la connaissance de refus de ce genre faits par certains constructeurs-mécaniciens qui prétendent que leur réputation bien établie les met au-dessus de semblables exigences. C'est principalement quand il s'agit de machines qu'il faut se souvenir d'un vieux proverbe qui nous paraît ici d'une application éminemment juste: « Il ne faut pas acheter chat en poche. »

Si aucune affaire ne se traitait que sous la condition d'un examen préalable, on ne trouverait pas dans les greniers de beaucoup de brasseries de mauvais appareils, achetés fort cher, et qui finissent par n'être que des meubles inutiles.

Cela dit, revenons à notre sujet, et occupons-nous des conditions dans lesquelles la mouture peut s'opérer le mieux et le plus uniformément.

La première est que la *germination* et la *dessiccation* aient eu lieu d'une manière satisfaisante, et que le grain qui va être mis au moulin présente les signes caractéristiques auxquels nous avons dit qu'on reconnaissait un bon malt. Cela étant, il est impossible, avec l'appareil que nous avons examiné, de ne pas obtenir une bonne mouture. Si, au contraire, la germination a été irrégulière, si une partie des grains a échappé à son action, la mouture sera plus difficile et en même temps plus incomplète. En voici la raison.

Les grains non germés ayant été soumis en même temps que les autres à l'action du feu pour subir la dessiccation, celui-ci les a amenés à un état tel qu'au lieu d'être *friables*, *spongieux* et *facilement divisibles*, ils présentent, au contraire, lorsqu'on les brise, une cassure vitreuse et cornée. Si les cylindres ont été disposés de manière à ce qu'aucun grain ne pût échapper à leur action, le grain non germé s'aplatit ou se sépare simplement en deux; son enveloppe corticale reste adhérente au grain ou ne s'en détache que très difficilement; de là une mouture inégale, car le malt provenant du grain trop germé se divisera facilement, tandis que l'autre sera à peine entamé par l'action des cylindres. C'est ce qui arrive le plus ordinairement dans les brasseries où le travail est mal coordonné, où les manipulations sont confiées à des hommes incapables.

D'une mauvaise dessiccation résultent des inconvénients non moins difficiles à surmonter. Si le malt n'est pas complétement sec, ce qui peut provenir tout à la fois d'une dessiccation incomplète et de la vieillesse du malt, la mouture devient pour ainsi dire impossible, car alors le grain ne se brise plus, il s'écrase; sa consistance devient pâteuse au lieu d'être cassante, et il adhère aux cylindres, dont la résistance augmente en raison des frottements; les grains s'aplatissent, chacune de leurs molécules se rapproche, leurs pores se resserrent, et, lorsqu'il s'agit de les employer, on les trouve d'autant moins perméables à l'eau qu'ils ont été soumis à une compression plus violente. Une autre conséquence de cet état de choses, c'est que les cylindres, éprouvant une résistance considérable, exigent pour fonctionner l'emploi d'une force motrice plus grande, et cette circonstance vient augmenter d'autant le prix de la mouture.

C'est encore ici qu'une *deuxième dessiccation*, sur laquelle nous avons tant insisté, nous semble nécessaire, car il nous paraît impossible d'élever un doute sérieux sur l'opportunité de cette mesure, lorsque le malt est resté pendant plusieurs mois au contact de l'air. Si on néglige ce soin, le moulin fonctionne mal ; on trouve avec raison que la mouture est défectueuse, irrégulière, tandis qu'on aurait pu se mettre à l'abri de tous ces désagréments en remettant le malt environ une heure sur la touraille, pour le replacer dans les conditions où il était précédemment et dans lesquelles il devrait toujours être au moment de l'employer.

Au contraire, si une dessiccation méthodique et complète a suivi une germination régulièrement opérée, la mouture sera d'une facilité extrême; le grain, cédant à l'action qui tend à séparer chacune des parties qui le constitue, se divisera au moindre effort et très uniformément. Aussi, dans ce cas, n'est-il pas nécessaire de tenir les cylindres aussi rapprochés que dans le cas contraire. C'est à l'état dans lequel se trouve le grain lors de sa mouture qu'il faut attribuer l'opinion que les cylindres se rapprochent ou s'éloignent quelquefois ; on s'attaque alors au système, tandis qu'on ne devrait s'en prendre qu'à un défaut de soin ou d'attention.

Si nous entendions un brasseur déclarer qu'il lui est impossible d'employer les cylindres et que la meule seule lui donne de bons résultats, nous hésiterions bien peu à affirmer que les travaux de son usine sont mal dirigés et que toutes les manipulations en sont vicieuses.

D'ailleurs, quelques démarches et quelques questions que nous ayons pu faire pour connaître les motifs qui faisaient donner la préférence à la *mouture à la meule*, nous n'avons pu obtenir aucune raison satisfaisante. Nous en étions bien convaincu à l'avance.

Quoi qu'il en soit, il n'est pas aujourd'hui d'établissement confié au zèle et à la vigilance d'un homme intelligent, qui n'ait donné la préférence au système des cylindres, auquel nous croyons qu'il est de l'intérêt de tous les praticiens de l'accorder.

Il nous reste à dire quelques mots d'un appareil fort simple, mais qui, dans quelques brasseries, peut rendre de très grands services, soit pour élever le malt afin de l'amener dans le moulin, soit pour le prendre après la mouture pour le porter à un étage supérieur.

Nous voulons parler de la *vis d'Archimède* (*fig.* 30),

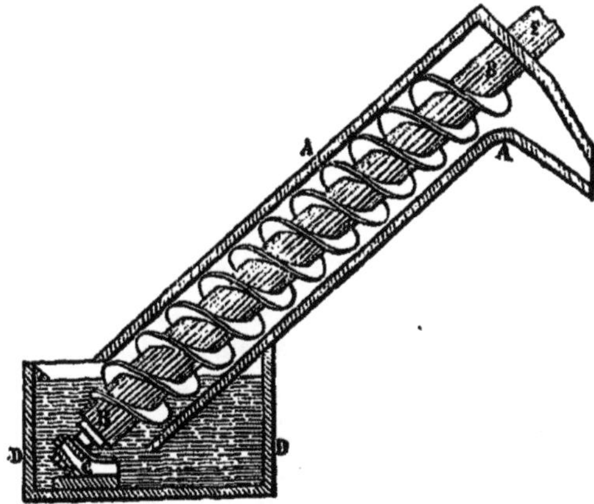

Figure 30.

que nous avons vue fonctionner heureusement dans chacun des deux cas que nous venons de signaler. Elle se compose d'une boîte A, inclinée à 45° ou 50° au plus, dans laquelle tourne la vis sans fin BB; l'extrémité inférieure B repose sur un palier C, fixé dans l'intérieur du réservoir D. Au sommet brisé E de l'axe se trouve ordinairement ajustée une roue d'angle, commandée par un moteur. L'axe est en bois léger, en sapin, par exemple ; les pas de vis sont en fer blanc.

La vis d'Archimède peut se placer horizontalement, aussi bien que sur une inclinaison à 45 degrés. Nous la croyons appelée à rendre de véritables services dans les usines, malheureusement trop nombreuses, où la distribution des locaux a été mal combinée.

SECTION VII. — DES APPROVISIONNEMENTS DE MALT.

> « Connaissez mieux vos matières premières, étudiez mieux les principes de votre art, et vous pourrez tout prévoir et tout calculer ; c'est votre seule ignorance qui fait de vos opérations un tâtonnement continuel et une décourageante alternative de succès et de revers. »
>
> CHAPTAL, *Éléments de Chimie*, p. cxxxj.

L'hiver et le printemps sont, comme nous l'avons dit, les époques les plus favorables à la germination ; c'est généralement alors que l'on prépare le *malt* qui doit être employé pendant le courant de l'année, et surtout dans les saisons chaudes. C'est, par conséquent, du mois de décembre au mois d'avril que s'opèrent les travaux que nécessite cette préparation.

Plusieurs motifs ont déterminé l'adoption de ce mode de travail dans la plupart des établissements de quelque importance qui ont des capitaux suffisants pour faire des approvisionnements de cette nature. Il en résulte des avantages et des inconvénients dont l'examen nous fournira la matière de ce chapitre.

Parmi les avantages incontestables, nous devons mettre en première ligne la facilité et la régularité que présente le travail d'hiver. Or, rendre le travail facile et régulier, c'est évidemment l'améliorer. En effet, les grains, étant plus nouvellement récoltés, se prêtent mieux aux transformations qui s'opèrent dans les germoirs, la température ambiante permet à la germination de suivre lentement et progressivement chacune de ses phases; les radicelles, qui sont autant de petits indicateurs, opèrent leur marche sans secousses et sans soubresauts. Il est donc plus facile de suivre les progrès de la germination et de lui accorder les soins qu'elle exige; de plus, les ouvriers, ayant à essuyer moins de fatigues, sont dès lors moins avares de leurs peines.

La *germination* offre donc, à cette époque, plus de garanties et de sécurité qu'à aucune autre.

Le second de ces avantages consiste à employer utilement les temps de chômage; dans la plupart des brasseries françaises, et notamment dans celles des départements du centre, l'hiver est un temps de repos pour le brasseur. Ce n'est guère qu'en Alsace et dans le Nord que la fabrication est suivie activement et sans interruption à cette époque. La suspension des travaux de fabrication permet donc de consacrer à la préparation du malt tout le temps nécessaire, et on utilise ainsi les nombreux loisirs que les rigueurs de la saison laissent aux ouvriers brasseurs.

Tels sont les avantages qui résultent du système généralement suivi, et ils sont de nature à en justifier l'adoption. En voici maintenant les inconvenients.

Indépendamment de l'intérêt du capital engagé dans les approvisionnements, on doit tenir compte de la détérioration que le contact de l'air fait supporter aux produits; elle est de 25 à 30 pour 100 au moins, comme nous allons le démontrer.

La plupart des bâtiments dans lesquels s'exploitent les brasseries n'ont pas eu dès l'origine la destination qui leur est devenue spéciale; il en résulte que les constructions n'ont pas été faites de manière à prévenir l'introduction, si difficile d'ailleurs à éviter, des rats et des souris, qui trouvent, pendant des périodes de quatre, cinq et six mois, dans les approvisionnements de malt, une nourriture abondante. Il est impossible d'évaluer en chiffres le montant de ces dévastations permanentes; mais ne figurassent-elles que pour 1 ou 2 pour 100, il ne faudrait pas moins en tenir compte.

Il existe encore une autre espèce ravageuse qui, pour être beaucoup plus petite, n'en cause pas moins des dégâts assez considérables. Nous voulons parler de la larve de l'une des nombreuses variétés du *charançon*, qui n'est assurément pas celle du charançon commun, c'est-à-dire celle qui s'attaque ordinairement au froment. Celle-ci, en effet, a la forme d'un ver long de 0m,02 à 0m,05 au plus, de la grosseur d'un petit grain d'orge à sa partie la plus renflée; sa couleur, d'un jaune fauve, approche du marron clair; elle présente sur sa longueur une espèce d'enveloppe écailleuse, luisante et dure, qui offre diverses brisures jouant le rôle d'articulations. Nous ne sommes pas assez entomologiste pour dire positivement à quelle espèce de charançon cette larve appartient, mais elle est sans aucun doute de la famille de ceux-ci.

Qu'on veuille donc bien nous permettre de dire quelques mots du charançon ; en général celui qui nous occupe est le plus ravageur et par conséquent le plus redoutable; nous allons essayer de le faire connaître en exposant son histoire d'une manière succincte, car il est toujours dangereux d'avoir affaire à un ennemi que l'on ne connaît pas, fût-il du nombre des infiniment petits.

Le *charançon* est un insecte de la famille des coléoptères; l'*Encyclopédie méthodique* en compte jusqu'à 490 variétés. Dans quelques provinces de France on lui donne le nom de *calandre*.

Le charançon se plaît au milieu d'une température élevée; il est par cela même plus à redouter dans les provinces méridionales; extrêmement peureux, il disparaît au moindre bruit; il craint moins la famine que la lumière. L'hiver, il habite dans les fentes des murs, dans les gerçures des bois, des planches, derrière les tapisseries, sous les cheminées, partout enfin où il peut trouver une retraite assurée contre le froid, seule cause de son émigration, car il ne mange pas pendant cette saison.

Ce n'est à proprement parler que la *larve* ou chenille du charançon qui attaque le malt, aux dépens duquel elle se nourrit jusqu'à ce qu'il ne reste plus que la pellicule extérieure des grains dans lesquels elle s'est introduite.

On a indiqué bien des moyens pour la combattre,

mais aucun ne paraît absolument efficace. Le plus infaillible, celui qui nous a toujours réussi, consiste à ne pas séparer les *radicelles* après la dessiccation, mais seulement au moment de la mouture, c'est-à-dire quelques jours avant d'employer le malt à la fabrication.

En 1845, nous avons eu à combattre les dévastations de ces petits rongeurs, dont nous ne soupçonnions pas d'abord l'existence, mais que nous avons pu surprendre vivant très paisiblement en famille, au milieu d'une obscurité complète. Il nous a suffi pour cela de faire lever quelques-unes des planches qui étaient dans le pourtour du grenier, près des murailles. La fine poussière des radicelles et les *radicelles* elles-mêmes sont très probablement un obstacle à leur entrée dans les tas d'orge germée et desséchée; car le moyen que nous avons indiqué les a fait complétement disparaître de notre usine, et nous savons qu'un grand nombre de nos confrères l'ont employé avec le même succès. Quoi qu'il en soit, la larve dont nous parlons exerce encore, dans les brasseries anciennement construites, des ravages qui bien souvent passent complétement inaperçus, soit qu'on y attache peu d'importance, soit qu'on ignore l'efficacité du moyen qne nous venons de signaler.

Tous ces inconvénients sont de peu d'importance, comparativement à ceux dont il nous reste à parler, et qui empruntent aux conséquences qu'ils entraînent un caractère de gravité qu'il est impossible de méconnaître et sur lequel nous appelons toute l'attention des praticiens.

Les plus sérieux sont, sans contredit, la détérioration, les transformations qui s'opèrent au sein du malt par le contact de l'air, mais plus particulièrement encore de l'air humide; et c'est là, il ne faut pas l'oublier, *la* condition normale de celui que nous respirons tous.

Nous avons dit précédemment que le *malt* était essentiellement *hygrométrique*, c'est-à-dire qu'il appelait et retenait à lui l'humidité de l'air ; pour s'en convaincre, il suffit de procéder comme nous l'avons fait, c'est-à-dire d'amonceler dans un grenier spécial une quantité quelconque de malt, 500 kilogrammes, par exemple, et de les soumettre à une nouvelle pesée, quatre, cinq ou six mois après qu'ils y ont été déposés ; on trouvera, ainsi qu'il résulte de plusieurs vérifications comparatives, une moyenne d'environ 8 pour 100 dans l'augmentation du poids primitif du malt.

« Un malt nouvellement fait, dit M. Kolb, est plus léger que celui qui a quelques mois de grenier. »

D'où vient cette augmentation? Évidemment de l'absorption de la vapeur d'eau contenue dans l'air. En effet, en soumettant le malt à une *deuxième dessiccation*, il abandonne, sous forme de vapeurs, toute l'eau qu'il a absorbée par son contact avec l'air, et on retrouve, après cette opération, sauf cependant une légère diminution, le poids primitif du malt. Si maintenant on veut bien admettre, ce qui est exact pour le plus grand nombre des brasseries, que le malt n'est pas toujours rigoureusement sec en quittant la touraille, si on admet qu'il ait retenu seulement 2 pour 100 d'eau, on arrive bien vite au chiffre assez compromettant de 10 pour 100. C'est beaucoup, c'est plus qu'il n'en faut pour déterminer de graves accidents; car on se rappelle qu'en parlant de la *diastase* nous avons dit, en nous appuyant sur des preuves : « Abandonnée au contact de l'air, la diastase s'altère promptement, devient acide et perd la propriété de convertir l'amidon du malt en sucre. Son altération, avons-nous ajouté, est d'autant plus prompte qu'elle a absorbé une plus grande quantité d'humidité. »

Il ne faut pas chercher ailleurs la cause de la diminution de 20 et 25 pour 100 que présente, dans les mois d'août et de septembre, le malt préparé en janvier, février et mars; elle est là tout entière.

Comment les effets dont nous parlons influent-ils sur la richesse des moûts et sur la qualité de la bière? Le voici : La matière sucrée que nous séparons du malt au moment des infusions n'est pas seulement l'un des produits immédiats de la germination; elle est aussi le résultat de la réaction de la diastase sur l'amidon du malt pendant les infusions; or, dans le cas qui nous occupe, si une portion de cette diastase a été détruite, elle ne pourra plus réagir sur l'amidon pour le transformer en sucre; dès lors les moûts seront d'autant moins riches en principes saccharins que la portion de diastase altérée sera plus considérable et que son altération sera plus profonde.

L'eau est un des agents désorganisateurs les plus actifs ou au moins l'un des intermédiaires les plus puissants des phénomènes de décomposition qui s'opèrent sous nos yeux ou loin de nos regards. C'est ainsi que le sang, la chair, en un mot les corps les plus éminemment putrescibles, se conservent indéfiniment si on les privé de l'eau qu'ils renfermaient : c'est sur ce principe que repose la conservation de toutes les substances végétales et animales, et du malt en particulier, dont la décomposition serait en quelque sorte immédiate si on ne lui avait préalablement enlevé l'excès d'eau qu'il contenait avant la dessiccation. Sans eau donc, point de fermentation, de putréfaction, aucun phénomène de décomposition enfin.

On n'explique pas autrement la conservation des cadavres enfouis depuis un temps immémorial dans les sables qui recouvrent une partie du sol des déserts africains.

Et pourquoi n'en serait-il pas de même à l'égard du malt, quand nous le voyons absorber 10 pour 100 d'eau en quelques mois, lui dont les éléments sont si mobiles, formé de substances hétérogènes si différentes, si variables, que les influences les plus minimes suffisent pour en modifier la nature et en changer la composition ? C'est en effet ce qui arrive avec les approvisionnements de malt, qui reçoivent tout à la fois dans les greniers le contact de l'air et celui de l'humidité.

Pour donner plus d'autorité à nos assertions, avant de faire parler les faits, qu'on nous permette de citer l'opinion de quelques-uns des chimistes qui ont étudié les propriétés de la *diastase*.

« La solution de diastase s'altère très promptement, *s'acidifie*, et perd alors son action sur la fécule. La *diastase* éprouve aussi cette décomposition à l'état sec, toutefois seulement à la longue. » (J. Liebig, *Chimie organique*, t. III, p. 245.)

« La solution de diastase, abandonnée à elle-même, s'altère promptement à la température ordinaire et devient *acide*, soit qu'elle ait ou qu'elle n'ait pas le contact de l'air. » (Thénard, *Chimie élémentaire*, t. IV, p. 604.)

« La diastase récemment préparée et rapidement séchée convertit l'amidon en dextrine et la dextrine en sucre; mais la diastase qu'on a gardée pendant *quelques jours* dans un air humide s'y transforme en un nouveau ferment, qui devient alors capable de faire subir à la dextrine ou à l'amidon une fermentation particulière[1]. » (Dumas, *Chimie appliquée aux arts*, t. VI, p. 332.)

Donc, toutes les fois que la *diastase* est en présence de l'eau, elle subit des transformations qui la dénaturent; en même temps il se produit un *acide* particulier que nous examinerons dans quelques instants. Les chimistes modernes sont tous d'accord sur ce point.

Il est maintenant facile de s'expliquer pourquoi nous avons tant insisté et pourquoi nous insistons encore sur la nécessité de faire subir à l'orge une *dessiccation complète :* elle rend les chances d'altération moins nombreuses et moins puissantes; c'est par les mêmes motifs que nous engageons à adopter des dispositions telles qu'aucune des vapeurs produites dans la brasserie ne puisse se répandre dans l'usine entière, comme cela arrive *toujours*, et que les *vapeurs des tourailles* soient portées, ainsi que toutes les autres, à de grandes hauteurs, c'est-à-dire en dehors des locaux affectés à la fabrication de la bière. Les *greniers d'approvisionnement*

(1) Nous demandons à M. Dumas la permission de substituer les mots : une fermentation particulière, aux mots : la fermentation lactique, que nous aurions dû employer pour parler scientifiquement.

doivent donc être scrupuleusement éloignés de tous les endroits où il se produit de la vapeur d'eau, et ne passe trouver au niveau même des tourailles, ainsi que cela se fait encore dans un trop grand nombre de brasseries mal organisées.

Il en est de même de la *mouture à la meule*, que nous avons frappée de proscription et contre laquelle nous devons encore nous élever ici, puisque l'addition préalable d'une certaine quantité d'eau, sans laquelle elle est impraticable, peut devenir en quelques jours une cause puissante de désorganisation.

Au surplus, il est impossible de se méprendre sur la manière dont la vapeur d'eau agit sur le malt, et d'élever le moindre doute sur les conséquences qui en résultent, quand on songe que si, en février, on obtient d'assez bons résultats en employant 25 kilogrammes de malt par hectolitre de bière, par exemple, on ne peut, dans les mois d'août et septembre, obtenir des produits aussi satisfaisants, même avec 30 et 35 kilogrammes du même malt, c'est-à-dire avec environ 25 pour 100 de plus.

Il ne faut pas, pour expliquer ce fait, invoquer la différence de température à l'une et à l'autre époques, bien qu'elle ait une grande influence, et nous en avons tenu compte, sur la fermentation et sur toutes les opérations en général ; car comment soutenir une semblable argumentation, lorsque des résultats identiques se produisent avec le même malt employé, par exemple, dans les mois de novembre et de décembre suivants?

Écoutez ce que dit à ce sujet un praticien de la vieille

écale, M. Le Pileur d'Appligny, qui en 1783 fit éditer un petit ouvrage intitulé : *Instruction sur l'art de faire la bière.*

« On doit surtout préférer la *drèche* la plus récemment fabriquée, parce qu'elle contient tous ses principes spiritueux, qui sont sujets à s'évaporer avec le temps, comme on l'éprouve lorsqu'on emploie une drèche plus anciennement faite [1]. »

Voici une preuve bien simple, et cependant concluante, de ce que nous avançons : pesez vos moûts aux deux époques que nous avons indiquées, après avoir employé quantités égales de malt et d'eau, et comme nous vous trouverez que tel qui pesait 10° en mars ne pèsera plus que 8° en août, que tels autres, qui pesaient 5°, n'indiqueront plus que 4° au pèse sirop (pèse-moût, pèse-bière). Nous aurions pu ajouter d'autres développements à ce sujet, mais nous les réservons pour le moment où nous aurons mieux étudié chacune des opérations qui constituent l'ensemble de la fabrication.

Nous devons cependant constater dès à présent un fait signicatif : c'est que cette dépréciation, cette détérioration des matières premières par le contact de l'air, nuit si énergiquement à la qualité des produits que la consommation décroît en raison même de leur intensité ; en d'autres termes, *la consommation diminue à mesure que la température augmente.* Étrange anomalie d'une or-

(1) Nous acceptons les conclusions de l'auteur, sans partager les opinions qu'il a émises sur les *causes* de la détérioration du malt ; nous constatons simplement que nous sommes d'accord avec lui sur les *effets* produits.

ganisation de travail radicalement vicieuse! Il suffit pourtant, pour en avoir la preuve, de comparer les bordereaux de régie du mois de mai et ceux du mois d'août; on trouvera dans ces derniers une diminution de 20, 30 et même 40 pour 100 sur ceux du mois de mai.

Voici d'ailleurs des chiffres authentiques que nous avons pu nous procurer à Reims; ils prouveront suffisamment tout ce qu'il y a de fondé dans nos dires.

L'arrondissement de Reims, qui comprend les perceptions de Reims, Aï, Beaumont-sur-Vesle, Fismes, Hermonville, Pontfaverger, a donné les résultats suivants pour la fabrication totale des bières fortes et des petites bières :

			h. l.				h. l.
1843 du 20 mai au 20 juin,			5,250,94	1843 du 20 juillet au 20 août			3,423,61
1844	—	—	4,939,48	1844	—	—	3,130,76
1845	—	—	4,331,54	1845	—	—	2,412,38

		h. l.	
En moins pour l'année	1843. . .	1,827,33	ou 34 1/2 pour 100.
— —	1844. . .	1,808,72	ou 42 1/2
— —	1845. . .	1,919,16	ou 44 1/2
Total en moins		5,615,21	pour trois années,

sur une production de 14,581,96; soit, pour la moyenne, sur le total général : 38,50 pour 100.

On peut objecter qu'en mai il se fabrique encore des bières de garde qui doivent être consommées en août, et que cette circonstance explique l'énorme différence que nous trouvons en rapprochant les chiffres ci-dessus. Mais dans un assez grand nombre de localités il ne se fait pas de bières de garde, et celles qu'on livre à la consommation ne sont préparées qu'à mesure des besoins; or, dans celles-là comme dans toutes les autres, on remarque toujours la même progression descendante, Consultez d'ailleurs vos états de vente, faites le compte de vos fournitures pour chacun de ces mois, et les chiffres vous répondront pour nous d'une manière victorieuse.

Il ne faut pas non plus dire que cette différence est due à ce que, lasses d'une boisson qui a pu les flatter pendant un certain temps, les masses éprouvent le besoin du changement et vont chercher dans d'autres liquides les moyens de satisfaire leurs besoins et leurs goûts ; car on prendrait pour la *cause* ce qui n'est réellement que l'*effet ;* effet dont nous nous plaignons et qui a pour véritable origine la mauvaise qualité des bières livrées à cette époque. Nous n'en demandons qu'une seule preuve. Ne vous souvient-il pas que, dans telle année, au milieu de ce brûlant mois d'août, qui vous amène ordinairement de si cuisantes déceptions, vous avez eu quelques jours de trêve ? L'abaissement subit de la température vous a laissé le temps nécessaire pour opérer la germination d'une couche d'une manière assez satisfaisante ; les autres opérations, favorisées par les mêmes circonstances, ont également réussi ; enfin, vous avez pu faire un brassin exceptionnel pour la saison. Rappelez-vous avec quelle rapidité il a été consommé, et vous serez convaincu que, si le chiffre de la consommation baisse de 20 pour 100 au moins dans les plus chaudes journées d'août, cela tient en grande partie à l'altération de vos matières premières et aux produits de qualité inférieure qu'elles vous donnent ?

Nous rencontrerons bien encore, dans le cours de la

fabrication, d'autres effets qui s'ajoutent à ceux dont nous parlons ; nous les examinerons aussi dans nos conclusions, et nous verrons que si les accidents dont nous parlons n'ont pas pour cause unique l'altération du malt, cette cause est néanmoins l'une des plus actives et des plus patentes de toutes celles qui y contribuent.

Nous n'avons malheureusement pas encore tout dit sur les inconvénients qui résultent des approvisionnements de malt, et ceux qu'il nous reste à signaler serviront, nous osons l'espérer, à jeter quelque jour sur l'état anormal que présente quelquefois la bière, état que l'on a considéré avec raison comme une maladie à laquelle on a donné le nom de *graisse*, à cause de l'aspect gras et huileux que le liquide offre quand il en est atteint.

Nous avons vu précédemment, d'une part, que le *gluten* entrait pour une proportion assez notable dans la composition de l'orge, et que l'une des propriétés les plus caractéristiques de ce corps, celle qu'il nous importe le plus de bien observer, est la facilité avec laquelle il est dissous par certains acides, et notamment par l'acide acétique (vinaigre); or nous venons de démontrer, d'autre part, que l'altération de la diastase par le contact de l'air et de l'humidité a toujours pour résultat immédiat la formation d'un acide particulier auquel les chimistes ont donné le nom d'*acide lactique*. La conséquence est facile à tirer. Voici d'ailleurs ce que *M. Dumas* dit à ce sujet : « Il suffit, pour produire « une quantité d'acide lactique, d'humecter de l'orge germée, de la laisser à l'air pendant deux ou trois jours,

« de la broyer et de la délayer dans l'eau, où on l'aban-
« donne encore pendant quelques jours à une tempéra-
« ture de + 25 ou 30°. » (*Chimie appliquée aux arts*, t. VI, p. 552.)

Comme il existe la plus grande analogie entre l'acide acétique et l'acide lactique et que celui-ci est un des congénères de celui-là, nous pensons que, dans l'un et l'autre cas, la quantité d'acide lactique produite suffit toujours pour dissoudre une partie du gluten renfermé dans l'orge et pour développer par cela même, au sein de la bière, les principes propres à la formation de cette viscosité qui les rend filantes à la manière de l'huile. Diverses autres causes viennent encore activer cette détérioration ; elles sont assez importantes pour que nous croyions devoir leur consacrer un chapitre spécial qui les résumera toutes.

Quoi qu'il en soit, nous devons tenir pour bien certain que l'*altération de la diastase* donne toujours naissance à la formation d'un acide, et qu'un assez grand nombre d'entre eux, dont la composition a une grande analogie avec celle de l'acide acétique, peuvent dissoudre le gluten. Pour se convaincre de cette vérité, il suffit de séparer ce dernier de la farine du froment, comme nous l'avons indiqué, de le mettre en présence du vinaigre que l'on fait intervenir alors comme agent dissolvant, et on verra le liquide prendre spontanément l'aspect glaireux du blanc d'œuf.

Si donc la *dissolution du gluten* par l'altération du malt n'est pas la seule cause du développement de la *graisse*, on ne saurait nier qu'elle prédispose singulièrement les produits à contracter une maladie dont le germe est tout préexistant en eux. Ce qui peut encore ajouter quelque poids à l'opinion que nous émettons; c'est qu'en général la *graisse* se déclare de préférence dans les bières fabriquées avec du malt dont la préparation remonte à plusieurs mois; aussi est-ce assez généralement vers les mois d'août et de septembre que la *graisse* sévit avec le plus d'intensité : nous l'avons rarement vue se déclarer en mars ou même en avril.

Nous croyons donc pouvoir conclure de toutes les raisons que nous venons d'énumérer qu'il est prudent de n'opérer, ou au moins de ne compléter ses approvisionnements que *le plus tard* et non pas le plus tôt possible, comme on le fait assez souvent ; car les avantages qu'on obtient d'un approvisionnement hâtif ne peuvent pas compenser les graves inconvénients qui en résultent. D'ailleurs, dans une usine bien administrée et surtout bien organisée, dont les germoirs présentent les conditions que nous avons indiquées, on peut obtenir en mai d'aussi bons résultats qu'en février et en mars, surtout si l'on a des germeurs habiles, et il n'en manque pas parmi les Allemands, quand ils veulent s'en donner la peine.

Ce que nous venons de dire des approvisionnements de malt et de leurs conséquences est assez grave, ce nous semble, pour appeler sur cette question, et sur l'absolue nécessité d'une réforme que nous voulons justifier avant d'en établir les bases, l'attention de tous les hommes capables de réfléchir.

En effet, quelle plus étrange anomalie que de voir

la consommation de la bière décroître à mesure que la température atmosphérique s'élève davantage? Comprend-on mieux que la qualité des produits subisse une dépréciation non moins sensible, alors que la proportion des matières premières employées pour obtenir une même quantité de produits augmente dans un rapport de 30 pour 100?

Voilà pourtant où en est encore de nos jours la brasserie, c'est-à-dire au point où elle était lorsque, au lieu de fabriquer de la bière, elle fabriquait de la *cervoise*.

Il est impossible de se le dissimuler, une pareille situation est périlleuse, car il y a entre elle et les besoins présents de l'industrie du brasseur une incompatibilité qui nous effraie pour l'avenir et qui ne saurait durer bien longtemps.

Il serait injuste, cependant, de faire peser toute la responsabilité de cet état de choses sur les hommes qui se livrent à cette industrie; elle revient, pour une bonne part, à l'*esprit de fiscalité* qui la régit et qui l'étouffe du poids de son arbitraire.

Mais ce n'est pas ici le lieu d'examiner cette question, sur laquelle nous aurons à revenir. C'est là que nous démontrerons que s'il y a des remèdes, des palliatifs certains pour tous ces maux, il y a également impossibilité absolue, permanente, de les appliquer immédiatement en présence des brutalités fiscales qui pèsent sur la brasserie.

Nous l'avons déjà dit ailleurs et nous ne saurions nous dispenser de le répéter ici : « Etrange aberration d'un système encore plus odieux dans son application que ridicule dans ses moyens, qui semble vouloir assigner des bornes au développement de l'industrie humaine, ou l'emprisonner dans le cercle rétréci d'une législation ignorante et aveugle. Inextricable contre-sens qui fait marcher dans une direction opposée des intérêts qui sont les mêmes au fond et qui devraient converger vers un but commun au profit de la nation tout entière[1]. »

IIe OPÉRATION: BRASSAGE.

> « Il faut abaisser le niveau de la science à celui de l'industrie, dans l'intérêt du bien-être général. Associer la pratique à la théorie, c'est ajouter à la valeur des idées. »

§ 1. Considérations générales.

Le *brassage*, au point de vue pratique, comprend l'ensemble des opérations qui ont pour but de séparer, au moyen de l'eau, les principes sucrés développés dans l'orge par la germination, soit qu'on en augmente la somme en faisant réagir la diastase sur la fécule, soit qu'on n'utilise dans la fabrication que ceux qui existent naturellement dans le malt. Les diverses liqueurs sucrées obtenues se nomment *infusions* (trempes.)

Dans l'acception rigoureuse et grammaticale du mot, le brassage proprement dit ne comprendrait qu'une

(1) *Journal d'Agriculture pratique et de Jardinage*, août, 1847. *Dégrèvement des droits d'octroi sur le houblon*, par F. Rohart.

seule opération, attendu la synonymie des mots *brasser*, *mélanger*. En terme d'art, l'action mécanique s'appelle *vaguer*, et l'ensemble des opérations du vaguage se nomme *infusions*, comme les produits qui en sont le résultat.

Il y a deux espèces de brassages : le *brassage à malt clair* et le *brassage à malt trouble*. Ils ne diffèrent que par de légères nuances et dans les détails de quelques-unes des opérations qui constituent l'ensemble de leur fabrication.

Nous allons déterminer succinctement leurs caractères; nous les examinerons plus attentivement à mesure que les diverses périodes du travail se présenteront devant nous.

§ 2. Brassage à malt clair.

Le *brassage à malt clair* a pour but de produire rapidement des *infusions* et des *moûts* de la plus grande limpidité. La première condition à observer pour l'atteindre est que le malt soit absolument sec; cependant, à défaut d'une complète dessiccation, on peut opérer comme nous l'indiquerons un peu plus loin.

La difficulté d'obtenir des *moûts* et des *bières limpides* en été a fait donner la préférence à ce genre de fabrication pour les produits qui doivent être mis en consommation aussitôt après la fermentation. Les bières fabriquées par ce procédé moussent plus difficilemen lors de la mise en bouteilles; nous en expliquerons la causeen parlant de la *fermentation*, et nous indiquerons les moyens d'obvier à cet inconvénient.

Le brassage à malt clair a donc non-seulement l'avantage de produire des *moûts* plus *limpides*, mais encore des bières qui se dépouillent plus facilement de leurs marcs après la fermentation. Toutefois, si on a abusé des moyens usités dans ce mode de travail, il est rare que les bières qui en résultent ne contractent pas une saveur dure, qui devient quelquefois âcre si on a été beaucoup trop loin; en outre, ces bières s'acidifient beaucoup plus promptement que les autres. Aussi est-ce avec raison que le *brassage à malt clair* est généralement repoussé dans la fabrication des *bières de garde* [1].

§ 3. Brassage à malt trouble.

Le *brassage à malt trouble* est celui qui se pratique ordinairement lorsqu'il n'est pas indispensable d'obtenir d'un seul coup des infusions claires et des bières limpides. Dans le premier cas, on opère la clarification par le feu, au moment de la cuisson; dans le second, c'est le temps qui l'opère après la fermentation. Il n'exige pas une *dessiccation* du malt aussi complète que le procédé de *brassage à malt clair*, surtout si le malt est employé quelques jours seulement après la dessiccation.

Le *brassage à malt trouble* est, sans contredit, le plus rationnel; mais, dans les moments difficiles, il présente de graves difficultés pour la séparation du *gluten*

(1) Nous sommes loin de blâmer ceux qui font le contraire, car ils n'agissent le plus souvent ainsi que pour satisfaire les goûts ou plutôt les caprices des consommateurs.

(écumes); par ce procédé les infusions sont généralement plus troubles, et les produits fabriqués en ressentent quelquefois de sérieuses atteintes avant comme après la fermentation. En hiver pourtant les circonstances étant plus favorables et le malt plus récemment préparé, c'est le mode d'opérer le plus avantageux. Aussi lui donne-t-on généralement la préférence dans la fabrication des *bières de garde*, parce que les produits obtenus sont d'une conservation plus facile et plus longue. Ce procédé donne aussi des bières d'une saveur plus douce et beaucoup plus délicate que celui du *brassage à malt clair*.

Nous regrettons d'être obligé de nous borner ici à ces courtes indications, mais nous ne pouvons encore ni entrer dans certaines questions de détail, ni parler d'opérations que nous n'avons pas étudiées. Nous reprendrons cette question avec soin chaque fois que l'occasion s'en présentera, et nous allons examiner quelques-uns des appareils et ustensiles dont on se sert ordinairement pour les pratiquer, en indiquant ceux qui pourraient être remplacés par d'autres avec succès et économie.

§ 4. Appareils et ustensiles employés dans les opérations.

Nous attachons à l'examen de cette partie de notre tâche une importance d'autant plus grande que nous aurons à prouver que les appareils et ustensiles dont on se sert aujourd'hui peuvent, par leur nature ou par leur construction, exercer dans certaines conditions une influence fâcheuse sur la qualité des produits ou sur la régularité de la marche des opérations.

Ceux dont on fait ordinairement usage sont :

1° Les *cuves* et les *reverdoirs* ;

2° Les *pompes* ;

3° Les *chaudières*.

Les autres ustensiles n'étant qu'accessoires, nous les mentionnerons à mesure que notre sujet nous amènera aux manipulations pour lesquelles ils sont nécessaires. Ainsi nous ne nous occuperons des *refroidissoirs* et des divers appareils frigorifiques qu'en parlant du *refroidissement*.

§ 5. Cuve-matière.

On désigne sous ce nom une cuve A (*fig.* 31) légère-

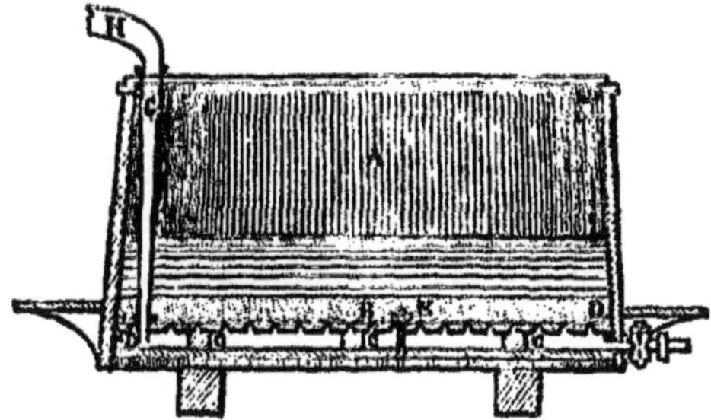

Figure 31.

ment conique, dont les dimensions varient nécessairement selon l'importance des brasseries et celle de la fabrication. Cependant, en règle générale, la capacité relative de la cuve-matière doit excéder d'un tiers au moins la contenance de la chaudière de fabrication; sa hauteur dépasse rarement 1^{m},50 à 1^{m},80, quel que soit son diamètre, afin de rendre plus facile la manœuvre qu'on exécute en opérant le mélange du malt et de l'eau, c'est-à-dire afin que le haut du corps des ouvriers ne soit pas trop au-dessus du sommet de la cuve, ce qui rendrait le travail beaucoup plus pénible.

La *cuve-matière*, ainsi que son nom l'indique, est spécialement affectée au mélange des matières premières, à savoir le malt et l'eau. Elle se compose d'un *faux fond* B (*fig.* 31 et 32), supporté soit par des traverses

Figure 32.

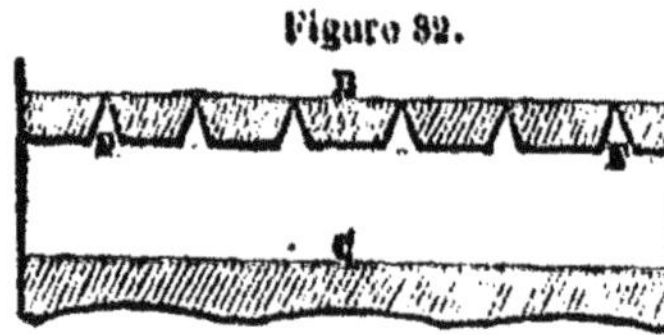

Figure 33.

mobiles C (*fig.* 33), soit par une espèce de corniche circulaire D (*fig.* 34), ajustée contre la paroi interne de la cuve, et qui emboîte l'épaisseur du *double fond* dans tout le pourtour. Cependant on ménage ordinairement du jeu entre le double fond et la corniche circulaire, afin que la partie liquide trouve un écoulement facile, et en même temps afin que les mouvements de contraction ou d'augmentation de volume du bois puissent s'opérer librement. Le *faux fond* est retenu dans la cuve au moyen d'une traverse en fer plat, qui occupe le plus grand diamètre de la cuve et qui y est fixée au moyen d'une vis d'appel E.

La configuration conique des ouvertures F du *faux fond* B (*fig.* 31 et 32) a pour but, d'une part, d'éviter que quelques particules de malt viennent s'opposer à la libre introduction de l'eau dans la cuve, et, de l'autre, de permettre aux *infusions* de s'écouler facilement.

L'introduction de l'eau entre le fond et le *double fond* de la cuve a lieu par un tuyau conique G (*fig.* 31), en cuivre, connu sous le nom de *cahotte*, dont l'extrémité inférieure s'engage dans l'épaisseur même du *double fond*, pour forcer l'eau à pénétrer dans l'intervalle qui sépare celui-ci du fond véritable.

La *cahotte* est desservie par un tuyau mobile H, qui entre à frottement dans cette dernière, et qui est en communication avec la chaudière contenant le liquide à introduire dans la cuve.

La plupart des *cuves-matière* sont cylindriques; quelquefois pourtant elles sont elliptiques ou ovoïdes; leur forme dépend des localités. La plupart n'ont pas de couvercle; nous pensons qu'il serait utile qu'elles en eussent toutes, afin d'éviter l'action des courants d'air, et par conséquent des déperditions de calorique assez notables.

La *cuve-matière* que nous venons d'examiner et qui est la plus en usage est fort éloignée de présenter des dispositions rationnelles. En effet, rien n'est changé, rien n'a été amélioré jusqu'ici dans la construction des ustensiles et appareils de brasserie; ils sont encore à cette heure ce qu'ils étaient à leur origine; et certes, nous n'aurons pas besoin de les calomnier pour justifier la nécessité d'une réforme partielle à l'égard des uns et la suppression totale des autres. Or, nous disons que dans les conditions que nous venons d'indiquer, la cuve-matière, et c'est la plus communément répandue, est fort vicieuse et nous allons le prouver.

Son principal défaut est de mettre le bois en présence de liquides sucrés qui tendent naturellement à se décomposer par le contact de l'air, et dont les éléments si peu stables peuvent, sous l'influence d'un ferment quelconque, subir les transformations, les décompositions que nous connaissons déjà.

La nature éminemment poreuse du bois, et surtout du bois de chêne, auquel on accorde la préférence pour les constructions de la nature de celle-ci, n'est pas étrangère aux altérations qui se produisent dans les *infusions* (trempes) et dans les *moûts* à l'époque des chaleurs ; en effet, ceux-ci pénètrent dans l'intérieur du bois et en remplissent tous les *pores*; sous l'empire d'une température élevée et en présence de l'eau, ils entrent promptement en fermentation, s'acidifient avec une égale vitesse, et produisent bientôt de véritables ferments, comme le ferait la bière elle-même au moment de la fermentation. Alors l'altération d'un atome de sucre se communique rapidement à l'atome voisin, et l'action désorganisatrice, en s'étendant de proche en proche, peut envelopper en peu de temps la masse entière dans son immense réseau.

Qu'on le sache bien, si minime que soit la quantité de matières attaquées par la fermentation, l'altération est capable de reproduire les mêmes phénomènes dans des quantités indéterminées de matières non altérées, et il en est de même pour tous les corps susceptibles d'éprouver la fermentation alcoolique ou la fermentation putride. C'est ainsi que les jus de raisin, de betterave, et la pâte de farine en fermentation, peuvent, comme le lait aigri, la chair ou le sang putréfiés, occasionner les mêmes accidents sur des quantités indéterminées de matières de même nature, quel que soit l'état sain dans lequel elles se trouvaient primitivement. Citons des exemples.

Qui ne sait en effet avec quelle effrayante rapidité se communique, par la circulation du sang, un principe morbifique ou vénéneux, comme la morve, l'hydrophobie ou le virus du vaccin, par exemple? Mais pour nous rapprocher de la question qui nous occupe, que penser du *levain du boulanger*, qui agit sur un volume de pâte vingt fois, trente fois plus considérable que lui? que conclure de l'action de quelques gouttes de lait aigri, ou plutôt de la manière dont se comporte, à l'égard du lait sain, la plus minime quantité de *présure*, quand on lui voit opérer d'un seul coup la coagulation d'un volume de lait qui dépasse de deux cents fois, de cinq cents fois même son propre volume? Or, nous avons affaire à des produits non moins mobiles, à un ferment bien plus énergique, en un mot au *levain du brasseur*, qui peut déterminer la fermentation d'une masse de liquide égale à douze cents fois celle qu'il représente. Le danger serait beaucoup moins grave s'il existait un moyen de circonscrire cette action dans des limites étroites et de faire, comme dans un incendie, la part du feu; mais dans le cas qui nous occupe, l'action désorganisatrice n'a aucune espèce de bornes, et par conséquent elle peut s'étendre d'une manière absolue, indéfinie.

ce que nous n'avons pas encore démontré d'une

manière irrécusable que *le bois s'imprègne des infusions de malt*, que celles-ci y fermentent, et que plus tard elles se comportent exactement comme le ferait un véritable ferment, il ne faut pas en conclure que le fait n'existe pas ; cette preuve trouvera sa place quand nous traiterons des refroidissoirs, et nous mettrons nos lecteurs à même de s'en convaincre par un moyen qui, pour être bien simple, n'en sera pas moins rigoureusement, mathématiquement exact.

Qu'on ne s'imagine pas davantage que nous examinons les choses de trop près et que nous nous plaisons à grossir les dangers. Notre rôle d'historien, et d'historien fidèle, nous oblige à tenir compte de toutes les *causes d'insuccès;* si elles étaient en petit nombre, nous pourrions n'y pas prendre garde, ou du moins ne pas nous y arrêter de manière à appeler toute l'attention de nos lecteurs. Ce qui nous frappe le plus, ce n'est donc pas le caractère qu'elles revêtent lorsqu'on les prend isolément, mais leur nombre nous effraie, nous sommes inquiet de les voir s'entasser, se grouper autour de toutes les opérations, de les voir se constituer sur des bases qui en font dans l'application une puissance dangereuse, insaisissable, lorsqu'on ne les a pas suffisamment étudiées ensemble et séparément. Les conséquences qui en résultent sont trop graves pour que nous ne regardions pas comme un devoir de prémunir contre elles ceux dont nous avons partagé les travaux et les déboires.

Un pas a été fait pourtant, c'est aux Allemands que nous en sommes redevables. Les Anglais nous ont envoyé le *calorifère*; triste cadeau! Quant à nous.... rien. Cela tient à ce que les Allemands sont rationnellement méthodistes, les Anglais simplement spéculateurs, tandis que nous ne sommes ni l'un ni l'autre.

Les Allemands, qui ont mieux compris que nous tout ce qu'il y avait de vicieux dans l'emploi du *double fond*, et comme système et comme matériaux employés, l'ont complétement réformé, et nous les en félicitons, d'autant plus que nous avons été témoin du succès qui a couronné leur entreprise. La *cuve-matière* a été ramenée à sa plus simple expression, comme on peut le voir par le plan et la coupe que nous en donnons (*fig.* 34 et 35).

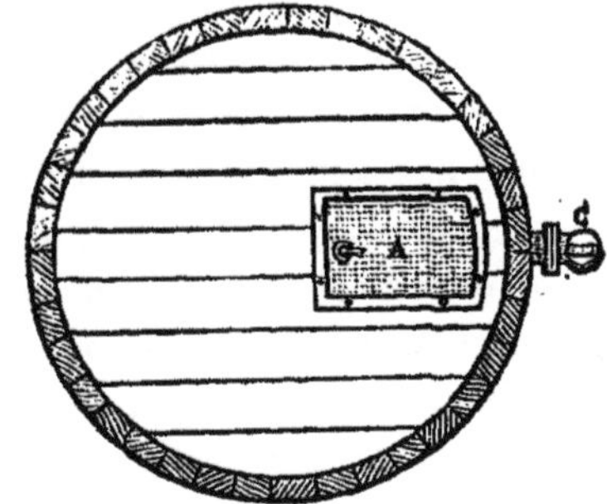

Figure 34.

Figure 35.

Le *faux fond* B (*fig.* 32) a disparu; il est remplacé ici par une forte feuille de cuivre A (*fig.* 34), percée de petits trous pour permettre l'écoulement des liquides hors de la cuve, en passant par le tuyau B et le robinet C (*fig.* 33). Cette disposition exige que les madriers employés à la confection du fond de la cuve soient plus épais que ceux que l'on emploie dans les cuves à double fond, puisque la feuille de cuivre est ajustée dans l'épaisseur même du fond, et qu'il est en outre nécessaire d'y ménager une petite cavité D de 0m,015 à 0m,020 de profondeur. La *cahotte* se place toujours de même, c'est-à-dire de manière à arriver à quelques centimètres du fond de la cuve.

Nous souhaitons que cette modification si simple, si facile à réaliser, se propage rapidement; car elle ne se borne pas à faire disparaître tous les inconvénients du *faux fond;* elle diminue encore les difficultés du lavage, qui, s'il n'est pas pratiqué avec un soin minutieux, vient ajouter une nouvelle cause d'altération à celles déjà trop nombreuses que l'on a sans cesse à combattre.

Toutefois cette amélioration nous paraît bien insuffisante quand nous considérons l'immense surface que présentent les *cuves-matière*, et par conséquent les nombreuses chances d'absorption des liquides sucrés par les pores du bois, et, par suite, de fermentation des divers liquides avec lesquels ils sont en contact. Cet inconvénient, que présentent toutes les autres cuves, est plus grave encore dans celle-ci; c'est ce qui nous fait vivement désirer que toutes soient garnies intérieurement, tant dans tout leur pourtour que sur le fond lui-même, d'une feuille de cuivre laminé.

Ce n'est pas dans la porosité du bois seulement qu'il

faut chercher les causes d'une réprobation que nous croyons avoir suffisamment justifiée et que de nouveaux faits viendront confirmer à leur tour; il faut voir dans la nature même du bois une cause de perturbation qui n'est pas moins puissante que celles que nous venons de signaler. Nous avons dit précédemment avec M. Liebig : « *Tous les corps pourrissants sont capables de provoquer la fermentation dans d'autres corps, de la même manière que des matières fermentescentes peuvent le faire.* » Quel est, parmi tous les corps pourrissants, celui qui possède cette propriété au plus haut degré, si ce n'est le bois lui-même, et surtout dans les conditions où il se trouve dans la cuve-matière, soumise constamment et tour à tour à l'action de l'eau à une température élevée et au contact de l'air? Dans quels cas les chances de *pourriture* ou de *combustion lente* pourraient-elles être plus nombreuses et par conséquent plus énergiques, quand à chacune de ces causes, d'ailleurs bien suffisantes, viennent s'ajouter des liquides que le bois retient, et qui, par leur nature, entrent nécessairement tôt ou tard en fermentation?

Non, il n'existe pas de plus détestables conditions que celles dans lesquelles se trouve la *cuve-matière* PARTOUT, car nous n'en exceptons pas une seule brasserie.

Quittons un moment la brasserie pour nous transporter dans une fabrique de sucre, dont les opérations offrent une frappante analogie avec une grande partie de celles que nécessite la fabrication de la bière[1]. Ici,

(1) L'auteur a fait, en 1837-1838, une école d'application pratique dans l'une des plus importantes fabriques de sucre de la Picardie.

certes, nous ne trouverons dans tous les lieux où l'on traite les jus, dont la densité est la même que celle des *infusions*, que des outils, des ustensiles, des appareils dans lesquels on a substitué le métal au bois; depuis la râpe jusqu'à la chaudière à cuire, *tous* les vaisseaux qui doivent contenir des liquides sucrés sont, sans exception aucune, garnis intérieurement de métal. Dans la brasserie, au contraire, tout est en bois, depuis la cuve mouilloire jusqu'aux baquets d'entonnerie. C'est que le fabricant de sucre a compris que le moindre atome de ferment produit par l'altération des jus suffit pour faire descendre en quelques jours un rendement de 10 pour 100, par exemple, à 6 et même 5 pour 100. De plus, l'expérience lui a prouvé qu'à la diminution des produits il fallait ajouter l'altération de leur qualité et par conséquent la dépréciation de leur valeur. Instruit à ses dépens, il a pris pour combattre la fermentation, cet ennemi qui vous est commun, le seul moyen efficace, tandis qu'avec les appareils dont la brasserie s'obstine à faire usage, il ne faut espérer que des résultats incertains et irréguliers, des tribulations de toute espèce et des sacrifices illimités, surtout dans les moments difficiles.

Ce n'est donc pas sans motif sérieux que nous insistons sur la réforme d'appareils dont l'existence, dans les conditions actuelles, entraîne des causes de perturbation et d'insuccès bien autrement redoutables dans les brasseries que dans les fabriques de sucre. Dans ces dernières, en effet, on ne développe la fermentation dans aucun cas; on n'est pas entouré, comme dans la brasserie, des agents fermentescibles les plus énergiques; et cependant, chose étrange! c'est dans celles-ci qu'on s'est appliqué à éloigner toutes les causes qui peuvent entretenir la fermentation, tandis que l'autre n'a rien fait, elle est restée là dans l'ornière, avec son bagage d'appareils et d'ustensiles surannés.

§ 6. Des pompes.

Il y a deux espèces de pompes : l'une aspirante seulement, c'est la *pompe à sonnette* (*fig.* 36); l'autre aspirante et foulante, qu'on désigne assez ordinairement dans les arts sous le nom de *pompe à chapiteau* (*fig.* 37); toutes deux rendent de grands services, puisqu'elles permettent d'élever les liquides à diverses hauteurs. Il n'y a entre elles d'autres différences que celles-ci : la *pompe à sonnette*, ou plutôt la *pompe aspirante*, ne peut élever le liquide au-dessus de son sommet, tandis que la *pompe aspirante et foulante* permet, par la disposition de ses soupapes A, B (*fig.* 37), de le porter à environ 10 mètres au-dessus de la soupape B. C'est en raison de ces avantages que l'on donne dans les brasseries la préférence à cette dernière; avec elle, on peut tout à la fois

Figure 36.

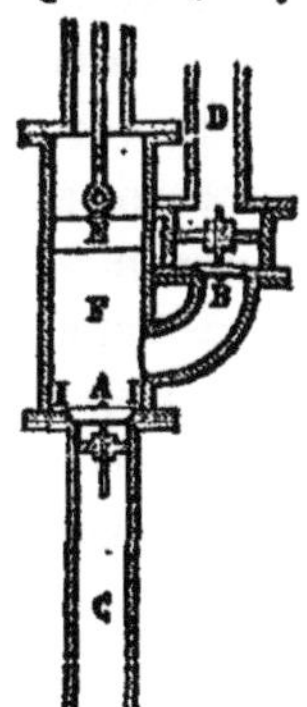

Figure 37.

amener le produit des infusions dans les chaudières, en le prenant dans les reverdoirs par le tuyau d'aspiration C, et les élever de là sur les refroidissoirs par le tuyau d'ascension D, selon la disposition des usines.

Quoi qu'il en soit des avantages que présente chacun de ces systèmes, nous ne pouvons nous empêcher de trouver à toutes les pompes à bière en général des inconvénients que nous allons signaler. Le premier, l'un de ceux qui nous font le plus vivement souhaiter leur prompte réforme, c'est la difficulté que présente un nettoyage complet. Cette opération ne peut ordinairement se pratiquer avec succès qu'en démontant la pompe, parties par parties. Aujourd'hui le seul moyen auquel on ait recours, quand on y pense, c'est d'y faire passer de l'eau très chaude, aspirée du reverdoir par l'action du balancier et le jeu du piston E. On croit assez généralement que cette mesure, fort sage en elle-même, est suffisante pour opérer un nettoyage rigoureux ; il n'en est rien pourtant. Pour vous en convaincre, dévissez le chapiteau de la pompe, afin de pouvoir enlever la tige du piston et le piston E lui-même; démontez les clapets et les soupapes, et dites-nous si l'odeur aigrelette qui se manifeste n'est pas un indice certain qu'il existe dans toute la pompe des matières en fermentation. Passez aussi votre main dans le pourtour et frottez en tous sens avec votre doigt chacun de ces objets, mais principalement les cavités circulaires qui environnent les soupapes et celles que le plombier ou le chaudronnier inintelligent a laissées exister entre sa soudure et l'extrémité inférieure I du corps de pompe F ; n'oubliez pas le tuyau d'aspiration C et le tuyau d'ascension D, et examinez-les dans toute leur hauteur.

Veuillez nous dire maintenant quelle est cette matière, onctueuse et grasse au toucher, d'un jaune sale, et qui glisse entre vos doigts presque à la manière du savon, qui en séchant répand l'infection autour d'elle, que l'eau ne peut dissoudre ni à chaud ni à froid, et que l'alcool ne dissout que faiblement. Vous l'ignorez sans doute, puisque vous n'en aviez jamais soupçonné l'existence. Si vous voulez savoir quelle action elle exerce sur le sucre, mélangez-la dans des proportions égales à celles d'un levain, avec le produit de vos infusions, et bientôt vous verrez celles-ci éprouver tous les symptômes de la fermentation.

Cependant vous venez de chasser un malheureux ouvrier qui s'est permis, malgré votre défense, de manger au-dessus de vos chaudières et de votre cuve-matière ; ou bien, par excès de précaution, vous refuserez de l'ouvrage à un pauvre diable sous le prétexte qu'il est *roux* [1], et que vous ne voulez pas qu'il vous fasse *tourner un brassin*, comme vous dites. Mais vous ne craignez pas d'introduire au milieu de vos produits des hectogrammes de matières fermentescibles qui peuvent y jeter une perturbation générale ; car, en fin de compte, ce sont vos *infusions* qui font le service de balai dans vos

(1) Nous reviendrons sur ce fait, car il est important de savoir à quoi s'en tenir sur les prétendues influences délétères exercées par la transpiration cutanée et pulmonaire des individus à chevelure rousse.

tuyaux de toute sorte, dans vos pompes de toute espèce, et vos chaudières ne sont autre chose que les réservoirs où vont aboutir toutes ces impuretés.

Si encore on ne se plaisait pas à multiplier ces causes! Mais devons-nous le dire? nous connaissons plusieurs brasseries dans lesquelles le propriétaire explique, avec une certaine satisfaction, que, pour desservir sa cuve, sa pompe et sa chaudière, il a eu l'heureuse idée de faire sceller dans les murailles 400 mètres de tuyaux de cuivre exclusivement affectés à charrier tous les liquides sucrés destinés à la fabrication. Et le visiteur bénévole, qui se croit en sûreté par cela même qu'il est dans une brasserie, n'en est pas moins exposé aux dangers d'une machine infernale, car cet immense serpentin fera explosion, soyez-en certains, lorsque la fermeture des robinets viendra s'opposer au libre écoulement des flots de gaz putrides qui s'en dégagent.

Le lavage intérieur des pompes et de leurs accessoires par une aspiration d'eau chaude est donc insuffisant, puisqu'il est incapable d'enlever la matière qui s'est fixée obstinément sur toutes les parois internes. D'ailleurs, les ouvriers oublieront certainement d'échauder, le patron l'oubliera lui-même, sous l'empire des préoccupations qui l'assiégent; mais cette précaution fût-elle prise, il n'en est pas moins exact qu'on introduit dans les chaudières des produits que la fermentation a déjà attaqués, et qui portent par conséquent en eux le germe le plus puissant de la désorganisation.

Un autre vice inhérent à tous les systèmes de pompe est l'impossibilité d'une marche régulière, lorsqu'un corps quelconque vient s'interposer entre les points de jonction d'une soupape et la partie rodée dans laquelle elle s'emboîte; dans ce cas, en effet, le corps de pompe F (*fig.* 37) et le tuyau d'aspiration C se vident complétement, si c'est, par exemple, le jeu de la soupape A qui est entravé.

Ce qui nous fait regarder aussi la *pompe* comme un appareil incomplet, fort gênant dans toutes les usines en général, mais particulièrement dans les brasseries où les travaux doivent être exécutés à heures fixes, c'est la difficulté qui se présente lorsqu'il faut aspirer des liquides à une température élevée; quand on dépasse une température de + 75° à 80°, le vide produit par le piston pour élever le liquide n'amène plus que de la vapeur, et dès lors la pompe fonctionne mal, ou même elle ne fonctionne plus.

Nous n'avons énuméré que quelques-uns des inconvénients de la pompe, ceux qui portent en général sur la qualité des produits; ceux qu'il nous reste à signaler, bien que d'une autre nature, sont aussi graves au point de vue économique, puisqu'il s'agit des pertes de temps qui résultent de l'adoption de ce système, pertes qui viennent augmenter d'autant le prix de la main-d'œuvre.

Il n'est pas rare de voir, dans les brasseries de quelque importance, un homme attelé, c'est le mot, pendant six ou huit heures après le balancier d'une pompe; ce sont six ou huit heures perdues, c'est-à-dire la moitié de la journée moyenne d'un brasseur; car le même travail peut s'exécuter seul et dix fois plus vite, à toute température, au moyen d'un appareil qui fonctionne depuis douze ou quinze ans dans un grand nombre d'usines et de manufactures, qui coûte moins cher que la pompe elle-même, qui n'a aucun de ses inconvénients, comme nous allons le voir, et qui opère d'une manière beaucoup plus efficace.

§ 7. Des monte-jus.

L'appareil dont nous voulons parler est connu dans les arts, et notamment dans les fabriques de sucre, sous la dénomination de *monte-jus*[1]; sa construction est des plus simples, puisqu'il consiste en un cylindre de tôle rivée, fermé à chacune de ses extrémités par une calotte sphérique de même métal, dans lesquelles on a ménagé des ouvertures pour le passage des tuyaux et robinets qui constituent l'ensemble de l'appareil.

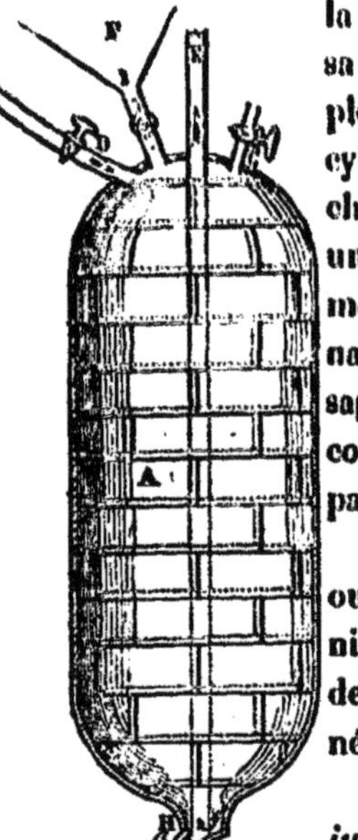

Figure 38.

Sa forme peut être cubique ou ovoïde; cependant cette dernière étant celle qui offre le plus de résistance, c'est la plus généralement adoptée.

Il y a deux espèces de *monte-jus*; l'un (*fig.* 38) est destiné

(1) On eût pu également, et avec beaucoup plus de raison, lui donner le nom d'*appareil hydro-pneumatique*, en raison des applications qu'on en peut faire et du système sur lequel il repose.

à porter des liquides chauds à de grandes hauteurs; l'autre (*fig.* 59) est appelé à aspirer des liquides froids. Le premier est celui qui convient le mieux au service des brasseries. Supposons, en effet, que la base de la cuve-matière soit au niveau du sommet des chaudières, comme dans le *projet de brasserie modèle* que nous avons ajouté à la fin de cet ouvrage; avec cette disposition il suffit, pour porter le produit des *infusions* dans les chaudières, de leur donner issue par le robinet C de la cuve-matière; les infusions n'ont ainsi aucun contact avec des corps susceptibles de les altérer; elles reçoivent à peine le contact de l'air, elles sont dès lors moins exposées aux chances de refroidissement, et l'écoulement des liquides sucrés ayant lieu sans intermittence, le travail est beaucoup plus accéléré. Cette dernière considération surtout a son importance dans les moments difficiles. Il ne reste donc, dans ce cas, qu'à amener dans la *cuve-matière* l'eau que contiennent les *chaudières* dont l'extrémité inférieure est située au-dessous du sommet de la cuve. C'est l'opération que le *monte-jus* va exécuter en quelques instants.

Pour cela il suffira, après avoir fait écouler l'eau de la chaudière dans le *monte-jus* qui est situé au-dessous, de fermer les robinets B, C (*fig.* 59), d'ouvrir le robinet D; l'eau du monte-jus A sera portée instantanément dans la cuve-matière par le tuyau d'ascension E.

Expliquons le mécanisme si simple et si ingénieux de cet appareil, disons quelle est la force qui déplacera toute la quantité de liquide qu'il peut contenir : l'eau de la chaudière arrive dans le monte-jus par l'entonnoir F, lorsqu'on a préalablement ouvert le robinet B pour livrer passage à l'eau, et le robinet C pour donner issue au mélange d'air et de vapeur qui s'en échappe. Le monte-jus étant rempli de la quantité d'eau à élever, on referme ces deux robinets, et on ouvre celui qui se trouve en D, qui communique avec un générateur, *ou, si l'on veut, avec la chaudière d'une machine à vapeur*; la pression existante dans l'intérieur de cette chaudière vient peser sur l'eau que renferme le monte-jus, et comme celle-ci ne saurait trouver d'autre issue que par le tuyau E, ouvert à chacune de ses extrémités et placé au centre de l'*appareil hydro-pneumatique*, il en résulte que la pression dont nous venons de parler détermine l'ascension de l'eau dans le tuyau E, par lequel elle est portée sans autre effort et sans mécanisme dans la cuve-matière.

S'il s'agit de porter la bière après sa cuisson sur les refroidissoirs, quelques minutes suffisent, ceux-ci fussent-ils au sommet de l'usine, c'est-à-dire à $16^m,66$ au-dessus du monte-jus, car le mécanisme est le même que dans le premier cas et le résultat tout aussi certain.

De cette façon, la bière n'arrive jamais dans cet appareil que lorsqu'il a reçu plusieurs fois dans la journée le contact de l'eau chaude; d'ailleurs, lorsque le monte-jus s'est vidé, après avoir porté la bière dans les refroidissoirs, la vapeur s'introduit dans l'appareil et le balaie avec une violence dont on n'a pas l'idée si on n'a été à portée de l'observer; aussi peut-on dire qu'après le balayage opéré par la vapeur l'appareil est dans un état de propreté absolu.

Le robinet H est destiné à faire écouler l'eau résultant du refroidissement de la vapeur, ou, pour parler scientifiquement, de sa condensation.

Ainsi tous les avantages sont incontestablement acquis au *monte-jus : sécurité, vitesse, économie.*

Sécurité d'abord, puisque, comme nous le verrons bientôt, l'une des principales causes de l'altération des produits est le contact de l'air et qu'on peut l'éviter en grande partie par ce moyen ; d'autre part, disparition des inconvénients qui résultent de l'emploi des *reverdoirs,* par suite de la porosité du bois et des défectuosités inhérentes à tous les systèmes de pompes; car l'appareil fonctionne toujours régulièrement, quelle que soit la température des liquides, tandis qu'avec les pompes il est difficile de les aspirer convenablement lorsque la température s'élève au delà de + 70 à 75°, et que le moindre corpuscule, la plus petite parcelle de malt suffit pour s'opposer au jeu régulier des soupapes.

Nous avons mentionné ensuite les conditions de *vitesse,* qu'on ne saurait trop apprécier à l'époque des temps chauds, car, ainsi que nous le verrons, le succès est souvent en raison directe de celle avec laquelle on opère; or, avec le monte-jus, on peut élever 50 hectolitres de bière, par exemple, en moins de 15 minutes, à une hauteur de 16m,66, tandis qu'un seul homme ne mettrait pas moins de trois à quatre heures pour faire cette opération.

L'économie qui résulte de l'adoption de ce système nous paraît suffisamment justifiée par les raisons que nous venons de donner ; pourtant nous ne devons pas oublier qu'avec le monte-jus on évite encore le *refroidissement des infusions*, que les divers transvasements du système en usage rendent inévitable ; de plus, on est à l'abri de la déperdition occasionnée par le débordement des reverdoirs ou le mauvais état des soupapes.

Une autre considération non moins importante milite en faveur du système qui nous occupe, c'est qu'il permet de faire un plus utile emploi du temps et des forces que dépense un homme ; c'est qu'il cesse de l'assimiler à une machine, à une chose ; c'est qu'il cesse de faire de lui un instrument purement matériel, ou simplement le manche d'un outil ; c'est qu'il cesse de le placer en sous-ordre d'une mécanique dont il n'est plus que le moteur à articulations nerveuses. Ici, l'homme n'est pas même au service d'une idée, il est le vassal d'une chose ; et si la somme de force et d'activité qu'il dépense par jour égale 100 par exemple, il pourrait en utiliser 50 au profit de manipulations qui réclameraient plus impérieusement ses soins, si un appareil quelconque agissait à sa place. Mettre un homme, quel qu'il soit, au-dessus du niveau de l'instrument, de la machine, c'est le maintenir à la hauteur qui lui est propre ; c'est lui faire tenir la place qui lui a été assignée ici-bas, c'est réveiller en lui le sentiment de sa supériorité sur toutes les choses matérielles, c'est lui dire ce qu'il est, ce qu'il doit être à l'égard de tout ce qui l'environne. L'homme, débarrassé de son travail abrutissant, sent bientôt s'éveiller en lui des idées qui l'élèvent et font germer dans son esprit l'amour de l'émulation, et cette amélioration fût-elle la seule qui dût résulter de l'adoption d'un meilleur système, qu'il faudrait encore se hâter de l'introduire ; car les ouvriers intelligents contribuent plus puissamment qu'on ne peut l'imaginer au succès de toutes les exploitations, de quelque nature qu'elles puissent être.

Il ne nous reste plus qu'à examiner le prix de l'*appareil hydro-pneumatique* que nous souhaitons ardemment voir employer dans les brasseries, car nous sommes convaincu des immenses avantages que présente son application.

Un *monte-jus* en tôle, capable de supporter une pression de trois à quatre atmosphères et d'une contenance de 25 hectolitres, ne coûte pas plus de 500 francs, tandis qu'une pompe en cuivre, aspirante et foulante, de $0^{m},16$ de diamètre, capable d'élever des liquides à 16 mètres, ne vaudrait pas moins de 5 à 400 francs. Le premier nous paraît inusable et ne nécessite aucune réparation, tandis que la seconde se détériore assez vite et exige en outre des frais d'entretien assez considérables.

Le *monte-jus* (*fig*. 59), dont nous avons parlé précédemment, agit par aspiration, à la manière de la pompe, sur les liquides froids ou au moins quand ils ne sont qu'à des températures peu élevées, comme + 25 à 50° par exemple ; seulement c'est la vapeur qui produit ici le vide que fait le piston dans la pompe. Supposons qu'un foyer, représenté ici par le petit fourneau A, produise de la vapeur dans le récipient en cuivre B par l'ébullition de l'eau qu'il renferme. Si on ouvre les robinets C, D, la vapeur remplira bientôt tout l'appareil ; aussitôt qu'elle s'échappera abondamment en D, ouvrez le robinet E, pour que la vapeur qui se produit toujours puisse s'échapper librement, car autrement elle ferait éclater le récipient; fermez ensuite les robinets C, D, que vous avez ouverts pré-

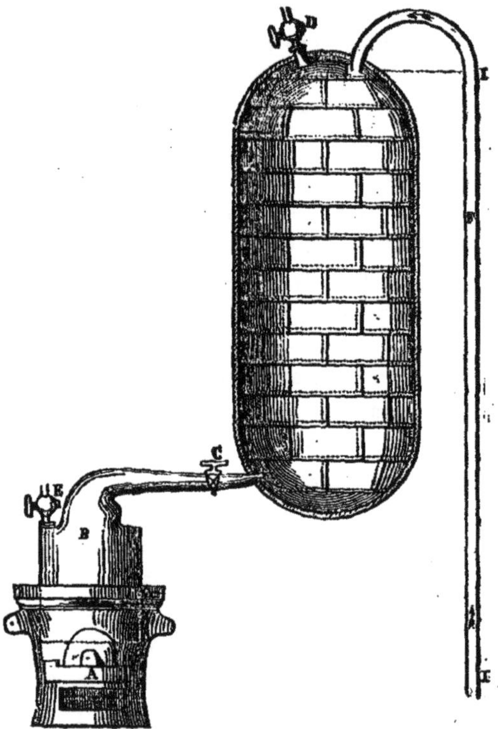

Figure 39.

cédemment; et si les deux extrémités du tuyau d'aspiration I ne sont pas à plus de 8^{m},55 l'une de l'autre, l'eau du puits ou du réservoir dans lequel baignera le pied du tuyau arrivera avec une vitesse telle, au bout de quelques instants, qu'il suffira de moins de cinq minutes pour emplir l'appareil, fût-il d'une contenance de 25 hectolitres.

En effet, si l'appareil a été absolument rempli de vapeur, celle-ci n'a pas tardé à se refroidir, puis à se liquéfier, c'est-à-dire à reprendre son état primitif; il s'est donc formé un vide dans l'appareil, puisque la vapeur a cessé de remplir l'espace qu'elle occupait, et ce vide est représenté par la différence qu'il y a entre 1700 et 1, puisque 1 litre d'eau fournit 1700 litres de vapeur; il s'ensuit qu'il y a, ou plutôt qu'il peut y avoir aspiration de 1699 litres de liquide si on a vaporisé un litre d'eau, et 3398 litres si on a vaporisé 2 litres, et ainsi de suite.

Ainsi, sans le concours d'un générateur, et en employant un petit appareil comme celui que nous avons figuré ici, en A, B, on peut, pour quelques centimes de charbon de bois, faire aspirer en quelques instants près de 40 hectolitres d'eau, mais toujours à la condition que le tuyau d'aspiration n'aura pas plus de 8^{m},33 de hauteur; cependant, en employant un appareil aussi petit que celui que nous avons représenté, il ne faudrait pas compter sur un résultat tel que nos chiffres l'indiquent; car la quantité de vapeur produite étant peu considérable, il s'en condenserait nécessairement une certaine quantité avant que l'appareil ait eu le temps de s'en remplir complétement.

Les appareils dont nous venons de donner la description ne sont rien moins que nouveaux; il y a longtemps déjà qu'ils ont été adoptés dans les fabriques de sucre. Voici ce que nous trouvons sur ce sujet dans le *Bulletin des Sucres français et étrangers*, journal institué pour la propagation des procédés usités dans la fabrication des sucres exotiques ou indigènes, ainsi que de tous les appareils qui y sont relatifs :

« *Appareils à élever les liquides.* »

« Ces appareils méritent d'être bien plus connus qu'ils ne le sont encore. Ils produisent l'ascension des liquides avec une rapidité très grande et une dépense peu considérable. Ils remplaceront les pompes avec avantage partout où il faudra monter une grande quantité de liquides, surtout lorsqu'on doit opérer sur des liquides bouillants. Dans ce cas, en effet, le vide produit dans la pompe par le piston aspirant se remplit de vapeur et non de liquide, et la pompe ne peut fonctionner; quand cet effet a lieu à un moindre degré, la pompe fonctionne, mais fort mal. M. Manoury d'Ectot est le premier qui ait conçu l'idée de ce genre d'appareils ; il en a fait construire un à l'abattoir de Grenelle qui sert à élever toute l'eau nécessaire à cet établissement; car un des grands avantages de cet appareil, c'est qu'il peut également servir à élever toute sorte de liquides. Pour des établissements publics comme les abattoirs, ou pour les manufactures et usines qui ont quelque similitude avec les fabriques de sucre, c'est l'appareil le plus simple, le plus sûr et le moins sujet à réparations. M. Aubineau, fabricant de sucre à Dallon, près Saint-Quentin, en a un qui fonctionne très régulièrement et n'exige presque aucun soin ni réparation. Les rédacteurs de *la Flandre agricole* sont également très satisfaits du service de celui qu'ils ont établi dans leur fabrique de sucre, etc., etc. » (N° du 1er mai 1837.)

L'appareil que représente notre figure 58 peut élever les liquides à toute hauteur, selon la pression à laquelle il fonctionne ; ainsi, si la pression est de deux atmosphères, le liquide s'élèvera au moins à 8m,30 ; il atteindra 16m,65 si la pression est de trois atmosphères, et ainsi de suite, toujours dans le même rapport.

Une des conditions les plus indispensables dans la construction de cet appareil, c'est qu'il soit fortement étamé intérieurement ; car, comme nous le verrons dans la suite, il faut éviter avec le plus grand soin de mettre les décoctions de houblon en contact avec le fer. Il serait préférable, sans doute, que ces appareils fussent en cuivre, mais leur prix en serait considérablement augmenté, et les résultats ne seraient pas meilleurs qu'avec la tôle étamée.

§ 8. Des chaudières et de la construction des foyers.

Nous n'entendons pas nous occuper ici de la forme des chaudières seulement : cette question viendra à son tour ; nous voulons indiquer les principes qui doivent présider à la disposition intérieure des foyers, cette partie si essentielle de toutes les usines, et à la construction de laquelle on apporte, la plupart du temps, une négligence dont les suites se traduisent en pertes considérables de combustible.

Toutes les fois qu'il s'agit d'établir la maçonnerie

d'une chaudière, quelle qu'en soit la forme ou la capacité, on se trouve dans la même incertitude, parce qu'on n'a aucune donnée précise à ce sujet, et qu'il faut, pour en finir, confier l'exécution de ce travail et ses intérêts les plus précieux à un homme totalement étranger aux lois de la physique, en un mot à un maçon. Aussi les résultats sont-ils invariablement les mêmes, c'est-à-dire que vous brûlez 100 kilogrammes de combustible, quelquefois même 150, pour produire tout l'effet utile que vous obtiendriez avec 75, en vous plaçant dans de bonnes conditions.

Nous parlons ici par expérience, car il nous est arrivé de consommer, à Reims, 7,500 kilogrammes de combustible, là où 6,000 au maximum, soit 20 pour 100 en moins, nous ont suffi dès que nous eûmes apporté à la disposition du foyer les modifications dont nous allons entretenir nos lecteurs.

Il ne suffit pas de provoquer un tirage actif, il faut encore que la quantité d'air introduite soit proportionnelle à la quantité et à la nature du combustible lui-même; car si l'air pénètre en excès, la combustion n'a pas d'autre effet que d'échauffer l'air froid aspiré par le foyer et de le jeter dans une cheminée qui va bientôt le répandre dans l'atmosphère. Or, tel n'est pas le résultat que l'on veut atteindre; on veut surtout que la plus grande somme possible de calorique puisse être utilisée au profit des liquides à échauffer. Il est donc indispensable que la fumée et tous les gaz combustibles se brûlent parfaitement, c'est-à-dire que la flamme, ainsi que l'air chaud et tous les gaz provenant de la combustion, parcourent le plus grand espace possible autour des chaudières avant de parvenir à la cheminée, et qu'ils n'arrivent à celle-ci que lorsqu'ils sont presque complétement refroidis. Voilà où réside la difficulté, voilà les obstacles que doivent vaincre le talent et l'habileté du monteur.

Supposons qu'il s'agisse d'établir deux chaudières, l'une sur un foyer muni d'une cheminée ordinaire ou verticale, l'autre sur un foyer desservi par une cheminée souterraine horizontale, cas prévus par notre fi-

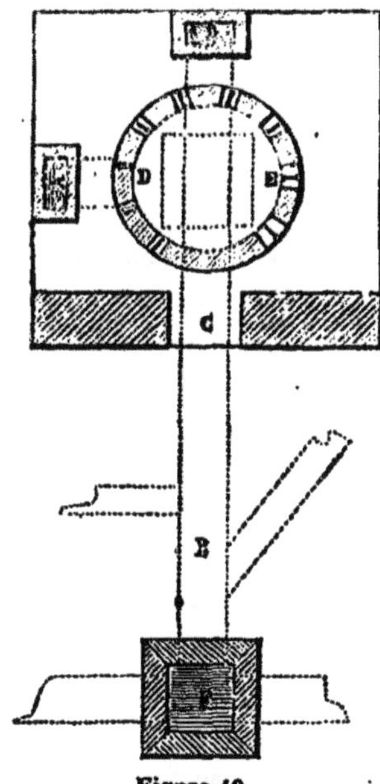

Figure 40.

gure 40, et voyons quelles dispositions il convient de

donner à chacun des foyers. Dans le premier cas la cheminée est en A ; elle est en B dans le second ; pour toutes deux l'ouverture du foyer est en C. Si la cheminée est en A, chacune des ouvertures I, I, I, ménagées dans la maçonnerie du foyer, devra, ainsi que nous l'indiquons dans la figure 40, être d'autant plus large qu'elle s'éloignera davantage de la cheminée, et, par opposition, se rétrécir d'autant plus qu'elle en approchera davantage.

N'est-il pas évident, en effet, que si les neuf ouvertures I présentent toutes les mêmes dimensions, la fumée et la flamme choisiront pour s'échapper l'espace le moins long à parcourir, c'est-à-dire celui qui se rapprochera le plus de la cheminée? C'est ce qui arrive dans toutes les chaudières mal montées ; alors l'action du foyer, au lieu de porter sur toute la surface de chauffe que présente la chaudière, n'agit pour ainsi dire qu'en un seul point, ou bien les autres parties ne reçoivent le calorique que par rayonnement. Dans ce cas, l'ébullition a toujours lieu du côté le plus voisin de la cheminée, c'est-à-dire en D, tandis que la flamme n'arrive presque jamais en E. Dans ces conditions, le combustible est donc mal brûlé, puisqu'on n'utilise pas tout le calorique qu'il peut produire, et il en résulte une perte qui peut s'élever à 20 pour 100, ainsi que nous l'avons constaté directement, puisque personne autre que nous ne veillait à l'alimentation de nos foyers pendant la fabrication.

Plus tard, guidé par l'expérience, nous leur avons donné la disposition que présente notre figure 40 et nous avons obtenu l'économie mentionnée plus haut. Il est impossible qu'il n'en soit pas ainsi ; la flamme est attirée malgré elle vers les ouvertures les plus éloignées de la cheminée ; pour rejoindre celle-ci, elle circule autour de la chaudière, et elle abandonne, dans son parcours, au profit du liquide à échauffer, toute la portion de calorique que ce liquide peut lui enlever.

Il faut donc, dans une disposition de foyer analogue, que, dans la moitié de la circonférence opposée à la cheminée, la section totale des ouvertures I soit une fois plus grande que la section totale des ouvertures qui lui sont opposées. En d'autres termes, si nous coupons la circonférence représentée ici par la maçonnerie en deux parties égales, dans le sens de la cheminée horizontale B, nous aurons le côté D, qui est le plus voisin de la cheminée A, et le côté E qui en est le plus éloigné. Si les ouvertures ménagées dans la partie E présentent une surface de 0m,40, celles qui occupent la partie D ne devront avoir qu'un peu plus de moitié de cette même surface, soit 0m,22 ou 0m,24. Nous aurons donc pour la largeur de toutes les ouvertures comprises dans les côtés D, E, qui forment la circonférence entière, 0m,62 à 0m,64. Cette disposition est applicable à toutes les formes de chaudière. Il est bien entendu que nous ne pouvons indiquer expressément des chiffres pour toutes les chaudières, puisque leur capacité varie à l'infini, et que par conséquent les surfaces de chauffage suivent le même rapport. Nous n'avons donc posé qu'une règle générale et des principes fondamentaux.

Parmi les innombrables erreurs que le temps a laissées

debout au milieu des ruines du passé, il en est qui ont dans l'esprit des masses des racines si vivaces et si profondes, qu'une solide instruction seule, ce puissant levier de la civilisation, pourra les déraciner et substituer les idées fausses aux idées vraies. Ainsi, aujourd'hui encore, la plupart des industriels s'imaginent que les *cheminées verticales* sont les seules bonnes, et que les *cheminées souterraines horizontales* sont toujours mauvaises; cependant c'est là un problème résolu depuis longtemps, et depuis longtemps aussi appliqué avec succès en Angleterre, puis en France, dans des établissements manufacturiers de premier ordre, notamment les usines de teinture.

De toutes celles, en assez grand nombre, que nous avons été admis à l'honneur de visiter, celle de M. Petit aîné, teinturier à Reims, doit figurer en première ligne; nous y avons trouvé non-seulement une nouvelle preuve de la possibilité de cette application, mais encore le moyen d'apprécier les avantages qui résultent de l'emploi des cheminées horizontales. Ainsi nous avons compté 25 chaudières dont les cheminées, disposées horizontalement, sont toutes desservies par des canaux souterrains qui aboutissent à une seule cheminée verticale placée dans un endroit perdu de l'usine.

Ce qui nous a également paru, dans ce bel établissement, capable de convaincre les plus incrédules, c'est un calorifère dont la fumée, après s'être élevée à environ 12 mètres au-dessus du sol, redescend à 1 mètre au-dessous du foyer, c'est-à-dire à $0^m,50$ ou $0^m,40$ au-dessous du sol, et traverse encore une cheminée souterraine horizontale de 23 mètres de longueur, avant de s'échapper par la cheminée principale, qui n'a pas moins de $33^{m},33$ d'élévation. C'est donc, au total, un parcours de 82 mètres effectué par la fumée et les divers gaz provenant de la combustion avant d'être portés au dehors.

Il ne faudrait pas croire que l'emploi des cheminées horizontales ne soit d'un bon usage que lorsqu'il s'agit de desservir un grand nombre de foyers; nous avons dû faire construire une cheminée horizontale pour éviter les dépenses auxquelles nous eût entraîné l'établissement d'une cheminée verticale très élevée, et bien qu'il n'y eût qu'un seul foyer, ce fut encore celle dans laquelle le tirage était le plus actif et la combustion la plus complète.

Nous avons déjà dit, en parlant de la *ventilation des germoirs*, quelques mots des avantages précieux que l'on peut retirer de l'application de ce système dans l'*hygiène des brasseries;* nous ne pouvons pas énumérer ici tous les autres; mais cette question est trop intéressante pour que nous n'y revenions pas chaque fois qu'une circonstance quelconque nous en présentera l'occasion. Pour le moment, nous nous bornerons à dire que, pendant cinq ans, nous avons tiré un parti très avantageux de l'emploi des cheminées horizontales, et nous engagerons ceux de nos lecteurs qui tiennent à se rendre compte de la valeur des applications utiles à en faire au moins l'essai.

En Angleterre, où l'on comprend mieux que chez nous les questions d'économie et où l'on sait mieux les appliquer, il n'y a, en général, dans les établissements industriels de quelque importance, qu'une seule et immense cheminée à laquelle aboutissent tous les foyers de l'établissement ; on aperçoit, au premier coup d'œil, l'économie qui résulte de la suppression de dix, vingt, trente cheminées remplacées par une seule; de plus, le tirage de ces foyers est beaucoup plus actif, les opérations se font d'une manière plus prompte, et il y a par conséquent économie, puisque par cette disposition la combustion est plus normale et plus régulière.

Dans une construction de cette nature, c'est-à-dire en supposant la cheminée en B, les ouvertures I ne doivent plus être disposées comme nous l'avons représenté dans notre figure 40; c'est dans le voisinage du point C qu'elles doivent être le plus larges, pour se rétrécir à mesure qu'elles se rapprochent de la cheminée B, qui est elle-même en communication avec la cheminée centrale F, à laquelle viennent ordinairement aboutir toutes les autres.

Un point assez important, sur lequel nous devons appeler un moment l'attention de nos lecteurs, c'est le choix des matériaux qui doivent entrer dans la *construction des foyers,* et dont la détérioration est assez rapide lorsqu'on se sert de *briques ordinaires;* ces briques entrent en fusion à des températures peu élevées; dans cet état, la silice qu'elles contiennent se vitrifie et forme, avec les scories provenant de la combustion des houilles, des corps très durs, des vitrifications nombreuses que l'on ne peut détacher que par des chocs violents. De là l'ébranlement de tout le foyer, la désagrégation des mortiers qui nuissent les briques ou même la rupture de celles-ci, ce qui nécessite des réparations toujours dispendieuses, qu'on est quelquefois obligé de faire exécuter au moment où l'on a le plus grand besoin des chaudières.

On évite ces inconvénients avec les *briques réfractaires*, dont l'emploi n'augmente pas la dépense de plus de 5 pour 100; en effet, ces briques, étant infusibles aux températures que produisent nos foyers, résistent à l'action du feu et se conservent longtemps intactes; aussi l'adhérence du mâchefer est bien moins à redouter, et lorsqu'il s'en forme, on peut facilement le séparer lorsque le foyer est refroidi. Nous n'avons pas besoin d'ajouter que nous n'entendons recommander spécialement l'emploi des briques réfractaires que dans la construction du foyer, et non pas dans les massifs.

Dans tout état de cause, et quelle que soit la forme des chaudières ou la disposition des foyers, il est nécessaire que l'ouverture du cendrier puisse se fermer exactement au moyen d'une porte mobile en fer battu.

Nous avons remarqué dans quelques usines importantes une disposition de cendrier qui diminue de beaucoup les chances d'adhérence du mâchefer aux barreaux; on y a pratiqué, dans le fond du cendrier, une espèce de réservoir imperméable en maçonnerie, dans lequel on verse de l'eau, à la hauteur de $0^m,20$ ou $0^m,30$; cette eau, échauffée par la chaleur du foyer dont elle reçoit le rayonnement et par les particules de charbon qui passent au travers de la grille, produit constamment une vapeur dont l'action vient s'opposer à l'adhérence des scories dont nous avons parlé.

SECTION VIII. — DE L'EAU.

« La science ne devient vraiment utile qu'en devenant vulgaire. »

§ 1. Considérations générales.

L'*eau*, qu'Aristote et les anciens considéraient comme l'un des quatre *éléments*, avait reçu d'eux le nom de *grand dissolvant de la nature*. Ce fut vers 1783 que l'illustre *Lavoisier* découvrit la composition chimique de l'eau et qu'il en produisit de toutes pièces par la combinaison de 1 volume de gaz *oxygène* et de 2 volumes de gaz *hydrogène*, proportions que lui avait indiquées l'analyse qu'il avait faite.

Voilà en peu de mots l'histoire et la composition de l'eau.

Examinons d'une manière non moins rapide quelques-unes de ses propriétés physiques.

L'eau est transparente; elle n'a ni couleur, ni odeur, ni saveur; elle est très peu compressible, élastique et facilement dilatable par la chaleur; elle transmet les sons plus facilement encore qu'elle ne transmet le calorique. A son *maximum* de densité, c'est-à-dire à $+ 4^{o},10$, son poids est 784 fois plus grand que celui de l'air atmosphérique.

Un litre d'eau représentant 1 décimètre cube pèse 1 kilogramme; c'est le centimètre cube d'eau, pesant par conséquent 1 gramme, qui a servi de base à l'unité de poids du système métrique.

L'eau peut se volatiliser à toute température, même

lorsqu'elle est à l'état solide; sous la pression atmosphérique ordinaire, elle entre en ébullition à + 100°; sous la même pression elle remplit, à l'état de vapeur, un espace 1700 fois plus considérable qu'à l'état liquide; en d'autres termes, 1 *litre d'eau* peut fournir 1700 *litres de vapeur d'eau*. C'est au premier degré au-dessous de 0° de l'échelle thermométrique que commence sa solidification.

Dans la nature, on trouve toujours l'eau unie à l'air, qu'elle absorbe par son contact avec la couche atmosphérique. Un fait extraordinaire, et qui n'a pas été suffisamment expliqué à notre avis, c'est que l'air qu'elle renferme contient 32 parties d'oxygène, tandis que celui que nous respirons n'en contient que 21.

On peut dire qu'il n'existe pas d'*eau pure* dans le sens absolu du mot, c'est-à-dire chimiquement parlant; celle-ci est toujours un produit de l'art, car l'*eau distillée* est la seule à laquelle on puisse donner ce nom.

Les eaux que l'on rencontre à la surface du sol, ou dans le sein de la terre à diverses profondeurs, peuvent être divisées en eaux *douces*, eaux *minérales* et eaux *salées*. Les premières comprennent les *eaux pluviales, de source, de rivière, de neige, de puits;* les secondes, celles dont les propriétés médicinales les rendent propres à la thérapeutique, soit qu'on les emploie intérieurement ou extérieurement. Le nom d'eaux salées désigne particulièrement celles de l'Océan, et en général toutes les autres qui tiennent en dissolution de grandes quantités de chlorure de sodium (sel marin ou sel gomme). La plupart de celles qui sont comprises dans les trois catégories que nous venons d'établir peuvent aussi, selon les cas, être divisées en *eaux calcaires* [1], *salines*, *alcalines*, *acides*, *acidules*, *ferrugineuses*, *sulfureuses*. Toutes sont susceptibles de se convertir, dans un espace de temps plus ou moins rapproché, en *eaux putrides* ou *impotables*.

Nous allons examiner successivement toutes ces eaux; car la question est pour nous d'une haute importance; elle mène à des conséquences qui surprendront les praticiens qui ne se sont pas occupés des sciences chimiques, et auxquels nous espérons nous rendre intelligible en produisant le langage vulgaire à côté du langage scientifique. De toutes les questions qui nous occupent depuis longtemps, elle est l'une de celles qui ont fourni le plus de matières à nos incessantes observations, aux actives recherches qui devaient enfin nous faire découvrir la vérité.

Aucune des personnes auxquelles s'adresse notre travail ne songera à nous contester l'influence que peut exercer sur les produits la nature de l'eau employée à la fabrication de la bière; et dans un grand nombre de cas, les praticiens s'imaginent qu'il n'existe pas de données suffisantes pour apprécier facilement les qualités qui rendent une eau propre à tel ou tel mode de fabrication, ou les défauts qui les rendent absolument impropres dans toute espèce de cas. Ce n'est, à vrai dire, que quand des effets désastreux se sont produits, que l'on songe à s'assurer de la nature d'une eau

(1) On appelle également celles-ci : *eaux crues*, *eaux dures*.

qu'il eût été facile d'apprécier tout d'abord si l'on avait eu recours aux investigations que nous allons signaler. Notre tâche nous aurait paru incomplétement remplie si nous nous étions borné à signaler des effets; nous remonterons donc aux causes, nous les analyserons, et nous sommes intimement convaincu que cette manière de procéder, rendra infiniment plus facile l'application des moyens que nous indiquerons dans chacun des cas qui se présenteront à nous. Nous ferons concorder les données de la science avec les faits acquis, pour en tirer les inductions qui nous auront paru les plus rationnelles et les plus concluantes.

Parmi les rôles si multipliés que remplit l'eau dans les arts, l'un des plus importants pour nous est sans contredit celui de dissolvant. En effet, agent mécanique comme la chaleur, elle pénètre le malt, distend ses molécules, et lui fait subir en les gonflant une augmentation de volume. Ainsi préparé, celui-ci devient mou, flexible, facilement perméable à l'eau, à laquelle il cède toutes les parties solubles qu'il renferme. L'affinité du malt pour l'eau étant plus grande que la force de cohésion qui unit chacune de ses parties, il en résulte la dissolution des principes sucrés qui ont été développés dans la graine par la germination. On ne fait intervenir la chaleur qu'afin de rendre cette action plus énergique.

Mais il ne suffit pas de considérer l'eau comme un dissolvant, il faut encore voir en elle un agent chimique dont l'influence peut s'exercer, dans telles ou telles conditions, sur les produits développés par la germination, et principalement sur la fermentation comme sur l'action de la diastase.

Nous allons examiner d'une manière spéciale les eaux comprises sous la dénomination générique d'*eaux douces*, parce que ce sont celles que la brasserie emploie communément; nous aurons soin d'indiquer les caractères principaux qui les distinguent.

§ 2. Eaux douces.

On nomme *eaux douces* toutes celles qui, employées d'une manière quelconque à l'alimentation de l'homme, ne peuvent déterminer aucun désordre dans l'économie animale; on donne aussi à ces eaux la dénomination d'*eaux potables;* elles sont en général vives, limpides, sans odeur et sans saveur désagréable.

Il n'y a pas de chimiste qui vaille autant que nos bonnes et intelligentes ménagères pour juger de la qualité de ces eaux; il est peu d'expériences plus concluantes que celles qui consistent à opérer la cuisson des légumes avec succès et la dissolution du savon d'une manière uniforme; c'est là un des caractères essentiels des *eaux potables*. Ce moyen d'analyse, tout trivial qu'il puisse paraître, n'en fournit pas moins des indications certaines quand il s'agit de la fabrication de la bière; non pas, il est vrai, dans un sens absolu et rigoureux, mais au moins comme une première vérification, qui permet d'établir assez exactement le pouvoir dissolvant de l'eau à l'égard du malt.

On trouve dans l'application un autre indice qui,

pour être non moins innocent dans la forme, n'en est pas moins très concluant au fond; nous voulons parler de la mousse savonneuse que forment, en tombant dans les chaudières, les *infusions* (trempes) qui y sont portées au moyen des pompes. Le même fait se reproduit au-dessus des *cuves guilloires*, et d'une manière d'autant plus prononcée, dans l'un et l'autre cas, que le liquide tombe d'une plus grande hauteur. Cette mousse fine et persistante rappelle celle que produisent ordinairement les savonnages fins des blanchisseuses, surtout lorsque pour ceux-ci on s'est servi des eaux pluviales.

Si les eaux employées ne possèdent pas au plus haut degré les propriétés dissolvantes qui caractérisent toujours les *eaux potables*, aucune de ces indications ne saurait se produire. Il faut alors les considérer, non pas comme absolument impropres à la fabrication de la bière, mais au moins comme ne présentant pas toutes les garanties suffisantes.

Pour compléter l'examen d'une eau avec quelque succès, on ne saurait se dispenser d'avoir recours aux moyens chimiques, les seuls propres à constater d'une manière positive l'état de pureté plus ou moins grand des *eaux douces*. Parmi ces moyens nous citerons spécialement l'emploi du *chlorure de barium*, de *l'azotate d'argent*, de *l'oxalate d'ammoniaque*, du *bichlorure de mercure*, du *tannin* [1]; à l'aide de ces cinq réactifs, le

(1) Si ces substances sont autant d'agents précieux pour un praticien qui veut constater la qualité de ses eaux à diverses époques de l'année, il ne faut pas perdre de vue que toutes sont des *poisons très violents* et d'une énergie telle que quelques centigrammes peuvent donner la mort. Nous ne saurions donc recommander d'une manière

brasseur peut toujours constater dans ses eaux, ne contissent-elles en dissolution que la cent-millionième partie de leur poids de ces substances : 1° la présence de l'acide sulfurique (huile de vitriol) ; 2° celle du chlore ; 3° celle de la chaux, soit que ces corps y existent à l'état libre ou à l'état de combinaison ; 4° enfin la présence des matières animales.

Les *eaux douces* qui se rapprochent le plus de l'état de pureté sont celles qui sont insensibles à l'action de chacun de ces agents. Dans quelques instants, nous indiquerons comment ceux-ci se comportent, quelles indications chacun d'eux peut fournir, et comment on doit opérer pour faire ces vérifications.

Nous avons dit plus haut que les eaux douces comprenaient les *eaux pluviales*, de *rivière*, de *neige*, de *puits* ; nous allons étudier séparément chacune de ces subdivisions, et nous terminerons par les *eaux putrides*

trop particulière d'apporter une attention scrupuleuse et sévère dans l'emploi de ces réactifs.

La loi interdit aux pharmaciens la vente des substances vénéneuses, à moins que celui qui en fait la demande ne soit porteur d'une ordonnance de médecin, ou d'une autorisation du juge de paix ou du commissaire de police. Nous pensons que ni l'un ni l'autre de ces officiers publics n'aurait le droit de refuser à un brasseur l'autorisation nécessaire pour se procurer ces réactifs, quand l'exercice de sa profession suffit pour justifier l'emploi qu'il en peut faire.

Il serait peut-être encore plus convenable de prier un pharmacien de procéder à l'analyse qualitative des eaux, comme nous l'indiquons plus loin; ces messieurs ayant une grande habitude des manipulations chimiques, il y aurait plus d'exactitude dans les résultats obtenus, et plus de sécurité pour tout le monde.

ou *impotables*, puis enfin par les *eaux salées*, qui appartiennent à la même catégorie [1].

§ 3. Eaux pluviales.

De toutes les eaux qui se trouvent à la surface de la terre, il n'en est pas de plus pures que celles qui proviennent de la condensation des nuages au sein de l'atmosphère et qui nous arrivent à l'état de pluie; elles absorbent, en traversant la couche atmosphérique, des quantités considérables d'air qui, joint à l'état de pureté relative dans lequel elles se trouvent, les rend très propres à l'*imbibition des grains*, c'est-à-dire à l'opération que nous avons désignée sous le nom de *mouillage*.

Quoi qu'il en soit de la pureté comparative des *eaux pluviales*, un grand nombre de savants distingués estiment qu'elles tiennent en dissolution divers corps dont ils ont déterminé la présence; ainsi M. Liebig, dans sa *Chimie appliquée à la Physiologie végétale et à l'Agriculture* (2e édition), après avoir expliqué théoriquement la formation de l'ammoniaque, conclut en ces termes : « Les *eaux pluviales* doivent donc toujours contenir de l'ammoniaque; en été, où les jours de pluie se succèdent à de plus grands intervalles, elles en renferment plus qu'en hiver et au printemps; la première pluie en contient plus que la seconde; et enfin, après

(1) On verra bientôt comment nous avons été amené par la force des circonstances à faire successivement usage de toutes ces eaux, et sur une assez grande échelle pour que nous ayons quelque droit à poser des conclusions sur l'emploi de chacune d'elles.

une grande sécheresse, les *pluies d'orage* ramènent nécessairement sur la terre la plus grande quantité d'ammoniaque[1]. »

Les opinions les plus logiques, les expériences les plus concluantes, justifient ce fait d'une manière irrécusable.

D'un autre côté, M. Raspail, convaincu de la présence de l'acide azotique (eau forte) dans les *eaux pluviales*, énonce les deux faits suivants dans son *Nouveau Système de Chimie organique*, t. II, page 84 : « Longchamp[2] a rendu plus que probable la formation de l'acide azotique aux dépens d'une combinaison des deux principes constituants de l'air atmosphérique; un seul coup de tonnerre suffit pour en former dans les gouttes de pluie. » Il ajoute qu'un pharmacien distingué de Laon, M. Vaudin, a pu constater le même effet dans maintes circonstances[3].

Bien que les *eaux pluviales* soient les plus pures que l'on rencontre à la surface du globe, il ne faut pas se hâter d'en conclure qu'elles soient les plus avantageuses à la fabrication de la bière, principalement en ce qui concerne la fermentation. Nous nous contenterons de consigner ici un fait essentiel et que nous justifierons plus tard : c'est qu'avec les *eaux pluviales*, en été principalement, alors qu'il est essentiel qu'elle soit calme et

(1) Le savant ouvrage auquel nous empruntons cette citation est du plus haut intérêt pour l'agriculture; toutes les questions qui s'y rattachent y sont traitées avec une supériorité remarquable. Nous engageons ceux de nos lecteurs qui s'occupent d'agriculture à le consulter.

(2) *Annales des sciences d'observation*, t. III, pages 58 et 191.

(3) Laon est à 180m,50 au-dessus du niveau de la mer.

modérée, la *fermentation* est beaucoup trop énergique, beaucoup trop active; elle est en un mot beaucoup plus intense que lorsqu'on emploie des *eaux de puits*. En hiver, l'inconvénient est moins grave, car la température ambiante est telle qu'il est toujours facile de tempérer l'action du *ferment* (levûre) par un courant d'air froid, ce qui est rarement nécessaire.

Il nous est impossible de donner, quant à présent, à cette thèse tous les développements qu'elle réclame; nous reviendrons sur cette question essentielle lorsque nous aurons suffisamment étudié les phénomènes de la fermentation et chacune de ses diverses périodes.

Il existe en France un grand nombre de localités dont le sol est à une hauteur considérable au-dessus du niveau de la mer; nous nous bornerons à citer :

	mètres.
Saint-Pons (Hérault), qui est situé à. .	1,035,3
Saint-Flour (Cantal).	883,4
Yssengeaux (Haute-Loire).	860,3
Pontarlier (Doubs).	837,8
Mauriac (Cantal).	698,4
Le Puy (Haute-Loire).	685,8
Gex (Ain).	647,3
Ussel (Corrèze).	639,9
Rodez (Aveyron).	632,0
Aurillac (Cantal).	622,0
Château-Chinon (Nièvre).	551,8
Forcalquier (Basses-Alpes).	550,5
Saint-Étienne (Loire).	540,4
Beaume-les-Dames (Doubs).	531,9
Ambert (Puy-de-Dôme).	531,2

Dans ces localités, et dans une foule d'autres que nous

ne pouvons énumérer ici, on est obligé de recueillir les eaux pluviales dans de vastes citernes. Ces eaux, au lieu de conserver l'état de pureté qui les caractérisait dans le principe, sont presque aussi chargées de matières étrangères que les eaux des puits; en voici la raison. Lors des premières pluies, au moment des orages et des grands vents principalement, les matières suspendues dans l'atmosphère sont entraînées par l'eau qui vient retomber sur la terre; les ciments, les plâtres, les mortiers qui entrent dans la construction de nos édifices, lavés par les premières eaux, leur cèdent toutes les parties solubles qu'ils renferment, entre autres l'azotate de potasse (salpêtre) qu'ils produisent si abondamment, et qui est entraîné au fond des citernes à l'état de dissolution, ainsi que divers autres sels dont nous ne pouvons donner ici la nomenclature.

De plus, un bon nombre de ces citernes sont construites en mortiers solubles, ou plutôt formées d'éléments facilement décomposables, qui avec le temps produisent des quantités de sels de toute nature que l'eau dissout à mesure qu'ils se forment. Aussi les *eaux des citernes*, quoique renfermant moins de sels calcaires que les *eaux des puits*, en contiennent-elles encore assez pour exercer sur l'ensemble des phénomènes de la *fermentation* une influence favorable, c'est-à-dire pour tempérer un peu l'action du *ferment*.

Ces phénomènes de décomposition se produisent avec bien plus d'intensité dans les citernes construites en pierres calcaires, et principalement en pierres tendres et poreuses. Ils disparaissent en grande partie lorsqu'on a employé dans la construction des grès siliceux.

Mais à côté de cette petite faveur, car c'en est une, les citernes présentent de très graves inconvénients ; nous aurons soin, en les signalant, d'indiquer comment on peut y remédier avec quelque succès.

Non seulement les eaux de pluie entraînent avec elles les poussières suspendues dans l'atmosphère par l'action du vent, mais encore elles balaient une partie des miasmes au milieu desquels nous vivons et qui retombent sur la terre toutes les fois qu'il y a condensation, liquéfaction de ces masses de vapeur d'eau auxquelles on a donné le nom de nuages. Lorsque cette eau arrive sur nos toits, elle rencontre presque toujours des débris végétaux que les courants d'air transportent au loin, soit des fleurs, des feuilles, des graines, soit des détritus animaux en voie de décomposition ou des myriades de petits animalcules, en un mot des corpuscules de toute nature et des matières fermentescibles de toute espèce, capables de développer dans l'eau les phénomènes de la putridité, ce qui arrive en effet toujours après un temps plus ou moins long.

Nous avons fréquemment observé, surtout en hiver, que les eaux pluviales avaient une saveur bitumineuse et empyreumatique, même lorsqu'elles tombaient pendant six ou huit heures sans interruption, eût-il plu la veille pendant aussi longtemps. Ce fait, que nous n'avons trouvé consigné nulle part, n'a rien d'extraordinaire sans doute, quand on songe à l'immense quantité de liquides empyreumatiques que vomissent dans l'atmosphère, sous forme de vapeurs, les cheminées de nos habitations et celles des nombreux établissements industriels qui peuplent ordinairement les grands centres manufacturiers; mais par cela même qu'aucun des savants qui ont analysé des *eaux pluviales* n'a signalé ce fait, nous aurions douté de notre propre expérience s'il ne nous fût maintes fois arrivé, à Reims, d'en rencontrer qui laissaient au palais, après la déglutition, une saveur de suie des plus insupportables.

Or, la présence des acides pyroligneux, et particulièrement celle des huiles empyreumatiques, suffit pour retarder la décomposition des *eaux pluviales* qu'on amasse dans les citernes; tel est au moins le résultat des nombreuses expériences comparatives que nous avons faites sur ce sujet, résultat auquel nous nous attendions, par suite de la propriété que possèdent les huiles empyreumatiques de retarder la *fermentation putride*, et même de s'opposer complétement à son développement lorsqu'elles se trouvent en excès.

Ce fait est d'autant plus important que, comme nous le verrons bientôt, la plupart des essences et des huiles empyreumatiques ne peuvent entraver l'action de la *diastase* sur l'*amidon*, dans la transformation de ce dernier en sucre, au moment des infusions (trempes).

Mais, pour utiliser ces heureuses circonstances, il ne faudrait pas que la plupart des citernes fussent construites de manière à anéantir les chances de conservation et à multiplier les causes qui peuvent provoquer l'impureté des eaux pluviales. Y a-t-il un moyen plus sûr de développer la fermentation putride dans les citernes, surtout lorsqu'on n'a pris aucune mesure pour arrêter au passage les matières qui sont en suspension dans l'eau, que de les tenir constamment dans l'obscurité la plus complète et à l'abri du moindre courant d'air? Or, telle est précisément la condition dans laquelle se trouvent les neuf dixièmes de celles que possèdent les brasseurs obligés de faire des approvisionnements d'eaux pluviales.

La construction des citernes, aussi bien que celle des foyers, demande des connaissances physiques et chimiques dont sont dépourvus ceux qui sont ordinairement chargés de les établir ; il ne faut donc pas s'étonner si les unes et les autres donnent le plus souvent des résultats opposés à ceux que l'on voulait obtenir.

« Faites vider l'une de ces deux citernes (elles contenaient chacune environ 1,000 hectolitres d'eau), disais-je un jour à l'un de mes confrères, et je vous atteste que vous n'y trouverez pas moins de trois ou quatre mètres cubes de vase et d'impuretés de toute espèce au fond. » Une discussion s'engagea, un défi s'ensuivit, et, comme j'avais affaire à un galant homme, je le chargeai de me faire savoir, quand sa citerne serait vide, quelle quantité de mètres cubes de vase il y avait au fond. Quelque temps après, une lettre m'apprit qu'on en avait extrait $3^m,50$. En effet, l'une de ces deux citernes était recouverte d'une couche de conferves, formant un immense réseau verdâtre, au-dessous duquel nous trouvâmes une eau très limpide, mais dont la saveur, pour un palais exercé, était légèrement nauséabonde; la puissance de l'habitude est telle que notre confrère, habitué dès longtemps à ne pas boire d'autre eau, lui trouvait une saveur franche et très agréable.

Ce qui, du reste, nous avait mis sur la voie des faits que nous venons d'énoncer, c'est que nous avions précédemment employé les eaux pluviales, et nous avions souvent remarqué qu'à mesure qu'elles vieillissaient il se formait à leur surface, et au moment de l'ébullition, une mousse composée de grosses bulles d'air et de vapeur, qui en crevant laissaient pour résidu une matière onctueuse au toucher. L'ébullition développait en outre une vapeur fade dont l'odeur rappelait celle de moisi. Il nous était impossible de nous y méprendre et nous ne pouvions attribuer cette odeur qu'à l'emploi d'une eau qui avait subi un commencement de décomposition; c'est ce que notre excursion souterraine vint confirmer de la manière la plus évidente. Aussi, quoique toutes les matières premières employées dans cette brasserie fussent en bon état, quoique les manipulations fussent dirigées avec habileté, les résultats n'en étaient pas moins fâcheux. Quand on eut purgé ce foyer d'infection, tous les accidens cessèrent.

Est-il besoin, en présence de pareils faits, d'énumérer toutes les *causes d'insuccès* qu'ils présentent?

Du sein de cette masse de liquide est sorti un nombre incalculable d'*animalcules*, d'*infusoires* de toute espèce, vivant là dans leur sphère, se reproduisant à l'infini, mourant par millions et laissant à une décomposition totale le soin de faire disparaître les traces de leur existence. Comment, dans de pareilles conditions, serait-il possible d'obtenir de bons résultats?

Mais, nous dit-on, le feu purifie tout. Non, le feu ne purifie pas tout; si vous opérez avec des eaux qui contiennent des débris animaux, ceux-ci se retrouveront toujours dans les produits que vous aurez fabriqués, et en présence d'un agent désorganisateur aussi énergique que le ferment, la *fermentation putride* se développera bientôt dans vos bières, et avec une intensité telle que vous serez impuissants à l'arrêter.

Nous avons dit précédemment qu'il s'opérait dans la nature une foule de réactions dont l'imperfection de nos sens ne nous permet pas de constater la réalité; c'est ce qui arrive en particulier dans la circonstance qui nous occupe; il est indispensable alors de recourir aux indications si riches et si positives de la science, et de mettre à profit les moyens d'investigation qu'elle nous fournit.

Donnez-moi cette eau si vive, si limpide, dont la saveur est si nulle pour votre palais, que vous buvez si volontiers et dont vous faites la base de toutes vos préparations alimentaires; laissez-moi y verser quelques gouttes de ce liquide aussi incolore, aussi transparent que l'eau que nous voulons examiner, et bientôt il vous sera facile de doser la quantité de matières animales qui sont renfermées dans ce nuage blanc, épais, qui est venu troubler la transparence des liquides dès qu'ils ont été en contact, et que la dissolution du *tannin* ou du *bichlorure de mercure,* que nous avons employée. vient de précipiter au fond du verre (*fig.* 44).

Or, il nous sera tout aussi facile de précipiter chacun des sels que nous avons nommés dans ce chapitre, et de constater ainsi la qualité des eaux que nous avons à examiner, et qui pour la plupart les tiennent en dissolution. Il est impossible que désormais, armés comme nous le sommes par les découvertes dont les sciences chimiques s'enrichissent chaque jour, nos sens fassent seuls les frais d'expertise dans des questions si délicates et si graves tout à la fois, puisque d'un examen plus ou moins approfondi de la qualité des eaux peut dépendre, à part toute autre considération, le succès ou la ruine d'un établissement.

Le cas que nous venons d'examiner ne se présente pas seulement dans les établissements où l'on est obligé d'avoir recours aux citernes pour conserver les eaux; il se présente dans toutes les brasseries, où l'on n'a que trop fréquemment à combattre les inconvénients des *eaux putrides* par suite de circonstances qu'il nous reste à considérer. Quant à la *construction des citernes*, il ne faut pas oublier qu'elles doivent être largement éclairées, et non pas plongées dans l'obscurité la plus complète; il est non moins indispensable d'y établir une ventilation constante, active; en un mot, il faut les placer dans des conditions diamétralement opposées à celles dans lesquelles elles sont placées pour la plupart. De plus, et c'est là une condition de la plus haute importance, il faut les faire nettoyer à fond le plus souvent et le plus complétement possible. Le système de ventilation que nous avons indiqué en parlant de celle des germoirs peut s'appliquer dans ce cas avec un égal succès.

Dans la crainte que quelques-uns de nos lecteurs

n'accordent pas à nos conseils toute l'autorité qu'ils méritent, même après les longues recherches dont ils sont le résultat, nous citerons encore à ce sujet l'opinion de deux savants chimistes, dont on ne contestera pas la supériorité : ce sont MM. Raspail et Thenard.

Le premier s'exprime ainsi, dans son *Nouveau Système de Chimie organique*, t. III, p. 568.

« Les substances végétales et animales qui cessent d'être placées dans des conditions favorables, soit pour s'organiser, soit pour fermenter alcooliquement et acétiquement, ne tardent pas à offrir les caractères de la fermentation putride, fermentation dont les produits, désormais nuisibles à l'organisation, varient à l'infini, en nombre, en proportions et en combinaisons, en raison de toutes les circonstances qui enveloppent la substance, etc., etc. »

Un peu plus loin, nous trouvons : « Toutes choses égales d'ailleurs, une eau agitée par les vents ou par le mouvement des machines est moins insalubre qu'une eau calme et dormante ; et les amas d'eaux dont le fond est une couche épaisse de gravier épais le sont moins que les amas d'eaux dont le fond est en glaise ou en calcaire.

« Les produits les plus morbides de la décomposition putride se décomposent en produits atmosphériques, sous l'influence des rayons lumineux ou de la flamme ; ils se combinent en produits inoffensifs en contact avec les produits acides, et surtout avec ceux de la combustion du bois. De là vient que la putréfaction, dans les caveaux humides, si peu sensible qu'elle soit à l'odorat, est pire que la putréfaction la plus fétide à la face du soleil.

« Les eaux stagnantes tiennent en dissolution tous les produits de la décomposition des substances animales et végétales; et l'abondance de ces produits est en raison de l'obscurité dans laquelle l'eau se trouve plongée. »

Écoutons maintenant M. Thenard. Après avoir signalé les réactions qui opèrent la *putridité des eaux pluviales* stagnantes, il termine en disant :

« Cette décomposition est produite par des matières végétales ou animales que les eaux tiennent en dissolution et qui se décomposent; alors elles sont fades et mauvaises à boire, quelquefois même elles sont fétides. Telles sont surtout les eaux pluviales qu'on recueille en Hollande sur les toits, et qu'on conserve dans des citernes où l'air ne peut circuler. Mais si, avant de les y faire rendre, on les filtrait au travers d'une couche épaisse de sable, qui les priverait des matières qu'elles entraînent de dessus les toits ou qu'elles trouvent en suspension dans l'atmosphère, elles seraient toujours d'excellente qualité, pourvu d'ailleurs qu'on lavât bien les citernes et qu'on y entretînt sans cesse des courants d'air [1]. »

(1) « Les eaux des puits et, à plus forte raison, des rivières des pays maritimes, sont trop chargées de matières salines pour être potables. Celles des puits du sol de la Hollande sont surtout dans ce cas : de là la nécessité de recueillir les eaux pluviales. C'est principalement vers les mois de septembre que l'eau des citernes devient mauvaise en Hollande, parce qu'alors il ne pleut que rarement. Dans le cas où le procédé que nous venons d'indiquer ne suffirait pas complétement pour conserver les eaux à cette époque, il faudrait, avant de les boire,

Nous ne saurions trop insister sur la *filtration* complète et parfaite *des eaux pluviales*, en présence des ob-

les passer à travers le charbon et les aérer. » *Traité de Chimie élémentaire, théorique et pratique*, t. I, page 248*.

(*) Sans doute, le procédé indiqué par M. Thenard peut rendre d'éminents services, mais il nous paraît incomplet; pour nous exprimer ainsi, il ne faut rien moins que l'approbation donnée par M. Thenard lui-même au procédé de carbonisation employé dans l'intérieur des tonneaux affectés dans la marine au transport des eaux douces, et dans le but de conserver ces dernières. Il ne nous semblerait pas moins rationnel d'établir dans le fond des citernes une couche de $0^m,06$ ou $0^m,08$ d'épaisseur d'un mélange composé de cailloux ou pierres siliceuses, et de noir animal grossièrement broyé, après avoir préalablement lavé l'un et l'autre. Nous sommes convaincu que l'adoption de ce système rendrait les eaux pluviales d'une conservation plus longue et plus facile; cette précaution, bien entendu, ne dispenserait dans aucun cas de la *filtration*, comme M. Thenard l'a indiqué, ni de la ventilation, comme nous l'avons expliqué.

Puisque nous avons parlé de filtration, nos lecteurs nous permettront de leur dire quelques mots de cette opération sur laquelle on a généralement les idées les plus fausses.

La *filtration* est une opération essentiellement mécanique, qui a pour objet de débarrasser les liquides des matières qui y sont en suspension, et non pas d'en changer la composition chimique, comme le pensent un grand nombre de personnes. Prenons un exemple : si l'on projette des cendres de bois dans de l'eau distillée, non-seulement la transparence de celle-ci sera troublée, mais encore elle dissoudra la potasse que contiennent ces cendres; si maintenant on verse ce mélange sur un filtre quelconque, les matières tenues en suspension dans l'eau, celles qui troublent sa transparence, les cendres enfin, seront retenues, et l'eau qui s'écoulera du filtre sera aussi vive, aussi limpide que précédemment; mais sa composition chimique n'en sera pas moins changée; la potasse qu'elle a pu dissoudre dans son contact avec les cendres l'aura rendue alcaline. Il en est de même pour tous les autres corps qui peuvent être en suspension dans l'eau, et pour toutes les matières qu'elle peut dissoudre; ainsi, la filtration d'une dissolution de sel marin ou de sucre, se prolongeât-elle indéfiniment et fût-elle répétée des millions de fois, ne changerait en rien la nature des matières dissoutes, et le liquide n'en serait pas moins, à la dernière opération, comme à la première, toujours salé ou toujours sucré.

servations suivantes que nous trouvons consignées dans l'*Annuaire de thérapeutique* de M. Bouchardat (1845), page 253.

« Hallé et Vauquelin, qui firent un rapport sur les propriétés désinfectantes des filtres de charbon, remarquèrent que des eaux putrides, qui avaient perdu complétement leur odeur et leur saveur en passant sur des filtres de charbon et de sable, n'étaient point privées pour cela de toutes les matières organiques qu'elles contenaient, et qu'elles se putréfiaient de nouveau après quelques jours.

« J'ai fait, sur ce point important de la dépuration des eaux fétides, des expériences et des observations que je crois dignes d'être relatées.

« En 1859, j'ai recueilli, pour des recherches que j'exécutais avec M. le docteur T. Ducommun, de l'eau dans l'égout Saint-Jacques; son odeur était infecte, sa saveur détestable; elle fut filtrée à travers un filtre ordinaire de sable et de charbon; l'eau fut dégagée de son odeur et de sa saveur putrides; mais en l'examinant avec soin, on apercevait encore quelques flocons de matière organique nageant dans cette eau. Après douze heures, elle commença à se troubler; après vingt-quatre heures, elle avait repris en grande partie son odeur et sa saveur. Dans une seconde expérience, l'eau infecte fut dépurée par un filtre parfaitement monté, de près d'un mètre de matières filtrantes; elle fut privée de toute odeur et de toute saveur putrides, et sa transparence était parfaite. Examinée après douze jours de conservation dans un flacon bouché à l'émeri, à une température variant entre 15 et 22 degrés centigrades, elle ne s'est pas troublée, et n'a pas repris son odeur et sa saveur primitives : cependant elle contenait encore en dissolution une grande quantité de matières organiques dont on pouvait facilement déceler la présence au moyen d'une dissolution de tannin ou de bichlorure de mercure.

« Je reviendrai bientôt sur cette eau, que j'ai observée avec soin depuis cinq ans ; mais je dois dès à présent insister sur un fait remarquable qui ressort de la comparaison de ces deux observations, et que mes recherches sur les ferments alcooliques ont montré être plus général.

« Dans les deux expériences que j'ai rapportées, j'agissais sur la même eau : dans les deux cas, toute odeur et toute saveur putrides avaient été enlevées par le filtre de charbon ; dans les deux cas, l'eau contenait encore en dissolution une quantité très notable de matières organiques azotées, et cependant une de ces eaux s'est corrompue très rapidement, et l'autre ne s'est point altérée. La seule différence, la voici : l'eau qui s'est bien conservée était d'une limpidité parfaite ; les matières inertes du filtre avaient retenu toutes les substances organiques en suspension. L'eau qui s'est putréfiée de nouveau retenait encore des flocons de matière organique en suspension, qui ont agi comme de véritables ferments putrides.

« Voici une expérience qui vient encore nous montrer l'influence des matières organiques insolubles :

« Je laissai se putréfier dans l'eau des matières animales; quand cette eau eut acquis une odeur infecte et une saveur détestable, je la filtrai sur un filtre au charbon monté avec le plus grand soin; je la séparai dans deux flacons : dans l'un, je ne mis rien, et l'eau resta sans se corrompre; dans l'autre, j'ajoutai une dissolution de tannin, et après quarante-huit-heures, l'eau avait repris toute sa fétidité. Le tannin, en agissant sur les matières animales dissoutes, avait déterminé la formation d'un précipité qui s'est comporté comme un véritable ferment putride.

« Revenons actuellement à l'examen des divers échantillons d'eau que j'ai conservés dans des flacons de verre bouchés à l'émeri depuis le 8 octobre 1859. 1° J'avais, d'une part, de l'eau de l'égout de la rue Saint-Jacques, qui, avant la filtration sur les couches de sable et charbon, avait une saveur repoussante; après cette opération, sa limpidité était absolue, et sa saveur n'avait rien de désagréable; c'était de bonne eau potable, quoique retenant encore beaucoup de matières organiques en dissolution, qui resta plus d'un mois sans perdre sa limpidité. Peu à peu il apparut dans cette eau quelques flocons d'une matière verdâtre qui envahirent la plus grande partie du flacon, et qui se recouvrirent de bulles de gaz. J'ai reconnu depuis que ces flocons verdâtres étaient identiques avec ceux qui ont été examinés dans des conditions analogues par MM. Auguste et Charles Moren; ils étaient formés par le *Chæmidonas pulvisculus* (Ehrenb.), par d'autres animalcules verts, et par des débris d'algues disposés symétriquement, sur lesquels ces animalcules reposaient. J'ai constaté que le gaz qui se développait dans cette eau contenait 32 p. 100 d'oxygène. Elle est aussi bonne aujourd'hui que le premier jour après sa filtration [1].

« 2° J'avais, d'autre part, de l'eau qui avait pris une odeur infecte par suite de la macération de viande putréfiée. Elle fut filtrée avec le plus grand soin sur le filtre de sable et de charbon ; sa limpidité était absolue, et sa saveur n'était pas désagréable ; pendant les six premiers mois elle resta limpide, quoiqu'elle contînt beaucoup de matière albumineuse en dissolution ; il se forma peu à peu à sa surface quelques flocons blanchâtres qui finirent par s'agglomérer en une membrane mucilagineuse demi-transparente, composée d'algues microscopiques, mélangées d'infusoires également microscopiques. Aujourd'hui, après cinq ans de conservation, la saveur de cette eau n'est pas désagréable.

« 3° Dans une dernière série d'expériences, j'avais fait macérer dans de l'eau de la chair putréfiée et des œufs. L'eau infectée qui en résulta fut parfaitement filtrée et dépurée sur un filtre sable et charbon ; sa limpidité était également absolue ; mais après deux mois de conservation elle se troubla, et il s'y forma peu à peu de fines

(1) Il faut bien se garder de croire que les eaux, dans cet état, soient propres à la fabrication de la bière, car, comme nous l'avons dit déjà, toutes ces matières animales, éprouvant plus tard la fermentation putride, s'opposeraient dès lors à la conservation de la bière.

En invoquant les opinions et les faits énoncés par M. Bouchardat, nous avons voulu montrer combien il était essentiel que la filtration fût complète pour augmenter les chances de conservation ; mais nous maintenons nos conclusions, c'est-à-dire que nous voulons l'exclusion absolue des matières animales, soit en suspension, soit en dissolution.

membranes d'une couleur brune. Cette eau prit et possède encore aujourd'hui une odeur extrêmement intense d'hydrogène sulfuré.

« Les observations que je viens de relater prouvent que, lorsque des eaux infectes ont été dépurées au travers de filtres de charbon, si la filtration n'est pas parfaite, s'il reste des matières en suspension en même temps que des substances organiques en dissolution, elles se corrompent de nouveau très rapidement. Si, au contraire, la filtration est parfaite, s'il n'existe aucune matière organique en suspension, les eaux peuvent, quoique retenant des matières organiques en dissolution, se conserver très longtemps.

« Les altérations que ces matières organiques éprouvent avec le temps pourront différer complétement de ce qu'elles étaient dans l'eau primitive; au lieu de ferment putride, il peut se développer, dans ces eaux, ces animalcules infusoires étudiés dans ces dernières années, qui, loin d'altérer l'eau, la purifient, parce qu'ils fournissent incessamment de l'oxygène qui, à l'état naissant, détruirait toutes les matières hydrogénées infectes.

« La conséquence naturelle de tout ceci, c'est que, lorsqu'on voudra conserver des eaux dépurées, il est indispensable que la filtration soit parfaite, et que ces eaux soient exemptes de toute matière organique en suspension. »

§ 4. Eaux de rivière.

Les *eaux de rivière*, par rapport à l'état de pureté dans lequel elles se trouvent ordinairement, peuvent tenir le milieu entre les eaux pluviales et les eaux de puits; en effet, la trop grande pureté de celles-là les rend fades comme l'eau distillée, tandis que celles-ci sont quelquefois tellement chargées de matières calcaires qu'elles ont une saveur dure.

Au contraire, certaines *eaux de rivière*, et c'est le plus grand nombre, ne présentent ni l'un ni l'autre de ces deux inconvénients. Cette considération les rend préférables, dans certains cas, pour nos usages domestiques et pour diverses applications industrielles, mais il n'en est pas toujours de même à l'égard de la fabrication de la bière.

Nous avons expliqué, en parlant du *mouillage*, pourquoi dans cette opération on devait leur accorder la préférence sur toutes les autres. Nous devons ajouter que leurs propriétés éminemment dissolvantes les rendent précieuses pour les infusions (trempes), en ce sens que les principes sucrés développés dans l'orge par la germination sont séparés plus facilement, d'où il suit naturellement que le malt en est mieux épuisé.

S'il était possible d'employer de l'*eau distillée*, c'est-à-dire de l'eau chimiquement pure, les résultats obtenus dans les infusions seraient encore bien plus satisfaisants, car on réunirait ainsi, par la grande pureté de l'eau, les conditions les plus favorables pour faire réagir la diastase sur l'amidon, et par conséquent pour opérer la conversion de celui-ci en sucre dans les circonstances les plus avantageuses.

Mais comme nous l'avons déjà dit, il y a loin de tous ces avantages aux immenses inconvénients qui en résultent pour la fermentation, car lorsqu'on emploie des eaux très pures, celle-ci est beaucoup trop active, et les produits obtenus, particulièrement lorsqu'il s'agit de bières de garde, en ressentent une atteinte profonde. Nous y reviendrons plus tard avec tous les détails possibles.

La composition chimique des *eaux de rivière* est très variable; il suffit, pour en juger, de jeter un coup d'œil sur ce tableau que nous empruntons au *Traité de Chimie élémentaire* de M. Thenard, t. 1, p. 235.

NOMS DES EAUX.	Quantité d'eau analysée.	Air contenu dans cette eau [1].	Acide carbonique contenu dans cette eau [1].	Résidu provenant de l'évaporation de cette eau [1].	Sulfate de chaux provenant de ce résidu.	Carbonate de chaux provenant de ce résidu.	Sel marin provenant de ce résidu.	Sels déliquescents provenant de ce résidu.
	litr.	centil.	centil.	gram	gram.	gram.	gram.	gram
De Belleville et de Ménilmontant, au regard de Saint-Maur.	15	30,17	20,60	24,753	17,040	3,830	0,347	3,516
Des Prés-Saint-Gervais, fontaine du Chaudron.	15	40,78	34,67	17,281	0,635	3,540	0,459	0,647
De la Beuvronne, fontaine du Ponceau, à Paris. .	15	37,04	23,17	10,999	6,728	2,836	0,000	1,885
De la Bièvre avant son entrée dans Paris.	15	35,89	19,89	9,324	3,788	2,047	0,169	1,038
De la Beuvronne.	15	34,23	32,44	8,280	3,030	3,885	0,000	12,75
D'Arcueil, fontaine du palais de l'Institut.	15	26,89	32,83	6,990	2,528	2,536	0,280	1,046
De la Thérouenne.	15	34,09	20,50	4,770	0,304	3,925	0,000	0,541
Du canal de l'Ourcq [2]. . .	15	45,93	38,32	3,784	0,257	2,903	0,114	0,417
De la Collinance	15	32,72	12,23	3,390	0,289	2,882	0,144	0,085
De la Gergogne.	15	34,72	23,78	3,270	0,221	2,703	0,129	0,223
De l'Ourcq	15	35,89	16,83	2,887	0,404	2,362	0,115	0,268
De la Seine, sous Paris. .	15	36,28	12,64	2,615	0,293	1,940	0,000	0,373
De la Seine, au-dessus de la Bièvre.	15	36,28	12,54	2,426	0,761	1,494	0,000	0,171

(1) « Comme les eaux ont été conservées dans des bouteilles jusqu'à ce qu'elles fussent devenues limpides, il serait possible que cette circonstance eût influé sur les quantités d'air et d'acide carbonique : ce qui tend à le faire croire, c'est que les quantités d'air, qui devraient être les mêmes probablement pour toutes les eaux, présentent des différences assez marquées. »

(2) « Formé par les eaux de l'Ourcq, de la Beuvronne, de la Thérouenne, de la Collinance et de la Gergogne. »

Il résulte du travail ci-dessus que les *eaux de la Seine* au-dessus de la Bièvre sont infiniment plus pures que toutes celles qui précèdent, et que les *eaux de Belleville* et de *Ménilmontant*, au regard de Saint-Maur, sont au contraire les plus impures. Avec les premières, on obtiendrait sans aucun doute plus facilement des *bières mousseuses* qu'avec les secondes, et avec les secondes des *bières de garde* d'une conservation plus longue, mais peut-être d'une digestion plus difficile.

Indépendamment des treize analyses que nous avons rapportées et qui ont offert des résultats si différents, nous croyons utile de reproduire encore le tableau suivant que nous trouvons dans le *Traité de Chimie élémentaire* de notre bien cher et très honoré maître, M. Bergouhnioux, professeur de chimie industrielle à Reims.

NOMS DES EAUX.	QUANTITÉ DE RÉSIDU PAR LITRE D'EAU.
Eau de la Seine avant sa jonction avec la Marne.	gr. 0,2785
Id. dans Paris.	0,1826
Id. au sortir de Paris.	0,1810
Eau de la Marne avant sa jonction avec la Seine.	0,1801
Eau du canal de l'Ourcq, près Paris..	0,4521
Eau d'Arcueil, fontaine de l'Institut..	0,4660
Eau des fontaines ou sources de Rouen (par (J. Girardin).	de 0,2000 à 1,8000

M. Liebig, qui a constaté la présence du chlorure de sodium (sel marin ou sel gemme) dans les *eaux de rivière*, dit, dans son ouvrage, *Chimie appliquée à la*

Physiologie végétale et à l'Agriculture, page 166 : « La composition de l'eau des rivières et des sources nous fait voir qu'en fait de matières étrangères, on n'y trouve guère que du sel marin, ce qui prouve aussi que les matières portées à l'Océan par les fleuves et les rivières sont ramenées à la terre par les vents marins et les pluies [1]. »

Pour juger de l'état de pureté des *eaux de rivière* comme de toutes les autres, il faut disposer quatre verres à expériences (*figures* 41, 42, 43 et 44), et les

Figures 41, 42, 43, 44.

remplir de l'eau que l'on veut soumettre à *l'analyse qualitative*, c'est-à-dire dont on veut constater la qualité.

Dans le premier verre on verse quelques gouttes d'une dissolution[2] de *chlorure de barium;* le dépôt blanc qui se précipite au fond du vase indique la quantité de sels formés par la combinaison de l'acide sulfurique avec

(1) Nous ne pensons pas que l'opinion émise par M. Liebig, sur les causes de la présence du sel marin dans les eaux des rivières, ait jamais été sanctionnée par aucun autre savant.

(2) La dissolution doit toujours être préparée avec de *l'eau distillée;* on en comprend aisément le motif.

les alcalis, comme, par exemple, la potasse, la chaux, combinaisons d'où résulte le sulfate de potasse ou le sulfate de chaux (plâtre). Ainsi, si l'on opère sur des *eaux séléniteuses*, c'est-à-dire contenant du sulfate de chaux en dissolution, le *chlorure de barium* indiquera sa présence (*fig.* 42).

On verse dans le second verre quelques gouttes d'une dissolution d'*oxalate d'ammoniaque*; le précipité blanc qui en résulte indique la présence de la chaux (*fig.* 43).

Dans le troisième verre, on ajoute quelques gouttes d'une dissolution d'*azotate d'argent*; le précipité qu'il détermine indique la quantité de sels formés par la combinaison du chlore avec l'argent; de même aussi, si le chlore était uni à la potasse, ou plutôt à la soude avec laquelle il constitue le chlorure de sodium (sel marin ou sel gemme), *l'azotate d'argent* indiquerait dans les *eaux salées* la présence du sel marin (*fig.* 44), puisque le chlore du sel se combinerait avec l'argent et déterminerait ainsi un précipité blanc.

Dans le premier et le troisième de ces exemples, les réactifs signalent aussi la présence de l'acide sulfurique (huile de vitriol) et du chlore, lorsqu'ils sont unis à l'eau à l'état libre, et que celle-ci les tient en dissolution.

Enfin, on opère dans le quatrième verre comme nous l'avons expliqué en parlant des *eaux pluviales*, pour constater la présence des matières animales contenues dans l'eau (*fig.* 41).

Si en employant chacun de ces réactifs, mais particulièrement l'azotate d'argent et le tannin, ou le bichlorure de mercure, il se forme des précipités abondants, épais, il faut bien se garder d'employer les eaux qui ont donné ce résultat; elles imprimeraient à la fermentation une marche irrégulière, défectueuse, dont les produits se ressentiraient infailliblement. En outre, chacun des sels que contiennent ces eaux peut réagir sur la *diastase* au moment des infusions (trempes), et, en retardant ou affaiblissant l'action de celle-ci sur l'amidon, elle diminue par une conséquence nécessaire la proportion du sucre qu'elle est appelée à produire; d'où résultent en dernière analyse des moûts moins riches en principes sucrés qu'ils ne l'eussent été avec des eaux d'une meilleure qualité. Le plus sûr moyen, lorsqu'on est forcé de se servir d'eaux chargése d'une grande quantité de sels calcaires, c'est de les mélanger par parties égales avec des *eaux de pluie* recueillies avec soin, et de composer ainsi ce que nous appellerions volontiers une *eau mixte*. Quant aux *eaux pluviales*, on peut, lorsque leur trop grande pureté détermine une fermentation trop active, les mélanger par parties égales avec des *eaux calcaires*, crues et dures; on en obtient alors de très bons effets, mais toujours à la condition que ni l'une ni l'autre ne tiendront en dissolution ni matières animales, ni sel marin.

Si, au contraire, l'eau soumise à l'analyse n'est que légèrement troublée par les réactifs, elle peut être employée utilement à la fabrication de la bière.

Ce dont il importe essentiellement de s'assurer quand il s'agit de faire choix d'une *eau de rivière*, c'est qu'elle ne roule pas sur des *terrains marécageux*;

quand elle traverse de semblables terrains, elle charrie inévitablement des débris végétaux et animaux en voie de décomposition, susceptibles de jouer le rôle d'un ferment. Or, c'est presque toujours la condition des eaux de rivière, et ce motif seul nous empêche de leur accorder la préférence sur certaines *eaux de puits*, que nous examinerons dans le paragraphe VI de ce chapitre.

En parlant des propriétés hygiéniques de l'eau, le *Dictionnaire des Sciences médicales*, rédigé par des hommes dont on ne saurait récuser la compétence, émet les opinions suivantes :

« Elles ne doivent pas contenir de matières animales ou végétales corrompues : ainsi, on ne doit pas les puiser dans le voisinage des marais ou dans des étangs, et moins encore dans ceux-ci mêmes. Ces eaux, lors même qu'elles ne recèlent que des quantités inappréciables de matières organiques en putréfaction et des produits gazeux de leur décomposition, ne sont jamais saines, et leurs effets nuisibles se manifestent à la longue : c'est ainsi qu'elles amènent peu à peu la débilitation des forces gastriques, la décoloration des tissus rouges, les fièvres intermittentes, les engorgements des viscères abdominaux, l'asthénie générale. »

Or, à l'exception d'un petit nombre de rivières qui roulent sur le gravier marneux ou sur des silex, toutes sont dans ce cas; elles renferment donc, en général, des débris végétaux et animaux qu'y amènent dans le voisinage des grandes villes soit l'infiltration des eaux ménagères au travers du sol et par les canaux souterrains des égouts, soit par les égouts eux-mêmes qui viennent s'y déverser, soit encore les tanneries, les grandes buanderies, les lavoirs publics, etc.

Nous repoussons donc, dans le plus grand nombre des cas, l'emploi des eaux de rivière, pour donner la préférence aux *eaux des puits forés,* préférence que nous allons justifier par des faits nombreux, après nous être occupé un instant des deux espèces d'eau qui suivent.

§ 5. Eaux d'orage, eaux de neige.

Ce que nous avons dit des *eaux pluviales* est applicable en grande partie aux *eaux d'orage* et de *neige;* mais les phénomènes qui se passent dans l'atmosphère lors de la formation de celle-ci sont d'un trop haut intérêt, leurs conséquences dans l'application nous touchent de trop près pour que nous n'en disions pas quelques mots.

On savait depuis longtemps que l'éclair, en fendant la nue, opérait entre les principes constituants de l'air une combinaison intime, de laquelle résultait la formation d'un acide des plus énergiques qu'on appelait autrefois *eau forte* en raison de ses propriétés éminemment corrosives, que plus tard on a nommé *acide nitrique,* mais que, depuis de nouvelles découvertes, on a désigné sous le nom beaucoup plus rationnel d'*acide azotique.*

Un illustre savant anglais, M. Cavendish, produisit ce phénomène de toute pièce, en faisant passer dans un appareil contenant de l'air et de la vapeur d'eau une suite non interrompue de décharges électriques. Tout portait donc à croire que l'éclair, la plus puissante de toutes les étincelles électriques, opérait la même réaction dans les régions élevées qu'il parcourt.

C'est dans le but d'éclairer cette question que M. Liebig se livra à Giessen (Allemagne), vers 1830, à une série d'expériences qui ne durèrent pas moins de deux ans et demi, et à la suite desquelles il publia un mémoire qui fut inséré dans les *Annales de Physique et de Chimie*, t. XXXV, p. 329, et duquel nous extrayons le passage suivant :

« Parmi mes soixante-dix-sept échantillons, il y en avait dix-sept qui provenaient des pluies d'orage; or, ces dix-sept contenaient tous de l'acide azotique, en quantités très différentes, combiné ou à la chaux, ou à l'ammoniaque. Parmi les autres, au nombre de soixante, je n'en trouvai que deux qui continssent des traces d'acide azotique.

« Il est clair, d'après cela, que la foudre, en traversant l'air, détermine la formation d'une grande quantité d'acide azotique. »

Nous pouvons et nous devons donc considérer désormais la présence de l'*acide azotique* dans les *eaux d'orage* comme un fait incontestable, puisqu'à mesure qu'il se produit il est forcé de graviter vers la terre, entraîné qu'il est par les gouttes d'eau qui le dissolvent et qui nous l'apportent avec elles.

Nous rappellerons à ce sujet que toutes les substances capables de s'opposer aux propriétés dissolvantes de l'eau sont encore un obstacle sérieux à l'action que la *diastase* doit opérer sur l'*amidon*, pour le transformer en sucre; or, les corps qui retardent l'action de la *diastase*, et même qui l'annihilent d'une manière absolue, sont extrêmement nombreux, et l'*acide azotique* est l'un des plus énergiques.

En ce qui concerne les *eaux de neige*, le fait que nous allons énoncer, quoique moins grave que le précédent, n'en a pas moins aussi une certaine importance.

Dans son ouvrage de *Chimie appliquée à la Physiologie végétale et à l'Agriculture*, M. Liebig dit, p. 63 : « L'ammoniaque se rencontre également dans les eaux de neige. Les flocons qui tombent au commencement, lorsqu'il neige, renferment un maximum d'ammoniaque; on en a même constaté d'une manière positive dans ceux qui n'étaient tombés qu'au bout de neuf heures. »

L'ammoniaque, quoique incapable de détruire l'action de la *diastase*, surtout lorsqu'elle est unie à une proportion d'eau aussi considérable, peut cependant la modifier dans un certain rapport; cette seule considération suffit pour que nous évitions sa présence, soit qu'elle se trouve dans l'eau à l'état libre, ou combinée avec les acides. Dans tous les cas, ce qui précède suffit pour démontrer que les eaux d'orage et de neige ne sauraient être propres aux besoins de la brasserie.

§ 6. Eaux de puits.

De toutes les eaux employées à la fabrication de la bière, il n'en est pas qui le soient autant que les *eaux de puits*; ce sont donc celles qui méritent le plus de fixer notre attention. Nous allons les étudier d'une manière spéciale, et nous entrerons à leur égard dans les développements que réclame une question aussi importante.

La nature chimique des *eaux de puits* est subordonnée à la nature des terrains qu'elles traversent; c'est dire qu'elles varient autant que les terrains au travers desquels elles s'infiltrent. Leur température, le temps pendant lequel elles sont restées en contact avec les terres, sont autant de considérations qui influent sur l'état de pureté relatif dans lequel elles se trouvent. Ainsi, celles qui ont été en contact avec la craie, en renferment toujours; celles qui avoisinent les mines de sel, les marais salants, les bords de la mer contiennent du sel.

Presque toutes cependant renferment du carbonate de chaux (craie), du sulfate de chaux (plâtre); des chlorures, souvent même des azotates de potasse (salpêtre) et de magnésie; de la chaux; enfin du gaz acide carbonique, qui, jouant le rôle d'un dissolvant à l'égard de la craie, tient celle-ci en dissolution. Toutes contiennent de l'air, comme nous l'avons dit, mais en proportions différentes.

Celles qui tiennent en dissolution un excès de ces substances prennent le nom d'*eaux calcaires;* on les appelle *eaux crues, eaux dures*, quand elles en contiennent de très grandes quantités. Nous avons dit précédemment que celles qui ont pu dissoudre un excès de sulfate de chaux (plâtre) (autrefois sélénite), portaient le nom d'*eaux séléniteuses*.

Malgré le nombre et la nature de toutes ces substances, les *eaux de puits* n'en sont pas moins préférables à toutes celles que nous avons examinées jusqu'ici, principalement quand l'emploi des réactifs indiqués plus haut n'a pas déterminé des précipités trop abondants. On peut s'attendre à ce résultat en constatant d'abord leur propriété d'opérer facilement la cuisson des légumes et de dissoudre le savon sans le coaguler en un réseau caillebotteux qui nage à sa surface. Leur emploi dans ces circonstances est toujours accompagné des indications si simples, mais si évidentes, que nous avons signalées en parlant des effets produits par le moût ou la bière elle-même, lorsque l'un ou l'autre tombe dans les chaudières ou les cuves, ne fût-ce que de la hauteur d'un mètre.

Les eaux de puits, lorsqu'elles ne contiennent que des quantités minimes de sels calcaires, ne présentent aucun des inconvénients que nous ont offerts les eaux pluviales et les eaux de rivière; et même ces sels, lorsqu'ils s'y trouvent dans des proportions convenables, exercent sur la fermentation la plus heureuse influence en modérant l'action du ferment.

Si les eaux de puits ne sont pas toujours ce qu'elles pourraient et devraient être, cela tient à diverses circonstances que nous allons examiner.

Il n'est pas possible de nier que la nature des terrains traversés par les eaux influe puissamment sur leur composition chimique; on ne saurait nier davantage que la nature des matériaux employés à la construction des puits doive aussi jouer un certain rôle, principalement lorsqu'on s'est servi de pierres calcaires poreuses et tendres. Dans ce cas, comme nous l'avons déjà dit en parlant des citernes, il se forme au sein même des puits différents sels qui nuisent à la qualité de l'eau en lui faisant perdre une partie de ses propriétés dissolvantes.

La composition des mortiers n'est pas moins importante; soumis aux mêmes influences que la pierre, ils amènent les mêmes phénomènes, c'est-à-dire que dans certaines conditions, et sous les influences de l'air et de l'eau, ils se décomposent et forment des sels solubles que l'eau ne tarde pas à dissoudre; aussi n'est-il pas rare de trouver, dans le pourtour des puits, des pierres calcaires tellement rongées qu'on serait porté à attribuer leur détérioration et la disparition des mortiers à un frottement considérable prolongé pendant un laps de temps très long.

On dit alors que la source ne vaut rien, que l'eau est crue et dure; on invoque comme preuve l'état de détérioration des matériaux, et on s'imagine avoir trouvé la solution du problème; mais les meilleures eaux du monde, les plus pures, celles des terrains siliceux auxquelles on doit certainement accorder la préférence, ne sauraient, dans de semblables conditions, conserver longtemps les qualités qui les distinguent. Ici encore on prend l'effet pour la cause, on croit que c'est exclusivement l'eau qui corrode la pierre et les mortiers, tandis que ce sont ceux-ci qui se transforment au contact de l'air et qui viennent causer l'impureté de l'eau. Dans ce cas donc, ce sont les mortiers et la pierre qui ne valent rien.

On admet en général et avec raison que l'eau d'une pompe devient d'autant meilleure qu'on en tire davantage. Il ne saurait en être autrement, dans cette circonstance du moins, et cette opinion vient à l'appui de ce que nous avons avancé. En effet, les premières eaux enlevées par le piston, principalement lorsqu'on n'a pas pompé depuis longtemps, sont celles qui ont eu le temps de dissoudre la plus grande quantité des sels qui se sont formés, tandis que les dernières parties amenées par la pompe, n'ayant pas séjourné dans le puits, sont nécessairement plus pures, surtout si on extrait de grandes quantités d'eau; c'est là, au surplus, un fait que nous avons pu constater plusieurs fois à l'aide des réactifs dont nous avons déjà parlé.

Il sera donc facile d'expliquer désormais chacune des nombreuses modifications qui changent la nature des *eaux de puits*, tant dans les circonstances que nous venons de signaler que dans celles qui vont suivre.

Dans la plupart des grandes villes, les causes les plus graves tendent de jour en jour et d'instant en instant à modifier la qualité des *eaux de puits*, au point de les rendre complétement insalubres. Ces causes sont: 1° l'infiltration des *eaux pluviales et ménagères* au travers du sol; 2° la présence d'un nombre considérable de fosses d'aisance, dont la construction TOUJOURS DÉFECTUEUSE permet l'écoulement souterrain d'une grande quantité de matières animales en décomposition; 3° les puits abandonnés, dans lesquels les eaux se putréfient tôt ou tard, surtout lorsqu'elles renferment, comme cela arrive ordinairement, des débris végétaux; 4° enfin, les *puisards* dans lesquels s'engouffrent toutes les eaux de décharge, que le propriétaire a soin de faire absorber par les terres environnantes afin qu'il ne reste à extraire que la vase la plus épaisse. Avec le concours de toutes ces circonstances et une foule d'autres que nous ne saurions énumérer, on peut facilement comprendre comment le sol de nos grands centres de population n'est qu'un immense foyer d'infection qui cache dans son sein les impuretés les plus immondes et vomit des miasmes pestilentiels, qui, si l'on n'y veille sérieusement, convertiront tôt ou tard chacune de ces belles et riches cités en autant de déserts[1].

Il n'y a pas à s'y méprendre, la plupart ou, pour mieux dire, tous les puits infectés ne doivent leur état anormal qu'à une ou plusieurs des causes que nous venons de signaler; ce qui le prouve, c'est que dans un assez grand nombre de cas on a signalé la présence du chlorure de sodium (sel de cuisine) dans les eaux des puits, alors que les terrains sur lesquels elles roulaient, aussi bien que ceux qui les environnaient, n'en contenaient pas la moindre trace; or, comment, dans l'état actuel de la science, expliquer la présence du sel de cuisine dans ces eaux, si ce n'est par l'infiltration des eaux ménagères, alors surtout qu'il est facile de voir celles-ci disparaître entre les interstices des pavés? D'une autre part, d'où proviennent ces matières animales, ces ls ammoniacaux qu'on trouve dans des proportions

(1) On comprend que dans un ouvrage de cette nature nous ne puissions entrer dans tous les développements qu'exige une question aussi délicate; néanmoins, si nous affirmons, c'est que nous sommes en mesure de prouver.

effrayantes dans certaines eaux de puits, sinon des milliers de réservoirs où nous déposons les résidus de notre alimentation et les déjections de nos animaux domestiques? Cette odeur d'œufs pourris qui signale toujours la présence du gaz acide sulfhydrique, n'est-elle pas le résultat de la fermentation continue qui s'opère avec une violence toujours croissante au milieu des puisards, absurde invention des temps anciens?

Si quelques-uns d'entre nos lecteurs refusaient d'admettre ces faits en s'appuyant sur l'impossibilité de la pénétration des liquides et des matières qu'ils peuvent tenir en dissolution à travers des épaisseurs de terrains considérables, nous les engagerions à faire l'expérience que nous allons leur indiquer. Prenez un fragment de craie et suspendez-le par un fil au-dessus d'un vase rempli d'eau, de manière à ce qu'il n'y touche que par un point. En une heure, le morceau eût-il $0^{m},50$ de hauteur, l'eau sera élevée jusqu'à son sommet.

C'est ainsi qu'à l'égard des fosses d'aisances, les infiltrations sont moins à craindre pendant les premières années qui suivent leur construction; mais aussi chaque instant augmente le périmètre de leur action souterraine, et tel puits qui était hier à l'abri de leur invasion, peut demain, sans cause apparente, se trouver infecté et ne plus fournir que des eaux d'un usage dangereux. Dans les terrains de seconde formation, dans les terrains calcaires, la porosité de la craie dé-

(1) La végétation si riche, si luxuriante des vignes en espalier qu'on rencontre dans les campagnes, le long des habitations, ne saurait être attribuée qu'aux causes que nous signalons ici.

termine cette force d'attraction, ce phénomène de capillarité qui vient de nous servir dans l'exemple précédent. Qu'on juge par comparaison de ce qui se passe dans les fosses d'aisances, lorsque les liquides s'infiltrent de haut en bas et que le poids des matières vient encore augmenter les chances d'infiltration.

Mais si toutes ces vérités sont graves au point de vue de l'hygiène et de la salubrité publiques, quelle sera donc leur importance lorsqu'il s'agira des accidents si nombreux qui peuvent en résulter dans les travaux de nos usines? Car ici nous ne devons pas nous arrêter à la surface des choses : aussi n'en avons-nous pas fini avec cette question.

L'infiltration des eaux au travers du sol est un fait incontestable; il doit avoir et a en effet pour les brasseries des conséquences que nous pouvons qualifier de désastreuses. On le comprendra facilement en songeant que, dans la plupart de ces établissements, les pompes et les puits se trouvent au milieu de l'usine, et que par la nature même du travail les infiltrations doivent être non-seulement plus faciles que dans aucun autre établissement industriel, mais encore qu'elles doivent avoir lieu presque sans intermittence.

En effet, si le sol de toutes les brasseries n'est pas partout et complétement perméable à l'eau, il n'en est pas moins constamment couvert de liquides sucrés et de levûre, qui trouvent toujours à séjourner dans les cavités que forment les inégalités de terrain ou dans les interstices des pavés. Au contact de l'air et en présence d'un excès de ferment, tous ces liquides passent promptement à l'état d'acide acétique (vinaigre), et l'action de celui-ci portant principalement sur la chaux des mortiers, il en résulte la formation d'un sel soluble dans l'eau, auquel on a donné le nom d'acétate de chaux, que les lavages indispensables dissolvent à mesure qu'il se forme, et dont la dissolution a pour résultat inévitable la dégradation constante des mortiers.

A cette cause permanente d'altération vient s'en joindre une autre non moins puissante : nous voulons parler de tous les autres résidus acides, dont on ne se débarrasse assez ordinairement qu'en les faisant couler au dehors. Voici alors ce qui se passe ; nous prions nos lecteurs de nous prêter un moment une sérieuse attention ; l'action multiple qui a lieu dans ces circonstances mérite d'être étudiée avec soin.

L'acide acétique, se trouvant toujours en excès, attaque les pierres les plus tendres et les corrode ; celles-ci, pour nous servir d'une expression consacrée, *se mangent* ; les intervalles qui existent entre les pavés s'élargissent petit à petit et peuvent, à mesure, contenir une plus grande quantité de liquides acides. Une fois développée, la fermentation ne saurait rester inactive ; elle dissout donc chaque jour de nouvelles quantités de mortiers. Bientôt les pavés se disjoignent tout à fait et l'infiltration commence ; les parties sucrées pénètrent dans le sol et la fermentation s'établit. Dès son début, il y a dégagement de gaz acide carbonique provenant de la décomposition du sucre ; ce gaz, qui tend à se frayer un passage pour se répandre dans l'atmosphère, soulève, sous l'effort d'une pression continue et toujours *croissante*, les corps qui s'opposent à son libre développement, et cette pression, que l'acide carbonique exerce dans chacune des petites cellules où il est retenu comme emprisonné, devient elle-même une puissance qui pèse sur les liquides et les force à s'infiltrer plus avant dans l'intérieur des terres. Alors mille canaux souterrains se forment à la ronde, s'élargissent à mesure que les liquides s'acidifient davantage, et ils exercent de jour en jour leur action dévastatrice avec une énergie nouvelle, jusqu'à ce qu'enfin ils rencontrent un réservoir capable de les contenir; or, ce réservoir, c'est assez ordinairement le puits.

Dans les premiers temps de ces infiltrations souterraines, il est difficile de s'en apercevoir par une simple inspection de l'eau, ou même par l'emploi qu'on peut en faire dans la fabrication; cependant, à mesure que l'invasion fait des progrès, les résultats se modifient, très lentement il est vrai, et presque d'une manière imperceptible, car il faut quelquefois un temps assez long pour que l'effet se fasse vigoureusement sentir. Mais une fois que l'invasion est complète, quand le mal s'est implanté là, qu'il a fécondé de profondes racines, que de soucis, que de poignantes inquiétudes! Quel est donc ce parasite qui menace de vivre aux dépens de tout succès, quel est ce mystère dont on ne peut pénétrer le secret et qui va compromettre, détruire peut-être l'avenir d'un établissement? On déguste l'eau dix fois, vingt fois, cent fois; rien n'indique qu'il se soit opéré en elle aucune modification. Tout est mis en œuvre pour combattre l'invisible et redoutable fléau; cependant les résultats sont de plus en plus déplorables, et il arrive un moment où l'emploi même d'un excédant de matières premières est impuissant à rendre aux produits les qualités qu'ils avaient dans le principe. Le mal étend sans cesse ses ravages jusqu'au moment où les eaux, malgré la puissance de l'habitude, accusent au palais une saveur étrangère que l'on n'avait pas encore soupçonnée.

Enfin tout se découvre, mais souvent trop tard ; et pendant ce temps, par quel nombre infini de tribulations n'a-t-il pas fallu passer, que de déceptions n'a-t-on pas rencontrées ! Quels sacrifices n'a-t-il pas fallu faire, et souvent, trop souvent hélas ! sans compensation pour l'avenir... si ce n'est pourtant dans les terribles leçons de l'expérience que laissent après un affreux désastre les cuisants souvenirs du passé[1].

(1) Il faut bien se garder de croire que nous faisons de l'amplification. Malheureusement nous ne parlons ici ni par supposition, ni par ouï dire ; nous parlons le langage de la vérité, en homme qui a trop souvent vu les faits se produire sous ses yeux, et qui a eu à supporter, au début de sa carrière, les résultats d'une négligence coupable qui n'était pas la sienne, mais dont il n'a pas moins eu à subir les conséquences désastreuses qui en sont tôt ou tard les résultats infaillibles.

Quelque répugnance que nous ayons à parler de nous, nous ne devons pas moins nous y déterminer dans cette circonstance, afin de lever toute espèce de doute dans l'esprit de nos lecteurs, et de justifier, autant qu'il est en notre pouvoir, les faits que nous venons d'analyser. Ce moyen de sanctionner la vérité par des faits qui nous sont personnels nous est pénible assurément, mais au-dessus des considérations qui nous touchent directement nous avons un devoir à remplir, et nous le remplirons, quoi qu'il nous coûte. D'ailleurs nous avons promis d'expliquer par quel concours de circonstances nous avons été amené à employer successivement chacune des eaux que nous venons d'étudier. Nous nous décidons donc, dans l'espérance que les faits que nous allons signaler demeureront comme un enseignement

C'est donc au milieu de ces déplorables circonstances que nous nous trouvions engagé, qu'il fallait soutenir la lutte et suivre une fabrication active, non interrompue, pour satisfaire à tous les besoins, et cela au milieu d'une température brésilienne (1842).

Depuis longtemps, c'est-à-dire bien avant nous, le pavage de l'usine était dans un état pitoyable; de nombreuses infiltrations s'étaient frayé des issues dans tous les sens et étaient venues aboutir au puits qui leur servait de réservoir commun[1]; celui-ci était situé au centre de l'usine, près des pavés qui recevaient toutes les eaux de décharge et dont la détérioration indiquait suffisamment l'état de désordre et de malpropreté dans lequel était la brasserie entière, conséquence inévitable d'une mauvaise et coupable administration ou d'un calcul inintelligent. A 8 ou 9 mètres environ de ce puits étaient situés une fosse d'aisances et un ancien puits abandonné qui cachait dans son sein des débris de toute espèce; un peu plus loin se trouvait un immense puisard; tout, en un mot, semblait arrangé de manière à ce que le puits principal fût placé dans les conditions les plus défavorables, dans celles qui devaient le perdre promptement et nous obliger à le condamner à toujours en le faisant combler.

C'est en effet ce qui arriva au bout de quelque temps,

précieux dans la mémoire de ceux qui sont intéressés à l'examen de cette question, et qu'ils les sauvegarderont dans l'avenir contre les luttes si pénibles que tous indistinctement sont exposés à engager au milieu de leur route.

(1) A cette heure encore, il en reste des traces que le temps n'effacera que difficilement si on ne lui vient en aide.

car s'il est impossible d'imaginer un pareil foyer de corruption, il était impossible de le purger autrement. On va le comprendre.

Indépendamment des circonstances que nous avons rapportées plus haut, deux autres contribuèrent non moins puissamment à faire de ce puits le refuge d'une foule d'animalcules de toute espèce et à le rendre l'asile de myriades d'animaux qu'on ne rencontre ordinairement qu'aux abords des charniers les plus dégoûtants.

L'ouverture du puits était située dans une entonnerie, c'est-à-dire au centre de la partie de l'usine la plus dangereuse, celle qu'il convenait le moins d'employer à un semblable usage, puisque c'est celle d'où s'écoulent constamment des liquides en fermentation unis à de la levûre. Le sol de l'entonnerie était dans un état semblable à celui des cours; et pour compléter autant qu'il était possible des conditions aussi prospères, le couvercle du puits ne figurait guère que pour mémoire, de telle sorte que par la projection des eaux de lavage, et surtout par le frottement du balai, une partie des impuretés qui fermentaient sur le sol et la levûre elle-même étaient précipitées dans le puits, ce qui d'ailleurs n'empêchait nullement les infiltrations dont nous avons parlé, mais surtout celles de l'entonnerie, d'y pénétrer sans interruption pour faire cause commune avec celles qui s'opéraient dans un rayon de quelques mètres autour de l'ouverture du puits.

Certes, il n'en fallait pas tant pour amener les plus graves accidents, et on va juger avec quelle effrayante progression le mal étendit ses ravages une fois qu'il se fut franchement et nettement déclaré. Nous avons appris plus tard que le même désordre régnait en souverain depuis *plus d'un an*, sans qu'aucun accident grave se soit manifesté.

Au mois de janvier, époque à laquelle nous entrâmes en possession, et tant que dura l'hiver, nous ne nous aperçûmes de rien, de rien au moins qui fût assez positif pour faire présager l'étrange révolution qui allait s'opérer quelques mois plus tard. Toutefois, à mesure que le temps avançait, les résultats se modifiaient sensiblement; vers le mois de mai ils devinrent plus facilement appréciables, quoiqu'à cette époque pourtant il nous fût encore impossible d'en accuser la qualité de l'eau et l'état du puits. En mai, nous constatâmes dans l'eau, à l'aide du tannin et du bichlorure de mercure, la présence d'une quantité à peine appréciable de matières animales; mais, à mesure que la température ambiante s'élevait davantage, la fermentation devenait de plus en plus irrégulière, et les produits fabriqués de plus en plus défectueux.

Deux mois après, il n'y avait plus de doute, plus d'équivoque possible; nous avions affaire désormais à une *eau putride;* car, par l'emploi des réactifs, elle déposait des précipités albumineux très épais et très abondants. La fermentation alcoolique se manifestait à peine, puis retombait, sans qu'il fût possible de lui imprimer une activité nouvelle, et en quelques jours la bière développait la *fermentation putride*. Il ne fut bientôt plus permis d'espérer de bons résultats, même aux dépens des plus grands sacrifices; car quoique toutes les matières premières fussent convenablement préparées, quoique nous n'employassions que de l'orge, et dans la proportion de 35 kilogrammes par hectolitre de bière fabriquée, les produits restaient dans les conditions que nous avons signalées.

Les infusions (trempes) et les moûts eux-mêmes conservaient à la cuisson, malgré toutes les précautions employées, cet aspect sale et boueux qui présage ordinairement des résultats équivoques. Plus tard encore, les bières se refusaient à tout moyen de clarification ou conservaient cette teinte fauve et nébuleuse qu'accompagne toujours une saveur âcre et dure, et au bout de quelques jours on pouvait facilement reconnaître l'odeur que développent les matières animales en voie de décomposition.

A quelque temps de là, nous trouvâmes dans les réservoirs d'eau plusieurs de ces ignobles animaux, connus sous le nom d'*asticots*; en quelques jours la pompe en amena par centaines, et, pour que l'eau pût servir aux lavages seulement, il fallut faire adapter, à l'extrémité du tuyau qui amenait l'eau du puits dans les réservoirs, un énorme pommeau d'arrosoir qui pût les contenir par kilogrammes; car c'est dans cette proportion qu'ils arrivaient lorsqu'on cessait de pomper pendant quelques heures.

C'est alors que nous fûmes amené à employer successivement les eaux pluviales, puis les eaux de rivière lorsque les premières furent épuisées, et enfin les eaux d'un *puits foré* qui, à la même époque, alimentait une autre brasserie dans laquelle des accidents moins graves s'étaient déclarés, par suite du voisinage de terrains marécageux, d'une tannerie et des infiltrations au travers du sol. Nous en obtînmes les plus heureux effets; mais dans aucun cas les *eaux de rivière* et les *eaux pluviales* ne nous offrirent les mêmes avantages que celles du *puits foré*. Il y avait entre l'eau de ce dernier et les précédentes une différence de qualité vraiment incroyable.

Pendant ce temps des myriades d'animalcules et d'animaux de la famille de ceux que nous avons déjà nommés envahissaient le puits; plus tard, ils abandonnèrent leur retraite et vinrent occuper toutes les autres parties de l'usine. Pour opposer un obstacle sérieux à leur envahissement, il fallut pratiquer partout de fréquents arrosages à l'eau de chaux, puisqu'ils s'introduisaient jusque dans les caves, les entonneries, les germoirs, le long des murailles, sous les cuves, dans notre habitation même, partout enfin.

A toutes les circonstances que nous venons de signaler, et dont une seule eût suffi pour jeter la perturbation dans la régularité du travail et le désordre dans les résultats, venait s'en ajouter une autre qui, prise isolément, pouvait amener une partie des inconvénients dont nous venons de parler, et qui a dû contribuer à leur développement dans un certain rapport. La pompe qui alimentait l'usine était en bois; depuis longtemps une partie de la paroi extérieure, celle soumise tout à la fois au contact de l'air et de l'humidité, était dans un tel état de pourriture, qu'il avait fallu, les années précédentes, calfater et recouvrir de feuilles de plomb laminé les endroits où il se trouvait de l'aubier, puis clouer les extrémités de celles-ci dans les parties les moins endommagées. Malgré ces précautions, l'eau, après un temps plus ou moins long, finissait toujours par se frayer un passage au travers des ouvertures, et, en s'écoulant, elle livrait le bois aux chances de désorganisation les plus actives, puisqu'elle le mettait dans un contact incessant avec l'air et l'eau. Aussi la pompe était-elle enveloppée dans toute sa hauteur de ces *fongosités* épaisses et gluantes que l'on rencontre ordinairement sur toutes les pompes en bois et qui servent merveilleusement au développement des phénomènes de pourriture.

Or, nous l'avons déjà dit et nous revenons avec intention sur ce fait : tous les corps pourrissants sont capables de provoquer la fermentation dans d'autres corps, de la même manière que des *matières fermentescibles* peuvent le faire. La théorie de toutes les *causes d'insuccès* que l'on rencontre dans la brasserie sont fondées sur ce fait, toutes s'y rattachent essentiellement et d'une manière plus ou moins directe.

Nous repoussons donc de toutes nos forces, et sans réserve aucune, l'emploi de la *pompe en bois*, comme une chose dangereuse, puisque toute substance organique, dès qu'elle est en voie de décomposition, constitue un agent de fermentation tout aussi redoutable dans certains cas que le ferment lui-même.

Nous aurons encore occasion de revenir sur cette importante question en parlant des *refroidissoirs ;* nous citerons alors, à l'appui de ce que nous disons, des faits bien plus patents que ceux que nous venons d'énoncer et que chacun de nos lecteurs pourra vérifier avec la même facilité que nous.

Plus tard, la pompe en bois fut enlevée et elle fut remplacée par deux petites pompes en plomb; le puits fut comblé, et, au milieu de celui-ci, MM. Goulet-Collet père et fils, de Reims, vinrent pratiquer un sondage que l'on poussa jusqu'à 30 mètres au-dessous du fond de l'ancien puits.

L'opération dura quatre ou cinq jours, après lesquels nous obtînmes une eau dont nous allons parler dans quelques instants. Mais auparavant, pour bien faire comprendre ce que l'on entend par *puits forés* et pour démontrer toute leur utilité, nous allons en dire quelques mots, afin d'indiquer comment ce système présente toutes les garanties désirables, garanties qu'aucun autre ne peut offrir au même degré.

On pratique dans le sol, au moyen des outils et appareils employés au forage des puits artésiens, une ouverture d'environ 0^{m},18 de diamètre, et on la prolonge dans l'intérieur du sol aussi profondément qu'il est nécessaire pour rencontrer une nappe abondante et obtenir une eau de très bonne qualité; on comprend qu'il faut ici tenir compte de la nature du terrain, de la quantité d'eau à extraire par vingt-quatre heures, etc. Assez généralement, on obtient de très bons résultats en prolongeant le sondage jusqu'à 20 ou 30 mètres au-dessous du sol.

Dans l'intérieur de l'ouverture pratiquée au moyen

de la sonde, on descend des tubes en fer galvanisé[1] d'un diamètre égal à celui de l'ouverture même; ces tubes, que l'on fait entrer de vive force, pressent contre la paroi du trou, et non-seulement ils préservent le puits des éboulements, mais encore ils interceptent toute communication entre la nouvelle nappe d'eau et celle qui pourrait se trouver accidentellement au-dessus; on pourrait donc, par ce moyen, arriver à forer un puits au milieu d'une *fosse d'aisances*, par exemple, sans avoir jamais à redouter aucune infiltration.

Dans ces conditions, en effet, rien ne peut changer la nature chimique des eaux obtenues, puisqu'elles ne sont en contact avec aucune matière organique capable de modifier les bons résultats qu'on en obtient *toujours*; nous avons le droit de l'affirmer.

MM. Goulet-Collet père et fils, que des études sérieuses ont rendus familiers avec ces phénomènes de désorganisation et qui joignent à leurs connaissances géologiques une habileté que douze années d'expériences tendent à accroître sans cesse, ont parfaitement compris qu'il ne fallait employer dans la confection des tuyaux que des *matières inorganiques*, et principalement des corps métalliques inoxydables, si l'on voulait éviter, après une période de temps plus ou moins longue, l'altération des eaux des puits. Par l'heureuse application

(1) La galvanisation du fer a pour objet de soustraire ce métal aux nombreuses chances d'oxydation auxquelles il est soumis dans son état ordinaire; la conservation des tubes galvanisés est donc certaine, puisqu'ils sont ainsi soustraits à l'influence de toutes les causes qui pourraient amener leur détérioration.

qu'ils ont faite de ce principe dans le forage des puits, l'eau qui en provient ne saurait jamais se trouver en contact qu'avec les couches souterraines qui la tiennent emprisonnée et avec les terrains sur lesquels elle roule. C'est ce dont nous avons pu nous convaincre personnellement ; car ayant soumis, il y a plusieurs années, l'eau de l'un de ces puits à l'analyse qualitative pour nous en rendre un compte parfaitement exact, et ayant renouvelé il y a peu de temps la même analyse sur la même eau, nous n'avons pu constater la plus minime différence.

Il y a donc, d'une part, toute espèce de sécurité dans l'adoption de ce procédé ; de l'autre, il offre des avantages précieux dont nous allons mettre nos lecteurs à même de se convaincre.

Le puits dont nous avons parlé il y a quelques instants et qui en était arrivé à ne plus fournir qu'une *eau putride* nous donnait une *eau dure* qui dissolvait mal le savon, cuisait difficilement les légumes, et donnait par les réactifs que nous avons indiqués des précipités abondants ; en un mot, elle renfermait des sels calcaires en excès, et la présence de ceux-ci occasionnait dans la fermentation des irrégularités dont nous déterminerons les caractères lorsque nous serons initiés à chacun des phénomènes qui opèrent la conversion du sucre en alcool.

Au contraire, avec les eaux que nous obtînmes du *puits foré,* la dissolution du savon et la cuisson des légumes s'opéraient parfaitement ; elles déterminaient des précipités bien moins abondants de sels calcaires, mais elles en contenaient cependant une quantité suffisante pour tempérer l'action du ferment sur le sucre d'une manière plus satisfaisante que ne le faisaient ordinairement les *eaux pluviales* et *de rivière*. Quelques jours après la fin des travaux de forage, nous avions une eau tellement vive et limpide qu'on eût pu croire qu'elle avait été filtrée plusieurs fois ; sa saveur franche et agréable lui valut même, de la part d'un assez grand nombre de nos amis, les honneurs de la table[1].

Pour démontrer quelle heureuse influence la qualité de ces nouvelles eaux exerçait sur l'ensemble des phénomènes de la fermentation, il nous suffira de dire que nous obtenions avec elles des résultats plus satisfaisants qu'en employant précédemment 10 p. 100 de malt de plus. En outre, toutes les opérations se faisaient mieux, et on pouvait facilement, à chaque brassin, constater dans les reverdoirs, les chaudières et jusque dans la cuve-guilloire, cette mousse abondante, d'une blancheur analogue à celle de la neige, d'une consistance ferme, cette mousse, en un mot, dont nous avons déjà parlé et qui indique, de manière à ne laisser aucun doute, que l'eau avec laquelle on opère est d'une qualité vraiment supérieure[2].

(1) Les eaux de Reims sont généralement d'une qualité détestable, voire les eaux des fontaines, qui ne peuvent soutenir la comparaison avec l'eau des 200 puits forés que l'on compte dans cette ville.

(2) L'établissement de brasserie dont nous avons parlé précédemment, celui de madame veuve Gosel aîné, qui, en 1842, avait à lutter contre les mêmes accidents que nous, y a apporté le même remède avec un égal succès. Nous pourrions multiplier les citations à l'infini; nous nous contenterons de signaler quelques faits importants.

M. Kolb, auquel nous avons déjà emprunté quelques citations, dit en parlant des moûts, « qu'ils font beaucoup d'écume en tombant » et que ce fait indique suffisamment que les matières employées sont en bon état et les opérations bien exécutées. « Mais quand un moût produit une écume qui, au lieu de se maintenir ferme au-dessus du liquide jusqu'à la fin de l'opération, disparaît presqu'au même moment, on peut déjà être assuré qu'il y a défaut capital. »

D'un autre côté, M. Le Pileur d'Appligny cite un auteur anonyme qui s'est occupé de la brasserie en Angleterre; ce dernier s'exprime ainsi, en parlant de la qualité des eaux au point de vue de la fabrication : « Les cantons d'Angleterre, où l'on fait la meilleure bière, sont ceux qui sont situés au pied des montagnes abondantes en craie. » Nous expliquerons ce phénomène plus tard.

Nous appelons donc de tous nos vœux l'adoption générale des puits forés, convaincu que les brasseurs y trouveraient un intérêt réel et positif, et les consommateurs l'avantage d'obtenir une boisson beaucoup plus légère, par conséquent plus digestive, puisque les *eaux de ces puits* renferment des sels de chaux dans une proportion bien inférieure à celle des eaux des puits ordinaires.

L'abattoir de Reims et l'Hôtel-Dieu de Châlons-sur-Marne sont des exemples d'une authenticité incontestable. Dans ce dernier, l'eau du puits avait été rendue complétement insalubre par la présence de matières animales en voie de décomposition ; le forage entrepris par MM. Goulet-Collet père et fils amena les plus heureux résultats. L'eau du puits de l'abattoir de Reims était dans des conditions à peu près analogues; depuis le forage, jamais, dans les temps de sécheresse, le niveau de l'eau n'a baissé, et la qualité de celle-ci est d'une supériorité reconnue.

Un manufacturier de Reims, M. Anceaux, filateur, avait un puits qui ne pouvait pas suffire à l'alimentation de sa machine à vapeur; ce puits avait été recreusé à plusieurs reprises et toujours sans succès; on pratiqua dans le sol des galeries transversales qui aboutissaient toutes au puits principal, afin d'accumuler dans celui-ci une plus grande quantité d'eau; on pouvait, chaque matin, au moyen d'une sonde, constater une hauteur d'eau d'environ 8 mètres; mais après six heures de travail le puits et les galeries étaient complétement à sec, et dès lors la pompe ne fonctionnait plus. Un forage fut exécuté au fond du puits en 1844; depuis cette époque, quelle que soit la vitesse de la pompe et la quantité d'eau enlevée par un travail de jour et de nuit, le niveau de l'eau ne varie jamais; on y trouve constamment une colonne d'eau de 10 mètres de hauteur.

Ce qui n'est pas moins surprenant et ce qui nous autorise à dire que *les puits forés sont intarissables*, c'est que, depuis plusieurs années, ceux de MM. Bureau et Pradine de Reims fournissent jusqu'à 500,000 litres d'eau en douze heures.

Le prix du forage est de 9 fr. le mètre pour les 15 premiers mètres au-dessous du sol et pour une ouverture de $0^m,18$ de diamètre. Ceux de $0^m,14$ de diamètre ne coûtent que 7 fr. 50 c.

Au-dessous de 15 mètres le prix du mètre est de 12 fr. pour $0^{m},18$ de diamètre, et de 9 fr. pour $0^{m},14$.

Le cubage coûte 18 fr. le mètre pour les ouvertures de $0^{m},18$ de diamètre; pour celles de $0^{m},14$, le prix est de 15 fr.

Dans tous les terrains de seconde formation, c'est-à-dire dans ceux formés par les bancs de craie qui en en France s'étendent depuis Mézières jusque vers Bourges (Cher), en s'éloignant vers le nord et l'ouest, pour se représenter dans la Seine-Inférieure et dans plusieurs comtés est de l'Angleterre, dans tous ces terrains, disons-nous, les eaux tiennent en dissolution du carbonate de chaux (craie) dont la présence est due à l'excès de gaz acide carbonique qu'elles renferment.

On a souvent conseillé dans ce cas l'emploi du *carbonate de soude* pour précipiter les divers sels calcaires que l'eau tient en dissolution. Le moyen est fort rationnel sans doute lorsque les eaux sont destinées au dégraissage des laines par le savon et les bains de teinture, mais il n'en est pas de même lorsqu'elles doivent servir à la fabrication de la bière; car la plupart des alcalis (potasse, soude, chaux, etc.) et des carbonates alcalins (carbonate de potasse, carbonate de soude) ont la propriété d'anéantir l'action de la *diastase* du malt sur l'amidon que ce même malt renferme; or, comme nous l'avons dit précédemment, c'est la transformation de l'amidon par la diastase qui doit fournir aux infusions la plus grande partie de principes sucrés que celles-ci renferment ordinairement.

A l'époque où MM. Payen et Persoz découvrirent la

diastase, on ignorait cette propriété des carbonates alcalins ; mais on ne pense plus la leur contester, surtout depuis les savantes recherches de MM. Bouchardat et Sandras sur cette importante question.

Si la neutralisation, ou plutôt la *précipitation des sels de chaux par le carbonate de soude*, pouvait toujours être pratiquée par des personnes habituées aux manipulations de cette nature, on pourrait en conseiller l'emploi dans certaines occasions ; mais comme on pèche toujours par l'excès le plus compromettant pour les opérations qui suivent, c'est-à-dire en employant plus de carbonate de soude qu'il n'en faut ordinairement pour obtenir de bons résultats, nous croyons donner un sage conseil à nos lecteurs en les engageant à n'en user qu'avec une extrême réserve, et même à s'en abstenir absolument, car en des mains inhabiles le remède peut devenir plus dangereux que le mal lui-même.

Si, d'ailleurs, une pareille mesure peut être bonne pour les eaux des puits ordinaires, elle devient complétement inutile avec les eaux des puits forés ; car, comme nous le démontrerons dans la suite, la quantité de sels calcaires que renferment ordinairement celles-ci est nécessaire à la *fermentation*.

On a aussi quelquefois employé, et avec beaucoup trop d'empressement, dans le but de purifier les eaux, la potasse et l'alun; les dangers que présente l'usage de ces substances étant non moins à craindre que ceux que détermine l'emploi du carbonate de soude, nous ne pouvons que les proscrire d'une manière aussi absolue que ce dernier. L'*alun* agit avec moins d'énergie que la potasse sur la *diastase* du malt, mais néanmoins il ralentit son action lors des infusions.

Il nous paraît beaucoup plus rationnel, dans ce cas, de n'employer l'eau qu'après l'avoir préalablement maintenue en ébullition pendant quelques instants. Nous avons dit que la dureté de l'eau tenait à ce que celle-ci renfermait un excès de *gaz acide carbonique dont la* présence avait déterminé la dissolution d'une quantité assez notable de carbonate de chaux (craie); or, par l'ébullition, le gaz acide carbonique se sépare de l'eau pour se répandre dans l'atmosphère, et dès lors le carbonate de chaux vient se déposer contre les parois internes des chaudières.

Cette manière d'opérer, qui a tous les avantages de la purification par les réactifs sans offrir aucun de ses inconvénients, est particulièrement utile en hiver lorsqu'on veut accélérer la marche de la fermentation; en été, au contraire, où celle-ci est toujours trop active, on peut se dispenser de prolonger l'ébullition; de cette manière on précipite une moins grande quantité de sels calcaires, et la marche de la fermentation éprouve un ralentissement dont nous avons signalé sommairement l'influence et sur laquelle nous avons promis de revenir.

Nous avons expliqué, en parlant des *eaux d'orages*, la présence de l'*acide azotique* (eau-forte) dans celles qui tombaient sur le sol aussitôt que l'éclair vient sillonner les nues; nous devons ajouter ici que M. Longchamp, dont nous avons déjà cité le nom sous la garantie de M. Raspail, a aussi démontré la formation de ce même acide par l'absorption, la condensation et la combinaison dans les pores de la craie des principes constituants de l'air. Mais ce fait, malgré tous les caractères de vraisemblance qu'il offre à l'esprit, ayant rencontré de nombreux contradicteurs, nous nous dispenserons jusqu'à plus ample preuve de le donner comme indubitable.

§ 7. Eaux salées.

Parmi les eaux qui couvrent la surface de la terre, les plus impropres à la fabrication de la bière, nous devrions dire les plus dangereuses, sont certainement celles qu'il nous reste à examiner. Comment agissent-elles ? C'est ce que nous démontrerons de la manière la plus complète en parlant du *ferment* et des principaux phénomènes de la *fermentation alcoolique*, chapitre qui résumera tout ce que nous avons dit et ce que nous avons encore à dire, et où nous résoudrons chacune des questions que, malgré nous, nous sommes obligé de suspendre jusque-là. Nous nous bornerons, quant à présent, à l'énonciation de quelques faits principaux.

En général, les bières fabriquées avec les eaux qui avoisinent l'Océan, ou les mines de sel gemme, ou les marais salants, sont inférieures à toutes les autres, en supposant, bien entendu, toutes conditions de fabrication étant égales, la même habileté, le même savoir chez ceux qui dirigent et exécutent les travaux.

Il est, en quelque sorte, de notoriété publique que, dans la plupart de nos ports de mer, les bières ne valent pas celles que l'on fabrique plus avant sur le territoire. Chaque brasseur en attribue la cause à diverses raisons qui, pour être fort simples, ne sont ni plus concluantes, ni mieux démontrées; pour les uns, c'est le vent de mer; ce sont les brouillards pour les autres, tandis que la seule, l'unique cause gît dans la présence du chlorure de sodium (sel marin), que renferment toujours en excès, d'abord les eaux de l'*Océan* elles-mêmes, et ensuite celles des brasseurs dont les usines sont situées près de ces rivages.

Heureusement des faits nombreux sont venus nous éclairer sur cette importante question, et ils nous permettront sans doute d'y répandre quelque lumière.

Mustapha et Alger (Afrique française) vont nous servir de point de comparaison; dans chacune de ces deux villes, les brasseries sont situées non loin des bords de la mer, mais l'établissement de Mustapha est alimenté par une eau de source qui descend des montagnes du Sahel et qui ne contient pas de traces de sel marin; la bière qu'on en obtient dans le faubourg Babazoun, à Alger, est assez bonne, et les habitants lui accordent ordinairement la préférence sur celles qui sont fabriquées avec des eaux voisines de la mer.

Nous n'oserions dire que le même phénomène se produit à Mézières (Meuse); cependant nous constaterons deux faits. Le premier, c'est qu'à une époque assez rapprochée, vers 1830 environ, un sondage fut entrepris dans cette ville, dans l'espérance d'y rencontrer des bancs houillers, ainsi que la nature du terrain semblait l'indiquer; grande fut la surprise lorsque la sonde révéla l'existence d'une nappe souterraine d'*eau salée*, qui devait indubitablement son alimentation à une ou plusieurs mines de sel. Le second, qui ne nous paraît que la conséquence du premier, c'est la différence étonnante qui existe entre les produits de Mézières et ceux de Charleville, alors que les procédés de fabrication sont à peu près les mêmes.

Sans vouloir ôter à la bière de Charleville la réputation que certains consommateurs lui accordent par excès de tendresse patriotique (à notre avis, car nous ne partageons pas leur opinion), nous sommes néanmoins forcé de reconnaître l'infériorité patente des produits de Mézières comparés à ceux de Charleville; à Dieu ne plaise que nous prétendions que la brasserie de Mézières soit entre les mains d'hommes moins intelligents, de praticiens moins habiles que partout ailleurs; mais dans notre conviction le fait qui nous occupe *pourrait* bien n'avoir d'autre cause que la présence du *chlorure de sodium* (sel gemme) dans les eaux de Mézières.

Prenons un dernier exemple, le plus concluant et le plus triste de tous et qui ne devra laisser de doutes dans l'esprit de personne.

La ville de Dieuze (Meurthe) est le centre d'une immense fabrique de produits chimiques, qu'entretient une saline dont l'exploitation gigantesque fournit à une partie de la France tout le sel gemme qu'elle consomme pour son alimentation; les gisements de sel qui y existent ont une étendue et une épaisseur considérables. Depuis fort longtemps un assez grand nombre de brasseries y ont été organisées; des brasseurs intelligents les ont mises en activité; cependant tous ont échoué, pas un seul n'a pu obtenir des résultats satisfaisants, et aucun, que nous sachions, n'a pu en expliquer la cause. A cette heure encore, Dieuze ne compte pas un seul brasseur dans ses murs et s'approvisionne de bière soit à Strasbourg, soit à Lunéville.

Il est probable qu'il en sera de même pendant longtemps, et nous le désirons sincèrement, afin que de cruelles leçons ne viennent pas frapper encore ceux qui voudraient tenter de nouveaux efforts. Quand nous aurons fait l'histoire du ferment, nous déterminerons le mode d'action des eaux salées dans la fabrication de la bière.

Croit-on que ces travailleurs laborieux, devenus de tristes victimes, auraient engagé là leur fortune et usé les plus belles années de leur vie en efforts désespérés et inutiles, s'ils avaient possédé les principes élémentaires d'une science qu'ils ignoraient et sans laquelle nous prétendons que les praticiens les plus habiles sont et seront toujours complétement impuissants en face d'un danger réel ? On ne songera pas sans doute à nous contester l'évidence de nos conclusions en présence des faits déplorables que nous venons de citer; or, c'est là que conduira toujours cet obscur sentier de la routine, qui ne saurait avoir d'autre but que de circonscrire dans les plus étroites limites le cercle des connaissances humaines les plus indispensables à la grande famille des producteurs.

Nous en avons dit assez, ce nous semble, pour faire comprendre qu'en dehors de ce mot: *travail,* dans lequel on résume trop exclusivement l'usage des forces matérielles, il y a l'étude qui porte la vérité dans les faits, élève la pensée et permet d'envisager d'une manière positive toutes les questions qui peuvent se présenter à nous, tous les obstacles qui viennent s'opposer à la réalisation de nos espérances les plus chères.

Nous voudrions que ces tristes enseignements fussent toujours présents à la mémoire des hommes qui repoussent systématiquement les lumières de la science, ils leur montreraient ainsi à quels périls peuvent se trouver exposés la fortune et l'avenir de celui qui, dépourvu des connaissances les plus nécessaires à son industrie, se lance dans l'avenir en remettant le succès de son exploitation à la vigueur de ses membres, au travail qu'il compte imposer à son corps. On réfléchirait davantage aux complications que peut enfanter une situation mal étudiée, ou acceptée inconsidérément, toujours dans un but louable sans doute, mais avec trop d'empressement. Le travail du corps est un bon et noble exemple à offrir à des subordonnés; mais en dehors de cette vie de pénibles labeurs, il y a d'autres devoirs à remplir pour l'industriel intelligent qui comprend l'importance de sa mission et qui veut marcher d'un pas sûr dans la voie où il est entré; il y a le travail de l'esprit et ces études d'observation qui, tout en servant de délassement au corps, permettent de substituer la conviction au doute, la réalité à la fiction, la lumière aux ténèbres, la vérité à l'erreur.

C'est parce qu'il y a eu dans l'industrie qui fait

l'objet de nos études trop peu d'hommes qui se sont livrés aux travaux de l'intelligence, que la brasserie est restée dans l'immobilité que nous déplorons. Il est donc indispensable aujourd'hui, pour que les tristes leçons du passé portent leurs fruits, d'unir indissolublement la science aux faits pratiques, car en dehors de là il ne saurait y avoir que désordre et confusion.

FIN DU TOME PREMIER.

TABLE DES MATIÈRES.

FIN DE LA TABLE DU PREMIER VOLUME.

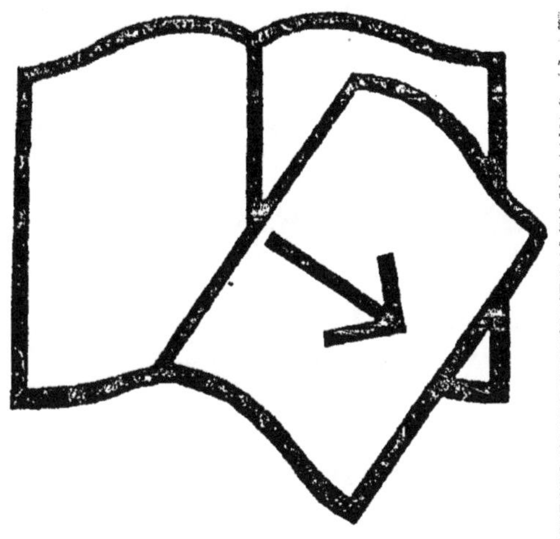

Couvertures supérieure et inférieure manquantes

TRAITÉ

THÉORIQUE ET PRATIQUE

DE LA FABRICATION

DE LA BIÈRE

II

Un lecteur malhonnête a dérobé
3 planches hors-texte.
Constatation du 31 Mars 1929
[illegible]
bibliothécaire

IMPRIMERIE D'E. DUVERGER,

Rue de Verneuil, n° 4.

TRAITÉ
THÉORIQUE ET PRATIQUE
DE LA FABRICATION
DE LA BIÈRE

PAR F. ROHART,
CHIMISTE MANUFACTURIER, ANCIEN BRASSEUR.

TOME SECOND

PARIS
LIBRAIRIE AGRICOLE DE LA MAISON RUSTIQUE
RUE JACOB, 26
Et chez tous les Libraires de la France et de l'Étranger.
1848

TRAITÉ
THÉORIQUE ET PRATIQUE
DE LA FABRICATION
DE LA BIÈRE

DEUXIÈME PARTIE

PARTIE PROFESSIONNELLE

IIe OPÉRATION : BRASSAGE (*suite.*)

Section IX. — Trempe préparatoire (salade.)

La *trempe préparatoire* est une opération qui consiste à imprégner le malt concassé d'une certaine quantité d'eau dont la température et les proportions diffèrent selon les circonstances. Elle a pour but de disposer le malt à recevoir, lors des infusions, une plus grande quantité d'eau à une température plus élevée que celle dont on s'est servi d'abord, et d'éviter l'agglutination de la masse qui s'opposerait à l'infiltration de l'eau dans toutes ses parties.

Voilà le but apparent de cette opération et l'explication banale qu'on en donne ordinairement. Pour nous qui l'avons pratiquée et qui en observons tous les jours les effets réels, elle a aussi pour résultat de rendre le *gluten* plus facilement coagulable, selon les diverses conditions dans lesquelles on le place.

L'eau est d'abord introduite dans la *cuve-matière*, dont nous avons donné la description et la figure page 296, t. Ier; on y ajoute ensuite le malt concassé. Celui-ci est ordinairement déposé en tas sur l'un des côtés de la cuve, afin qu'il reste aux ouvriers brasseurs qui exécutent le mélange à l'aide d'un *fourquet* (*fig.* 45) le plus d'espace possible pour leur manœuvre.

Figure 45.

Dans les brasseries de peu d'importance, dont les cuves sont par conséquent de petite dimension, ce mélange s'opère le plus souvent par un ouvrier qui reste hors de la cuve, dans l'intérieur de laquelle un homme ne pourrait manœuvrer facilement.

Au contraire, dans les établissements de premier ordre et où les opérations sont pratiquées sur une plus grande échelle, la capacité des cuves exige que le mélange soit opéré par deux, trois, quelquefois même par quatre ouvriers qui entrent alors pieds nus dans la cuve-matière, afin que leurs mouvements soient plus faciles et plus libres.

Nous ne saurions passer sous silence l'incroyable négligence, pour ne pas nous servir d'un mot plus énergique, mais beaucoup plus vrai, de la plupart des brasseurs qui, comme nous venons de le dire, laissent entrer les ouvriers jambes et pieds nus dans la cuve, sous le prétexte que nous avons déjà indiqué, que *le feu purifie tout*. On se croirait vraiment aux temps obscurs où une idée, quelque fausse qu'elle fût, pourvu qu'elle fût acceptée, suffisait pour justifier les actes les plus malpropres[1].

Heureusement cet abus tend à disparaître de jour en jour; on a fini par comprendre, en général, qu'il est infiniment plus convenable de donner aux ouvriers de hautes et larges bottes en cuir exclusivement affectées à cet usage et dont les coutures sont tellement serrées qu'il est impossible à l'eau d'y pénétrer intérieurement[2].

Du reste, il ne s'agit pas ici uniquement d'une question de propreté; il y a en outre une *question d'hygiène*

(1) Nous avons été le premier, et le seul à Reims, qui ayons banni de notre usine cette respectable habitude (respectable quant à l'âge); aussi, parmi les nombreuses épithètes dont nous avons été gratifié, devons-nous une mention toute spéciale à celle de *brasseur à la chimie* (historique). La haine est si vivace au champ clos de la concurrence, et la peur est si crédule, que les motifs de cette qualification n'échapperont à personne: pour le vulgaire, la science du chimiste est limitée à la préparation des poisons, en un mot, c'est la science des empoisonneurs. Oh! charité sociale!... Si c'est la science qui a donné aux questions de propreté, dans la préparation des substances alimentaires, toute l'importance qu'elles méritent et que nous leur accordons, nous croyons que le public rémois pourrait bien regretter que quelques-uns de nos ex-confrères ne soient pas un peu plus chimistes et un peu moins brasseurs.

(2) On peut employer également les bottes en caoutchouc sans coutures; mais elles sont d'un prix assez élevé, car elles coûtent environ 50 francs la paire; celles en cuir ne reviennent guère qu'à 20 francs, et elles peuvent durer six ou huit ans sans nécessiter aucune réparation; nous pouvons en parler par expérience.

pour les ouvriers forcés d'exécuter un travail pénible, les jambes et les pieds nus dans un mélange qui pendant l'hiver se pratique à la température de la glace fondante, ainsi que nous le verrons plus tard ; la situation dans laquelle ils sont placés est d'autant plus dangereuse que tout le reste du corps est dans un état de transpiration cutanée des plus intenses. Or, un travail exécuté dans de pareilles conditions suffit pour déterminer une violente congestion cérébrale, et cette seule considération doit suffire, ce nous semble, pour éveiller l'attention de ceux qui comprennent la responsabilité morale qui pèse sur eux vis-à-vis de leurs subordonnés, de ceux qui honorent d'autant plus la sainte loi du travail qu'ils la pratiquent eux-mêmes avec le plus d'ardeur. Nous espérons donc que les praticiens qui partagent avec l'ouvrier la rudesse de ses labeurs et le poids de ses fatigues nous comprendront et se hâteront d'appliquer ce que nous avons su rendre applicable. Puisque nous avons parlé de *congestion cérébrale*, nous ajouterons, sans cependant nous donner pour cela des airs de statisticien, que cette terrible maladie est celle qui frappe le plus ordinairement les ouvriers brasseurs ; non pas que nous voulions signaler l'opération dont nous venons de parler comme la seule et unique cause de cette affreuse maladie, mais nous sommes convaincu qu'elle doit figurer en première ligne tant parmi celles qu'il nous reste à examiner, que parmi celles que nous avons signalées précédemment en parlant du *calorifère Chaussenot* et des émanations d'acide carbonique qui ont lieu dans les germoirs.

Nous nous bornerons ici à ces simples considérations; mais les questions qu'elles soulèvent sont assez graves pour que nous y revenions avec plus de développement dans un chapitre que nous consacrerons spécialement à *l'hygiène des brasseries*.

Le mélange du malt et de l'eau doit se faire le plus intimement possible, c'est-à-dire de manière à imprégner également de liquide chacune des parties du grain concassé, afin de les disposer à recevoir plus tard l'action de l'eau bouillante qui doit séparer les principes sucrés que l'on a pour but d'isoler.

En général, cette absorption de l'eau par le malt doit avoir lieu de telle sorte que, même après l'opération, on ne puisse en séparer aucun liquide par expression, à l'aide de la main, par exemple; aussi est-ce avec quelque raison que l'on a donné à cette opération le nom de *salade*[1], avec laquelle elle a en effet quelque analogie.

Pour un grand nombre de brasseurs, la trempe préparatoire est encore l'une des opérations les plus insignifiantes. Nous y attachons pourtant une très grande importance, car la manière dont elle est pratiquée influe considérablement sur toutes les opérations qui suivent; ainsi la *séparation du gluten* (écumes) à l'époque de la *cuisson*, et dès lors la *limpidité des moûts*, dépendent beaucoup de la température de l'eau employée à faire la salade. La *coloration* des bières elle-même en

(1) Si notre voix pouvait arriver jusqu'au seuil du sanctuaire académique, nous prierions instamment les illustres membres de ce corps de franciser le mot *salade* dans l'acception que nous lui donnons ici; car l'usage l'a consacré partout en France depuis un temps immémorial.

dépend, et leur *limpidité*, après la fermentation, est également subordonnée aux conditions dans lesquelles on s'est placé ; en un mot, c'est une des manipulations qui exigent le plus de soin et le plus d'habileté.

Il y aurait donc plus que de la légèreté à apporter de la négligence à une opération aussi simple au premier aspect, mais aussi essentielle au fond. Nous allons, au surplus, rendre notre assertion évidente en traitant en particulier chacune des questions de détails qui s'y rattachent.

La température à laquelle on doit employer l'eau destinée à faire la salade est soumise, avons-nous dit, à diverses circonstances ; mais en général, celles sur lesquelles le praticien doit particulièrement porter son attention sont :

1° L'état plus ou moins régulier de la germination du malt ;

2° Le mode de brassage, c'est-à-dire à malt clair ou à malt trouble ;

3° L'espèce de bière que l'on veut obtenir, soit blanche, soit brune.

4° Le point de dessiccation du malt ;

5° La quantité de malt employé ;

6° L'emploi exclusif de celui-ci à la fabrication de la bière, ou la substitution à une certaine quantité de malt d'une autre quantité de sucre, de quelque nature qu'il soit et quels que soient les moyens de l'utiliser ;

7° La vieillesse du malt et l'état de l'atmosphère ;

8° Enfin, la nature de l'eau.

En un mot, il ne faut jamais perdre de vue que, dans

toute espèce de cas, la fabrication exige des moûts de la plus grande limpidité.

Reprenons toutes ces questions dans l'ordre où nous les avons classées ; leur examen nous permettra de terminer par des considérations générales qui découleront naturellement de ce que nous aurons dit. Nous avons avancé que, relativement à la température de l'eau dans la trempe préparatoire, il fallait connaître :

1° L'état plus ou moins régulier de la germination du malt.

En effet, toutes conditions de production et de fabrication étant égales, et quels que soient les résultats à obtenir, l'eau destinée à la trempe préparatoire doit être employée à une température plus élevée dans le cas d'une *germination incomplète,* irrégulière, défectueuse, que lorsque celle-ci s'est opérée d'une manière satisfaisante ; car les moûts fournis par un malt de cette nature se clarifient difficilement à la cuisson ; or, il est important de ne pas oublier que l'élévation de température de l'eau destinée à la trempe préparatoire est l'une des causes déterminantes de la coagulation du gluten au moment de la cuisson.

En d'autres termes, la *séparation des écumes* sera d'autant plus facile, et la *limpidité des moûts* d'autant plus grande, que la température de l'eau employée se rapprochera davantage d'une température maximum que nous fixerons tout à l'heure, et, par opposition, cette séparation se fera d'autant plus mal que l'eau aura été prise à une température moins élevée.

Nous laissons de côté, dans ce moment, ce qui a pu

être fait dans les opérations qui ont précédé ou ce qui pourra avoir lieu dans celles qui doivent suivre.

Lorsqu'on opère sur les grains affectés de *moisissures*, il est non moins essentiel de prendre l'eau à une température élevée, puisque, comme nous l'avons établi précédemment, les moûts qui en résultent se clarifient très difficilement.

2° Le mode de brassage à malt clair ou à malt trouble.

Nous avons dit ce que l'on entend par ces deux modes de fabrication et sur quels principes ils reposent; c'est ici principalement que se fait sentir la différence qui les caractérise.

Dans le mode de *brassage à malt clair*, il faut, indépendamment de ce que nous avons pu dire en parlant de la dessiccation, que l'eau soit employée à une température de + 30° au minimum, et de + 40° ou 50° au maximum, puisque l'on veut obtenir de suite des infusions de la plus grande limpidité, c'est-à-dire dans lesquelles une grande partie de l'amidon soit tout de suite convertie en dextrine et même en sucre.

Par ce moyen on sépare aussi les écumes plus promptement et plus facilement lors de la cuisson, puisque, comme nous l'avons dit, la coagulation du gluten renfermé dans le malt s'opère d'autant mieux que la température de l'eau destinée à la trempe préparatoire est elle-même plus élevée.

Dans le mode de *brassage à malt trouble*, au contraire, l'eau destinée à la trempe préparatoire doit être prise aux plus basses températures possible et ne jamais dépasser un maximum de + 20° ou 25°, puisque la conversion de l'amidon en dextrine et en sucre ne doit se compléter que dans les opérations suivantes. Dans ce cas, la coagulation du gluten s'opère moins bien, comme il est facile de le comprendre par les raisons que nous venons de déduire.

3° L'espèce de bière que l'on veut obtenir, soit blanche, soit brune.

Ici, comme dans le cas qui précède, il importe de procéder différemment, selon la nature de la bière que l'on veut fabriquer. Pour la première, c'est-à-dire la *bière blanche*, il faut que l'eau soit employée aux températures les plus basses, afin d'éviter la *coloration* dont nous allons bientôt parler; en un mot, on peut employer l'eau au sortir du puits. Cette opération est désignée dans la pratique sous le nom de *salade à froid*.

Pour les *bières demi-brunes* ou légèrement colorées, la température de l'eau doit être d'autant plus élevée que le degré de *coloration* à obtenir doit être lui-même plus prononcé; mais pour les *bières blanches* proprement dites, on ne doit pas hésiter à prendre l'eau à une température voisine du point de congélation.

Au contraire, pour les *bières brunes*, l'eau ne doit être employée qu'à une température minimum de + 30° et de + 40° ou 50° au maximum. Nous n'avons jamais dépassé cette dernière limite, et nous croyons qu'en allant au delà on s'expose à faire contracter aux infusions une saveur âcre particulière qu'un palais un peu exercé sait parfaitement distinguer dans les bières, même après la fermentation.

Il nous serait bien difficile d'expliquer pourquoi un malt préparé de la même manière donne, avec de l'eau à +50° par exemple, une *coloration* plus intense que celle qu'on obtient avec de l'eau à 0; mais ce fait, dont nous laissons à d'autres le soin de rechercher les causes, n'en est pas moins parfaitement exact.

4° Le point de dessiccation du malt.

Si nos lecteurs se souviennent de ce que nous avons dit en traitant de la dessiccation et des principes généraux que nous avons établis à cet égard, il leur sera facile de comprendre que l'eau destinée à la trempe préparatoire pourra être employée à une température d'autant plus basse que cette opération aura été poussée plus loin, puisque, dans ce cas, le gluten devient plus facilement coagulable. Par la raison contraire, lorsque la *dessiccation* aura été opérée d'une manière incomplète, ou que le malt aura repris de l'humidité, il faudra employer de l'eau à une température plus élevée.

5° La quantité de malt employée à la fabrication.

On sait que la séparation des écumes, au commencement de la cuisson, a lieu d'autant plus facilement, quel que soit l'état du malt, que les moûts sont plus denses, et que par conséquent la quantité de malt employée a été elle-même plus considérable; on sait encore que cette même cause rend infiniment plus facile la clarification des moûts par le feu.

En d'autres termes et en règle générale, on peut dire que la facilité avec laquelle on opère cette clarification dépend de la quantité de malt employée à la fabrication; ainsi, il sera plus facile aux brasseurs de telle localité, qui emploient par exemple de 35 à 45 kilogr. de malt par hectolitre de bière fabriquée, d'obtenir à la cuisson une limpidité parfaite, qu'à ceux qui n'emploieront que la moitié de cette quantité, par ce seul fait qu'à volume égal les premiers opèreront sur des moûts une fois plus riches en principes sucrés que les seconds.

De là on doit nécessairement induire que ces derniers, pour arriver à une clarification égale et à une égale limpidité, devront opérer non-seulement avec un malt dont la dessiccation aura été plus complète, mais encore employer à la trempe préparatoire une eau qui soit elle-même à une température plus élevée.

6° L'emploi exclusif du malt à la fabrication, ou la substitution, à une certaine quantité de celui-ci, d'une autre quantité d'une matière sucrée quelconque.

Ce cas est évidemment le même que celui qui précède, au moins pour les conséquences qui en résultent, c'est-à-dire que si on substitue à une certaine quantité de malt une quantité proportionnelle de sucre, la proportion de malt devenant relativement moindre dans cette circonstance que lorsqu'on emploie celui-ci exclusivement, il faut que l'eau destinée à la trempe préparatoire soit portée à une plus haute température.

7° La vieillesse du malt et l'état de l'atmosphère.

Nous avons dit précédemment que le malt, étant essentiellement hygrométrique, attirait et retenait l'humidité de l'air, et nous avons ajouté que cette circonstance contribuait à rendre le gluten difficilement coagulable lors de la cuisson. En effet, lorsque le malt est employé après avoir subi pendant plusieurs mois le contact de l'air, les moûts qu'on en obtient sont beaucoup plus difficiles à clarifier par le feu, quels que soient d'ailleurs les moyens employés pour y parvenir. Au contraire, lorsque le malt est récemment préparé, la coagulation s'opère mieux et plus promptement que dans toute autre circonstance.

On peut donc conclure que pour le premier de ces deux cas et afin de remédier aux inconvénients que nous venons de signaler, il faut que l'eau de la trempe préparatoire soit employée à une température plus élevée, si l'on veut retrouver les avantages que présente l'emploi immédiat du malt.

L'état de l'atmosphère, ou plutôt l'élévation de la température ambiante, exerce une puissante influence sur ces divers phénomènes; il n'est pas un praticien quelque peu observateur qui ne sache qu'en été, et dans les temps caniculaires surtout, il est très difficile d'opérer la coagulation du gluten; à cette époque les moûts sont généralement troubles et boueux, à moins que, par l'étude des causes qui les produisent, et par des manipulations habilement dirigées, on se soit mis en mesure de remédier aux nombreux accidents qui surgissent à chaque pas.

L'influence d'une température ambiante trop élevée est d'ailleurs facilement saisissable; ainsi, un malt dont l'emploi présentait pendant les saisons chaudes des difficultés non moins surprenantes les unes que les autres peut fournir, l'hiver suivant, des résultats tout différents, quoiqu'il ait absorbé à cette époque beaucoup plus de vapeur d'eau et que son rendement soit moindre. Aussi toutes les fois qu'on emploie du vieux malt, mais principalement dans les temps chauds, est-il prudent d'opérer la trempe préparatoire à des températures élevées.

8° La nature de l'eau.

Si nos lecteurs se rappellent ce que nous avons dit en parlant de l'eau, envisagée au point de vue de la fabrication, il leur sera facile de comprendre pourquoi dans la trempe préparatoire il faut que la température de celle-ci soit subordonnée à l'état même dans lequel elle se trouve, ou plutôt à l'espèce à laquelle elle appartient.

Nous avons dit qu'avec les *eaux* de certaines *rivières*, mais surtout avec les *eaux pluviales*, et généralement avec celles qui se rapprochent le plus de l'état de pureté, la fermentation est trop active, et qu'avec les *eaux crues et dures*, au contraire, elle est plus lente et se prolonge par conséquent beaucoup plus longtemps. De même aussi en général la fermentation se continue plus longuement dans les bières dont la trempe préparatoire a été faite à de basses températures, que dans celles qui ont été traitées par des eaux plus chaudes; d'où il suit indubitablement que si l'*eau* est *dure*, on pourra dépasser avec quelques chances de succès les limites de température que l'on emploierait pour des *eaux pluviales* par exemple, et que si, par opposition, on a affaire à ces dernières, on risquera moins en opérant aux plus basses température possible.

Les motifs que nous venons de déduire doivent faire

comprendre combien il est essentiel d'observer les mouvements ascendants ou descendants de la température, et de tenir compte en même temps de l'état récent ou ancien du malt et de la nature de l'eau, puisque, pour obtenir en tout temps des résultats aussi égaux qu'on peut le désirer, il faut apporter dans les diverses manipulations des modifications qui dépendent de ces observations mêmes.

Voilà quelques-uns de ces merveilleux secrets de fabrication dont les *habiles* font tant de mystère; non pas qu'il entre dans notre intention de les blâmer de l'importance qu'ils y attachent, car nous sommes convaincu que de leur connaissance dépend, en grande partie, le succès des opérations; seulement nous croyons que le temps des mystères est passé, que celui de la lumière et de la vérité est arrivé pour tous et que tous y ont un droit égal.

Il est encore d'autres secrets dont le principal mérite à nos yeux est d'être ignorés par la grande majorité des praticiens; mais que la majorité se rassure; nous serons assez indiscret pour les produire au grand jour, dussions-nous encourir la disgrâce de ceux qui, pour se donner une importance qu'ils n'ont pas, s'appuient sur le savoir des autres afin de paraître savants. Heureusement les sorciers ne sont plus de ce monde et leurs beaux jours sont passés.

Que si l'on tenait à savoir comment il existe encore, dans une fabrication aussi répandue que celle de la bière, des *mystères* inconnus d'un grand nombre de ceux qui ont un intérêt direct à les sonder, nous rendrions sans doute l'explication facile en disant qu'aucun des écrivains qui nous ont précédé sur ce terrain n'a examiné cette opération si essentielle sous les divers points de vue sous lesquels nous l'avons présentée. Ainsi la plupart des auteurs, complétement étrangers au fond même de la question, la confondent avec le *vaguage* proprement dit, et n'établissent aucune différence entre ces deux manipulations pourtant si distinctes ; d'autres, et ce sont les moins embarrassés, n'en parlent pas du tout. Quant à ceux qui en parlent, presque tous indiquent des températures fixes, d'une manière tellement impérieuse qu'il semblerait que les conditions dans lesquelles on opère sont à toujours invariables et qu'elles doivent conserver quand même l'immobilité des chiffres qu'il leur plaît de poser.

Voilà comment, au lieu de faire de l'industrie manufacturière, on ne donne que des descriptions incomplètes ou inutiles ; voilà comment on fausse l'opinion de ceux qui cherchent à s'instruire, et comment, au lieu de faire de la science d'application, on ne fait que des mathématiques, avec toute la raideur d'un mathématicien.

Ce que nous venons d'exposer dans ce chapitre ne dispense nullement de l'observation des règles que nous avons posées précédemment, ni de celles qui vont suivre; car nous n'avons traité que des questions de détails; nous allons maintenant examiner quelques questions d'ensemble, afin de bien faire comprendre comment nous avons dû procéder ici, et comment c'est à l'intelligence du praticien qu'il appartient de faire le reste.

Pour nous appuyer sur des faits, voyons comment il faudrait opérer dans trois systèmes de fabrication différents, savoir : pour obtenir des *bières blanches*, des *bières demi-brunes* et des *bières brunes*, soit en hiver, soit en été.

En hiver surtout, lorsqu'il s'agit de fabriquer des *bières blanches* ou des *bières de garde*, non-seulement la *salade* peut être faite *à froid*, mais encore douze heures à l'avance, si le thermomètre est descendu au dessous de 0, parce qu'alors on n'a pas à craindre que le mélange de farine et d'eau entre en fermentation; en outre, à cette époque, le malt étant récemment préparé et la température ambiante étant elle-même favorable au succès des opérations, tout concourt à rendre facile la *clarification des moûts*. Rien ne s'oppose donc à ce que l'on procède comme nous venons de l'indiquer, et comme on a l'excellente habitude de le faire à Strasbourg ainsi que dans une partie de l'Allemagne.

En été, c'est tout différent; non-seulement il ne faut, dans aucun cas, procéder à cette opération, même une demi-heure à l'avance, mais encore si la température ambiante est trop élevée, la *limpidité des moûts* devenant beaucoup plus difficile à obtenir, on est forcé d'employer l'eau à diverses températures, comme + 20°, 25° ou même 30°, afin de rendre le gluten plus facilement coagulable; la difficulté est d'autant plus grande qu'à cette époque la vieillesse du malt est, comme nous l'avons démontré, un obstacle de plus à vaincre. On y remédie un peu en élevant la température de l'eau; mais toujours et dans tous les cas, il en résulte un degré de coloration plus prononcé que lorsqu'on se sert d'eaux à une température plus basse.

Quoi qu'il en soit et comme nous le verrons en parlant des emplois du *noir animal*, cet inconvénient peut être combattu avec quelque succès.

Ce que nous venons de dire explique quelques-unes des nombreuses difficultés que présente le travail d'été, particulièrement lorsqu'il s'agit de la fabrication des *bières blanches* et des *bières de garde*. Nous en rencontrerons encore d'autres que nous signalerons à mesure qu'elles se présenteront, et nous indiquerons en même temps avec le plus grand soin les moyens de les combattre le plus efficacement possible.

Il est maintenant aisé de comprendre combien il est facile de procéder dans les cas où l'on n'a pas à redouter la *coloration*, comme dans la fabrication des *bières brunes* et *demi-brunes ;* car on peut remédier à quelques-uns des inconvénients du travail d'été, en augmentant la température de l'eau à mesure que le thermomètre s'élève davantage et que le malt devient d'autant plus vieux. Nous ajouterons même qu'une partie des difficultés qu'on éprouve à l'époque des chaleurs pour arriver à une satisfaisante clarification des moûts dépend en partie de ce fait dont on ne tient pas un compte assez exact. Ainsi en hiver, quand on veut fabriquer des *bières demi-brunes*, on peut, dans maintes circonstances, faire la salade à froid, tandis que pendant l'été il est fort difficile d'y parvenir, et d'obtenir en même temps des *moûts limpides* si on n'élève pas progressivement la température de l'eau, c'est-à-dire en tenant compte des modifications que nous avons signalées et de l'action que le temps, joint à la température ambiante, exerce sur la marche et sur la régularité des opérations.

Il ne faut pas s'étonner en nous voyant insister aussi vivement sur cette opération : c'est qu'elle a une très grande importance, quoi qu'on puisse dire, au point de vue de la fabrication, et que trop souvent les difficultés qu'elle présente échappent aux yeux des hommes les plus intelligents, soit qu'ils n'y apportent qu'une attention médiocre, soit que le défaut d'habitude les ait privés du don si précieux de l'observation. Ainsi, il arrive fréquemment qu'en opérant avec de très bon malt, de très bonne eau et dans les mêmes conditions que celles qui ont fourni la veille de très bons résultats, on n'en compromet pas moins le succès de tout un brassin. La non-réussite dépend souvent de la cause la plus minime, de celle à laquelle on attache quelquefois le moins d'importance, et telle, la plupart du temps, que lorsqu'on la découvre, on a peine à concevoir qu'on ne l'ait pas trouvée plus tôt ; l'opération dont nous venons de faire l'historique, et que nous avons étudiée dans ses moindres détails, est dans ce cas; bien que l'une des plus simples, malgré l'importance que les praticiens les plus éclairés lui accordent, et que nous lui accordons au même titre, elle n'est pas sans présenter quelques inconvénients, particulièrement dans les temps chauds.

En voici un exemple. Si on n'a employé pour la trempe préparatoire qu'une minime quantité d'eau, il suffit quelquefois d'une heure pour que la fermentation se développe; alors toute la masse s'échauffe peu à peu, et à chaque minute qui s'écoule l'action désorganisatrice étend ses ravages; quelques instants encore et tout sera perdu si, dès qu'on s'aperçoit de cette fatale réaction, on ne s'empresse de faire pratiquer l'opération du *vaguage*, en ajoutant à la masse une nouvelle quantité d'eau à une température élevée.

Rien n'est plus facile que de constater le fait dont nous parlons; il suffit d'enfoncer la main à quelques centimètres au-dessous de la surface du malt, ou d'y placer un thermomètre, pour se convaincre que la réaction a déterminé un accroissement de température considérable; car le thermomètre pourra s'élever à + 25° ou 30° et même 35°, alors que, une heure auparavant, il en indiquait à peine 15. L'odorat seul suffit souvent pour indiquer que d'abondantes vapeurs alcooliques se dégagent; dans ce cas tout serait perdu sans ressource si on différait plus longtemps de procéder comme nous venons de l'indiquer, et alors il vaudrait encore mieux se débarrasser de la masse fermentante en la vendant à un distillateur, car c'est presque toujours un produit entièrement perdu.

S'il n'y a eu qu'un commencement de fermentation, l'altération pourra être facilement constatée dans les *trempes* suivantes, car elles resteront très troubles et l'agitation des vagues produira une mousse savonneuse épaisse, qui en s'éteignant laissera à la surface du liquide des pellicules jaunes verdâtres, onctueuses au toucher. A la cuisson, les mêmes phénomènes reparaîtront, et si habilement que soit menée l'opération, il deviendra très difficile, sinon impossible, d'obtenir une bière d'une limpidité satisfaisante.

Malheureusement ce n'est pas la seule *cause d'insuccès* que nous ayons à constater, et si quelque chose nous effraie, c'est non seulement le nombre de celles que nous avons déjà examinées, mais encore le rôle qu'elles peuvent jouer, soit ensemble, soit séparément, et l'action désastreuse qu'elles peuvent exercer sur la marche des opérations comme sur la qualité des produits. Donc, nous insistons particulièrement pour que l'opération du vaguage suive toujours de près la trempe préparatoire, afin d'éviter l'altération des matières et même leur active fermentation à l'époque des saisons chaudes.

Nous devons encore mentionner ici, comme pouvant avoir une influence non moins funeste, la présence des *moisissures*, dont nous avons déjà parlé et sur laquelle nous avons insisté avec une persistance qui commence à s'expliquer, mais qui se justifiera de plus en plus, à mesure que nous entrerons plus avant dans le fond même de la question qui nous occupe. Nous verrons, et nous comprendrons mieux alors, comment toutes ces causes s'enchaînent deux à deux, quatre à quatre, et s'unissent en un tout dont les parties se prêtent chacune un mutuel appui et peuvent constituer, par le fait de leur accumulation, une force agissante des plus actives, une véritable puissance qui trouve dans le désordre de toutes les actions qu'elle détermine les aliments nécessaires pour se constituer sur des bases telles qu'il faut des efforts incroyables pour s'opposer à leur action envahissante et dévastatrice.

Alors, à défaut de ce talent d'observation si nécessaire au brasseur pour remonter des effets produits aux causes qui les déterminent, à défaut d'une attention sérieuse et soutenue, la condition la plus indispensable d'entre toutes, on s'attaque à des idées qui, pour être généralement reçues, n'en sont pas moins fausses, à de véritables chimères, parce que, s'arrêtant à la surface des choses, on ne prend pas la peine de les examiner au fond.

De là naissent en général les anomalies les plus étranges, les systèmes les plus absurdes, et l'erreur va s'accréditant sous toutes les formes ; ainsi, on s'en prend à la qualité de l'eau ou à celle du houblon, on accuse le ciel et les orages ; on fulmine volontiers de savants réquisitoires contre Jupiter lui-même: c'est l'électricité, s'écrie-t-on ; et alors on s'imagine avoir tout dit, avoir tout fait, et on en conclut qu'il ne reste par conséquent plus rien à dire, plus rien à faire, plus rien même à examiner. On se croit suffisamment justifié, on se console de toute impuissance, le temps s'écoule. les sacrifices se succèdent et la ruine commence. Étrange quiétude, terrible négation !

C'est parce que nous ne sommes nullement convaincu de la justesse de ces fades récriminations, parce que nous croyons que s'il y a beaucoup à dire et à examiner, il y a encore beaucoup plus à faire, que nous nous sommes spécialement attaché, pendant les cinq années que nous les avons étudiés sans relâche, à chacun des faits qui se sont produits sous nos yeux, afin de pouvoir nous en expliquer les causes.

Si, en hiver, on est à l'abri d'une partie des accidents que nous venons de signaler, il ne saurait en être de même dans les temps chauds ; aussi est-il toujours prudent alors de ne s'occuper de la *trempe préparatoire* qu'au dernier moment, et lorsque tout est prêt pour les opérations suivantes. Une autre manière d'agir peut avoir les plus fâcheux résultats ; car nous avons vu fréquemment la fermentation se développer pendant l'espace de vingt minutes à une demi-heure que durait l'opération.

Nos lecteurs comprendront aussi maintenant pourquoi nous repoussons d'une manière absolue la *mouture à la meule,* et pourquoi nous déclarons n'y avoir aucune espèce de confiance ; en effet, si la quantité d'eau versée sur le grain avant la mouture n'est pas en proportion suffisante pour déterminer une fermentation très active, il n'en est pas moins vrai qu'elle peut, dans un certain rapport, prédisposer le malt à subir cette détérioration si déplorable. Bien que ce phénomène n'ait pas encore été suffisamment prouvé par nous, il ne faut pas se hâter d'en conclure qu'il ne peut pas exister ou qu'il ne s'est jamais manifesté ; car tous les éléments nécessaires pour le développer sont en présence, et nous sommes certain que c'est à son développement qu'il faut attribuer certains accidents que nous avons signalés en parlant de la *mouture.* D'ailleurs, il faut bien se garder de croire qu'il n'y ait de véritables réactions que celles qui sont appréciables à nos organes; il y a une multitude de mystérieuses transformations que nos sens ne peuvent saisir, soit à cause de leur imperfection, soit parce que la somme de ces transformations elles-mêmes n'est pas assez considérable pour l'état de perfectibilité dans lequel nos sens se trouvent. Néanmoins le fait existe, et l'état pelotonné et moisi dans lequel se trouve, après quelques jours, le malt concassé à l'aide de la meule le prouve suffisamment.

Maintenant que nous connaissons l'influence de la température ambiante sur les réactions qui nous occupent, nous n'avons pas besoin d'insister longtemps pour faire comprendre combien il est essentiel, en été, d'exécuter les trempes préparatoires à l'heure la plus fraîche de la nuit, c'est-à-dire vers deux ou trois heures du matin. C'est dans ces conditions que nous l'avons toujours pratiqué dans les moments difficiles pour nous mettre à l'abri des inconvénients que nous avons indiqués, et nous n'y sommes jamais parvenu d'une manière satisfaisante qu'en faisant agir l'eau à une température capable de s'opposer à la fermentation, c'est-à-dire à $+40°$ au moins. Sans doute cette température est de beaucoup trop élevée dans la fabrication des *bières blanches;* mais pour les bières quelque peu colorées, c'est sans contredit le mode le plus rationnel.

Quelques praticiens ont encore la détestable habitude de rejeter les eaux qui restent entre le fond et le double fond de la cuve après la trempe préparatoire, sous le prétexte que c'est l'usage dans telle ou telle localité.

Que l'on prenne parti pour un mode de fabrication spécial lorsqu'on s'est bien rendu compte de son importance, cela se conçoit ; mais ce qui se comprend moins bien, c'est qu'on accepte sans contrôle, sans examen préalable, avec la plus entière confiance, toutes les erreurs que ce mode peut renfermer. Eh bien! celui que nous signalons ici est de ce nombre ; pour s'en convaincre, il suffit de prendre ces eaux, de les chauffer légèrement, progressivement, et de les tenir pendant une heure à une température maximum de + 60 à 70° environ avant de les porter à l'ébullition ; et bientôt on obtient de ce liquide, fade et insipide à son origine, une liqueur qui développe une saveur sucrée très prononcée. Ici encore la chaleur a fait éclater les téguments qui servaient d'enveloppe à l'amidon, et la diastase a opéré la conversion de celui-ci en dextrine, puis en sucre.

Ce fait est assez évident, sans doute, pour expliquer combien il faut apporter de circonspection et de réserve dans l'application des procédés dont on fait choix; car c'est à notre avis un assez lourd contre-sens que de répandre volontairement sur le pavé au moins 15 kilogrammes de ce sucre[1] dont on a tant besoin, que l'on n'a pu produire qu'avec beaucoup de peine et au prix de beaucoup d'argent.

Les trois faits scientifiques les plus importants, et peut-être aussi les plus extraordinaires qui se produisent dans l'opération de la trempe préparatoire, sont cer-

(1) Pour déterminer cette quantité, nous avons supposé 2 hect. de liquide, indiquant à l'aréomètre ou pèse-sirop une densité de 1,029 ou 4 degrés seulement. A ce taux, la quantité réelle de sucre renfermée dans 1 hect. de liquide est égale à $7^k,728$; soit pour 2 hect., $15^k,456$, ainsi que nous en justifierons bientôt au moyen d'un tableau concernant ces évaluations.

tainement : 1° la modification opérée sur le gluten au point de le rendre plus ou moins facilement coagulable; 2° le degré différent de *coloration* que l'on obtient avec le même malt, selon qu'on emploie de l'eau à une température de +50° ou de +5° seulement, puisque, dans le premier cas, les bières sont beaucoup plus colorées que dans le second, toutes conditions étant égales pour le reste de la fabrication. Ce qui n'est pas moins étonnant, c'est que dans le premier de ces deux exemples le sucre, séparé du malt par les infusions, ne saurait *résister*[1] aussi longtemps que l'autre à l'action du *ferment* (levûre) lors de la fermentation. C'est ce qui fait dire avec quelque raison que, pour obtenir des *bières mousseuses*, il faut que la *salade* soit faite *à froid*. L'expérience des faits nous autorise à dire que cette opinion est parfaitement fondée.

Section X. — Des infusions (*trempes*.)

§ 1. Vaguage.

Nous venons de dire qu'après avoir été introduit dans la cuve-matière, le malt était préalablement mêlé à l'eau pour le disposer à recevoir l'action de ce même liquide à des températures plus élevées. En effet, aussitôt après la trempe préparatoire et lorsque le malt est uniformément imprégné d'eau, on fait arriver dans la cuve une nouvelle quantité d'eau destinée à séparer les

(1) Nous n'employons ici le mot *résister* qu'au figuré et afin de rendre notre pensée plus saisissante, jusqu'au moment où nous serons entré, relativement aux nombreux phénomènes de la fermentation alcoolique, dans des développements d'un autre ordre.

principes sucrés développés dans le grain par la germination.

C'est alors que, pour procéder à l'opération du *brassage* proprement dit, les ouvriers brasseurs s'arment d'un espèce de trident barré transversalement, qui a reçu le nom de *vague* (*fig.* 46), avec lequel ils vont *brasser le mélange*.

Figure 46.

L'introduction de l'eau dans la cuve par la cahotte G (*fig.* 51, t. Ier, p. 296) ayant lieu de bas en haut, le malt suit le même mouvement ascensionnel et s'élève dans l'intérieur de la cuve en formant une couche qui recouvre toute la surface du liquide introduit. Cette couche est traversée de part en part par les ouvriers au moyen des vagues, dont l'extrémité intérieure va toucher le fond de la cuve ; l'eau fait irruption au travers des ouvertures qui viennent d'être pratiquées pour lui livrer passage, et le mélange s'opère rapidement en continuant toujours la même manœuvre ; il faut avoir soin de ramener à la surface les portions de malt qui sont agglutinées pour les séparer par l'agitation des vagues. Telle est, en terme de pratique, l'opération du *démêlage*.

Lorsque le démêlage est complet, c'est-à-dire lorsque chaque particule de malt se trouve isolée et qu'elle peut recevoir aisément l'action dissolvante de l'eau, on *vague*, selon l'expression technique. Cette opération consiste à enfoncer perpendiculairement dans le mélange, aussi près que possible du centre de la cuve, l'instrument dont nous venons de parler, et à le ramener du centre à la circonférence, en le maintenant, autant que faire se peut, dans la position verticale, et en faisant en sorte d'amener dans ce parcours tout le malt que la vague peut entraîner. Alors, on la retourne sens devant derrière, et, en appuyant le manche sur le bord supérieur de la cuve, on s'en sert comme d'un levier au moyen duquel on enlève la masse ; on facilite ce mouvement en portant le haut du corps en arrière pour augmenter la puissance du levier.

Dans cette dernière manœuvre, la vague n'est en effet qu'un levier dont la puissance est représentée par l'impulsion que lui impriment les bras du brasseur ; la résistance, par la masse à soulever; le point d'appui, par l'endroit de la cuve sur lequel pèse l'action de ce levier.

C'est donc une véritable mesure en deux temps qui s'exécute dans cette manœuvre ; aussi le garçon chef, le *fachs*, sait-il la faire pratiquer par ses subordonnés avec un ensemble et une précision dont le métronome seul peut indiquer la régularité. Lorsque le *fachs* a marqué les temps de cette pénible cadence par les exclamations : une... deux, plusieurs fois répétées, on peut être certain que pas un *bierknecht* ne s'écartera de la mesure[1].

(1) Nous engagerions volontiers ceux qui repoussent les belles idées de Fourier sur le *travail attrayant* à visiter une brasserie lorsque les ouvriers allemands exécutent le vaguage, qu'ils accompagnent souvent d'un chant national à deux temps ; ils pourraient se

Quel que soit le nombre d'infusions que l'on fasse subir au malt, le *vaguage* ne saurait, dans aucun cas, se prolonger au delà d'une heure, ni durer moins de 30 minutes. Cette opération, considérée au point de vue mécanique seulement, a une importance que nous ne voudrions pas exagérer, mais que nous devons justifier pourtant.

Nous avons cru pendant quelque temps qu'on se plaisait trop à la considérer comme l'une des conditions de succès de l'opération; mais aujourd'hui il nous est parfaitement démontré que si cette opinion n'est pas rigoureusement exacte, elle est au moins fondée sur quelques bonnes raisons. L'expérience est là pour le prouver.

Pour s'en convaincre, il suffit de faire procéder seulement au *démêlage*, ou au moins de ne prolonger l'opération que quelques instants après qu'il est terminé. Si alors on place deux thermomètres dont les échelles soient complétement semblables, l'un au milieu du malt qui a gagné le fond de la cuve, l'autre dans le liquide surnageant, on ne tarde pas à s'apercevoir que le premier n'indique que + 55°, par exemple, tandis que l'autre en accuse + 65°. Cela s'explique quand on considère que le malt et l'eau ne sont pas restés assez longtemps en contact pour que la température du li-

convaincre, et nous avons acquis par expérience la certitude de ce que nous avançons, que cette opération toujours pénible, mais particulièrement lorsqu'on la fait par une chaleur tropicale, peut se prolonger plus longtemps sans que les ouvriers se plaignent, lorsque leur travail est allégé par le chant et l'ensemble qu'ils apportent à son exécution.

quide ait pu atteindre l'intérieur des grains de malt divisé et pour qu'il en soit résulté un établissement d'équilibre entre leurs deux températures. Une autre circonstance s'oppose encore à l'équilibre de ces températures lorsque le malt occupe le fond de la cuve; c'est la différence qui existe entre la densité des couches de liquides, par suite de la différence même de leurs températures. En effet, si un vase quelconque contient de l'eau très froide jusqu'à moitié de sa hauteur, par exemple, et si on achève de le remplir lentement et avec précaution avec de l'eau chaude, celle-ci, étant beaucoup plus légère, restera à la partie supérieure du vase, et les couches de liquide ne se mêleront que très difficilement, ou après un temps fort long.

Le même phénomène a lieu dans la cuve-matière dans le cas qui nous occupe; les couches supérieures du liquide ne se mêlent avec les autres, pour produire une température moyenne, que lorsqu'elles viennent se filtrer sur le malt, c'est-à-dire au moment où l'on fait écouler les infusions par la base de la cuve. On concevra facilement combien l'action dissolvante de l'eau est incomplète dans ces conditions, si l'on considère que le malt n'a été que pendant quelques instants à la température de + 65° que nous avons indiquée, tandis qu'il eût pu y être soumis pendant tout le temps que le mélange est resté en repos.

Aussi est-ce parce qu'en général on a compris l'importance de ce fait que, pour rendre le travail moins pénible et en même temps plus méthodique et plus complet, on a imaginé de substituer à l'action directe des bras la puissance d'une machine qui opère avec un succès certain, tout en permettant de réduire les frais de main-d'œuvre dans une proportion assez considérable.

Nous allons dire quelques mots de cet ingénieux appareil, dont l'application tend à se propager de jour en jour dans les établissements de quelque importance.

La *machine à vaguer* dont nous donnons la coupe (*fig.* 47) et le plan (*fig.* 48) se compose d'une roue A

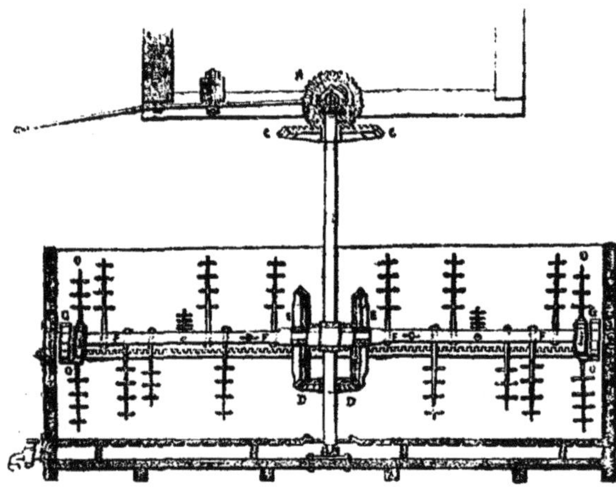

Figure 47.

qui prend son mouvement de l'arbre horizontal B ; elle communique ce mouvement à la roue C, et par suite aux autres roues D, E. Cette dernière fait tourner l'arbre F sur lequel se trouve la roue droite G qui s'engrène à son tour dans un cercle denté H, fixé contre la paroi interne de la cuve.

Sur l'arbre F sont placées huit vagues, et sur le support J de ce même arbre il en existe deux autres o,o,o,o, qui restent constamment fixes, c'est-à-dire dans une position verticale. Elles servent à détacher et enlever le malt qui pourrait s'attacher le long des parois de la cuve.

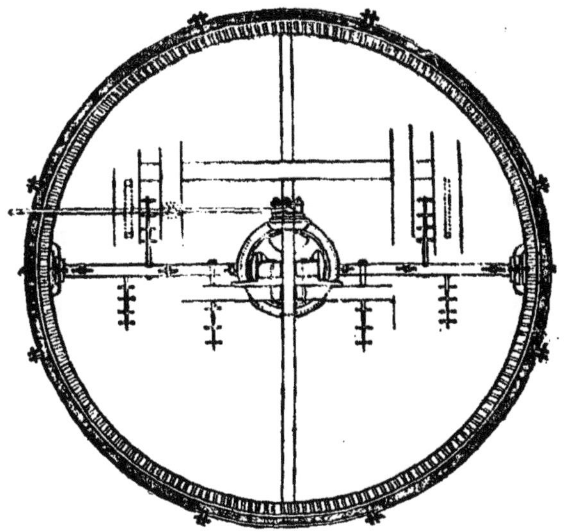

Figure 48.

Par cette heureuse disposition, les vagues reçoivent un double mouvement : l'un autour de l'axe de l'arbre, auquel elles sont boulonnées ; l'autre autour de l'arbre vertical. L'effet simultané de ces deux rotations permet d'agiter le malt dans toutes les parties de la cuve, puisque les agitateurs soulèvent constamment la masse de bas en haut, en même temps que tout l'appareil pivote sur lui-même et permet aux vagues d'agir dans tout le pourtour de la cuve.

Cet appareil est certainement le plus complet et le mieux établi de ceux que nous connaissons dans ce genre ; il fonctionne depuis huit ou dix ans, toujours avec le même succès, dans l'établissement de MM. Legrand frères, de Saint-Quentin, auxquels nous témoignons ici notre reconnaissance pour l'empressement qu'il sont mis à nous être agréables.

Les services rendus par la *machine à vaguer* en multiplient l'adoption de jour en jour, et, pour notre compte, nous ne pouvons qu'y applaudir.

Voilà pour le mécanisme, pour la partie matérielle du *vaguage*. Nous allons continuer notre examen, mais en envisageant la question par rapport aux diverses nuances de fabrication.

§ 2. Températures de l'eau.

Ce qu'il importe surtout d'observer attentivement dans les infusions, c'est la température de l'eau considérée sous le rapport : 1° de l'état du malt ; 2° de la température ambiante ; 3° de l'espèce de bière à fabriquer ; car l'eau employée à + 50°, par exemple, produirait des résultats tout différents de ceux qu'on obtiendrait avec l'eau à + 70°, même en supposant que toutes les autres conditions de fabrication fussent égales.

Ce que nous avons dit des diverses températures de l'eau en parlant de la *trempe préparatoire* est également applicable ici, c'est-à-dire à toutes les premières infusions. Il faut donc tenir compte de chacun des huit cas que nous avons prévus et indiqués dans le chapitre précédent; car ils résument les trois conditions générales que nous venons de signaler.

Pour citer quelques exemples, supposons qu'on veuille fabriquer des *bières blanches* destinées à la mise en bouteilles; il convient, dans ce cas, de ne donner la première trempe qu'à une basse température, c'est-à-dire à + 40° environ, principalement en hiver, et d'élever d'autant plus la température de l'eau que celle de l'atmosphère s'élève elle-même davantage. Si on doit fabriquer des bières plus colorées et si on opère en été, on peut alors employer l'eau destinée à la première infusion à + 75°; mais, dans ce cas, il ne faut rester ni en deçà de + 40°, ni dépasser + 75°.

Dans quelques circonstances que nous examinerons à leur tour, et pour la fabrication même des *bières blanches*, on emploie fréquemment l'eau à une température de + 75°, bien que nous ne l'admettions que dans la fabrication des *bières brunes*. Cela tient d'abord à ce que la trempe préparatoire a été faite *à froid* et que cette condition devient elle-même un obstacle à la coloration des moûts; ensuite à ce que la quantité de malt employé est relativement moins considérable que dans les bières brunes, circonstance qui impose l'obligation d'employer l'eau de la première infusion à une température élevée, afin que plus tard le gluten se sépare facilement. Cela tient encore à ce que les bières dont nous parlons doivent se consommer en fûts, et enfin à ce que l'emploi de l'eau à une température élevée, pour la première infusion, ne suffit pas seul pour développer un point de coloration trop prononcé dans des bières de cette nature.

En principe, on peut dire que, pour fabriquer des *bières mousseuses*, il est préférable d'employer l'eau de la première infusion à de basses températures, comme 40 ou 50° ; mais en présence des nombreuses difficultés qui surgissent toujours dans le travail d'été, on est fort souvent obligé de dépasser ces limites afin d'obtenir des moûts plus limpides. Dans ce cas les bières moussent moins et plus difficilement. Nous en expliquerons la cause dans la suite, et nous indiquerons, en parlant de la fermentation, comment il est facile de remédier à chacun de ces inconvénients, sans altérations frauduleuses à l'égard du fisc et sans mélange dommageable au consommateur.

Nous maintenons donc, pour tout ce qui est relatif aux *premières infusions*, ce que nous avons dit en parlant de la *trempe préparatoire;* pour celles-là comme pour celle-ci, et quelle que soit l'espèce de bière à fabriquer, on peut, pour faciliter le travail tout en améliorant les produits, augmenter la température de l'eau, à mesure que celle de la couche atmosphérique s'élève ; mais il faut avoir soin de lui faire suivre la même progression descendante dans le cas contraire. Nos observations sur la *séparation du gluten*, dans le chapitre précédent, s'appliquent également et dans tous les cas à l'opération qui nous occupe.

Telles sont les règles générales, mais il faut les faire concorder avec les questions de détails que nous avons examinées précédemment; car pour obtenir des résultats satisfaisants, il faut évidemment savoir appliquer avec opportunité, dans chacun des cas qui peuvent se présenter, ou plutôt qui se présentent tous les jours dans l'exécution des travaux.

Mais, qu'on nous permette de le dire encore une fois, pour arriver à chacune de ces sages applications, il faut d'abord se débarrasser des opinions erronées de la routine; il faut mettre de côté les fausses théories, les vieux et détestables préjugés, et n'admettre que des faits bien constatés; mais pour cela, il faut être observateur et savoir appliquer avec discernement. Alors toutes les difficultés dont on s'épouvantait finissent par s'aplanir; car quelque grandes qu'elles puissent être, elles ne sauraient résister aux efforts du travail et de l'étude, surtout quand elles ont pour point d'appui les données si fécondes de la science et l'autorité des faits acquis.

En général le nombre d'infusions à faire subir au malt pour la fabrication d'un brassin, quelque considérable qu'il puisse être, est de deux ou trois; lors même qu'on fabrique tout à la fois un brassin de *bière forte* et un brassin de *petite bière*, on ne dépasse jamais ce dernier chiffre; au moins n'en avons-nous jamais eu connaissance.

Dans les cas où l'on ne soumet le malt qu'à deux infusions seulement, l'eau de la première est assez ordinairement employée à une température plus élevée que quand on en donne trois. Dans ce mode de fabrication, toujours en thèse générale, on opère la première avec de l'eau à + 60°, et on porte, pour la seconde, le liquide à l'ébullition. Toutefois, la température de + 60° que nous indiquons ne peut dans aucun cas être considérée comme une règle fixe, car il faut toujours tenir compte des circonstances que nous avons déduites précédemment et qui peuvent varier à l'infini.

Quels que soient les soins apportés à ce mode de travail, il nous paraît impossible que le malt soit complétement épuisé par l'action de deux infusions seulement; ce fait est d'autant plus regrettable que le malt ne renferme pas par lui-même de telles proportions de matières sucrées qu'on puisse négliger de séparer aussi complétement que possible toutes celles qu'on peut en extraire par trois infusions. Aussi n'hésitons-nous pas à déclarer que ce dernier moyen est le plus logique, et nous allons en donner la preuve. Quoiqu'il compte encore de nombreux adversaires par divers motifs que nous apprécierons, nous devons dire cependant que son adoption s'est singulièrement généralisée depuis une dizaine d'années. C'est de Strasbourg que l'idée en est venue.

C'est particulièrement lorsque l'on doit fabriquer des bières fortes, dites *bières de garde,* qu'il est de beaucoup préférable de soumettre le malt à *trois* infusions. Dans ce cas, en effet, on peut toujours opérer la trempe préparatoire, la *salade,* si l'on veut, à des températures peu élevées, à + 20° ou + 30° environ; ce mode présente même l'avantage d'éloigner les chances d'altération, toujours imminentes autrement, des produits développés dans le malt par la germination, et particulièrement de la *diastase* ou même de l'*amidon*; car une température brusquement élevée peut modifier le rôle de chacun d'eux. Ici s'explique d'une manière complète le genre de fabrication auquel on a donné le nom de *brassage à malt trouble*, car, par cette manière d'opérer, l'eau de la trempe préparatoire et celle de la première infusion étant employées à de basses températures, il en résulte nécessairement des produits plus troubles que lorsqu'on procède dans un sens opposé.

Quand on opère de cette façon, on porte ordinairement le produit de la *première infusion* dans la chaudière de fabrication, et là on élève progressivement sa température, qu'on maintient entre + 60° et + 70° pendant trente minutes environ, pour la porter ensuite à l'ébullition. Arrivé à ce point, on ralentit l'action du foyer, et par l'introduction subite dans la chaudière d'une portion de liquide conservée à cet effet dans le reverdoir et égale à environ 5 pour 100 de la masse, on suspend momentanément l'ébullition qui s'était manifestée dabord. Quelques instants après et à mesure que la température de la masse se rapproche de + 100 qu'elle va bientôt atteindre pour la seconde fois, le gluten qui jusque-là était resté en dissolution dans la liqueur se sépare abondamment sous forme d'écumes, qu'on peut facilement enlever parce qu'elles viennent se rassembler à la surface du liquide. C'est dans cet état, après la séparation des diverses substances et des débris que le gluten entraîne avec lui, que les liquides servent à la *deuxième infusion*.

Toute la masse est donc en ébullition quand on l'introduit pour la deuxième fois dans la cuve-matière, afin d'être mélangée de nouveau au malt et brassée avec lui; elle est ordinairement alors d'une limpidité parfaite et d'une couleur jaune d'or des plus intenses et des plus riches. Ce mode de fabrication est d'autant plus avantageux que de cette façon le mélange s'opère dans la cuve positivement à la température la plus favorable pour déterminer la conversion en sucre de toute la portion d'amidon restée intacte dans le malt après la première opération, c'est-à-dire à une température qui ne dépasse pas + 75° et qui ne descend jamais au-dessous de + 65°. De plus, la température peu élevée de l'eau au moment de la première infusion, tout en ayant préalablement et convenablement disposé l'amidon à recevoir l'action du liquide à des températures plus élevées, n'a cependant pu exercer aucune influence fâcheuse sur la diastase développée dans l'orge par la germination qu'il est si essentiel de savoir utiliser au profit de la fabrication.

Lorsqu'au contraire on ne soumet le malt qu'à deux infusions, il arrive fréquemment que la première se fait à une température trop élevée pour n'être pas nuisible, ou alors cette température est beaucoup trop basse relativement à celle de la seconde, qui, comme nous l'avons dit, se donne toujours à la température de l'ébullition.

Ce qu'il n'est pas moins utile d'observer attentivement dans le mode de fabrication par trois infusions, c'est la facilité avec laquelle on peut séparer une première fois le *gluten* à l'état d'écumes, lorsqu'il est dans la chaudière ; et nous ne saurions le répéter trop souvent, le gluten va bientôt devenir pour nous un ennemi dangereux, dont la présence contribuera plus puissamment que toutes les autres causes de désorganisation à l'altération des produits, puisqu'il tendra, d'une part, à accélérer leur acétification, et, de l'autre, à développer en eux la maladie appelée *graisse*, dont nous avons déjà dit quelques mots.

C'est parce que ce procédé est rationnel qu'il a été presque unanimement adopté par les praticiens les plus habiles et les plus éclairés ; c'est à Strasbourg, avons-nous dit, qu'il a d'abord été mis en pratique ; l'application qui en a été faite depuis lors dans un grand nombre de brasseries a toujours produit de bons résultats.

Quelques-uns pourtant ont repoussé tout à la fois le principe et l'application, non pas après les avoir étudiés ou appliqués directement, mais, devons-nous le dire? uniquement parce que c'était le mode d'opérer de M. *Tel*, leur confrère, ou plutôt leur concurrent. D'autres, pour dissimuler le motif dont nous venons de parler, ont prétendu que ce mode de fabrication fait contracter à la bière, après la fermentation, une saveur dure. Disons bien vite que ceux-là n'en avaient jamais fait une application directe ; d'ailleurs, eussent-ils constaté ce fait par la dégustation des produits de leurs confrères, il n'en serait pas moins vrai que la cause de cette prétendue saveur dure, qui dépend uniquement, à notre avis, de la plus ou moins grande complaisance de leur palais, ne trouverait pas là une explication bien satisfaisante.

Qui sait d'ailleurs ce qui se passe dans une usine, hors celui qui en dirige les travaux? Que ce fait existe, que vous l'ayez constaté dix fois, cent fois, soit! Mais est-ce à dire pour cela qu'il n'existe qu'une seule cause capable de développer dans les opérations préparatoires, ou même de faire naître après la fermentation cette saveur que vous dites avoir pu apprécier? Ici encore, comme cela arrive trop souvent, vous aurez mis les effets à la place des causes, par des raisons que les meilleurs arguments ne sauraient combattre et contre lesquelles nous ne pouvons malheureusement rien.

D'ailleurs il y a un moyen sûr, et il n'y en a qu'un, d'apprécier les choses à leur juste valeur; c'est de faire soi-même les applications, en tenant un compte sévère des conditions dans lesquelles on s'est placé. Alors on a des données certaines, un point de comparaison solide, sur lequel il est possible de fonder une argumentation de quelque importance, de fixer son jugement, en un mot, d'asseoir ses convictions d'une manière non équivoque.

C'est pendant que s'exécutent les diverses opérations que nous venons d'examiner, que l'eau destinée à la *troisième infusion* est mise en ébullition dans une *chaudière supplémentaire* qui, aux termes de la loi, doit être d'une contenance inférieure à celle destinée à la fabrication de la bière forte. Après être restée en contact avec le malt pendant une heure au moins, la *deuxième infusion* est portée de nouveau dans la chaudière de fabrication, sous laquelle le foyer est immédiatement activé par l'introduction du combustible.

Lorsque le liquide sucré que renfermait la cuve-matière s'est complétement écoulé et qu'il ne reste plus qu'un malt à peu près épuisé, on procède à la *troisième infusion* en faisant passer l'eau bouillante de la chaudière supplémentaire dans la cuve-matière pour opérer un troisième et dernier vaguage. Cette opération, toujours pratiquée à la température de l'eau bouillante, n'a d'autre but que d'enlever au malt, par une espèce de lavage, le peu de matières sucrées qu'il contient encore. Après un séjour d'environ trente minutes dans la cuve, le produit de la troisième infusion est porté dans la chaudière de fabrication et mélangé avec les deux infusions précédentes.

La chaudière doit alors être complétement pleine, et le réservoir doit contenir exactement les cinq pour cent de *réserves*, ou *métiers*, que la loi accorde pour remplissage, évaporation des infusions, concentration des moûts, ouillage, déchets divers, etc.

Nous montrerons plus tard, et par des chiffres et par des expériences directes, c'est-à-dire le plus mathématiquement possible, quelle amère dérision renferment ces malheureux cinq pour cent de *réserves* que la loi accorde aux brasseurs. On ne *vole* pas les contribuables plus effrontément.

Nous venons de parler de la confection d'un brassin de bière forte seulement ; mais comme il arrive souvent que la *troisième infusion*, c'est-à-dire le malt épuisé, les résidus, sert à la fabrication d'un brassin de *petite bière*, nous allons examiner comment on opère dans chacune de ces circonstances.

Dans le premier cas, la quantité d'eau employée aux deux premières infusions représente environ les deux tiers de la contenance de la chaudière; l'eau de la troisième doit représenter, par conséquent, l'autre tiers, plus les cinq pour cent dont nous venons de parler.

Dans le second cas, toute l'eau contenue dans la chaudière de fabrication est employée aux deux premières infusions, et celle que contient la chaudière dans laquelle doit être fabriquée la *petite bière* sert en totalité pour la troisième infusion. Comme nous allons le voir bientôt, ce dernier moyen est celui auquel on doit donner la préférence, parce que la grande quantité d'eau employée dans les deux premières infusions facilite, dans un certain rapport, la conversion de l'amidon en sucre.

Il arrive quelquefois qu'au lieu de porter la première infusion à l'ébullition dans le but de la faire servir à la deuxième, on emploie de nouvelle eau pour chacune des trois opérations. Nous croyons qu'il y a plutôt ici une affaire d'habitude qu'une préférence basée sur des motifs sérieux, car nous n'avons jamais pu établir entre ces deux manières d'opérer une différence sensible. Nous pensons cependant que dans cette circonstance les *moûts réunis* contenaient bien plus de gluten que lorsqu'on a fait servir l'eau de la première infusion à la seconde; ce qui doit être, au surplus, puisque la séparation de celui-ci n'a pu s'opérer une première fois, et dans les conditions les plus favorables à son élimination.

D'autres fois encore, nous avons vu employer avec quelque succès le produit de la première infusion pour donner la troisième. Ce mode de fabrication exige qu'on ne fasse usage de la première infusion qu'après l'avoir mise en ébullition et en avoir séparé la plus grande quantité possible de gluten; on obtient de cette façon des *bières blanches* légères, très agréables, destinées à être mises en bouteilles. Nous y reviendrons. Dans ce cas, la seconde infusion est spécialement affectée à la fabrication d'une bière forte, ordinairement plus colorée que la première.

Dans tout état de cause, et quelle que soit la manière de procéder, l'usage a introduit une mesure de propreté plus efficace qu'on ne le pense pour déterminer la précipitation des *folles farines* qui nagent ordinairement dans le liquide après le vaguage. Nous voulons parler de l'arrosage qui se pratique contre la paroi interne de la cuve, afin de détacher les parties de malt divisé que l'agitation des vagues y a fixées dans le cours des manipulations. Il suffirait que ce fût là une simple précaution prise par des gens propres pour que nous y donnassions notre approbation; mais à part cette considération générale si essentielle dans toutes les opérations, et trop souvent négligée dans quelques localités, on peut être convaincu qu'une légère aspersion d'eau froide amène la précipitation, comme nous venons de le dire, d'une grande quantité de matières de toute nature qui sont tenues en suspension dans les liquides.

C'est principalement dans le travail qui nous occupe que l'influence de la *mouture* se fait sentir; en effet, si le malt a été concassé trop grossièrement, l'imbibition de l'eau agira moins efficacement sur toute la masse, puisqu'elle sera moins divisée; dès lors, la dissolution des principes sucrés sera moins complète, car non-seulement l'action dissolvante de l'eau ne pourra que difficilement agir dans l'intérieur de chaque particule, mais encore la filtration des infusions au travers du malt s'effectuera trop rapidement pour opérer, en passant, une dissolution satisfaisante de ces principes. Il en est de même lorsque le malt a été *mal séché*, et lorsque, par l'action d'un *moulin d'une construction vicieuse*, le malt s'aplatit sans se briser, ainsi que nous l'avons expliqué en nous occupant de la *mouture*.

Si le malt a été moulu trop fin, les points de contact se multiplient à l'infini, comme cela a lieu, par exemple, dans la farine proprement dite; alors, chacun des fragments augmentant de volume sous l'influence de l'eau à une température élevée, il en résulte que les interstices qui pouvaient livrer passage au liquide se ferment à mesure que l'infusion se prolonge davantage, et la masse, s'agglutinant bientôt, s'oppose au libre écoulement des liqueurs sucrées. De là des retards toujours fâcheux, la nécessité de pratiquer des ouvertures dans l'épaisseur du malt au moyen des fourquets, et l'inconvénient de troubler les infusions.

Lorsque la *mouture* a été faite convenablement et que la germination elle-même a été opérée d'une manière régulière, les infusions se font beaucoup plus facilement, et le malt se trouve bien mieux épuisé. En effet, si par l'action des cylindres le malt a été régulièrement concassé, si chaque grain a été brisé en trois ou quatre parties, par exemple, la pellicule extérieure, le son, si l'on veut, restant mêlé à la masse, servira de conducteur aux couches de liquide qui se succèderont lors de l'écoulement des infusions, et celles-ci n'en seront que plus complètes, puisque l'imbibition de l'eau aura été facilitée par toutes ces circonstances. Si la germination a été habilement dirigée, si la quantité d'eau employée dans chaque infusion a été abondante, les conditions les plus favorables se trouveront toutes réunies; car, dans cet état, chaque grain d'orge présente une petite masse spongieuse dont la division permet à l'action dissolvante de l'eau de se porter librement sur chacune de ses parties.

La présence des *grains vitrés* offre des inconvénients bien plus graves encore que ceux des grains dont la mouture a été défectueuse; la solidification gommeuse qui s'est opérée s'oppose obstinément à l'imbibition de l'eau, et préserve par conséquent leurs parties intérieures de l'action dissolvante de celle-ci; ce n'est qu'après un temps fort long que les parties supérieures finissent par s'imprégner de liquide, mais en si petite quantité, qu'il est incapable d'opérer la dissolution de tous les principes sucrés que renfermait le malt. Aussi leur rôle est-il complétement nul.

Pour faciliter l'écoulement des liquides hors de la cuve-matière après le vaguage, on emploie quelquefois, et même toujours dans certaines localités, la *paille hachée*. Nous ne voyons qu'un motif qui puisse justifier cette mesure; c'est que le malt a été moulu trop fin. Le moyen est assez ingénieux sans doute, mais nous lui trouvons, entre autres, l'inconvénient de se prêter trop facilement à la *falsification des drèches*. Cela suffit pour que nous le réprouvions, d'autant plus qu'en surveillant attentivement la mouture, on peut facilement se dispenser de ces moyens frauduleux, surtout si l'opération se pratique dans l'usine même et avec le moulin à cylindres que nous avons indiqué. Le meunier n'y regarde pas de si près ordinairement; que la mouture soit un peu plus grosse ou un peu plus fine, cela lui importe peu; il moud, c'est le principal; on le paie, c'est l'essentiel. M. Kolb, notre honorable confrère de Strasbourg, dit même « qu'il y a des meuniers dont les bestiaux s'accommodent très bien du malt. »

Si on a introduit de la paille hachée dans les drèches, plutôt par des motifs frauduleux que par des raisons valables, il est un autre procédé qui, sans être employé dans les mêmes vues, n'en est pas moins un abus réel. Nous voulons parler de l'usage des *houblons communs*, employés un peu dans l'intention de faciliter l'écoulement des liquides, mais bien plus pour s'opposer, à l'époque des grandes chaleurs, à l'altération des infusions par la présence des matières extractives du houblon. Nous sommes convaincu que, sous ce rapport, c'est de l'argent absolument perdu; car il est mathématiquement impossible qu'un ou deux kilogrammes de houblon, et telle est la quantité ordinairement employée, suffisent pour opposer le moindre obstacle à l'altération de quatre, cinq et même six mille litres d'infusion de malt. Il faudrait donc, pour agir efficacement en ce sens, qu'on en employât dix fois, vingt fois plus; mais, dans ce cas encore, le remède serait pis que le mal; car, comme nous allons le voir dans quelques instants, le *tannin* que renferme toujours le houblon paralyse, au moins en partie, l'action de la diastase sur l'amidon, et nuit dès lors à la conversion de ce dernier en sucre. Le *houblon* d'ailleurs en contient d'assez grandes quantités; nous le prouverons également. Toutefois, les faibles proportions que nous venons d'indiquer ne nous paraissent pas devoir exercer une influence bien pernicieuse, d'autant plus qu'on se sert, en général, de houblon de qualité très inférieure, que les ouvriers brasseurs désignent, assez spirituellement, sous le nom de *menues pailles de Buzigny*.

Nous avons vu des brasseurs, et des brasseurs intelligents, qui, pour soustraire leurs infusions après le brassage à l'action du refroidissement et du contact de l'air, ne trouvaient rien de plus simple que de répandre sur la surface du liquide en repos, après chaque opération, une couche assez épaisse de *menues pailles de froment*. Cette manière d'agir, peu licite en ce qui concerne la sophistication des drèches, n'en est pas moins de nature à éveiller l'amour du gain par l'augmentation de recettes qu'elle procure; mais il s'y rattache, au point de vue de la fabrication, une question beaucoup plus sérieuse; car, d'une part, la plus grande partie de ces menues pailles a contracté dans les granges une odeur très prononcée de moisissure, fait qui suffirait seul pour indiquer un commencement de fermentation et d'altération favorisé par l'humidité des locaux qui leur servent ordinairement de remises; d'autre part, ces pailles sont toujours, quoi qu'on dise, mêlées à des impuretés qui, si elles ne sont pas de nature à compromettre les opérations, sont encore bien moins de nature à en assurer le succès; car parmi ces impuretés se trouvent bien certainement des matières fermentescibles de toute espèce. Il est donc infiniment plus rationnel, plus simple et en même temps de meilleure foi de faire ajuster un couvercle sur la cuve-matière, ainsi que nous l'avons conseillé précédemment.

§ 3. Des infusions considérées dans leur ensemble.

Tous les brasseurs savent par expérience combien sont exposées à s'acidifier, en été principalement, les infusions qui restent trop longtemps au contact de l'air. C'est là un des plus graves inconvénients inhérents à tous les systèmes de fabrication suivis jusqu'ici. Il faut cependant se résigner à le subir avec tous ceux qui en sont les effets ou les causes jusqu'au jour où croulera, aux acclamations unanimes de la foule des industriels, cet édifice vermoulu, que soutient la déplorable législation de 1816.

Constatons d'abord les altérations dont nous voulons parler; nous examinerons ensuite les causes qui les déterminent et les effets qui en résultent.

Nous avons démontré, en parlant des *approvisionnements de malt*, que toutes les fois que la diastase se trouve en présence de l'eau, elle se modifie et se dénature sensiblement; nous avons ajouté que lorsqu'elle se trouve en solution dans l'eau, son altération est des plus rapides et presque instantanée. Pour confirmer ce fait capital, qu'il est important de bien examiner, nous avons prouvé que depuis longtemps il avait été sanctionné par les hommes les plus savants; nous avons cité l'opinion des chimistes les plus distingués de notre époque; enfin, nous avons, en dernier ressort, invoqué l'autorité des faits et l'éloquence irrésistible des chiffres.

Ici les mêmes faits se représentent, mais ils affectent une forme et des proportions tellement inquiétantes pour le succès des opérations, que nous croyons devoir y revenir avec une certaine insistance. En effet, il n'est pas un brasseur qui n'ait pu remarquer qu'en faisant passer par les fosses nasales les vapeurs qui s'exhalent du mélange de malt et d'eau dans la cuve-matière, et particulièrement celles qui sortent de l'ouverture supérieure de la cahotte, on constate facilement une odeur aigrelette, indiquant d'une manière évidente l'altération des matières contenues dans la cuve et la formation de l'acide acétique (vinaigre). C'est principalement à l'époque où l'atmosphère est à une température élevée que ce fait peut être aisément observé, et surtout lors des dernières infusions, c'est-à-dire lorsque la masse est restée longtemps au contact de l'air; car, dans les premières trempes, la présence de l'acide ne se manifeste pas du moins avec assez d'intensité pour être perçue par nos organes.

Nous avons également démontré que l'altération de la diastase détermine toujours la formation d'une nouvelle substance, d'un acide analogue à l'acide acétique et auquel les chimistes modernes ont donné le nom d'*acide lactique*. Or, c'est principalement dans ces circonstances que la production de cet acide a lieu abondamment ; car tout concourt à sa formation : la grande quantité d'eau, sa température élevée, le contact de l'air sont trois causes qui viennent activer encore cette transformation. Or, c'est à la présence seule des acides qu'il faut attribuer la *dissolution du gluten* que renferme le malt, et c'est cette dissolution qui est la *cause générale* de la maladie appelée *graisse;* elle en est, disons-nous, le principe fondamental. C'est donc une nouvelle cause d'altération qu'il faut ajouter aux trois ou quatre autres que nous avons déjà signalées et qui peuvent également déterminer la production des acides acétique et lactique.

La première preuve de la réalité de cette dissolution du gluten, surtout dans les troisièmes infusions, c'est que celles-ci se refusent obstinément à toute clarification par le feu ; elles restent toujours troubles ou plutôt opalines, ou si elles se dépouillent du gluten par l'ébullition, ce n'est que très difficilement et en très faible proportion, parce que le gluten y est associé à chacun des acides dont nous venons de parler, et que ceux-ci le tiennent dissous dans les liquides. Pour s'en convaincre, il suffit d'introduire dans une éprouvette à pied (*fig.* 49)

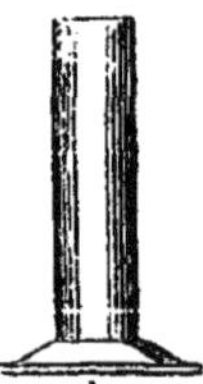

Figure 49.

une petite quantité de liquide provenant des troisièmes infusions et d'y ajouter quelques gouttes d'ammoniaque ou de potasse préalablement dissoute; on verra, à l'instant même, le gluten se séparer sous forme de flocons d'un blanc sale, nageant au milieu du liquide.

Voilà des faits qui ne sauraient pas plus être révoqués en doute que ceux qui les ont précédés ; mais à part ces expériences de laboratoire, il en est qui se produisent tous les jours, dans toutes les usines, dès lors sur une grande échelle et qu'on ne pourrait conséquemment contester avec quelque apparence de raison.

Pour notre part, nous les avons souvent constatés, et nous avons pu nous assurer que c'est surtout lorsque les troisièmes trempes entrent dans la fabrication des *bières fortes* que la *graisse* se développe préférablement dans les produits qui en résultent; lorsqu'au contraire ces troisièmes infusions sont exclusivement affectées à la fabrication des *petites bières,* on a bien moins à redouter pour les bières fabriquées avec les deux premières infusions seulement les accidents dont nous venons de parler.

S'il faut bien se garder de croire que cette cause soit la seule qui puisse amener la bière à prendre l'aspect d'un liquide glaireux, il faut au moins se convaincre qu'elle est l'une des causes principales qui peuvent l'amener à cet état. Lorsque nous serons plus avancés dans ces études, nous réunirons toutes celles qui, au même titre, présentent les mêmes caractères et qui peuvent exciter les mêmes influences. En attendant, nous ne saurions trop engager nos lecteurs à tenir un compte exact de tous les faits que nous faisons passer sous leurs yeux et à *leur prêter une sérieuse attention*; car nous espérons qu'en examinant séparément toutes les *chances d'insuccès* et en voyant la manière dont chacune d'elles se lie aux autres, ils seront amenés à réfléchir sérieusement à tout ce que nous avons pu dire jusqu'ici et à étudier avec plus d'intérêt toutes les questions dont nous avons encore à les entretenir. Sans cette condition d'examen attentif, toute chance d'appréciation deviendrait illusoire ou même complétement impossible.

Il est de la plus grande importance, pour éviter l'acidification des produits, d'opérer le plus rapidement possible à l'époque des grandes chaleurs, non-seulement parce que leur contact avec l'air atmosphérique les dénature et les transforme en produits nouveaux, mais encore parce que ces transformations, ces nouveaux produits deviennent eux-mêmes une cause de perturbation non moins puissante que le contact de l'air. Mais si la vitesse est une condition de succès, parce que les infusions doivent être le moins possible soumises aux influences de l'air et de la température ambiante, nous avons eu raison de condamner, sans restriction aucune, les *pompes à moûts*, lorsque nous avons eu à nous occuper des moyens d'accélérer le passage des infusions de la cuve-matière dans la chaudière de fabrication.

Maintenant est-il possible d'imaginer des manipulations plus défectueuses que celles en usage jusqu'ici; et pourtant on ne peut ni les modifier, ni les échanger, parce que. . . . . *la loi s'y oppose?*

La vitesse, disons-nous, est une nécessité imposée dans

le travail d'été par l'état de l'atmosphère; cependant, comme nous l'avons démontré, le rendement du malt est, à cette époque, de 20 à 30 p. 100 de moins qu'en hiver, et, de plus, la diastase se trouve fortement altérée par l'absorption d'une certaine quantité de vapeur d'eau. Ceci posé, n'est-il pas évident que le peu de diastase qui reste a besoin d'être plus longtemps en contact avec l'amidon pour le transformer en sucre, puisque la proportion de diastase est relativement moindre que dans le malt récemment préparé, et que la partie restante a perdu davantage de son énergie première? C'est parce que ce fait est mathématiquement exact qu'on est obligé d'employer, aux époques dont nous parlons, à titre de compensation de l'altération produite, 20 ou 25 pour 100 de malt de plus que n'en exige la fabrication d'hiver.

N'est-il pas également logique de laisser infuser la masse d'autant plus longtemps qu'elle est plus considérable? Cependant c'est le contraire qui a lieu; c'est en sens inverse que l'on est obligé d'opérer, et c'est là une immense anomalie, une impérieuse exigence atmosphérique, une puissance à laquelle personne, que nous sachions, n'a pu opposer jusqu'ici une résistance efficace et à laquelle il faut nécessairement se soumettre sans qu'il soit possible de tenir compte des lois qui régissent un travail dont les difficultés réclament une certaine dose d'intelligence. N'est-il pas inconcevable qu'en présence de tous ces inconvénients et de tant de produits, entièrement perdus, il soit impossible d'appliquer des palliatifs dont l'efficacité ne saurait être contestée et qui sont d'une application certaine et immédiate, parce que les ridicules exigences d'une loi fiscale y opposent leur *veto?*

Il n'y a donc pas à s'étonner des résultats trop souvent pitoyables que l'on obtient à l'époque des chaleurs; tout cela s'explique et se comprend à merveille; car ce n'est guère que pendant les mois d'*hiver* que se trouvent réunies les conditions les plus favorables pour pratiquer les diverses opérations par lesquelles passe successivement l'orge avant d'arriver à l'état de bière. Les infusions comme les autres parties du travail ont des règles fixes dont il ne faut pas s'écarter quand on veut obtenir de bons résultats, mais dont la mobilité de l'atmosphère et de la température empêche souvent d'observer toutes les conditions. De cette inobservation, même nécessaire, découlent des conséquences désastreuses, ainsi qu'on le reconnaîtra infailliblement par la suite.

Indépendamment des conditions de vitesse qui doivent être attentivement observées, il n'est pas moins essentiel de choisir pour le moment des infusions l'heure la plus fraîche de la nuit. Toujours nous avons commencé ces opérations vers deux heures du matin en été, et toujours nous avons remarqué que nous arrivions à de meilleurs résultats qu'en opérant cinq ou six heures plus tard. Au reste, c'est le moyen le plus universellement adopté. Dans une usine convenablement organisée, en supposant même que la première infusion doive être mise en ébullition pour servir à la seconde et qu'on se serve d'une pompe pour élever le liquide dans les chaudières, on peut facilement procéder à la première infusion à deux heures du matin, à la deuxième, à quatre heures, et à la troisième, à six heures.

Dans certaines brasseries, où l'on n'a pas l'habitude de se lever si matin, nous avons *vu* commencer les premières opérations à six heures pour les terminer à trois et même à quatre heures du soir. Quant aux résultats, ils étaient ce qu'ils pouvaient être; mais enfin c'était *l'habitude;* quelle raison peut-on opposer à un argument aussi concluant?

Nous croyons qu'il ne serait pas prudent de laisser entre chacune des opérations moins de deux heures d'intervalle, car alors la diastase aurait à peine le temps nécessaire de réagir sur l'amidon pour le convertir en sucre.

En parlant du transvasement des liquides, nous avons déjà fait ressortir une partie des avantages que présente leur élévation au moyen du *monte-jus;* l'adoption de ce système, dans lequel la base de la *cuve-matière* se trouve au niveau du sommet des *chaudières*, dispense non-seulement d'employer les pompes que nous avons proscrites, mais encore il permet de soustraire les infusions au contact de l'air; de plus, il fait gagner du temps, et ce temps peut être avantageusement utilisé à laisser le malt et l'eau plus longtemps en contact sans prolonger aucunement le terme de la durée totale des opérations. De cette façon, l'infusion proprement dite étant plus prolongée sans augmenter les chances d'altération, il en résulte que, tout en allant plus vite et en dépensant moins de force, on est placé dans les conditions les plus favorables pour arriver à de bons résultats.

§ 4. Emploi de la fécule brute. Conversion de l'amidon en sucre.

Nous avons dit dans un des premiers chapitres de cette publication ce qu'était la diastase, dans quelles conditions elle se produisait, et quelles étaient ses propriétés physiques et chimiques les plus saillantes; nous ne voyons donc pas la nécessité de nous répéter ici, mais pour l'intelligence de ce qui va suivre, nous croyons indispensable de dire quelques mots de *l'amidon* et de la *fécule*, que la diastase a, comme nous l'avons souvent répété, la propriété de transformer en une matière sucrée spéciale, que l'on désigne dans le commerce sous le nom de *sucre d'amidon, sucre de fécule*, mais que, pour parler plus scientifiquement, nous appellerons *glucose*, comme nous en sommes convenu.

Laissons parler M. Raspail, dont nous nous plaisons à consulter les savantes recherches.

AMIDON (fécule amylacée [1]).

« L'amidon, obtenu à l'état de pureté, est une poudre blanche, cristalline, sans saveur et inodore, craquant

(1) « Ces deux mots, qui désignent chimiquement une substance identique, prennent une acception différente, selon l'usage auquel on destine la substance même. En thérapeutique et en économie domestique, c'est de la *fécule;* dans les arts, c'est de l'*amidon*. Ainsi le fécule de froment, qui sert de poudre à poudrer et de colle pour le papier, le linge, etc., se nomme spécialement *amidon*. La fécule de pomme de terre, qui sert spécialement à l'alimentation, garde le nom de *fécule* (*). »

(*) Pour nous donc les mots *amidon* et *fécule* sont complétement synonymes.

sous les doigts, insoluble dans l'eau froide, se dissolvant en apparence dans l'eau chaude, formant un *magma* épais avec elle, selon les proportions qu'on emploie... enfin jouissant de la propriété de se colorer en bleu plus ou moins violet par le contact de *l'iode*[1].

« Examinée au microscope, cette poudre n'offre plus que des grains arrondis, isolés, de formes et de dimensions variables, non-seulement dans les divers végétaux, mais encore dans le même végétal, comme on peut s'en faire une idée aussi exacte que possible d'après les figures que j'en ai tracées... Ainsi la *fécule de pomme de terre* (*fig.* 50 à 56) offre des grains qui varient de di-

Figures 50, 51, 52, 53, 54, 55, 56.

mension entre $\frac{1}{500}$ et $\frac{1}{8}$ de millimètre, et qui affectent les formes les plus variées...

« Si l'on place le grain de fécule de pomme de terre dans l'eau, le grain s'offrira alors comme une belle perle de nacre sur la surface de laquelle on distingue, à cer-

(1) Nous nous contenterons, quant à présent, de dire que l'*iode* est un des cinquante-six corps simples qui existent dans la nature; il a l'aspect de la houille grasse brisée en petites écailles et se dissout très facilement dans l'alcool. C'est dans cet état que nous l'emploierons, comme réactif, pour constater, dans certains cas, la présence de l'midon ou de la fécule.

(*Note de l'auteur.*)

tains grossissements, des stries à ondulations concentriques du plus joli effet (*fig.* 57, 58, 59).

Figures 57.

58.

59.

« Les grains de fécule de pomme de terre qui, au grossissement de 400 à 450 diamètres, se présentent avec l'aspect des *figures* 50 à 56, prennent au contraire la forme aplatie et à ondulations de la figure 60 au grossissement de 500 diamètres.

Figure 60.

« Si l'on verse une goutte de solution aqueuse d'iode sur les grains de fécule qu'on observe au microscope, on voit ces belles perles de nacre se colorer successivement en purpurin, en violet, en bleu clair et enfin en bleu foncé, si l'iode est en excès; les grains apparaissent alors sous forme de beaux grains de verroterie colorés (*fig.* 61, 62, 63, 64, 65) ;

Figures 61, 62, 63, 64, 65.

mais ils ne changent, en se colorant, ni de forme, ni de dimension. » (Raspail, *Nouveau Système de Chimie organique*, t. 1, pag. 429 à 439.)

« Chaque globule, dit M. Thenard, se compose d'une enveloppe, ou tégument, ou poche, ou sac, et d'une matière intérieure fort différente de l'enveloppe. »

M. Raspail dit que si on parvient à atteindre un de ces grains alors qu'il est vu à un grossissement considérable avec la pointe d'une aiguille, il s'affaisse sous la pression, se vide dans le liquide, et bientôt il ne reste plus de lui-même qu'un sac plissé, ouvrant sur un des côtés (*figures* 66, 67, 68, 69, 70, 71, 72, 73, 74).

Figures 66, 67, 68, 69, 70, 71, 72, 73,

74.

M. Thenard ajoute :

« L'eau froide est sans action sur l'amidon en grain. Que l'on verse douze à quinze parties d'eau bouillante sur une partie d'amidon, il en résultera tout à coup de l'empois; qu'on emploie l'eau de + 60 à 65°, elle produira le même effet, pourvu qu'on la maintienne à ce degré de chaleur. Dans les deux cas, les enveloppes s'ouvrent, les grains se vident, comme l'a si bien observé M. Raspail au microscope, et la combinaison entre l'eau et la partie soluble que renferme chaque grain d'amidon s'opère intimement. » (Thenard, *Traité de Chimie*, t. IV, p. 556-57.)

« C'est à + 50°, dit M. Raspail, que l'action de la chaleur sur les grains de fécule commence à devenir bien manifeste; c'est à + 75° qu'elle est rapide. »

Maintenant que nous connaissons suffisamment les caractères physiques et l'organisation de la fécule, voyons comment la diastase développée dans le grain pendant l'acte de la germination agit sur elle. Mais avant d'aller plus loin, disons que l'on serait dans l'erreur la plus complète si l'on pensait que ce soit là de la *théorie*. La question qui nous occupe est essentiellement et exclusivement *pratique*, comme tous les faits qui se rattachent directement à la production; or, il est généralement admis qu'une des qualités les plus nécessaires à un producteur est celle de savoir apprécier sainement les matières premières à l'état brut; de connaître, après un examen préalable, le parti qu'on en peut tirer; enfin de pouvoir préciser très approximativement le rendement que ces matières premières produiront à la fabrication.

Telle est, au fond, toute la question, et nous sommes

convaincu qu'on l'aura compris immédiatement; la vraie science de tous les producteurs, leur véritable mérite, repose entièrement sur ces bases et ne saurait d'ailleurs en avoir de plus certaines. Hors de là tout est ténèbres; ce n'est plus que du hasard.

Le rapport que nous reproduisons ici, relatif à un mémoire de M. Guérin-Varry concernant *l'action de la diastase sur l'amidon de pomme de terre et les propriétés de l'amidon*, nous a paru d'un trop grand intérêt pour la brasserie pour ne pas être donné en entier. Ce qui nous a, du reste, ôté toute hésitation, c'est que les conclusions de MM. Dumas et Robiquet ont été adoptées par l'Académie des sciences.

« M. Dubrunfaut avait mis hors de doute que l'*orge germée* exerçait une action spéciale sur l'*amidon*, qu'elle le fluidifiait et le convertissait en matière sucrée. MM. Payen et Persoz ont montré plus tard qu'une matière remarquable, à laquelle ils ont donné le nom de *diastase*, existe dans l'*orge germée* et en reproduit toutes les propriétés avec une intensité vraiment singulière. En combinant les résultats de leurs propres observations avec ceux auxquels étaient parvenus les physiologistes ou les chimistes qui ont étudié l'*amidon*, MM. Payen et Persoz se trouvaient amenés à des conséquences fort remarquables et fort simples. Considérant alors l'amidon comme formé d'une substance particulière renfermée dans un sac membraneux, ils pensaient qu'à la température de + 65 à 70° la diastase déterminait la rupture des sacs, et qu'ainsi mise en contact avec la matière intérieure, elle convertissait celle-ci en une substance d'apparence gommeuse, la *dextrine*, ou bien sucre de raisin. *Avec un contact court, on obtenait beaucoup de dextrine; avec un contact plus prolongé, le sucre devenait plus prédominant*. La *diastase* se développait dans l'acte de la *germination;* il devait sembler évident qu'elle servait à fluidifier ou saccharifier l'*amidon* des graines, et on expliquait par son influence la formation du sucre qui accompagne toujours cette fonction. C'est ce que pensèrent les auteurs. Quelque temps après, M. Dutrochet, étudiant l'action de la *diastase* sur l'amidon, admit ces mêmes idées et les prit pour base d'une théorie par laquelle il expliquait la fluidification de cette nouvelle substance par l'*orge germée* ou la *diastase*.

«Les expériences de M. Guérin viennent changer les principaux éléments de ce problème physiologique et chimique à la fois, dont le double caractère explique en même temps la difficulté et l'intérêt. On peut ramener à trois principales modifications celles que l'amidon éprouve dans la classe des phénomènes qui nous occupent: sa conversion en empois, sa fluidification, enfin la saccharification ou conversion en sucre de la matière devenue fluide.

« D'après les observations de l'auteur, une proportion de *diastase*, même très forte, ne produit aucun effet sur l'*amidon* à la température ordinaire, les deux matières étant délayées dans l'eau. Bien plus, à une température de + 50 ou 60°, l'*amidon* demeure intact sous l'influence de la diastase tout comme sous de l'eau pure. Cette importante remarque est nouvelle.

« A partir de + 54 à 65°, la *fécule* se dilate et se déchire sous l'influence de l'eau; elle se convertit en empois. Quand on fait intervenir la *diastase*, on obtient des effets analogues, à de légères nuances près, que l'auteur signale; mais l'empois se liquéfie et se saccharifie à mesure de sa formation. Ainsi la *diastase* ne semble intervenir en rien dans l'hydratation de l'*amidon*[1]; elle n'agit que sur l'*amidon* hydraté et le convertit promptement en sucre. Sans contredire les faits observés par les auteurs qui ont précédé M. Guérin-Varry, ces expériences en donnent une explication nouvelle.

« On vient de voir qu'à la température à laquelle l'eau seule changerait l'*amidon* en empois, la *diastase* convertit celui-ci en matière sucrée. Il est essentiel d'examiner si, l'empois une fois produit, la *diastase* pouvait le saccharifier à de basses températures. L'auteur s'est assuré qu'à + 20°, et en vingt-quatre heures, la *diastase* convertit en sucre une grande partie de l'*amidon* pris à l'état d'empois, pourvu qu'on le prenne en proportion un peu forte. Il a pu obtenir ainsi soixante-dix-sept parties de sucre pour cent d'*amidon*. En quinze minutes, cent parties d'*amidon* à l'état d'empois ont fourni trente-cinq de sucre par l'action de la *diastase* à la même température de + 20°. A la température de la glace fondante, la *diastase* agit encore, quoique plus lentement, sur l'empois et le saccharifie. Cent d'*amidon* pris à l'état d'empois, traités par un grand excès de *diastase*, ont fourni environ douze de sucre. Enfin, en formant de l'empois avec une *dissolution de sel marin* et l'exposant

(1) HYDRATATION, absorption d'eau. On dit que l'amidon est *hydraté* lorsqu'il a absorbé une certaine quantité d'eau. (*Note de l'auteur.*)

à l'action de la *diastase*, à une température qui varia de — 5 à — 9° pendant deux heures, l'auteur n'a obtenu aucune trace de sucre, quoique l'empois fût devenu sensiblement fluide. Il en conclut qu'à cette basse température le pouvoir saccharifiant de la diastase disparaît. Cependant ON PEUT CRAINDRE QUE LE SEL MARIN introduit dans le liquide, et destiné à prévenir sa congélation, N'AIT CONTRIBUÉ pour quelque chose A ANNULER L'ACTION DE LA DIASTASE[1]. Il est à désirer que l'auteur examine l'action de ce corps à d'autres températures, car, dans ces phénomènes obscurs, où l'on n'est guidé par aucune analogie, l'expérience seule peut prononcer sur la nature des effets de chacun des agents mis en présence. Il serait important d'étudier comparativement les phénomènes résultant de l'action de la *diastase* sur l'empois produit par des liqueurs chargées de divers réactifs salins ou autres[2]. Il ne serait pas difficile d'en trouver qui anéantiraient l'action de la *diastase*, mais on en rencontrerait peut-être qui seraient capables de rendre cette action plus énergique, ce qui serait à la fois utile aux arts et curieux pour la théorie.

« Cette partie du mémoire de M. Guérin renferme des observations qui jettent quelque lumière sur les

(1) Nous ne sommes pas éloigné de croire que le fait avancé ici dans un sens purement hypothétique ne soit au fond une réalité, surtout si on se rappelle ce que nous avons dit des eaux qui contiennent du sel marin en dissolution.

(*Note de l'auteur.*)

(2) Dans quelques instants nous examinerons les substances qui peuvent détruire l'action de la *diastase*, et qu'il est dès lors essentiel d'éloigner de la fabrication.

(*Note de l'auteur.*)

réactions de l'un des corps les plus curieux que la chimie organique possède. La *diastase*, le *ferment*, la matière active de la *présure*, celle qu'on peut trouver dans le suc gastrique, sont autant d'agents organiques qui, à de faibles doses, produisent des phénomènes fort remarquables et d'un haut intérêt. Le mystère qui enveloppe leur réaction fait désirer que tout ce qui concerne la *diastase*, le seul de ces principes qui ait été à peu près isolé, soit étudié avec un soin extrême.

« On trouve dans le mémoire de M. Guérin d'autres observations, mais comme elles ont surtout pour objet l'étude du sucre d'amidon, et qu'en général elles ne font que confirmer des faits déjà connus, nous les mentionnerons rapidement.

« L'auteur s'est assuré, par de nombreuses expériences, que le sucre obtenu par l'acide sulfurique et l'amidon[1] et celui qu'on prépare à l'aide de la *diastase* sont exactement semblables. Il est parvenu à les préparer l'un et l'autre à un état de pureté extrême, parfaitement incolores et cristallisés en petits prismes à faces rhomboïdales. On sait que cette espèce de sucre cristallise très difficilement; mais déjà M. Mollerat, en 1828, avait obtenu des cristaux déterminables de sucre d'amidon fait par l'acide sulfurique, et cette observation se trouve consignée dans le *Journal de la Côte-d'Or* du 17 septembre de cette année.

« Enfin l'auteur a étudié la matière gommeuse dont la formation précède celle du sucre, et il en donne les

(1) Tel est le *glucose* du commerce, c'est-à-dire le *sucre de fécule*. (*Note de l'auteur.*)

caractères principaux. Les rapporteurs regrettent que M. Guérin n'en ait pas fait l'analyse, car elle eût jeté quelques lumières sur les rapports des trois substances qui se lient si intimement, l'*amidon*, la matière gommeuse ou *dextrine*, et enfin le sucre d'amidon.

« Parmi les conséquences que l'auteur tire des faits qui viennent d'être énoncés, il en est une sur laquelle le rapporteur (M. Dumas) attire plus particulièrement l'attention de l'Académie. On sait que la *germination* des céréales et celle de l'*orge* en particulier donnent naissance à la *diastase*, et qu'en même temps une partie de l'*amidon* contenu dans ces graines se transforme en *dextrine* et même en *sucre d'amidon*. On a été conduit à lier ces faits et à considérer la *diastase* comme un produit créé par la *germination* et destiné à convertir l'*amidon* en produits solubles à l'usage de la jeune plante. L'action que la *diastase* exerce sur l'*amidon* à + 60° environ étant connue, on avait préjugé qu'elle se reproduirait à la température ordinaire à l'aide du temps. Les expériences de M. Guérin-Varry prouvent qu'un contact de deux mois entre l'*amidon* et la *diastase* ne détermine aucune réaction. Faut-il en conclure que la *diastase* n'intervient pas dans les changements que l'amidon éprouve pendant la germination? Messieurs les commissaires ne le pensent pas; mais la question leur paraît maintenant bien posée, et ils espèrent qu'elle sera promptement résolue par les physiologistes.

« En résumé, le mémoire de M. Guérin renferme des observations nouvelles que les commissaires ont vérifiées en partie sur les rapports de la *diastase* avec l'*a-*

midon. Il contient des détails intéressants sur les propriétés du sucre d'amidon et de la *dextrine*. On y trouve des précautions utiles à connaître pour la préparation du *sucre d'amidon* et de la *dextrine*. Il renferme, en outre, quelques observations microscopiques sur la fécule et des remarques sur le dosage des produits de la fermentation alcoolique. Parmi les résultats que l'auteur indique, les rapporteurs ont dû distinguer ceux qui se rattachent à l'action de la *diastase* sur l'amidon. Ils lui ont paru nouveaux et dignes de l'intérêt de l'Académie, et ils proposent l'insertion du mémoire de M. Guérin-Varry dans le *Recueil des Savants étrangers*. » (*Comptes rendus des séances de l'Académie des Sciences*, 1835, t. I, p. 81.)

Pour nous donc, il doit être suffisamment démontré désormais que, mis en présence de l'eau et à certaines températures, les grains d'amidon se distendent, éclatent, se vident de la partie soluble qu'ils renferment, et que celle-ci s'unit alors à l'eau qui vient d'opérer la réaction. Il doit, en outre, nous être démontré d'une manière évidente que la substance à laquelle on a donné le nom de *diastase* est un produit résultant de la germination de l'orge, lequel, mis en contact avec la fécule, peut, lorsque celle-ci est dans l'état que nous venons d'indiquer, la convertir d'abord en un nouveau corps analogue à la gomme, que l'on désigne sous le nom de *dextrine*, et par un contact plus prolongé la transformer complétement en sucre.

Ceci posé, disons avec M. Liebig, le seul chimiste peut-être qui se soit livré à des études sérieuses et approfondies, à des travaux de la plus haute portée, sur la fabrication de la bière, disons avec lui : « En tout cas, la graine germée renferme bien plus de ce principe actif (la diastase) qu'il n'en faudrait pour transformer en sucre l'amidon qui y est contenu ; car, avec *une partie d'orge germée, on peut convertir en sucre un poids d'amidon ou de fécule cinq fois plus grand.* »

Avant de consigner ici les résultats que nous avons obtenus de l'application de ce procédé, qu'il nous soit permis de citer l'opinion des hommes les plus éminents dans les sciences positives sur les faits qu'ils ont observés et constatés personnellement dans le cours de leur laborieuse carrière.

Pour convaincre nos lecteurs de l'importance des services rendus par l'application de ce procédé dans les arts et pour bien constater des faits, il nous suffira sans doute de dire que, dans la fabrication des eaux-de-vie de grains, on n'emploie, en Allemagne, que trente-trois kilogrammes d'orge germée ou de malt, pour opérer la conversion en sucre de soixante-six kilogrammes d'orge brute; plus tard, toute la quantité de sucre produite dans cette opération est convertie en alcool par la fermentation.

En Angleterre, c'est vingt-cinq kilogrammes d'orge brute qu'on emploie pour soixante-quinze kilogrammes d'orge germée. Si on veut agir simultanément sur le froment ou le seigle, ou même sur un mélange de l'un et de l'autre, avec et sans addition d'avoine, on ne prend guère que de douze à vingt-cinq pour cent d'orge germée, et cette quantité est toujours suffisante pour opérer la conversion en sucre de la totalité de la masse.

« Le *sirop de fécule* obtenu par le moyen de l'*orge germée* est préférable à celui que l'on prépare par l'acide sulfurique, parce qu'il ne retient pas de sulfate de chaux (plâtre) et d'*huile essentielle*, et qu'il rend les *boissons plus salubres et plus agréables.* » (J. Girardin, professeur à l'école municipale de Rouen.)

« L'*orge germée* agit sur la *fécule* à la manière de la diastase; six à dix parties d'orge germée suffisent pour transformer cent de fécule en dextrine et sucre.

« Les proportions et les circonstances les plus favorables à la production de beaucoup de sucre sont un léger excès de diastase ou d'*orge germée*, environ cinquante parties d'eau pour une partie d'amidon, et une température comprise entre + 60 et 65°. » (Thenard.)

M. Payen dit que dans la fabrication du sirop de dextrine on fait usage d'*orge germée* en poudre dans la proportion de cinq à dix pour cent de fécule, en maintenant le plus longtemps possible la température entre + 70 et 75°. Le même auteur déclare que « l'un des résultats les plus remarquables de la séparation effectuée par la diastase entre la *partie soluble*[1] de l'amidon et les substances étrangères, c'est que celles-ci entraînent dans leur précipitation la substance essentielle vireuse[2], et qu'ainsi l'on peut obtenir économiquement les sirops exempts de mauvais goût.

(1) M. Payen lui a donné le nom d'*amidone*, que nous n'employons pas, pour ne pas fatiguer la mémoire du lecteur de mots inutiles.

(2) La *substance essentiellement vireuse* dont parle l'auteur n'est autre chose que l'*huile essentielle à odeur très désagréable*, que l'on

« On peut, d'après les nouvelles données, réduire la quantité de malt, le remplacer par la *fécule de pommes de terre* et rendre le brassage plus facile, plus simple, et souvent bien plus économique.

« Supposons que l'on traite mille kilogrammes de fécule; celle-ci est mélangée avec deux cents kilogrammes de bon malt en poudre grossière dans quarante-cinq hectolitres d'eau dont la température ne doit pas excéder + 75°. »

M. Liebig s'exprime ainsi sur le même sujet : « L'empois d'amidon perd bientôt sa consistance gélatineuse quand on l'arrose avec un extrait d'orge germée; il se réduit alors en un liquide assez fluide, et si l'orge est en quantité suffisante, il se trouve entièrement transformé en sucre au bout de quelques heures, pourvu qu'on maintienne le mélange à une température de + 70 à 75°. »

M. Liebig, qui a pu voir d'assez près ce qui se passe dans les plus importantes brasseries de l'Allemagne, dit encore : « Après avoir soumis le malt au criblage, on le fait moudre grossièrement et on le traite par l'eau de + 60 à 75°, soit seul, soit après y avoir ajouté de l'orge non germée, ou du blé, de l'avoine, de la fécule brute, etc. L'opération la plus avantageuse consiste à maintenir pendant quelques heures le malt en contact avec de l'eau à la température de + 75°. De cette ma-

trouve dans les *sucres de fécule du commerce* préparés par l'acide sulfurique. Nous y reviendrons; mais nous nous empressons de faire remarquer que cet inconvénient n'a pas lieu dans le mode de fabrication qui nous occupe.

nière, la *fécule* et la *diastase* deviennent solubles dans l'eau, et l'on complète ainsi la *transformation de la fécule en sucre*, cette transformation ne s'étant effectuée qu'en partie pendant la germination. Le liquide devient fort sucré et porte alors le nom de *moût de bière*.

« En Belgique, on fabrique des boissons spiritueuses avec du blé, de l'orge ou du froment non germés, jamais toutefois sans y ajouter du malt d'orge ou de seigle blanc. Dans beaucoup de localités on emploie, avec avantage, une addition de fécule de pommes de terre. »

Voici maintenant un passage que nous extrayons d'un article du *Bulletin des sucres français et étrangers*, publication éminemment pratique, dont nous avons déjà parlé :

« Divers essais de laboratoire et des *applications en grand* ont démontré qu'il était possible de convertir la *fécule*, à l'aide de la *diastase* du malt, en un sucre plus blanc, plus pur, d'un meilleur goût, que *les produits de la saccharification par l'acide sulfurique*[1]. On reproche en effet à ces derniers une *saveur styptique* et une *odeur désagréables ;* ils contiennent d'ailleurs une proportion notable de *sel de chaux* nuisible à certaines applications. Plusieurs motifs peuvent faire désirer en outre que l'emploi d'un acide aussi puissant et aussi dangereux ne soit

(1) Nous avons eu déjà l'occasion de dire à nos lecteurs que l'*acide sulfurique* dont on se sert pour saccharifier l'amidon, dans les usines qui livrent le sucre de fécule au commerce, n'est autre chose que *l'huile de vitriol* proprement dite; nous reviendrons sur cette importante question dans un chapitre spécial, où nous parlerons de la fabrication de ce produit.

(*Note de l'auteur.*)

pas indiqué pour une industrie qu'il convient de propager dans les campagnes.

« *Les* sirops et *sucres* de dextrine *obtenus au moyen des céréales germées sont* ordinairement *exempts de ces défauts*, etc. »

M. Dubrunfaut, l'un des chimistes qui ont douté le plus longtemps de ces applications, a constaté par expériences directes que 100 parties de *fécule*, 1000 parties d'eau et 25 parties *d'extrait de malt* ont fourni 90 parties de sucre[1].

Pour en finir avec les citations et avant de relater les faits que nous avons vus se produire sous nos yeux, laissons un instant la parole à M. *Dumas*.

« On peut obtenir le *glucose* en grand *au moyen de la fécule* par *deux* procédés bien distincts. L'un consiste dans l'emploi de *la diastase* ou *de l'orge germée ; c'est celui qui donne les produits les plus purs et les plus agréables au goût ;* l'autre procédé, plus expéditif et dont l'agent principal, l'acide sulfurique, se trouve en tous lieux dans les contrées industrielles, est généralement en usage. » (Malheureusement ! !)

« Réduit en poudre et agité dans de l'eau à + 70°, le malt doit se dissoudre entièrement, sauf la pellicule ; si la plus grande quantité de *diastase* a été développée, il devra saccharifier sept ou huit fois son poids de fécule.

« C'est entre + 70 et 75° que réside la température

(1) Il est bien entendu, quoique nous ayons oublié de le mentionner, que, dans toutes ces expériences, les auteurs ne parlent jamais que de malt récemment préparé.

la plus convenable; quant à la quantité d'eau, plus on en met et plus aussi la saccharification est complète; dans le cas contraire, il se forme davantage de *dextrine*.

« Dans la fécule préalablement hydratée, l'amidon gonflé ayant une cohésion moindre reste plus rapidement transformé par la *diastase*.

« D'avance, et en raison de ces motifs, le brasseur doit être sûr que le meilleur brassage ou dissolution complète du malt se fera en employant d'abord de l'eau à une basse température et en opérant ensuite avec des lotions d'eau à des températures de plus en plus élevées[1].

« La première portion d'eau qui doit servir au *brassage* est destinée à bien pénétrer le malt dans toutes ses parties, à le gonfler, en un mot à dissoudre principalement le sucre formé pendant la *germination* et à commencer la réaction de la *diastase* sur l'amidon intact. Il est nécessaire, pour obtenir ces résultats, que l'eau n'ait pas plus de +60°, sans quoi *l'amidon* serait saisi et formerait un magma difficile à détruire. Cette précaution est surtout nécessaire quand la *germination* et la *dessiccation* n'ont pas été poussées trop loin, car alors l'amidon est en plus forte proportion dans le grain.

(1) Les opinions émises par M. Dumas dans ces deux derniers paragraphes, sont entièrement conformes aux applications qui se font chaque jour dans les brasseries, mais particulièrement, pour le dernier cas, dans le *brassage à malt trouble*, tel qu'il se pratique en Allemagne et dans toute l'Alsace, pour la fabrication des *bières fortes* dites: de garde. Nous avons conseillé précédemment ce mode après en avoir déduit les motifs.

L'hydratation est fort aidée quand on concasse le grain, mais non par sa pulvérisation qui le disposerait à se former en pelote.

« Après la réaction complète de la diastase, il ne reste plus d'insoluble, dans la cuve et avec les résidus, que des traces de corps étrangers qui adhéraient à l'amidon, tels que des débris de cellules, de l'albumine, des carbonate et phosphate de chaux, etc., et parfois une huile essentielle à odeur désagréable.

« Lorsque la réaction de la diastase sur l'amidon ne laisse plus aucune particule colorable en violet-rougeâtre par l'iode, le produit contient de la *dextrine* et du *gluten*. »

En parlant de la *dextrine*, M. Dumas dit que « c'est elle qui communique à la bière sa propriété mucilagineuse qui retient l'acide carbonique. C'est donc elle qui rend la *mousse* persistante et ferme dans la bière obtenue par la *diastase* et la *fécule*, ce qui la distingue de celle qu'on a essayé de préparer avec d'autres matières sucrées, contenant peu ou point de substance gommeuse. »

Ces citations suffiront sans doute pour bien établir l'évidence de tous ces faits, pour démontrer quels avantages on peut obtenir de l'application du principe sur lequel ils reposent. « *La nature est simple dans ses moyens, immense dans ses résultats*, » a dit M. Bouchardat, l'un des disciples les plus éclairés de la science. Certes, si cet aphorisme a une valeur réelle, c'est incontestablement lorsqu'on considère des phénomènes de l'espèce de ceux que nous venons d'examiner.

Mais prenons d'autres faits, des faits qui se produisent tous les jours sous nos yeux. Comment, dans le procédé de *brassage à malt trouble*, s'expliquer que ce liquide laiteux, d'un goût plus fade que douceâtre, obtenu de la *trempe préparatoire*, perde tout à coup son opacité, devienne limpide et transparent à mesure que, par le contact de la chaleur, il prend une saveur de plus en plus sucrée? C'est que *l'amidon*, qu'il charriait en si grande quantité, s'est hydraté en présence de l'eau, que celle-ci l'a fait éclater et que dès lors la substance gommeuse qu'il renfermait s'est trouvée avec la *diastase* qui a opéré d'abord sa conversion en *dextrine*, puis en sucre. Qui n'a pas vu ce fait ne l'a pas voulu voir, et tout brasseur qui voudra s'en convaincre est chaque jour en position de l'observer.

Voulez-vous vous assurer que la liqueur sur laquelle vous allez opérer renferme des quantités considérables *d'amidon* resté intact au sein de la graine, et qu'après son contact avec le feu tout cet amidon aura disparu? Versez une goutte de ce *réactif* qui vous est indispensable désormais et qui n'est autre chose qu'une *dissolution d'iode* dans l'alcool; aussitôt qu'il sera en présence de *l'amidon*, celui-ci prendra immédiatement une belle teinte bleue. Reprenez la même *infusion* après l'avoir traitée par la chaleur, ajoutez-y quelques gouttes du réactif que nous venons d'indiquer, et cette fois la couleur bleue ne se manifestera pas, preuve évidente, indéniable que *l'amidon* a complétement disparu. Et si vous avez goûté la liqueur avant d'avoir fait réagir le feu sur elle, si vous l'avez dégustée avec le même soin après l'opération, vous trouverez dans la saveur sucrée de cette dernière une différence de plus de 50 p. 100 comparativement à la première, et ce fait vous dira suffisamment ce qu'est devenu l'amidon.

Mais voyons s'il n'y aurait pas possibilité d'augmenter la densité des *infusions* et la richesse des *moûts* en développant, par les mêmes moyens, de nouvelles quantités de sucre. Distrayez quelques litres du liquide produit par votre *première infusion*; ajoutez-y, en le délayant avec soin, le quart et même la moitié de son poids de *fécule de pommes de terre;* agitez bien, afin que celle-ci soit uniformément répartie dans toute la quantité de liquide sur laquelle vous opérez; élevez légèrement et progressivement sa température jusqu'à + 75°; maintenez-la à cette température pendant trente minutes, une heure, deux heures même, si vous pouvez; après ce temps, soumettez le liquide obtenu à l'action de la dissolution d'iode, et vous pourrez vous convaincre que *toute la fécule* que vous avez ajoutée a disparu de la liqueur; goûtez celle-ci, et bientôt vous aurez la preuve que, si la fécule employée ne laisse plus aucune trace, c'est qu'en effet elle a été transformée en dextrine et en sucre.

Ce qu'il est surtout très important de remarquer et de consigner ici, c'est que le sucre produit dans cette circonstance est absolument identique au *sucre produit par la germination* elle-même; car, dans cette dernière opération, ce sont exactement les mêmes effets qui se produisent, c'est la même cause qui détermine dans l'intérieur du grain la formation du sucre. De cette façon donc, vous ne faites que multiplier la somme des produits que la nature vous donne sans rien changer à leur espèce, à leur véritable essence, et vous améliorez réellement, puisque vous tirez tout le parti possible des produits que l'art sait développer, mais que la nature seule peut produire.

Pourquoi d'ailleurs avoir recours au glucose du commerce, à des procédés artificiels, quand la nature, cette bonne et simple mère, dont la tendresse et la prévoyance sont sans bornes, nous offre des éléments tout produits, tout préexistants? Pourquoi ne pas nous rapprocher de sa belle simplicité? Pourquoi ne pas procéder comme elle procède elle-même dans les transformations qui s'opèrent au sein de la graine pendant la *germination?* N'est-ce pas un sentier tout formé, un sillon tout tracé à l'avance et qui nous indique la route à suivre? Et, insensés que nous sommes, nous allons les chercher ailleurs ces éléments, au risque de nous égarer, quand nous les avons là sous la main et que notre volonté suffit pour les produire!

Il est temps que le règne de l'indifférence finisse; il est temps d'entrer résolûment dans des voies meilleures, car chaque jour l'avenir devient de plus en plus menaçant pour la riche et belle industrie qui nous occupe. Ses conditions d'exploitation se modifient d'instant en instant, et nous n'hésitons pas à dire à tous ceux qui s'y livrent: *Vous êtes tous indistinctement sur la pente qui mène à la ruine.* Et tout à l'heure, quand nous vous montrerons le bilan général de notre situation, vous en serez effrayés autant et plus que nous, parce que nous avons la conviction intime qu'à côté de l'immensité du péril et de l'imminence du danger, il y a encore des planches de salut, parce que nous avons acquis la preuve irrécusable que si le mal est profond, il existe des remèdes efficaces.

Quant à votre bilan, le voici !

Pour le dresser, nous avons relevé sur des documents *authentiques* le prix moyen des matières premières que nous avons employées avec vous pendant une période de dix années, de 1837 à 1846 inclusivement; cela fait, nous avons partagé cette période en deux parties égales, et nous avons établi la moyenne de chacune de ces deux révolutions quinquennales. Maintenant comparez, vous conclurez ensuite.

D'après les *mercuriales officielles* du prix des grains à Châlons-sur-Marne[1], nous avons trouvé les moyennes suivantes pour les *cours des orges :*

			fr.	c.				fr.	c.
En 1837	moyenne	de l'hect. 1/2	11	73	En 1842	moyenne	de l'hect. 1/2	14	03
1838	*id.*	*id.*	13	45	1843	*id.*	*id.*	15	82
1839	*id.*	*id.*	14	2	1844	*id.*	*id.*	14	72
1840	*id.*	*id.*	13	87	1845	*id.*	*id.*	13	87
1841	*id.*	*id.*	10	96	1846	*id.*	*id.*	18	55
Total pour cinq années.			64	22	Total pour cinq années.			76	71

	fr.	c.
Moyenne de la première période.	12	84
Moyenne de la seconde période.	15	34
Différence sur la moyenne.	2	50

(1) Châlons est l'un des plus importants marchés de France pour les menus grains, mais particulièrement pour l'orge. Il se pourrait néanmoins qu'il y eût quelques légères différences avec d'autres mercuriales, mais nous sommes persuadé qu'elles ne sauraient affecter sensiblement la moyenne générale.

Soit 19,50 p. 100 d'augmentation pour les cinq dernières années.

Quel chiffre eût donc atteint le cours des orges dans ces dernières années, si le glucose n'était venu remplacer celle-ci dans le rapport *d'un tiers au moins?* Car la brasserie en absorbe aujourd'hui des milliards de kilogrammes.

Mais voyons quels ont été les prix normaux des glucoses pendant les huit dernières années qui viennent de s'écouler, et comparons encore :

			fr.				fr.
En 1839	moyenne de	100 kil.	32	En 1843	moyenne de	100 kil.	34
1840	*id.*	*id.*	32	1844	*id.*	*id.*	38
1841	*id.*	*id.*	32	1845	*id.*	*id.*	36
1842	*id.*	*id.*	35	1846	*id.*	*id.*	51
Total pour quatre années.			131	Total pour quatre années.			159

	fr.	c.
Moyenne de la première période.	32	75
Moyenne de la seconde période.	39	75
Différence sur la moyenne.	7	»

Soit environ 22 p. 100 d'augmentation pour les quatre dernières années.

Voilà la situation ! 19,50 p. 100 d'augmentation d'un côté et 22 p. 100 de l'autre ; elle est assez florissante, en effet, pour justifier cette *prospérité croissante* qu'on proclame à jour convenu devant la nation tout entière. Voilà à quoi se réduit pour les neuf dixièmes des producteurs tout l'éclat de ce magnifique joyau, véritable clinquant de parade et de contrebande qu'on se plaît à faire briller les jours de haute comédie aux yeux de la foule, dans l'espérance de l'éblouir. Voilà dans quelles justes limites viennent se restreindre les sacramentelles exclamations avec lesquelles on satisfait la bonhomie des plus aveugles, la crédulité des plus sots, l'arrogance des plus ambitieux et le babillage des mieux rétribués.

La *prospérité toujours croissante!* En présence de pareils résultats et quand ils sont les mêmes dans la plupart de toutes les autres industries. C'est incroyable! La *prospérité toujours croissante!* Mais, si vous voulez que l'on puisse prendre vos paroles au sérieux, imposez donc silence à vos tribunaux de commerce, et faites disparaître les haillons qui couvrent à peine l'immense majorité des travailleurs auxquels leur *florissante* industrie ne peut plus même *donner de pain!*

Voilà pour l'industrie en général, pour la nôtre en particulier. Mais, avec ces mêmes chiffres, ne justifie-t-on pas suffisamment de la *prospérité toujours croissante* DE L'AGRICULTURE ; car, en fin de compte, ces 20 p. 100 d'augmentation que nous avons *authentiquement* constatés en cinq ans, ne tournent-ils pas au profit du cultivateur? Pour nous, il nous paraît évident que s'il y a *prospérité toujours croissante,* ce n'est pas l'agriculture qui en profite, bien que chaque année elle ait pu nous vendre ses produits 4 p. 100 plus cher, mais bien le budget que nous soldons à beaux et bons deniers comptant et qui, d'année en année, a fini par s'élever à 1,500 millions, sans compter la dette flottante de 6 à 800 millions, tandis que jusqu'en 1830 il n'avait jamais atteint un milliard.

Veut-on une dernière preuve de la profonde sollicitude de nos gouvernants pour les producteurs, et particulièrement pour les brasseurs? en voici une toute récente : le ministre des finances[1], dans son exposé des motifs du projet de budget pour 1848, propose une disposition par laquelle on élèverait le droit de fabrication sur les *petites bières* à 2 fr. 40 c. au lieu de 0 fr. 60 c. qu'elles ont toujours acquitté jusqu'ici.

M. le ministre des finances pouvait-il, dans sa haute et puissante sagesse, choisir un moment plus favorable, alors qu'une augmentation de 42 pour cent pèse sur les matières premières? Colbert n'eût certes pas mieux fait, et Turgot n'eût pas mieux conseillé assurément. Malheureusement le budget est aujourd'hui l'étalon sur lequel on mesure la prospérité du pays, c'est le thermomètre de la richesse publique, comme disent nos financiers dans leurs jours de belle humeur; plus les contribuables paient, plus la prospérité est croissante, et par conséquent plus les contribuables sont heureux. O puissance de la logique, comme tu es écrasante !

Ce n'est pas sans motifs, on le voit, que nous nous sommes un instant écarté de notre route, car il y a là une question palpitante d'intérêt, et nos lecteurs nous sauront gré sans doute de les avoir mis sur leurs gardes; mais nous n'avons pas encore tout dit à propos des surcharges qui ont pesé sur la brasserie pendant ces dernières années.

Si jusqu'ici les droits de fabrication sont restés invariables, il n'en a pas été de même des droits d'octroi,

(1) M. Lacave-Laplagne.

qui, dans un très grand nombre de villes, ont subi une augmentation d'un franc par hectolitre, c'est-à-dire en moyenne vingt-cinq pour cent sur la quotité des droits dont le brasseur doit compte au fisc[1].

Les houblons et les combustibles sont restés à peu près stationnaires; mais pendant que les matières premières augmentaient dans un rapport de vingt-un pour cent en moyenne, pendant que les droits à acquitter augmentaient de vingt-cinq pour cent, la concurrence faisait d'une part baisser les prix de vente, ou au moins les empêchait de se maintenir à leur taux normal, et de l'autre elle réduisait la quotité proportionnelle des ventes elles-mêmes en répartissant la même consommation entre un plus grand nombre de concurrents. La main-d'œuvre suivait la même progression ascendante, puisque, il y dix ans à peine, le garçon brasseur, le *bierknecht*, recevait la nourriture et le logement, plus vingt ou vingt-cinq francs par mois, en échange de son travail, tandis qu'aujourd'hui les bons ouvriers ne veulent plus se gager à moins de trente-cinq, quarante et même quarante-cinq francs. Le garçon-chef, le *fachs*

(1) A Reims, par exemple, pour ne citer qu'une seule ville, les droits d'octroi et de fabrication, décime et licence compris, s'élevaient à 4 francs par hectolitre; le conseil municipal de 1846, ou au moins la majorité *satisfaite* de ce conseil, celle qui est, à ce qu'elle dit, animée de la plus grande bienveillance pour les 15,000 malheureux qui sont à peu près à Reims les *seuls* consommateurs de bière, cette bienveillante majorité, disons-nous, n'a trouvé rien de mieux à faire, pour combler son déficit, que d'augmenter les droits d'octroi de 1 franc par hectolitre; de telle sorte qu'aujourd'hui encore le brasseur paie 5 francs au lieu de 4, ce qui fait bien 25 pour 100 d'augmentation.

enfin, auquel suffisait une rémunération de quarante à quarante-cinq francs au plus par mois, ne veut plus aujourd'hui contracter d'engagement à moins de cinquante à soixante francs, et souvent plus.

Nous ne nous plaignons pas de cette dernière augmentation ; elle était de droit, et il n'est pas un seul praticien de bonne foi qui conteste la justesse de cette assertion.

Voilà le résumé exact et fidèle, hélas ! de cette situation brillante, de cette *prospérité croissante* qu'on met sans cesse en avant; nous la croyons peu rassurante pour l'avenir, si on n'y apporte des réformes énergiques; elle est de nature à éveiller l'attention des hommes sensés et à les engager à entrer à l'avenir dans des voies progressives, sages et prudentes, mais positives et promptement réalisables ; car il est difficile de croire à une baisse capable de ramener chacune des denrées dont nous avons parlé au cours normal de l'époque à laquelle nous avons remonté. Tout doit faire craindre, au contraire, une nouvelle augmentation, non pas dans le prix des orges, mais dans les *glucoses* et dans les *droits d'octroi*.

L'augmentation des glucoses est facile à prévoir, parce qu'il est évident que, cette année encore, la récolte des *pommes de terre* a été insuffisante, et que dès lors les cours se tiendront à un taux très élevé. Voilà au moins ce qui existe dans le présent; de plus, nous sommes convaincu que le fléau qui a attaqué la pomme de terre en 1845, qui a causé de si grands ravages, qui a fait le désespoir de nos académiciens, de nos savants, et qui inspire encore à cette heure les inquiétudes les plus sérieuses et les plus légitimes; nous sommes convaincu, disons-nous, que cette maladie si inopinée, si subite, si dangereuse en même temps, est un signe certain de la dégénérescence de ce précieux tubercule. Quoi qu'il en soit, et en supposant même que les fécules baissent dans un rapport de cinquante pour cent, ce que nous ne pourrions admettre qu'après une période de plusieurs années, il nous paraît impossible que les glucoses retombent à leur taux primitif, à moins d'une révolution imprévue, attendu les applications sans nombre qu'on en a faites depuis une certaine époque.

Quant à une surtaxe dans les *droits d'octroi*, voici ce qui nous la fait redouter : la plupart des conseils municipaux viennent de voter, dans ces temps de misère, de disette enfantée par la spéculation et l'imprévoyance, des allocations considérables, et la plupart des caisses municipales se seront ainsi créé des déficits que l'on aura hâte de combler.

Ce n'est donc pas seulement le présent qui est en jeu dans le bilan général que nous venons de faire passer sous les yeux de nos lecteurs, c'est l'avenir lui-même qui est compromis, et c'est ce danger que nous voulons conjurer en les invitant à améliorer leurs agents de production, en leur apprenant surtout à utiliser ceux que la nature met entre leurs mains et avec lesquels il leur est facile d'augmenter la qualité de leurs produits, de doubler même le rendement qu'ils en ont obtenu jusqu'ici, et cela sans accroître sensiblement la quantité ni le prix des matières premières.

Il ne s'agit plus ici de faire du progrès pour faire du progrès; il y a une question d'urgence, de nécessité, sur laquelle il n'est plus permis à personne de se méprendre; car si le prix des matières premières, si tous les éléments de production ne sont plus en rapport avec les résultats de la production elle-même, évidemment la situation est fausse, les dangers sont réels, le péril est imminent. Or, nous devons admettre la réalité de cet état de choses, car nous défions les producteurs auxquels nous nous adressons de nier aucun des faits que nous avançons, de contester aucun des chiffres que nous venons d'exposer.

Il est donc de la plus haute importance que tous les brasseurs sachent désormais qu'ils peuvent pratiquer dans leurs usines, sans *acide sulfurique*, sans augmentation de matériel, sans surcroît de dépenses, sans accroissement de main-d'œuvre, l'opération que le fabricant de glucose exécute au moyen de l'*acide sulfurique* (huile de vitriol), pour convertir la *fécule de pomme de terre* en sucre; il faut qu'ils sachent qu'ils peuvent obtenir des produits supérieurs, et surtout beaucoup plus naturels, en faisant tout simplement réagir la *diastase du malt* sur la *fécule brute de pomme de terre* que l'on ajoute au malt lui-même.

Dans quelles conditions l'opération doit-elle être pratiquée, et de quelle manière? C'est ce que nous allons expliquer.

« Dans la *germination*, dit M. Dumas, la plus forte proportion de *diastase* est formée au moment où la *gemmule* (*le hussard*, comme on l'appelle en terme de pratique) est prêt à sortir du grain. » C'est un fait que nous avons maintes fois reconnu dans l'application et que nous attestons de nouveau. « Dans le cas où la bière n'est fabriquée qu'avec de l'orge seulement, il n'est pas nécessaire d'atteindre ce maximum. On risque moins de dépasser le terme en arrêtant la *germination* au moment où la *radicule* est à peu près aux deux tiers de la longueur du grain ; la quantité de *diastase* formée est d'ailleurs plus que suffisante encore pour transformer tout l'amidon de l'orge en sucre. » Nous n'avons pas toujours été de cet avis, mais l'expérience est venue nous prouver que nous avions tort, et il nous est démontré que, toutes les fois qu'on n'ajoute pas de *fécule brute* au malt, il est infiniment préférable de ne pas pousser trop loin la *germination*, car, dans ce cas, le grain est véritablement épuisé. « Si l'*orge germée* était destinée à saccharifier la fécule de pomme de terre, il faudrait, au contraire, pousser la *germination* aussi loin que possible, afin de déterminer la formation d'une grande quantité de *diastase*, car on aurait intérêt à produire la saccharification avec le minimum d'orge. C'est ce qui arrive dans la fabrication du sucre et de la *dextrine*. » Nous le répétons pour la dernière fois, l'application en grand de ce procédé nous a démontré qu'il y a tout avantage, mais dans ce cas seulement, à développer la germination jusqu'à ces dernières périodes. On peut, sans inconvénient, permettre aux *radicelles* d'atteindre une fois et demie la longueur du grain, ainsi que nous l'avons dit en parlant de la *germination*.

Dans tous les cas possibles, il faut que le terme de la *germination* soit poussé d'autant plus loin que la quantité de *fécule brute*, destinée à être convertie en sucre, est proportionnellement plus considérable ; ainsi, lorsqu'on se propose d'employer parties égales de *malt* et de *fécule brute*, il faut que les radicelles aient pu atteindre une fois et demie la longueur du grain ; car, si la *germination* n'était pas poussée assez loin, il y aurait moins de *diastase* produite, et alors on aurait de la *dextrine* et non du sucre ; or, comme nous l'avons dit, la *dextrine* n'est nullement sucrée et ne peut par conséquent fournir d'alcool à la fermentation.

Lorsque la *fécule brute* ne doit être employée que dans le rapport de 50 p. 100 de la quantité de malt destinée à la fabrication, on peut ne prolonger la germination que jusqu'au point de faire atteindre aux *radicelles* une longueur un peu moindre que celle que nous venons d'indiquer, et ainsi de suite. Au reste, il suffit de pratiquer trois ou quatre fois l'opération avec quelque attention pour qu'elle soit devenue très familière aux moins expérimentés et aux moins habiles.

Dans ce mode de brassage, comme nous l'avons déjà dit, il est essentiel de mettre préalablement le mélange de *fécule brute* et de malt dans des conditions telles qu'il lui soit possible d'absorber une certaine quantité d'eau avant de procéder à la *première infusion* ; à cet effet, après avoir introduit l'un et l'autre dans la cuve-matière, on opère comme nous l'avons indiqué en parlant de la *trempe préparatoire*, à laquelle il faut apporter de grands soins, afin que le mélange soit intime et complet. Quoiqu'il soit toujours utile de tenir compte des règles que nous avons posées en traitant de la *trempe préparatoire*, il faut autant que possible, dans les circonstances actuelles, employer de l'eau à + 35° et continuer ensuite comme dans le procédé de *brassage à malt trouble*. Dans l'hiver, cette opération peut être faite à froid, et même plusieurs heures à l'avance, lorsque le thermomètre est descendu au-dessous de 0°. Dans cette manière d'opérer, il est de beaucoup préférable de prendre le produit de la première infusion pour donner la seconde, après avoir préalablement porté ce produit à l'ébullition et séparé la plus grande quantité possible de *gluten*, ainsi que nous l'avons indiqué précédemment ; dans ce cas, l'eau de la première trempe ne doit jamais dépasser + 65° ou + 70° au maximum ; quant à la *troisième infusion*, elle doit toujours être faite avec de l'eau bouillante.

En été, lorsque les obstacles sont plus nombreux et le travail plus difficile, il ne faut pas procéder absolument de la même manière, surtout si la température ambiante est très élevée et si l'on ne veut donner que deux infusions. Voici comment il convient d'opérer : les heures fraîches de la nuit étant toujours préférables, la première opération commence, par exemple, à deux heures du matin. L'eau de la *trempe préparatoire* est employée à + 45°. Aussitôt que le malt, la fécule et l'eau sont intimement unis, on commence immédiatement la première infusion avec de l'eau à + 75 ou 78°, mais toujours de telle sorte que la température du mélange n'excède pas dans la cuve + 70°.

Dans cette opération, la *fécule brute* n'ayant pas eu, dans la trempe préparatoire, le temps nécessaire pour absorber une quantité d'eau suffisante, la réaction de la diastase est plus lente, et il ne se produirait que de la *dextrine* seulement, si on ne maintenait le mélange pendant plusieurs heures à cette température. Aussi convient-il de l'abandonner à lui-même pendant trois heures après le vaguage, après avoir parfaitement couvert la cuve-matière, afin de soustraire, autant que possible, les produits au contact de l'air. A cinq heures donc, le produit de cette première opération est porté dans le *reverdoir* si l'on n'a fait usage que d'une seule chaudière, ou dans la chaudière de fabrication si l'on en a employé deux, et immédiatement on procède à la *deuxième infusion* avec de l'eau en ébullition. Telles sont les conditions qui nous ont paru les plus favorables à la conduite de cette opération. Toutefois, aucun mode ne saurait réunir les mêmes avantages que le procédé de *brassage à malt trouble* dans lequel la *trempe préparatoire* se fait à froid l'hiver, et alors surtout que l'on peut donner trois infusions successives.

M. Dumas, M. Payen et plusieurs autres chimistes industriels ont dit : « Si l'on chauffe la *solution de diastase* jusqu'à l'ébullition, elle perd tout pouvoir spécifique et ne possède plus la faculté d'agir sur la fécule. » (Dumas, *Chim. appl. aux Arts,* t. VI, p. 402.)

Il y a là une erreur ; nous allons le prouver en rapportant des faits que nous avons constatés vingt fois et plus, et que ces messieurs pourront expérimenter de nouveau s'ils pensent que cela peut être utile à la science, et si, pour rendre hommage à la vérité, ils pensent, avec Mathieu de Dombasle, « qu'il ne faut pas que la science dédaigne de *s'enrichir des faits que lui présente la pratique des ateliers.* »

A l'époque de nos premières applications relatives à la conversion de la fécule en sucre par l'action de la *diastase*, nous avions mis dans une petite cuve-matière 340 kilogrammes de malt concassé provenant d'orge dont la germination avait été poussée au point de faire atteindre aux radicelles une fois et demie à deux fois la longueur du grain ; 75 kilogrammes de fécule sèche de pomme de terre furent ajoutés au malt et bien mélangés avec lui ; la *trempe préparatoire*, la *salade* de l'atelier, fut faite avec de l'eau à +45°; ensuite on introduisit dans la cuve environ 5 hectolitres d'eau à +70° pour procéder au *démêlage*. Après cette opération préliminaire, le mélange indiquait + 40°. Environ 30 minutes après, nous fîmes arriver dans la cuve une nouvelle quantité d'eau, 5 hectolitres à peu près, dont la température était alors à +80°; on brassa promptement, et cette fois les matières contenues dans la cuve indiquèrent soit +45°, soit +48°, quelquefois même + 50°, selon la quantité d'eau employée; supposons + 45. Après le *vaguage*, le tout restait en repos pendant trente minutes environ pour être ensuite porté dans la chaudière de fabrication et maintenu en ébullition pendant cinq à six minutes. Dans cet état, et refroidi à la température de + 45, le liquide indiquait 5° à l'aréomètre de Beaumé ou pèse-sirop.

Pendant que cette première liqueur chauffait dans la chaudière, nous pûmes, à l'aide de l'iode, constater, dans les matières que renfermait la cuve, un excès considérable de fécule.

Aussitôt que le produit de cette *première infusion* fut mis en ébullition, nous le rejetâmes dans la *cuve-matière* pour brasser de nouveau; après cette opération, la masse indiquait ordinairement + 70 à 75°, mais jamais elle n'allait au delà de cette dernière température. Le tout restait en repos pendant une heure et demie, souvent deux heures, quelquefois même trois heures en hiver; ce temps écoulé, et la réunion de tout le liquide ayant eu lieu dans un reverdoir, celui-ci indiquait au pèse-sirop 8°, tandis qu'à la première épreuve il n'en marquait que 5 dans les mêmes conditions de température, c'est-à-dire après avoir été refroidis tous deux à + 15°.

Cette différence entre la première et la seconde infusion ne peut rationnellement s'expliquer que par une transformation plus complète de l'amidon en sucre dans la *deuxième infusion;* cette explication est d'autant plus plausible que, dans la première, la température de la masse totale n'est qu'à + 45°, tandis que dans la seconde elle s'élève à +75°; et nous l'avons dit avec ces messieurs eux-mêmes, cette dernière température est la plus favorable pour opérer la conversion de l'amidon en sucre par l'action de la diastase. Un autre fait prouve non moins évidemment la certitude de celui que nous venons d'énoncer; c'est qu'après la *deuxième infusion* toute la portion de *fécule* dont nous avions constaté la présence auparavant avait disparu, puisque les résidus pris dans la cuve, et traités par l'iode, n'accusaient plus la couleur bleue, ce qui ne pouvait arriver qu'autant qu'il ne restait plus que les téguments servant d'enveloppe à la *fécule* avant sa fluidification et sa saccharification.

Nous espérons qu'à l'avenir les chimistes, moins confiants dans leurs expériences, y regarderont de plus près et ne nous présenteront que des opinions appuyées sur des *faits* pratiques, car nous savons par expérience quelle différence il y a entre les opérations du laboratoire et celles de la manufacture. Quoi qu'il en soit, nous aurons encore l'occasion de trouver quelques théories, et particulièrement parmi celles avancées par M. Dumas, en opposition flagrante avec les faits.

Pour qu'il ne soit pas possible de se méprendre sur les motifs qui nous guident en entreprenant de semblables réfutations, nous devons déclarer que nous ne le faisons que parce que le nombre des hommes pratiques qui admettent le fait que nous venons de réfuter est trop considérable pour que nous ne cherchions pas à détruire une opinion qui peut être préjudiciable à leurs véritables intérêts. D'ailleurs, comme nous l'avons dit en commençant cet ouvrage, c'est, à nos yeux, remplir un devoir que de signaler aux hommes dont les opinions sont d'un grand poids aux yeux de tous les industriels les erreurs qu'un mouvement de précipitation a pu suffire pour leur faire commettre. Puissent nos observations ne pas être perdues, car elles ont une importance réelle dans la pratique, et s'il n'est pas donné à tout le monde de pénétrer dans les hautes régions de la science, il n'en est que plus indispensable que tous puissent s'appuyer avec confiance sur les faits qui sont du domaine de chacun.

Nos lecteurs peuvent donc croire que, de tous les procédés de brassage, il n'en est pas de plus *absolument* rationnel que celui que nous venons d'indiquer ; dans tous les cas, il ne faut pas perdre de vue que les résultats seront toujours d'autant plus favorables que le malt sera plus récemment préparé, et que les quantités de fécule à employer doivent être proportionnées à l'âge de celui-ci, puisqu'il pourra agir sur des quantités d'autant plus grandes qu'il sera lui-même plus nouveau, attendu que, dans un malt récemment préparé, la *diastase* n'a pu subir les altérations dont nous avons parlé en traitant la question des *approvisionnements*.

Ainsi, à partir du mois de novembre inclusivement, époque à laquelle on peut commencer la *germination* avec succès, jusqu'au mois de mai exclusivement, il y a tout avantage à employer parties égales de fécule brute et de malt dont la germination aura été opérée comme nous l'avons indiqué précédemment; à partir du mois de mai, les quantités de fécule doivent diminuer progressivement en même temps qu'il faut augmenter les quantités de malt dans le même rapport.

Quant à l'économie qui résulte de ce mode de fabrication, nous n'aurons sans doute pas besoin d'insister longuement pour faire comprendre combien elle est importante. En effet, le prix moyen des fécules varie ordinairement entre 20 et 25 fr. les 100 kilogrammes ; supposons 25 fr., tandis que dans ces dernières années la moyenne du prix des glucoses s'est élevée à 39 fr. 75 c., ainsi que nous l'avons établi. C'est donc en faveur de la *fécule brute* une différence d'environ 60 p. 100, comparativement aux glucoses du commerce.

Le prix moyen des orges, d'après les *cours officiels*, a été, avons-nous dit, pour les cinq années qui viennent de s'écouler (1842 à 1846), de 15 fr. 54 c. par hectolitre et demi ; admettons 15 fr., admettons même que l'hectolitre et demi pesait en moyenne 100 kilogrammes, ce qui n'est pas, ce qui ne peut pas être, mais ce que nous voulons bien supposer, afin de n'exagérer en rien nos estimations du prix de l'orge, et par conséquent le prix de revient du malt. Nous avons dit également que, pour avoir le prix moyen du malt, il fallait savoir ce que coûtaient les 100 kilogrammes d'orge brute et ajouter à la somme 6 fr. pour déchets, main-d'œuvre, etc.; or, si nous ajoutons 6 fr. aux 15 fr. que nous avons admis comme prix des 100 kilogrammes d'orge brute, nous aurons, pour la valeur de 100 kilogrammes de malt, 21 fr., quoique, en fait, nous soyons bien convaincu qu'ils ont coûté de 24 à 26 fr. Néanmoins adoptons le chiffre de 21 fr.

Le *malt* vaut donc 21 fr. les 100 kilogrammes, tandis que le même poids de fécule de pomme de terre en coûte 25 ; mais, comme nous allons bientôt le voir, 100 kilogrammes de malt préparé et épuisé dans les meilleures conditions possibles ne donnent guère que 45 kilogrammes de matières sucrées ; car le maximum du rendement étant de 47k,916 de sucre pour 100 kilogrammes de malt, nous croyons que le chiffre 45 que nous adoptons doit représenter la moyenne réalisable dans toutes les brasseries indistinctement.

Si le malt ne rend que 45 kilogrammes de principes vraiment utiles à la fabrication de la bière, il reste donc 55 p. 100 de résidus; or, la fécule n'en laisse que 1 p. 100 au maximum, d'où résulte, en faveur de cette dernière, une différence de 54 p. 100; mais comme il y a entre le prix du malt 21 fr., et le prix de la fécule 25 fr., une différence de 19 p. 100, on réalise, en fin de compte, par l'emploi de celle-ci, une économie de 30 p. 100.

Résumons : 1000 kilogrammes de malt produisant 450 kilogrammes de sucre, coûtent à 21 fr. les 100 kilogrammes, 210 fr.

Supposons maintenant qu'on veuille réaliser les 30 p. 100 d'économie que nous venons de signaler, tout en laissant aux infusions la quantité de sucre qu'elles doivent contenir, c'est-à-dire 450 kilogrammes.

Il faudra alors employer 500 kilogrammes de malt seulement, et remplacer les 500 par 225 kilogrammes de fécule brute. En effet :

	fr.	c.
225 kilog. de fécule brute, à 25 fr. les 100 kilog. .	56	25
500 kilog. de malt, à 21 fr. les 100 kilog. . . .	105	»
Total. 725 kilog. de matières employées. Ensemble. . .	161	25

Différence entre 210 fr., » prix de 100 kilog. de malt,
et 161 fr. 25 c., prix des matières ci-dessus,

48 fr. 75 c., ou 30 pour 100.

Pour justifier que dans l'un et l'autre cas les infusions contiendront une égale quantité de sucre, nous pouvons établir le calcul suivant : si 100 kilogrammes de malt donnent 45 kilogrammes de sucre, les 500 kilogrammes que nous avons employés en produiront 225 ; d'une autre part, les 225 kilogrammes de fécule se convertiront eux-mêmes en sucre, sauf une fraction extrêmement minime. Nous aurons donc :

Avec 300 kilogrammes de malt, 225 de sucre ;

Avec 225 de fécule, 225 kilogrammes de sucre.

Total égal au premier : *450 kilogrammes.*

Toutefois, comme avec cette manière de procéder on doit pousser la *germination* un peu loin, on est quelquefois obligé d'employer une quantité de fécule un peu plus grande que celle que nous venons d'indiquer, afin d'établir une compensation raisonnable. Mais dans tous les cas possibles, si on veut utiliser au profit de la qualité des produits une partie de l'économie qui en résulte, il est toujours facile d'augmenter la quantité de fécule dans la même proportion ; on peut aussi, comme nous l'avons établi précédemment, employer sans inconvénient parties égales de *malt* et de *fécule brute.*

Pour bien faire comprendre les avantages qui résultent de ce mode de fabrication, tant au point de vue de la qualité et de la conservation des produits que sous le rapport sanitaire, il faudrait que nous eussions parlé de la fermentation. Ce n'est que lorsque nous aurons suffisamment étudié cette partie si intéressante et si délicate de l'art du brasseur qu'il nous sera possible d'indiquer ce qu'il reste à faire pour les autres opérations qui doivent constituer l'ensemble de cette manière de fabriquer. Mais rien ne nous empêche de dire ici, sauf à le justifier plus tard, que, quels que soient les localités et le mode d'opérer en usage jusqu'à présent, le procédé dont nous parlons permet toujours de réaliser une économie de moitié dans l'emploi du malt, tout en fournissant des produits plus sains et d'une digestion beaucoup plus facile, parce qu'après la fermentation ils renferment une plus grande quantité d'alcool. Dans la fabrication des *bières blanches*, principalement, ce procédé est appelé à rendre les plus éminents services.

Au reste, le principe sur lequel reposent ces faits est déjà ancien, il date de près de vingt ans, et depuis cette époque l'application en a été faite sur une grande échelle et dans des établissements très importants. A ce propos, nous aurions voulu citer des noms propres, afin de prouver que de nombreuses applications o t été faites en ce sens, mais nous sommes arrêté par des considérations d'autant plus respectables qu'elles ne nous sont pas personnelles. Tout ce que nous pouvons dire, c'est que quelques-uns des hommes honorables avec lesquels nous avons entretenu des rapports à ce sujet ont paru redouter les coups de certains exploiteurs qui, comptant sur l'ignorance générale et sachant bien qu'une insinuation malveillante ne reste pas sans résultat, sont toujours prêts à se faire de la calomnie une arme avec laquelle ils frappent leurs concurrents. Il y a longtemps que l'on a dit pour la première fois : « Calomniez, calomniez ; il en restera toujours quelque chose. » Nous regrettons sincèrement que certains d'entre les plus malveillants n'aient pas mieux compris que dans tout état de cause il vaut mieux faire envie que pitié. Tout cela est bien triste pourtant !

Au sujet de l'emploi du malt pour opérer la conversion en sucre de la fécule de pomme de terre, nous trouvons la relation du fait suivant dans le *Dictionnaire technologique*, t. XVI, p. 599[1].

« On opère de la manière suivante la saccharification des *pommes de terre* préalablement réduites en bouillie : on ajoute au *mélange*, pendant qu'il est encore à la température de +40 à 45°, 25 kilogrammes *d'orge maltée* et concassée pour 400 kilogrammes de tubercules employés ; on brasse fortement ce mélange dans une cuve en bois ; on laisse en repos, pendant vingt à trente minutes environ, la cuve fermée d'un couvercle en bois. Au bout de ce temps, on recommence à brasser fortement en faisant couler un filet d'eau bouillante jusqu'à ce que la température de toute la masse soit de +30 à 35° ; on laisse macérer pendant deux ou trois heures, tenant la cuve bien close, etc. »

C'est l'application de ce procédé qui a fait décerner l'année dernière, par la presse autrichienne à un brasseur de Berlin, M. Ch. Müller, le titre pompeux d'*inventeur*. N'en déplaise à ces messieurs et à notre honorable confrère lui-même, il n'y a là qu'une simple application. Néanmoins il faut savoir gré à M. Müller de cette initiative hardie, qui a été, dit-on, couronnée d'un entier succès. La solution de ce beau problème, ou plutôt sa prompte propagation, est d'autant plus utile que dans les années comme celle que nous venons de traverser, par exemple, elle est appelée à rendre d'importants services, particulière-

(1) Le *Dictionnaire technologique* est une des publications de notre époque les plus importantes et les plus utiles que nous connaissions.

ment aux classes les plus dignes de la sollicitude et de la bienveillance de tous, puisque le prix de la bière peut subir par cette application une baisse considérable.

Ainsi, il ne saurait plus y avoir de doute pour nous désormais sur l'avantage que présente l'emploi du *malt d'orge* pour opérer la conversion de la fécule brute en sucre. L'incertitude, d'ailleurs, ne saurait trouver place dans l'esprit de personne en face de documents aussi précis, d'attestations aussi positives et aussi évidentes, en présence de *faits* aussi nombreux. Si quelque lecteur a été tenté de nous faire un crime de l'ardeur avec laquelle nous avons recherché les causes du mal qui nous ronge et du soin minutieux que nous avons apporté à les faire passer toutes successivement sous ses yeux, aucun du moins ne pourra nous reprocher de ne nous être pas suffisamment occupé des moyens de conjurer efficacement les périls, c'est le mot, d'une situation qui est des plus précaires, et qui nous inspire pour l'avenir de la brasserie en France les plus sérieuses inquiétudes.

Pour nous réfuter, il ne suffit pas de contester des faits, il faut renverser des chiffres; or, nous défions qui que ce soit de détruire par d'autres chiffres plus authentiques et plus exacts ceux que nous venons de publier.

Mais si nous avons été assez heureux pour vous faire partager nos convictions et nos craintes, quel est celui qui, repoussant nos conclusions, se croira en droit de rester immobile en face d'un danger aussi réel, aussi imminent? Si le tableau est vrai, comme j'en ai malheureusement l'assurance trop intime, et si vous en êtes convaincu autant que moi, vous bornerez-vous encore à gémir et à vous apitoyer sur un mal profond sans doute, mais qui porte avec lui l'espoir d'une guérison certaine?

Tenez ! regardez cette plage ; jadis elle était calme, le vent de la tempête ne rompait qu'à de longs intervalles la monotonie de son silence ; aujourd'hui la tourmente y est affreuse, à chaque instant la vague devient plus houleuse et plus menaçante. Malheur au matelot qui s'endort sur la grève, car le temps est gros, l'horizon est sombre et le flot ne tardera pas à l'engloutir !

Cette plage, c'est votre industrie ; ce matelot, c'est vous, vous que je conjure de sortir au plus tôt de la léthargie dans laquelle vous vous êtes complu trop longtemps ; ce flot qui grossit, c'est l'esprit du siècle, c'est cette tendance à absorber dans les entreprises colossales les industries qui, jusqu'à ce jour, avaient été l'objet d'exploitations particulières. Or, nous l'avons dit, le signal st donné, le problème est résolu ; qui d'entre vous résistera, si vous ne songez à améliorer vos produits tout en diminuant vos dépenses?

Sans doute la question que nous venons d'étudier ne tranche pas toutes les difficultés, ne résoud pas tous les problèmes qui se présentent dans le cours des opérations et ne saurait être un correctif absolu pour toutes les anomalies de détail que nous rencontrons encore chemin faisant ; mais on ne saurait nier pourtant que, relativement à l'ensemble de la fabrication, c'est l'une des plus importantes, celle qui se rattache le plus directement à la production même. Ce n'est donc plus seulement à l'intelligence du praticien que nous nous adressons, mais à ses intérêts les plus positifs. La première de ces deux raisons eût suffi sans doute pour éveiller l'attention de ceux qui vivent encore par l'émulation, et que nous appelons des hommes de cœur et d'intelligence. Quant à la plupart des autres, ils comprendront maintenant le langage que nous avons tenu d'abord, parce que nous le leur avons rendu intelligible en montrant l'intérêt réel qu'ils ont à écouter le langage de l'expérience. Laissons là ceux qui ne pourront ou ne voudront pas nous suivre, sous prétexte que la route est trop impraticable pour eux; laissons-leur le droit d'user de ce semblant d'impuissance derrière lequel ils cherchent à abriter commodément leur inqualifiable apathie. La ROUTINE leur suffit; hommes du passé, l'avenir ne saurait être pour eux. Pour eux, les limites du possible se renferment dans ce qu'ils savent et ne sauraient aller au delà de ce qu'ils ignorent. Aussi bien, quoi qu'on fasse, quoi qu'on prouve, rien ne saurait leur démontrer qu'il y a quelque chose au-dessus des bornes de leur conception. A leurs yeux, il ne saurait y avoir de réalisable pour autrui que ce qui peut être réalisé par eux, et n'exister d'autre vérité que celle qu'ils vénèrent par habitude, puisqu'ils sont enfin les vassaux de l'habitude, par habitude et par tempérament.

Essayez! dirons-nous encore une fois, au risque de nous répéter; essayez! et l'évidence apparaîtra à vos yeux, et la direction qu'elle imprimera à vos idées sera bien autrement salutaire, bien plus puissante et bien plus persuasive que tout ce que nous pourrions vous dire. Essayez ! Et comme nous, vous aurez peine à comprendre qu'une application aussi riche, aussi belle et aussi simple en même temps, aussi féconde dans ses résultats ait pu rester dans l'oubli ou confinée dans quelques brasseries, ou même être abandonnée comme indigne d'attirer l'attention d'hommes véritablement intelligents.

Il peut y avoir et il y a, selon nous, dans l'ensemble des questions que nous avons examinées, comme dans celles qu'il nous reste à examiner encore, des éléments d'avenir d'autant plus précieux que la situation est complétement fausse, et il est indispensable de recourir à tous les moyens honnêtes pour l'améliorer.

§ 5. Influences de divers agents sur l'action de la diastase, ou orge germée, sur l'amidon.

Nous ne saurions terminer cette partie de notre travail sans indiquer les corps qui peuvent *retarder ou anéantir l'action de la diastase sur l'amidon*. C'est aux travaux de M. Bouchardat, dont nous avons déjà mis à contribution les utiles recherches, que nous empruntons les passages qui vont suivre.

« La gelée d'amidon que j'ai employée dans les expériences qui suivent était composée de 1 de fécule pour 10 d'eau. Pour 100 grammes de gelée d'amidon j'ajoutais 0,1 de diastase ou 5 grammes de poudre d'orge germée. Les diverses substances, à la dose de 1 gramme chacune, étaient intimement mélangées avec la gelée d'amidon; on ajoutait ensuite la diastase, et la température était maintenue à +60°.

Influence des acides.

« Les acides azotique, sulfurique, phosphorique, chlorhydrique, oxalique, tartrique, citrique arrêtent complétement l'action de la diastase sur l'amidon. Cette propriété, qui est bien connue depuis les travaux de M. Payen, avait été étendue à tous les acides; mais les expériences suivantes montrent qu'elle n'est pas générale. Avec l'acide formique, la fluidification n'est qu'entravée; avec l'acide arsénieux, l'action est d'abord ralentie, mais elle s'établit bientôt. L'acide cyanhydrique paraît avoir une action très faible ou peut-être nulle; il en est de même de l'acide acétique.

« Le tannin et les diverses substances qui contiennent les différentes modifications de cet acide paraissent, au premier abord, arrêter complétement l'action de la diastase, mais avec du temps on voit qu'elle n'est qu'entravée[1]. »

Influence des alcalis.

« De même que les acides énergiques, les alcalis fixes caustiques, potasse et soude, détruisent complétement l'action de la diastase sur la gelée d'amidon; il en est de même de la chaux caustique. La magnésie calcinée paralyse d'abord l'action, mais avec le temps on finit

(1) Nous regrettons que le savant pharmacien de l'Hôtel-Dieu de Paris n'ait pas poussé ses investigations jusqu'à déterminer l'action de l'acide lactique; cette application eût pu jeter un jour nouveau sur la question qui nous occupe.

par observer une fluidification bien manifeste. L'ammoniaque liquide ne fait qu'entraver l'action, mais ne la détruit pas complétement ; l'influence du carbonate d'ammoniaque est encore plus faible. Les carbonates de soude en ont une plus manifeste ; mais celle des bicarbonates des mêmes bases est presque nulle, de même que celle du carbonate de magnésie basique. »

Influence de plusieurs corps simples.

« Le fer porphyrisé, le zinc en poudre n'ont aucune influence sur la marche de la transformation glucosique ; le chlore et le brome l'anéantissent complétement. Avec l'iode, l'action est d'abord entravée, mais avec le temps on remarque une fluidification manifeste. »

Influence des composés de cuivre, de mercure, d'argent, d'or, de plomb, etc.

« Les sulfate et acétate de cuivre neutre arrêtent la transformation de la gelée d'amidon sous l'influence de la diastase ; le bichlorure de mercure a une action retardataire plus complète ; l'action de l'oxyde rouge de mercure, quoique manifeste encore, est beaucoup plus faible ; il en est de même de celle du cyanure de mercure. Celle du protochlorure de mercure est à peine sensible.

« Avec le double chlorure d'or et de sodium l'action est complétement détruite, la gelée reste solide ; il en est de même avec le nitrate d'argent. Dans les deux cas, une partie du métal est réduite.

« L'acétate de plomb tribasique nuit à l'action de la

diastase sans l'anéantir complétement. L'influence de l'acétate neutre est à peine sensible. L'alun entrave l'action; le sulfate ferrique l'anéantit. »

Influence des sels neutres.

« Les chlorures de calcium, de baryum, de strontium, le chlorhydrate d'ammoniaque n'entravent point l'action de la diastase sur la gelée d'amidon; il en est de même des sulfates de potasse, de soude et de magnésie, des acétates des mêmes bases, des borate et phosphate de soude. Avec l'iodure de potassium et les arséniates de potasse et de soude, l'action est très peu ralentie. »

Influence des alcalis végétaux et autres substances organiques.

« La strychnine, la morphine, la quinine, les sulfates et chlorhydrates de morphine et de quinine, n'entravent que très faiblement l'action de la diastase sur la gelée d'amidon. La salicine, l'urée et toutes les matières azotées neutres, solubles ou insolubles, ne nuisent en rien à la transformation. »

M. Bouchardat n'a pas borné là ses savantes recherches; il s'est assuré de l'action des essences sur la diastase, et de l'influence désorganisatrice qu'elles peuvent exercer sur elle. De ses importants travaux, il est résulté que « l'essence de moutarde, de romarin, de menthe, de térébenthine, de citron, d'anis, de girofle, » n'ont aucune action sur la diastase, et que la saccharification s'opère en leur présence sans entraves. « La créosote, l'alcool, les éthers sulfurique et acétique se comportent de la même manière que les essences. »

L'auteur termine en disant « que les poisons ont une influence à peu près semblable sur toutes les transformations qui donnent naissance au sucre produit par la germination des céréales. »

Enfin M. Dumas et tous les chimistes s'accordent à dire que le tannin s'oppose complétement à la réaction de la diastase sur l'amidon.

D'après tous ces faits, on peut facilement s'expliquer pourquoi nous avons repoussé l'emploi de toutes matières étrangères, soit pour combattre la *dureté* ou la *crudité des eaux* employées à la fabrication, soit pour s'opposer à l'altération des infusions par le contact de l'air; pourquoi nous avons poussé si loin les scrupules à propos de toutes les substances qui se produisent dans le cours de la fabrication; pourquoi enfin nous nous sommes montré si difficile sur le choix des matériaux et des appareils dont on a besoin. Pour justifier nos motifs par une dernière preuve, nous dirons qu'une *cuve-matière neuve*, mais faite principalement en bois de chêne, ainsi qu'elles sont généralement confectionnées, suffit pour compromettre successivement plusieurs brassins, en raison de la grande quantité de *tannin* que ce bois renferme. Le fait s'est passé sous nos yeux. Aussi conseillerons-nous de ne jamais faire usage d'une cuve de brasserie, quelle qu'elle soit, sans l'avoir préalablement soumise, huit ou dix fois, à l'action de l'eau bouillante, qu'il est fort utile d'y laisser séjourner le plus lontemps possible.

Section XI. — Drèches[1].

§ 1. Emploi des drèches.

On appelle *drèches* le malt épuisé de ses principes extractifs, ou l'orge qui a servi à la fabrication de la bière, et qui, dans cet état, ne peut être considérée que comme résidu. Ce n'en est pas moins encore une denrée de quelque importance, et dont l'agriculture sait tirer un parti fort avantageux pour la nourriture et l'engraissement des bestiaux.

Les drèches, que dans quelques-uns des départements septentrionaux, et particulièrement dans le département des Ardennes, on appelle encore aujourd'hui *brots*, les drèches, disons-nous, sont formées : 1° d'une grande quantité de ligneux, complétement insoluble dans l'eau ; 2° de téguments ou enveloppes qui renfermaient la partie soluble de l'amidon; 3° d'eau en proportions considérables; 4° de quelques traces de sucre échappé à l'action dissolvante de l'eau; 5° enfin de gluten et de divers sels.

Quand nous aurons étudié quelques-uns des principaux phénomènes de la fermentation, nous reconnaîtrons qu'il y a là tous les éléments nécessaires pour la développer.

(1) Nous empruntons les citations suivantes à la *Maison Rustique du XIX*e siècle, l'un des ouvrages d'agriculture pratique les plus répandus et les plus utiles qui aient paru depuis longtemps, et dont il nous suffira sans doute de dire que plus de 20,000 exemplaires sont écoulés pour justifier les éloges qui lui sont dus.

Avant de parler de la *conservation des drèches* et de quelques-uns des inconvénients que détermine leur présence, nous croyons devoir dire quelques mots de leur utilité au point de vue de l'agriculture[1].

« On a remarqué que les graines germées engraissaient plus rapidement les animaux qui en étaient nourris que celles qui étaient données dans leur état naturel. On comprendra facilement ce fait lorsqu'on saura que, dans l'acte de la germination, certains principes insolubles et peu utiles à l'alimentation disparaissent en grande partie, et sont remplacés par d'autres principes essentiellement nutritifs, etc.

« On a remarqué en outre que les fourrages grossiers, composés en grande partie de fibres végétales, de mucilage et de fécule brute, comme le foin, le fourrage vert, les pommes de terre, etc., influent particulièrement sur la formation de la viande; tandis que d'autres, renfermant beaucoup de gluten, de mucilage sucré, d'huile, de fécule changée par l'effet de la germination, comme le grain surtout après qu'il a été fermenté, les tourteaux d'huile, les drèches de bras-

(1) Dans un grand nombre de publications scientifiques sérieuses, et même dans plusieurs ouvrages pratiques, nous avons vu avec étonnement employer le mot *drèche* comme synonyme de *malt*, et *vice versa*. La définition que nous avons donnée des deux objets auxquels ce mot s'applique démontre qu'il y a là une confusion fâcheuse dans des ouvrages qui prétendent avoir une utilité pratique; elle ne tend à rien moins qu'à induire en erreur ceux qui entrent dans la carrière; elle rend incompréhensible, dans tous les cas, pour les gens du monde, l'explication des diverses manipulations qui transforment l'orge en une boisson agréable et salutaire.

seurs, etc., influent davantage sur la formation de la graisse, etc.

« Si le sel, considéré généralement comme facilitant la digestion et stimulant l'appétit, est employé avec succès dans le but d'activer l'engraissement de tous nos bestiaux, à plus forte raison faut-il avoir égard à la nature des aliments pour la quantité de sel à donner : une nourriture fermentée, légèrement acide (tel est le cas des drèches), en nécessite moins que des aliments mucilagineux, météorisants ou difficiles à digérer, etc.

« Les résidus de brasserie (la drèche) sont préférables à ceux de distillerie, parce qu'ils contiennent plus de substance solide et qu'ils proviennent de grains germés. On regarde les résidus provenant d'une livre de malt (orge germée) comme équivalant à une livre de foin : un bœuf à l'engrais consomme par jour de trente-six à quarante-cinq livres de drèche, avec douze ou quinze livres de fourrages secs, etc.

« Il est prouvé que le grain germé, le grain pétri et cuit comme le pain, engraissent parfaitement. »

Enfin, il paraît que, de toutes les matières qui composent l'alimentation de la race bovine, celles qui ont fermenté donnent les meilleurs résultats ; et que même, en Allemagne, les pommes de terre sont préalablement mises en fermentation, afin de détruire un principe spécial qu'elles renferment à l'état cru, principe qui nuit considérablement, dit-on, à la qualité du lait en même temps qu'il en diminue la quantité. Voici sur ce fait important, l'opinion d'un journal allemand de la Hesse, qui paraît s'occuper spécialement de questions d'agriculture[1].

« Les pommes de terre crues sont écrasées aussi complétement que possible, et mélangées avec de la paille hachée et mouillée. On met ce mélange dans une cuve ou dans une caisse, on le presse fortement, et on le laisse fermenter pendant trois jours. La masse s'est alors fortement échauffée, et les pommes de terre se sont réduites en une bouillie qui a pénétré la paille de manière à former un tout homogène. Cette nourriture est fort goûtée du bétail, etc. »

On ne saurait donc élever aucun doute sur les avantages qui résultent, pour le bétail, de l'emploi des aliments fermentés, mais principalement de ceux qui contiennent beaucoup de parties nutritives. Ces conditions si essentielles, généralement reconnues aujourd'hui par tous les agriculteurs indistinctement, nous paraissent exister bien plus dans les drèches que dans tout autre résidu, puisqu'à peine sorties de la cuve-matière, elles entrent presque instantanément en fermentation. C'est là un fait sur lequel il est bon que nous appelions un instant l'attention de nos lecteurs.

§ 2. Conservation des drèches.

En France, l'époque la plus active de la fabrication de la bière est certainement celle des mois les plus chauds de l'année; excepté dans quelques contrées,

(1) *Zeitschrife für die lan dwirthschaftlichen vereine.* Hessens. 5 janvier 1837.

comme le Nord et l'Alsace, partout le travail se poursuit sans relâche; mais l'activité même de la fabrication entraîne l'encombrement de résidus qui s'amoncellent en raison directe de la production et des besoins que commande la *consommation*.

Alors, par un de ces contre-sens dont la brasserie semble avoir le privilége, si ce n'est le monopole, la vente des drêches est devenue, pour ainsi dire, impossible; car, à cette époque, les herbes et les fourrages de toute espèce croissent en abondance. Le cultivateur, pour qui le temps est précieux, dont les minutes sont comptées, ne peut se déplacer sans hésitation et même sans répugnance, pour aller chercher au loin des produits qui ne sont pas absolument nécessaires à l'alimentation de ses bestiaux, puisqu'il a sous sa main, à profusion, de bons fourrages de toute espèce et des herbes de toute nature. Il n'ignore pas, d'autre part, que c'est le moment le plus difficile pour la conservation des drêches, et que celles-ci se gâtent très promptement. Le brasseur lui-même, qui est devenu forcément avare de son temps et des fatigues de ses ouvriers, ne peut, en face des exigences que présentent les principales manipulations, s'occuper autant qu'il le voudrait des questions de détail, qui n'ont qu'une importance tout à fait secondaire, ni consacrer aux drêches tous les soins que réclame leur parfaite conservation. Les débouchés n'étant plus en raison de la production, il y a nécessairement encombrement; les drêches s'amoncellent dans la brasserie, s'entassent les unes sur les autres, s'échauffent très vite si elles n'ont été complétement refroidies dans la cuve par des aspersions, ou mieux encore par des immersions d'eau froide. Le gluten, qui se comporte à l'égard du sucre, après un certain laps de temps, exactement comme un véritable agent de fermentation, agit alors sur les matières sucrées retenues par les drêches et les transforme promptement en alcool. « Abandonné au contact de l'air, dit M. Raspail, et après avoir été mêlé au sucre, le gluten fournit de l'alcool, sur lequel il réagit ensuite pour déterminer la formation d'acide acétique. »

C'est en vertu de ce principe qu'autrefois les drêches étaient soumises à la distillation après une fermentation préalable, afin de séparer, par ce moyen, toute la quantité d'alcool qu'elles pouvaient produire.

Mais aussitôt que la *fermentation alcoolique* a cessé, commence la *fermentation acétique*, c'est-à-dire celle qui a pour résultat immédiat la conversion de l'alcool en acide acétique (vinaigre). Aussi, à mesure que celui-ci devient prédominant, il est aisé de voir les liquides acidulés qui coulent autour de la masse prendre un aspect glaireux et filant qui n'est autre chose que le résultat de la *dissolution du gluten* des drêches *par l'acide acétique* que la fermentation a développé au sein de celles-ci. Nous ne connaissons pas de fait qui puisse mieux expliquer ni faire aussi bien comprendre comment se comportent l'acide acétique et le gluten, lorsqu'ils sont en présence, pour développer dans la bière la maladie que l'on a appelée *graisse.*

Si les drêches restent exposées au contact de l'air

pendant quelques heures seulement, comme cela a presque toujours lieu, elles répandent bientôt dans toute la brasserie une odeur aigre qui est le résultat d'une fermentation des plus actives, et qui est quelquefois assez intense pour que l'odorat en soit frappé au dehors de l'usine et même à des distances considérables.

Les mouches, alléchées par l'odeur des drêches, viennent bientôt par myriades chercher les principes qu'elles peuvent en extraire pour se les assimiler, et ne tardent pas à y déposer des œufs dont l'éclosion est facilitée par la chaleur que produit la décomposition même du sucre, et qui, par conséquent, agit comme une espèce d'incubation artificielle. Pendant ce temps, la *fermentation acétique* s'achève et fait place à la *fermentation putride* qui la suit immédiatement, car nous ne devons pas perdre de vue que le gluten suffit également pour la développer autant que des matières animales; les œufs éclosent, les animacules qui en résultent se reproduisent avec une vitesse incroyable, et ceux qui naissent de la décomposition des matières elles-mêmes, venant s'ajouter aux autres et se multipliant avec une rapidité non moins effrayante, envahissent en peu de temps et la brasserie et les locaux contigus, dont il est presque impossible de les purger. Les vapeurs acétiques, si fades à l'odorat, disparaissent presque complétement pour faire place à des émanations infectes; alors on n'a plus qu'un vaste foyer de corruption qui vomit par torrents des odeurs pestilentielles, une source continue d'infection, une cause permanente d'insalubrité qui devient chaque jour et à chaque instant une cause plus inévitable d'insuccès.

Ce n'est plus une brasserie, c'est un charnier dégoûtant pour l'odorat ; ce n'est plus, pour le visiteur, une belle et magnifique usine où règne l'ordre et qui respire son odeur de propreté; c'est, au lieu d'un local où se prépare une boisson alimentaire devenue une nécessité et dont la préparation demande des soins minutieux, une véritable voirie *intra muros*.

C'est pourtant dans les conditions que nous venons de signaler que sont placés les neuf dixièmes des brasseries, par suite de dispositions locales faites sans intelligence. Ce fait est d'autant plus regrettable que les conséquences qui en résultent viennent toujours réagir sur la qualité des produits ; mais à part cette considération, la plus grave cependant, il en résulte encore certains inconvénients sur lesquels nous allons dire quelques mots. Les liquides acidules qui découlent des tas de drêches sont autant d'agents qui amènent la dégradation constante des pavés, des mortiers surtout, en les rendant solubles, ainsi que nous l'avons expliqué en parlant de l'eau ; de là, fort souvent, des infiltrations de liquides fermentés ou fermentants au travers du sol, et, par suite, les nombreux désordres dont nous avons déjà parlé. Ce qui n'est pas moins fâcheux, c'est la dépréciation même de ces résidus, que la fermentation attaque avec une violence telle qu'il suffit parfois de moins de deux jours pour que l'état de décomposition putride dans lequel il se trouve oblige le brasseur à les convertir en fumier. Ne serait-il pas infiniment préférable de faire à cette époque un léger sacrifice sur les drêches, et d'obliger ainsi les cultivateurs, en mettant leur intérêt en jeu, à les enlever aussitôt leur sortie de la cuve-matière? C'est ce que nous n'avons pas toujours fait; et nous avons eu tort, comme tous ceux qui étaient et qui sont encore, à l'heure où nous écrivons, dans le même cas que nous. Aussi, en pareille occurrence, n'hésiterions-nous plus un instant à réduire leur prix, à réduire ce prix de moitié, s'il le fallait, ne fût-ce que pour purger à toujours une usine d'un pareil foyer de corruption.

Nous avons dit que le gluten des drêches était, dans cette circonstance, le corps qui contribuait le plus à développer la *fermentation*; malheureusement ce gluten va bientôt trouver lui-même, au milieu des désordres qu'il vient de produire, une force désorganisatrice qui va s'attaquer à lui et le soumettre également aux lois de la décomposition. En effet, c'est à sa présence qu'il faut attribuer, au moins en grande partie, la *fermentation putride* qui répand l'infection autour d'elle.

Une fois développée, il devient extraordinairement difficile de faire disparaître cette odeur infecte qui se répand bientôt dans toute la brasserie; il semble que tous les corps environnants en sont imprégnés, qu'elle s'est condensée sur les murailles, qu'elle s'est fixée là comme un parasite rongeur. Mais ce qu'il y a de plus déplorable, c'est que, quelle que soit la qualité des matières premières employées, quelque grande que soit l'habileté du praticien, quelque favorables que soient les conditions de fabrication dans lesquelles on s'est placé, les opérations en ressentent toujours une funeste atteinte.

Nous avons déjà parlé d'une espèce de matière grasse, d'un jaune verdâtre, qui accompagne quelquefois la mousse produite par l'agitation de l'orge et de l'eau dans la cuve-matière; nous avons dit que bien souvent elle était le résultat d'une germination trop violente, dans laquelle les grains s'étaient échauffés et recouverts de moisissures, ou produite par un commencement de fermentation du malt, soit après la mouture, soit même dans la cuve-matière, au moment de la trempe préparatoire. Ces conditions ne sont pas les seules qui peuvent produire dans la cuve l'effet dont nous parlons, car, dans plusieurs circonstances, nous pourrions dire dans des cas très nombreux, nous avons vu les mêmes symptômes se présenter, en opérant avec du malt dont la germination, opérée à froid, avait été ménagée avec les plus grands soins et une habileté remarquable, par un ouvrier dont nous avons été heureux de citer le nom, et qui avait échappé à toute altération, aussi bien après la mouture que dans la cuve-matière. Or, nous avons pu remarquer que la présence de cette matière grasse était le résultat inévitable de la formation de tous ces *miasmes*, et qu'elle devenait d'autant plus abondante que ceux-ci étaient plus développés.

Si l'atmosphère de l'usine est surchargée de ces miasmes, on peut être certain que l'observation des résultats que nous venons d'indiquer en sera encore plus sensible sur les refroidissoirs; la bière qui les recouvrira offrira à sa surface, et en plusieurs endroits, l'aspect verdâtre que présentent ordinairement les eaux stagnantes, comme celles des endroits marécageux.

Ce sont là des signes évidents d'une altération profonde, et quels que soient les moyens que l'on tente pour la faire disparaître, on n'y arrivera jamais d'une manière satisfaisante ; et dans la plupart des cas, les produits en subissent une atteinte tellement grave que le plus souvent il n'est pas possible de les livrer à la consommation.

Nous ne saurions nous dissimuler pourtant que l'altération même des infusions par le contact de l'air n'exerce, dans ce cas encore, une très grande influence; mais nous n'hésitons pas à dire que les *miasmes putrides* qui trouvent, dans certaines brasseries, un aliment si facile à l'époque des grandes chaleurs, sont l'une des causes prédominantes de toutes ces altérations, et contribuent énergiquement à déterminer les désordres dont on va peut-être chercher bien loin l'origine.

Voilà des faits sur lesquels il ne faut pas craindre d'appeler une sérieuse attention, car nous avons la conviction profonde qu'ils sont le plus souvent les causes des accidents qui contribuent à la détérioration des produits.

En général, les *influences miasmatiques* exercent une action délétère sur les matières organiques qui les environnent ; nous n'en demandons pour preuve que ces épidémies qui règnent endémiquement sur des populations entières, et qui les déciment lentement, par suite des émanations pestilentielles qui se dégagent du sein de la terre pendant et même longtemps après les travaux de canalisation. Le même phénomène se reproduit dans certains pays, lorsque des eaux croupissantes, disparaissant de la surface de la terre par l'évaporation et l'infiltration, laissent à nu des multitudes d'animalcules de la nature des infusoires, qui, soumis bientôt aux lois naturelles de la décomposition, exhalent des miasmes putrides qui portent avec eux la désolation et la mort.

Qu'on nous permette d'insister encore un instant sur tous ces faits, car nous attachons à chacun d'eux une plus grande importance que nous ne saurions l'exprimer.

D'après ce qui précède, on pourrait presque dire que les *émanations miasmatiques* se condensent, s'attachent à tous les corps organiques qu'elles rencontrent, comme le fait la vapeur d'eau contenue dans l'air, par exemple, lorsqu'elle vient se déposer en gouttelettes à la surface externe d'un vase contenant un liquide froid, à la surface d'une carafe d'eau fraîche en été, si l'on veut.

Sans admettre, *a priori*, la comparaison dont nous venons de nous servir, personne du moins ne peut nous contester l'espèce d'analogie qui existe entre ce fait et ceux qu'il est facile de constater relativement à la *condensation des miasmes*, dans plusieurs industries qui les jettent à profusion autour d'elles, comme les magnaneries, les tanneries, les fabriques de colle-forte, de gélatine, enfin les fabriques de peignes, etc. Or, les murs qui les renferment, les bâtiments qui servent à leur exploitation en sont imprégnés à ce point qu'après dix ans de cessation des travaux chacun d'eux développe encore l'odeur qui lui était spéciale lorsque l'usine était en activité. Le musc n'en est-il pas une autre preuve, quand on raconte que, malgré les restaurations de toute nature qu'on a fait subir aux appartements particuliers de l'impératrice Joséphine, ils distillent encore l'odeur du parfum de prédilection de leur ancienne hôtesse?

Nous n'avons pas, tant s'en faut, la prétention de faire école, mais quand les données de la science et la science elle-même sont insuffisantes, quand les moyens d'investigation dont elle peut disposer sont impuissants à constater certains faits, il faut bien procéder par induction, par analogie. C'est ce que nous venons de faire. En tenant compte des faits que nous venons de citer, en les rapprochant pour mieux les comparer, en établissant leur identité comme nous venons de le faire, il devient possible d'expliquer l'action malfaisante des *miasmes* dans les brasseries par leur condensation sur tout ce qui les environne.

De tout ceci il faut conclure que si la propreté commande de combattre énergiquement la présence des *miasmes putrides* dans les brasseries, la prudence exige bien plus impérieusement encore d'éviter toutes les causes qui sont de nature à déterminer leur formation ou à les acclimater.

Deux moyens sont mis en usage pour éviter aux drèches le contact de l'air: le premier consiste à les entasser dans des futailles, mais principalement dans celles qui ont contracté un mauvais goût, afin de les désinfecter. Après avoir comprimé les drèches le plus fortement possible, les fonds de ces futailles sont rajustés, et on les bondonne immédiatement, afin que l'air extérieur ne puisse s'opposer à la *conservation des drèches.*

Ce mode de conservation présente plusieurs inconvénients: d'abord il nécessite des manipulations assez longues, et par conséquent des pertes de temps; d'un autre côté, les vaisseaux ont toujours à souffrir des démolitions et reconstructions partielles qu'on leur fait subir; indépendamment de cela, le bois, recevant tout à la fois par ce moyen le contact de l'humidité et l'action de l'air, se pourrit beaucoup plus promptement. Il arrive encore souvent que la quantité de drèche ne représente pas exactement un nombre déterminé de futailles; il y a des parties qui restent exposées à l'air libre en attendant que de nouvelles drèches viennent emplir le tonneau, et qui alors fermentent et se décomposent promptement; ou bien il faut recourir à des vaisseaux de moindre dimension, qu'on est obligé de détourner de leur destination propre, etc., etc. Enfin, les douves des tonneaux laissent souvent transsuder des liqueurs acides qui s'altèrent rapidement et développent en même temps des odeurs infectes. Mais le moyen le plus mauvais de tous a l'avantage de pouvoir être facilement appliqué dans toutes les usines, et c'est celui qui est mis en usage le plus communément, quoiqu'il nécessite des locaux assez vastes.

De tous les agents de conservation qui conviendraient le mieux aux drèches, le sel marin est certainement celui qui doit être placé en première ligne; mais en face du peu de souci de nos gouvernants pour l'agriculture, il faut attendre, le moins impatiemment possible, l'heure de la réforme qui doit, qui peut seule nous amener le progrès avec elle[1].

Quoi qu'il en soit, indiquons pour l'avenir un mode de conservation dont parle notre honorable confrère de Strasbourg, M. Kolb, dans son *Art du brasseur*, page 185 : « Après avoir fait choix de vieux barils, on charge un ouvrier d'y transporter la drèche, dont le liquide doit être parfaitement écoulé; alors un autre ouvrier la refoule à mesure qu'elle arrive, et, par 0m,16 d'épaisseur, il y répand une bonne poignée de sel, et répète cela jusqu'à ce que le baril soit plein, à 0m,06 près; on place dessus un fond en planches de plusieurs pièces, lesquelles sont contiguës, jointes par une planche mise dessus en croix; on y place une grosse pierre ou tout autre poids pour augmenter la compression, et on y met un restant de dernière trempe, afin que tout soit bien inondé et que le faux fond soit entièrement couvert de liquide pour préserver la masse du contact de l'air; elle fera une fermentation dans les règles, et de grosses boules remplies d'air se montreront à la surface du liquide. On aura soin de ne jamais

(1) La réduction de l'impôt sur le sel vient d'être votée dans la séance de la Chambre des députés du 17 courant. « Moi, je m'en préoccupe surtout à cause de l'homme, » a dit M. Dupin, et la Chambre a adopté.

Mais patience pourtant, nous n'avons pas encore le dernier mot de la Chambre des pairs sur cette grave question, et M. Gay-Lussac, le chimiste-rapporteur, se sentira peut-être le triste courage d'acheter la plus légitime impopularité au prix de la plus inqualifiable complaisance. (*Reims, 17 juin 1847.*)

la laisser à sec faute de trempe. On peut y mettre de l'eau salée; car si elle sèche, les vers s'y mettraient, et la première couche serait perdue. Ceci est d'autant plus utile qu'il n'est pas nécessaire de jeter le liquide en entamant un baril, aurait-il même une peau qui paraîtrait moisie, ce qui arrive en été. Cette substance est salée et les bestiaux en sont très friands.»

Nous ne comprenons pas la nécessité d'ajouter des liquides fermentescibles aux drèches, alors que l'auteur recommande d'attendre, pour les mettre en barils, que celles-ci se soient débarrassées de ceux qu'elles renfermaient, et nous pensons qu'il serait plus rationnel d'opérer comme nous allons l'indiquer. Mais le principe sur lequel repose le mode de conservation signalé par M. Kolb étant très efficace, nous l'acceptons.

Le second moyen, beaucoup plus simple, plus rationnel, d'une exécution facile et moins dispendieux que les précédents, est aussi, bien certainement, celui qui est le moins répandu; il consiste à enfouir les drèches aussitôt leur sortie de la cuve-matière, dans laquelle on les laisse s'égoutter et se refroidir le plus longtemps possible. Il n'est pas nécessaire de leur donner le moindre contact avec le sol de l'usine. En effet, c'est ordinairement au-dessous de la cuve-matière, ou dans un périmètre assez rapproché d'elle, que l'on établit l'espèce de citerne (*fig.* 75) qui doit les contenir. Il suffit alors qu'un conduit en bois, formé de trois planches et appelé vulgairement *conge*, mette la cuve-matière et la citerne en communication pour que les drêches aillent gagner le fond de celle-ci. Il est bon toutefois qu'après leur introduction totale ou partielle, un ouvrier brasseur les tasse le plus fortement possible, et par le poids de son corps en les piétinant, et au moyen d'une masse ou fouloir (*fig.* 76).

Figure 75.

Figure 76.

Nous devons dire cependant que ce mode de *conservation des drèches* n'est pas sans péril pour la vie des ouvriers chargés de descendre dans les citernes, à cause du gaz acide carbonique qui s'y dégage lorsqu'on ne prend pas, comme on doit le faire en toutes circonstances, les précautions que la prudence exige.

La *citerne à drèches* doit donc être disposée de manière à pouvoir être ventilée en quelques instants, c'est-à-dire de manière à ce que tout l'acide carbonique qu'elle renferme par suite de la fermentation des drèches puisse être appelé au dehors, au moyen d'un tuyau mobile C (*fig.* 75), communiquant avec l'une des cheminées principales de l'usine, ainsi que nous l'avons expliqué précédemment en parlant de la *venti-*

lation des germoirs. L'air extérieur s'introduit par l'ouverture B à mesure que l'acide carbonique gagne le fond de la citerne, pour s'élever de bas en haut par le tuyau C dont il vient d'être parlé. A défaut de ce soin, on peut mettre en péril une ou plusieurs existences, et ce fait est trop grave pour qu'il n'attire pas l'attention de tous les praticiens. Quant à nous, nous n'avons jamais pu comprendre la stupide témérité de ceux qui, malgré les plus sages et les plus salutaires avertissements, et même en face d'une défense expresse, vont exposer niaisement une existence qui ne leur appartient pas [1].

Ce qui vient d'être dit de la *construction des fosses à drêches* nous paraît de nature à bien faire comprendre les avantages que présente dans une brasserie l'emploi des *cheminées souterraines*, avec lesquelles on peut, d'un seul coup, ventiler toutes les parties de l'usine, et elles sont nombreuses, qui peuvent réclamer ce soin. Dans tous les cas, nous recommandons instamment à nos lecteurs de ne pas recourir à ces citernes, qu'il faut toujours éloigner du puits le plus possible, sans y avoir adapté un système de ventilation des plus puissants. Celui que nous indiquons est certainement le plus efficace et le moins dispendieux de tous. En hiver on pourrait peut-être s'en dispenser, parce qu'à cette épo-

(1) C'est de cette manière, et malgré une recommandation qui alla jusqu'à la prière, qu'un de mes ouvriers faillit périr sous mes yeux en 1844; une seconde plus tard, et je n'eusse plus ramassé qu'un cadavre. Je n'oublierai jamais la manière dont cet homme a pratiqué envers moi le sentiment de la reconnaissance.

que la température des lieux bas est beaucoup plus élevée que celle de l'atmosphère et que cette condition suffit pour déterminer l'ascension de l'acide carbonique, malgré la différence de sa pesanteur spécifique; mais en été, alors que le contraire a lieu, il serait complétement impossible d'enlever tout l'acide carbonique contenu dans une citerne sans employer une ventilation active. Nous croyons, en outre, que l'acidité manifeste des drèches exige que le pourtour et le fond de la fosse soient revêtus d'une légère couche de ciment romain de Vassy.

Ce qu'il n'est pas moins essentiel d'observer pour arriver à une parfaite conservation des drèches, c'est de les tasser le plus fortement possible, et d'avoir soin d'emplir chaque citerne très promptement, c'est-à-dire dans l'espace d'une quinzaine de jours au plus.

Il faut aussi veiller attentivement à ce que la citerne soit exactement fermée; on obtient ce résultat en faisant peser le couvercle de l'ouverture B (*fig.* 75) sur la masse introduite, au moyen d'un étai ou d'un poids considérable. Si chacune de ces conditions a été observée, on peut être certain de retrouver, après un temps indéterminé, les drèches dans leur état primitif. La facilité avec laquelle on les écoule l'hiver, et le bon prix qu'on en obtient ordinairement à cette époque, nous font dire que la dépense d'une citerne n'est rien, comparée aux avantages qui en résultent. D'abord cette dépense est promptement couverte par les bénéfices que produit la vente des drèches; mais ensuite, ce qui est inappréciable, c'est la garantie évidente de salubrité qu'elle donne à toutes les parties de l'usine, condition de la plus haute importance, en été surtout, et la plus propre à assurer le succès des opérations à l'époque des grandes chaleurs.

Tels sont en général les soins qu'exige la *conservation des drèches* et ceux qu'il est toujours prudent de prendre pour éviter la formation des *émanations putrides*. Mais comme, à défaut de citernes, il est difficile de combattre efficacement les causes que nous signalons, puisqu'on est alors forcé d'amonceler les drèches dans quelque coin de l'usine; comme d'ailleurs les émanations dont nous parlons peuvent avoir une autre origine, il ne faut pas craindre, pendant les saisons chaudes, de faire pratiquer, le soir principalement, de fréquents *arrosages au lait de chaux* dans les cours ainsi que dans toutes les autres parties de la brasserie; on s'oppose ainsi à la multiplication d'un grand nombre de petits animaux et d'animalcules que la dissolution alcaline détruit et que l'on peut faire disparaître le lendemain matin par l'action du balai. Nous croyons aussi que le *badigeonnage* des murs *au lait de chaux*, moyen hygiénique fort peu dispendieux, d'une exécution facile, donne toujours de bons résultats; nous ajouterons encore que l'on devrait passer tous les ustensiles d'une brasserie à l'eau de chaux au moins deux fois par an. L'emploi de ces moyens à l'époque des grandes chaleurs produit ordinairement les plus heureux résultats.

Nous sommes convaincu que les difficultés inhérentes au travail d'été, l'infériorité des produits que l'on obtient alors, et par suite le péril que courent à cette époque les intérêts de l'immense majorité des brasseurs, tiennent en grande partie à l'oubli de ces précautions, cependant si simples. Là réside la cause première de l'impuissance de vos efforts et de la stérilité de vos sacrifices; là, bien plus que dans toutes ces burlesques allégations que nous rougissons d'énumérer, mais que nous sommes bien forcé de produire, ne fût-ce que pour la gloire de ceux qui les ont imaginées, et parmi lesquelles figurent en première ligne la fleuraison des blés, la cueillette des cerises ou la maturation de quelques autres fruits. Tout cela peut être bon pour apaiser les colères du consommateur crédule, mais ne donne pas de remède au mal qui vous consume. Et soyez-en bien persuadés, les causes résident tout entières dans les pitoyables conditions de production où vous êtes tous placés; or, ce n'est qu'en vous attaquant résolûment à ces conditions mêmes et en y substituant un travail intelligent que vous améliorerez votre situation, et non en accusant l'électricité atmosphérique ou d'autres phénomènes d'un état de choses auquel ils sont totalement étrangers.

Nous venons de dire que *tous* vous étiez placés dans des conditions *pitoyables;* pourquoi faut-il que nous ayons encore à faire passer sous vos yeux des *faits* qui vous forceront à nous donner raison? Parmi eux, sachez-le bien, il en est que l'imagination se refuse à admettre, tellement ils constituent les *anomalies* les plus *monstrueuses*, c'est le mot; mais enfin ce sont des faits, et nous ne connaissons rien de plus concluant.

IIIe OPÉRATION : CUISSON.

Section I. — Clarification des moûts.

§ 1. Définitions pratiques.

La *cuisson* comprend les diverses opérations qui ont pour but de déterminer la *coagulation du gluten* (écumes), afin d'en éloigner la plus grande quantité possible et d'extraire, par la *coction*, les principes extractifs du houblon.

La première de ces opérations pourrait donc se nommer *clarification par le feu*; et la seconde *cuisson*, proprement dite.

A la *cuisson* appartient également la *coloration*, mais dans quelques cas seulement que nous examinerons avec toutes les autres questions qui se rattachent à cette partie de la brasserie.

Les liqueurs sucrées qui découlent de la cuve-matière après le vaguage portent, comme nous l'avons dit, le nom d'*infusions;* tous ces liquides réunis et mélangés se nomment *moûts*, soit qu'ils contiennent, soit qu'ils ne contiennent pas le principe extractif du houblon.

Le résultat de toutes ces opérations réunies, quelles que soient les quantités de matières employées et de produits fabriqués, s'appelle *brassin*.

§ 2. Coagulation et séparation du gluten (écumes.)

Si, comme nous l'avons établi précédemment, *le gluten est l'agent principal qui détermine la formation de la maladie appelée graisse*, s'il peut se comporter à l'égard des *infusions* et des *moûts* comme le ferait un véritable ferment, s'il est la cause permanente de *l'acétification des bières*, si surtout, comme cela est en effet, il est capable de provoquer plus tard la *fermentation putride*, nous n'avons pas d'ennemi plus redoutable, et nous devons, pour être logiques, lui faire une guerre acharnée ; en un mot, nous débarrasser de lui par tous les moyens dont nous pouvons disposer.

On se rappelle que nous avons expliqué comment, après chacune des opérations du *vaguage*, les infusions produites par la lixiviation du malt dans la cuve-matière étaient portées successivement dans la chaudière de fabrication pour être intimement mélangées entre elles et recevoir ensuite l'action du feu.

Dans cet état, la transparence des moûts est généralement troublée par les corps de toute nature que ceux-ci tiennent en dissolution ou qu'ils ne font que charrier dans leur sein ; ces corps se composent en général de particules de son et de ligneux provenant du malt, de débris des téguments qui enveloppaient la matière soluble de la fécule, de gluten très divisé et d'une matière mucilagineuse à laquelle nous conserverons son nom d'*albumine végétale* et qui a la plus grande analogie avec l'albumine des œufs (blanc d'œuf). Telle sont, à proprement parler, les diverses substances qui composent ordinairement les *écumes* ; celles-ci contiennent en outre un assez grand nombre de sels de nature différente et dont nous ne pouvons donner la nomenclature, l'analyse, au moins que nous sachions, n'en ayant point été faite jusqu'ici. Nous pouvons cependant affirmer, et nous en fournirons bientôt la preuve, que les écumes renferment d'assez grandes quantités de sels ammoniacaux.

Quant aux liquides mêmes, aux moûts enfin, ils paraissent entièrement formés d'eau, de sucre, d'une matière colorante qui lui communique une teinte plus ou moins foncée, de dextrine, de gluten, d'albumine et de mucilage à l'état de dissolution, d'acides acétique et lactique, enfin d'une certaine quantité d'huile essentielle à odeur particulière, et des divers sels que chacun de ces corps peut renfermer.

Maintenant que nous connaissons la composition des matières sur lesquelles nous allons opérer, examinons, avant d'aller plus loin, la manière dont elles se comportent lorsqu'on les met en présence du feu.

En parlant des caractères physiques et des propriétés chimiques du *gluten*, M. Raspail dit : « L'eau bouillante le rend moins élastique, lui fait perdre ses caractères glutineux, elle le coagule enfin. ».... Plus loin, nous trouvons : « L'acide acétique dissout d'autant plus de gluten que les proportions d'acide sont plus grandes et qu'il est lui-même plus concentré. L'ébullition ajoute encore à l'intensité et à la rapidité de cette action; mais il reste toujours, quoi qu'on fasse, une portion qui ne se dissout pas et qui ne fait que s'épaissir au mouillage....

« D'un autre côté, les acides à l'état libre, abondant dans le suc des végétaux, surtout l'acide acétique, si l'on soumet le suc à l'ébullition, l'évaporation des acides volatils, qui tiennent le gluten en dissolution, ferait que le gluten abandonné reprendra son insolubilité dans l'eau, que ses diverses molécules se rencontrant alors s'associeront, monteront à la surface par leur légèreté spécifique, et apparaîtront ainsi sous forme d'une écume coagulée que l'on nommera *albumine végétale*, etc... » (*Chimie organique*, t. II, p. 91 à 94.)

Voici maintenant l'opinion de M. Dumas :

« C'est à la température de +75° que se coagule la plus grande partie de matière azotée (gluten), quand on a fait infuser de l'orge germée et moulue dans l'eau... »

En parlant de la diastase, le même chimiste dit : « Elle est assez généralement accompagnée d'une substance albumineuse qui se coagule dans l'eau à la température de +65° à 75°. » (*Chimie appliquée aux arts*. t. VI, p. 102 et 103.)

M. Liebig s'exprime de la manière suivante sur la même question : « Lorsqu'on évapore à une température élevée et au contact de l'air des sucs végétaux exempts de tannin et d'acide gallique (tel est le cas des moûts dont nous parlons), l'albumine qu'ils renferment en dissolution s'en sépare tout de suite ou à peu près. » (*Chimie organique*, t. III, p. 209.)

Dans ses *Lettres sur la Chimie*, p. 175, le même auteur, retraçant en quelques mots l'historique de la germination, dit : « Le gluten lui-même acquiert des propriétés tout à fait différentes; il devient soluble dans l'eau comme l'amidon. Lorsque l'on chauffe jusqu'à l'ébullition l'extrait aqueux du blé germé (malt), que l'on appelle *moût* dans les brasseries, il se sépare alors une certaine quantité de gluten devenu soluble. Dans cet état, il n'est pas possible de distinguer le gluten d'avec l'albumine coagulée. »

L'action du feu a donc pour objet, dans l'opération qui nous occupe, de déterminer spécialement la coagulation du gluten et de l'albumine végétale. Cette action est-elle suffisante? Non; nous allons le démontrer et voir quelles sont les circonstances qui peuvent faciliter cette séparation.

Ce qui prouve que l'action de l'eau, même à une température élevée, ne peut seule déterminer la coagulation des écumes d'une manière complète, c'est qu'en opérant avec de l'orge non desséchée après sa germination, c'est-à-dire en la prenant à la sortie du germoir, cette coagulation est tellement difficile, pour ne pas dire impossible, que pour la produire il faut avoir recours à des réactifs qui précipitent le gluten et l'albumine.

Au contraire, si le malt a été soumis à une *dessiccation complète*, opérée dans les conditions que nous avons indiquées en nous occupant de cette partie de la fabrication; si, pour la *trempe préparatoire* et la *première infusion*, on a employé de l'eau à des températures élevées, c'est-à-dire à +40° ou +60°, selon les circonstances, la coagulation s'opérera avec succès, parce que l'on aura réuni, de cette façon, les conditions les plus favorables à l'élimination du gluten et de l'albumine végétale.

A ces conditions essentielles on peut encore ajouter la qualité et la quantité du malt employé, sa préparation plus ou moins récente, enfin l'état plus ou moins élevé de la température à l'époque de l'opération, toutes considérations qui exercent aussi une influence notable sur les résultats définitifs.

Lorsque toutes ces circonstances viennent se prêter un mutuel appui, il est impossible que la coagulation du gluten, et par conséquent son élimination, ne s'opère pas de la manière la plus complète et la plus satisfaisante.

On peut donc dire en règle générale : la cuisson déterminera d'autant mieux la séparation des écumes que le malt aura été plus complétement desséché, que sa proportion, relativement à la quantité de liquide, sera plus considérable, que l'eau de la trempe préparatoire et celle de la première infusion auront été prises à des températures plus élevées, que le produit des infusions aura été porté lui-même à l'ébullition avec plus de ménagement, enfin que la température ambiante sera plus basse.

Maintenant, pour assurer le succès de ces opérations, le brasseur est-il le maître de réunir, dans tous les cas, le concours des circonstances que nous venons d'énumérer? Non, c'est matériellement impossible, parce que le travail que réclament certaines variétés de bière a, lui aussi, ses exigences, dont il n'est pas facile de s'affranchir. Ainsi, en été principalement, la fabrication des *bières blanches* semble s'opposer à l'emploi des moyens qui donnent à coup sûr de bons résultats. En effet, il faut que dans ce cas la *dessiccation du malt* soit ménagée avec le plus grand soin, afin d'éviter sa coloration par le feu ; on ne doit en général employer qu'un minimum de malt, ou au moins la plus faible proportion possible; d'un autre côté, la *trempe préparatoire* doit être faite *à froid* et la température de la *première infusion* ne peut guère dépasser un maximum de + 40° ou 50°; enfin il est non moins essentiel que l'infusion soit promptement mise en ébullition, afin d'éviter la coloration des moûts dans la chaudière de fabrication aussi bien que dans la cuve-matière.

Dans ces circonstances, les particules de *gluten* et *d'albumine végétale* que contiennent les *moûts* ont très peu de cohésion; elles sont molles, et éprouvent la plus grande difficulté à se souder pour ainsi dire, à s'enchevêtrer les unes dans les autres, de telle sorte que plus tard l'action de l'écumoire ne produit presque aucun effet. D'après le mode de travail usité, il est non-seulement impossible de séparer tout le gluten tenu en dissolution dans les moûts, mais il est même très difficile d'enlever celui qu'ils tiennent en suspension. Cette dernière opération se fait généralement très mal; quant à la première, elle ne se pratique nulle part. Il serait cependant fort important que *tout* le gluten en excès fût radicalement enlevé avant de procéder à la *coction du houblon*, car, comme l'a si bien dit M. Dumas, « *le gluten cède également à l'eau bouillante une matière très propre à déterminer la fermentation visqueuse.* » (*Chimie appliquée aux arts*, t. VI, p. 333.)

Or, la *fermentation visqueuse* dont parle l'auteur n'est autre chose que le résultat de la réaction qui s'opère dans les liquides fermentés pour leur donner une consistance glaireuse; c'est l'une des nombreuses causes de la maladie à laquelle on a donné le nom de *graisse*, dont nous avons eu souvent occasion de parler, et qui fait si fréquemment et depuis si longtemps le désespoir des hommes exclusivement pratiques.

Ce n'est pas sans de graves motifs que nous insistons avec force sur la séparation du gluten; car il ne faut pas oublier qu'après la *fermentation*, c'est à l'alcool développé par cette fermentation même que le gluten s'attaque, qu'insensiblement il le convertit en acide acétique (vinaigre), et que dès que ce dernier domine dans les bières, il les altère profondément et finit par les dénaturer.

Mais quelle que soit la difficulté de séparer les écumes dans les conditions que nous venons de signaler, il est cependant toujours possible d'en éliminer les neuf dixièmes, quelle que soit la quantité de malt employé à la fabrication; et cela sans avoir recours, bien entendu, à l'emploi du classique *pied de veau*, la plus détestable de toutes les applications anciennes et modernes.

Pour arriver à ce résultat, il suffit de se rapprocher le plus possible des températures maximum que nous avons indiquées en parlant de la *trempe préparatoire* et de la *première infusion*, d'élever progressivement et lentement la température des moûts jusqu'à l'ébullition, mais ayant soin de marquer un temps d'arrêt de 30 minutes et plus si l'on peut, lorsque la température varie entre + 70° et 80°; souvent on parvient, en procédant ainsi, à déterminer assez facilement la coagulation et l'élimination du gluten, principalement lorsqu'on opère avec du malt dont la *germination* a été développée aussi régulièrement que possible; mais lorsqu'on emploie un malt dont la préparation a été négligée soit lors de la *germination*, soit lors de la *dessiccation*, la *clarification des moûts* offre de sérieuses difficultés; dans ce cas il convient, après une ébullition d'une heure environ, d'arrêter celle-ci brusquement en remplissant la chaudière avec une très forte portion des *réserves*, de couvrir le foyer afin de modérer l'action du feu, et d'ajouteralors la quantité de *sucre de fécule* destinée à la fabrication[1]; celui-ci, pour se dissoudre, empruntera nécessairement aux moûts rassemblés dans la chaudière une certaine portion de calorique et pourra faire redescendre leur température à + 90° par exemple, au lieu de + 101, 102, 103° qu'ils indiquaient au moment où on a arrêté l'ébullition.

C'est à partir de ce moment surtout qu'il faut veiller avec un soin minutieux à ce que la température se fasse le plus lentement possible, afin de faciliter l'adhérence des particules de gluten qui flottent dans le liquide; au moyen de cette précaution, toutes les matières étrangères, agitées par un mouvement général résultant

(1) Quoique nous soyons l'ennemi né de l'emploi des *sucres de fécule* du commerce dans la fabrication de la bière, et cela par de puissants motifs que nous déduirons en leur temps, nous ne croyons pas pouvoir nous dispenser d'indiquer les applications qu'on en peut faire et les services qu'il peut rendre. D'ailleurs, comme nous ferons passer sous les yeux de nos lecteurs les pièces de conviction de la cause que nous nous proposons d'instruire, il lui sera facile de décider alors et ce qui peut être utile à leurs véritables intérêts, et ce que réclame l'hygiène publique.

d'une température qui s'accroît de plus en plus, ne tardent pas à s'accrocher par les aspérités qu'elles présentent et qui facilitent singulièrement leur agrégation; alors elles se soudent deux à deux, quatre à quatre, se pelotonnent pour venir former à la surface du liquide un épais réseau dont toutes les parties sont entièrement liées entre elles et qui ne se crevasse plus tard, sous l'effort d'un bouillon, que pour donner passage à une liqueur jaune d'autant plus limpide que les conditions que nous avons signalées auront pu se grouper pendant cette opération d'une manière plus favorable.

Il ne faut pas se dissimuler que si les *bières d'hiver* ont, toutes conditions de fabrication étant égales, une supériorité réelle sur celles que l'on obtient l'été, cela tient en partie à la facilité avec laquelle on sépare pendant la saison rigoureuse toutes ces impuretés. Aussi, en hiver, les produits sont-ils d'une limpidité parfaite, d'une digestion facile, et offrent-ils au palais une saveur plus agréable. C'est pourquoi nous disons qu'il ne faut rien négliger pour atteindre, dans tous les temps, le but auquel on parvient lorsqu'on fabrique aux époques les plus propices.

§ 3. Pieds de veau. Emploi de la gélatine comme moyen de clarification.

Depuis un temps immémorial, le pied de veau a été détourné de sa destination primitive et déshérité par l'antique cervoise du privilége que lui avait accordé la chimie culinaire, de servir presque exclusivement à la fabrication des bouillons gélatineux et des consommés. Il a quitté depuis longtemps le laboratoire du cuisinier pour l'usine du brasseur; en un mot, le bouillon s'est fait bière.

Pour nous, l'emploi seul du pied de veau suffirait pour bien faire comprendre aux hommes intelligents sur quelles incompréhensibles absurdités repose aujourd'hui la fabrication de cette précieuse boisson; mais prenons patience, et bornons-nous d'abord à dire dans quel but et dans quelles proportions on l'emploie.

On a avancé que le pied de veau avait la propriété de faciliter la coagulation du gluten et son élimination. Pour notre compte, nous confessons ici que nous l'avons employé *pendant un an*, un peu par respect pour son ancienne réputation, et aussi parce que nous ne voulions pas déroger subitement aux habitudes traditionnelles d'un établissement où, bien avant nous, on semblait avoir jugé la question en dernier ressort et dans le sens le plus affirmatif. Nous avons donc apporté à l'emploi de ce moyen toute l'attention possible; mais tous nos soins, tout notre bon vouloir ne nous ont pas permis d'y reconnaître quoi que ce soit de vraiment utile à la fabrication ou même à la qualité des produits. Aussi sommes-nous bien convaincu que les vertus du pied de veau, en ce qui touche à la coagulation du gluten et de l'albumine végétale, n'existent pas ailleurs que dans l'imagination des amateurs de gélatine et de *bière animalisée.*

Qu'on veuille bien nous permettre une simple observation, afin de prouver que cette dernière propriété du pied de veau est rendue illusoire par la manière dont on emploie ce dernier. Il n'est si piètre cuisinier qui ne vous dise que, pour séparer complétement par le feu la gélatine que contient le pied de veau, il ne faille au moins une ébullition de deux ou trois heures; or, ce n'est pas deux ou trois heures avant la coagulation des écumes que les pieds de veaux sont introduits dans la chaudière, c'est *au moment même où* elle s'opère, ou quelques minutes avant, ou même longtemps après, selon que le *fachs* avait plus ou moins la tête à ce qu'il faisait; ce qui n'empêche pas les moûts de devenir limpides si les opérations avaient été exécutées dans de bonnes conditions, ou de rester troubles si l'on avait opéré d'une manière défectueuse. Et ce que nous avançons ici n'est pas applicable à quelques brasseries seulement, mais à toutes; tant il est vrai que l'habitude irréfléchie de faire une chose finit par obstruer en quelque sorte le jugement, et par faire accepter comme bonne et rationnelle une mesure qui n'a pas le sens commun. Nouvelle preuve, ajouterons-nous, du laisser-aller avec lequel on adopte sans examen tous les errements du passé.

Quoi qu'il en soit, nous nous serions bien gardé d'élever la voix contre cet usage si nous ne nous étions trouvé en face d'un abus grave, si enfin la gélatine avait été une substance inerte comme la gomme, par exemple, et incapable, dès lors, de nuire à la qualité des produits. Mais quoi! c'est la *gélatine*, c'est une substance animale qu'on met en contact immédiat avec le ferment! Comment! vos bières renferment, d'une part, l'agent de décomposition le plus actif, le plus puissant, celui dont l'action sur les corps animalisés agit avec une violence qui tient du prodige, et, d'une autre part, vous y ajoutez de la *gélatine*, la plus mobile de toutes les matières animales, la plus facilement décomposable, la plus éminemment putrescible! Mais vous n'y avez pas songé! Réfléchissez donc que la gélatine se trouve, dans vos produits, à un état tel qu'il est impossible qu'elle échappe à la *décomposition putride;* les conditions les plus favorables pour provoquer cette altération sont groupées dans un ordre si parfait que la décomposition de vos produits est inévitable, car ils ne sauraient se soustraire longtemps aux effets produits par la *fermentation putride* de la gélatine elle-même. En effet, n'y est-elle pas complétement divisée, et dès lors chacun des atomes qui la composent ne reçoit-il pas en même temps et d'une manière permanente l'action du ferment? Vous le voyez donc, ce n'est pas sur quelques parties seulement de la gélatine que cette action s'opère, c'est sur toute la masse, et les chances de décomposition sont d'autant plus imminentes, d'autant plus inévitables, que l'eau existe toujours abondamment dans cet inconcevable gâchis.

Certes, il y a là des motifs bien suffisants pour justifier nos récriminations et pour expliquer pourquoi nous proscrivons, sans réserve aucune, *l'emploi de la gélatine* ou de toute autre matière animale dans la fabrication de la bière. Maintenant voulez-vous savoir quelle action peuvent exercer des produits de cette nature sur l'économie animale lorsqu'ils sont en voie de décomposition? écoutez l'opinion d'un savant dont personne ne songera à décliner l'incompétence :

« Les aliments qui sont entrés en décomposition exercent sur l'économie animale la plus désastreuse influence. Si cette altération est profonde, elle peut produire tous les accidents de l'empoisonnement, tels que les vomissements, la syncope, la gangrène des extrémités, etc. Les matières en putréfaction occasionnent l'inflammation des parties sur lesquelles elles ont été appliquées. Ce sont surtout les substances animales qui déterminent ces pernicieux accidents. » ROSTAN, *Cours d'hygiène*.

Nous ne prétendons pas dire que, pour les bières dans lesquelles on fait entrer la gélatine comme moyen de clarification, il faille accepter les conclusions de l'auteur dans le sens le plus absolu; mais le principe sur lequel elles reposent est vrai, et nous ne croyons pas pouvoir nous dispenser de déclarer que, quelque minimes que soient les quantités de gélatine introduites dans la bière, elles peuvent toujours, lorsqu'elles sont en voie de décomposition, exercer une action défavorable sur la santé ; c'est là, ce nous semble, une raison assez grave pour éveiller l'attention des praticiens, surtout si l'on veut bien se rappeler la manière dont se comporte, après la fermentation, la gélatine à l'égard des produits fabriqués. Nous aurons d'ailleurs l'occasion de revenir dans la suite sur cette importante question.

Si encore on n'employait la gélatine que dans un rapport insignifiant, nous pourrions peut-être essayer de justifier cette pratique, ou au moins d'en démontrer l'innocuité; mais nous ne sommes rien moins qu'inquiet quand nous considérons les quantités en usage dans quelques localités, dans le nord de la France principalement; nous ne sommes rien moins qu'embarrassé, lorsque nous nous trouvons en présence d'une anomalie de ce genre.

L'abus de la gélatine a été poussé si loin dans la fabrication de la bière que, vers le commencement de ce siècle et dans quelques contrées du nord, on employait, pour un brassin de trente à quarante hectolitres, un veau tout entier. Nous regardons ce fait comme authentique, d'abord parce que la personne qui nous a fourni ce renseignement est digne de foi, ensuite parce qu'elle est originaire du département du Nord; qu'elle a pu, par conséquent, vérifier ce fait personnellement et nous attester enfin que l'animal était projeté dans la chaudière de fabrication sans même être dépouillé de sa peau, sous le prétexte, encore une fois, que *le feu purifie tout*. On le voit, c'est toujours le même système; nous devons nous hâter d'ajouter que ce fait est particulier à quelques établissements que l'on s'obstine à décorer du titre pompeux de brasseries, mais qui n'en ont absolument que le nom.

Comme confirmation du fait que nous venons d'énoncer, nous trouvons celui qui suit dans le *Cours complet d'Agriculture théorique et pratique*, t. II, page 54 : « M. *Beaunach* se rappelle avoir vu dépecer et jeter dans la chaudière un veau tout entier, après en avoir séparé la graisse. »

Ainsi, il ne faut pas remonter à une époque bien éloignée pour retrouver les traces de ces inqualifiables applications qui faisaient descendre le brasseur au niveau du cuisinier et qui tranformaient la bière en un bouillon fermenté et aromatisé avec du houblon. Aujourd'hui encore, grâce à cette puissance aveugle qu'on appelle l'habitude, l'emploi de la gélatine compte de nombreux partisans parmi ceux qui se dispensent de réfléchir, ou qui ne veulent tenir aucun compte des enseignements de l'expérience.

Quoi qu'il en soit, nous souhaitons de voir disparaître complétement et promptement cette application dispendieuse que rien ne peut justifier, qui est non-seulement inutile, comme les praticiens les plus intelligents l'ont compris depuis plusieurs années, mais encore compromettante pour la conservation des produits et pour la santé publique. C'est particulièrement dans les localités où la bière est la boisson usuelle et quotidienne des habitants, où par conséquent elle forme un objet de première nécessité pour le riche aussi bien que pour le pauvre, que l'emploi de la gélatine est en usage ; et c'est positivement là l'une des conditions de fabrication des départements septentrionaux. Et malheureusement, nous devons le dire, les quantités de gélatine introduites dans les *bières du Nord* le sont dans un rapport trop considérable pour que ce fait n'ait pas quelque importance au point de vue de l'hygiène publique.

S'il nous était possible de rendre la plus petite ordonnance relative à la fabrication de la bière, nous commencerions par interdire désormais expressément, sous des peines sévères, à tous les brasseurs, l'emploi de quelque matière animale que ce puisse être dans leurs produits, et nous leur rendrions un service signalé, ainsi qu'à toutes les classes de consommateurs.

Si, de nos jours, on ne songe plus à précipiter des veaux tout entiers dans les chaudières de fabrication, il est cependant certain, car nous l'avons *vu*, que l'on introduit encore jusqu'à 30 et 40 pieds de veaux dans un brassin de 20 à 22 hectolitres ; aussi, à l'odeur développée par la cuisson, ceux qui passent près de l'usine se demandent s'ils sont dans le voisinage d'une brasserie ou d'une fabrique de colle-gélatine.

On a dit avec quelque raison, pour justifier l'emploi des pieds de veaux, que ceux-ci jouaient le rôle d'épaississant, et qu'en communiquant à la bière l'aspect gélatineux qui lui est propre, ils contribuaient aussi à lui donner des qualités plus nutritives. Cette dernière assertion nous paraît totalement erronée. On a ajouté que la bière fabriquée de cette manière retenait plus facilement et plus longtemps la mousse que ne l'aurait fait celle dans laquelle on n'aurait pas introduit de pieds de veaux. Ceci est vrai, mais est-ce donc là une propriété spéciale à la gélatine ? On serait tenté de croire, d'après ce raisonnement, que, de tous les corps qui existent dans la nature, pas un seul ne possède cette propriété autant que la gélatine ou même à un moindre degré. Heureusement il n'en est rien, et les matières inoffensives complétement inertes, qui peuvent jouer le rôle d'épaississants, sont assez nombreuses et assez répandues pour que l'on puisse encore choisir.

Parmi celles-ci, nous trouvons la *dextrine* et la *gomme*; la première nous paraît mériter la préférence pour deux raisons, d'abord parce qu'elle est l'un des produits immédiats de la germination, qu'elle existe naturellement dans la bière, et qu'il est toujours avantageux de se rapprocher des moyens dont la nature nous donne l'indication; ensuite, parce que, comme nous l'avons établi précédemment, on peut facilement produire la *dextrine* au moment des *infusions* et que ce mode d'opérer, outre qu'il est très légal, très rationnel, moins dispendieux que l'emploi de la *gomme*, présente encore, comme épaississant, tous les avantages de la gélatine, sans avoir aucun de ses inconvénients.

Quoi qu'il en soit, l'une ou l'autre de ces deux substances peut être employée avec le plus grand succès, car le *ferment* proprement dit, la levûre enfin, est sans action sur elles; dès lors on n'a pas à craindre que leur altération se communique aux produits fabriqués qui échappent ainsi à l'envahissement de la *fermentation putride*.

On ne doit donc pas hésiter un seul instant à ajouter au malt, avant la *trempe préparatoire*, les quantités de *fécule brute* que nous avons déterminées, ou même une proportion un peu plus forte; car si, par une cause quelconque, une partie échappe à l'action de la diastase et ne se trouve pas complétement transformée en sucre, on est toujours certain que la réaction donne naissance à la *dextrine* qui, comme nous l'avons déjà dit, communique à la bière un aspect légèrement gommeux et contribue à rendre la mousse plus persistante après la mise en bouteille.

En procédant ainsi, on ne fait qu'utiliser sagement es produits que la nature développe au sein de la graine à l'époque de la *germination*, on modèle, en un mot, la marche de ses opérations sur celles que la nature même dirige et dont elle seule possède le secret; les produits deviennent réellement plus salutaires, puisqu'on diminue ainsi dans un rapport considérable les chances d'altération toujours trop nombreuses et qu'on assure leur conservation d'une manière rationnelle.

A défaut de réformes radicales, il faut au moins appliquer celles qui s'appuient sur des bases avouées par la raison et l'expérience, mais principalement celles qui, en retardant les décompositions que le temps opère dans les produits dont nous nous occupons, ne leur permettent de devenir, dans aucun cas, un motif de désordre et de perturbation dans la santé des masses.

Essayez! dirons-nous encore, essayez! et vous aurez fait un pas immense, car vous ne tarderez pas à vous convaincre que l'emploi de la gélatine que nous proscrivons repose sur l'une des erreurs les plus grossières que nous ayon encore rencontrées sur notre route. Essayez! dussiez-vous mériter comme nous le nom de *brasseur à la chimie*. Mais, heureusement pour notre génération, il n'existe pas en France, au dix-neuvième siècle, deux villes dans lesquelles le savoir soit un obstacle positif, permanent, une cause de ruine, dans l'esprit d'une population tout entière, au lieu d'être une recommandation puissante, un moyen d'action plus efficace et plus rationnel. Réformez donc toutes les fois qu'il y a péril pour vous ou danger pour les masses, dussent celles-ci vous honnir d'abord ; car la vérité se fait jour tôt ou tard. Dieu a permis qu'il en soit ainsi, et c'est justice, car ce serait à désespérer des hommes et de l'avenir s'il était possible qu'il en fût autrement !

§ 4. Neutralisation des acides et des divers sels que renferment les moûts.

L'opération dont nous avons parlé dans le paragraphe précédent, la coagulation du gluten, n'est en quelque sorte que mécanique ; car en procédant comme nous l'avons indiqué, on ne fait que séparer des moûts les matières qu'ils tiennent en suspension, et encore en échappe-t-il toujours une grande partie. Ce n'est pas ainsi qu'on peut parvenir à les débarrasser des acides et des nombreux sels qu'ils tiennent en dissolution. Cette opération est donc incomplète et insuffisante. Il importe d'autant plus essentiellement à la qualité et à la conservation des produits fabriqués de séparer toutes les matières étrangères renfermées dans les moûts, que plus tard elles font non-seulement obstacle à la fermentation, mais encore, et surtout, elles sont de nature à déterminer plus promptement leur altération.

Pour s'assurer combien l'élimination du gluten et de l'albumine végétale est toujours incomplète dans les procédés de fabrication mis en usage jusqu'ici, il suffit de distraire quelques centilitres de moûts, de les introduire dans *l'éprouvette à pied* (*fig.* 49 et p. 50), d'y verser quelques gouttes de *sous-acétate de plomb*, pour qu'à l'instant même l'albumine végétale se sépare du menstrue qui la tient en dissolution sous forme d'un précipité blanc, floconneux, très abondant.

En général, dans la pratique, la séparation de ces corps est d'autant plus difficile que la quantité d'eau est plus considérable et que la proportion de malt l'est moins ; c'est ce qui explique pourquoi, dans les petites bières dont nous avons déjà parlé, par exemple, leur séparation d'avec les moûts devient extrêmement difficile et souvent même impossible. Il y a plus : les dernières portions que l'on retire en évaporant ces mêmes liquides jusqu'à siccité, c'est-à-dire au point de leur enlever par la chaleur toute la quantité d'eau qu'ils renferment, les dernières portions de gluten et d'albumine végétale, disons-nous, sont aussi complétement insolubles dans l'eau que l'albumine des œufs (blanc d'œuf cuit).

Nous venons de parler de l'emploi du *sous-acétate de plomb ;* il est bien entendu que ce n'est que comme *réactif* que nous voulons qu'il soit employé, c'est-à-dire pour constater, même dans les moûts les plus limpides, la présence de l'albumine, mais non pas pour en faire des applications directes; car le remède serait pire que le mal, puisque l'acétate de plomb, comme la plupart des sels que forme ce métal, est un poison très énergique.

Si maintenant il est bien démontré que, par l'emploi de la chaleur seule, les moûts ne sauraient abandonner toutes les impuretés qu'ils renferment et encore moins se débarrasser des acides que nous avons nommés précédemment, ainsi que des divers sels qu'ils renferment toujours, on comprendra combien il serait utile de s'attaquer directement à eux, d'aller chercher dans les moûts ceux qui échappent à la matérialité de nos sens, si nous pouvons nous exprimer ainsi, mais qui n'y existent pas moins pourtant à l'état de dissolution, c'est-à-dire à l'état où se trouve le sucre dans le verre d'eau où on l'a plongé.

Voyons donc par quels moyens on pourrait y parvenir.

Depuis longtemps nous avions été frappé de la similitude qui existe entre la nature chimique des infusions et des moûts du brasseur et celle des sirops provenant de l'expression de la betterave après son râpage ; toutefois l'analogie ne s'arrêtait pas là, car l'odeur développée par l'un et l'autre des liquides sucrés que nous venons de nommer, la manière dont ils se comportent sous l'influence de la chaleur, les différents caractères qu'ils présentent dans chacune des manipulations qu'on leur fait subir, tout, en un mot, concourait à nous faire établir un rapprochement qui, comme on va le voir, ne manque pas de quelque vérité.

Dans la fabrication des sucres, après avoir préalablement divisé la betterave par l'action de la râpe pour en extraire la plus grande quantité possible de jus, on introduit celui-ci dans une chaudière pour le clarifier, pour séparer en même temps toute l'albumine, le ligneux, le mucilage qu'il renferme, et aussi pour détruire et séparer les divers acides et les divers sels qui l'accompagnent toujours.

En rapprochant la composition des infusions, que nous avons donnée précédemment, de celle que nous venons d'indiquer sommairement, nos lecteurs seront quelque peu surpris de leur identité, que nous tenons à bien constater, car elle doit les engager à observer attentivement une question qui nous paraît mériter un certain intérêt.

Dans la fabrication des sucres et notamment des sucres de betteraves, la *séparation des écumes* et la *neutralisation des acides* que contiennent les sirops s'opère à l'aide de la chaux, avec un succès que l'expérience est venue sanctionner depuis près d'un demi-siècle. On voudra bien nous permettre sans doute de dire quelques mots de cette opération, afin de montrer combien est grande la ressemblance que nous tenons surtout à établir sans conteste, et combien aussi la chaleur seule est impuissante dans des opérations de cette nature.

Le traitement des jus de betterave par la chaux a reçu le nom de *défécation;* voici comment elle s'opère[1] : Aussitôt après l'expression de la betterave râpée, les jus, complétement troubles alors, sont portés dans une chaudière à *déféquer;* on élève rapidement leur température jusqu'à + 65° et quelquefois + 70°. A mesure que

(1) Nous avons eu occasion de dire précédemment que nous avions fait une école d'application pratique, dans l'une des plus belles et des plus riches fabriques de sucre de la Picardie ; c'est là que nous avons pratiqué, personnellement, l'opération que nous allons décrire. Nous l'avons faite sur une très grande échelle, c'est-à-dire dans un établissement de premier ordre, dans une usine que nous pourrions citer comme modèle, tant sous le rapport de l'ordre, de la discipline, de la sévère propreté, de la qualité des produits, et surtout de leur rare beauté, que sous celui de l'intelligente administration de ses propriétaires, MM. *Gérault-Rousselle* et *Bernot*, de Ham. Nos rapports avec ces messieurs nous ont laissé de trop agréables souvenirs pour que nous ne nous empressions pas de consigner ici l'expression de notre profonde gratitude.

cette température s'élève, apparaît à la surface du liquide une espèce de vase très divisée et sans cohésion : au bout de quelques instants, chacune des parties qui constituent ce réseau écumeux perd de son inconsistance première ; bientôt elles s'agglutinent entre elles, s'accrochent, se soudent intimement et offrent à l'œil l'aspect d'un tout compacte et assez dur pour ne se séparer que difficilement. La couleur grise de cette vase et tous les caractères qui la distinguent rappellent exactement les écumes boueuses qui se rassemblent au-dessus du liquide, quand nous mettons, par exemple, le produit d'une première infusion en ébullition, après avoir fait la *trempe préparatoire à froid.*

Dans cet état, les jus de betterave, quoique beaucoup plus limpides que précédemment, ne sont pas encore arrivés à une pureté assez satisfaisante ; aussi lorsqu'ils ont atteint une température maximum de + 70°, on y verse un lait de chaux préalablement disposé, on brasse le tout pour en faire un mélange intime ; et pour tempérer l'action du foyer afin que la combinaison puisse s'opérer plus efficacement, on couvre le feu avec des cendres mouillées, ou bien on ferme le robinet de vapeur, selon que l'on opère à l'aide de cette dernière ou à feu nu ; puis on élève toujours la température, mais d'une manière lente et continue. C'est alors que toutes les matières étrangères flottantes dans les jus se rassemblent de nouveau à la surface du liquide, se pelotonnent et offrent surtout les caractères que nous avons décrits précédemment. A la première apparence d'ébullition on retire vivement le feu, ou on referme promptement le robinet qui distribue la vapeur dans le fond de la chaudière.

Il est difficile de préciser d'une manière mathématique la quantité de chaux à employer dans cette opération, car les dosages auxquels on a recours sont eux-mêmes subordonnés à diverses causes et à diverses circonstances difficilement appréciables ; aussi une longue habitude est-elle indispensable pour déterminer avec succès le rapport dans lequel il convient de faire usage de la chaux, pour neutraliser la présence des acides, de manière à ce que les sirops n'en contiennent plus après l'opération. En effet, les résultats peuvent varier suivant la qualité de la chaux, la nature et l'âge des betteraves, l'espèce à laquelle elles appartiennent, le sol qui les a produites, leur maturité, la nature des engrais, le genre de culture auquel elles ont été soumises, enfin l'époque où on opère, et souvent même l'état de l'atmosphère. Cependant les quantités de chaux que l'on emploie ordinairement ne varient guère que de 2 à 12 p. 1000 du poids des jus, mais toujours en tenant un compte exact de leur qualité.

Si l'opération a été habilement conduite, on le reconnaît ordinairement à des signes caractéristiques auxquels les ouvriers déféqueurs ne se trompent jamais ; ces signes sont les suivants : 1° une odeur d'ammoniaque (alcali volatil) assez intense ; 2° une séparation tranchée, ou crevasses au milieu des écumes surnageantes à l'approche de l'ébullition ; 3° des flocons nageant dans un suc absolument limpide et facile à observer, principalement dans une cuiller de métal à surface brillante ; 4° une pellicule irisée qui se produit aussitôt qu'on souffle à la surface du liquide ; 5° une écume épaisse et boueuse, d'un vert sale foncé, d'autant plus abondante et plus ferme que l'opération a mieux réussi ; 6° enfin des sirops d'une transparence ou plutôt d'une limpidité extraordinaire.

C'est quand ce dernier indice s'est *manifesté* d'une manière satisfaisante que l'ouvrier déféqueur laisse écouler le liquide clair, en lui donnant issue par le robinet placé à la base de la chaudière ; il sépare ensuite les écumes pour en extraire le jus qu'elles renferment ; les résidus répandus sur les terres fournissent un engrais précieux et des plus fertilisants.

Dans la fabrication des sucres il est extrêmement important de séparer des jus provenant de l'expression de la betterave les acides, les sels et tous les corps étrangers qui pourraient entraver la marche des opérations suivantes, ou nuire à la qualité des sirops en provoquant leur altération ; c'est dans ce but que tous sont éliminés par la défécation. Il était difficile d'imaginer un moyen plus simple, plus rationnel, plus efficace et moins dispendieux tout à la fois. L'habitude de cette opération est si familière *aux ouvriers* déféqueurs que si, après la défécation, on soumet ces sirops à l'analyse, on trouve que toutes les matières étrangères ont disparu, qu'elles ont formé une véritable combinaison avec la chaux et que celle-ci a été entraînée avec les écumes.

C'est là sans contredit l'une des applications les plus positives que les sciences chimiques *aient* fournies à la fabrication des sucres, puisque les sucres eux-mêmes ne contiennent pas le moindre atome de chaux lorsqu'ils sont livrés à la consommation.

Maintenant, que nos lecteurs veuillent bien comparer la composition chimique de nos moûts et celle des jus de betteraves, et rapprocher la défécation de la coagulation du gluten, telles que nous les avons expliquées, et ils verront qu'entre les deux descriptions il y a similitude complète, moins toutefois l'odeur d'ammoniaque dont nous avons parlé dans la défécation. Mais il faut observer aussi que si, dans la coagulation du gluten par le feu et telle que nous la pratiquons, il ne se développe pas de gaz ammoniacaux, cela tient exclusivement à ce que nous ne mettons pas la chaux en présence de nos écumes. Pour se bien convaincre que c'est là la cause de cette légère différence, il suffit de prendre une fraction des écumes, que dans quelques brasseries on nomme *moines*, *marrons*, *mucilages*, et de les triturer dans un mortier avec environ la moitié de leur poids de chaux vive pulvérisée, pour qu'à l'instant même il se dégage une odeur d'ammoniaque (alcali volatil) des plus prononcées [1]. En procédant ainsi, nous nous serons donc placé exactement dans les conditions de la défécation; alors aussi nous constaterons les mêmes résultats, car nous défions qu'on nous conteste l'analogie qui existe entre les deux opérations que nous venons de décrire successivement.

(1) Cette expérience très simple est des plus concluantes; nous engageons vivement nos lecteurs à la répéter après nous, car nous la croyons de nature à les éclairer sur la question qui nous occupe.

Si une expérience de près de cinquante années est venue prononcer en faveur de cette application, si cette sanction éminemment pratique et concluante nous oblige à en reconnaître l'utilité, ou plutôt la nécessité, sur des sirops de betteraves complétement identiques pour nous aux sirops que produisent les infusions de malt, nous sommes naturellement amené à demander pourquoi la mesure serait bonne dans un cas et non dans l'autre, alors qu'il y a identité absolue entre les deux opérations, lorsqu'on les place dans des conditions égales? D'ailleurs, nous pouvons le déclarer, nous nous sommes trouvé sur ce point en parfaite harmonie d'opinions avec plusieurs de nos confrères, et particulièrement avec un jeune brasseur du département de l'Aisne, M. Coutant, l'un des praticiens les plus éclairés que nous ayons rencontrés jusqu'ici.

Si nous croyons qu'il n'est pas nécessaire d'insister davantage sur ce sujet, nous pensons toutefois qu'il ne sera pas hors de propos de présenter ici l'opinion de quelques chimistes distingués qui ont étudié la défécation avec succès. « Dans la fabrication des sucres de betteraves, dit M. Dumas (*Chimie appliquée aux arts*, t. VI, p. 476), la chaux sature les acides malique, pectique etc.; elle s'unit à l'albumine végétale et aide à sa coagulation; elle décompose les sels ammoniacaux et dégage l'ammoniaque.

« Toutes les substances rendues insolubles par la chaux ou la chaleur forment un vaste réseau répandu dans tout le jus et entraînent en écume les matières étrangères.

« Enfin, la chaux forme avec le sucre une véritable combinaison, dont la formation contribue peut-être à la séparation facile du sucre et des matières étrangères. »

Pourquoi ne dirions-nous pas : dans la fabrication de la bière, la chaux saturerait l'acide acétique développé dans le malt à l'époque de la *germination* ou pendant les infusions ; en même temps, elle formerait une combinaison nouvelle avec l'acide lactique provenant de l'altération du malt dans une atmosphère humide, ou encore de la décomposition des infusions et des moûts par leur contact avec l'air? La chaux s'unissant à l'albumine végétale aiderait à sa coagulation aussi bien qu'à la coagulation du gluten; là aussi, elle décomposerait les sels ammoniacaux contenus dans les moûts; elle développerait également le gaz ammoniaque, ainsi que nous l'avons prouvé il y a quelques instants. Enfin, la chaux, formant une véritable combinaison avec chacune de ces substances, contribuerait certainement à la séparation de *tous* les corps étrangers et de *toutes* les impuretés que renferment les infusions et les moûts. Pour finir, nous ajouterons : si d'une part on a isolé complétement le gluten, si d'une autre on a détruit les acides organiques qui peuvent le dissoudre et lui communiquer l'aspect glaireux que nous lui connaissons, on aura certainement fait disparaître par ce moyen, et d'un seul coup, toutes les causes qui peuvent déterminer la formation de la *graisse*.

Nous n'espérons pas que ce que nous venons de dire fasse adopter unanimement cette méthode ; mais nous ne doutons pas davantage que quelques-uns des praticiens les plus intelligents, parmi ceux auxquels nous nous adressons, ne prennent l'initiative et ne tentent des applications dans ce sens; dans tous les cas, nous ne saurions leur recommander une trop grande réserve relativement aux quantités de chaux à employer, tout en procédant, pour la préparation du malt, comme nous l'avons expliqué en parlant de la dessiccation. Ce qui importe essentiellement, c'est de n'opérer d'abord que sur de minimes quantités de liquides, de se placer toujours dans des conditions égales, eu égard à la qualité des matières employées, afin que si les résultats varient, on puisse facilement constater que cela tient aux changements apportés dans les quantités dont on a fait usage.

C'est pour nous une affaire de confiance de recommander toujours et dans tout état de cause la plus sévère circonspection dans les applications nouvelles. Les circonstances ne nous ont permis de faire l'application dont il vient d'être parlé qu'une seule fois; bien que nous ayons obtenu d'aussi bons résultats qu'il est possible de l'espérer quand on en est à une première application, nous ne nous croyons cependant pas autorisé à résoudre la question autrement que par les inductions qui précèdent. Toutefois, nous sommes bien convaincu qu'elle n'en restera pas là; elle aura une solution dans un avenir plus ou moins rapproché; c'est parce que, pour notre compte, nous la croyons appelée à rendre de grands services, que nous n'avons pas hésité à en poser les principes fondamentaux, en attendant la sanction d'une expérience pratique.

§ 5. Densité des infusions et des moûts. Moyens propres à déterminer la quantité de sucre qu'ils renferment.

Parmi les moyens mis en usage jusqu'ici pour apprécier la qualité relative des moûts, le plus répandu consiste à introduire les liquides sucrés dans une éprouvette à pied (*fig.* 49, *page* 50), et à y plonger un petit appareil fort ingénieux, connu dans les arts sous les noms de *pèse-moûts*, *pèse-acides*, *pèse-sirops*, *pèse-bières*, etc., etc., mais que nous appellerons *aréomètre*, *de Beaumé* (*fig.* 77) du nom de son inventeur, que cette dénomination a au moins le mérite de tirer de l'oubli où le laissent les précédentes.

Employé comme il l'est ordinairement, l'aréomètre de Beaumé ne donne que des indications vagues ou au moins des appréciations incomplètes, qui n'ont de valeur que relativement les unes aux autres. En effet, on dit : le brassin d'hier pesait 6°, celui d'aujourd'hui en pèse 8. Il y a bien là un point de comparaison, mais il s'arrête au rapport qu'on peut établir entre six et huit ; car quelle est la valeur intrinsèque de ces chiffres? aussi sommes-nous obligé de reconnaître qu'il n'y a là rien de satisfaisant pour l'homme intelligent qui veut se rendre un compte exact de la valeur réelle qu'ils représentent ; en d'autres termes, quelle quantité de matière sucrée représente la différence qui existe entre eux.

Figure 77.

Néanmoins, comme nous allons le voir, ce défaut n'est pas inhérent à l'appareil lui-même ; il tient au mauvais emploi qu'on en fait journellement; car à l'aide d'une éprouvette à pied et d'un aréomètre, on peut déterminer immédiatement la quantité réelle de sucre que contiennent les moûts.

Plusieurs manières d'opérer ont été indiquées pour atteindre ce but; mais comme toutes, ou au moins celles susceptibles de fournir des indications mathématiques, offrent des difficultés pratiques qui pourraient en rendre l'emploi d'un usage peu commode, nous nous contenterons de donner ici le procédé le plus simple, le plus exact, celui à l'aide duquel chacun pourra, sur les seules indications d'un aréomètre, arriver au but qui fait l'objet de nos recherches.

Pour cela, nous avons besoin du tableau suivant dont nous allons expliquer le mécanisme [1]. Nous prions instamment nos lecteurs de l'examiner avec une sérieuse attention, car nous sommes convaincu qu'il leur sera dans l'avenir de la plus grande utilité.

Supposons qu'il s'agisse de constater tout à la fois la densité d'une infusion d'orge, le poids que représente un hectolitre de cette infusion, et la quantité exacte de sucre que contient cet hectolitre: il faut d'abord laisser le liquide à vérifier se refroidir suffisamment pour que le gluten, ou les écumes, ou le mucilage, si l'on

(1) Comme il importe essentiellement de constater la température d'un liquide dont on prend la densité, nous dirons que dans cette table la température des moûts était de + 12°,5 centigrades, ou + 10° Réaumur. Si l'on est forcé de procéder ainsi, c'est parce que le poids de l'eau a dû servir d'unité pondérale, et que c'est à cette température seulement que sa densité égale 1,000.

veut, se précipite au fond du vase; on filtre pour l'en séparer, et le moût, alors limpide, est ramené à la température de + 12°, 5 par l'application de la chaleur s'il est trop refroidi, ou par le refroidissement, s'il est à un degré supérieur. Alors on plonge l'aréomètre dans l'éprouvette à pied contenant le moût; si l'aréomètre, s'abaissant dans le liquide, s'arrête au degré 8, par exemple, on voit par le tableau suivant que la

Degrés à l'aréomètre.	Densité correspondante.	Poids d'un hectolitre de moût.	Quantité réelle de sucre que contient un hectolitre.
		kil. gr.	kil. gr.
1	1,008	100,800	1,128
2	1,015	101,500	4,000
3	1,022	102,200	5,856
4	1,029	102,900	7,728
5	1,036	103,600	9,600
6	1,043	104,300	11,456
7	1,051	105,100	13,600
8	1,059	105,900	15,728
9	1,067	106,700	17,856
10	1,075	107,500	20,000
11	1,083	108,300	22,128
12	1,091	109,100	24,256
13	1,099	109,900	26,400
14	1,107	110,700	28,528
15	1,116	111,600	30,928
16	1,125	112,500	33,328
17	1,134	113,400	35,728
18	1,143	114,300	38,128
19	1,152	115,200	40,528
20	1,161	116,100	42,028

densité correspondante à 8° est 1,059; pour obtenir le poids d'un hectolitre, il suffit d'ajouter à ce premier produit deux zéros et de séparer les trois derniers chiffres par une virgule; on a alors 105k,900, représentant exactement le poids de cet hectolitre (3e colonne); ce qui donne 1,059 grammes pour un litre, ou, si l'o aime mieux, 1 kilogramme 59 grammes. Quant à la quantité réelle de sucre contenue dans un hectolitre, on voit dans la quatrième colonne qu'à 8° elle est de 15k,728.

Rien n'est plus facile que de se rendre compte, par ce procédé, d'une manière exacte, de la proportion de principes sucrés développés par la germination dans une quantité indéterminée de malt, et du prix de revient de ce même sucre. Reprenons les chiffres de notre premier exemple. Si, pour obtenir des moûts d'une densité de 1,059, c'est-à-dire pesant 8° à l'aréomètre et contenant par conséquent 15k,728 de sucre par hectolitre, il a fallu employer 25 kilogrammes de malt, 100 kilogr. de ce même malt produiront 62k,912 de sucre. En supposant que les 100 kilogrammes de malt aient coûté 20 francs, cette même somme représentera le coût des 62k,92 de sucre qu'ils contiennent, ce qui établit le prix du kilogramme à 32 centimes.

En présence de pareils résultats, comment contester l'utilité du concours des sciences positives dans les questions d'application pratique? Armé de ces données, nous avons pu, à l'aide de deux tubes de verre et de quelques chiffres, déterminer mathématiquement la qualité des moûts et celle du malt, en indiquant les quantités de sucre que renferment l'un et l'autre.

Ce n'est pas tout pourtant; nous venons d'opérer sur des liquides d'une densité peu élevée; occupons-nous de ceux qui sont d'une densité considérable.

La résistance qu'un sirop trop concentré oppose au mouvement descendant d'un aréomètre est quelquefois un obstacle lorsqu'il s'agit de bien déterminer la qualité de ce sirop. Supposons donc qu'il en soit ainsi, et voyons comment il convient d'opérer pour obtenir des indications exactes. On prend un volume indéterminé de sirop, soit 1, 2 ou 3 décilitres; on y ajoute une quantité égale d'eau et on mêle exactement. (L'eau de pluie filtrée étant celle dont la densité se rapproche le plus de l'eau distillée, il faut lui donner la préférence.) On plonge alors l'aréomètre dans ce nouveau liquide, et on observe à quel degré il se tient en équilibre, au niveau de la liqueur, bien entendu. Supposons qu'il marque 20°; en consultant le tableau qui suit,

Degrés à l'aréomètre.	Densité correspondante.	Degrés à l'aréomètre.	Densité correspondante.
20	1,161	35	1,320
21	1,170	36	1,332
22	1,180	37	1,345
23	1,190	38	1,358
24	1,200	39	1,371
25	1,210	40	1,384
26	1,220	41	1,397
27	1,230	42	1,410
28	1,241	43	1,424
29	1,252	44	1,438
30	1,263	45	1,453
31	1,274	46	1,468
32	1,285	47	1,483
33	1,296	48	1,498
34	1,308	49	1,514

on trouve pour densité correspondante 1161; si maintenant on retranche le premier chiffre à gauche et si on multiplie par 2 les trois chiffres qui restent, on a $161 \times 2 = 322$. Pour avoir la densité du sirop à éprouver, il suffit de faire précéder ces chiffres de celui qu'on a retranché, ce qui donne par conséquent 1,322. Pour savoir à quel degré de l'aréomètre correspond cette densité, il n'y a plus qu'à chercher dans la table les chiffres qui se rapprochent le plus de ceux-ci. Dans l'exemple que nous avons pris, c'est 1,320 ; d'où l'on peut conclure que le sirop pèse un peu plus de 35°.

Les bases du calcul que nous venons d'indiquer reposent sur l'équation suivante, due à M. *Dubrunfaut*, au moyen de laquelle on peut toujours, en volume et en poids, établir la quantité de sucre renfermée dans un moût quelconque. «La *densité* d'un moût diminuée « du nombre 1,000, et le reste multiplié par 1,000, « puis divisé par 1,600, densité du sucre solide dimi- « nuée de 1,000, exprime la quantité réelle de sucre « en volume contenue dans un moût.»

Nous avons pris pour exemple un moût pesant 20° à l'aréomètre de Beaumé ; sa densité est donc 1,161 ; si nous retranchons de ce produit le nombre 1,000, il reste 161, qui, multiplié par 1,000, donne 161,000. Il faut maintenant diviser ce chiffre par 1,600, densité du sucre anhydre, moins 1,000, c'est-à-dire par 600 ; le quotient 26,830 exprimera le nombre de *centimètres* cubes de sucre renfermés dans un *litre* de moût marquant 20° à la température de +12°,5, ou, si l'on veut, la quantité de *décimètres* cubes que contient un *hectolitre*.

Maintenant que nous avons la quantité de sucre réelle en volume, voulons-nous l'avoir en poids ? rien n'est plus simple : multiplions 26,830, chiffres que nous venons d'obtenir, par 1, 6, représentant le poids de 1 centimètre cube de sucre solide, celui de l'eau étant pris pour unité; nous aurons alors 42,928, indiquant que dans chaque litre (ou 1,000 centimètres cubes) de moût pesant 20° à la température de + 12°,5, il y a 42gr.,928 de sucre sec ou 42k,928 par hectolitre, ainsi qu'on peut le vérifier sur le premier tableau.

En voyant comment, à l'aide de quelques chiffres, on arrive à de pareils résultats, il est difficile de ne pas céder à un sentiment d'admiration pour les sciences mathématiques, et nous sommes certain qu'un grand nombre de nos lecteurs éprouveront ce sentiment autant que nous.

Nous avons souvent entendu dire : C'est étonnant! nous employons toujours les mêmes quantités de malt dans des conditions à peu près identiques, et nous n'obtenons jamais les mêmes résultats. A cela nous répondrons : Comment vous serait-il possible d'obtenir des résultats identiques, quand la plupart du temps vous ne tenez compte ni des irrégularités que l'état de l'atmosphère a pu occasionner dans la *germination* du grain, ni de la vieillesse du malt, etc., toutes circonstances qui influent nécessairement sur la quantité des principes sucrés que celui-ci renferme? Il faudrait, pour qu'il en fût autrement, que chaque fois que vous voulez employer le *malt* à la fabrication, vous eussiez recours aux moyens que nous venons d'indiquer afin de constater sa richesse d'une manière certaine, et par conséquent la quantité réelle de principes sucrés qu'il pourra produire par les infusions. De cette façon, il vous serait facile d'augmenter ou diminuer les quantités nécessaires à chaque brassin, et dès lors il est constant que, opérant toujours *sur la même proportion de matière sucrée*, vous obtiendriez aussi, après la fermentation, une égale quantité d'alcool, si, pour le reste des opérations, vous vous êtes placé dans des conditions analogues.

Nous savons bien qu'en général la quantité de *malt* à employer augmente en raison de *son état de vieillesse*; mais il n'existe pas de données certaines à ce sujet: on agit par approximation. Or, il nous paraît impossible d'arriver à des résultats satisfaisants, si on ne procède régulièrement, si on ne tient par conséquent un compte exact de tous les éléments nécessaires pour atteindre ce but.

Et qu'on ne vienne pas nous dire que c'est là de la théorie; c'est au contraire, ce nous semble, une question éminemment pratique; car ces applications sont à la portée de tout le monde, et leur principal but est de déterminer, dans l'intérêt de tous les producteurs, la *somme* de produits utiles renfermée dans les matières premières qu'ils emploient à leur fabrication.

Maintenant que nos moûts sont en ébullition, nous allons, dans une partie complémentaire, pour reposer un peu l'attention du lecteur, nous occuper de quelques questions de second ordre. Nous étudierons la fabrication du rouge végétal et celle du glucose ou sucre de fécule; ensuite viendra la construction des chaudières; enfin le houblon et son principe extractif termineront cette partie de notre ouvrage. Nous reviendrons après cela à la cuisson proprement dite et à la coction du houblon.

Section XII. — Coloration, matières colorantes.

§ 1. Fabrication du rouge végétal [1].

Le *rouge végétal* est un produit de l'art, résultant de la décomposition du glucose par le feu. Il se présente dans le commerce sous la forme d'une matière colorante liquide, d'une richesse et d'une pureté vraiment remarquables. Sa couleur est celle du rouge purpurin très foncé, rappelant un peu la dissolution *concentrée* d'iode dans l'alcool.

Son emploi n'a d'autre but que de remplacer le *caramel* dans la *coloration de la bière*.

Le rouge végétal se distingue principalement du caramel en ce qu'il possède toutes ses qualités sans avoir aucun de ses nombreux défauts. Il est par conséquent très soluble dans l'eau, c'est-à-dire en toutes propor-

(1) Le *rouge végétal* est un produit que nous avons eu le malheur d'inventer dix ans trop tard et après coup, c'est-à-dire qu'il existait bien avant nos recherches et sans que nous nous doutassions le moins du monde que le nôtre fût identique à celui qui paraît être originaire de Strasbourg. C'est donc au profit de cette dernière ville que nous revendiquons l'honneur de la découverte, puisque nous ne savons quel est celui de ses habitants qui a droit à la priorité de l'invention. Quoi qu'il en soit, nous le découvrîmes une seconde fois, le 25 décembre 1844; en foi de quoi M. le ministre de l'agriculture et du commerce nous a délivré, moyennant 100 francs bien entendu, un brevêt d'invention à la date du 8 février 1845. Jusque-là, le procédé avait été tenu mystérieusement secret; mais depuis, il est arrivé beaucoup d'inventeurs *de contrebande;* ces messieurs, nous l'espérons, voudront bien nous permettre de communiquer leur *secret* à nos lecteurs.

tions ; sa dissolution ne laisse aucune espèce de trouble ni dépôt, quelle que soit la manière dont on l'emploie à la coloration de la bière ; en un mot, il ne gêne en rien et dans aucun cas la transparence et la limpidité des produits. Sa propriété la plus extraordinaire, si l'on veut bien nous passer ce mot, est de ne communiquer, même à l'eau la plus pure, aucune espèce d'odeur ni de saveur ; cette propriété le rend d'autant plus précieux que, dans aucune circonstance, il ne peut couvrir, même légèrement, l'odeur ou plutôt le bouquet si délicat des houblons fins, comme le fait ordinairement le *caramel* dans les *bières* dites *de garde*.

Ce qui nous fait surtout souhaiter ardemment l'application générale du rouge végétal comme agent de coloration, c'est qu'il n'a aucune espèce d'action sur l'économie animale et qu'il peut être ingéré à de hautes doses, sans déterminer le moindre accident[1].

Ce n'est donc pas sans des motifs très raisonnables que nous réclamons pour le rouge végétal les lettres de naturalisation auxquelles il a droit à plus d'un titre ; de plus, son emploi n'entraîne véritablement à aucun frais, ainsi que nous le prouverons dans quelques instants.

Pour indiquer comment on l'obtient, nous nous contenterons de copier textuellement la description annexée à feu notre brevet du 8 février 1845, sauf à entrer ensuite dans quelques considérations qui auront aussi leur importance au point de vue pratique.

(1) Nous en avons pris d'assez grandes quantités, et jamais nous n'en avons ressenti d'effets fâcheux.

Description de la fabrication du rouge végétal.

« Le procédé de fabrication consiste : 1° à opérer, à l'aide de la chaleur, la *caramélisation du glucose* ou sucre d'amidon jusqu'au moment où, projeté dans l'eau, il se prend en une masse spongieuse, friable, transparente et de couleur purpurine très foncée. L'opération n'est véritablement complète que quand toute la masse offre, après sa projection dans l'eau, l'apparence d'une éponge solide, ayant les propriétés physiques énoncées plus haut.

« 2° Après cette opération, on procède à la dissolution du produit obtenu, à l'aide de l'eau et de la chaleur : puis on l'additionne d'une nouvelle quantité d'eau, ou bien on le concentre davantage, selon qu'il doit être plus ou moins chargé de matière colorante.

« On filtre le tout, afin que les impuretés qui pourraient s'y rencontrer en soient séparées. Dans cet état, il peut être employé indistinctement à la coloration des cidres et des bières.

Observations génériques sur les principaux caractères du rouge végétal.

« Le rouge végétal est insoluble dans l'alcool absolu, très soluble dans l'eau et par conséquent impropre à la coloration des alcools purs de toute addition d'eau.

« Sa dissolution dans l'eau produit une couleur jaune, pouvant tourner sensiblement au rouge, selon que la quantité employée est plus ou moins abondante.

« Le rouge végétal peut colorer l'eau distillée au point de la bière brune, sans que le dégustateur le plus exercé puisse établir la moindre différence entre celle dernière eau et la même laissée dans son état normal.

« Les caramels de sucres cristallisables ou incristallisables attestent toujours une odeur et une saveur empyreumatiques des plus nauséabondes; le rouge végétal n'en accuse aucune. »

Afin d'être plus explicite, nous dirons que, pour cette opération, il convient d'employer une chaudière de fonte dont la capacité soit de trois à quatre fois plus grande que la quantité de liqueur à préparer, par exemple une chaudière de trois à quatre hectolitres pour un hectolitre de rouge végétal. Il faut en outre que la chaudière soit disposée de telle façon que toutes les vapeurs empyreumatiques provenant de la décomposition du glucose puissent être portées au dehors par une cheminée qui les attire à mesure qu'elles se produisent, car elles provoqueraient un larmoiement très pénible qui finirait d'ailleurs par fatiguer la vue. D'un autre côté, lorsque ces vapeurs sont trop abondantes, elles rendent la respiration très difficile, et leur action nous a paru agir défavorablement sur les organes respiratoires.

C'est parce que nous considérons comme un devoir pour tous les chefs d'usine de mettre leurs subordonnés à l'abri de pareilles incommodités, et afin qu'on ne puisse désormais prétexter d'ignorance, que nous donnons (*fig.* 78) les détails de la construction qu'il est indispensable d'adopter. A est la chaudière et son massif; B, la hotte en zinc destinée à recevoir les vapeurs; C, la cheminée même de la chaudière qui doit porter toutes les vapeurs et les produits de la combustion en dehors de l'usine. A cet effet, le tuyau D de la hotte se prolonge dans l'intérieur de la cheminée C.

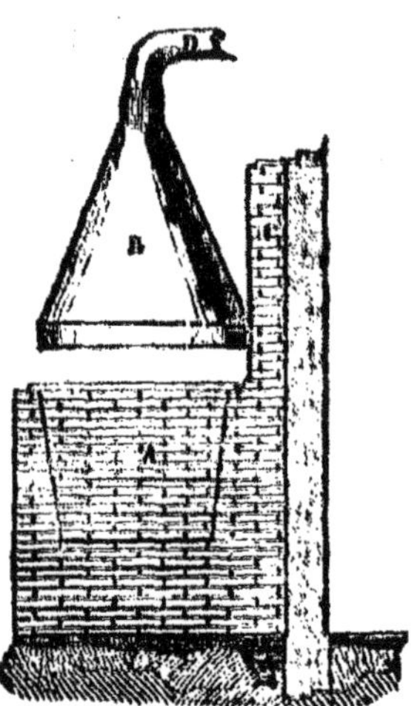

Figure 78.

A défaut de cette disposition, mais pour de minimes quantités à préparer, on peut s'en tenir à l'emploi du classique chaudron et opérer sous une cheminée ordinaire.

Dans tout état de cause, il est évident que la quantité de glucose à employer est subordonnée à l'état de concentration dans lequel on veut obtenir le rouge végétal. Pour celui qu'on livre au commerce, on ne peut guère employer moins de 500 grammes pour un litre de liqueur fabriquée, soit 50 kilogrammes par hectolitre; mais pour celui qu'on ne fabrique que pour sa consommation, il suffit de 378 grammes par litre, soit 37 kilogrammes 800 par hectolitre.

Sitôt que le glucose est introduit dans la chaudière, il se fond à la manière du beurre et abandonne bientôt une portion d'eau ; lorsqu'il est en ébullition, il devient mousseux par suite d'un nombre infini de petites bulles de vapeurs qui se succèdent et viennent crever à sa surface ; alors il augmente de volume dans un rapport considérable, et quelquefois au point de déborder la chaudière qui le contient. Cette circonstance est même devenue un sujet de désespoir pour les *inventeurs* qui nous ont succédé ; le moyen le plus efficace de s'opposer à l'invasion ascendante du glucose, quand il est en ébullition, consiste simplement à y projeter une minime quantité d'un corps gras quelconque, axonge, suif, huile, beurre, etc., peu importe. Point n'est besoin de dire que c'est à ce dernier que nous donnons la préférence. Quant à la proportion qu'il convient d'employer, quelques grammes suffisent pour agir très énergiquement sur au moins 400 kilogrammes de glucose. A mesure que l'opération avance, la masse se colore davantage et dégage, vers la fin, des vapeurs rutilantes dont l'odeur est, comme nous l'avons déjà dit, des plus pénétrantes et des plus incommodes.

Lorsque la caramélisation touche à son terme, la masse se boursoufle de tous côtés et présente à sa surface une matière pâteuse et grasse qui se soulève sous l'action des vapeurs et se crève pour livrer passage à celles-ci ; alors il est essentiel d'agiter en tous sens au moyen d'un râble, afin d'obliger cette espèce de pâte à occuper la partie inférieure de la chaudière; en même temps il convient de modérer l'action du foyer; quelques instants plus tard il devient presque impossible de faire mouvoir le râble dans ce nouveau produit, tant est grande la résistance qu'il offre vers la fin de l'opération. Pour s'assurer alors de l'état du produit, il faut en détacher une petite partie du sein même de la masse et la plonger de suite dans l'eau; si la caramélisation est complète, la matière obtenue doit prendre la forme d'une éponge solide, très cassante sous les doigts, se dissolvant immédiatement dans l'eau et n'offrant plus au palais aucun des caractères des matières sucrées. C'est dans ce moment qu'il convient de faire arriver la quantité d'eau nécessaire pour opérer la dissolution de la masse; car si l'opération était poussée trop loin, on risquerait de n'obtenir qu'un charbon insoluble et qui ne produirait que peu ou point de matière colorante.

Nous avons dit que l'emploi du rouge végétal n'entraînait aucune dépense; en voici la preuve: il faut, pour fabriquer un hectolitre, 37k,500 de glucose qui, au prix de 50 fr. les 100 kilogrammes, représentent une valeur de 18 fr. 75 c. Il est évident que, dans l'emploi, un litre de rouge végétal déplacera toujours un litre de bière; or, le prix moyen des bières en France nous paraît être d'environ 18 fr. l'hectolitre; par conséquent si un hectolitre de rouge végétal, qui coûte 18 fr., déplace un volume de bière égal au sien, et que l'hectolitre de cette dernière coûte également 18 fr., il est évident que le rouge végétal ne coûte plus rien. Quant à la dépense de combustible nécessaire pour la fabrication du rouge végétal, elle est tellement insignifiante, que nous n'avons pas cru devoir en tenir compte.

Par toutes ces raisons, nous sommes fermement convaincu que nous aurons rendu un grand service à tous nos lecteurs en même temps qu'à la grande majorité des consommateurs en faisant connaître le procédé de fabrication du rouge végétal. De plus, comme nous le verrons en parlant de la *cuisson*, la *coloration par le feu* présente quelques inconvénients dont les conséquences rejaillissent toujours sur la qualité des *houblons* et sur celle des *moûts*, et par conséquent sur l'ensemble des produits fabriqués.

Paris, qui employait autrefois de 75 à 100,000 kilogrammes de caramel pour la coloration de ses bières, peut y trouver désormais une économie de 22,500 fr. par année, en prenant seulement le chiffre de 75,000 kilogrammes et en le cotant au plus bas prix, c'est-à-dire à 30 fr. les 100 kilogrammes. Supposons maintenant que le reste de la France en emploie quatre fois autant que Paris, ce que personne ne songera à nous contester assurément, nous aurons alors pour la France entière une économie annuelle de 100,000 fr. au moins, et nous ne comptons pas le parti qu'on en pourra tirer pour la *coloration des cidres*.

Quant aux consommateurs, ils y gagneraient non-seulement sous le rapport de la salubrité des produits, mais encore sous celui de leur saveur; car, comme nous l'avons dit, la solution du rouge végétal est complétement dépourvue de saveur; on risquera moins de couvrir l'arome si délicat du houblon, ainsi que cela arrive toujours avec le caramel de sucre par suite de l'odeur empyreumatique et nauséabonde qui le caractérise.

Le mode d'emploi du rouge végétal ne saurait être l'objet d'une description spéciale; on peut indistinctement en faire usage soit dans la chaudière, lorsque les moûts se sont suffisamment clarifiés, soit dans la cuve-guilloire avant la fermentation, soit après la fermentation et au moment d'expédier. Ce dernier moyen nous paraît mériter la préférence que nous lui avons toujours accordée, en ce sens que fort souvent le point de coloration à obtenir ne dépend ni du brasseur, ni de la volonté même du consommateur, mais bien de la plus ou moins grande quantité d'eau qu'il plaît au débitant d'ajouter frauduleusement à sa bière; dans ce cas, ce n'est pas le brassin tout entier qui a besoin d'être coloré fortement, mais seulement les fûts de bière destinés à messieurs tels et tels, brasseurs non patentés, qui pourraient bien n'avoir plus d'oreilles si nous leur en avions coupé un millimètre chaque fois que nous les avons pris *flagrante delicto*.

Parmi les *faiseurs* qui dans ces derniers temps ont exploité la fabrication du rouge végétal, il en est qui l'ont déjà dénaturé avec diverses denrées dont ils ne connaissent aucune des propriétés chimiques, et cela sous prétexte de lui donner un *bon goût*. Il y a des gens qui gâtent tout ce qu'ils touchent; aussi engageons-nous vivement nos lecteurs à ne s'en rapporter qu'à eux pour cette fabrication.

§ 7. Matière colorante extraite de la chicorée.

Nous ne dirons que quelques mots de cette panacée nouvelle dont la science et la brasserie viennent d'être enrichies.

Il n'est bruit depuis quelque temps, dans un certain monde industriel, que d'un *sirop végétal très précieux* pour la fabrication de la bière, et qui, entre autres qualités vraiment surprenantes, aurait celle de pouvoir servir à la COLORISATION (*sic*) et à la *clarification de la bière*. On aperçoit du premier coup d'œil combien sont précieuses les propriétés d'une matière *colorisante*, qui ne se borne pas à *coloriser* la bière, mais qui la clarifie en même temps. Ce n'est pas tout, le BRUTOLICOLOR, car c'est son nom, n'a pas été inventé le 11 octobre 1845 pour s'arrêter en aussi bon chemin.

Le BRUTOLICOLOR donc, car nous tenons essentiellement à lui conserver ce nom par respect pour la profonde science philologique qui lui a donné naissance, le BRUTOLICOLOR, disons-nous, est né à Arras, dans une manufacture *mue par la vapeur ;* c'est là du moins l'un des nombreux titres dont on s'est servi pour le recommander spécialement à l'attention des brasseurs en général, et peut-être bien aussi du *comité des arts chimiques* dont nous avons eu à parler à propos du calorifère Chaussenot ; et, en définitive, notre supposition pourrait bien avoir quelque fondement ; car ce peut, ce doit être quelque chose d'important qu'une manufacture *mue par la vapeur :* cela annonce une entreprise gigantesque, de riches propriétaires enfin.

Quoi qu'il en soit et sans même attendre le dernier mot de M. Payen, le BRUTOLICOLOR a été lancé dans le monde brasseur qui a eu le mauvais goût de le repousser du pied. On ne peut pas être plus mal appris assurément.

Tout ce qu'on a pu dire de cette nouvelle drogue au point de vue de la clarification, est faux; tout ce qui a été dit relativement à sa propriété de faciliter la fermentation alcoolique est faux; tout ce qui a été dit ou écrit sur ses propriétés balsamiques, comparées à celles du houblon, avec lequel elle a, dit-on, *beaucoup d'analogie*, est faux. Et non-seulement tout cela est faux, c'est encore absurde et ridicule. Nous avons expérimenté directement le *brutolicolor*, et nous défions ses inventeurs, si inventeurs il y a, de prouver aucun des faits qu'ils ont avancés et que nous contestons.

Nous leur devons cependant des remerciements pour les savantes choses qu'ils ont bien voulu nous débiter sur la fabrication de la bière. N'avions-nous pas, en effet, grand besoin d'apprendre que « *la diastase est le principe sucré du malt*, que le houblon a pour objet de communiquer à la bière une saveur amère, que le sucre favorise la fermentation, que *le caramel arrête la fermentation*, etc., etc., etc. ? »

Des marchands qui se font professeurs dans des questions industrielles, qui veulent se poser en chefs d'école, et quelle école! en face des producteurs : c'est trop fort en vérité; et nous aimons peu, nous devons l'avouer, ces pédagogues qui prétendent en remontrer à des hommes qui en savent plus qu'eux et qui n'ont que faire de leur science et de leurs théories de prospectus.

Quant à l'invention en elle-même, il y a longtemps que nous savons à quoi nous en tenir sur son compte; le BRUTOLICOLOR, nous le déclarons hautement, n'est autre chose qu'une très forte *décoction de chicorée*, altérée et dénaturée nous ne savons pas trop comment. Ce qui n'est pas moins certain, c'est que la *saveur très agréable* de ce *sirop végétal très précieux* est encore plus repoussante au goût qu'à l'odorat, motifs qui paraîtront bien suffisants sans doute pour que nous le placions infiniment au-dessous du *caramel*.

Nous en sommes à regretter le temps que nous perdons à de pareilles futilités, mais nous avons promis de nous occuper de toutes les questions relatives à la brasserie qui sont à l'ordre du jour, et nous nous acquittons de notre engagement dans l'espoir que nos lecteurs sauront désormais se tenir en garde contre tous les droguistes qui se servent de la science comme d'une enseigne, pour débiter des drogues infectes ou malfaisantes dont l'emploi ne peut que perdre la brasserie de réputation, tout en nuisant à la qualité des produits et peut-être à la santé des consommateurs.

Section XIII. — Fabrication du glucose (sucre de fécule[1]).

Le glucose, c'est la manne du brasseur.

Il existe deux procédés à l'aide desquels la fécule, ou l'amidon, peut être transformée en une matière

(1) Si nous sortons un instant de notre cadre, en parlant de la fa-

mucoso-sucrée à laquelle on a donné le nom de *glucose*. Le premier consiste à faire réagir sur elle l'un des produits immédiats développés par la germination de diverses céréales, lequel a reçu la dénomination de *diastase*; c'est le procédé que nous connaissons déjà. Le second est celui que nous allons étudier, et dans lequel l'amidon subit les mêmes transformations en présence de trois agents dont l'action est simultanée, savoir : l'eau, la chaleur et l'acide sulfurique (huile de vitriol).

Avant les belles applications de la vapeur dans les arts, on employait à la fabrication du glucose des chaudières de plomb, parce que ce métal n'est que très peu ou point attaqué par l'acide sulfurique[1], et le mélange des matières s'opérait dans le rapport suivant :

Eau. . . . . 1,000 kilogram.

On les porte à l'ébullition et on ajoute :

Acide sulfurique. . . . . 15 kilogram.

Celui-ci n'est introduit que par petites parties au moment de l'ébullition. Lorsque ce premier mélange est complet, on y introduit :

Fécule brute. . . . . 500 kilogram.

brication du *glucose*, c'est uniquement pour que nos lecteurs se rendent un compte exact des deux procédés à l'aide desquels l'*amidon* ou la *fécule brute de pomme de terre*, si l'on veut, peut être converti en sucre, et pour qu'il leur soit possible de les comparer en connaissance de cause. D'ailleurs ce que nous disons ici nous sera d'un grand secours lorsque nous entrerons dans certaines considérations sur l'emploi de ce produit, au point de vue de la fabrication de la bière.

(1) C'est de cette façon que l'auteur en a fabriqué, vers 1836 ou 1837, au cours de chimie de Reims, auquel il était attaché en qualité de préparateur en chef.

Il est très important de délayer la fécule par minimes portions, dans une quantité d'eau suffisante pour en faire une bouillie très claire, qu'on ne verse dans l'eau acidulée qu'en un très petit filet et en remuant le tout constamment. Ce qui n'est pas moins essentiel, c'est d'opérer de telle sorte que l'ébullition ne s'arrête pas un seul instant.

C'est dans ces conditions que la réaction s'opère et que, sous l'influence de l'acide sulfurique, la fécule est complétement convertie en sucre après trois ou quatre heures d'ébullition. Mais comme l'acide sulfurique paraît jouer dans cette circonstance un rôle purement mécanique, il faut nécessairement s'en débarrasser et le séparer des sirops le plus complétement possible, c'est dans ce but que l'on introduit dans la chaudière du carbonate de chaux (craie), lequel, par une décomposition qu'il n'est pas besoin d'expliquer ici, se transforme en sulfate de chaux (plâtre), qui se précipite au fond des vases dans lesquels on opère.

Le plâtre n'étant autre chose qu'une combinaison d'acide sulfurique avec la chaux et étant lui-même fort peu soluble dans l'eau, il en résulte que l'acide sulfurique a presque entièrement disparu et que, pour séparer le plâtre qu'il vient de former avec la craie, il suffit d'arrêter l'ébullition pendant quelques instants et de décanter, c'est-à-dire de soutirer le liquide surnageant. Pour juger de l'état des sirops et pour se convaincre qu'ils ne contiennent plus d'acide sulfurique, on emploie, ou du moins on est censé employer dans les arts le *papier de tournesol* dont nous avons parlé en nous occupant de la germination. Celui-ci est ordinairement bleu-violet; aussitôt qu'il se trouve en présence d'un acide un peu énergique, il rougit. Si donc les sirops obtenus présentent encore ces caractères d'acidité, on ajoute une nouvelle quantité de craie pulvérisée, et ainsi de suite jusqu'à ce que les liqueurs soient sans action sur le papier de tournesol.

Les premiers liquides soutirés contiennent une trop grande quantité d'eau pour être livrés au commerce; on les concentre dans une chaudière destinée à cet effet, c'est-à-dire que, par une nouvelle ébullition, on détermine l'évaporation de l'eau en excès; à mesure que la concentration avance, le principe sucré se trouvant contenu dans un volume d'eau qui diminue à chaque instant, les sirops deviennent de plus en plus denses; aussitôt qu'ils indiquent 40° à l'aréomètre de Beaumé, on les introduit dans des fûts dans lesquels ils se solidifient et présentent bientôt l'aspect d'une masse amorphe, compacte et dure, possédant enfin tous les caractères que nos lecteurs connaissent depuis longtemps.

Aujourd'hui que toutes les industries nouvelles ont eu le bon esprit de remplacer l'action directe du feu par la vapeur, c'est celle-ci qu'on emploie dans les fabriques de glucose, et on évite par ce moyen l'emploi dispendieux des chaudières de plomb. La vapeur produite dans un générateur est amenée, par un tuyau à double branche en forme d'U renversé, dans une immense cuve, rappelant par sa forme et sa capacité celle de nos grandes cuves-matière; aussitôt que l'eau contenue dans la cuve est mise en ébullition au moyen de la vapeur, on donne issue, par une petite soupape ménagée à cet effet, à la fécule délayée que renferme un vase également en bois, placé au-dessus de la cuve principale; la bouillie renfermée dans la petite cuve supérieure est constamment mélangée au moyen d'un agitateur, pendant qu'elle s'écoule lentement et en un petit filet, avec le liquide contenu dans la cuve inférieure; celle-ci est fermée hermétiquement au moyen d'un couvercle sur lequel on a ménagé une ouverture à laquelle s'adapte une cheminée de bois destinée à porter en dehors de l'usine les vapeurs nauséabondes qui se dégagent pendant tout le temps que dure la réaction. Pour le reste des opérations, on procède comme nous l'avons indiqué plus haut.

Le glucose qu'on livre au commerce est *censé* peser 40° à l'aréomètre; c'est au moins sur ce pied qu'il est vendu, mais ordinairement il ne pèse que 35, 36 ou 38°, le plus souvent 35°; le marchand, pour prouver qu'il vous fait un avantage que personne ne vous accordera, vous vend ses produits à 10 p. 100 au-dessous du cours normal, mais en revanche il vous *vole* (c'est le seul mot qui convienne) 15 p. 100 de sucre qu'il a eu soin de remplacer par 15 p. 100 d'eau.

Le moyen de constater cette fraude est cependant bien simple; il n'offre dans la pratique aucune difficulté, ce qui n'empêche pas qu'on ne l'emploie jamais ou presque jamais. Voici ce moyen.

On fait chauffer le glucose jusqu'au point où il prend la consistance de liquide sirupeux, en opérant de la même manière que pour faire fondre du beurre. On opère sur 4 kilogr. environ, et dans un vase de cuisine si l'on veut; lorsqu'il est liquéfié, on le verse dans une éprouvette à pied, on y plonge l'aréomètre, et celui-ci indique alors le degré de concentration du sirop.

A 40° le glucose contient encore 9 p. 100 d'eau et d'eau infecte, mais il n'y a rien à dire si c'est à ce degré qu'il est vendu ; pourtant nous ne voyons pas pourquoi les fabricants de glucose tiennent si fort à faire payer aux brasseurs des frais de transport pour de l'eau. Il serait beaucoup plus rationnel d'expédier le glucose à l'état concret, c'est-à-dire privé complétement, par une cuisson plus avancée, de toute l'eau qu'il renferme; de cette façon, on diminuerait non-seulement les chances d'altération, car l'eau peut faciliter le développement de la fermentation, mais de plus, nous le répétons, les brasseurs ne paieraient pas inutilement 40 p. 100 pour le transport de l'eau qu'il contient encore, ce qui constitue pour eux une perte réelle.

Ce qui n'est pas moins désagréable sous bien des rapports, c'est qu'il arrive très souvent qu'en vieillissant, les glucoses, ou au moins certains glucoses, développent une odeur prononcée de graisse rance ou de vieux suif; cela tient à ce que dans le cours de la fabrication on est obligé de projeter des corps gras dans les sirops, afin d'empêcher, comme nous l'avons dit en parlant du rouge végétal, que la mousse produite par l'ébullition ne se répande au dehors. Si les brasseurs comprenaient mieux leurs véritables intérêts, ce n'est pas aux marchands qu'ils auraient affaire, mais au fabricant lui-même; s'ils ne le font pas, c'est parce qu'ils ont la faiblesse de croire que celui-là leur fait des avantages, qui en résumé sont purement illusoires, comme nous croyons l'avoir suffisamment prouvé.

Si nous signalons des abus, si nous excitons la défiance à l'égard de certains marchands, il ne nous semble pas moins utile de faire connaître à nos lecteurs les commerçants dont la sévère probité peut leur ôter toute inquiétude sur la qualité des produits qu'ils leur demandent. Dans le cas actuel, si nous pouvions approuver l'emploi du glucose dans la fabrication de la bière, nous n'hésiterions pas à nommer MM. Labiche et Tugot; car parmi les établissements qui se recommandent par la supériorité comparative de leurs produits, il nous est impossible de ne pas mettre en première ligne la belle usine de Rueil dont ces messieurs sont propriétaires [1].

« Le glucose en poudre, dit M. Dumas, mis sur la langue, offre une saveur à la fois piquante et farineuse qui se change en une saveur faiblement sucrée et mucilagineuse dès qu'il commence à se dissoudre. Il en faut deux fois et demie autant que de sucre de canne

(1) L'établissement de MM. Labiche et Tugot fabrique 7,500 kilog. de glucose par jour. Neuf ouvriers seulement sont nécessaires à l'exploitation de cette manufacture, qui, à elle seule, jette annuellement dans le commerce *deux millions deux cent cinquante mille kilogrammes* de glucose. Dans ce même établissement, l'achat de la craie nécessaire à la saturation de l'acide sulfurique constitue, annuellement aussi, une dépense de 2,400 francs. On peut juger par cet aperçu de l'effrayante quantité de glucose qui se consomme tous les ans. Lyon en absorbe au moins 20,000 kilogrammes pour les soies à coudre : Reims, comme nous l'avons dit, en engloutit environ 100,000 kilog., rien que pour la fabrication de la bière.

pour sucrer au même degré le même volume d'eau. » Le même auteur, continuant l'histoire du glucose, nous dit, dans son *Traité de chimie appliquée aux arts*, t. VI, p. 275, que « chauffé à + 140°, le glucose se convertit en caramel et donne les mêmes produits que le sucre de canne si on pousse l'opération plus loin. » Ailleurs (p. 292 du même volume), M. Dumas nous dit encore : « Les sucres d'amidon soumis à l'action de la chaleur se transforment en un produit *identique* avec le caramel obtenu au moyen du sucre ordinaire. »

Nous sommes surpris de trouver dans les ouvrages les plus classiques de M. Dumas d'aussi étranges assertions. Si l'auteur avait expérimenté par lui-même, il aurait vu que les résultats qu'il a énoncés diffèrent essentiellement de ceux que nous avons obtenus, de ceux qu'il obtiendra, quand il expérimentera lui-même. Si M. Dumas avait procédé par expérience directe, comme nous avons eu soin de le faire, il aurait vu : 1° que le caramel de sucre de canne a une odeur et une saveur empyreumatiques extra-prononcées, même à l'état de solution, tandis que la solution du caramel provenant de la décomposition du glucose par le feu n'a aucune espèce d'odeur ni de saveur, ainsi que nous l'avons dit en parlant de la fabrication du *rouge végétal;* 2° que, si le caramel de sucre de canne est éminemment propre à la coloration des alcools, en raison de sa solubilité dans ceux-ci, il en est tout autrement du caramel provenant de la décomposition du glucose par le feu, puisqu'il est toujours précipité de sa solution dans l'eau, aussitôt qu'il est en présence de l'alcool.

C'est donc par erreur que M. Dumas a fait imprimer, dans son ouvrage éminemment classique, nous le répétons, que le glucose et le sucre de canne donnent des produits *identiques* lorsqu'on les traite par le feu.

C'est parce que M. Dumas est le chef d'une école industrielle à laquelle l'erreur ne devrait jamais être permise, surtout quand il s'agit d'erreurs de la nature de celle que nous venons de signaler, que nous avons cru devoir protester contre celle-ci, qui, du reste, nous a empêché pendant plusieurs années de rechercher dans le glucose une matière colorante particulière. En effet, à quoi bon tenter des applications avec le glucose, dans l'espoir d'en obtenir un principe colorant supérieur au caramel du commerce, quand un homme aussi éminent que M. Dumas vient vous dire que le glucose et le sucre de canne fournissent tous deux, sous les influences de la chaleur, des produits *identiques*? Quoi qu'il en soit, c'est en désespoir de cause et parce que nous avons enfin supposé que M. Dumas n'avait pas opéré sur le glucose avec toute l'attention à laquelle son habileté ordinaire pouvait faire croire, que nous nous sommes décidé à reprendre ses expériences, et que nous avons été amené à la constatation des faits que nous venons d'énoncer.

Nous compléterons ce qu'il nous reste à dire du glucose et de ses emplois dans la fabrication de la bière à mesure que l'occasion s'en présentera ; nous y reviendrons d'une manière spéciale en parlant de la fermentation. Lorsque nous nous occuperons de cette partie importante de notre sujet, nous résumerons tout ce que nous aurons dit précédemment sur la brasserie en général; il nous sera alors facile de justifier pourquoi nous proscrivons l'emploi du *sucre de fécule* fabriqué par les procédés dont nous venons d'entretenir nos lecteurs.

Section XIV. — Des chaudières.

§ 1. Construction et disposition.

Les chaudières à brasser sont toutes en cuivre; elles ne pourraient être en fer, comme quelques brasseurs le pensent, car, en présence du *tannin* que renferme le houblon, il se formerait un tannate de fer qui n'est autre chose que l'encre proprement dite; il faut donc éviter avec soin, dans la fabrication de la bière, de mettre le fer en contact avec les décoctions de houblon: le précipité floconneux, noir, très épais, qui se produit dans cette circonstance, communique à la bière une saveur âcre tellement détestable, que les produits qui en sont altérés peuvent être complétement perdus; de plus, cette bière se refuserait obstinément à toute clarification.

Néanmoins, comme tous les ferrements qui sont en contact avec les infusions se recouvrent à la longue d'une espèce de vernis qui les préserve de l'oxydation, il pourrait arriver qu'après un certain laps de temps, le *tannin du houblon* fût sans action sur le fer qui serait dans cet état; mais toujours est-il que, lorsqu'on commence à se servir des appareils en fer, les accidents que nous venons de signaler sont à redouter; ces accidents sont toujours très dangereux et peuvent compromettre un brassin tout entier, sans espoir de retour; nous sommes convaincu qu'il en est plus d'un qui a été complétement perdu de cette façon, et sans que ceux auxquels l'accident est arrivé se soient doutés le moins du monde de la cause qui avait pu le produire.

Il faudrait donc, si l'on se trouvait dans l'indispensable nécessité d'employer le fer, que les ustensiles ou appareils à la confection desquels il aurait servi fussent fortement étamés, c'est-à-dire à la manière de nos vases de cuisine.

La forme des chaudières diffère selon les dispositions locales que présente chaque brasserie ; à Paris, par exemple, elles sont généralement de forme rectangulaire: les plus usitées en France (*fig.* 79 et 80) offrent

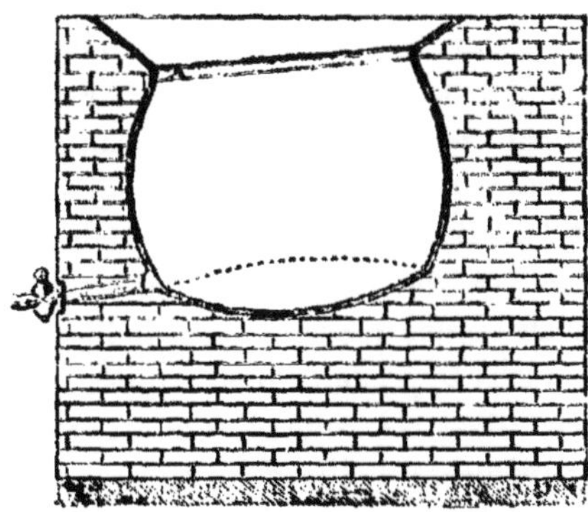

Figure 79.

l'aspect d'un sphéroïde plus ou moins régulier. Les chaudières sont plus ou moins ouvertes au sommet, en raison des motifs que nous signalerons tout à l'heure ; leurs fonds sont tantôt plats, tantôt concaves, c'est-à-dire arrondis et rentrés en dedans; tantôt convexes, c'est-à-dire arrondis et bombés en dehors.

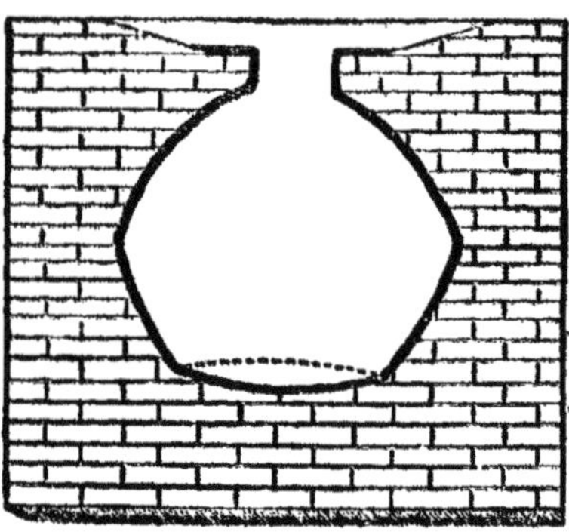

Figure 80.

La figure 80 représente les chaudières qu'on emploie de préférence dans le nord de la France; la figure 79 offre un modèle certainement beaucoup plus répandu. Si toutes deux présentent quelques avantages, elles offrent aussi des difficultés dans certains cas; ainsi, avec la chaudière, *fig.* 79, on peut facilement, pour le procédé à malt trouble que nous avons indiqué, porter dans la chaudière le produit d'une première infusion, le mettre en ébullition, et ensuite séparer les écumes surnageantes, lors même que la chaudière ne serait remplie qu'à moitié; avec la chaudière, *fig.* 80, on ne pourrait procéder ainsi, eu égard au peu d'ouverture qu'elle présente au sommet, ou bien il faudrait qu'elle fût complétement pleine.

La *fig.* 79, par suite de la surface qu'elle offre au sommet, a l'inconvénient de causer, par l'évaporation des liquides, une perte assez considérable; dans l'autre, c'est le contraire qui a lieu, ce qui n'empêche pas la régie de ne pas accorder plus, pour évaporation, à celle-là qu'à celle-ci. Dans le premier cas encore, il est impossible que la chaudière *pleine* soit mise en ébullition; c'est pourquoi la même administration, qui se pique cependant d'avoir le sens commun, la compte toujours *pleine* sur ses procès-verbaux d'épalement. Au contraire, avec la disposition de la *fig.* 80, la chaudière peut être constamment pleine et maintenue en ébullition sans craindre la projection des moûts au dehors, attendu que l'agitation produite à la surface du liquide par le bouillon qui le soulève détermine une agitation moins continue sur une petite surface que quand la surface est plus considérable. D'ailleurs, le sommet de la chaudière est encaissé dans une maçonnerie disposée en entonnoir, et cette construction permet toujours aux liquides sucrés projetés au dehors par l'ébullition de revenir immédiatement dans la chaudière.

Comme nous allons le voir bientôt, la forme de la chaudière, *fig.* 79, convient surtout à la fabrication des *bières blanches*, et celle de la *fig.* 80 à la fabrication des *bières brunes*. Au point de vue de la *coction du houblon*, ni l'une ni l'autre ne nous paraît remplir les conditions désirables; nous reviendrons sur ce sujet quand nous aurons fait une étude particulière du *houblon* et de la *lupuline*, qui en constitue la richesse.

Quoi qu'il en soit de la forme des chaudières, nous devons plus spécialement encore nous arrêter à leur disposition, ou plutôt à leur plus ou moins grande élévation au-dessus du sol environnant. En effet, dans quelques-uns de nos départements septentrionaux, l'ouverture des chaudières est au niveau même du sol sur lequel il faut marcher pour y arriver, tandis qu'elles devraient être toutes surélevées de 1^{m}, 30 au-dessus du niveau de ce dernier. Aussi en est-il résulté et en résulte-il encore trop souvent des malheurs irréparables.

C'est ainsi que parmi les nombreuses victimes à la mémoire desquelles nous devons un pieux souvenir, nous pouvons citer les noms de ceux de nos malheureux confrères qui sont *morts en travaillant :*

En 1834, M. Poulmaire fils, à Metz; un garçon brasseur, à Péronne; un garçon brasseur chez MM. Mérien et Comp., à Saint-Quentin. En 1842, un garçon brasseur chez M. Dresch, à Paris; en 1845, un garçon brasseur chez M. Cochet, à Vitry-le-Français; en 1846, un garçon brasseur à la brasserie du Faubourg-Saint-Denis, à Paris; un garçon brasseur chez M. Robert, à Sedan. Et enfin en 1845 encore, M. Parmentier père, brasseur à Chevenne (Aisne), l'un des citoyens les plus honorables, l'un des chefs de famille les plus estimés du département. Tous sont tombés dans des chaudières en ébullition.

Telle est la triste nomenclature que nous avons pu recueillir; l'impitoyable mort est venue moissonner ces infortunés dans la fleur de l'âge et pendant qu'ils accomplissaient la sainte loi du travail, la plus sublime de toutes celles que Dieu ait mises au cœur de l'homme.

Puisse le souvenir de toutes ces victimes être présent

à la pensée de ceux qui se croient autorisés à repousser les conseils et le langage de la raison; puisse le cri soulevé par chacune de ces douleurs arriver jusqu'à l'âme de ceux qui ont été la cause involontaire de pareils malheurs, et bientôt nous n'aurons plus à gémir sur ces déplorables catastrophes.

Mais si les terribles leçons de l'expérience sont sans effet sur un grand nombre d'industriels, comment expliquer cette coupable inaction du gouvernement qui, dans de semblables circonstances, ne fait rien pour prévenir d'affreux malheurs? Quels ménagements aurions-nous donc à garder envers nos gouvernants quand nous les voyons s'occuper de prisons et de théâtres plus qu'ils ne s'occupent de nos usines? On dépense des millions pour abriter des voleurs et pour faire parader des danseuses; que fait-on pour encourager ou pour récompenser le travailleur, ou seulement pour assurer son existence si souvent en péril, trop souvent arrêtée au milieu de son cours? Nous aussi nous aimons les arts, nous ne nous élevons pas contre les sacrifices que la nation s'impose pour les encourager, mais nous trouvons étrange qu'on ne songe pas aux dangers de l'usine, qu'on ne prenne aucune mesure propre à éloigner les chances d'accidents qui viennent si fréquemment la désoler. Il y a des conseils de surveillance et de salubrité pour les théâtres et les prisons; en existe-t-il pour les manufactures, pour les ateliers de production en général, où le travailleur ne trouve aucune espèce de sécurité?

Nous ne pouvons malheureusement rien à cet état de choses; mais en ce qui concerne la question qui nous occupe, il y a, pour prévenir toute catastrophe, un moyen simple, facile, peu dispendieux, qui, tout en offrant des garanties certaines, laisse aux nécessités imposées par le travail toute la liberté qu'elles réclament. Nous allons en dire quelques mots, afin de mettre nos lecteurs à même de prendre les mesures nécessaires pour rendre impossibles, dans leurs usines, les tristes événements dont nous venons de parler et dont nous voudrions qu'ils fussent responsables sous une législation éclairée et intelligente.

Ce moyen consiste à fixer une forte grille mobile en fer (*fig.* 81) contre la paroi interne et à quelques centimètres au-dessous de l'ouverture de la chaudière, ainsi que nous l'avons indiqué en A (*fig.* 79). Les barres

Figure 81.

transversales B (*fig.* 81) de cette grille, disposée de façon à pouvoir être enlevée au moment de l'introduction du houblon dans la chaudière, doivent être espacées de manière à laisser un passage suffisant au gluten et à l'albumine végétale lors de leur coagulation et de leur séparation des moûts. Par cette simple disposition, il est impossible qu'il arrive un malheur grave en cas de chute dans les chaudières, il n'en résulterait que quelques brûlures aux pieds qui ne présentent jamais que le caractère d'un simple accident.

Nous avons vu faire l'application de ce système pour la première fois, avec beaucoup de succès, dans la belle brasserie de MM. Legrand frères, à Saint-Quentin, auxquels reviennent sans doute le mérite et l'honneur de l'idée première.

Serait-il donc bien difficile d'en imposer, par une ordonnance, par une loi, au besoin, l'adoption à tous les brasseurs, et les employés du fisc ne pourraient-ils pas en surveiller l'exécution? Une amende de 500 fr., au profit des veuves et des orphelins des ouvriers brasseurs, frappé sur les récalcitrants chaque fois qu'ils mettraient le feu sous les chaudières de fabrication, aurait bientôt fait céder ceux qu'une coupable incurie porterait à repousser une mesure dont tant de morts épouvantables ont démontré l'indispensable nécessité.

§ 2. Soudures des chaudières.

Il arrive quelquefois que par suite d'accidents on est obligé de faire pratiquer des soudures contre les parois des chaudières; il faut, autant que possible, éviter la soudure à l'étain par les raisons suivantes : d'abord, toutes les fois que l'on met en contact immédiat deux métaux d'une nature différente, il y a dégagement d'électricité et détérioriation partielle de chacun de ces métaux, surtout s'ils sont en présence de l'humidité; ensuite la dilatation du cuivre par la chaleur et sa contraction par le refroidissement ne s'opèrent pas dans le même rapport que la dilatation et la contraction de la soudure placée dans les mêmes conditions, et dès lors il en résulte des tiraillements qui amènent inévitablement des déchirures. Enfin, dans le cas où l'on ne pourrait se dispenser, pour une cause urgente, d'employer la soudure à l'étain, il faudrait la faire appliquer en couche mince et non en couche épaisse, ainsi que des chaudronniers inintelligents, et fort peu physiciens, comme on le pense, ont l'habitude de le faire. Il est évident, en effet, que la couche de soudure se mettra d'autant mieux en équilibre de température avec le cuivre que son épaisseur se rapprochera davantage de l'épaisseur du métal à souder.

§ 3. Savon de chaux contre les brûlures.

Il ne suffit pas, selon nous, de signaler les moyens à l'aide desquels on peut éviter des malheurs toujours déplorables ; il faut encore indiquer ceux de remédier aux accidents qui n'ont qu'une gravité ordinaire. Nos lecteurs nous sauront gré, sans doute, de leur faire part de ce que nous savons de l'efficacité de quelques préparations simples, avec lesquelles on peut atténuer les effets produits par divers accidents, mais particulièrement par les brûlures auxquelles les ouvriers brasseurs sont si souvent exposés. Il est peu d'individus peut-être qui, sur ce sujet, aient acquis une expérience plus positive et surtout plus pratique que la nôtre, comme on le verra dans la note ci-contre.

De tous les moyens qui courent le monde, nous n'en connaissons pas de plus souverainement efficace que le *savon de chaux ;* on le prépare de la manière suivante :

après avoir réduit la chaux en une bouillie claire avec de l'eau, on laisse reposer le liquide laiteux qui en résulte, et bientôt il devient facile de séparer la liqueur surnageante, dont la transparence égale celle de l'eau ordinaire; dans cet état pourtant elle tient en dissolution une certaine quantité de chaux; on ajoute à ce liquide un volume d'huile douce à peu près égal au sien, et on agite le tout fortement, afin d'en faire un mélange intime. Ce mélange ne tarde pas à s'opérer, et il se forme entre la chaux et l'huile une véritable combinaison de laquelle résulte un savon qui se présente à la vue sous l'aspect d'un magma blanc, ayant un peu l'apparence de la colle à papier faite avec l'amidon cuit dans l'eau.

Pour des brûlures partielles, on imprègne de la ouate de ce savon et on en couvre la partie brûlée, en ayant soin toutefois de renouveler souvent ce pansement, c'est-à-dire à mesure que la température de la partie brûlée augmente davantage. S'il s'agissait d'une brûlure à un membre tout entier, un bras, par exemple, le mieux serait d'en faire un bain dans une cuvette et d'y plonger la partie attaquée[1].

Bien des moyens ont été conseillés pour combattre les douleurs occasionnées par les brûlures; aucun ne nous a paru donner d'aussi bons résultats que le savon de chaux, dont la conservation est de plus très facile; en le tenant à l'abri de la poussière, c'est-à-dire dans un vase bien clos, il peut conserver ses propriétés pendant plusieurs années.

(1) L'amour de la science m'a valu les honneurs d'une blessure affreuse, tant par la douleur qu'elle m'occasionnait que par l'aspect

Section V. — Houblon (*Humulus lupulus*).

§ 1. Généralités.

« Le houblon est une plante grimpante, à racines vivaces, qui appartient à la famille des urticées; les feuilles ont de la ressemblance avec celles de la vigne. Le houblon est dioïque, c'est-à-dire que les fleurs mâles et les fleurs femelles sont placées sur des pieds séparés; les premières forment des grappes rameuses, irrégulières, qui sortent de l'aisselle des feuilles supérieures; les secondes composent une espèce de tête globuleuse, conique, ovoïde, plus ou moins allongée, nommée *cône du houblon*, composée d'un grand nombre d'écailles foliacées, minces et consistantes, à l'aisselle desquelles se trouvent les véritables fleurs femelles; il leur succède deux graines environnées d'une poussière jaune

qu'elle présentait. Dans une expérience de laboratoire, une partie de bitume en ébullition vint m'envelopper la main droite comme dans un gant de marbre; le bitume se solidifia à l'instant même et me tint ainsi les chairs emprisonnées sous une température d'au moins + 400°. Comme j'opérais dans un vase de verre, je m'aperçus, le lendemain, que celui-ci avait subi un commencement de fusion. Aussitôt l'accident, je fis préparer du savon de chaux dans une cuvette, au milieu de laquelle je pus plonger ma main tout entière; mais la quantité de calorique qui s'en dégageait était tellement considérable qu'il fallut produire un froid de — 20° au moyen d'un mélange de 2 parties de glace pilée et de 1 partie de sel de cuisine; le tout, mélangé avec soin, fut jeté dans un grand seau au milieu duquel on plaça la cuvette dans laquelle je tenais constamment la main. Je souffris si peu qu'il me fut bientôt possible de m'endormir, pour ne me réveiller que le lendemain, après avoir passé une nuit très calme. Je retirai ma main; elle était dans un état affreux, mais je ne souffrais plus.

granulée, ayant une odeur et une saveur qui lui sont propres, etc.

« Il est remarquable que le prix des houblons ne se soit pas établi approximativement d'après les proportions relatives de la matière utile qu'ils renferment, et que certains brasseurs estiment moins, par exemple *le houblon des Vosges*, à cause de sa *force supérieure*. Il est si facile de le rendre moins fort en diminuant sa dose ou en le mélangeant avec des houblons moins *riches!*... etc.

« *Le houblon est indigène* dans les contrées septentrionales de la France; il se rencontre fréquemment dans les haies et les broussailles, surtout dans les localités humides. Les cônes de ce houblon agreste ont quelquefois une odeur nauséabonde; le plus souvent elle est moins agréable et moins aromatique; mais, dans tous les cas, ils ne sont jamais d'une qualité aussi bonne que ceux du houblon cultivé... etc. » Tels sont, en général, les *houblons du Nord*.

« *Le houblon est très cultivé* en Angleterre, en Belgique, en Hollande, en Allemagne et en Amérique; depuis trente ans il commence à s'étendre dans la Franche-Comté, l'Alsace, le département du Nord, la Lorraine, *et surtout dans les Vosges*, qui lui consacrent aujourd'hui plus de trois cents hectares. »

Les divers extraits qui précèdent sont empruntés à la *Maison rustique du XIXe siècle*, ouvrage sur lequel nous avons déjà appelé l'attention de nos lecteurs.

Pour nous, qui sommes avant tout des hommes pratiques, nous devons tirer les inductions suivantes des faits que nous avons exposés : c'est que, de tous les houblons de France, ceux des Vosges sont *supérieurs* aux autres, puisque, par leur force, ils peuvent supporter le mélange de houblons moins riches. Telle est également l'opinion de notre honorable confrère de Strasbourg, M. Sigismond Kolb, dont nous citerons quelques fragments fort judicieux en ce qui concerne le houblon. Ce que nous disons des *houblons des Vosges* en général s'applique particulièrement à ceux de *Gerbeviller* et de *Ramberviller*, dont le sol riche et fertile semble privilégié par la nature.

Quant à la finesse du goût et à la délicatesse du parfum, nous plaçons au-dessus de tous les autres les *houblons d'Allemagne*, sur lesquels nous reviendrons, ne fût-ce qu'à cause de leurs prix exorbitants. M. Kolb, et après lui la *Maison rustique*, ont prétendu que, relativement à la pureté de l'arome, *la différence entre ces houblons n'existait que dans l'opinion des brasseurs et pour le profit des marchands*. En ce qui concerne les marchands, nous sommes d'accord; mais nous ne pouvons admettre que la différence d'arome ne réside, pour ainsi dire, que dans l'imagination des brasseurs, et nous protestons contre cette assertion.

Tant s'en faut que nous trouvions mauvais que l'on cherche à faire prévaloir les produits de notre sol quand l'occasion s'en présente; mais quand on accepte le rôle d'historien, il nous semble qu'avant de faire du patriotisme, si telle a été l'intention de ceux qui ont écrit la phrase que nous citons plus haut, il faut d'abord rendre hommage à la vérité; c'est à elle que nous donnerons toujours la préférence, aussi bien dans la question qui nous occupe que dans celles qui ont précédé ou qui vont suivre.

En parlant des encouragements accordés à la *culture du houblon*, M. Kolb, dans son *Art du Brasseur*, page 187, dit : « Déjà, en 1404, le duc Jean de Bourgogne, comte de Flandre, fonda une distribution annuelle de primes, en médailles d'or, représentant une couronne de fleurs de houblon, et que l'on donnait publiquement à ceux qui avaient présenté les plus beaux produits.

« En 1767, le prince-évêque de Bamberg et Würtzbourg fit imprimer et distribuer à ses frais, dans tous ses États, une instruction très détaillée sur cette culture, afin de la propager.

« En 1770, une circulaire émanée des états provinciaux de la vieille Prusse et de la marche de Brandebourg ordonne à toutes les autorités locales d'aider de tous les moyens la propagation de la culture du houblon. On a fait ériger, dans le duché d'Erfurth, une houblonnière modèle, pour l'instruction des cultivateurs qui voudraient se vouer à cette branche de culture. »

Si nous voulions une preuve de la sollicitude de nos gouvernants pour tout ce qui a rapport à l'agriculture, nous nous contenterions de mettre leur conduite en parallèle avec les faits que constate la citation que nous venons de donner. Ce n'était vraiment pas la peine de faire deux révolutions pour nous trouver, au XIXe siècle, bien en arrière des ducs et comtes de 1400 ou des princes-évêques de 1700. A cette heure encore la brasserie française achète annuellement pour près de

2 millions de francs de houblon à l'étranger, ce qui n'empêche pas de compter en France des milliers d'hectares de terres incultes, quoiqu'elles soient reconnues généralement favorables à la culture de cette plante. Mais ce n'est pas tout, il n'est pas jusqu'aux Allemands qui ne soient plus favorisés que nous.

« Dans beaucoup de principautés de l'Allemagne, *celui qui défriche un terrain inculte pour en faire une* houblonnière est affranchi, pendant dix ans, des contributions territoriales de ce terrain; celui qui en établit une pareille sur un terrain déjà cultivé obtient le même privilége pour cinq ans. »

Quelle mesure analogue peut-on trouver dans l'indigeste collection de lois, d'ordonnances, etc., etc., sous lesquelles nous sommes, hélas! condamnés à vivre?

Nous n'avons sans doute pas besoin de rappeler ici les services que rend le houblon, puisque ses emplois sont presque exclusivement limités à la fabrication de la bière, à laquelle il communique une saveur aromatique particulière, en même temps qu'il aide à sa conservation, comme pourraient le faire toutes les huiles balsamiques essentielles, et qu'il atténue la saveur douceâtre et sucrée qu'elle développerait trop sans lui. Toutefois, le houblon jouissant au plus haut degré de propriétés toniques et diaphorétiques, on l'emploie quelquefois en médecine, particulièrement dans les affections chroniques de la peau et les maladies scrofuleuses.

Les jeunes pousses du houblon sont, pour un assez grand nombre d'amateurs, l'objet d'un mets recherché; ils les accommodent à la façon des asperges. Comme les feuilles et les fruits, ces jeunes pousses sont apéritives, diurétiques et antiscorbutiques.

Une décision de la Faculté de médecine, en date du 24 mars 1668, déclarait la bière contraire à la santé, en raison du houblon qui entrait dans sa composition. Les temps sont bien changés, on le voit, car aujourd'hui on reconnaît au houblon des propriétés thérapeutiques qui le font employer en médecine, mais qui le rendent surtout précieux comme condiment dans la fabrication de la bière; aussi allons-nous dire quelques mots de ce que nous avons pu recueillir sur sa culture dans les Vosges.

§ 2. Culture du houblon.

La culture du houblon réclame un terrain facile à ameublir et légèrement sablonneux, dans lequel les racines déliées de la tige puissent se développer et s'étendre facilement. En général, le terrain qui a le plus de fond est préférable à tout autre. Néanmoins il paraît que $0^m,60$ ou $0^m,80$ de terre végétale seraient suffisants au besoin.

Les graviers rapportent moins que les prairies, mais ils donnent des produits réellement supérieurs. Les fonds abrités réussissent mieux que les terrains plats. Il est important d'éviter le voisinage des rivières, des marais, des étangs, des bas-fonds, car, selon l'expression locale, les brouillards et les rosées qu'ils produisent occasionnent le *brunissage,* qui ne se manifeste qu'au détriment de la plante.

M. Kolb, dont les opinions nous paraissent conformes à celles qui nous ont été transmises par l'un des plus riches et des plus anciens planteurs de houblon que nous connaissions, M. Kolb, disons-nous, s'exprime ainsi sur la situation des houblonnières : « Elles ne doivent pas être exposées aux inondations, qui amèneraient certainement la pourriture des racines principales. Leur exposition doit varier entre le sud et le sud-est, et être garantie des vents du nord et de l'ouest. Ces derniers, souvent violents, font un tort considérable en culbutant ou cassant les perches, en froissant ou détachant les ceps. Il est également important d'éviter le voisinage des grandes routes, pour ne pas exposer les houblonnières à l'action de la poussière que soulèvent les voitures et que les vents vont porter à de longues distances. »

Lorsque l'on veut établir une houblonnière, on commence, après avoir tenu compte de chacune des considérations que nous venons de signaler, par défoncer le terrain jusqu'à $0^{m},60$ ou $0^{m},70$ de profondeur, c'est-à-dire à trois fers de bêche ; le fond est ramené au-dessus. on comble le trou que l'on vient de faire avec la terre que la bêche va prendre à côté, et ainsi de suite. Si, en faisant cette opération, on rencontre dans le sol, à la profondeur jusqu'à laquelle on pénètre, de petites nappes d'eau, il est très important de les faire écouler, ce à quoi on parvient au moyen de fossés disposés de la manière suivante: on creuse une rigole jusqu'à la profondeur nécessaire; on en garnit le fond avec des fagots d'épines, qui laissent aux eaux un écoulement facile ; on recouvre ces fagots avec de la mousse, et on achève de combler la fosse avec de la terre.

Le défoncement dont nous venons de parler s'exécute

presque toujours en hiver; au printemps suivant on pratique dans le sol des trous d'environ 0m,30 carrés, et on les emplit à moitié de terreau ; dans chacun de ces trous on place une des boutures, de 0m,15 à 0m,20 de hauteur, dont on a eu soin de se munir, et qui proviennent de la culture de l'année précédente; l'extrémité inférieure du plant doit être fortement emprisonnée dans le terreau que l'on tasse avec soin tout autour. M. Kolb nous apprend que les trous dont nous venons de parler doivent être « espacés à 5 pieds (1m,60 environ) l'un de l'autre, en ligne droite et non en quinconce, les ruelles faisant face au soleil. » On fixe immédiatement, au pied de chaque bouture, de petites perches qui suffisent ordinairement pour les deux premières années; cela fait, on donne à toute la plantation un nouveau coup de bêche, à la profondeur d'un fer seulement, en ayant soin de ne pas toucher à la partie dans laquelle se trouve le terreau.

La végétation se développe peu de temps après; les tiges grandissent et produisent plusieurs brins; on n'en laisse jamais qu'un ou deux, selon la vigueur des tiges et la fertilité du terrain; on contourne ces brins en spirales autour de la perche, toujours en suivant le mouvement naturel des plantes vers le soleil. Lorsque les tiges sont arrivées à environ deux mètres de hauteur, on brise, au moyen d'un *bêchoir*, les mottes de terre provenant du *bêchage* précédent.

Cette première année ne donnant qu'un faible produit, on peut cultiver, dans les intervalles qui séparent les perches, des pommes de terre, des choux, des betteraves, des haricots; mais il faut le faire avec ménagement, afin de ne pas priver la jeune plante de l'air et du soleil dont elle a besoin. Ces cultures dérobées ne dispensent pas, du reste, de suivre jour par jour les progrès de la plante principale, pour la tourner en spirale autour des perches, comme nous l'avons déjà dit.

« Il ne faut pas planter de jardinage dans les intervalles des perches ou dans les allées, pour ne pas y attirer du gibier et de la vermine; si cependant on veut y mettre quelque chose la première année, il n'y a que l'oignon qui puisse s'y planter sans quelques dommages. » (S. Kolb.) Dans tous les cas possibles, il faut bêcher dès que l'on voit le sol se couvrir d'herbe, comme dans toutes les cultures en général, et avoir soin de bien niveler chaque fois le terrain.

Tous les rejetons de la tige principale (*entre-feuilles*) qui poussent dans les intervalles compris entre chaque feuille doivent être coupés avec soin depuis le sol jusqu'à deux mètres de hauteur, plus ou moins, selon la force et la vigueur de cette tige; si on les enlève, c'est évidemment parce qu'ils vivent aux dépens de la plante mère, ou qu'ils ne produisent qu'un houblon rabougri et par conséquent de qualité inférieure.

A l'époque des grands vents, il faut veiller à relever les perches qui tombent pour les fixer de nouveau dans leurs trous; dans le cas où l'on ne pourrait le faire sans compromettre la tige ou sans la faire tomber, on fixe la perche inclinée sur une de ses voisines qui soit restée droite, et on les attache ensemble par un lien placé à leur point de contact.

C'est assez généralement vers la fin de septembre, du 15 au 25, en moyenne, que s'opère la *cueillette du houblon;* les signes de maturité sont ceux-ci : la fleur se durcit, les feuilles se resserrent, et dégagent par le frottement cette odeur particulière que nous connaissons. Si la fleur n'était pas parvenue à maturité, elle développerait, en employant le même moyen, une odeur herbacée qui ne permettrait pas de s'y méprendre.

A l'époque de la cueillette, tous les houblons exhalent une odeur analogue à celle de l'ail, mais cette odeur se perd à la dessiccation, et on ne la retrouve guère après cette opération que dans les *houblons d'Allemagne;* c'est même une des indications les plus positives pour reconnaître la nature ou plutôt la provenance de ceux-ci.

Maintenant reprenons le plant trois ans après sa plantation; c'est l'époque à laquelle donne la récolte la plus abondante; la deuxième année fournit un peu plus que la première.

Du 10 au 20 avril environ, on découvre la tige à sa base, en faisant un trou circulaire tout autour, de façon à la tenir à l'air, afin de pouvoir couper tout le bois de la dernière année; telle est l'opération de la *taille*. Il arrive souvent que les jeunes bois ont des racines profondes au-dessus de la racine principale; il est important, dans ce cas, d'arracher toutes celles qui ont des ramifications dans le sol. Après cette opération, on recouvre la tige-mère de la terre la plus meuble que puisse fournir le sol environnant, et on fait de cette terre une espèce de pyramide d'environ $0^m,10$ à $0^m,12$ de hauteur.

Si, pendant cette opération, on découvre des pieds chétifs et de peu d'apparence, on les marque au moyen d'un petit morceau de bois fiché en terre, afin d'indiquer que la perche à placer doit être dans le rapport de la force de la tige. En négligeant cette précaution, on serait exposé à donner une belle et bonne perche à un mauvais *brin*.

Après la *taille*, on pratique dans la terre, à environ $0^m,40$ de profondeur, des trous destinés à recevoir les perches. Ces trous, ordinairement situés à une distance de $0^m,15$ à $0^m,18$ de la tige-mère, se font à l'aide d'un instrument auquel on a donné le nom de *pic* (*fig.* 82): il est en fer massif.

Figure 82.

Les perches, appointées à quatre pans à leur extrémité inférieure B (*fig.* 85), sont alors fixées dans la terre d'un seul coup, ce qui se fait en élevant leur base à hauteur de ceinture d'homme et en les laissant retomber de tout leur poids dans les trous préparés au moyen du *pic*. Cette manœuvre doit être faite par des hommes exercés, car les perches ont en moyenne de huit à dix mètres de hauteur. Si, en vieillissant, les perches se courbent, ce qui arrive assez souvent, il faut les placer de telle façon que leur partie concave soit tournée du côté d'où le vent souffle le plus ordinairement. Après avoir *perché*, on procède au *bêchage*, mais à la profondeur d'un fer de bêche seulement.

Peu de temps après apparaît la tige, qui porte jusqu'à vingt et trente rejets sur le même pied. Lorsqu'ils ont atteint environ 0m,40 à 0m,50 de hauteur, on choisit les quatre brins les plus robustes, et on arrache les autres à la main en les tirant de bas en haut; l'arrachage sera d'autant meilleur qu'ils se seront brisés plus près du sol. Des quatre brins dont nous venons de parler, les trois les plus vigoureux sont attachés à la perche comme nous l'avons indiqué précédemment; le quatrième reste sur le sol pour remplacer au besoin l'un de ceux que l'on pourrait casser. On ne l'arrache que lorsque les autres sont parvenus à une hauteur d'environ 1 mètre à 1m,50.

Tous les cinq ou six jours au plus, il faut examiner les pousses et les contourner en spirale autour des perches; cette opération doit se faire jusqu'au jour de la récolte. Dès que les pousses dépassent la hauteur d'homme, on emploie pour cela des échelles doubles, volantes et à charnières, faites en A. Lorsque les houblonnières sont en pleine activité, les bons planteurs évitent avec le plus grand soin de planter quoi que ce soit dans les intervalles formés par les perches.

En juin ou juillet, dans le but de préserver la racine de l'action brûlante du soleil ou des pluies torrentielles, on recouvre la tige-mère d'un monticule de terre en forme de cône d'environ 0m,40 de hauteur, au centre duquel se trouve la tige; ce monticule ne doit pas toucher la tige même; il faut réserver entre celle-ci et la petite pyramide un espace circulaire de quelques centimètres. On évite également le contact direct du monticule avec la perche, afin de ne pas accélérer la pourriture; celle-ci doit être placée à une telle distance de la tige qu'après cette espèce de buttage elle se trouve à la base du tertre conique dont nous venons de parler.

Ainsi que nous l'avons dit, les *entre-feuilles* doivent, la première année, être enlevés aussi haut qu'on peut atteindre avec le bras; cette fois on les coupe jusqu'à une hauteur beaucoup plus considérable, parce que le plant est lui-même beaucoup plus fort.

Nous avons parlé de l'époque de la *cueillette* et des caractères distinctifs de la fleur de houblon arrivée à sa maturité, nous n'y reviendrons donc plus; mais nous allons dire quelques mots de la manière dont on procède pour faire la récolte.

La tige, coupée à 0m,15 ou 0m,20 au-dessus du sol au moyen d'une serpette, est détachée de la perche jusqu'à hauteur d'homme ou plutôt jusqu'au point le plus élevé que l'on puisse atteindre avec le bras; la partie de la tige dépourvue d'*entre-feuilles* est abandonnée sur

Figure 83.

place comme engrais. Après cela on retire les perches de terre au moyen d'une *griffe* A (*fig.* 85); on les incline, et on en sépare les tiges qui portent la fleur; la fleur elle-même, détachée de la tige-mère avec l'ongle, est immédiatement versée dans des corbeilles.

La *cueillette* est une opération très essentielle. Le planteur doit veiller avec soin à ce que les vendangeurs ne laissent pas de *queues* trop longues, car leur dimension influe sur la qualité des produits. Ce qui est plus essentiel encore, c'est de ne procéder, autant que possible, à la cueillette que par un beau temps.

« Lorsque les fleurs sont parvenues à leur maturité, qu'elles commencent à prendre une couleur jaunâtre, à pointes rosées, sans cependant ouvrir leurs feuilles, il est temps de les récolter; il faut surtout éviter que la fleur ne s'épanouisse, afin qu'elle conserve la poussière jaune, extrêmement odoriférante, et qui est une des qualités essentielles du houblon...

« La cueillette, qui se pratique ordinairement par des femmes et des enfants, doit être particulièrement surveillée, afin qu'on n'y mêle pas des feuilles, que la fleur conserve un petit bout de tige pour qu'elle ne s'effeuille pas, et qu'en la cueillant elle ne soit pas broyée entre les doigts. » (Kolb, *Art du Brasseur*, p. 185 et suiv.)

Les corbeilles renfermant la fleur sont vidées immédiatement sur d'immenses toiles carrées étendues à terre et exposées aux rayons du soleil. Le soir, le houblon est jeté par corbeilles dans des bâches d'emballage, dans lesquelles il faut avoir soin de ne pas le tasser; ces bâelles sont ensuite vidées dans de très grands greniers disposés à cet effet et parfaitement éclairés et aérés. Les fenêtres et toutes les ouvertures de ces greniers doivent être soigneusement fermées dès que le soir arrive, afin d'éviter l'influence des brouillards ou de l'humidité de la nuit.

Pendant les premiers jours, le houblon reste étendu sur les planchers le plus légèrement possible et en couches minces, c'est-à-dire de $0^{m},08$ à $0^{m},10$ d'épaisseur, au plus ; on le retourne au râteau deux fois par jour. En observant attentivement chacune de ces conditions, d'ailleurs essentielles, le houblon peut être sec au bout de quatre ou cinq jours lorsque le temps est favorable. On peut alors augmenter progressivement l'épaisseur des couches.

A défaut de vastes greniers, on emploie à la dessiccation les tourailles, les calorifères ; mais ce mode est toujours, quoi qu'en disent les personnes intéressées à soutenir le contraire, nuisible à la bonne qualité et au parfum du houblon, ainsi que nous le prouverons bientôt. C'est là principalement ce qui fait, et avec raison, le désespoir des marchands étrangers aux localités sur les produits desquelles ils spéculent ; en effet, il est impossible à un brasseur intelligent, à celui qui comprend que le choix de ses matières premières est pour lui une question de premier ordre, il lui est impossible, disons-nous, de confondre les houblons qui ont reçu sur les lieux mêmes les soins directs du planteur, avec ceux de même provenance, mais vendus par des marchands étrangers à la localité. Nous reviendrons sur ce sujet, car nous tenons beaucoup à nous expliquer nettement, franchement, et preuves en mains, sur le compte de certains *marchands* de houblons.

« Les moyens qui reposent sur la dessiccation à air libre, dit M. Dumas en parlant de la fabrication de la bière, exposent le houblon à *l'action de l'air*, et par conséquent le placent dans des conditions favorables à son altération. »

Nous voudrions bien savoir comment M. Dumas propose d'opérer pratiquement la dessiccation du houblon *sans le contact de l'air?* Voici, au surplus, les conclusions de l'auteur : « On obtiendrait des résultats bien plus satisfaisants, surtout dans les grandes exploitations, en portant le houblon, aussitôt après la récolte, dans des étuves à *courant d'air* chaud. M. Payen a conseillé de faire usage de tourailles semblables à celles qui servent aux brasseurs. »

Tel est positivement le mode de dessiccation que nous repoussons, et pour des raisons qui ne nous paraissent pas sujettes à contestation. En effet, nous avons employé tour à tour des houblons *séchés au feu,* comme disent les planteurs, et des houblons *séchés à l'air;* or, nous estimons que ces derniers ont une telle supériorité sur les autres que, venant du même cru, nous les paierions volontiers 10 pour 100 plus cher.

Voici le dernier mot de M. Dumas sur ce sujet : « Mieux vaut encore produire l'air chaud dans un *calorifère* et le lancer dans un séchoir *bien fermé* (par où donc s'échapperait la vapeur d'eau provenant de la dessiccation ?) qui contient le houblon. Il est presque certain qu'on pourrait obtenir de *très bons effets* d'un *appareil* analogue au séchoir de betteraves de M. Chaussenot. »

Nous sommes loin de blâmer M. Dumas de chercher à étendre la connaissance des applications utiles, ou au moins de celles qui lui paraissent mériter la préférence sur les procédés ordinaires, et nous ne doutons pas que, pour lui, ce ne soit avant tout une affaire de conviction; mais, en vérité, nous ne voyons pas comment le *calorifère-Chaussenot* n'expose pas le houblon à *l'action de l'air*, de cette *action qui place le houblon dans des conditions favorables à son altération*, comme dit M. Dumas. Il nous semble que dans le *calorifère-Chaussenot* la dessiccation s'opère, comme partout ailleurs, au moyen d'un courant d'air.

Après sa dessiccation, le houblon reste ordinairement en tas jusque vers le 15 décembre, époque à laquelle il est aussi sec qu'on peut l'obtenir; on l'emballe alors pour être expédié, car c'est vers cette époque que se font les approvisionnements.

Un mot sur l'emploi des perches dans les houblonnières.

Les meilleures perches sont certainement celles de sapin; comme nous l'avons déjà dit, elles ont de 8 à 10 mètres de hauteur et 0^{m},08 à 0^{m},10 de diamètre à la partie la plus renflée, c'est-à-dire à environ 0^{m},70 de la base. Viennent ensuite celles en saule bâtard, qui résistent mieux que le sapin aux influences atmosphériques. Le chêne est mis en troisième ligne. Le tremble ou bois blanc est peu employé, en raison de la facilité avec laquelle il se pourrit. Aussitôt la récolte terminée, les perches sont relevées et mises en faisceau.

Depuis près de vingt ans, de nombreuses tentatives ont été faites dans le but de substituer aux perches en usage des fils de fer. Parmi les planteurs et les agronomes les plus distingués qui ont spécialement étudié cette question, nous devons citer, en première ligne, un vénérable octogénaire de Roville-sur-Moselle (Meurthe), M. A. Bertier, qui a fait, du rendement obtenu avec des fils de fer comparé à celui résultant de l'emploi des perches, une étude constante et toute spéciale. Les idées judicieuses, les faits recueillis par M. Bertier, enfin les conclusions de l'auteur se trouvent consignés dans *le Bon Cultivateur*, recueil agronomique de la Société centrale d'Agriculture de Nancy (1850, p. 191). Nous engageons ceux de nos lecteurs qui s'occupent de la culture du houblon à consulter les travaux de M. Bertier sur ce sujet. On les trouve également reproduits dans les *Annales d'Agriculture française* (3e série, t. VI, p. 438).

Sans avoir fait une étude approfondie de cette question, nous dirons pourtant que nous partageons l'avis de M. Bertier, que nous regrettons de ne pouvoir reproduire ici, parce que nous nous écarterions ainsi beaucoup trop de la ligne que nous devons suivre.

Dans les années humides, le houblon, comme la plupart des végétaux, est exposé aux dévastations de certains insectes rongeurs qui font le plus grand tort aux houblonnières. La larve du hanneton, la *courtillière*, paraissent, entre autres, apporter un dommage considérable aux planteurs; ces insectes ont des mandibules tellement incisives qu'ils coupent les jeunes tiges à la base, et dès lors tout espoir est à peu près perdu pour l'année.

La *nielle*, qui semble attaquer de préférence les houblonnières situées dans le voisinage des jeunes taillis ou dans des terrains trop humides, détermine sur la tige-mère et sur les feuilles la formation d'une matière visqueuse dont l'odeur parait allécher des myriades de petits insectes qui, une fois établis dans les houblonnières, s'y multiplient à l'infini et portent partout leurs ravages si on ne se hâte de combattre leur présence.

Le *cancer* est une maladie qui frappe surtout les houblonnières exposées à recevoir les émanations putrides des eaux stagnantes. Elle doit être attribuée, dit-on, à une espèce de *botrytis*, de *cryptogame*, de parasite enfin, appartenant aux nombreuses variétés de champignons, qui se développent sur la racine aux dépens de laquelle il vit. Le mieux, dans ce cas, paraît être de renouveler le plant, c'est-à-dire de remplacer par une tige saine chaque pied de houblon attaqué.

§ 3. Classification des houblons.

Les houblons employés en France à la fabrication de la bière peuvent être classés dans l'ordre suivant: 1° houblons de *Bavière*, 2° de *Bohême*, 3° du *Palatinat*, 4° d'*Alsace*, 5° des *Vosges*, 6° d'*Amérique*, 7° de *Flandre*.

Les *houblons de Bavière* peuvent se classer entre eux dans l'ordre où nous allons les énumérer :

Les houblons de *Spalt* (ville), de *Spalt* (environs), tels que *Weingarten*, *Mosbach*, *Stirn*, etc. Viennent ensuite ceux de *Hersbruck*, *Atldorff*, *Neustatt*, etc.

Parmi les *houblons de Bohême*, les *Saaz* (ville) et les *Saaz* (environs) doivent être les plus honorablement cités. Pourtant, à prix égal, nous donnerions aux *Spalt* (ville) la préférence sur les *Saaz* (environs).

Les *houblons du Palatinat*, qu'il faut mentionner après les précédents, sont généralement connus et vendus sous la dénomination de *houblons de Schwetzingen*.

Les *houblons d'Alsace* les plus estimés sont les *Haguenau*, les *Bischwiller*, les *Wissembourg*, les *Oberhoffen*; ce sont du moins ceux qui figurent parmi les meilleurs crus d'Alsace; les autres ne donnent que des qualités secondaires. Nous recommandons spécialement les *Bischwiller*, qui, quoiqu'un peu moins parfumés que les *Haguenau*, sont cependant d'un emploi fort avantageux.

De tous les houblons de France, ceux que la brasserie emploie en plus grande quantité sont certainement les *houblons des Vosges* et de *Lorraine*, parmi lesquels il faut citer en première ligne ceux de *Gerbéviller*; ceux de *Ramberviller*, de *Lunéville* et de *Toul* viennent ensuite; ce dernier provient du plant de *Gerbéviller*.

Quant aux *houblons d'Amérique*, ils forment une variété tout à fait distincte et sont extrêmement riches en principes extractifs; c'est à tel point même qu'il est impossible de les employer purs. Nous verrons plus tard dans quel rapport il convient de les introduire dans la fabrication.

En ce qui concerne les *houblons de Flandre*, nous voudrions qu'il nous fût possible de n'en parler que pour mémoire ; mais on a chanté leur louange sur un diapason tellement élevé que nous entrerons bientôt dans quelques détails à ce sujet. Néanmoins, pour ne parler que de ceux des crus *supérieurs*, nous citerons les *Alost*, les *Poperinghe*, enfin la *menue paille de Buzigny*, comme l'ont spirituellement appelée les ouvriers brasseurs qui n'ont jamais employé que des *houblons d'Allemagne* ou *de Bavière*.

Figure 84.

Les *houblons d'Allemagne* (*fig.* 84) présentent au premier coup d'œil des caractères qui sont autant de signes à l'aide desquels on peut facilement les reconnaître. Leurs cloches, sans être trop allongées, sont légèrement ovoïdes, et les folioles qui les composent offrent la même configuration; ces dernières, se recouvrant entre elles dans la moitié de leur hauteur et s'appuyant pour ainsi dire les unes sur les autres, forment un tout d'une régularité parfaite; leur fleur est compacte, serrée et ferme, sans cependant être dure.

C'est dans l'intérieur de la fleur femelle, et sous les aisselles des écailles membraneuses qui la composent, que se trouve une poussière jaune, odoriférante, que nous étudierons tout à l'heure. Si l'on ouvre la fleur en deux, dans le sens de sa longueur, et si l'on frotte sur le dos de la main, ou plutôt si l'on froisse les petites granules qui constituent la richesse du houblon, on s'aperçoit qu'elles laissent à la surface de l'épiderme une matière résineuse, devenue jaune-verdâtre par le frottement des folioles, ayant quelque analogie avec la cire, et développant, outre le parfum particulier au houblon, une légère odeur d'ail.

Si les *houblons d'Allemagne* sont ceux qui offrent l'arome le plus fin et le bouquet le plus délicat, ils sont également et conséquemment ceux avec lesquels on obtient les bières les plus agréablement parfumées, celles qui laissent au palais la saveur la plus flatteuse, la plus recherchée des véritables amateurs de bière. Malheureusement les véritables amateurs sont fort rares en France; c'est en Allemagne qu'il faut aller les chercher; mais ce qui est pire chez nous, c'est que ce sont positivement ceux qui en savent le moins sur ce sujet qui ont la prétention d'en savoir plus que qui que ce soit, plus que le brasseur lui-même. En un mot, les quatre-vingt-dix-neuf centièmes des consommateurs n'ont pas l'aptitude nécessaire pour reconnaître un produit aromatisé avec un houblon de qualité médiocre. Dans ce nombre, une moitié témoigne de sa franchise en avouant son incompétence; mais l'autre moitié, qui compte un grand nombre *d'orateurs*, car nous tenons à nous servir d'expressions polies, a la prétention d'en savoir beaucoup plus à elle seule que tout le reste des consommateurs ensemble[1].

On a dit que les bons houblons se reconnaissaient à

(1) A ce propos nous demanderons à nos lecteurs la permission de leur raconter une historiette qui leur donnera une nouvelle preuve que nous n'avançons rien sans nous appuyer sur des faits. En 18.., je crois, le *salon littéraire* de Reims, c'est ainsi qu'on l'a appelé, bien qu'on y fasse beaucoup plus de poules, de whists et de reversis que de littérature, le salon littéraire de Reims, disons-nous, servit tout à coup à ses abonnés de la véritable *bière de Munich*; il était impossible, on le comprend, de ne pas fêter dignement les produits si justement renommés de la capitale de la Bavière, du pays enfin dans lequel on fabrique peut-être la meilleure bière du monde; et la Champagne, dans une circonstance aussi solennelle, ne pouvait manquer d'accorder à la cervoise d'outre-Rhin la plus cordiale hospitalité.

« Jamais, s'écriaient les orateurs du lieu, jamais nos brasseurs français, en général, et nos brasseurs champenois en particulier, n'arriveront à de pareils résultats; ils sont trop ignares pour cela (*sic*). » Et on porta de nombreux toasts à la Bavière et à la qualité de l'une de ses plus intéressantes productions. Mais si les bons consommateurs, si les *véritables* amateurs étaient dans la joie, les brasseurs de l'endroit, excepté un pourtant, éprouvaient une sérieuse inquiétude, une profonde anxiété; car la *bière de Munich* était de toutes les parties, de tous les pique-niques, de tous les lansquenets du *salon littéraire*.

Mais! ô déception! ô perversité humaine! on apprit tout à coup que le produit bavarois n'était autre chose que de la bière, et de la bière fort ordinaire, du département de la Meurthe, fabriquée par notre estimable confrère de Malzéville, M. *Munich*, qui en fut pour sa réputation d'un jour.

Il faut avouer que les organisateurs de ce complot se sont montrés bien railleurs et surtout bien audacieux, en surprenant d'aussi habiles connaisseurs.

l'œil, à leur *couleur jaune d'or;* il faut que ceux qui consignent d'aussi étranges assertions dans des publications sérieuses n'aient jamais touché de houblon, ou au moins qu'ils n'en aient jamais vu que dans un bocal de pharmacien; car il est à remarquer que les houblons qui approchent de la couleur jaune sont au contraire d'une qualité inférieure à ceux qui s'en éloignent davantage pour tirer sensiblement sur le vert. En effet, les *houblons de Buzigny*, dont nous avons déjà parlé, sont jaunâtres; mais telle n'est pas la couleur des *houblons de Bavière* et de *Bohême;* en outre, la surface externe des folioles des houblons allemands est légèrement lustrée et luisante, tandis que les *houblons de Flandre* sont mats et sans reflets.

Les *houblons de Flandre* sont généralement moins allongés que les houblons d'Allemagne; on peut dire que, comparativement, leurs cloches sont pour ainsi dire arrondies; et non-seulement leurs folioles présentent cette même configuration, mais encore il y a entre elles une plus grande distance que dans les houblons de toute autre provenance; d'où il résulte qu'au moindre choc la *lupuline* qu'ils renferment se détache et tombe. Cette configuration est l'une des causes qui empêchent les cloches des houblons de Flandre d'être aussi fermes que les autres; il faut ajouter à cela que les écailles membraneuses qui composent la fleur sont moins longues, moins nombreuses et plus ouvertes que dans les houblons qui lui sont supérieurs en qualité. Par suite de ce défaut d'organisation de sa fleur, ce houblon sèche très vite, son principe aromatique s'évapore facilement, et il perd par conséquent ainsi ses qualités les plus essentielles, qui ne sont déjà pas trop nombreuses. Ces faits sont tellement exacts que, parmi le très petit nombre de brasseurs des départements du centre qui en emploient encore aujourd'hui, il n'en est pas un seul qui ne dise que les *houblons de Flandre* ne peuvent être employés qu'aussitôt après la récolte, et qu'au bout de quelques mois d'exposition à l'air ils ont perdu de 10 à 30 p. 100 de leur qualité première.

Autrefois, pourtant, les houblons de Flandre étaient ceux qu'on employait presque exclusivement en France, peut-être parce qu'il n'y en avait pas d'autres ; car aujourd'hui on peut constater un fait plus significatif que tous les raisonnements : c'est que, depuis que le houblon est cultivé dans les Vosges et dans la Lorraine, ceux de Flandre ont été obligés de leur céder très humblement la place, non-seulement dans les départements du centre, mais encore dans les départements septentrionaux et sur leur terrain même. Pour n'en citer qu'une preuve, car nous tenons à procéder avec des faits, nous dirons que M. Séchehaye, l'un des planteurs les plus estimables de Gerbeviller, en expédie *à Saint-Quentin, à Origny, à Guise, à Marle, à Vervins, à Sedan, à Montcornet, à Rozoy-sur-Serre, à La Capelle, à Cambrai*, etc., etc., etc. Il ne pouvait en être autrement, car il nous est fréquemment arrivé de houblonner un hectolitre de bière forte avec 400 grammes de houblons de *Gerbeviller ;* or, nous défions qu'on nous présente un résultat analogue avec les *houblons de Flandre.*

On a fait grand bruit d'une certaine analyse comparative de la richesse des houblons employés par la brasserie française ; depuis ce temps, toutes les publications qui se sont occupées de l'histoire ou des emplois du houblon se sont empressées de la reproduire avec une confiance beaucoup trop grande selon nous. Nous la reproduisons ici, sauf à en tirer d'autres conséquences.

Espèces de houblon.	Sécrétion jaune.
Houblon de Poperinghe (Belgique).	18,00 pour 100
— d'Amérique (vieux).	16,90
— de Bourges.	16,00
— de l'étang de Crécy.	12,00
— de Buzigny.	11,50
— des Vosges.	11,00
— d'Angleterre (vieux).	10,00
— de Lunéville.	10,00
— de Liége.	9,00
— d'Alost (Belgique).	8,00
— de Spalt (Allemagne).	8,00
— de Toul (Meurthe).	8,00

De ce tableau il résulterait que, comparativement, les *houblons de Poperinghe* sont de beaucoup supérieurs aux *houblons de Spalt*, puisque les uns occupent la première place dans l'ordre analytique, tandis que les autres occupent la dernière ; il n'en est rien pourtant, et c'est positivement le contraire que démontre l'application pratique. En effet, il n'est pas un brasseur qui ne sache que 1^{k},500 de *houblon de Flandre* suffit à peine pour remplacer 1 kilogramme de *houblon d'Alsace*, et encore n'obtient-on jamais un parfum aussi développé, aussi délicat qu'avec ce dernier. D'ailleurs, et bien qu'aucun de nos lecteurs ne songe sans doute à nous contester l'exactitude de ces faits, nous ajouterons que telle est encore l'opinion de ceux mêmes qui font le commerce des houblons de Flandre. Nous en trouvons une preuve que tout le monde trouvera probablement suffisante dans une lettre que nous avons sous les yeux, qui porte la date de 1846, et signée *Caudron fils*. L'auteur s'exprime ainsi : « *Il est reconnu qu'un kilogramme Alsace houblonne* AU MOINS *autant qu'un kilogramme et demi de Poperinghe ou de Buzigny*. »

D'ailleurs, *tous* les brasseurs sont fixés sur ce fait, et si nous avons cru devoir insister sur ce sujet, c'est moins pour contester les chiffres que nous venons de publier que pour établir la différence qui existe dans la *qualité* de la sécrétion jaune que fournissent les différents houblons ; car, en fait, la *quantité* n'est rien; c'est à l'application, à l'application seule qu'il appartient de décider de la *qualité* et de prononcer en dernier ressort.

Nous trouvons une distinction analogue dans les différences comparatives signalées dans le même tableau analytique entre les *houblons d'Alsace* et les *houblons des Vosges;* bien que l'expérience et l'analyse nous aient fait donner la préférence aux *houblons de Gerbeviller*, nous sommes néanmoins obligé de reconnaître qu'il y a une nuance légère entre le parfum de ceux-ci et le parfum des *houblons d'Alsace*. Aussi nous expliquons-nous facilement l'emploi des houblons d'Alsace en Alsace même, parce que là, du moins, le public sait en apprécier le mérite ; mais ce serait, à nos yeux, une véritable duperie de s'obstiner, dans les départements du centre, à employer les houblons d'Alsace plutôt que ceux des Vosges, parce que le public ne tient aucun compte de la différence qui existe entre eux.

Au surplus, nous devons dire qu'il faut une très grande habitude pour s'apercevoir de la substitution de l'un à l'autre; indépendamment de cela, tous deux exercent au même degré la même action bienfaisante sur les produits fabriqués; enfin les *houblons d'Alsace* coûtent 30 pour 100 de plus que les *houblons de Gerbeviller*. Ces motifs nous paraissent justifier complétement la préférence que nous accordons à ces derniers, surtout dans la fabrication des bières de vente courante.

Si nous voulions constater la différence qui existe entre le rendement des houblons de Gerbeviller et de ceux de Flandre, nous trouverions une disproportion bien plus grande; car, comme nous l'avons dit au commencement de ce chapitre, et comme d'autres l'ont avancé avant nous, les houblons des Vosges ont une *force supérieure* à tous les houblons de France; aussi, pour obtenir avec les houblons de Flandre des résultats identiques à ceux que donnent ceux des Vosges, faut-il en employer environ 75 p. 100 de plus. Du reste, pour établir indubitablement ce que nous avons pu dire des *houblons de Gerbeviller*, il nous suffira d'ajouter que le planteur dont nous parlions précédemment en expédie même à des brasseurs de Saverne (Bas-Rhin), où les houblons d'Alsace sont très abondants.

Non-seulement les houblons de Flandre sont ceux qui offrent à la fabrication les résultats les plus défavorables, nous n'en demandons d'autre preuve que les *bières acides* des départements du nord, mais, de plus, ce sont ceux dont la récolte se fait avec le moins de soin ; ainsi, nous avons trouvé de 15 à 18 p. 100 de *queues* dans les divers houblons de Flandre ; dans ceux d'Alost, qu'on nous présente pourtant comme l'un des meilleurs crus, cette proportion s'est élevée de 18 à 22 p. 100.

Nous ne sommes pas le premier à faire cette remarque, car nous lisons dans l'ouvrage de M. S. Kolb : « Du houblon dans lequel on a laissé de grosses tiges et des feuilles, comme dans les *houblons de Flandre*, ne peut manquer de donner à la bière un goût rude et âpre. » (*Art du Brasseur*, p. 205.)

Toutes les fois que nous nous sommes trouvé en présence d'hommes qui avaient un intérêt direct à vanter les vertus des houblons de Flandre, mais particulièrement de ceux de Buzigny, et que nous leur avons exposé, avec preuves à l'appui, nos convictions sur ce sujet, il nous a été répondu : « C'est que probablement vous n'avez pas eu de houblon de Buzigny proprement dit. — Mais je suis en rapport avec les commerçants les plus honorables.—C'est qu'eux-mêmes ont été trompés, car il n'y a de sécurité que pour ceux qui achètent chez le planteur lui-même. — Eh bien, c'est ce que j'ai fait plus tard; je me suis adressé directement à Buzigny, et j'ai été tout aussi mécontent des houblons que j'en ai reçus.—Alors, si vous avez été aussi mal servi, cela tient à ce que, là, chaque habitant est pour ainsi dire marchand de houblons; vous n'aurez pas eu des crus mêmes du pays ; c'est d'autant plus probable que Buzigny n'en récolte guère en moyenne, par année, que 150,000 kilogrammes, tandis que divers marchands en expédient une quantité beaucoup plus considérable sous la même dénomination, bien qu'ils ne ressemblent en aucune façon aux Buzigny mêmes. — Alors, répondis-je pour en finir, puisqu'il est si difficile de s'en procurer de véritables, puisqu'il n'y a aucune sécurité pour l'acheteur même en s'adressant directement au producteur, vous trouverez bon que je m'en tienne désormais aux garanties de toute nature que je trouve dans les houblons de Gerbeviller. »

§ 4. Commerce des houblons.

> « Nous le disons avec une douloureuse conviction, la fraude commerciale ruine à la fois nos intérêts et notre honneur. »
>
> (*National*, 6 octobre 1848.)

Il y a beaucoup d'abus à signaler dans ce genre de commerce; cependant nous tâcherons d'être laconique, et nous nous bornerons, pour toute sorte de motifs, à l'énonciation de quelques faits qui nous paraissent de nature à fixer plus spécialement l'attention de nos lecteurs.

De toutes les marchandises que la spéculation livre au commerce, il n'en est peut-être pas sur laquelle un marchand déloyal puisse exercer ses scandaleux trafics plus impunément que sur le houblon; les signes qui caractérisent les produits des diverses provenances sont tellement vagues, tellement incertains, qu'il faut, pour les reconnaître, non-seulement une très grande habitude, mais encore une très grande habileté; c'est ce que la plupart des marchands savent aussi bien que nous, mieux que nous; c'est aussi ce dont ils essaient toujours de tirer le parti le plus avantageux pour leurs intérêts. Cela leur est d'autant plus facile que d'un cru à un autre, situé à quelques kilomètres de distance, il y a une différence de 10, 20, 30, 40 p. 100 dans les qualités et les prix. Tels sont les motifs pour lesquels M. Kolb a parlé avant nous de « ces différences qui n'existent que pour le profit des marchands. »

Un seul fait prouverait tout ce qu'il y a de fondé dans les dires de notre honorable confrère et dans les nôtres sur cette question en général, mais plus particulièrement encore quand il s'agit de houblons de provenance étrangère : c'est la nécessité dans laquelle se sont trouvés les maires des villes où se tiennent les principaux marchés de houblon d'envoyer aux brasseurs, dans des termes aussi peu flatteurs pour les commerçants de la localité que ceux que nous allons rapporter, des avis officiels annonçant les ouvertures des foires et marchés. « Messieurs les brasseurs qui tiendront à se procurer des *houblons* de première main *sans mélange*, et *sous leur vraie dénomination*, se rendront de préférence à la foire qui va s'ouvrir... » Tel est le texte d'une circulaire officielle que nous avons sous les yeux, et qui porte la date de 1846.

Il n'y a pas de doute que, pour obtenir des houblons purs, sans mélange, il faut les tirer de première main, c'est-à-dire s'adresser autant que possible sur les lieux mêmes et aux planteurs, sans aucun intermédiaire. A défaut de cette précaution nous sommes exposés à acheter, sous une fausse dénomination, des houblons provenant d'un cru différent de celui sous le nom duquel on nous les vend ; en d'autres termes, nous sommes exposés à payer fort cher des houblons médiocres ou mauvais, et dont le plus grand mérite, aux yeux du marchand, sera d'avoir été vendus 50 p. 100 au-dessus de leur cours normal.

C'est ainsi que nous avons *vu* vendre 450 fr. les 100 kilogrammes, sous le nom de *houblons de Haguenau* (Alsace), des houblons provenant en réalité des bons crus de Gerbeviller (Vosges), qui, à la même époque, valaient 300 francs les 100 kilogrammes; le brasseur auquel nous en fîmes l'observation ne voulut pas nous croire d'abord; nous le priâmes de comparer ses houblons avec ceux qui nous avaient été vendus dans le même temps par un planteur de Gerbeviller. Notre confrère accepta l'offre, fabriqua un autre brassin dans les mêmes conditions, avec le houblon que nous lui avions envoyé à cet effet, et un mois après il nous écrivait : « Ce que vous m'avez dit de mes houblons de .... est trop vrai; je vous certifie qu'à l'avenir je ne m'y laisserai plus prendre. Autrefois, dans le langage si sévère, mais si juste, de nos ancêtres, cela s'appelait *escroquerie, abus de confiance;* aujourd'hui nos modernes flibustiers appellent cela de l'habileté.

« *O tempora! ô mores !* »

Et notre correspondant avait raison.

Il n'est pas une application nouvelle, un procédé rationnel, une idée ingénieuse qui ne soient immédiatement mis à profit et détournés de leur but par les misérables dont nous parlons, dès qu'il y trouvent un moyen de satisfaire leur rapacité. Nos lecteurs ont déjà compris que nous voulons parler des *houblons comprimés*; certes c'était là une heureuse invention, qui allait permettre de conserver désormais le houblon sans craindre de le voir se dénaturer par l'évaporation de son principe aromatique à l'air ; aujourd'hui c'est une arme dont la fraude s'est emparée; par ce moyen elle est parvenue à introduire des *houblons vieux* dans des *houblons nouveaux*, c'est-à-dire à falsifier ces derniers en y mêlant jusqu'à 30 p. 100 de houblons vieux, sans qu'il soit possible au praticien le plus expérimenté de s'en apercevoir. Que nos lecteurs se tiennent donc pour avertis et qu'ils se mettent sur leurs gardes.

Nous demandions un jour à un planteur pourquoi il ne comprimait pas ses houblons. « D'après les coupables abus qu'en font les marchands, ce sera quelque jour une fort mauvaise enseigne, nous répondit-il, et je m'en soucie fort peu. »

Certes il est déplorable de voir le mercantilisme aller aussi loin ; mais ce qui est plus déplorable encore, c'est de voir *quelques* marchands, plus avides d'argent que de bonne renommée, pousser la déloyauté jusqu'à soudoyer, soit directement, soit indirectement, les garçons chefs, les *fachs* des brasseries dans lesquelles ils viennent solliciter humblement l'honneur d'une petite commission. Tantôt ils leur feront présent de pipes d'Alsace, par exemple; tantôt ils iront même jusqu'à leur offrir de l'argent, afin de se faire des créatures qui prétendront que les houblons de M. tel, c'est-à-dire ceux de l'honnête homme, de celui qui ne soudoie pas l'infamie, sont des houblons de mauvaise qualité, avec lesquels on ne peut faire que de mauvaises bières. Et vous en aurez la preuve, car votre *fachs*, s'il le veut, saura bien s'arranger de manière à ce que vos produits ne valent rien. Les serviteurs qui se conduisent ainsi, et nous en connaissons, sont indignes de porter le nom d'ouvrier, car le véritable ouvrier est honnête homme. Quant aux marchands qui poussent l'effronterie jusque-là, nous regrettons qu'il soit si difficile, pour ne pas dire impossible, d'en faire châtier quelques-uns pour servir d'exemple aux autres.

Nous déplorons sincèrement d'avoir à enregistrer de pareils actes, et nous ne doutons pas que la manière dont nous venons de les mettre au jour n'éveille quelques *honorables susceptibilités* qui, dans l'ombre bien entendu, éclateront en récriminations contre nous. C'est ce que nous désirons; ils nous éviteront ainsi l'embarras de les désigner nommément.

Si la plupart des praticiens qui sont victimes de ces indignes trafics ne se bornaient pas à n'être brasseurs que par la patente, si, en un mot, ils suivaient plus assidûment les travaux qui s'exécutent dans leur usine, cela n'arriverait pas, ou au moins les trafiquants de bas étage seraient moins impudents; il serait plus facile de les chasser honteusement des brasseries dans lesquelles ils viennent mettre en œuvre des moyens illicites pour parvenir à leurs fins.

Parmi les marchands que nous signalions il y a un instant à l'attention et au souvenir de nos lecteurs, il en est qui ont prétendu n'être pas engagés vis-à-vis de leurs commettants alors qu'un de leurs mandataires avait conclu en leur nom une affaire d'achat ou de vente peu lucrative, bien entendu. A ce propos, nous devons, dans l'intérêt de nos confrères, mettre sous leurs yeux un arrêt tout récent de la Cour royale de Paris. Nous en reproduisons le résumé succinct que nous avons trouvé dans *l'Industriel de la Champagne*, journal dont nous avons eu l'occasion de signaler l'importance et l'utilité.

Jurisprudence commerciale.

« Une décision qui intéresse le commerce vient d'être rendue par la Cour royale de Paris : elle a jugé qu'une opération de commerce, et spécialement un achat de marchandises, fait par le représentant légal et habituel d'une maison de commerce, engageait cette maison sans qu'il fût besoin d'un mandat spécial.

« M. V. Siégel, négociant à Paris, avait vendu quatre fûts de colle de poisson au représentant de la maison Gloxin-Deligny et Cie, de Strasbourg. Ces derniers avaient refusé de payer la somme de 15,515 fr., prix de cette vente, en soutenant que leur représentant n'avait pas mandat d'acheter ces quatre fûts ; mais le tribunal de commerce de la Seine, par ses jugements en date des 6 février et 26 mai 1846, les a condamnés à payer à M. Siégel le montant de la facture. Sur l'appel interjeté par MM. Gloxin-Deligny et Cie, la Cour royale de Paris (2e Chambre), par arrêt du 17 février 1847, a confirmé purement et simplement les sentences des premiers juges, et condamné MM. Gloxin-Deligny et Cie à tous les dépens. »

Malheureusement nous n'avons pas tout dit sur la *sophistication des houblons*. La presse, cet immense et puissant levier de civilisation, nous dévoile chaque jour les nombreux délits qu'enfante la convoitise la plus sordide. En effet, nos lecteurs se souviennent, la presse entière en a retenti, de houblons livrés au commerce après avoir été dépouillés de leurs principes extractifs, c'est-à-dire de la *lupuline*, qui constitue le principal élément de leur richesse. Pour notre compte, nous déclarons n'en avoir jamais vu, par conséquent nous ne savons de quel côté ces houblons ont pu venir. Cependant que nos lecteurs prêtent l'oreille au cri que vient de jeter un homme fort désintéressé dans cette circonstance, et ils verront quelles inductions ils devront en tirer. « Ce n'est pas en Russie, dit M. Jobard, de Bruxelles, directeur du Musée de l'industrie belge[1], que l'on permettrait de vendre impunément du *houblon épuisé de sa lupuline*, comme on se permet de le faire ailleurs[2]. » Nous n'avons qu'un seul mot à ajouter à ceci : c'est que l'auteur habite la Belgique, patrie des contrefaçons, et qu'il a vécu par conséquent au milieu des houblonnières de la Flandre.

De tout ce qui précède il nous semble découler une conclusion sur laquelle nous ne saurions appeler trop sérieusement l'attention de nos lecteurs : c'est d'éviter l'intermédiaire du marchand dans toutes les acquisitions de houblons, et de s'adresser directement aux planteurs.

(1) *Création de la propriété intellectuelle.*

(2) Il est étrange d'entendre l'auteur se faire indirectement l'apologiste de la Russie, quand il aurait bien pu, pour quelques idées qu'il a émises, se voir envoyer en Sibérie, s'il les avait publiées sous le beau ciel moscovite.

Nous avons arraché dans la chaleur de la discussion, à l'un de ces messieurs, une grande vérité, en l'amenant à nous dire : « *Il n'y a de sécurité que pour ceux qui achètent chez le planteur lui-même.* »

Nous sommes loin de dire toutefois que *tous* les marchands soient indignes de la confiance qu'on leur accorde; loin de nous une pensée aussi absolue! Mais toujours est-il qu'il faut être très circonspect dans le choix des marchands avec lesquels on entame de nouvelles relations, et ne pas se laisser illusionner par des *faveurs*, comme les appellent ces messieurs, que l'on paie souvent fort cher.

Le commerce des houblons se fait en général dans des conditions qui nous paraissent mauvaises, et c'est parce qu'il dépend des consommateurs de les modifier que nous croyons devoir en dire quelque chose. Nous signalerons particulièrement l'instabilité dans les rapports avec les planteurs ou marchands, mais surtout les planteurs auxquels on a accordé une confiance dont ils sont dignes et dont on les déshérite tout d'un coup, parce qu'un simple spéculateur laisse entrevoir l'espérance d'un avantage qui, comme nous l'avons déjà dit, est le plus souvent bien illusoire. Il importe essentiellement, à notre avis, que les relations commerciales, en cette matière surtout, soient des relations stables et toutes de confiance, ce qui n'empêche pas évidemment de choisir ses fournisseurs dans les pays où sont situés les crus dont on préfère les produits; c'est même là, sans contredit, ce qui offre le plus de garantie à l'acheteur. En effet, les marchands étrangers à une localité ne savent pas dans quelles conditions la culture d'un houblon y a été opérée, comment elle a été soignée avant et après la cueillette, comment le séchage s'y pratique, toutes conditions dont nous avons démontré l'influence sur la qualité des matières qui nous occupent. Le planteur, au contraire, le commerçant qui habite sur les lieux mêmes, sait très bien que la situation de telle houblonnière est supérieure à la situation de telle autre; il sait également que tel propriétaire donne des soins assidus à sa culture; il peut voir comment s'opère la récolte et quels engrais reçoit le terrain, tandis que le marchand étranger ne peut juger de la qualité des houblons que par les sensations si trompeuses que perçoivent ses organes. Si, les houblons ayant été cueillis trop verts, afin de leur donner plus de poids, on a dissimulé leur couleur verdâtre en les blanchissant au soufre, c'est à-dire par l'acide sulfureux provenant de la combustion du soufre; si le houblon a été séché au feu, comment le marchand étranger pourra-t-il s'en apercevoir? Et cependant, nous l'avons dit, et nous en parlons par expérience, toutes ces opérations sont essentiellement nuisibles à la qualité des houblons.

Si nous n'avons pas craint d'apporter dans l'examen de cette question toute la sévérité qu'elle réclamait, c'est que nous avions l'assurance que personne ne mettrait en doute la véracité des faits que nous avons énoncés. Certes on ne nous accusera pas d'un excès de tendresse envers le glucose; pourtant nous n'en avons pas moins payé à la vérité le tribut auquel elle a toujours droit; nous n'en avons pas moins émis une opinion impartiale sur les produits fabriqués à Rueil, afin d'éclairer la religion de nos lecteurs; car nous n'oublions pas un seul instant que notre mission est de défendre leurs intérêts.

Ce que nous avons fait pour le glucose, que nous proscrivons, nous devons le faire au même titre pour le houblon que nous recommandons; car il nous semble qu'il y a un grand intérêt pour les producteurs, quels qu'ils soient, à être fixés sur les garanties soit morales, soit matérielles, que leur offrent ceux auxquels ils s'adressent pour l'acquisition de leurs matières premières.

Si l'on prétend que ce n'est pas dans un ouvrage professionnel qu'il faut citer des noms propres, nous répondrons que tel n'est pas notre avis. Nous pensons que c'est rendre un véritable service aux praticiens que de leur faire connaître les commerçants véritablement honorables auxquels ils peuvent s'adresser. C'est parce que la loyauté dans les relations commerciales tend à s'anéantir davantage de jour en jour qu'on doit encourager par tous les moyens licites ceux qui ont conservé les habitudes de probité dont tant d'autres ont secoué le joug importun. Aussi n'hésitons-nous pas plus à citer ici M. Séchehaye, de Gerbeviller (Vosges), que nous n'avons hésité précédemment à citer les noms de MM. Labiche et Tugot.

Placé comme planteur au centre d'une immense exploitation qu'il cultive avec succès depuis trente ans, M. Séchehaye est l'un de ceux qui nous ont paru offrir au plus haut degré les conditions de sécurité que nous pouvons réclamer à bon droit; non-seulement nous ne craignons pas d'être démenti par un seul de nos confrères qui ait eu quelques rapports avec lui, mais encore nous sommes convaincu que, tout en remplissant un devoir d'impartialité envers un honnête homme, nous sommes ici l'organe fidèle des sentiments que ses commettants lui ont conservés.

Nous serions injuste envers l'un des chefs d'une importante maison de Strasbourg, M. J.-G. Geck, auquel nous nous adressions pour les houblons d'Alsace et d'Allemagne, si nous n'attachions au moins un souvenir à son nom, car il est du nombre de ceux qui ont su conserver précieusement ces bonnes et honnêtes traditions de la veille école commerciale si singulièrement transformées aujourd'hui. Il nous est pénible, sans doute, d'avoir à justifier de pareils éloges, quand les règles de conduite et les actes qui les motivent devraient être la loi commune de tous les commerçants; mais, après tout, pourquoi n'accorderions-nous pas une prime à la loyauté?

Pourrait-on d'ailleurs nous citer beaucoup d'exemples de répression sérieuse, à l'égard des innombrables méfaits dont le commerce est la source? On peut avancer qu'il n'y a pas de pénalité proprement dite contre ces délits. En cela, comme en beaucoup de circonstances, on reconnaît volontiers qu'*il y a quelque chose à faire;* mais, dans ce cas encore, nous en sommes au fameux : *Rien! rien! rien!*

On l'a dit bien souvent, on envoie aux galères le malheureux qui, placé entre la faim et la misère, prend un petit pain à l'étagère d'un boulanger, et on condamne à 1 franc d'amende le boulanger qui, pendant de longues années, a trompé son pauvre client sur le poids et sur la qualité de sa marchandise. Un marchand substitue à la denrée de qualité supérieure qu'il vous a vendue une autre denrée de qualité inférieure; en d'autres termes, il se rend coupable d'une *escroquerie;* il en est puni... en faisant fortune, et en acquérant par là le droit d'insolence envers ceux qu'il a contribué à ruiner. Pour finir, veut-on un exemple dans lequel il ne manque que les noms?

Un misérable, dont l'immoralité l'emporte sur la friponnerie, rencontre de la résistance là où il croyait trouver une soumission criminelle. Ce qu'il demande, ce qu'il veut, ce sont des complices pour arriver à un but infâme. Il sait que sa seule volonté suffit pour briser d'un seul coup, si elles lui résistent, les deux existences qu'il tient dans sa main; aussi, ne pouvant parvenir à ce qu'il désire, il frappe, essayant ainsi d'entacher d'un déshonneur involontaire ceux qui n'ont pas voulu se déshonorer volontairement en l'aidant à commettre un FAUX [1].

A qui donc les dupes de cette nature iront-elles demander justice? A quel tribunal les victimes s'adresseront-elles pour obtenir une réhabilitation dont, au fond de leur conscience, elles sentent qu'elles n'ont pas besoin?

Mais arrêtons-nous, car nous ne voulons pas laisser de traces de larmes là où nous ne devons enregistrer que des faits.

(1) Le fait que nous avançons est assez grave pour que l'on puisse être certain que nous en avons la preuve sous la main; nous la tenons à la disposition de ceux qui seraient tentés de révoquer en doute ce que nous venons de dire.

Ce que nous pouvions faire, c'était de montrer du doigt les coupables que nous ne pouvions désigner par leur nom ; nous l'avons fait sans crainte et sans regret.

Section VI. — Lupuline.

On a donné le nom de *lupuline* à la substance active du houblon, à celle du moins qui est la plus utile à la fabrication de la bière, et qui, comme nous l'avons dit précédemment, constitue à notre égard la richesse de ce produit.

C'est sous les aisselles de chacune des petites écailles membraneuses qui composent la fleur femelle du houblon que l'on trouve la lupuline. Elle se présente ordinairement sous l'aspect d'une poussière granulée, jaune, transparente, très aromatique, et d'apparence résineuse. Son action est dix *fois plus énergique* que celle du houblon lui-même. Elle forme en moyenne environ 10 pour 100 du poids de celui-ci.

De tous les chimistes modernes qui se sont occupés de l'étude de la lupuline, de sa configuration, des divers caractères qu'elle présente, enfin de sa composition chimique, aucun ne nous paraît l'avoir fait avec plus de succès que M. Raspail ; c'est donc à son remarquable travail que nous empruntons les citations suivantes sur cette importante question.

« Lorsqu'on agite les cônes femelles du houblon dans un sac, il s'en sépare une poudre jaune, qui, tamisée avec soin, pèse de 9 à 12 pour 100 des cônes femelles, nombre qui varie en raison de l'époque de la cueillette, des circonstances météorologiques qui l'ont précédée et qui l'accompagnent, enfin en raison des modifications des ustensiles qu'on emploie. C'est cette poudre que *Yves* nomma *lupuline*, et qu'il trouva, par ses dernières expériences, composée de 36 parties de résine, 12 de cire, 11 d'une matière extractive amère particulière, soluble dans l'eau et l'alcool, 5 de tannin, 10 d'extractif insoluble dans l'alcool, et 46 pour 100 de résidu insoluble.

« Quelque temps après la publication de ces travaux, Planche, Payen et Chevalier s'occupèrent à leur tour de l'analyse de la même poudre ; ils reconnurent l'existence des mêmes substances, mais avec des proportions différentes.

« Postérieurement à tous ces travaux, j'éveillai l'attention des chimistes sur l'organisation compliquée et sur l'analogie de la lupuline, et je figurai la région qu'occupaient dans ses cellules les substances chimiques. Cette publication[1] nécessita de nouvelles recherches de la part de Payen et Chevalier, auxquels s'adjoignit Gabriel Pelletan. Il est résulté de leurs recherches la création d'une nouvelle substance qu'ils appellent *lupuline* ou *lupulite*, et qui, d'après les auteurs, est la substance amère du houblon ; tantôt blanche ou légèrement jaunâtre et opaque, tantôt orangée et transparente[2], peu soluble dans l'eau bouillante, qui n'en dissout que 5 pour 100 de son poids, très soluble dans

(1) *Bulletin des Sciences physiques et chimiques*, t. VIII, p. 333. *Mémoire sur les tissus organiques*, p. 57, t. III, des *Mémoires de la Société d'histoire naturelle de Paris*, 1827.

(2) Nous ne sommes nullement de l'avis de MM. Payen, Chevalier, etc. Nous avons eu de fréquentes occasions d'observer au micros-

l'alcool, elle n'est ni acide, ni alcaline; inaltérable par les sels métalliques, insoluble dans les acides et les alcalis étendus; ne répandant l'odeur du houblon que lorsqu'on la chauffe; ne donnant point d'ammoniaque à la distillation, mais beaucoup d'huile pyrogénée.

« Examinée au microscope, cette poudre jaune ne se compose que d'organes vésiculaires riches en cellules, variant de volume autour d'un huitième de millimètre, et de forme analogue à celle qui est représentée *fig.* 85.

Figure 85.

Chacun de ces grains est, après sa dessiccation, d'un beau jaune d'or, assez diaphane, aplati, offrant sur un point quelconque de l'une de ses deux surfaces l'empreinte de ce point d'attache par lequel le grain a dû tenir primitivement à l'organe qui l'engendre, point que je désigne ordinairement par le nom de *hile;* on le voit très bien sur la *fig.* 85. Lorsqu'on examine ces grains fraîchement obtenus des cônes femelles encore

cope des houblons de toutes les provenances, et nous n'avons jamais rencontré de *lupuline blanche*, ni *opaque;* nous l'avons toujours trouvée d'une couleur jaune d'or d'autant plus tendre que le houblon est plus nouveau, d'autant plus foncée, c'est-à-dire tirant sur l'orangé, que le houblon est plus anciennement récolté. Nous ajouterons que cette dernière indication est peut-être *la seule* qui permette de distinguer les houblons vieux des houblons nouveaux.

vivants, on les trouve pyriformes, avec un pédoncule terminé par un *hile*, tels enfin qu'on les voit représentés, à la faveur d'une simple mais forte loupe, *fig.* 86 et 87.

Figure 86.

Figure 87.

« Si l'on enferme avec de l'éther une ou deux de ces granulations dans la cavité de deux lames de verre, on voit l'éther se colorer en jaune d'or, et les granulations devenir de plus en plus transparentes, jusqu'à ne plus retenir qu'une teinte jaunâtre; elles s'offrent alors comme des vésicules aplaties, dont la surface supérieure est traversée par quatre plis en croix (*fig.* 88.)

Figure 88.

« Si l'on répète l'expérience en grand dans un tube de verre, l'éther, par évaporation spontanée, abandonne au fond du vase une substance jaunâtre que l'alcool redissout, et sur les parois du vase des gouttelettes d'huile essentielle qui, jaunes d'abord, se métamorphosent le lendemain en gouttelettes vertes sur les bords et incolores dans le centre.

« L'alcool se colore de la même manière que l'éther; mais le séjour le plus prolongé de la lupuline dans une suffisante quantité d'alcool ne parvient jamais à la dépouiller de toute la matière jaune qui remplit ses cellules; alors ses grains semblent se dédoubler, et se présentent toujours comme une grande vésicule vide à l'intérieur, et dont les cellules, qui forment ses parois,

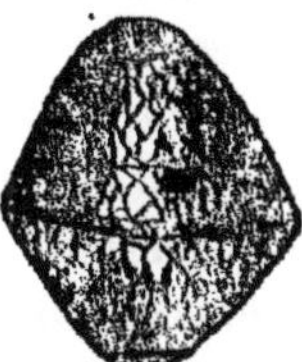

Figure 89.

sont seules remplies de la substance jaunâtre (*fig.* 89).

« L'ammoniaque présente des phénomènes encore plus dignes de remarque. Ce menstrue se colore, par le séjour de la lupuline, en un jaune rougeâtre que l'acide sulfurique change en jaune de cire; et l'ammoniaque dépose, par évaporation, une substance qui, après son entière dessiccation, refuse de se dissoudre dans l'alcool et dans l'éther, et qui se comporte comme la cire.

« Si l'on observe au microscope la poudre épuisée de cette manière, on remarque de grandes vésicules entières (espèces de sacs membraneux ou enveloppes qui recouvrent la partie soluble dont parle M. Raspail)

Figures 90.

Figure 91.

(*fig.* 90), ou des calottes de ces mêmes vésicules (*fig.* 91) infiniment transparentes, et qui sont divisées en un certain nombre de grands compartiments incolores, par un réseau de globules verts disposés en chapelets: elles retiennent encore les traces du *hile*. A côté de ces grands globules transparents sont des grains jaunes opaques, et à un point quelconque de leur surface est attaché un boyau blanc plus ou moins tortueux et noué (*fig.* 92), ou simple et réticulé (*fig* 93), ou bien enfin une vésicule légèrement jaunâtre (*fig.* 94).

Figures 92, 93, 94.

« Après un séjour de trois semaines dans une suffisante quantité d'ammoniaque, les cellules centrales du grain de lupuline ne sont pas plus attaquées, mais les globules verts se dépouillent de leur substance verte; le grain de lupuline s'offre alors comme le grain de fécule vidé sous l'influence de la germination (*fig.* 95), c'est-à-dire avec la forme d'une vésicule presque incolore,

Figure 95.

Figure 96.

dans le sein de laquelle est un paquet de cellules agglomérées (*fig.* 96). Donc l'ammoniaque n'en a pas attaqué l'intérieur. » (*Nouveau Système de Chimie organique*, tome II, pages 183 et suivantes.)

Le remarquable travail de M. Raspail sur la lupuline ne se borne pas là, nous pourrions même étendre nos citations sans sortir de notre cadre, mais nous reproduisons seulement les conclusions de l'auteur, afin d'être fixé sur la composition de cette substance.

« Il résulte de toutes ces expériences que la *cire* existe dans les grandes cellules de l'épiderme, et que la *résine verte* (chlorophylle) occupe les petites cellules en chapelet du même organe (*fig.* 90 et 91); que la *résine jaune* se trouve dans la couche de cellules qui tapisse immédiatement la paroi interne de l'épiderme, et qui forme le *test* du grain de lupuline (*fig.* 96); que le *gluten* enfin occupe ici encore l'intérieur de la vésicule. Quant à l'*huile essentielle* qui exhale l'arome du houblon, l'expérience par l'éther me fait présumer qu'elle est associée à la *résine verte* et réside dans les mêmes cellules. »

La présence du *tannin* dans la lupuline du houblon est un fait indéniable; pour s'en convaincre, il suffit de verser dans une décoction de cette fleur quelques gouttes d'une dissolution d'un sel de fer, supposons de la couperose verte ou vitriol vert (sulfate de fer), pour qu'à l'instant même il se produise de l'encre. Ce moyen de vérification pourra être employé avec succès par tous ceux qui, acceptant comme articles de foi les *on dit* de tout le monde, déclarent assez inconsidérément que, dans certaines brasseries, on substitue au houblon la *racine de buis*; comme cette dernière ne renferme que peu ou point de *tannin* comparativement à ce qu'on en trouve dans le houblon, il en résultera nécessairement que la présence de quelques gouttes d'une dissolution ferrugineuse déterminera immédiatement, dans toutes les bières à la fabrication desquelles on aura employé le houblon, un précipité noir d'autant plus abondant que la proportion de houblon employée sera plus considérable, tandis que rien de semblable ne saurait se produire dans celles où on aura fait jouer frauduleusement à la racine de buis un rôle que le houblon seul peut remplir avec succès.

La présence du *tannin* dans la lupuline, loin d'être un inconvénient, est au contraire très favorable au succès des diverses opérations que le brasseur fait subir à ses produits ; car elle détermine la précipitation des *dissolutions de fécule et de gluten* que renferment les moûts. Cette précipitation rend plus facile, lorsque la chaleur intervient comme agent mécanique, l'agglutination de toutes les matières qui doivent se séparer à l'état d'écumes ; or, nous savons que de cette séparation plus ou moins complète résulte la plus ou moins grande limpidité des moûts.

En parlant du houblon, M. Dumas dit : « De toutes les substances qui entrent dans la composition de la sécrétion jaune, la seule qui soit vraiment utile, c'est l'*huile essentielle volatile* qui forme les 2 pour 100 du poids total du houblon. » Le même auteur ajoute, en parlant de la dessiccation de ce produit : « Il faut avoir soin de ne pas élever la température au-dessus de 50° centigrades ; car à une plus haute température l'huile essentielle se volatiliserait. » Est-ce en raison de ces motifs que M. Dumas, à propos de la dessiccation des houblons, a parlé des « *très bons effets* d'un *appareil* analogue au séchoir de M. *Chaussenot?* »

De ce qui précède nous devons conclure qu'il est urgent de loger les balles de houblon dans des locaux froids, sans être humides, mais surtout à l'abri des rayons solaires. On ne saurait nier, en effet, que l'huile essentielle de houblon soit éminemment volatile, puisque, même en hiver, l'air des magasins dans lesquels on le conserve en est pour ainsi dire presque complétement saturé.

Ces motifs nous font souhaiter vivement que les planteurs recouvrent leurs toiles d'emballage d'un enduit qui empêche l'air extérieur de pénétrer au travers des mailles du tissu. Comme nous n'avons fait aucune expérience à ce sujet, et que nous ne sachions pas que d'autres s'en soient occupés, nous nous bornerons à dire que nous pensons que la dextrine, attendu le bas prix auquel on est parvenu à la liver au commerce, serait *peut-être* propre à cet usage. Si les essais étaient couronnés de succès, on aurait ainsi rendu de grands services aux brasseurs; car on les mettrait à l'abri des chances de fraude que présentent les *houblons comprimés*.

Section VII. — Cuisson proprement dite.

§ 1. Importance de la cuisson.

Nous avons dit dans un chapitre précédent ce que l'on entend par la cuisson, et quelles sont les opérations qui en constituent l'ensemble. Il ne nous reste donc plus qu'à parler de l'importance qu'on doit y attacher, des précautions à prendre dans les différents cas qui peuvent se présenter, et des améliorations que la raison et l'expérience permettent d'y introduire, en ce qui concerne la coction du houblon.

Pour un grand nombre de nos devanciers, la cuisson était l'une des opérations dont la conduite et les résultats avaient la plus grande influence sur la durée de la conservation de la bière; c'était, pour la plupart d'entre eux, et c'est encore aujourd'hui, pour le public, la clef de voûte et le couronnement de l'œuvre; c'était, en un mot, sur sa réussite que se portait toute leur attention. Autrefois, en effet, la cuisson ne comprenait pas seulement la clarification des moûts et la coction du houblon; c'était encore une véritable concentration, parce que la quantité d'eau employée aux infusions était comparativement plus considérable que celle à laquelle on se borne de nos jours; aussi les *cervoisiers* étaient-ils obligés d'évaporer, lors de la cuisson, l'excédant d'eau que renfermaient leurs moûts, afin de rendre ceux-ci plus denses et par conséquent plus sucrés, puisque la proportion de matières sucrées augmentait à mesure que le volume du liquide diminuait par l'évaporation.

Aujourd'hui, heureusement, nous n'en sommes plus là; on a compris que, outre le surcroît de dépense auquel entraîne la consommation en pure perte d'une certaine quantité de combustible, il est bien autrement préjudiciable aux intérêts du brasseur d'acquitter des droits exorbitants sur un liquide qui doit être évaporé, puisqu'enfin l'administration des contributions indirectes a pris pour base de l'impôt dont elle frappe la bière la contenance des chaudières de fabrication. Il est donc beaucoup plus rationnel de n'employer que les quantités d'eau et de malt nécessaires, de telle sorte que les moûts réunis contiennent la somme de principes sucrés indispensables à la fabrication de l'espèce de bière que l'on veut obtenir, car on se dispense ainsi de recourir à une concentration non moins dispendieuse qu'inutile. D'ailleurs, le contact trop prolongé de la chaleur exerce une influence fâcheuse sur la qualité des produits; nous aurons l'occasion d'en fournir bientôt la preuve.

Non-seulement il est facile de comprendre par le raisonnement que les intérêts des brasseurs repoussent l'ancien mode d'opérer, mais encore nous devons ajouter que l'expérience est venue sanctionner de la manière la plus satisfaisante les procédés de fabrication à l'aide desquels la cuisson a été réduite à quelques heures. Lille, et généralement tous les grands centres du département du Nord, en offrent une preuve évidente; autrefois la cuisson d'un brassin durait de trente-six à quarante heures, aujourd'hui elle s'opère en six ou huit heures, et certes Lille n'a pas compromis pour cela la réputation de ses produits, au moins dans l'esprit de ses consommateurs. A Bordeaux, comme dans la plupart des villes du midi et dans les départements du centre, on ne cuit guère que pendant cinq à six heures environ, ce qui n'empêche pas d'expédier les produits fabriqués, par terre, à 150, 160 kilomètres, et souvent au delà.

Nous ne devons donc plus voir dans la cuisson qu'un moyen de clarifier les moûts en déterminant d'abord la coagulation du gluten par la chaleur, puis en faisant réagir plus tard le tannin du houblon pour rendre cette clarification plus complète. Toutefois, comme la cuisson influe sur la coloration des moûts, il en résulte que les conditions dans lesquelles elle doit s'opérer sont subordonnées à l'espèce de bière que l'on veut obtenir.

En règle générale, on peut dire que, toutes conditions étant égales, la coloration fera d'autant moins de progrès par la cuisson que l'ébullition sera plus rapide et qu'elle aura lieu à ciel ouvert, ou, pour parler plus pratiquement, à chaudière découverte; et qu'au contraire elle sera d'autant plus prononcée que l'ébullition des moûts sera plus lente et plus prolongée, et que les chaudières seront plus hermétiquement fermées. C'est par ces motifs que, dans la fabrication des bières blanches, il faut prendre pour règle de conduite le premier des principes que nous venons de signaler, tandis que, lorsqu'il s'agit de la préparation des bières brunes, il faut opérer comme nous l'avons indiqué dans le second cas. Ceci explique suffisamment encore pourquoi il convient d'employer la chaudière *fig.* 79 à la fabrication des bières blanches, et celle *fig.* 80 à la fabrication des bières brunes.

Nous avons exposé précédemment les difficultés qu'on rencontre, pendant l'été principalement, dans la fabrication des bières blanches, et nous avons fait voir qu'elles imposaient au praticien l'obligation, pour obtenir des moûts un peu limpides, d'employer l'eau à des températures élevées lors de la trempe préparatoire et de la première infusion; nous avons ajouté que cette nécessité influait singulièrement sur la coloration des moûts. C'est dans le but de combattre efficacement cette coloration, ou au moins pour l'empêcher de se développer trop abondamment, qu'on a fait dans ces derniers temps, et avec beaucoup de raison, usage du noir *animal demi-gros*, comme on l'appelle dans le commerce.

Nous devons dire toutefois qu'à défaut des connaissances indispensables pour en faire une bonne application, la plupart des praticiens qui ont essayé de l'employer se sont étrangement abusés sur les propriétés du charbon animal; c'est pourquoi nous pensons qu'il ne sera pas sans importance d'en dire ici quelques mots.

De tous les corps connus, le charbon animal est certainement celui qui possède au plus haut degré la propriété singulière d'absorber la matière colorante des liquides avec lesquels on le met en contact; c'est ainsi, par exemple, que le vin rouge peut être converti en vin blanc, mais particulièrement que le vinaigre rouge peut être amené à l'état de vinaigre blanc, surtout si on fait intervenir la chaleur pour faciliter la réaction; c'est encore par le même motif qu'on l'emploie dans la fabrication des sucres à la décoloration des sirops. Mais là ne se bornent pas les propriétés du noir animal, si utile au chimiste et dans les arts; il possède en outre la faculté d'absorber, de condenser dans ses pores le plus grand nombre des matières odorantes, pour ne pas dire toutes; c'est pourquoi nous en avons conseillé l'usage comme désinfectant dans les fonds de germoirs qui reçoivent les eaux de lavage; car, sous ce dernier rapport, sa puissance est telle qu'on peut, par son intermédiaire, désinfecter des eaux rendues putrides par la stagnation ou par la présence de matières animales ou végétales en voie de décomposition, et même, en le mélangeant avec des matières fécales, rendre celles-ci complétement inodores.

Il ne faut donc pas perdre un seul instant de vue, dans l'application particulière dont nous nous occupons, que le noir animal peut non-seulement s'emparer de la matière colorante des moûts, mais encore enlever au houblon le principe odorant qu'il est si essentiel de conserver aux produits que l'on fabrique.

Voilà où est le danger, voilà pourquoi il faut éviter de laisser le charbon animal en contact avec le houblon, voilà enfin la cause, la seule cause, qui a fait repousser par quelques praticiens l'emploi d'un agent précieux appelé à leur rendre de grands services, et cela uniquement parce qu'ils ne connaissaient aucune de ses propriétés caractéristiques.

Lorsqu'on veut employer le noir animal, il faut, après l'avoir lavé avec le plus grand soin, et huit ou dix fois successivement, dans une eau pure, l'introduire dans la proportion de deux à trois kilogrammes par hectolitre de bière en fabrication, dans un tissu de toile peu serré, afin que toute la masse puisse recevoir le contact du liquide; on suspend ce sac dans les chaudières de fabrication; mais il faut avoir soin de l'enlever au moment d'introduire le houblon.

En général, lorsque le noir animal a servi deux fois au même usage, il a perdu tout ou au moins la plus grande partie de son pouvoir décolorant; dans cet état il peut cependant encore être facilement revivifié, mais la revivification du noir animal est une opération dont nous ne pouvons traiter ici. Nous renvoyons ceux de nos lecteurs qui voudraient la connaître au mot: REVIVIFICATION du *Dictionnaire technologique*.

Ce qu'il n'est pas moins important d'observer dans la fabrication des *bières blanches*, c'est d'entretenir une ébullition très active et de la prolonger le moins longtemps possible, tout en ayant soin de tenir les chaudières constamment découvertes, ainsi que nous l'avons dit précédemment. Dans la fabrication des *bières brunes*, il faut au contraire opérer dans un sens tout à fait opposé.

Dans l'un et l'autre cas, le mode d'action de la chaleur est toujours le même, et la cuisson tend au même but: celui de déterminer la coagulation du gluten et de l'albumine végétale, afin d'obtenir des moûts de la plus grande limpidité possible. Dans cet état, en effet, non-seulement la *coction du houblon* se fait mieux, mais encore plus tard, après la fermentation, les produits sont d'une clarification plus prompte et plus certaine, en même temps qu'ils sont d'une conservation beaucoup plus facile, et que leur digestion par l'estomac est à l'abri des inconvénients que présentent ceux qui n'ont pas été obtenus dans ces conditions. Or, on peut toujours, même en été, en tenant un compte exact des observations que nous avons faites en parlant de la trempe préparatoire et de la première infusion, obtenir à la cuisson des moûts de la plus parfaite limpidité.

En été, pourtant, les difficultés sont nombreuses, car l'état météorologique de l'atmosphère, la température ambiante ne sont pas seulement des obstacles directs à la réussite des opérations, ils sont encore les causes les plus capables de déterminer l'altération des moûts dans le cours des infusions. En effet, par la présence simultanée de l'eau, du gluten et du sucre, la fermentation peut s'établir promptement, surtout si, comme nous l'avons vu précédemment, les grains, pendant le cours de la germination, ont été attaqués par la *pourriture*. Que sera-ce donc si des matières fermentescibles retenues dans les pores du bois des cuves, dans les pompes, dans les tuyaux de toute espèce, et capables à elles seules de provoquer la fermentation, comme nous l'avons établi en signalant chacune des causes d'insuccès qui nous sont apparues jusqu'ici, viennent ajouter leur influence à toutes celles dont nous venons de parler? Mais si, outre ces agents de désorganisation, le malt, comme cela arrive très fréquemment à cette époque, a été altéré au contact de l'air, si la mouture à la meule a nécessité l'emploi d'une quantité d'eau suffisante pour activer sa décomposition, si enfin la fermentation elle-même a pu se développer dans la cuve-matière au moment de la trempe préparatoire, alors les causes qui peuvent amener la décomposition partielle des moûts se trouveront tellement réunies, groupées dans un ordre si parfait, que, si tous les moyens ne sont pas absolument impuissants à faire disparaître un mal irréparable, au moins deviendra-t-il très difficile d'en atténuer les effets.

Lorsque ces circonstances se sont prêté un mutuel appui, si habilement que soit dirigée la clarification par le feu, les moûts conservent une teinte jaune, boueuse, et présentent à l'œil un aspect sale, pronostic certain d'une altération profonde; car, par cela même qu'aucune particule de gluten n'a pu être séparée, toutes les matières étrangères dont il est si important de débarrasser les liquides y restent dissoutes ou suspendues sans qu'il soit possible de les éliminer en déterminant leur coagulation.

Dans ce cas, l'ébullition rejette sur les bords de la chaudière une mousse écumeuse d'un jaune verdâtre et grasse au toucher; or, on peut regarder les résultats comme d'autant plus déplorables et les produits fabriqués comme d'autant plus défectueux que celle-ci apparaîtra plus abondamment et que les moûts se refuseront plus obstinément à toute espèce de clarification, même en prolongeant l'ébullition d'une manière indéfinie.

Certes, si l'emploi de la gélatine que l'on va chercher dans les pieds de veau devait être de quelque utilité dans la fabrication de la bière, il nous semble que ce serait dans le cas qui nous occupe; mais ici encore nous avons eu occasion de constater de la manière la plus évidente l'impuissance manifeste de cette substance tant prônée.

Il ne saurait donc y avoir de correctifs absolus à l'état de choses que nous venons de mettre sous les yeux du lecteur, mais seulement quelques palliatifs capables d'atténuer les mauvais effets produits par les circonstances dont nous venons de parler. Le meilleur moyen est de prolonger la durée de la cuisson, de fermer les chaudières aussi hermétiquement que possible, et de ralentir l'action du foyer au point que l'ébullition ne se continue que très lentement, c'est-à-dire qu'elle soit à peine sensible. C'est principalement après l'introduction des houblons, et au moment de leur coction, qu'il est utile d'en agir ainsi; car il arrive fort souvent alors que le tannin qu'ils contiennent, en se dissolvant dans les moûts, détermine la coagulation d'une partie des matières que le liquide tenait en dissolution, et dès lors les moûts perdent en partie leur aspect primitif et deviennent sensiblement plus transparents; mais, quoi qu'on fasse, ils conservent toujours une teinte nébuleuse et légèrement opaline.

Pour les brassins qui devront succéder à celui où ces accidents se seront manifestés, il est très important de se mettre en garde contre les causes qui auront pu les déterminer. Il sera donc prudent de soumettre le malt à une dessiccation nouvelle et d'élever proportionnellement la température de l'eau tant dans la trempe préparatoire que lors de la première infusion, de même qu'il faudra opérer avec la plus grande célérité et préférablement pendant les heures les plus fraiches de la nuit, si la température atmosphérique s'élève davantage. Néanmoins, comme dans cette circonstance les principes sucrés renfermés dans le malt ont diminué en subissant les diverses transformations que nous avons signalées précédemment, il importe *essentiellement* de substituer à ce malt une partie de sucre non altéré, c'est-à-dire dans le plus grand état de pureté possible; or, le sucre brut, la cassonade proprement dite, dont nous allons dire quelques mots, nous paraît mériter à tous égards la préférence.

§ 2. Emploi des sucres bruts.

Nous mettons le pied sur un terrain brûlant; car ce n'est rien moins qu'une indiscrétion que nous allons commettre, puisque nous allons lever l'un des coins du voile à l'abri duquel quelques-uns de nos devanciers se sont établi une glorieuse réputation. Après le mystère, la publicité, cela doit être, et si d'une part nous éprouvons des regrets pour ceux à qui la connaissance de ce *secret* permettait de jeter du prestige aux yeux de leur confrères ébahis, nous les croyons, de l'autre, largement compensés par l'utilité dont notre indiscrétion pourra être pour les autres praticiens et pour les consommateurs eux-mêmes. Tant pis donc pour les faux savants et pour les faiseurs de mystères; il faut aujourd'hui que tous sachent en quoi consiste le savoir-faire de quelques-uns, il faut que tous possèdent la science qu'ils possèdent, quelque qualification que puisse encourir pour cela celui qui ose se permettre de faire connaître la vérité sur ce point.

Nos devanciers étaient tout simplement méthodiques et peu souvent rationnels, cela suffisait à l'époque à laquelle ils vivaient autant qu'à leurs propres intérêts; aujourd'hui nous devons, sous peine de mort, être méthodiques et rationnels tout à la fois. Au surplus, en substituant au malt une certaine proportion de sucre brut, nos devanciers étaient beaucoup plus rationnels qu'on ne le pense, ils l'étaient infiniment plus qu'ils ne s'en doutaient eux-mêmes. Nous vous dirons, nous vous démontrerons mathématiquement pourquoi; mais gardez-vous bien de leur demander le motif qui les faisait agir; car les neuf dixièmes d'entre eux seraient assurément fort embarrassés pour vous répondre. Que si vous me demandez : Qui donc les a guidés? qui donc les a éclairés? Je vous dirai que c'est le hasard, ce bâtard de l'ignorance, ce quelque chose qui n'est rien, et qui cependant fut de tous les siècles passés, qui est de notre époque, et qui sera de tous les siècles futurs. Quoi qu'il en soit, l'idée est bonne, l'application en est des plus rationnelles et nous y donnons notre adhésion, sauf quelques réserves que nous justifierons en leur temps.

En effet, si les accidents que nous avons signalés dans le courant de ce chapitre ne peuvent être attribués qu'à l'état du malt et aux décompositions qu'il a éprouvées au contact de l'air humide, il doit y avoir tout avantage pour la fabrication et pour la qualité des produits à en diminuer les quantités, puisque les proportions de gluten, d'albumine végétale et de matières étrangères de toute nature seront elles-mêmes diminuées dans un rapport égal. Aussi obtient-on des résultats meilleurs lorsque l'on substitue au tiers ou au quart de la quantité de malt nécessaire une quantité proportionnelle de sucre brut, c'est-à-dire lorsqu'on remplace 100 francs de malt, par exemple, par 100 francs de sucre brut. Mais c'est dans ce cas principalement qu'il convient de soumettre le malt à une *deuxième dessiccation* et d'employer l'eau des infusions à des températures plus élevées, afin de rendre le gluten plus facilement coagulable, car, comme nous l'avons dit plus haut, la coloration des moûts est d'autant moins à craindre que la proportion de malt est elle-même moindre.

Mais ce n'est pas à ce point de vue seulement que l'emploi du sucre est une application des plus rationnelles; nous verrons encore, en parlant de la fermentation, que pour un prix égal on obtient ainsi des quantités d'alcool plus considérables qu'avec aucune autre matière sucrée. Or, si l'alcool est l'agent de conservation des bières après leur fermentation, si c'est à sa présence dans nos boissons que l'on attribue avec raison l'action bienfaisante qu'elles exercent sur l'économie animale, nous devons forcément conclure que l'addition aux moûts d'une certaine proportion de sucre brut, lors de la cuisson et quelques instants avant la coction du houblon, n'a rien qui ne soit très avouable, puisque, outre qu'elle aplanit de sérieuses difficultés à l'époque des temps chauds, elle donne des résultats plus économiques, tout en rendant les manipulations beaucoup plus normales.

Il est une autre espèce de sucre que nous avons souvent

vu employer avec un succès égal à celui que présente la cassonade; c'est celui que renferment les *raisins secs du Midi*, qui chaque année à l'approche des vendanges, c'est-à-dire en août, coûtent à Paris de 55 à 70 francs les 100 kilogrammes. A cette époque ils rendent des services d'autant plus grands que le mois de juillet, et particulièrement le mois d'août, sont ceux pendant lesquels la fabrication offre les plus sérieuses difficultés; de plus, il arrive fort souvent que les bières fabriquées alors conservent, après la fermentation, une rudesse de goût que l'emploi des raisins secs couvre merveilleusement; cette dernière observation est principalement applicable aux *bières mousseuses*, auxquelles ils communiquent une saveur très délicate et fort agréable.

La proportion dans laquelle il convient d'employer ces raisins varie entre 250 et 750 grammes par hectolitre de bière fabriquée. Dans tous les cas leur usage n'offre aucun inconvénient au point de vue de l'hygiène, et c'est parce qu'il ne présente pas le caractère d'une falsification, et que d'ailleurs nous le croyons rationnel, que nous n'avons pas hésité à l'indiquer. Seulement, comme il s'agit encore ici d'un de ces mystérieux secrets qui font l'orgueil de nos grands faiseurs, nous engageons nos lecteurs à y mettre beaucoup de discrétion. Plus tard nous indiquerons les quantités d'alcool que le sucre de ces raisins fournit à la fermentation, et nous verrons qu'après les sucres bruts c'est celui qui en donne la plus notable proportion.

Les considérations que nous venons de présenter

nous semblent de nature à justifier nos conseils; en ce qui concerne l'emploi des sucres bruts, ce n'est pas tout pourtant, et les motifs qu'il nous reste à faire valoir ne sont ni moins concluants, ni moins positifs; aussi reviendrons-nous encore sur cette importante question, lorsque nous aurons suffisamment étudié la fermentation; car cette dernière condition est rigoureusement indispensable.

§ 8. Coction du houblon.

En étudiant précédemment le houblon, nous avons indiqué l'emploi qu'on en fait dans la fabrication de la bière, le rôle qu'il joue dans la conservation de celle-ci, les services qu'il est susceptible de rendre; enfin nous avons fait connaître quelques-unes de ses propriétés hygiéniques. Nous allons maintenant nous occuper de sa coction, examiner d'une part comment elle s'opère, et de l'autre comment il serait convenable de la pratiquer; nous profiterons de cette occasion pour revenir une dernière fois sur les qualités relatives de chaque espèce de houblon et sur le rapport dans lequel il convient de les employer, soit purs, soit à l'état de mélange.

Dans tous les États européens on a employé et on emploie encore des appareils spéciaux pour la coction du houblon; en France, nous en sommes encore aux moyens primitifs. Peu importe que nos procédés n'aient pas le sens commun et qu'ils soient contraires à nos intérêts et à tous les principes reçus; les brasseurs français ne se convaincront de ces vérités, nous le craignons, que quand il ne sera plus temps, c'est-à-dire lorsque la centralisation des intérêts sera venue les frapper de mort, en d'autres termes lorsque la propriété actionnaire et collective se sera substituée à la propriété individuelle; quand, en un mot, il ne restera plus de leurs usines que des décombres sur lesquels le génie de la spéculation viendra écrire en lettres d'or: *impuissance, aveuglement*. Oui! voilà l'avenir réservé à la brasserie si elle n'y prend garde, et nous le disons avec une douloureuse conviction, le temps n'est pas loin peut-être où ces tristes prévisions seront réalisées. Restez donc impassibles si vous l'osez, disons-nous à nos confrères; mais un jour viendra où vous pourrez vous souvenir de ces paroles, et où vous regretterez, sans nul doute, de n'avoir pas tenu compte de ce que le vif intérêt que nous portons à tout ce qui touche à votre avenir nous force à vous dire aujourd'hui.

En France, nous nous contentons de jeter dans les chaudières de fabrication la quantité de houblon nécessaire pour assurer la conservation de nos produits autant que pour les aromatiser et leur communiquer une saveur agréable; ces quantités qui varient entre 200 à 250 grammes par hectolitre pour les petites bières, 400 à 600 grammes pour les bières mousseuses, dites ordinaires, et 750 à 1000 grammes pour les bières fortes, doivent être proportionnées au temps qui doit s'écouler entre l'époque de la fabrication et de la consommation, et à la somme de malt ou de sucres bruts employés à la fab rication.

C'est au moment où les moûts ont été dépouillés par le feu de la plus grande quantité possible de gluten et d'albumine végétale que l'on introduit les houblons dans la chaudière; mais comme ils sont toujours plus légers que les moûts dans lesquels on veut opérer leur coction, il est nécessaire de les forcer à descendre dans l'intérieur de la chaudière, ou au moins de les immerger, afin de rendre plus facile la dissolution de la lupuline; après leur introduction on continue l'ébullition à ciel ouvert, pendant deux, trois, quatre ou même six heures, selon les circonstances.

Nous avons dit, en parlant de la lupuline, qu'elle est le principe actif du houblon et qu'elle seule constitue sa richesse; que l'huile essentielle volatile qui forme les 2 pour 100 du poids total de celui-ci est, de toutes les parties qui le composent, la seule vraiment utile, ou au moins la plus précieuse; nous avons ajouté, en nous appuyant sur l'autorité de M. Dumas, qu'elle se volatilisait même à la température de + 30°. Personne n'a jusqu'ici contesté la réalité de ce fait, et cependant nous opérons la dissolution de la lupuline à l'air libre, et, qui pis est, à la température de l'eau bouillante. Est-il possible, nous le demandons, d'agir d'une manière moins rationnelle?

Un seul fait, du reste, que personne ne niera, en dira plus que tous les raisonnements du monde: c'est que, dans toutes les brasseries françaises et même à trois ou quatre cents mètres à la ronde, l'atmosphère est tellement chargée de l'huile volatile essentielle de la lupuline qui se dégage pendant la coction du houblon, que l'odorat en est fortement saisi. Et on s'étonne qu'après la fermentation le houblon ne laisse qu'une saveur âcre et amère, et que le parfum qu'il développe après la déglutition de la bière soit presque nul ! Avons-nous bien le droit de nous plaindre quand nous avons recours invariablement et toujours à des procédés si peu en harmonie avec la nature même des substances sur lesquelles nous opérons ?

Si nous demandions au plus ignorant des écoliers d'un cours de physique ce qu'il faut faire pour éviter la déperdition dont nous venons de parler, il nous indiquerait sans hésitation un procédé que le simple bon sens indique ; ce procédé, c'est de ménager l'ébullition le plus possible et d'éviter avec le plus grand soin toute perte de vapeur, puisque cette vapeur emporte avec elle le plus précieux des principes de la lupuline, non-seulement en ce qui concerne la finesse de son parfum, mais encore en ce qui touche ses propriétés comme agent de conservation après la fermentation.

Quelle que soit l'évidence de ces faits, il y a des gens auxquels elle ne peut faire ouvrir les yeux, et qui s'ingénient en quelque sorte à faire positivement le contraire de ce qu'il serait nécessaire de mettre en pratique.

Que certaines organisations malheureuses s'obstinent à marcher dans une voie erronée, nous sommes bien forcé de l'admettre ; mais ce que nous ne comprenons pas, ce que nous ne comprendrons jamais, c'est que des hommes intelligents consentent, même après mûre réflexion, à rester dans une ornière compromettante pour leurs intérêts. Et cependant ce que nous ne comprenons pas existe ; et voilà ce qui nous autorise à dire que, toute vieille qu'elle soit, la question de la brasserie est encore une question neuve en France, non-seulement par rapport à ce qu'elle pourrait et devrait être, mais même en comparant ses moyens de production avec ceux qui sont en usage en Angleterre, en Allemagne, en Belgique, etc.

Il est vrai de dire toutefois qu'en présence des exagérations scientifiques dans lesquelles sont tombés la plupart de nos voisins, nous ne savons si le *statu quo* dans lequel nous sommes restés jusqu'ici n'est pas préférable à leur prétendu progrès. Pour donner à nos lecteurs une idée des extravagances pratiques, c'est le mot, auxquelles on est arrivé, nous allons leur faire connaître deux appareils employés, le premier à Louvain (Belgique), le second en Angleterre. C'est au *Dictionnaire des Arts et Manufactures* que nous empruntons nos descriptions.

« Dans une brasserie de Louvain, on fait usage d'une chaudière cylindrique, chauffée à la vapeur, munie d'un agitateur, et dans laquelle on maintient le liquide à une température voisine de l'ébullition, sans permettre que les vapeurs s'échappent de la chaudière. Voici (*fig.* 97) le détail de cet appareil : A, chaudière dans laquelle on obtient la décoction du houblon ; BB, arbre en fer, portant de distance en distance des bras C,C, reliés par des traverses et destinés à renouveler les surfaces du houblon et du liquide ; D,D, coussi-

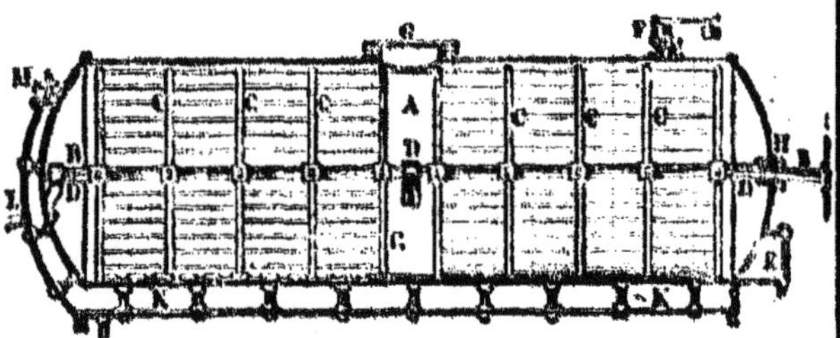

Figure 97.

nets qui supportent l'arbre horizontal BB; E, soupape de vidange de la chaudière; F, soupape de sûreté qui laisse échapper la vapeur lorsque la température trop élevée augmente la pression dans l'intérieur de la chaudière: G, trou d'homme, servant à charger la chaudière et à la nettoyer en cas de besoin, etc.; H, boîte à étoupe que traverse l'arbre de l'agitateur I, roue d'engrenage montée sur l'axe de l'agitateur, et qui sert à lui imprimer le mouvement de rotation; KK, double fond de la chaudière, dans lequel on fait arriver la vapeur destinée à chauffer la bière; il est fortement consolidé au moyen de nombreux supports boulonnés, qui le relient avec la paroi de la chaudière et qui maintiennent son écartement; L, tube qui amène la vapeur dans le double fond; M, robinet qui sert à chasser l'air du double fond, lorsqu'on commence à y faire arriver la vapeur.

« La figure 98 est une coupe perpendiculaire à l'axe de la chaudière; dans cette figure, les mêmes lettres indiquent les mêmes objets que dans la figure précédente; on y remarquera surtout le support N, qui sert à supporter le coussinet B du milieu.

« Les chaudières de coction, chauffées à la vapeur,

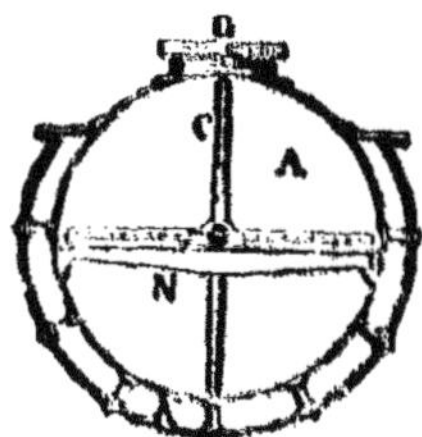

Figure 98.

présentent d'assez grands avantages sur les chaudières chauffées à feu nu. 1° On n'a besoin que d'un seul foyer pour toute la brasserie ; 2° on peut arrêter à volonté et instantanément le chauffage, en fermant simplement un robinet ; 3° on risque moins de dépasser la température voulue, dans les chaudières fermées, et on évite par conséquent la coloration de la bière ; ce dernier avantage est surtout important dans la préparation de la bière blanche.

« On a essayé de former des extraits de houblon, que l'on voulait ajouter à la bière, au lieu du houblon lui-même ; sur une grande échelle, cette méthode n'a pas d'avantages pratiques, et cela se conçoit ; l'extraction de l'huile essentielle est parfaitement accomplie pendant la coction, et sans aucuns frais de combustible, puisqu'on serait toujours obligé de chauffer le moût pour coaguler l'albumine ; et d'ailleurs le houblon agit très avantageusement en clarifiant la bière.

« Il est probable, en outre, que l'extrait de houblon serait très difficile à conserver. »

Voyons maintenant comment est disposée la *chaudière de coction* employée en Angleterre.

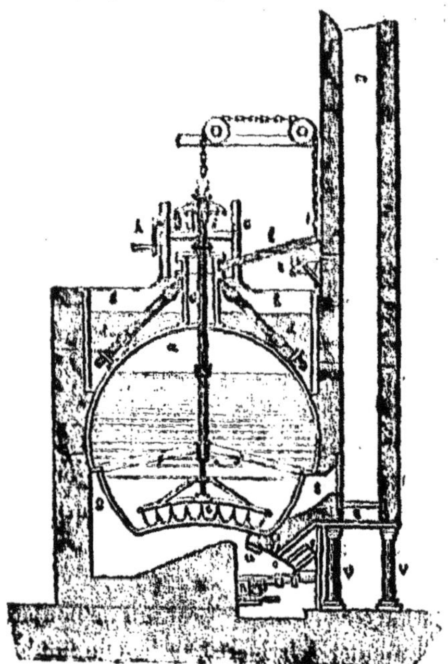

Figure 99.

« La figure 99 est une section verticale par un plan passant par l'axe de la chaudière; la figure 100 est le plan horizontal, pris à la hauteur de la grille, et dessiné à une échelle plus petite.

« *a*, Chaudière proprement dite, hermétiquement fermée; son fond est bombé intérieurement, afin qu'il résiste mieux à la chaleur du foyer. Cette chaudière est munie d'un trou d'homme que l'on ne peut pas voir dans la figure, et qui permet d'introduire l'eau et le

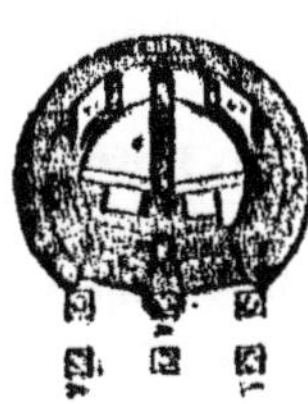

Figure 100.

houblon; un large robinet, placé à la partie la plus déclive de son fond, sert à retirer le moût lorsque la décoction a été suffisamment prolongée; *bb* bassine ouverte, disposée au-dessus de la chaudière *a*, et qui est chauffée au moyen de la chaleur des parois et par la vapeur qui se dégage de cette chaudière; c'est dans cette bassine que l'on fait d'abord arriver le moût, avant de le faire passer dans la chaudière *a*, aussitôt que les pompes l'ont élevé de la cuve-reverdoire; de cette manière, sa température augmentant de suite, il n'a pas le temps de s'altérer. A la partie supérieure de la chaudière *a* est adaptée une large tubulure *c*, fermée à la partie supérieure au moyen d'une plaque munie d'une boîte à étoupes, dans laquelle passe l'arbre *ee* d'un agitateur. A cette tubulure *c* sont adaptés à angles droits quatre tubes *d,d*, dont deux seulement sont visibles dans la figure; ces tubes obliques descendent presque au fond de la bassine *bb*; la vapeur formée dans la chaudière *a* ne trouve d'issue que par un des tubes *d,d*; elle est donc obligée de venir barboter dans le moût contenu dans la bassine, et qui non-seulement s'échauffe à ce contact jusqu'à ce que lui-même soit arrivé au degré de l'ébullition, mais encore retient les huiles essentielles du houblon que la vapeur entraîne avec elle.

« *ee*, arbre en fer, placé au centre de la chaudière; il porte à sa partie inférieure des bras auxquels sont attachées des chaînes ayant pour objet de racler continuellement le fond et d'empêcher ainsi le houblon d'y adhérer. *f*,*f*, étais destinés à maintenir un collet sur lequel tourne et s'appuie l'arbre *ee*; ce dernier porte à son extrémité supérieure une roue d'angle mue par un pignon qui se trouve sur l'axe de la manivelle *h*. La manivelle *h* sert à donner, à la main, le mouvement à l'agitateur; on comprend fort bien qu'on peut la remplacer par une poulie qui pourra alors recevoir le mouvement du moteur employé dans l'usine. L'agitateur peut être soulevé au moyen de la chaîne *i*, qui s'enroule sur deux poulies et qui peut être mue par un petit treuil *k*.

« Les chaudières semblables à celles que nous venons de décrire, employées à Londres, sont ordinairement d'une énorme capacité; aussi on a reconnu qu'il était nécessaire de les chauffer au moyen de deux foyers séparés *o*,*o*, que l'on voit parfaitement dans le plan (*fig.* 100); dans ce plan, le cercle marqué *a'a'* indique la plus grande circonférence de la chaudière, et *b'b'* son fond; *o*,*o* sont les grilles sur lesquelles on jette le combustible; ce dernier ne s'introduit pas, comme à l'ordinaire, au moyen d'une petite porte, mais bien à travers une trémie en fer, courte et inclinée, qui est indiquée en *p* dans la coupe verticale (*fig.* 99). Cette trémie est constamment maintenue remplie de charbon, de manière à empêcher presque complétement le passage de l'air; au-dessus de cette trémie on a ménagé un canal étroit, que l'on peut fermer plus ou moins au moyen d'un registre, afin de ne laisser entrer que la quantité d'air atmosphérique nécessaire pour compléter la combustion des gaz qui s'échappent du foyer.

« Derrière chaque grille est une capacité close, *n*, dans laquelle on pousse les scories au moyen d'un ringard en fer.

« *r* est l'autel placé derrière le foyer; il relève la flamme et la force à lécher de très près le fond de la chaudière; les produits de la combustion circulent ensuite autour de cette dernière dans le carneau *ss*, puis enfin se rendent dans une grande cheminée *m*, qui les lance dans l'atmosphère; au-dessus du foyer se trouve une voûte en briques réfractaires *u*, qui empêche le foyer de réverbérer directement sur le fond de la chaudière, ce qui la détruirait promptement. La cheminée est supportée par six colonnes en fonte *v*,*v*, de telle sorte qu'il existe au-dessous un espace suffisant pour que le chauffeur puisse alimenter le foyer et nettoyer les grilles. A la partie inférieure de la cheminée se trouve un registre *t*, qui peut fermer complétement l'orifice, et que l'on ouvre plus ou moins, suivant que l'on veut diminuer aussi plus ou moins le tirage; l'air froid qu'on laisse pénétrer en ouvrant le registre ralentit immédiatement le feu. Un autre registre est placé à l'embranchement du carneau *s*, sur la cheminée *m*. En ouvrant complétement le registre *t* et en fermant l'autre registre, on comprend que le feu est complètement arrêté ; on accomplit toujours cette manœuvre au moment où l'on vide la chaudière. »

Voilà donc deux systèmes en présence ; lequel accepterions-nous si nous devions en faire usage? Ni l'un ni l'autre ; car ni l'un ni l'autre ne nous paraît d'une exécution et d'une application faciles ; fort dispendieux par eux-mêmes, ils nécessitent des dispositions, des constructions particulières qui ne le sont pas moins ; enfin il est impossible de les employer dans toutes les brasseries indistinctement.

A propos du premier de ces appareils, nous dirons que l'on a beaucoup trop vanté l'emploi de la vapeur dans les brasseries comme moyen de suppléer à l'action directe du feu ; en parlant des avantages qu'elle pouvait procurer, on s'est livré un peu trop complaisamment, ce nous semble, à des inductions économiques que l'expérience n'est pas venue suffisamment sanctionner. Et non-seulement l'emploi de la vapeur dans les brasseries est loin d'être une question résolue, mais encore l'adoption de ce système ne nous paraît pas justifiée, quant à présent, par les minimes inconvénients que peut entraîner l'emploi direct de la chaleur, et, pour notre part, nous n'en avons trouvé aucun. Les avantages qui peuvent en résulter dans la fabrication des bières blanches ne sauraient être mis en doute.

Quant au second appareil, nous avouons ne pas comprendre davantage la nécessité de ces constructions excentriques, inventées pour le plus grand profit des mécaniciens bien plus que dans l'intérêt des brasseurs, puisque la question peut se réduire tout simplement à l'emploi d'un chapiteau A et d'un serpentin B en cuivre, étamé intérieurement, qui condenseraient les vapeurs produites par l'évaporation, en ajustant le chapiteau A sur la chaudière. Cet appareil que nous donnons ici (*fig.* 101), et qui évite toute déperdition de va-

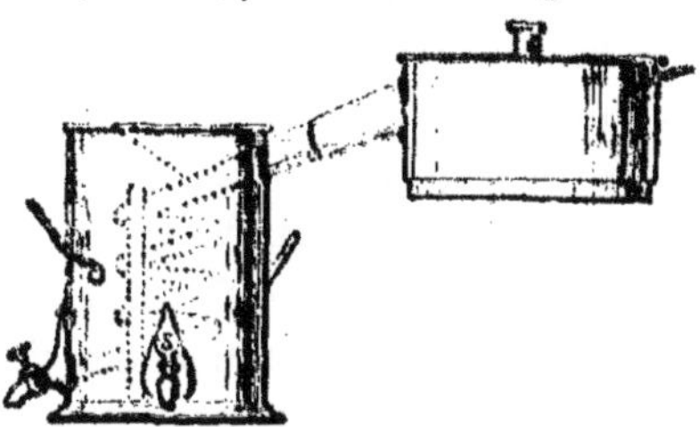

Figure 101.

peurs, n'arrive-t-il pas exactement au même but que les dispendieuses constructions que représentent les figures 97, 98, 99 et 100? et, en outre, n'est-il pas également applicable à toutes les chaudières possibles, sans entraîner à des dépenses considérables et sans exiger des constructions nouvelles? Or, si on ne peut que répondre affirmativement à notre question, il sera impossible de nous contester que la première et la plus sûre économie à réaliser réside dans le rejet d'appareils qui sont nécessairement d'un prix fort élevé?

Cette considération en vaut bien une autre, et il nous semble qu'il y a là toutes les garanties que peut réclamer l'application. Et qu'on ne vienne pas nous parler des quantités de houblon consommées en Angleterre, comparativement à celles que nous employons, car ce n'est pas là une objection sérieuse. Lors même que la consommation des brasseries anglaises serait le triple de la nôtre pour une égale quantité de bière, quelle difficulté insurmontable y trouverait-on? Sera-ce que le houblon se refuse à gagner le fond des chaudières? Mais il y a toujours moyen de l'y obliger; il suffit pour cela de le placer dans de grands paniers faits en tissus métalliques de cuivre; on évite par ce moyen, bien simple assurément, de recourir à des agitateurs mûs par des engrenages de toute nature.

Certes, nous nous empressons de le reconnaître, ces appareils ont été conçus par des hommes d'intelligence; mais nous maintenons que, s'ils étaient fort savants, ils n'étaient ni des hommes pratiques, ni des hommes spéciaux; or, c'est là malheureusement un des grands vices de notre époque: nous avons beaucoup de savants, tandis que nous n'avons que fort peu d'hommes spéciaux, et nous ne saurions trop engager nos lecteurs à apporter une très grande circonspection dans les questions de la nature de celle qui nous occupe, et qui se rattachent d'assez près à celle que nous avons soulevée en parlant du calorifère Chaussenot, auquel l'application est venue donner un si rude démenti.

Si donc nous devions introduire quelques modifications utiles dans la disposition des chaudières, afin d'opérer la coction du houblon d'une manière plus rationnelle ou simplement plus économique, nous n'hésiterions pas un instant à adopter l'appareil que représente la figure 101, comme étant celui qui, pour un prix moindre, nous donnerait les résultats les plus satisfaisants. A défaut de cette disposition, nous ne cesserons de recommander les plus grands ménagements possibles dans l'ébullition des moûts, dès que commence la coction du houblon. Il n'est pas moins utile d'ajouter celui-ci en deux parties, savoir : la première, aussitôt que la coagulation du gluten et de l'albumine végétale a été rendue à peu près complète ; la seconde, environ une ou deux heures avant de vider la chaudière de fabrication. Il est également utile d'éviter soigneusement la déperdition des vapeurs qui, il ne faut pas l'oublier, emportent avec elles l'huile essentielle volatile qui constitue le parfum du houblon.

Il arrive souvent que l'on fait entrer dans la fabrication d'un même brassin des houblons de diverses provenances ; c'est une erreur, ou tout au moins une mauvaise habitude que rien ne saurait autoriser. Comprend-on, en effet, que l'on mêle, n'importe dans quelle proportion, des houblons d'Allemagne avec des houblons du Nord, par exemple? En agissant ainsi, on ne développe jamais dans la bière qu'une saveur bâtarde, qui ne permet pas de reconnaître de quelle espèce de houblon on s'est servi. Or, il faut bien le retenir, toutes les bières qui ne laissent pas au goût le parfum, le bouquet spécial au cru du houblon employé, peuvent être considérées avec raison comme étant de qualité ordinaire. Dites-nous si, dans les *bières de Strasbourg* et *d'Allemagne*, on ne trouve pas l'arome des houblons de chacun de ces pays, comme on trouve dans les bons vins de Champagne la saveur primitive de la grappe, dans les vins de Bordeaux et de Bourgogne le bouquet de chaque terroir. Eh bien! il doit en être de même à l'égard des bières de qualité supérieure.

Pour expliquer l'utilité, ou plutôt pour justifier la nécessité de ces mélanges, nous avons quelquefois entendu dire que, si on mêlait les *houblons de Gerbéviller* avec un tiers de *houblons de Buzigny*, par exemple, c'est parce que les premiers étaient *trop salés*, expression consacrée par nos aïeux, et que les seconds étaient *trop doux*. Point n'est besoin de dire que cette fable est originaire des départements septentrionaux, et qu'elle émane des marchands de houblons belges. Pour nous, cela signifie tout simplement que les premiers de ces houblons sont les plus riches en qualité, et que les seconds sont les plus pauvres. Il est évident, en effet, que, si le brasseur qui n'a jamais employé que des houblons inférieurs y substitue tout à coup, en quantité égale, des houblons contenant une plus forte proportion de principes extractifs, il est bien évident, disons-nous, qu'après la fabrication ses produits renfermeront 10, 20 pour 100 de lupuline de plus, sans qu'il ait ajouté pour cela un centigramme de houblon à son brassin. Mais c'est qu'il ne suffit pas de tenir compte des quantités, mais bien des qualités employées ; c'est là ordinairement que gît toute la différence. Quant à la preuve, elle est bien facile à acquérir; il suffit pour cela de comparer les produits obtenus par l'emploi de 500 grammes de houblons de Gerbéviller avec ceux que donnent 750 grammes de houblons des meilleurs crus de la Belgique et du Nord, en supposant, bien entendu, que les moûts aient une égale densité.

Nous ne connaissons qu'une seule espèce de houblon qui supporte, qui exige même impérieusement le mélange : ce sont les *houblons d'Amérique*. Ceux-ci, en effet, développent une odeur de groseilles noires fort désagréable lorsqu'elle domine dans les bières, mais ils les parfument très agréablement lorsqu'ils ont été mélangés dans la proportion de 25 à 35 pour 100 de la quantité de houblon nécessaire à la fabrication; employés avec discernement et comme nous venons de l'indiquer, ils ont l'avantage de communiquer aux houblons ordinaires avec lesquels on les mêle une saveur assez délicate et qui laisse croire fort souvent à la présence des houblons d'Alsace ou d'Allemagne. Dans tous les cas, mais particulièrement dans celui-ci, il importe que les houblons les plus parfumés ne soient introduits qu'après les autres et pendant la dernière heure de la cuisson.

Ce n'est pas seulement dans la fabrication des bières de garde que les houblons d'Amérique peuvent rendre de grands services; leur emploi n'est pas moins avantageux, à l'époque des temps caniculaires, pour toute espèce de bière; car ils paraissent contenir une proportion d'huile volatile essentielle plus considérable qu'aucune autre variété de houblon, ce qui rend par conséquent leur puissance conservatrice beaucoup plus grande; seulement, nous ne saurions trop le répéter, il est essentiel de ne les employer qu'avec la plus grande discrétion. Il en est de même des *houblons nouveaux* que le brasseur reçoit tous les ans par petits colis à l'époque de la cueillette; dans l'un et l'autre cas, il arrive presque toujours que la limpidité des moûts est essentiellement troublée si on n'en use avec ménagement.

Nous avons été souvent frappé de deux propriétés

que le houblon nouveau possède à un haut degré, et qu'il finit par perdre en vieillissant : c'est d'être éminemment soporifique et de déterminer la formation, dans les organes abdominaux, de gaz infectes que nos lecteurs nous dispenseront de nommer par leur véritable nom. Depuis tantôt six ans que nous portons notre attention sur ces faits à l'époque où il n'entre dans la fabrication de la bière que des houblons nouveaux, jamais les résultats ne sont venus infirmer les observations que nous avions pu faire précédemment. Nous pensons donc qu'il serait beaucoup plus convenable de ne se servir des houblons nouveaux, chaque année, que de loin en loin, d'augmenter peu à peu leur proportion, et d'éviter avec soin une transition trop brusque de l'emploi des houblons vieux à celui des houblons récemment récoltés. Nous devons même ajouter que quelques mois après la récolte des houblons, c'est-à-dire en hiver, on peut employer les *houblons vieux* avec d'autant plus d'avantage qu'à cette époque ils sont souvent d'un prix très inférieur aux houblons nouveaux, et qu'ils peuvent presque toujours être utilisés jusque vers la fin d'avril à la fabrication des bières courantes.

Quelle que soit la nature des houblons employés à la fabrication de la bière et de quelque cru qu'ils proviennent, ceux qui sont de qualité inférieure se reconnaissent immédiatement, lorsqu'ils sont ajoutés aux moûts, à l'état flasque que prennent les folioles qui composent la fleur du houblon lui-même ; à peine sont-ils soumis à la température de l'ébullition que toutes ces folioles retombent mollement les unes sur les autres et présentent l'aspect d'un houblon soumis à la coction depuis plusieurs heures; ils cuisent plus vite, comme on dit; les houblons de premiers choix, au contraire, ceux de Bavière, par exemple, se conservent fermes et durs dans les chaudières ; leur fleur offre, tout en flottant au milieu de la bière en fabrication, le même aspect qu'elle avait sur sa tige quelques jours avant sa complète maturité ; en un mot, dans les bons houblons, les folioles restent attachées à la fleur même, tandis que dans les houblons communs, comme cela arrive avec les houblons du Nord, elles s'en détachent assez facilement.

Pendant la guerre d'Égypte, on essaya, d'après les ordres de Napoléon, de faire, pour l'armée française, plusieurs espèces de bière qu'il fallut abandonner. La plus grande difficulté consistait, dit-on, à trouver au houblon un succédané convenable; on employait à cet effet le principe amer des *lupins;* mais les résultats furent si défavorables et la boisson obtenue fut si mauvaise que l'on dut y renoncer promptement. Nous avouons que nous ne comprenons pas cette impossibilité, et nous sommes fermement convaincu que si l'on s'était adressé à des hommes spéciaux plutôt qu'à des savants, on eût obtenu des résultats tout différents[1].

(1) Dernièrement encore, en 1845, une nouvelle expérience a été tentée. Dix régiments de notre armée d'Afrique furent approvisionnés, par ordre du ministre de la guerre, d'une détestable boisson à laquelle on donna, assez improprement, le nom de bière. La tentative échoua, et, sans se donner la peine d'aller plus loin, on jugea la question en dernier ressort. Si la proposition eût émané d'un homme compétent, d'un homme spécial, et elle en valait bien la peine, nous

Nous avons déjà dit que, si quelques particules de gluten et d'albumine végétale échappaient à la coagulation par le feu, le tannin renfermé dans le houblon venait plus tard en déterminer la précipitation, et que de cette précipitation même résultait la limpidité des moûts. Dans le plus grand nombre de cas, les choses se passent comme nous venons de l'indiquer. Pourtant nous devons dire qu'il arrive souvent aussi que, quelle que soit la quantité de tannin contenue dans le houblon, elle ne parvient pas à déterminer la coagulation du gluten qui trouble la transparence des moûts. Dans quelles circonstances? le voici. Nos lecteurs se souviennent que nous leur avons démontré comment pouvaient s'altérer les moûts, tant par le contact de l'air que par le fait de la porosité des bois et par le séjour des matières sucrées dans les pompes, les tuyaux, etc. Nous avons également expliqué les causes de la détérioration du malt avant la mouture par le contact de l'air hu-

eussions compris cette manière d'agir; mais il n'en était pas ainsi. L'ingénieuse conception était due à un apothicaire de Caen, qui, assurément, s'était fort peu occupé de la fabrication de la bière. Il est vrai que le ministre de la guerre eût pu facilement se rendre compte de la plus ou moins grande salubrité de cette nouvelle tisane, en en faisant personnellement usage; mais, par un raisonnement très bien entendu, il trouva que le jugement porté par quelques milliers d'hommes aurait beaucoup plus de poids que le sien.

Nos lecteurs voudront bien sans doute nous pardonner cette petite digression en faveur de nos malheureux soldats qu'un caprice ministériel suffit pour transformer en machines à expérimentation. Ce fait nous a paru tellement exorbitant que nous avons cru de notre devoir de protester contre de semblables abus, tout en disant quelques mots d'une question qui rentre complétement dans le cadre de celles que nous étudions.

acide et, après cette opération, par la fermentation. Dans chacun de ces cas, avons-nous dit, il y a formation de nouveaux produits acides qui occasionnent la dissolution du gluten, et même d'une certaine proportion de fécule. C'est dans ces circonstances principalement que les moûts se refusent à toute clarification par le feu, et ce, malgré la présence du tannin, parce qu'alors une véritable combinaison s'est opérée entre les acides produits et les principes constituants des moûts. De là l'impuissance du tannin à opérer la séparation des acides et à déterminer la coagulation des divers corps qu'ils tiennent en dissolution.

Dans ces circonstances, nous avons observé qu'en prolongeant l'ébullition, nous voulons dire la cuisson, d'une manière indéfinie, on amènerait les moûts à perdre la teinte boueuse, d'un jaune sale, qui les caractérise; mais, quoi qu'on fasse, ils présentent toujours un aspect nébuleux et opalin tel que les rayons lumineux ne passent que très difficilement au travers de la masse quand on la regarde dans le sens de la largeur d'un verre de cristal. Aussi retrouve-t-on toujours dans les bières que produisent de semblables moûts, même après la fermentation, une saveur étrangère, tout à la fois dure et âcre, qui le plus souvent empêche de les livrer à la consommation. Du reste, comme nous allons bientôt le voir, une ébullition trop prolongée amène toujours dans les moûts une altération notable, dont il faut tenir compte quand on se trouve dans la nécessité d'y recourir.

D'après ce qui précède, et en raison des faits que nous

venons de constater, nous devons donc conseiller l'emploi des *houblons* qui renferment la plus forte proportion de tannin, et par conséquent de ceux de *Gerbéviller*, qui, parmi les plus généralement employés en France, sont ceux qui en contiennent le plus.

Enfin, nous recommanderons de nouveau l'établissement d'une *hotte* au-dessus de chaque chaudière de fabrication, afin de porter au dehors les vapeurs produites par l'évaporation des moûts. Nous croyons avoir suffisamment justifié cette mesure en parlant de la construction des *tourailles*, chapitre auquel on peut se reporter pour la disposition qu'il convient de donner à l'appareil dont nous parlons.

§ 4. Coloration.

Nous avons déjà dit que la coloration pouvait être subordonnée à la complète dessiccation du malt, à l'élévation de température de l'eau dans la trempe préparatoire et dans la première infusion, et enfin de la quantité de malt employé à la fabrication. En un mot, nous avons indiqué les diverses circonstances qui peuvent la développer et les opérations dont l'action se fait le plus sentir ; mais nous devons ajouter que c'est ici seulement que les effets se produisent, et que les résultats apparaissent d'une manière palpable.

Néanmoins, et à part les conditions que nous venons de signaler, la coloration des moûts peut également provenir de la manière dont ils sont plus ou moins soumis aux influences que nous allons examiner.

« Tout le monde sait, dit M. Dumas, combien sont

exposées à se colorer les dissolutions sucrées les plus pures qu'on maintient longuement en ébullition au contact de l'air. » (*Chimie appliquée aux arts*, t. VI, p. 278.)

Dans la fabrication de la bière c'est le contraire qui a lieu; car, pour obtenir une coloration assez avancée, comme dans la préparation des *bières brunes*, on est obligé de fermer les chaudières le plus hermétiquement possible, afin que la surface des liquides en ébullition ne reçoive que le contact des vapeurs produites par une évaporation très lente.

Que se passe-t-il alors? nous ne saurions le dire; mais un fait certain, c'est que, même en éloignant avec le plus grand soin toutes les causes qui peuvent prédisposer les moûts à la coloration, et lors même que l'on aurait affaire à des bières blanches, c'est-à-dire d'une couleur jaune paille, on peut toujours les amener à se colorer au point de rappeler la couleur d'une forte infusion de café grillé; seulement la coloration sera d'autant plus prononcée et d'autant plus rapide que la proportion de malt employé sera elle-même plus considérable. Cependant il existe un autre fait qui a plus d'une fois piqué vivement notre curiosité: c'est que, toutes conditions observées également à l'égard du poids du malt et de la fabrication, la coloration sera *toujours* plus développée avec du malt nouvellement préparé qu'avec celui qui sera resté plusieurs mois au contact de l'air. Ce fait est d'ailleurs tellement exact que, lorsqu'on opère au mois d'août avec du malt préparé en mars, la coloration est devenue si difficile que, malgré une ébullition très lente et conduite pendant douze ou quatorze heures avec le plus grand soin, on parvient très rarement à obtenir une coloration un peu sentie.

Comment expliquer la coloration dans le premier cas et la difficulté d'y arriver dans le second? c'est ce que nous ne nous chargeons pas de faire; nous ajouterons même que quelques savants distingués, quelques chimistes de mérite, auxquels nous avons demandé la solution de cette question, ne nous ont rien répondu de bien satisfaisant ou qui au moins soit sans réplique.

Nous croyons qu'il serait rationnel d'induire de ces faits que, si dans le second cas la coloration est plus lente et toujours moins prononcée que dans le premier, cela tient à ce que l'action du feu porte sur une moindre proportion de principes sucrés, puisque, comme nous l'avons démontré en parlant des *approvisionnements*, le malt subit par le contact de l'air des transformations qui, au bout d'un certain temps, diminuent notablement les quantités de matières sucrées qu'il contient quand il est frais, d'où l'on pourrait conclure que la coloration dépend principalement de la qualité des parties sucrées restées intactes et de leur caramélisation. Mais cette opinion, malgré tous ses caractères de vraisemblance, est purement hypothétique. Il faut attendre, pour se prononcer définitivement, que les rois de la science veuillent bien quitter un instant le domaine des questions transcendantes pour s'occuper des questions d'application pratique.

Tout ce que nous pouvons faire, c'est de procéder, quant à présent, par induction et par analogie.

Toutes les fois qu'un corps subit quelque modification, c'est qu'il est soumis à une force, à un agent, connu ou non, qui est capable de changer l'état dans lequel il se trouvait primitivement. Or, l'agent qui agit ici paraît être la chaleur. Quels sont les éléments qui entrent dans la composition des moûts et sur lesquels la chaleur exerce plus particulièrement son action? c'est ce que malheureusement nous ne pouvons préciser, car ces éléments sont nombreux. Il y a production d'une matière colorante analogue à celle du caramel; voilà tout ce que nous pouvons affirmer. Est-elle le produit d'une transformation qui s'est opérée aux dépens des principes saccharins? Nous le pensons, mais nous n'en sommes pas certain. Peut-être aussi la coloration n'est-elle que le résultat d'une altération du gluten; peut-être enfin doit-elle être attribuée à chacune de ces causes. Ce qu'on ne saurait nier, c'est que la saveur des bières en est singulièrement modifiée, et que cette modification se retrouve même après la fermentation. Chacun sait en effet combien est particulière et prononcée la saveur des *bières brunes*, colorées par le feu, comparativement à celles qui n'ont subi que quelques heures d'ébullition.

Pour nous donc il y aura désormais dans la *coloration* des bières *par le feu* altération incontestable d'un ou de plusieurs des principes constituants des moûts, et par suite de la constatation de ce fait, nous éviterons de soumettre trop longtemps les infusions de malt et les décoctions de houblon au contact de la chaleur; car, dans notre conviction, une ébullition trop prolongée doit nécessairement réagir sur la matière sucrée, et faire contracter à la bière qui en résulte cette odeur et cette saveur désagréables dont nous venons de parler, et qui pourraient bien aussi être le résultat de l'altération de la *lupuline* des houblons. La *durée de la cuisson* ne saurait donc aller au delà de la période de temps nécessaire pour amener la bière en voie de fabrication à la plus grande limpidité possible.

Parmi les indices certains d'une cuisson suffisante et d'une fabrication menée avec succès, nous pouvons signaler la formation, à la surface du liquide, d'une pellicule irisée, aussitôt que celui-ci reçoit le contact de l'air; en effet, dès qu'on enlève le couvercle de la chaudière, on voit apparaître une espèce de membrane dans laquelle on distingue parfaitement les couleurs les plus vives de l'arc-en-ciel; mais ce phénomène ne se produit ordinairement que lorsque la bière est parfaitement limpide, et lorsque les matières premières employées à la fabrication étaient elles-mêmes dans un état parfaitement sain.

Parmi les corps susceptibles de développer la coloration des moûts avec une énergie vraiment surprenante, nous devons citer spécialement l'*emploi de la chaux;* mais comme l'examen de cette question ne manque pas d'une certaine gravité, nous demandons à nos lecteurs la permission de leur présenter quelques observations sur ce sujet.

Nous devons dire d'abord que quelques intérêts privés pourront avoir à souffrir des considérations que nous allons aborder; mais comme il s'agit ici de l'hygiène publique, nous ne croyons pas devoir nous laisser arrêter par ce motif. Si l'emploi de la chaux a pu donner lieu à des manœuvres coupables, il faut qu'on y renonce; car nous avons promis de dire la vérité, et nous la dirons, quelles que puissent être les conséquences qui doivent en résulter. Déjà dans plusieurs circonstances, nos lecteurs le savent, nous avons dû détourner nos regards des individus pour les porter sur les faits; il nous en a coûté quelquefois, mais nous n'hésiterons pas plus cette fois que les précédentes; car notre conscience nous rend témoignage que nous n'avons jamais envisagé que l'intérêt réel, mais bien compris, du producteur et du consommateur. L'appréciation des faits qui concernent l'hygiène des masses est du domaine public, et dans cette circonstance nous accomplissons un devoir bien plus que nous n'exerçons un droit. Une question de cette nature ne doit pas être seulement l'expression de notre pensée; elle doit rester encore comme une protestation dictée par la volonté de tous.

Depuis un temps immémorial on sait qu'en présence de la chaux les infusions de malt se colorent rapidement, et que cette coloration augmente avec la proportion de chaux introduite dans les chaudières après la coagulation et l'élimination du gluten et de l'albumine végétale. Que se passe-t-il dans cette circonstance? Quelle réaction la chaux produit-elle? Nous l'ignorons encore, et nous pensons que la question ne sera pas de sitôt résolue d'une manière évidente, car elle est complexe à plusieurs égards. Ce qui nous importe, c'est de constater l'effet produit; car, au point de vue pratique, la cause offre un bien mince intérêt, et nous en abandonnons la recherche à la sagacité des savants, pour lesquels elle peut devenir l'objet de sérieuses études et d'observations importantes.

L'eau ne dissout guère que la 700e partie de son poids de chaux; mais nous pensons que le pouvoir dissolvant des moûts peut augmenter en raison directe de la proportion de principes sucrés qu'ils renferment; car, comme l'a prouvé un savant distingué, Turnbull, le sucre a la propriété de rendre la chaux soluble. En présence de ce fait, nous ne sommes pas peu inquiet quand nous voyons, dans la fabrication des *bières du Nord*, employer DES kilogrammes de chaux vive pour un brassin de trente ou quarante hectolitres. Ce procédé est d'autant plus absurde qu'il y a dix autres moyens d'arriver au point de *coloration* que *réclament* les *trop* confiants consommateurs du département du Nord, et après eux tous ces prétendus connaisseurs qui n'y connaissent rien. Nous avons eu déjà l'occasion d'en fournir des preuves assez concluantes.

Si cette manière de faire est dangereuse au point de vue de l'hygiène et de la salubrité, elle n'est pas moins irrationnelle au point de vue de la fabrication, surtout quand on l'applique à des bières destinées à être mises *en bouteilles*. Cette assertion ne pouvant trouver sa place qu'après une étude sérieuse de la fermentation, nous y reviendrons lorsque nous aurons suffisamment examiné cette partie si intéressante de la fabrication.

Disons pourtant que si, dans l'origine, l'emploi de la chaux n'avait d'autre but que de servir à la coloration de la bière, elle est venue modifier si étrangement sa saveur et lui communiquer un goût tellement particulier qu'aujourd'hui, dans les départements septentrionaux, les consommateurs trouveraient mauvaise la bière dans la fabrication de laquelle on n'aurait pas introduit la proportion de chaux habituelle. En effet, les bières ainsi fabriquées ont un attrait irrésistible pour ceux dont les organes déglutiteurs y sont habitués depuis longtemps, et il nous serait facile de citer tels brasseurs de nos amis qui, ayant essayé de supprimer l'emploi de la chaux, ont été forcés d'y revenir parce que les bières de leurs confrères étaient préférées par les consommateurs uniquement parce que la chaux entrait dans leurs produits en fabrication. C'est l'histoire de la *tortilla* des Mexicains, espèce de galette de maïs pétri dans l'eau de chaux, que les indigènes repousseraient impitoyablement si elle ne renfermait les proportions de chaux que leur palais a l'habitude d'y rencontrer. Qui sait? peut-être faudra-t-il une loi pour empêcher nos confrères du Nord d'empoisonner, *malgré eux*, le public? peut-être faudra-t-il condamner à la prison le consommateur qui voudra absolument qu'on l'empoisonne, parce que la saveur du poison flatte son palais?

Que l'habitant du Mexique, qui vit presque à l'état sauvage, introduise de la chaux dans sa tortilla, nous l'admettons jusqu'à un certain point; mais que le Français du département du Nord, que l'homme civilisé du XIXe siècle enfin, en soit encore là, c'est ce que nous ne comprendrons jamais; et ce que nous comprenons moins encore, c'est que de semblables exigences soient positivement le fait de ceux de nos modernes qui élèvent le plus de prétention au titre d'*amateur*.

Il faut donc qu'on le sache bien, l'emploi de la chaux, tranchons le mot, l'empoisonnement par la chaux, n'est plus, à cette heure, de la part du brasseur, le fait d'une manœuvre frauduleuse ou d'une participation volontaire ; c'est le fait d'une impérieuse nécessité, dictée par l'habitude et pour la plus grande satisfaction du palais de *messieurs les amateurs*.

Il y aurait donc injustice à rendre toute une corporation responsable d'un abus qui ne s'étend pas au delà d'un ou de deux départements au plus; et c'est parce que l'opinion publique en est venue à inculper hautement *tous* les brasseurs français que nous avons dû signaler ceux de nos confrères auxquels les nécessités de l'habitude imposent d'aussi inqualifiables manières de faire.

Il y a pourtant un *grand conseil de salubrité* séant à Paris, mais ce conseil se complaît trop dans sa douce quiétude pour daigner prendre en considération la question que nous venons d'examiner ; nous sommes bien convaincu qu'il ne s'en occupera pas plus demain qu'hier, et que, fidèle à ses précédents, il conservera la plus complète indifférence et la plus parfaite immobilité.

Cette conviction est pour nous un motif de plus d'ajouter que *l'emploi de la chaux* dans la fabrication de la bière constitue les délits de fraude et de falsification prévus et punis par l'art. 9, titre Ier, de la loi du 22 juillet 1791, et par les articles 318, 475, 476 et 477 du Code pénal, dont nous avons donné le texte au chapitre: *Falsifications*.

IVe OPÉRATION: REFROIDISSEMENT.

Section I. — Refroidissoirs à air libre.

Le mot *refroidissement* indique assez clairement la nature de l'opération et les résultats qu'elle doit avoir, pour que nous soyons dispensé de l'expliquer.

Plus qu'aucune autre opération, le refroidissement a ses règles fixes qu'il faut rigoureusement observer dans la pratique des ateliers, si l'on ne veut compromettre d'un seul coup les résultats obtenus dans les manipulations précédentes, ou se placer dans des conditions tout à fait opposées à celles qui découlent d'une fabrication normale et d'un travail rationnel. Aussi engageons-nous nos lecteurs à apporter une sérieuse attention à l'examen de cette question qui la mérite à plus d'un titre.

Aussitôt que la coction du houblon est terminée et que la bière en voie de fabrication est parfaitement transparente, il faut immédiatement la mettre refroidir. On se sert pour cela de grands vaisseaux rectangulaires (*fig.* 102) offrant le plus de surface possible et d'une

Figure 102.

profondeur peu considérable, environ 0m,50. C'est à ces espèces de longs bacs que l'on a donné les noms de *refroidissoirs*, *rafraîchissoirs*, *bacs*, etc. On aurait pu les nommer ***réfrigérants à air libre***. L'usage ayant adopté le nom de *refroidissoirs*, nous le conserverons. Les Allemands appellent le refroidissoir *kuhlschiff*, bateau à refroidrir.

Dans un grand nombre de brasseries le sommet des refroidissoirs se trouve à quelques centimètres au-dessous de la base des chaudières de fabrication, ou au moins du robinet qui y est ordinairement adapté à la partie la plus déclive. Cette construction permet de conduire sans efforts la bière en fabrication dans les appareils à refroidir. Souvent encore le houblon est retenu dans les chaudières au moyen d'une pomme d'arrosoir ajoutée dans la douille qui fait corps avec le robinet de décharge. C'est là une assez heureuse disposition; lorsque les houblons ne restent pas dans les chaudières de fabrication, on est obligé de les recevoir dans une fraction B du refroidissoir, dans laquelle ils sont arrêtés par une cloison grillée qui permet aux parties liquides de s'écouler facilement. Il vaudrait mieux pourtant employer une espèce de réservoir mobile, en cuivre treillagé, monté sur des roulettes, comme nous en avons remarqué dans quelques brasseries. Par ce moyen, en effet, cet appareil, se trouvant plus élevé que le niveau du liquide, ne gêne en rien le refroidissement; de plus, l'espace occupé, dans le premier cas, par le houblon peut l'être dans le second par le liquide, auquel on offre ainsi une plus grande surface refroidissante.

Dans les établissements où les chaudières sont situées au-dessous des bacs refroidissoirs, on est obligé d'élever les produits en fabrication au moyen de pompes. Cette manière de procéder offre de graves inconvénients. Le premier est de faire dépenser beaucoup de force en pure perte; en outre on opère moins vite et avec moins de sécurité; enfin on est obligé d'attendre, pour agir, que la bière se soit refroidie jusqu'à un certain degré, afin que la pompe produise tout l'effet qu'on en attend. Dans ce cas, les liquides que contiennent les chaudières sont assez généralement versés dans la cuve-matière où ils commencent à se refroidir ; de là on les fait passer dans un nouveau reverdoir où la pompe va enfin les chercher pour les élever à l'étage supérieur. Nous avons vu des brasseurs qui, afin de déterminer un abaissement assez prompt dans la température des liquides, profitaient de leur passage dans le reverdoir où le tuyau d'aspiration de la pompe vient les prendre, pour y ajouter les quantités de glucose que souvent on se contente de jeter dans les chaudières avant la cuction du houblon. Nous ne voyons qu'un seul inconvénient à ajouter le glucose au moment de pomper la bière ; nous allons le signaler, et déduire les motifs sur lesquels nous nous appuyons.

Nous avons dit, en parlant de la fabrication du rouge végétal, que, dans cette opération, le glucose abandonnait 9 pour 100 d'eau sous la forme de vapeurs infectes. Or, dans le cas qui nous occupe, l'eau infecte retenue par le glucose reste en bien plus grande abondance dans les produits fabriqués dans lesquels on le fait dissoudre, que lorsqu'on le soumet pendant plusieurs heures à l'ébullition, puisque c'est à cette température qu'il abandonne une partie des vapeurs nauséabondes dont il est question. Sans doute ce dernier moyen, quoique le plus rationnel, n'est pas encore aussi complet que nous le voudrions. Il en existe bien un autre; mais!... Dame Régie n'est pas très obligeante,

Et c'est là son moindre défaut.

Dans tous les cas, voici ce moyen : c'est au praticien d'en tirer le parti le plus favorable à son intérêt, si toutefois le fisc ne vient pas y mettre opposition.

Il consiste à traiter le *glucose* par le feu comme nous l'avons indiqué en parlant du rouge végétal, mais il ne faut pousser l'opération que jusqu'au point de lui faire perdre par l'ébullition les 9 pour 100 d'*eau infu*... qu'il renferme; c'est à cet instant qu'il faut distraire de la chaudière de fabrication les quelques décalitres de moût nécessaires à la dissolution du glucose, afin de le transformer en un sirop plus léger. Il s'agit donc tout simplement de prendre de la chaudière vingt, trente ou quarante litres de moût pour les mélanger au glucose bouillant qui, dans cet état, ne serait pas transportable. La dissolution s'opère instantanément, et la totalité du nouveau liquide est de suite reportée dans la chaudière employée à la cuisson et à la coction des houblons.

Toutefois nous engageons nos lecteurs à ne pas oublier que cette manière d'opérer, si rationnelle et si efficace qu'elle soit, ne peut être admise par les employés du fisc que par une tolérance spéciale à laquelle l'administration des contributions indirectes n'a pas habitué ceux qui sont soumis à sa férule. Tout ce que nous pouvons ajouter, c'est que, toutes les fois que nous nous sommes risqué à mettre ce moyen en pratique, nous en avons obtenu de bons effets.

Revenons maintenant à l'objet même de ce chapitre. Nous avons dit que, dans la généralité des brasseries, on se sert de vaisseaux rectangulaires d'une grande surface et de peu de profondeur; dans d'autres établissements, mais particulièrement dans les départements septentrionaux, on n'emploie que des réfrigérants dans lesquels le refroidissement s'opère au moyen de l'eau froide. Nous examinerons ces deux modes d'opérer, mais il nous semble utile d'établir d'abord les conditions auxquelles doit s'opérer le refroidissement.

« Lorsqu'un liquide, renfermé dans un vase exposé à l'air, est à une température plus élevée que le milieu environnant, le liquide se refroidit et par la différence du rayonnement de son enveloppe sur celle de l'enceinte dans laquelle le vase est placé, et par le mouvement de l'air qui l'environne. » (Péclet, *Traité de la Chaleur*, tome I, page 41.)

« Lorsqu'un corps est plongé dans l'air ou dans un fluide quelconque, liquide ou gazeux, à une plus basse température, il se refroidit et finit toujours, après un temps plus ou moins long, par atteindre exactement la température du milieu dans lequel il est plongé. Ainsi, les corps chauds se refroidissent non-seulement en cédant une partie de leur calorique aux corps qui sont en contact avec eux, mais encore ils lancent du calorique dans toutes les directions. » (Péclet, *Traité de Physique*, tome I, page 338.)

« Quand le refroidissement a lieu dans l'air, la perte de chaleur provient en outre du gaz environnant, qui, en s'échauffant par son contact avec le corps, s'élève et se renouvelle sans cesse. Lorsque le corps est liquide, d'une masse quelconque, à chaque instant la température du corps est la même dans tous ses points; mais quand le corps est solide, elle varie d'un point à un autre, et la température de chacun d'eux, aux différentes époques du refroidissement, dépend de la conductibilité propre du corps.» (*Id.*, p. 380.)

« La conductibilité des corps solides est très variable. Tout le monde sait, en effet, que l'on peut tenir impunément un tube de verre à une petite distance du point où il est en fusion, tandis que, si une barre de fer est échauffée au rouge à une de ses extrémités, ce n'est qu'à une très grande distance de cette extrémité que la main peut soutenir cette température. » (*Id.*, p. 372.)

M. Péclet, continuant ensuite l'exposé des moyens propres à constater le pouvoir de conductibilité des métaux, donne le tableau suivant comme résultant de nombreuses expériences comparatives de M. Despretz.

FACULTÉ CONDUCTRICE.

Or.	1000,0
Platine.	981,0
Argent.	973,0
Cuivre.	898,2
Fer.	374,3
Zinc.	363,0
Étain.	303,9
Plomb.	179,5
Marbre	23,6
Porcelaine	12,2
Terre des fourneaux.	11,4

« M. Delarive, en opérant sur des prismes de bois par la méthode employée par M. Despretz, a reconnu que la conductibilité, perpendiculairement aux fibres, était beaucoup plus petite que dans le sens des fibres, et que l'ordre des bois rangés suivant leur conductibilité, parallèlement ou perpendiculairement aux fibres, était le suivant : *alier, noyer, chêne, sapin, peuplier, liége.* » (*Ibid.*, page 374.)

Tels sont, en résumé, les principes qui vont nous servir à étudier le refroidissement des moûts de bière autrement qu'on ne l'a fait jusqu'ici.

De ce qui précède, il résulte que parmi les corps qui transmettent le mieux la chaleur, on doit placer en première ligne les métaux; viennent ensuite les minéraux, le marbre, la porcelaine, les terres; enfin les végétaux, comme le bois, le liége, etc. Si donc nous avions à refroidir un liquide quelconque *le plus promptement possible,* nous le placerions, abstraction faite des prix, bien entendu, d'abord dans un vase d'or, à défaut de celui-ci dans un vase de platine, à défaut de ce dernier dans un vase d'argent, et ainsi de suite, en suivant l'ordre du tableau que nous venons d'avoir sous les yeux. Si, au contraire, nous voulions retarder le refroidissement de ce même liquide, nous prendrions un vase de liége, ou, à défaut de celui-ci, un vase de peuplier, ou enfin un vase de sapin, etc., ces substances étant les moins propres à transmettre la chaleur au dehors.

Ce dernier cas est positivement celui dans lequel se trouvent *toutes* les brasseries françaises, c'est-à-dire qu'en France, pays des lumières et de l'intelligence, nos modernes *cervoisiers* font exactement le contraire de ce qu'il faudrait faire, et se mettent en opposition flagrante avec la logique, le sens commun, et, qui pis est, avec les faits et l'expérience. A quoi sert donc, au milieu du dix-neuvième siècle, l'étude des sciences positives? Comprenden ceci : le brasseur a toute espèce d'intérêt à opérer le plus promptement possible le refroidissement de ses bières, et pour cela *il fait confectionner des appareils en bois de sapin*, c'est-à-dire qu'il choisit entre tous les corps un de ceux qui s'opposent le plus énergiquement au refroidissement, ou au moins qui le retardent dans un rapport infiniment plus considérable que ne le ferait le dernier des métaux. En un mot, aujourd'hui, pour opérer le refroidissement de ses bières, le brasseur prend l'appareil qu'emploierait au besoin le marchand de glace pour empêcher celle-ci de fondre.

Encore un quart de siècle, et nous verrons peut-être placer les refroidissoirs à bière dans des étuves dont on aura, au préalable, soigneusement bouché toutes les issues.

Ne savez-vous donc pas que, quand votre cuve-matière est pleine de liquides bouillants, vous pouvez impunément tenir la main appliquée contre ses parois, tandis que vous ne pouvez pas la maintenir un instant contre la paroi externe de vos pompes de cuivre, quand elles sont pleines du même liquide? Ce fait est-il clair, assez évident, et suffira-t-il, une fois pour toutes, pour vous faire comprendre qu'avec les *refroidissoirs en bois* vous n'avez qu'une surface refroidissante, tandis qu'avec un *refroidissoir en métal* vous en auriez deux, et que par conséquent vous iriez une fois plus vite?

Ce n'est pas tout malheureusement, et nous n'avons pas dit notre dernier mot sur *l'emploi des vaisseaux en bois* avant la fermentation, et particulièrement sur celui des *refroidissoirs* construits avec des matières végétales;

car si, au point de vue des lois qui régissent le refroidissement, il y a là le plus inqualifiable contre-sens, il y a aussi, au point de vue de la fabrication et de la qualité des produits, la plus étrange anomalie. En parlant de la *cuve-matière,* nous avons promis d'en donner la preuve d'une manière irrécusable ; c'est ce que nous allons faire.

Nous avons dit que, par le fait de la *porosité des bois* et en vertu d'une force d'attraction toute particulière, les liquides étaient attirés de l'extérieur à l'intérieur de ceux-ci, et que, quand les liquides étaient sucrés, ils y fermentaient promptement ; nous avons ajouté que le bois lui-même, lorsqu'il était en voie de décomposition, c'est-à-dire lorsqu'il éprouvait les phénomènes de pourriture ou de combustion lente, pouvait se comporter à l'égard du sucre exactement comme le ferait de la levûre. Mais supposons même le bois dans un état parfaitement sain ; n'avons-nous pas vu que le *gluten,* qui est toujours associé aux moûts, peut, lui aussi, déterminer la fermentation de ceux-ci lorsqu'ils se trouvent en contact sous l'influence de l'air, et qu'une fois développée dans un atome, elle peut se communiquer à un atome voisin, puis à 2, à 4, à 10, à 100 autres atomes, jusqu'à ce que toute la masse soit complétement envahie? Or, c'est ce qui arrive avec les *refroidissoirs en bois*, parce qu'une fois développée, l'action gagne de proche en proche et s'étend ainsi, soit à une partie, soit à la totalité du liquide, selon que d'autres circonstances viennent s'ajouter aux causes de désorganisation qui nous occupent dans ce moment.

Quant à la preuve, la voici : introduisez dans l'un de ces refroidissoirs de l'eau jusqu'à une hauteur de quelques centimètres et abandonnez-la à elle-même pendant un jour ou deux; au bout de ce temps vous apercevez au sommet la reproduction exacte de toutes les lignes formées par la jonction des planches qui composent le fond du refroidissoir, c'est-à-dire que les myriades de petites bulles de gaz qui partent de l'intérieur du bois se sont venues se réunir à la surface de l'eau et formeront, dans le sens de l'assemblage des madriers, un véritable cordon produisant l'effet d'un tracé à la pierre blanche sur un fond noir. Si maintenant on examine ces lignes, on les trouve formées d'une mousse blanche extrêmement fine et déliée, composée d'une multitude de petites bulles de gaz qui ont leur point de départ dans les intervalles des planches du fond et qui viennent perpendiculairement se rassembler au sommet du liquide. En poussant l'examen de ce phénomène plus loin, on trouve que chacune de ces petites bulles tient emprisonnées des quantités considérables de gaz carbonique. Or, comme nous le verrons bientôt, le gaz acide carbonique est l'un des produits immédiats de la décomposition du sucre par le ferment.

Si on se sert de la cuve-matière pour faire cette expérience, les effets sont encore plus faciles à constater, surtout si on emploie une cuve ayant un faux fond : car alors chacune des planches qui composent celui-ci, et chacun des nombreux trous dont il est perforé, viennent se reproduire à la surface de l'eau avec une précision que l'on peut appeler mathématique.

Évidemment donc il s'est opéré dans l'intérieur des pores du bois une véritable décomposition qui est venue transformer le sucre en de nouveaux produits liquides et gazeux ; évidemment encore il y a eu reproduction de ferment dans cette circonstance, comme quand nous soumettons directement nos produits à l'action de la levûre ; c'est-à-dire que, si nous employons 1 de levûre par exemple, la fermentation en reproduit 6, 8, et quelquefois 10 ; en un mot, une quantité suffisante pour déterminer la fermentation dans une quantité de liquide 10 fois, 100 fois, 1000 fois plus considérable.

Voilà le résultat inévitable de la *porosité des bois* employés à la *construction des refroidissoirs ;* les faits sont tellement palpables que tout le monde pourra s'en convaincre avec la même facilité que nous. Notre honorable confrère de Strasbourg, M. Kolb, a bien raison quand il nous dit : « Combien n'a-t-on pas vu de brassins faire une *fermentation sauvage*, et se gâter par suite d'une négligence de propreté des bacs-rafraîchissoirs et des cuves de fermentation ! » Si M. Kolb a négligé de nous indiquer les causes en expliquant les phénomènes qui se passent, au moins les effets n'ont-ils pu lui échapper, et nous sommes heureux de nous trouver une fois de plus d'accord avec lui.

Ces conséquences étaient d'ailleurs faciles à prévoir ; car, comme l'a si bien dit M. Raspail (*Nouveau système de Chimie organique*, tome II, page 94), « abandonné au contact de l'air après avoir été mêlé au sucre, le gluten produit la formation de l'alcool par la réaction qu'il opère avec le sucre, et aide à la formation de l'acide acétique. » C'est pourtant au milieu du désordre produit par ces transformations si variées et si multiples que nous venons placer les produits que nous avons tant de peine à préparer. Il n'y a peut-être pas de substance plus mobile et plus facilement décomposable que le sucre, il n'y a pas de matière dont l'action soit plus énergique sur lui que le ferment ou les corps en voie de fermentation; cependant nous les plaçons bénévolement en présence l'un de l'autre, et, pour que rien ne manque, nous avons tout à la fois le contact de l'air et le puissant concours de la chaleur.

Puis, comme si chacune de ces causes était insaisissable, comme si l'appréciation de leurs résultats n'était pas du domaine de notre raison, à la vue des accidents dont nous sommes victimes, nous crions au miracle, à l'impossible, et nous nous en prenons à l'orage, à l'électricité, à la canicule, au sortilége, à la maturation des fruits, à la floraison des blés, à la cueillette des cerises, enfin à tout ce que l'esprit peut inventer de plus chimérique et quelquefois de plus grotesque. Pourtant quelques praticiens émérites possèdent un antidote infaillible contre la foudre et l'électricité; mais il s'agit encore ici d'un de ces secrets dont la révélation, que nous réservons pour tout à l'heure, vous plongera sans doute dans une admiration égale à celle que nous avons éprouvée nous-même lorsqu'on voulut bien nous initier à cet arcane merveilleux.

Jusqu'ici nous avons raisonné dans l'hypothèse où les bois des cuves étaient parfaitement sains; mais leur action sur les matières sucrées ne sera-t-elle pas complée s'ils sont en voie de décomposition? Or, cette dernière hypothèse est de beaucoup plus vraisemblable; car, par le fait, après un certain laps de temps, le bois des cuves n'est plus qu'une véritable éponge imprégnée dans toutes ses parties de liquides sucrés en voie de fermentation, saturée de ferments éminemment et essentiellement acides, et capables de développer la fermentation acide dans les produits avec lesquels on les met en contact. Quand on songe qu'à tous les accidents naturels qui peuvent se déclarer dans le cours de la fabrication il faut encore ajouter ceux que nous avons signalés et ceux qui nous occupent, on n'est plus étonné que d'une chose, c'est que les accidents, déjà si nombreux, qui compromettent le succès des opérations dans les brasseries, ne soient pas plus fréquents encore.

Mais si l'on parvient quelquefois à de bons résultats en opérant dans les déplorables circonstances où la plupart des usines sont aujourd'hui placées, que n'obtiendrait-on pas si on possédait une *usine modèle*, à l'abri de ces myriades de circonstances occultes? Ce ne serait plus seulement une usine ; ce serait un objet d'art, un établissement scientifique dans la plus rigoureuse acception du mot. Et les produits, quelle perfection n'atteindraient-ils pas, si on les soustrayait habilement à toutes ces maladies, à toutes ces causes de perturbation, à l'action permanente de ces agents de désorganisation? Et, pour conclure, quelle différence, non-seulement au point de vue de l'hygiène, mais encore à celui de l'intérêt pécuniaire du brasseur! Ah! nous l'espérons bien, c'est une joie qui nous est réservée dans l'avenir, et nous serons heureux de pouvoir y consacrer notre vie tout entière pour en prolonger la durée.

De ce qui précède, on doit déduire nécessairement que l'emploi des refroidissoirs en bois est l'un des plus étranges contre-sens de tous ceux que la brasserie offre encore, à défaut d'avoir été étudiée par des hommes spéciaux et avant tout par des hommes pratiques. Aussi, insisterons-nous sur la réforme *radicale*, avant la fermentation, des vaisseaux en bois en usage jusqu'à ce jour, ou au moins demanderons-nous que ceux dont l'emploi peut être toléré, comme les cuves et les reverdoirs, soient garnis intérieurement en métal.

Dans un grand nombre de brasseries, depuis environ vingt ans, on a eu la malencontreuse idée de garnir les anciens refroidissoirs avec des feuilles de zinc laminé, ou bien on en a fait construire en bois qui ont été également recouverts de feuilles de zinc. Or, le zinc en feuilles est d'un détestable usage toutes les fois qu'il faut l'employer pour de grandes surfaces, et particulièrement quand les appareils à l'usage desquels on le destine doivent renfermer des liquides à une température très élevée, car la dilatation du zinc en feuilles est de 1 pour 100 quand on le fait passer de 0° à 100°; d'où il suit que, si la surface d'un refroidissoir est de 100 mètres, par exemple, le zinc qui le recouvre occupera un espace de 101 mètres dès qu'on y fera arriver de la bière en ébullition; de là, des boursouflures nombreuses, et si le métal est retenu sur les bords du refroidissoir, si, en un mot, la dilatation ne peut se faire librement, il en résulte que le zinc se plisse en divers endroits, souvent se casse, ou bien déchire les soudures qui relient les feuilles entre elles. Alors se manifestent des fuites sans nombre; les frais d'entretien croissent dans une proportion considérable, et souvent même les produits fabriqués sont perdus si on n'y apporte la plus active surveillance. Il n'est pas de *refroidissoir garni en zinc* dont, au bout de cinq à six ans au plus, le prix d'achat ne soit doublé, tant par les frais de réparations indispensables que par les pertes de toute espèce auxquelles entraîne infailliblement son emploi. Que le zinc rende des services dans les maisons particulières, qu'il soit propre à construire quelques petits appareils, nous l'admettons, mais nous maintenons qu'il est d'une détestable application dans les travaux d'usine en général et dans les brasseries en particulier. Nous sommes convaincu que ceux de nos lecteurs qui en ont fait usage seront de notre avis.

Au point de vue de la fabrication et de la qualité des produits, le zinc est à la vérité un obstacle au contact direct de la bière avec le bois, mais au point de vue de la rapidité du refroidissement, la construction que nous repoussons laisse subsister dans toute sa force le contre-sens que nous avons signalé plus haut. Sans doute le pouvoir émissif du zinc, c'est-à-dire la propriété qu'il possède de transmettre la chaleur au dehors, est infiniment supérieur à celui du bois, puisque la faculté conductrice de l'air étant supposée égale à 1000, celle du zinc est 363, tandis que celle du bois est égale à 6 environ; mais la conductibilité du zinc est complétement détruite, dans le cas qui nous occupe, par son contact avec le bois, qui, comme nous l'avons démontré, est très mauvais conducteur du calorique.

« Pour diminuer la transmission directe, dit le savant M. Péclet, parlant des dispositions propres à retarder le refroidissement, il faut faire en sorte que les corps avec lesquels celui qui est échauffé est en contact, soient autant que possible mauvais conducteurs. » Or, c'est bien là la condition du refroidissoir en bois garni en zinc, comme pour le cas suivant signalé par le même auteur : « Mais de tous les moyens qu'on peut employer pour retarder le refroidissement, des enveloppes formées de matières conduisant mal la chaleur sont les plus efficaces. »

Il est facile de voir qu'en tenant compte des lois du refroidissement, les appareils construits en zinc et enveloppés de bois sont tout aussi mauvais que ceux construits en bois seulement, puisque celui-ci s'oppose à la transmission de la chaleur au dehors, car on n'obtient, par cette construction, qu'une surface refroidissante, celle qui reçoit le contact de l'air, tandis que si les refroidissoirs étaient construits uniquement en métal, le refroidissement s'opérerait à la fois et par la surface supérieure, et par le fond lui-même.

Nous voudrions, par les motifs que nous venons d'énumérer, que les *refroidissoirs* fussent *en tôle* assez forte pour supporter le poids du liquide à refroidir, et que celle-ci fût étamée intérieurement, parce que, comme nous l'avons établi précédemment, il se formerait de l'encre si l'on mettait une décoction de houblon en contact avec le fer. Ce qu'il serait encore utile de faire dans ce cas, ce serait de recouvrir l'extérieur de la tôle d'une ou deux couches de couleur d'une teinte sombre, afin d'éviter, d'une part, l'oxydation du métal, et aussi pour augmenter dans une notable proportion son pouvoir émissif; car, ainsi que l'ont constaté tous les physiciens, et notamment M. Péclet, « lorsque le corps à refroidir est liquide, mais contenu dans un vase, et qu'il doit être refroidi dans l'air, on augmente la vitesse du refroidissement en donnant à la surface du vase un grand pouvoir émissif par un enduit terne. »

Toutes les conditions favorables à la rapidité du refroidissement se trouveraient ainsi réunies, il y aurait de plus toute espèce de garanties sous le rapport de la solidité, on trouverait enfin dans un appareil de cette nature une sécurité absolue au point de vue de la qualité des produits, puisqu'on opérerait beaucoup plus vite, et qu'en soustrayant les moûts à l'action de l'air on diminue les chances d'altération et on évite le développement de toute fermentation factice, de celle enfin à laquelle notre estimable confrère, M. Kolb, a donné le nom de *fermentation sauvage*.

Quant à la différence de prix du refroidissoir ordinaire et de celui en tôle étamée que nous conseillons, elle ne peut être une objection sérieuse, puisque le premier exige un entretien considérable et qu'il se détériore tellement vite qu'il faut le renouveler tous les cinq ou six ans, comme nous l'avons dit, tandis que la durée du *refroidissoir en tôle étamée* est illimitée et n'exige aucuns frais de réparations. Pour se convaincre que l'appareil dont nous parlons retient parfaitement les liquides lors que les feuilles qui le composent sont bien unies entre elles par des rivés à larges têtes, il suffit de se remettre en mémoire les générateurs des machines à vapeur qui ne laissent échapper aucun atome de vapeur d'eau, même à une pression de dix et vingt atmosphères, ou bien d'examiner la construction des gazomètres que l'on établit partout de cette manière dans les usines à gaz, ou encore les cristallisoirs des raffineurs de sels dont la forme rappelle exactement celle de nos plus grands refroidissoirs[1].

Et d'ailleurs qu'est-ce, pour une usine de quelque importance et pour un appareil aussi utile, aussi nécessaire, qu'une dépense double à l'origine, lorsque cette dépense est compensée, et bien au delà, non-seulement par la durée, que l'on peut estimer dix fois plus considérable, mais par l'absence de tous frais d'entretien et de réparation, et surtout par la rapidité et la sécurité des opérations? Aussi disons-nous qu'au point de vue des véritables intérêts, la brasserie aura fait un grand pas en accordant aux refroidissoirs en métal la préférence qu'ils méritent sur tous les autres, et que, pour notre compte, nous leur accordons sans réserve.

(1) Nous pouvons citer particulièrement celui que nous avons vu dans la fabrique de produits chimiques de MM. de Marolle frères de Saint-Quentin, que nous avons été admis à l'honneur de visiter. Sa surface est trois ou quatre fois aussi grande que celle de nos plus vastes refroidissoirs. Depuis bientôt un demi-siècle que cet appareil fonctionne, il n'a jamais nécessité de réparations, et nous sommes bien convaincu qu'il s'écoulera encore une période de temps au moins égale avant qu'il n'en exige aucune.

Section II. — Des réfrigérants.

Nous avons dit, au commencement de ce chapitre, que dans un très grand nombre de brasseries on suppléait à l'insuffisance des *refroidissoirs à air libre* par des appareils dans lesquels on opère le refroidissement à l'aide de l'eau froide; tous reposent sur le même principe : nous allons dire quelques mots de chacun.

La plupart des brasseries n'ayant pas eu à leur origine la destination qui leur est devenue spéciale, il en résulte le plus souvent que les refroidissoirs sont placés dans de très mauvaises conditions sous le rapport de la ventilation. Dès lors, l'action de l'air ambiant devenant insuffisante, le refroidissement s'opère toujours, mais l'été particulièrement, avec une extrême lenteur; c'est pour suppléer à cette insuffisance que l'on emploie les appareils que représentent les fig. 103, 104, 105, 106. 107, 108 et 109, qui sont bien étamés dans l'intérieur.

Figure 103.

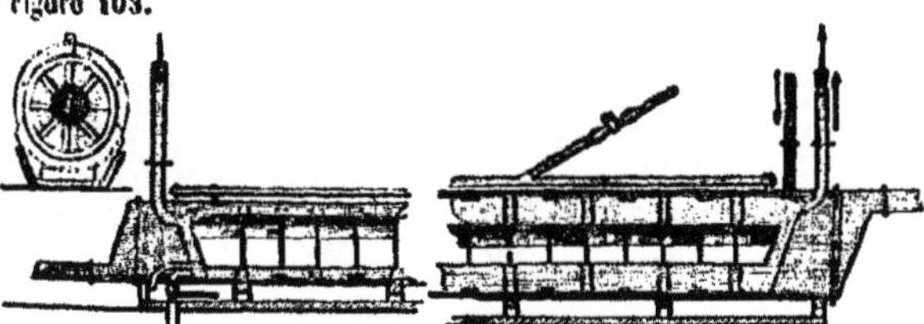

Figure 104.

« Le premier appareil, dit M. Péclet, dont nous donnons les coupes transversale (*fig.* 103) et longitudinale (*fig.* 104), est formé de trois tuyaux en cuivre concentriques. Le tuyau intérieur est plein d'eau; dans l'intervalle de ce tuyau et de celui qui l'enveloppe circule de l'eau froide, et l'intervalle du second et du troisième est parcouru en sens contraire par la bière; enfin un autre tube, qui a toute la longueur des grands tuyaux, verse de l'eau froide sur la surface extérieure de la dernière enveloppe. *Cet appareil est compliqué, d'un prix élevé et très difficile à nettoyer.* »

Nous acceptons sans réserve les conclusions du savant professeur; car non-seulement cet appareil ne coûte pas moins de 1,200 à 1,800 francs, mais il est tout aussi dangereux que ceux dont on s'était servi avant qu'il fût inventé et que ceux qui l'ont été depuis. Nous le démontrerons en terminant ce chapitre. Cet appareil est connu sous le nom de *réfrigérant Nichols.*

« Une autre disposition qui paraît plus avantageuse que la précédente, continue le même auteur, est représentée dans les figures 105 et 106 (A et B) dont l'une est une coupe longitudinale et l'autre une élévation par le bout.

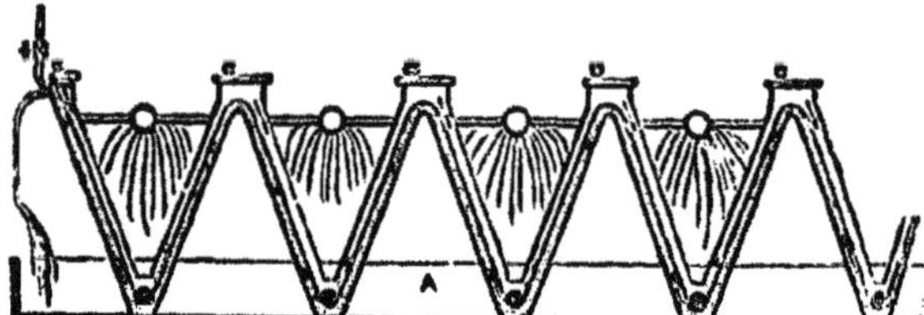

Figure 105.

« L'appareil est composé de trois lames de cuivre rectangulaires, parallèles, repliées alternativement de haut en bas, formant deux canaux ayant une surface commune et fermés littéralement. La bière circule dans le canal supérieur, l'eau parcourt en sens contraire le canal inférieur, et des injections d'eau froide ont lieu sur toutes les parties de la surface extérieure du canal par des tubes garnis de têtes d'arrosoirs. Enfin, on a

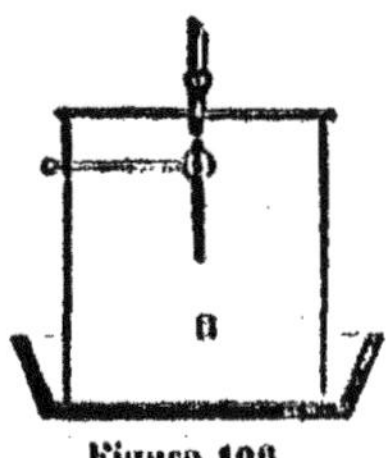

Figure 100.

ménagé des regards *c*, *c*, *c*, *c*, *c* dans les parties culminantes du conduit supérieur, et des orifices dans toutes les parties inférieures pour enlever de temps en temps les dépôts formés par la bière.

« Il est évident que, dans les deux appareils que nous venons de décrire, l'eau marchant en sens contraire du moût, si on n'emploie qu'un volume d'eau égal à celui du moût, et si le circuit a une étendue suffisante, il y aura échange complet de température entre les deux liquides, et l'eau qui a servi au refroidissement pourra être employée utilement à la préparation d'un nouveau brassin[1]. » (*Traité de la chaleur, considérée dans ses applications*, t. II, p. 360 et suivantes.)

La disposition de cet appareil nous paraît moins désavantageuse que la précédente ; pourtant il présente des

(1) Nous ne saurions trop recommander à nos lecteurs l'ouvrage de M. Péclet. Le magnifique atlas qui l'accompagne est indispensable à tous les manufacturiers, à tous les producteurs qui veulent se rendre un compte exact des conditions à observer dans la construction des foyers, des chaudières, des cheminées et de tous les appareils dans lesquels s'opère la combustion.

inconvénients assez nombreux et qui peuvent avoir des conséquences assez déplorables sur la qualité des produits pour que nous le frappions également de proscription, toujours en nous fondant sur les motifs que nous allons bientôt exposer.

L'appareil représenté, *fig.* 107, se compose d'une

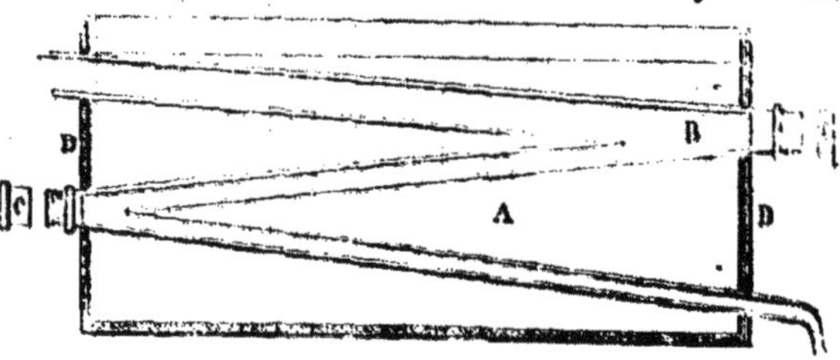

Figures 107.

caisse rectangulaire A, remplie d'eau froide, et d'un serpentin B en cuivre, dans lequel la bière circule lentement et de haut en bas, bien entendu. Sur chacune des faces parallèles D de la cuve on a ménagé des regards C, C, qui permettent de nettoyer assez facilement l'intérieur du serpentin. Bien que cet appareil soit le plus simple et le moins dispendieux de tous en même temps que le plus facile à nettoyer, il est cependant le moins répandu. Nous y reviendrons dans notre résumé.

La *fig.* 108 représente l'appareil qui nous a toujours paru le plus défectueux de tous. Nous pensons que son invention, ou plutôt son application première, appartient à M. L.-F. D, que nous avons déjà trouvé sur notre chemin, et qui est l'auteur de l'*Art de faire la bière*, ouvrage auquel nous empruntons la description que nous allons en donner.

« AA, cuve en bois ou en pierre; *aaa*, etc., réfrigérant composé de plans inclinés, en étain ou en cuivre bien étamé, épais de deux à quatre lignes, large et long en raison de la grandeur de la cuve, dans laquelle ce rafraîchissoir doit être placé.

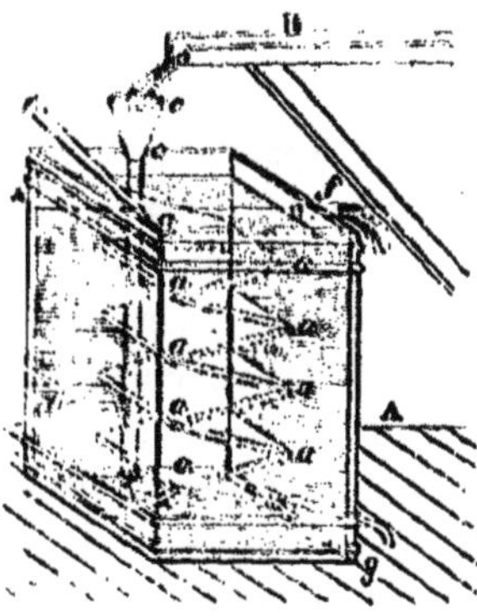

Figure 108.

« *B*, tuyau soudé à l'ouverture supérieure du rafraîchissoir, aboutissant au robinet de décharge de la chaudière.

« *cd*, tuyau qui conduit l'eau froide qui arrive de la conduite B dans le fond de la cuve, au moyen de l'entonnoir *ce'*.

« *f*, trop-plein de ladite cuve pour laisser échapper l'eau à mesure qu'elle y arrive.

« *g*, sortie du moût refroidi.

« Lorsqu'il faudra vider la chaudière, on aura soin que la cuve AA soit pleine d'eau, que son tuyau de décharge *f* ne soit pas bouché; alors on ouvre doucement le robinet de la chaudière pour faire venir le liquide dans le rafraîchissoir *aaa*, etc., par le tuyau *b*, et en même temps on fait tomber de l'eau froide par le tuyau B dans l'entonnoir *ce'*, tout le temps que la chaudière se vide; pendant cet intervalle l'eau supérieure de la cuve s'échauffe beaucoup; mais comme elle est sans cesse repoussée par l'eau froide, elle est continuellement obligée de s'échapper, ce qui permet au moût de n'échauffer qu'un assez petit espace d'eau et de couler froid ensuite par le tuyau *g* du rafraîchissoir. »

Nous avons pu voir, dans un grand nombre de brasseries des départements septentrionaux, des appareils dans le genre de celui-ci; seulement, ceux dont nous parlons ont une longueur plus considérable que la hauteur de ce dernier, puisqu'il en est qui embrassent une partie du pourtour de l'usine, c'est-à-dire que la bière parcourt un espace de près de 30 mètres. Il est vrai que cette disposition permet de se passer complétement de refroidissoir, mais il n'est pas moins certain, et c'est là un fait déplorable, que les produits livrés à la consommation ont d'abord fait l'office de balais dans l'intérieur des appareils, et que les cuves-guilloires deviennent le réceptacle de toutes les impuretés qui obstruent le passage des liquides. Mais qu'importe? L'essentiel, c'est de se passer complétement de refroidissoir, ce qui est bien plus commode; en outre, non-seulement on ménage ainsi l'emplacement, mais encore on s'évite l'ennui de veiller à ne pas dépasser les limites du refroidissement à l'époque où les nuits sont très froides.

Mais ce n'est pas tout, car, comme nous allons le voir, il est indispensable qu'après la cuisson les moûts absorbent, pendant leur séjour sur les refroidissoirs, la quantité d'air dont ils ont besoin pour fermenter convenablement; or, par le procédé qui nous occupe, les moûts n'en absorbent pas un atome. Est-ce là ce qui rend les possesseurs de cet appareil si satisfaits? Évidemment ces messieurs ne s'en sont pas bien rendu compte.

La *fig.* 100 représente un serpentin tel qu'en em-

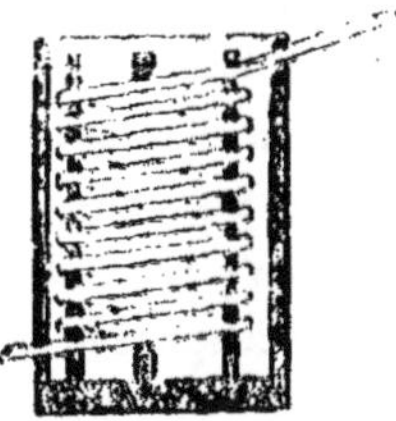

Figure 100.

ploient les distillateurs, avec cette différence que celui que nous donnons ici devant opérer le refroidissement d'une assez grande quantité de liquides, il est tout à la fois d'un diamètre et d'une hauteur plus considérables. Ce dernier, eu égard à l'impossibilité de le nettoyer d'une manière absolue, est certainement aussi défectueux que les précédents; aussi n'hésitons-nous pas à en repousser l'usage.

Tous ces appareils, avons-nous dit, reposent sur un même principe; en effet, dans tous le refroidissement de la bière s'opère au moyen de l'eau froide et à l'aide de tuyaux de cuivre et même de fer-blanc, disposés différemment, selon la forme des appareils, mais tous baignés ou parcourus en sens contraire par un courant d'eau froide, en contact immédiat avec les parois externes de ces tuyaux ; la bière, au contraire, circule dans l'intérieur de l'appareil. Or, comme nous l'avons déjà dit en parlant des *pompes*, le passage de la bière dans ces tuyaux détermine, après un temps assez court, la formation d'une matière jaunâtre, ou plutôt d'un blanc sale, onctueuse et grasse au toucher, insoluble dans l'eau et l'alcool, et qui, mise en présence du sucre, constitue un ferment particulier, et provoque la décomposition du sucre contenu dans le infusions et dans les moûts.

Comme la bière est mise en fermentation, c'est-à-dire mélangée à la levûre, aussitôt que le refroidissement est complet nous n'y verrions aucun inconvénient, dans le cas qui nous occupe si le ferment adhérent à l'intérieur des conduits était dans le même état et de la même nature que celui que l'on emploie ordinairement pour déterminer la fermentation. Mais il n'en est pas ainsi: le ferment qui s'est déposé contre les parois internes des appareils réfrigérants a d'abord détruit les principes sucrés que le passage de la bière a laissés dans ces appareils ; plus tard, au contact de l'air et en présence d'une énorme quantité de vapeur d'eau emprisonnée dans ces mêmes appareils, il s'est acidifié au point qu'à l'époque des grandes chaleurs quelques heures suffisent pour lui faire développer une odeur d'acide acétique très prononcée; si la chaleur se prolonge, à la *fermentation acide* succède promptement la *fermentation putride*, celle qui développe les émanations les plus pestilentielles, celle enfin qui rappelle le mieux l'odeur des œufs pourris ou de toute autre matière animale qui éprouve les dernières périodes de la décomposition.

Et qu'on le sache bien, il n'y a pas possibilité d'élever l'ombre d'un doute relativement aux faits que nous avançons ; car l'expérience est venue les démontrer de la manière la plus irréfragable, et chacun d'ailleurs pourra les constater, ici dans le réfrigérant Nichols, là dans un serpentin, comme nous les avons personnellement constatés dans notre usine, dans un simple tuyau horizontal d'environ 40 mètres de longueur destiné à conduire la bière de la cuve-guilloire à l'entonnerie.

Ainsi, de l'emploi des appareils réfrigérants ou simplement du passage de la bière dans des tuyaux peut résulter soit la formation d'un ferment particulier éminemment et essentiellement acide, et capable par conséquent de déterminer une *fermentation acide* dans les moûts avec lesquels on le met en contact, soit, ce qui est le cas le plus dangereux, la présence de corps qui éprouvent la fermentation putride. Dans tout état de cause, il ne faut pas perdre de vue que les premières portions de liquide qui passent dans ces tuyaux dissolvent toutes les matières solubles qui s'y rencontrent, enlèvent par le frottement des parties plus ou moins considérables de cette matière grasse, de cette variété de ferment qui nous occupe, et que celle-ci, portée au milieu des moûts les plus sains et les plus riches en principes sucrés, peut amener de graves désordres quand les quantités introduites le sont dans un rapport un peu considérable, ou provoquer dans un laps de temps très court une altération profonde, ou enfin prédisposer les bières à la *fermentation putride*.

Nous savons bien que quelques esprits superficiels

repoussent ces conséquences parce qu'elles reposent sur des considérations qu'ils regardent comme peu importantes. On ne comprend pas bien au premier abord comment de si petites causes peuvent produire d'aussi grands effets ; on ne s'explique pas immédiatement comment le succès d'une opération, menée à bien jusque-là, peut se trouver gravement compromis tout d'un coup; comment des produits, jusque-là si purs, renferment subitement le principe d'une altération qu'un petit espace de temps suffit pour développer d'une manière prodigieuse. Mais qu'on nous permette une comparaison qui rendra bien notre pensée : comment se fait-il qu'un homme d'une constitution herculéenne, mordu par un chien hydrophobe, puisse, au bout de peu de jours, se trouver réduit à l'état le plus horrible et mourir enfin au milieu des douleurs les plus atroces? Mesurez, si vous le pouvez, l'étendue des ravages que vient de causer l'inoculation du virus de l'hydrophobie, tâchez de doser la quantité qui en a été introduite dans le torrent de la circulation, et vous verrez qu'un atome a suffi pour amener la mort.

Il y a, soyez-en bien convaincu, la plus saisissante analogie entre le fait qui nous occupe et celui qui vient de nous servir de comparaison, car le sucre est peut-être, de tous les corps connus, le moins stable, le plus mobile, et nul agent n'agit sur lui avec autant d'énergie et à d'aussi faibles doses que le ferment. D'ailleurs, quand bien même la quantité de ferment entraînée par le passage de la bière dans les tuyaux ne serait pas assez considérable pour envahir la masse tout entière, il ne faut pas perdre de vue que le *gluten*, pouvant se comporter à l'égard du sucre comme le ferait un véritable ferment, agira de la même manière que ce dernier qui vient lui communiquer un nouveau pouvoir fermentescible; c'est-à-dire que si ce ferment est acide, le *gluten* communiquera aux moûts une *fermentation acide;* s'il est en voie de décomposition putride, le gluten éprouvant bientôt cette même décomposition, tout sera perdu sans espoir et sans ressource; de plus, le *ferment*, la *levûre* qui proviendra de cette opération, produira exactement les mêmes effets sur les brassins suivants auxquels on voudra faire subir la fermentation alcoolique; car, comme la démontré M. Péligot, un *ferment* provenant d'une *fermentation visqueuse* peut développer dans un liquide sain, dans un moût de bière, par exemple, une viscosité analogue à celle du liquide qui a donné naissance au ferment.

Mais ce n'est pas tout; la présence de lá matière onctueuse qui se forme dans les tuyaux, au milieu des liquides en voie de fabrication, a des conséquences beaucoup trop sérieuses pour que nous n'appelions pas sur elles toute l'attention de nos lecteurs. Nous avons dit que le gluten était soluble dans divers acides, notamment dans l'acide acétique (*vinaigre*), et que, dans cet état, il pouvait donner naissance à la maladie à laquelle on a donné le nom de *graisse*. Or, nous venons de dire qu'abandonné au contact de l'air et en présence d'une grande quantité de vapeur d'eau retenue dans l'intérieur des appareils réfrigérants, le ferment qui s'est produit et les matières sucrées adhérentes s'acidifiaient promptement et développaient d'abondantes vapeurs acides ; ces vapeurs, capables de réagir, et qui réagissent en effet sur le gluten contenu dans les infusions, peuvent, en le dissolvant, sinon devenir l'unique cause de la *graisse*, au moins l'une des forces capables de la déterminer, surtout si les diverses circonstances que nous avons signalées précédemment en traitant ce sujet sont elles-mêmes développées avec quelque intensité, mais plus particulièrement encore lorsque, comme nous venons de l'indiquer, les moûts sont soumis à une *fermentation acide*.

Quant à ce qui résulte de ces faits, sous le rapport de la quantité d'alcool produite par la fermentation, voici ce que dit M. Mathieu de Dombasle, l'un des hommes pratiques les plus éclairés, l'un de ceux qui ont le mieux étudié les beaux phénomènes de la fermentation alcoolique, et qui ont su le mieux les faire passer de la théorie à l'application. Après avoir analysé quelques-uns de ces phénomènes et après avoir constaté les différentes quantités d'alcool qu'ils fournissent dans telles ou telles circonstances, le savant agronome s'exprime ainsi : « En effet, dans toutes ces fermentations le produit en alcool est toujours d'autant plus abondant qu'on a réussi à retarder davantage l'invasion de la *fermentation acide*. » (*Annales de Physique et de Chimie*, t. XIII, p. 294.)

Voyez maintenant comment les faits s'enchaînent et comment toutes les conséquences se déduisent quand on les rapproche pour les grouper, pour les coordonner afin de les analyser une par une et toutes ensemble. Ce que dit l'auteur est d'une exactitude rigoureuse ; il est bien démontré que l'alcool produit est en proportion d'autant plus faible que la *fermentation acide* s'est développée davantage. La conséquence immédiate de ceci, c'est que la *conservation des bières* est d'autant plus difficile que la quantité d'alcool qu'elles renferment est moindre, puisque, à mesure que l'agent conservateur diminue, les chances d'altération augmentent.

C'est par ces motifs que nous repoussons chacun des *appareils réfrigérants* que nous venons d'examiner, aussi bien que l'emploi de toute espèce de tuyaux pour conduire horizontalement les liquides sucrés d'un point à un autre.

Nous savons bien qu'on peut toujours plaider la cause de la propreté, des soins, de l'ordre, de la surveillance indispensables dans toutes les usines, mais nous ne nous fions à aucune des choses qui ne peuvent être matériellement palpables à nos yeux dans des questions aussi délicates. Or, nous demanderons comment l'œil pourrait juger de l'état de propreté des appareils représentés figures 403, 404, 405, 406, 407, 408, 409; il en reste donc un seul, celui que nous donnons (*fig.* 407), et c'est positivement le moins répandu, si même il a jamais été mis en usage dans les brasseries. Il n'est pas besoin d'invoquer davantage le secours des lavages à l'eau courante, car le ferment qui adhère aux parois internes de ces appareils est insoluble dans l'eau, et dès lors l'action dissolvante de celle-ci est de nul effet. Nous ne connaissons qu'un moyen, un seul, qui puisse agir avec quelque efficacité : c'est de lancer dans les tuyaux, après le passage des liquides sucrés, un jet de vapeur abondant, capable non-seulement d'annihiler le pouvoir fermentescible des matières adhérentes en les soumettant à une température très élevée, mais même de dissoudre les matières solubles qui sont entraînées par l'eau de condensation. La force de projection de la vapeur suffit encore pour détacher toutes les particules adhérentes insolubles qu'elle chasse devant elle et qui s'écoulent également avec les eaux de condensation.

Il faut donc, dans tous les cas possibles, éviter de recourir à l'emploi des appareils réfrigérants, qui peuvent devenir une cause permanente d'insuccès, et dont l'acquisition est toujours fort dispendieuse. Si, dans un grand nombre d'usines, on a été contraint d'en faire usage, cela tient, d'une part, à la confection défectueuse des refroidissoirs en tant que matériaux employés à leur construction, et, d'autre part, aux pitoyables conditions dans lesquelles ils sont placés, eu égard aux lois qui régissent le refroidissement. Ainsi, dans la plupart de nos brasseries, ils sont relégués soit dans un grenier, soit même dans un local fermé de murailles ; de là, des lenteurs toujours déplorables dans la durée du refroidissement, puisque, comme nous le verrons bientôt, la fermentation peut s'établir au sein des moûts, après une période de temps plus ou moins longue, sans qu'aucune des causes que nous venons de signaler viennent y coopérer, soit directement, soit indirectement.

Section III. — Considérations générales sur le refroidissement.

Tout ce que nous venons de dire doit faire comprendre combien il est important de placer les *refroidissoirs* dans les conditions les plus favorables. Ces conditions sont qu'ils puissent recevoir l'action de courants d'air abondants et rapides; pour cela il faut produire une ventilation constante et aussi active que possible, car « on augmente aussi le refroidissement d'un corps en accélérant le mouvement de l'air à sa surface, par une cheminée placée au-dessus de lui, ou en produisant une vive agitation dans l'air qui l'environne. Quand le corps est liquide, vaporisable à une température inférieure à celle de son ébullition, et qu'on ne craint pas d'en perdre une partie, le mode de refroidissement le plus puissant est l'évaporation; et les circonstances qui favorisent l'évaporation sont: 1° une grande surface libre du liquide; 2° un renouvellement rapide de l'air en contact avec le liquide. Dans les brasseries, il est important d'accélérer autant que possible le refroidissement des moûts, afin de déterminer promptement la fermentation; car un refroidissement trop lent nuit à la qualité de la bière. Autrefois on se contentait de placer les moûts dans de grandes caisses d'une petite profondeur et d'une grande étendue. On accélérerait beaucoup le refroidissement si, par un moyen quelconque, on favorisait le renouvellement de l'air en contact avec la bière, par exemple, en plaçant à la surface du liquide une roue à ailes planes, disposée comme celle d'un ventilateur à force centrifuge, dont l'axe serait vertical et tournerait avec une grande vitesse. D'après une expérience faite en Angleterre dans une bâche où le liquide avait $0^{m},135$ de profondeur, 30 mètres carrés de surface, le refroidissement de 4,000 litres de moût durait 40 heures ; et en établissant à la surface de la bière une roue à quatre ailes de 2 mètres de diamètre, dont les arêtes inférieures des ailes étaient à 0^{m},027 de la surface du liquide et qui faisait cent-vingt tours par minute, le refroidissement a eu lieu en deux heures. » (PÉCLET, *Traité de la Chaleur*, t. II, p. 360 et suiv.)

Sans doute c'est là un puissant moyen de refroidissement ; mais comme il n'est pas applicable à toutes les brasseries, nous en indiquerons tout à l'heure un autre beaucoup plus pratique. Un *ventilateur à force centrifuge* comme celui dont parle M. Péclet exige un moteur dont nous croyons pouvoir évaluer la force à trois ou quatre chevaux de vapeur ; or, le nombre des brasseries qui disposent d'une puissance aussi considérable est extrêmement restreint en France. Il y a d'ailleurs de plus grandes difficultés qu'on ne le suppose dans l'exécution de ce moyen, car pour produire tout l'effet utile, pour opérer dans les conditions les plus favorables, il faudrait que le ventilateur glissât le long des bords du refroidissoir, c'est-à-dire qu'il faudrait lui imprimer un mouvement alternatif de va-et-vient, afin que l'action se fit sentir le plus uniformément possible sur toute la surface du liquide à refroidir ; de là la nécessité d'établir le ventilateur sur un chariot mobile ou sur un railway ménagé dans l'épaisseur des bords du refroidissoir, sur lequel l'appareil pût glisser à volonté. On opérerait très vite de cette façon, on aurait un excellent appareil ; mais que de difficultés dans une construction aussi délicate, que de complications. que de transmissions de toute espèce ne faudrait-il pas établir! et à quel prix reviendrait ce ventilateur? Ce moyen n'est donc pas assez pratique, et nous n'en croyons pas l'application possible dans le plus grand nombre de cas, nous le répétons, bien qu'il repose sur un très bon principe.

Ce n'est pas améliorer le travail que de le rendre plus dispendieux et plus compliqué; ce qu'il faut au contraire, c'est l'améliorer en le simplifiant, c'est lui faire produire *plus* en absorbant *moins*, c'est mettre à profit toutes les forces simples et tous les agents que la nature a mis à notre disposition, tout en évitant de nous écarter des lois qui en régissent l'harmonie et le mouvement.

Or, c'est parce que nous-même nous avons pris là notre point de départ que nous répéterons: les lois du refroidissement exigent certaines conditions, observez-les; elles veulent que vous opériez dans des appareils en métal, faites comme ces lois vous l'indiquent; elles réclament le contact de l'air par des courants abondants, rapides et continus; conformez-vous à toutes ces nécessités, à toutes ces exigences, et vous verrez que leur concours ne vous faillira pas; mais avant d'aller chercher des effets extraordinaires dans des appareils très dispendieux, commencez par utiliser mieux les moyens de production dont vous pouvez disposer gratuitement, puisque la nature vous en a légué l'usufruit à la seule condition que vous produirez en échange.

Le moyen dont nous parlions un peu plus haut est celui que nous indiquons dans le projet de *brasserie modèle* que nous avons joint à ce travail; on opère ainsi d'une manière rationnelle et dans les conditions les plus favorables. N'est-il pas évident, en effet, que si, dans un bâtiment quadrangulaire, dont chacun des côtés fait face aux quatre points cardinaux, on emploie des refroidissoirs en tôle, la moindre brise pourra être utilisée avec le plus grand succès si chacun des côtés de ce bâtiment est garni de persiennes dont les lames ouvrent et ferment à volonté? Il est facile de comprendre que si le vent souffle de l'est, par exemple, on peut, en ouvrant les lames des persiennes à l'est et à l'ouest, obtenir une ventilation continue et rapide dans le sens même du courant.

Une autre cause de la lenteur du refroidissement des moûts au détriment de la qualité des produits est due également aux vapeurs qui se dégagent des liquides dès les premiers instants qu'ils sont amenés sur les refroidissoirs. En effet, le calorique rayonné ou transmis par les surfaces, mais lancé dans toutes les directions par les appareils en usage, échauffe non-seulement les corps environnants, mais l'atmosphère elle-même, celle qui entoure les refroidissoirs ; il en résulte que l'action réfrigérante diminue à mesure que la température ambiante s'élève davantage. Si, comme nous l'avons dit, il est essentiel que le courant d'air soit actif et rapide, c'est non-seulement pour enlever toute la vapeur qui se dégage, mais encore pour que la surface refroidissante que vient lécher le courant d'air puisse lui abandonner en passant une portion surabondante de calorique, que celui-ci va porter à une grande distance de l'appareil lui-même.

Un seul fait prouvera combien est incomplet le mode

de refroidissement actuel et combien sont défectueux les appareils généralement employés de nos jours; c'est qu'il n'existe pas de refroidissoir dans lequel la bière puisse se mettre complétement en équilibre avec la température ambiante au mois de juillet par exemple, même en supposant un séjour de douze ou quatorze heures sur les refroidissoirs. En règle générale, plus on opère vite et plus les résultats sont satisfaisants ; si donc le refroidissement ne peut s'opérer en six heures, au maximum, à l'époque des grandes chaleurs, c'est que l'appareil est vicieux, et que les conditions de ventilation auxquelles il est soumis sont mauvaises. Or, il ne faut pas l'oublier, le succès est en raison directe de la vitesse avec laquelle on opère le refroidissement.

Nous allons voir également combien il est avantageux d'opérer à ciel ouvert, puisque, même dans les nuits où le thermomètre indique encore une température de + 10°, on peut, dans certaines conditions, obtenir la congélation de l'eau. Nous laisserons à M. Péclet le soin de nous expliquer ce phénomène vraiment digne du plus haut intérêt.

Refroidissement des corps par le rayonnement vers le ciel pendant les nuits sereines.

« Lorsqu'un corps doué d'un grand pouvoir rayonnant est exposé dans un lieu découvert pendant une nuit calme et sereine, il éprouve un très grand refroidissement, dû à ce que l'enceinte planétaire est à une très basse température. Le refroidissement serait encore beaucoup plus considérable si l'air, la terre et la condensation de la vapeur d'eau à la surface du corps ne lui restituaient pas une partie de la chaleur qu'il perd.

« Pour obtenir par ce moyen un grand refroidissement, il faut que la surface du corps ait un grand pouvoir émissif, et que le corps soit soutenu par d'autres corps très mauvais conducteurs.

« Depuis un temps immémorial on fait au Bengale de la glace par un procédé fondé sur le rayonnement nocturne On place des vases de terre peu profonds, pleins d'eau, sur des couches de canne à sucre ou des tiges de maïs non comprimées ; lorsque, pendant la nuit, le ciel a été pur, l'air calme, et que la température de l'atmosphère s'est abaissée au-dessous de + 10°, on trouve le matin l'eau congelée. M. Wels a essayé ce procédé en Angleterre pendant l'été, il a parfaitement réussi. » (*Traité de la chaleur*, tome II, page 367.)

Nous ne prétendons pas que, par le mode de construction que nous avons indiqué, on obtiendrait la congélation de la bière au mois d'août par exemple, mais nous affirmons que cette disposition permet, dans un grand nombre de cas, de faire descendre la température de la bière au-dessous de la température ambiante. ou, assurément, de la mettre promptement en équilibre avec elle.

Dans les temps les plus difficiles pour la fabrication, c'est-à-dire à l'époque des temps chauds et pendant les jours caniculaires principalement, le refroidissement des bières présente de sérieuses difficultés, parce qu'alors il importe d'obtenir les plus basses températures possibles, tout en opérant avec la plus grande vitesse, deux conditions qu'il est fort difficile de réunir quand on ne dispose que du contact de l'air ; aussi devons-nous dire que, si nous avons frappé de proscription les appareils réfrigérants que nous avons examinés, ce n'est pas que le principe sur lequel ils reposent soit vicieux ; notre blâme ne porte que sur leur construction, et nous sommes convaincu que le pouvoir réfrigérant de l'eau pourra être utilisé avec succès dès que la construction des appareils aura été modifiée de manière à éviter les nombreux inconvénients que nous avons signalés.

L'appareil représenté figure 110 nous a paru être le

Figure 110.

seul dont l'extrême simplicité pût en rendre l'application possible dans toutes les usines. A est un conduit en bois dans lequel se trouve un autre conduit B en cuivre mince; le premier est destiné à contenir de l'eau très froide, le second est celui qui reçoit la bière. Les deux liquides marchant dans une direction opposée, il y a échange de température entre eux, et si l'eau employée au refroidissement est à + 10°, par exemple, on pourra facilement amener la bière à la même température, si la marche des deux liquides a été combinée avec soin. Pour cela il faut employer un volume d'eau assez considérable, et faire couler la bière en une nappe aussi mince que possible ; en outre, comme un ventilateur à force centrifuge, dont le diamètre serait égal à la largeur du conduit à bière, serait peu dispendieux et ne demanderait qu'une force minime pour fonctionner, on pourrait rendre l'appareil complet en fixant un ventilateur de ce genre à l'extrémité de l'appareil réfrigérant, c'est-à-dire tout près de la cuve-guilloire, qui doit recevoir la bière après son refroidissement.

Cet appareil nous paraît mériter la préférence sur tous les autres par deux motifs. Le premier, c'est qu'il est ouvert dans toute sa longueur et que son inclinaison ne permet pas à la bière d'adhérer dans une portion notable aux parois intérieures, ou de se déposer au fond. Le second, c'est que si une portion du liquide a pu rester dans l'appareil, après l'opération, elle est constamment soumise au contact de l'air, qui se renouvelle sans interruption; cette circonstance permet aux parties aqueuses de s'évaporer promptement et, par conséquent, évite le développement de toute fermentation, puisque, comme nous le verrons bientôt, elle ne peut se produire sans le secours de l'eau. Une troisième considération nous semble avoir aussi son importance, c'est que l'appareil que nous avons imaginé est tellement simple que les frais d'établissement peuvent être regardés comme nuls, comparés au prix des autres, dont le plus grand mérite, à notre avis, est de coûter fort cher tout en donnant des résultats très équivoques.

Nous pensons donc qu'en construisant les refroidissoirs d'après les principes que nous avons indiqués, et en les plaçant dans les conditions dont nous avons entretenu nos lecteurs, on peut, même lorsque le thermomètre pendant la nuit se maintient à + 20 ou 22°, opérer le refroidissement en quelques heures et amener la bière à la température de + 10 ou 12°, pourvu que l'on tienne exactement compte des moyens que nous avons signalés, et qui peuvent seuls assurer le succès de cette opération.

Avant de terminer ce chapitre, nous dirons que, si nous n'avons pas spécialement recommandé de toujours conduire les opérations de manière à terminer la cuisson avec le jour, afin de pouvoir utiliser la fraîcheur des nuits au profit du refroidissement, c'est parce que l'habitude de procéder ainsi date de l'origine même de la fabrication de la *cervoise*. Nous n'avons pas cru devoir indiquer de forme spéciale et assigner de limites à la surface des refroidissoirs; car la forme dépend des facilités locales, et en ce qui concerne la surface, on sait qu'il est important d'opérer toujours sur la plus grande étendue possible.

Parmi les signes certains d'une fabrication extra-défectueuse, nous devons en citer un qui ne laisse aucun doute sur l'état d'altération dans lequel se trouvent les produits fabriqués. En parlant de la *cuisson*, nous avons dit quelles étaient les conséquences de la présence dans le malt des *grains moisis* ou affectés de pourriture qui se produisent quand la germination a été opérée à une température trop élevée. Dans ce cas la surface de la bière se couvre, après quelques instants de repos sur les refroidissoirs, d'une écume verdâtre d'autant plus abondante que les causes d'insuccès que nous avons signalées viennent y contribuer dans une proportion plus considérable. Et comme dans cette circonstance un excès de gluten est dissous par les divers acides provenant de l'altération du malt ou des moûts, il en résulte que la bière se trouble davantage à mesure que son séjour sur les refroidissoirs se prolonge davantage. On peut, au contraire, compter sur des résultats d'autant meilleurs que, par le refroidissement, la bière se trouble moins ; ou si elle contient une certaine proportion de gluten, on le retrouve, sous forme d'écumes, au fond du refroidissoir, mais sans que la transparence de la bière en soit troublée. Si aux causes dont nous venons de parler se joignent encore celles qui résultent de l'emploi d'une *eau impure*, c'est-à-dire chargée de matières végétales ou animales en voie de décomposition; si le malt a subi quelque altération par un trop long séjour dans les greniers d'approvisionnement ; si les pompes, tuyaux et conduits de toute espèce étaient malpropres ; si enfin le malt concassé a subi un commencement de fermentation dans la cuve-matière au moment de la trempe préparatoire, on voit la surface entière des produits en voie de refroidissement se couvrir d'une couche épaisse d'écume, rappelant à l'œil l'aspect des eaux marécageuses stagnantes au sommet desquelles il se forme une abondante végétation de couleur verte que tout le monde connaît. Lorsque le mal est arrivé à ce point, il n'y a plus de palliatif contre l'état d'altération dans lequel se trouvent les produits, et on peut les considérer comme perdus; car alors, comme nous allons le voir bientôt, la fermentation est toujours défectueuse, la bière conserve après la fermentation un aspect nébuleux et résiste à tous les moyens de clarification connus. Comme nous le verrons également, la quantité d'alcool développé par la fermentation est peu importante, et les produits, d'une saveur dure et désagréable, passent rapidement de la *fermentation acétique* à la *fermentation putride*, à celle enfin qui annonce la décomposition totale des produits sur lesquels elle exerce son action désorganisatrice.

Alors on dit : *la bière est tournée*, et, comme la plupart de ces accidents n'arrivent ordinairement qu'à l'époque des grandes chaleurs, puisqu'en hiver la température de l'atmosphère est un obstacle à toute fermentation, on se hâte bien vite de recourir aux arguments ordinaires : c'est si facile! aussi est-on toujours certain que l'électricité atmosphérique arrive là à point nommé pour remplir son rôle de circonstance ; et Jupiter devient bientôt le bouc d'Israël chargé de porter les iniquités du brasseur aux abois. Comme si dans certains jours d'hiver l'atmosphère n'était pas souvent plus saturée d'électricité qu'à certains jours de l'été et du printemps! C'est un vieux thème sur lequel on a brodé les histoires les plus bouffonnes, dont quelques-unes pourraient amuser nos lecteurs si nous ne craignions pas d'ajouter le burlesque au sérieux.

Si nous avions besoin de citer des faits pour démontrer que l'électricité est sans influence appréciable sur la fabrication de la bière, nous pourrions rapporter les expériences multipliées auxquelles nous nous sommes personnellement livré en prolongeant l'action d'un courant électrique sur un refroidissoir plein de bière pendant six ou huit heures, sans que jamais nous nous soyons aperçu que la présence de l'électricité ait modifié en rien les résultats, ou changé la nature des moûts sur lesquels nous opérions. Nous comprendrions à la rigueur, et par des motifs que nous déduirons en temps utile, qu'il y eût quelque danger à faire traverser la bière en fermentation par des courants électriques, mais dans le cas qui nous occupe, nous n'avons jamais pu constater de résultats sérieux.

Aujourd'hui donc nous n'avons que faire de ces théories creuses, sans consistance, enfantées dans l'obscurité des temps anciens; ce qu'il nous faut, ce sont des faits gros d'évidence, des faits qui parlent et qui viennent satisfaire à la fois la raison et le sens commun, en même temps qu'ils nous révéleront, avec l'existence des causes, l'explication raisonnée de chacun des effets qui nous affligent périodiquement. Non, nous n'avons que faire de toutes ces ridicules croyances, et il serait indigne de nous de nous laisser traîner plus longtemps à la dérive de toutes ces vieilleries inutiles, tout au plus bonnes pour les heureux croyants qui vont chercher dans les pratiques les plus extravagantes le moyen de se grandir à leurs propres yeux, et afin d'exalter dans leur imagination le profond savoir qui les rend si fiers, tandis que tous ces dehors ne sont là que pour dissimuler la plus complète ignorance et le plus inqualifiable entêtement.

Nous ne pouvons donc que répéter, en terminant, que là n'est pas la vérité, mais qu'elle est tout entière dans les nombreuses causes d'insuccès que nous avons énumérées et qui, rapprochées les unes des autres, groupées dans l'ordre où elles se produisent naturellement, expliquent d'une manière plus que suffisante comment leur concours peut constituer une force capable de détruire l'équilibre dans chacun des corps si mobiles qui forment la composition des moûts. C'est là, là seulement, qu'est le mal, parce que, comme nous l'avons dit bien souvent, une fois développée, son action désorganisatrice se communique d'un atome à l'autre avec une désolante rapidité, jusqu'à ce que la masse entière se trouve envahie.

C'est donc à détruire le mal, à détruire les causes, qu'il faut travailler; car tous vos efforts pour le combattre seront superflus, au moins lorsque vous lui aurez permis de prendre des développements extraordinaires que facilitent, dans un très grand nombre de cas, le mode de fabrication que vous suivez, la disposition intérieure de vos usines et la construction extra-défectueuse de vos appareils.

V° OPÉRATION: FERMENTATION.

Section I. — Définition et classification.

La *fermentation* est l'acte par lequel le sucre se transforme en alcool sous les influences de l'eau, de l'air, d'une température déterminée et d'un agent particulier auquel, par dérivation, on a donné le nom de *ferment*, et que par corruption on a également nommé *levûre*.

Les produits immédiats de la décomposition du sucre par le ferment sont *l'acide carbonique* et *l'alcool;* le premier se dégage sous la forme gazeuse qui lui est propre; le second est retenu dans les liquides et constitue, avec le pouvoir enivrant des boissons, la faculté de rendre leur action bienfaisante sur l'économie animale, quand les quantités introduites dans l'estomac le sont avec modération. L'alcool est en outre l'agent conservateur des boissons dans lesquelles on l'a développé; en d'autres termes, la conservation des bières, par exemple, sera d'autant plus certaine que l'on aura développé au sein de celles-ci une plus forte proportion d'alcool. Il existe plusieurs espèces de fermentation : les chimistes ont désigné celle qui nous occupe sous le nom de *fermentation alcoolique*.

L'étude de la fermentation est des plus importantes. elle offre un intérêt immense à tous les hommes intelligents qui veulent se rendre compte des phénomènes qui se passent sous leurs yeux. Ce qu'il y a surtout de très remarquable, c'est que chacun des corps nécessaires au développement de la fermentation alcoolique, chacune des conditions dans lesquelles elle se produit peuvent la modifier dans un rapport surprenant et lui faire affecter des formes particulières en même temps qu'elles peuvent déranger complétement la nature des résultats. selon que l'état de ces corps ou de ces conditions présente des caractères différents. Ainsi, les phénomènes de la fermentation et les résultats qu'ils produisent peuvent varier selon la nature du sucre, l'état de l'eau et de l'air nécessaires à leur développement, mais encore selon l'espèce de ferment employé pour convertir en alcool toutes les parties sucrées que contiennent les moûts.

La question est donc complexe dans tous ses points et exige par conséquent une étude particulière et une attention soutenue. C'est dans ce but que nous commencerons par étudier les caractères du ferment avant de nous occuper de la *mise en fermentation* ou *mise en le vain*. Quant aux autres corps nécessaires à la fermentation et aux conditions qui facilitent son développement, nous nous en occuperons en traitant de la fermentation au point de vue de l'application. Nous prions instamment nos lecteurs de ne pas perdre de vue les considérations fondamentales dans lesquelles nous allons entrer, car elles forment la base essentielle de cette partie si intéressante et si délicate de la fabrication de la bière à laquelle on a donné le nom de *fermentation*.

Section II. — Du ferment ou levûre proprement dite (*fermentum cerevisiæ.*)

Qu'est-ce que le *ferment?* Dans l'état actuel de la science, la réponse la plus vraie est celle-ci : on n'en sait rien.

Au moment où nous écrivons, le ferment n'a pas encore été définitivement classé. Pour les uns, il n'est qu'une modification du gluten ; pour d'autres, c'est une matière végétale particulière; pour ceux-ci, c'est une substance végéto-animale, et pour ceux-là c'est *presque* une matière animale, c'est-à-dire un composé de petits animalcules dont l'organisation et la configuration ont échappé jusqu'ici au pouvoir grossissant de nos plus puissants microscopes.

Nous partageons l'opinion de ces derniers, et cela par des raisons que nous déduirons à mesure que les faits que nous avons à examiner viendront jeter quelque lumière sur ce point. Nous ne voulons pas trancher une question aussi délicate ; nous n'élevons aucune prétention sur ce sujet, nous nous bornerons à rapporter les faits recueillis dans la pratique aux faits qui se sont passés sous nos yeux pendant cinq ans.

A défaut de données exactes et de moyens d'investigation suffisants, on a fait du ferment le tableau que nous allons transcrire et, il faut le dire, c'est celui qui satisfait le mieux la raison, et qui, selon nous, se rapproche le plus de la vérité. « Si l'on examine la *levûre de bière* avant la fermentation, dit M. Dumas, on voit qu'elle est formée en entier de globules ou de corpuscules légèrement ovoïdes d'un centième de millimètre de diamètre ; souvent leur pourtour semble garni de petits appendices qu'on regarde comme de véritables bourgeons annexés aux cellules-mères. Aussitôt que la fermentation est en train, la levûre ne reste pas un instant oisive. Les petits corps discoïdes s'agitent en tous sens, et si la substance soumise à la fermentation est mêlée d'une matière azotée (tel est le cas du moût de bière par rapport au gluten), ils deviennent plus volumineux ; les petits appendices latéraux se développent, et, quand ils ont acquis de certaines dimensions, il se détachent pour vivre isolément à leur tour et donner naissance à d'autres bourgeons, d'après M. Turpin. »

Nous donnons (*fig.* 111) la configuration du *ferment de*

Figure 111.

la bière tel que M. Bouchardat nous l'a présenté dans son *Supplément à l'Annuaire de Thérapeutique pour* 1846. Cet Annuaire renferme sur l'étude des ferments et sur diverses fermentations des recherches de la plus haute importance; tout en regrettant que l'auteur ne nous ait pas indiqué à quel grossissement il présentait la *fig.* 1 de son travail, nous n'aurons pas moins l'occasion de puiser des documents précieux dans ceux qu'il nous offre sur cette utile et intéressante question.

« Cette série de dédoublements successifs, continue M. Dumas, fait prendre au ferment un volume jusqu'à sept fois plus considérable que son volume primitif dans la fabrication de la bière. »

D'un autre côté, nous trouvons, dans les *Comptes rendus de l'Académie des Sciences,* un travail qui a été présenté dans la séance du 12 juin 1837; il a pour titre: *Mémoire sur la fermentation vineuse,* par M. Cagniard-Latour. L'auteur annonce que, dans les recherches qu'il a entreprises à ce sujet, il a cru devoir s'écarter du mode d'investigation suivi par les chimistes qui s'étaient occupés précédemment de la fermentation alcoolique, et qu'il s'est surtout appliqué à étudier à l'aide du microscope les phénomènes qui se manifestent pendant cette fermentation.

Après avoir exposé les diverses observations qu'il a faites par ce moyen, il résume dans les termes suivants les résultats de ses recherches :

« 1° La levûre de bière est un amas de petits corps globuleux susceptibles de se reproduire, conséquemment *organisés*, et non une substance inerte ou purement chimique, comme on le supposait ;

« 2° Ces corps paraissent appartenir au règne végétal et se régénérer de deux manières différentes ;

« 3° Ils semblent n'agir sur une dissolution de sucre qu'autant qu'ils sont à l'état de vie, d'où l'on peut conclure que c'est probablement par quelque effet de leur végétation qu'ils dégagent de l'acide carbonique de cette dissolution et la convertissent en une liqueur spiritueuse.

« Je ferai remarquer en outre, ajoute M. Cagniard-Latour, que la levûre, considérée comme une matière organisée, mérite peut-être l'attention des physiologistes en ce sens :

« 1° Qu'elle peut naître et se développer, dans certaines circonstances, avec une grande promptitude, même au sein de l'acide carbonique, comme dans les cuves des brasseurs ;

« 2° Que son mode de régénération présente des particularités d'un genre qui n'avait pas été observé à l'égard d'autres productions microscopiques composées de globules isolés ;

« 3° Et qu'elle ne périt pas par un refroidissement très considérable, non plus que par la privation d'eau. »

De l'opinion de ces messieurs à celle de M. Liebig, qui dit que le ferment n'est qu'une modification du gluten, il y a loin, comme on le voit; aujourd'hui pourtant, la plupart de nos savants sont d'accord pour reconnaître que la *levûre de bière* est réellement une matière organisée, capable de se reproduire dans certaines conditions, et non une matière inerte. Les uns cependant semblent n'avoir tenu que peu de compte de l'analyse chimique, pour se préoccuper trop exclusivement des analyses microscopiques; M. Liebig, de son côté, n'a eu égard ni à l'opinion de ses collègues en chimie, ni à l'analyse microscopique, et encore moins à l'analyse chimique. Malgré cela, tous reconnaissent que, traité par le feu, le ferment donne identiquement les mêmes produits et se comporte de la même manière que les matières animales.

Ainsi on possède deux moyens d'investigation: le microscope et la décomposition par le feu; or, tout le monde est d'accord sur l'insuffisance manifeste de nos plus puissants microscopes; les physiologistes en général prétendent qu'il existe dans la nature des myriades d'animalcules inconnus jusqu'ici, parce que les moyens de grossissement dont nous pouvons disposer sont loin d'avoir atteint la puissance à laquelle on peut espérer de les voir arriver un jour. D'une autre part, personne ne saurait élever de doute sur l'infaillibilité de l'analyse par le feu, toutes les fois qu'il s'agit de classer un corps nouveau et de dire à quel règne il appartient. Et cependant on a justement négligé le plus certain des moyens d'analyse, celui qui présente le plus de garantie, c'est-à-dire l'analyse chimique, pour employer le moyen incomplet, celui du microscope.

Est-ce donc à dire que l'analyse chimique doive céder humblement la place à un intrument insuffisant? Et lorsque l'une, avec une certitude mathématique, dit *oui*, faudra-t-il dire *non*, quand l'imperfection de l'autre rendra son témoignage douteux? Et si nos appareils lenticulaires ne sont pas assez puissants, ne pourrons-nous, dans le doute, invoquer une hypothèse raisonnable en elle-même, quand d'une part quelques faits l'autorisent, quand d'une autre part l'analyse chimique elle-même vient nous dire: C'est une matière qui appartient au règne animal?

Comme confirmation de ce que nous venons de dire, est-ce que l'astronomie n'admet pas l'existence d'un nombre infini de planètes que ses télescopes ne peuvent apercevoir et qu'elle espère découvrir un *jour*? L'insecte de la gale n'était-il pas nié avant les belles et savantes études microscopiques de M. Raspail? Le circon n'était-il pas le plus petit de tous les êtres animés, il y a à peine un siècle, et les innombrables animalcules découverts depuis ne pouvaient-ils pas être considérés à cette époque comme on considère le ferment aujourd'hui? Car autrefois ils donnaient, eux aussi, à l'analyse par le feu, les mêmes produits que ceux que nous trouvons dans la décomposition du ferment par la chaleur.

Le système suivi jusqu'ici à l'égard du ferment aboutirait non-seulement à nous faire croire que les instruments d'optique que nous possédons sont dans l'état de perfectibilité le plus satisfaisant, tandis que la logique des faits établit le contraire, mais encore il tendrait à renverser les lois fondamentales de l'analyse par le feu, et les principes fixes, absolus, sur lesquels elle repose.

Maintenant, examinons quelques-unes des propriétés caractéristiques du ferment, et reprenons pour cela la figure 111 qui nous indique sa configuration. Ici nous laisserons parler M. Bouchardat, dont les intéressantes recherches nous fourniront une description satisfaisante de l'état dans lequel se présente le *ferment de la bière.*

« 1° Globules quelquefois parfaitement ronds, mais ordinairement ovoïdes. Ces globules ne sont pas aplatis comme ceux du sang, mais ils ont une forme assez régulièrement sphéroïdale, comme les globules albumineux du cerveau. Le diamètre de ces globules varie dans mes observations de 1/94 à 1/150 de millimètre de diamètre.

« 2° Le plus grand nombre des globules du ferment de la bière sont bien isolés les uns des autres ; quelques-uns cependant portent sur le côté un globule plus petit, qui n'est pas simplement juxtaposé, mais qui paraît procéder du gros globule et être encore sous sa dépendance ; quelques-uns des petits globules sont unis au gros par un petit prolongement très manifeste.

« 3° Couleur de la masse uniformément gris-blanchâtre; chaque globule renferme un contenu granuleux.

« 4° Insoluble dans l'eau pure; insoluble dans l'eau contenant 1/1000 d'acide chlorhydrique; soluble dans le même acide concentré, qui prend alors une belle couleur violette; en grande partie soluble dans l'eau contenant 0,001 d'acide chlorhydrique, après avoir été broyé longtemps avec des grains de silice.

« 5° L'éther lui enlève environ 0,05 d'un corps gras, liquide, contenant de l'oléine, de la stéarine, et une huile qui renferme du phosphore au nombre de ses éléments.

« 6° L'alcool lui enlève des acides lactique et phosphorique et des matières extractives.

« 7° *Composition.* — Des substances albumineuses, mais contenant plus d'oxygène, renfermant aussi du soufre et du phosphore.

« 8° *Propriétés essentielles.* — Placé dans l'eau de sucre à une température variant entre + 10° et + 30°, détermine une fermentation vive, terminée dans l'espace de quelques jours; ne fonctionnant pas dans les liqueurs très chargées en alcool.

« 9° Recueilli dans la bière ordinaire. »

L'auteur, en continuant l'étude des ferments alcooliques, a constaté l'existence de trois ferments bien distincts, savoir: le *ferment de bière*, le *ferment de lie*, comme il l'appelle, et enfin le *ferment noir*.

Chacun d'eux a pour nous un intérêt immense. Le premier provient, comme nous venons de le dire, d'une bière ordinaire; c'est celui que nous connaissons tous.

et qu'il est si facile de se procurer dans toutes les brasseries; ce qui le distingue essentiellement de tous les autres ferments alcooliques, c'est qu'il détermine une fermentation très énergique, capable de convertir en alcool, dans un temps très court, tout le sucre avec lequel on le met en présence; son action diminue à mesure que la proportion d'alcool augmente.

Le *ferment de lie*, que M. Bouchardat a obtenu d'une bière très forte, présente, à peu de chose près, les mêmes caractères que le précédent; ce qu'il offre de particulier, c'est qu'il détermine une fermentation lente « qui n'est terminée qu'après trois ou quatre mois, et qu'il agit encore sur les liqueurs qui renferment 16 pour 100 d'alcool. »

Le *ferment noir*, produit par un dépôt de vin blanc, est au ferment de lie ce que ce dernier est au ferment de bière; la manière dont il se comporte à l'égard du sucre offre cette particularité que la fermentation est encore beaucoup plus lente que dans les deux cas précédents, qu'elle met six mois à se compléter, et que l'action se continue même dans les liqueurs qui renferment jusqu'à 17 pour 100 d'alcool.

Pour nous donc il existera désormais plusieurs variétés de ferments, capables de réagir difficilement sur le sucre, selon l'espèce à laquelle ils appartiennent; nous verrons bientôt que ce fait est de la plus haute importance dans l'application, car, indépendamment des classifications établies par M. Bouchardat, nous constaterons que chaque variété de ferment peut offrir des nuances bien distinctes, selon les circonstances qui l'auront produite; ainsi, par exemple, la levûre provenant de la fermentation de la petite bière est impropre à la fermentation de la bière forte.

Néanmoins, « la composition immédiate des ferments alcooliques est constante, dit M. Bouchardat, quelle que soit leur origine; cette constance et la multiplicité des principes qui entrent dans leur constitution peuvent déjà faire supposer que nous avons affaire à des *êtres organisés.* »

L'auteur établit ensuite de la manière la plus satisfaisante que, comme les globules d'amidon, les globules de ferment sont composés d'une enveloppe externe renfermant diverses matières protéiques. « Cette cuticule ou substance enveloppante se rapproche de l'épiderme des animaux par plusieurs caractères essentiels.

« Tout, dans les réactions chimiques, concourt à nous faire regarder les ferments comme formés essentiellement par des globules organisés. S'il restait encore de l'incertitude dans quelques esprits sur ce point fondamental de l'histoire des ferments, trois ordres de preuves pourraient encore être invoqués : 1° l'examen microscopique ; 2° l'action des poisons; 3° la destruction mécanique des globules du ferment.

« 1° L'examen microscopique nous démontre nettement que nous n'avons pas affaire à une matière amorphe, mais à des globules toujours semblables à eux-mêmes dans les mêmes espèces, se présentant avec une similitude de caractères physiques aussi grande que pour les êtres organisés les mieux définis. Tous ceux qui ont l'habitude des recherches microscopiques ne révoqueront jamais en doute l'existence des ferments en tant que composés de globules organisés et vivants.

« 2° L'action de presque toutes les substances qui agissent comme poisons sur les êtres inférieurs interrompt la fermentation alcoolique, et je citerai en première ligne l'acide cyanhydrique[1]. C'est un des arguments les plus décisifs en faveur de la vitalité des globules du ferment.

« 3° Si, au lieu d'ajouter à l'eau de sucre des globules de ferment entiers, on les déchire, on les broie, au préalable, avec du sable fin, ils ne déterminent plus instantanément la fermentation, ou, s'ils agissent encore un peu, ce n'est guère qu'après une période de trente-six heures au moins.

« Ainsi, pour nous résumer, l'examen microscopique, l'action des poisons, la destruction mécanique des globules de ferment, feront, j'espère, adopter l'opinion que la fermentation alcoolique est déterminée par des *êtres organisés et vivants*[2].

« *Sur la place que doivent occuper dans la série organique les globules des ferments.* — La nature organisée des globules des ferments alcooliques étant admise, il nous reste à discuter la place qu'ils doivent occuper dans la série, et à parler de leur développement.

(1) L'acide cyanhydrique n'est autre chose que le terrible poison connu sous la dénomination vulgaire d'*acide prussique*.

(2) Nous attachons d'autant plus de prix à l'opinion de M. Bouchardat que le rang qu'il occupe aujourd'hui dans la science est plus élevé; son autorité ne saurait être récusée, même par ses nombreux compétiteurs.

« Reconnaissons d'abord que ce sont des êtres fort singuliers et qui présentent dans leur existence des particularités qu'on ne trouve nulle part dans aucune classe des êtres. En effet, cette aptitude spéciale qu'ils possèdent de décomposer si énergiquement le sucre est déjà bien remarquable ; mais ce qui l'est plus encore, c'est cette faculté de vivre dans des liqueurs contenant des proportions d'alcool si élevées et sursaturées de gaz acide carbonique. Aucune plante, aucun animal autre que les ferments alcooliques, ne pourraient exister dans un pareil milieu.

« Doit-on rapprocher les globules de ferment du règne animal, ou doit-on les considérer comme ayant plus d'analogie avec les végétaux? Nous allons voir que la solution précise de cette question est entourée de bien des difficultés.

« Rien ne prouve que les globules de ferment possèdent la motilité et la sensibilité; on est généralement convenu de regarder ces deux propriétés comme étant l'apanage de l'animalité. Mais, d'un autre côté, si on considère que les globules du ferment ont une composition élémentaire qui les rapproche singulièrement de la constitution des animaux, si on remarque que le caractère essentiel de leur existence, c'est de dédoubler le sucre en deux matières plus simples, en produisant de la chaleur, n'aperçoit-on pas là des caractères importants des animaux?

« Si j'ajoute à cela que plusieurs globules animaux peuvent jouer le rôle de ferment, il y aura de bonnes raisons pour rapprocher les ferments du règne animal. »

M. Bouchardat, en continuant l'exposé des recherches qu'il a entreprises sur cette importante question, constate que 25 grammes du cerveau d'un homme adulte, délayés dans l'eau et ajoutés à 250 grammes de sucre, ont déterminé la fermentation après quarante-huit heures, le mélange étant à la température de + 25°, pour suivre ensuite une marche régulière. « La substance qui compose le cerveau est formée de globules de différentes sortes; parmi eux, les plus importants présentent l'aspect du ferment de lie et agissent comme lui sur l'eau de sucre. Les globules du ferment, comme ceux de la lie, sont accompagnés d'une graisse phosphorée.

« Ainsi tout, dans ce qui précède, concourt à nous montrer que, si on ne peut considérer les ferments comme des animaux, on doit les regarder comme présentant la ressemblance la plus grande avec les globules nerveux qui sont une des parties les plus importantes des animaux. »

En exposant les opinions de M. Bouchardat, nous ne prétendons pas accepter *à priori* toutes ses conclusions: car il en est, celles qui vont suivre sont de ce nombre, qui nous paraissent susceptibles de discussion; nous avons voulu seulement montrer ici quelle identité frappante il y a entre les matières animales et le ferment. Ce point de départ nous servira dans la suite à justifier les raisons qui nous font penser que la levûre de bière n'est autre chose qu'un amas d'animaux microscopiques de la plus petite espèce et d'une variété particulière.

« Nous allons actuellement aborder une question dont la solution paraît simple au premier abord, mais qui n'en est pas moins fort difficile à résoudre avec netteté. Les globules de ferment peuvent-ils se reproduire? Quand on examine, comme l'a fait M. Turpin, ce qui se passe dans la cuve du brasseur où l'on ajoute 1 de ferment et où on en recueille 7, il semble que l'on ne peut répondre autrement que par l'affirmative. Quand, d'une part, on remarque ces bourgeons additionnels qui se développent sur le côté de plusieurs globules, quand on admet l'existence de globulins intérieurs, il paraît difficile de se refuser à ne pas croire à la multiplication du ferment à l'aide des globulins qui naissent des globules.

« Voyons maintenant ce que l'on peut opposer à ces présomptions. Si nous commençons par les dernières, nous dirons : Ces globulins intérieurs qui, en grossissant, doivent passer à l'état de globules, on devrait, dans une fermentation en activité, les apercevoir avec les dimensions les plus variables, depuis les plus ténues jusqu'au globule parfait. Eh bien, jamais je n'ai vu ces globulins de grosseur variable; aucun observateur ne les a signalés; tous les globules sont, à peu d'exceptions près, uniformes.

« On peut dire que les globules du ferment ont besoin de deux espèces de nourriture : le sucre, pour produire de la chaleur par son dédoublement, et la matière azotée, pour fournir les éléments convenables à leur assimilation et à leur reproduction. » (Bouchardat, *Supplément à l'Annuaire de Thérapeutique pour* 1846; — *Ferments alcooliques*.)

Il nous semble qu'après une induction aussi logique,

il ne pouvait plus rester de doute dans l'esprit de M. Bouchardat sur la reproduction du ferment dans les tonneaux du brasseur ; et pourtant il n'y avait pas, parce qu'ayant ajouté du gluten frais à une dissolution sucrée, et ayant mis le tout en fermentation, il n'a retrouvé que 49^{gr},2 de levûre, bien qu'il en eût employé 80 gr. pour déterminer *la fermentation du mélange*. Nous pensons, qu'au lieu d'ajouter du gluten frais à une dissolution sucrée, il était beaucoup plus simple, et surtout plus rationnel, d'opérer avec le moût des brasseries ; là aussi le gluten existe à l'état de dissolution à côté du sucre, et dans des conditions telles que la science ne saurait les imiter, pas plus que nous n'imitons la fermentation en ajoutant de l'alcool à un liquide non fermenté, et que nous ne saurions présenter à l'embryon d'une plante les éléments nécessaires à son développement avec autant de succès que le fait la germination.

Si l'auteur des *Annuaires de Thérapeutique* avait opéré avec du moût de bière, il aurait vu qu'en employant 1 de ferment on n'en obtient pas seulement 7, mais quelquefois 8 et 10. La reproduction du ferment dans la fabrication de la bière est donc un fait indéniable, que tous les praticiens ont pu constater des milliers de fois ; et il est à peu près certain que si M. Bouchardat eût opéré dans les conditions que nous venons d'indiquer, il eût été complétement de notre avis, d'autant plus que de tous nos savants, c'est lui qui s'approche le plus des convictions que nous avons sur cette partie si riche, si intéressante et si belle de la fermentation.

Les opinions émises par M. Bouchardat sur le ferment ont donné lieu à des objections sérieuses ; nous allons en examiner quelques-unes. On a dit que le ferment ne saurait être une agglomération d'animalcules d'une espèce particulière, par la raison que dans cette hypothèse il devrait agir avec la même énergie et se reproduire aussi bien avec l'eau sucrée ordinaire qu'avec le moût de bière. Mais quelle preuve donne-t-on que la présence du gluten n'est pas un élément de nutrition pour ces animacules? Cette objection nous paraît beaucoup plus propre à appuyer qu'à détruire notre supposition, puisque, de tous les agents nutritifs, le gluten est un des plus riches que l'on connaisse. Il y a plus, la présence du gluten est tellement indispensable à la reproduction du ferment qu'il ne s'en reproduit que peu ou point, et qu'on ne retrouve même pas toujours les quantités employées primitivement quand on opère avec la mélasse ou le glucose seulement. Dans l'un et l'autre cas, la fermentation est toujours défectueuse, incomplète, et les produits fabriqués passent beaucoup plus vite à l'état putride que quand la proportion de ferment s'est décuplée. Or, cette fermentation putride ne serait-elle pas un indice de la présence de débris animaux en voie de décomposition, de ferment mort. puisqu'il n'y a là ni gluten indispensable à sa nutrition. ni albumine végétale pouvant l'une et l'autre amener la putridité, et n'y aurait-il pas plutôt lieu de conclure, au contraire, que si le ferment n'était qu'une matière végétale particulière, il se reproduirait tout aussi bien sans le concours du gluten qu'en présence de celui-ci?

S'il existe des matières inertes capables de développer la fermentation dans les liquides sucrés, il ne faut pas en induire que la levûre de bière soit au nombre de celle-ci, car chacun des agents fermentescibles a son mode d'action spécial : ainsi le gluten des céréales, la caséine animale, le lait d'amandes, le sérum du lait, et généralement toutes les matières qui peuvent convertir le sucre en alcool, ne sauraient constituer un produit complétement identique à la levûre de bière et capable *de se reproduire au point d'être décuplé* ; en un mot, il n'appartient à aucun autre corps que le ferment proprement dit de produire les phénomènes de la fermentation *d'une façon aussi complète*, aussi satisfaisante, en un mot, de la même manière que ce dernier.

Longtemps avant nous, quelques auteurs avaient *également avancé que* le ferment *pourrait bien* n'être qu'une agglomération d'animalcules du genre des infusoires; mais comme cette opinion ne pouvait encore être *basée que sur des hypothèses* ou fondée sur des analogies, d'ailleurs fort raisonnables, quelques savants y ont vu une idée *matérialiste* et se sont empressés d'y substituer le spiritualisme de leurs idées; alors aux inductions les plus sensées, et peut-être bien les plus fondées, on a opposé des théories dans lesquelles l'hypothèse est également venue succéder à l'hypothèse, mais avec moins de vraisemblance, assurément, que dans le premier cas.

Essayons donc de prouver combien sont fondées nos opinions sur la composition du ferment ; c'est ce que nous allons essayer de faire ; mais il est nécessaire pour cela qu'on nous permette de raisonner comme s'il ne nous restait aucun doute, c'est-à-dire comme s'il était admis que le ferment est entièrement formé d'animalcules microscopiques.

Lorsque la levûre de bière se trouve en présence de l'eau et du sucre à une température déterminée, ou du moins peu variable, le premier phénomène qui se manifeste, c'est la formation d'un gaz impropre à la respiration, auquel on a donné le nom de gaz acide carbonique, en un mot de celui qui provient de l'expiration de tous les animaux et que tous rejettent indistinctement. Il nous semble que, puisque ce fait se reproduit à tous les degrés de l'échelle animale, la logique permet de reconnaître là un signe non équivoque de la présence d'animalcules; seulement, comme les quantités d'acide carbonique produites sont énormes eu égard aux quantités de ferment employées, nous pensons qu'il est raisonnable d'admettre qu'une fois développée sur un point, l'action peut s'étendre à un point voisin, et arriver ainsi, de proche en proche, à l'envahissement total de la masse de liquide à fermenter.

Pris isolément, cet exemple, aussi bien que ceux qui précèdent, serait insuffisant pour légitimer notre opinion; mais nous allons voir qu'en les groupant tous, on arrive à des résultats tels qu'elle deviendra facilement admissible.

Nous avons dit que, pour agir avec quelque efficacité sur le sucre, le ferment avait besoin d'une température moyenne de + 15° environ; on peut indiquer comme limites extrêmes + 5° et + 32°; car dans l'application, au delà de 32°, l'action du ferment est détruite; alors le brasseur dit, et avec raison, que son *levain* est *brûlé*. Néanmoins la fermentation renaît après 10, 12, 18, ou même 20 heures; mais dans ce cas, ce n'est pas le ferment seul qui agit, car, au bout d'une période de temps égale, le gluten tenu en dissolution peut aussi se comporter comme un ferment, ainsi que nous le verrons bientôt. Il devient alors impossible de dire si la réaction produite doit être attribuée plutôt à la présence du gluten qu'à celle du ferment, bien que dans notre pensée ces deux corps puissent, dans certaines conditions que nous apprécierons, y contribuer avec une égale intensité. Dans ce cas encore la fermentation est toujours défectueuse, et les produits passent à la fermentation putride beaucoup plus promptement que dans aucune autre circonstance. Au contraire, si la levûre est ajoutée aux moûts à la températ ure de + 8°, son action est lente, mais la fermentation finit toujours par se développer d'une manière satisfaisante, mais non sans quelques difficultés; pourtant au-dessous de + 5°, à 0° par exemple, l'effet produit devient inappréciable.

Il est facile de reconnaître dans les faits que nous venons d'énumérer quelques-unes des conditions auxquelles est subordonnée l'existence de tous les êtres animés. Tout n'indique-t-il pas ici que les mêmes fonctions vitales ont été détruites par une température de + 32°? Pourquoi une température de + 2°, 3° ou 5° n'amènerait-elle pas, chez les infiniment petits qui nous occupent, un engourdissement semblable, ou plus profond encore, à celui qu'elle produit chez les animaux dont l'organisation est bien plus avancée? On dit : après avoir été soumis à la dessiccation, le ferment conserve *ses* propriétés fermentescibles ; ce n'est pas *ses* propriétés qu'il faudrait dire, mais bien *des* propriétés fermentescibles. Nous n'ignorons pas cette particularité, mais nous savons aussi que, dans ce cas, le mode d'action du ferment devient le même que celui de la caséine animale, du lait d'amandes, du gluten, du sérum du lait, du ferment mort enfin, et que s'il a conservé quelques-unes de ses propriétés fermentescibles, il a complétement perdu ses caractères primitifs d'animalité, c'est-à-dire la merveilleuse propriété de se reproduire au point de donner 40 pour 1 ; en un mot, les résultats qu'on en obtient alors ne ressemblent en rien à ceux que l'on obtenait avant sa dessiccation. Ce fait est tellement exact que la spéculation commerciale, qui avait cru trouver dans la dessiccation du ferment un moyen de conservation très efficace, a été obligée d'y renoncer, parce qu'après cette opération le ferment ne pouvait plus convenir ni au brasseur, ni au pâtissier, ni au distillateur, parce qu'enfin on ne le retrouvait plus dans son état normal primitif.

Il en est de même quand on a déchiré les globules du ferment en les broyant pendant longtemps avec du sable très fin. M. Bouchardat vient de nous le dire : « Ils ne déterminent plus instantanément la fermentation, ou, s'ils agissent, ce n'est ordinairement qu'après une période de trente-six heures au moins. » Cela est vrai, et, dans cette circonstance, comme dans celle qui précède, le mode d'action du ferment n'est plus le même, il est incapable de se reproduire. En un mot, le ferment mort ne peut plus constituer qu'une variété de ferment, agissant si l'on veut à la manière du gluten ou du serum du lait, mais absolument impropre à déterminer la fermentation alcoolique comme elle a lieu quand la levûre est nouvellement produite.

Mais ce n'est pas tout; on a dit qu'on n'avait jamais vu les globulins adhérents aux globules du ferment offrir des grosseurs variables aux diverses époques de la fermentation, et que, dès lors, on ne s'expliquait pas le phénomène de la reproduction. D'abord nous commencerons par déclarer qu'en opérant avec le moût de bière, il nous paraît *impossible* de suivre les phases de grossissement des globulins annexés aux globules du ferment, au milieu du liquide dans lequel ils se trouvent. Il doit être d'autant plus difficile de se livrer à un examen sérieux que, comme nous allons le voir, les moûts en fermentation deviennent boueux et épais précisément au moment où la reproduction du ferment a lieu dans la proportion la plus considérable. Mais admettons un moment que cet obstacle n'existe pas et que le liquide conserve une transparence égale à celle de l'eau filtrée, ce qui est impossible avec le moût de bière sur lequel on puisse seulement opérer avec succès. Comment suivre, même entre deux lames de verre et au foyer d'une lentille puissante, ces globules exécutant mille et une évolutions au milieu du liquide dans lequel ils nagent? Comment, dans un tourbillon semblable, suivre attentivement et toujours *un seul* de ces globules? Comment ne pas le perdre de vue un seul instant? Comment faire pour que l'œil fatigué de l'observateur ne le confonde pas avec celui qui vient de se présenter sous le même aspect, surtout lorsque l'un et l'autre viennent se rencontrer au même point?

Il ne faut pas se le dissimuler, il y a dans l'observation de ce phénomène des difficultés beaucoup plus sérieuses qu'on ne l'imagine au premier abord, et qui suffisent pour expliquer pourquoi personne n'a pu jusqu'ici constater un changement dans le volume des globulins adhérents aux globules du ferment. Mais il faut bien se garder de croire qu'un fait n'existe pas parce qu'il n'est pas perceptible à nos sens sous toutes les formes que nous pouvons désirer; et dans la circonstance présente, nous pensons que si la reproduction du ferment dans les tonneaux du brasseur est un fait constant pour tous les praticiens indistinctement, la science peut et doit le tenir pour tel.

Jusqu'ici nous avons suivi, dans notre examen du ferment, les indications que la science nous offrait; voyons maintenant si, en rapprochant certains faits et en procédant par analogie, nous serons forcé de modifier nos conclusions.

Dès que le ferment est ajouté au moût de bière, la décomposition du sucre commence; mais l'énergie avec laquelle elle se continue étant subordonnée à plusieurs circonstances, il est extrêmement important de bien constater celles qui dépendent de l'état dans lequel se trouve le ferment.

En règle générale, on peut dire que, toutes conditions étant égales, l'action du ferment sera d'autant plus énergique que l'époque de sa production sera plus éloignée, pourvu toutefois qu'elle ne remonte pas à plus de trois, quatre ou cinq jours, au maximum. En d'autres termes, ajouté à de nouveaux moûts à l'instant où la fermentation vient de le produire, le ferment agira à peine, ou au moins son action sera beaucoup plus lente que s'il s'était écoulé vingt-quatre heures depuis qu'il a été recueilli. Son action sur les matières sucrées et le gluten sera encore plus énergique deux jours après sa formation, plus encore après trois jours, et ainsi de suite jusqu'au cinquième jour, pouvu qu'il n'ait pas été exposé à une température de + 10°. Ainsi les brasseurs savent que, lorsqu'ils opèrent avec un levain très nouveau, ils doivent en employer des quantités plus considérables que si le même levain datait de trois ou quatre jours; le nombre de ceux qui cherchent à s'en rendre un compte exact est fort restreint.

Ce fait nous semble offrir, relativement au besoin d'alimentation, une analogie surprenante avec ce qui se passe à l'égard de tous les êtres organisés; et quant aux phénomènes de reproduction, est-il donc irrationnel d'admettre que le ferment trouvant dans le sucre et dans le gluten une matière éminemment propre à son alimentation, s'il nous est permis de nous servir de ce mot, puisse, après quelques instants de repos, se sentir animé d'une force vitale telle qu'il soit capable de se reproduire jusqu'à dix fois?

Ainsi, en rapprochant les faits et en procédant par analogie, nous arrivons à la même conclusion; car les phénomènes de l'alimentation et de la reproduction chez le ferment sont en tout semblables à ceux qui se produisent à tous les degrés de l'échelle animale, depuis l'homme jusqu'aux animalcules, jusqu'aux infusoires qui se rapprochent le plus du ferment, non-seulement quant au volume, mais encore et surtout quant aux résultats qu'ils fournissent à l'analyse par le feu.

Ce qui n'est pas moins extraordinaire, c'est que, toutes les fois que l'on change la nature des moûts, le ferment en ressent les effets exactement comme pourrait les ressentir un homme ou plutôt un animal dont on changerait brusquement le régime alimentaire auquel il serait soumis depuis longtemps. Ainsi, supposons qu'on ait opéré avec du ferment provenant de moûts dans lesquels il n'était entré que du malt ; si on lui présente subitement un moût dans lequel une certaine proportion de malt a été remplacée par du glucose, ou du sirop de sucre (mélasse), ou du sucre de raisin, ou même du sucre brut, l'action ou plutôt le mode d'action ne sera plus le même que précédemment, et la reproduction du ferment n'aura plus lieu dans le même rapport. Mais à mesure que le ferment s'habituera aux nouvelles conditions d'alimentation auxquelles il est soumis, il reprendra tous les caractères qui le distinguaient primitivement, c'est-à-dire qu'il finira par se comporter avec le mélange de malt et de glucose comme il se comportait primitivement avec les moûts formés du sucre de l'orge seulement.

Ce fait explique pourquoi un levain qui convient parfaitement au mode de fabrication d'un brasseur peut ne pas convenir au mode de fabrication d'un autre, et pourquoi il est essentiel d'être fixé sur la nature du levain qui convient à telle ou telle fabrication.

Ce qu'il est non moins important de constater ici, c'est que toutes les fois que l'on opère avec des matières sucrées qui ne sont pas associées au gluten, comme l'est le moût de la bière, la reproduction du ferment n'a pas lieu et la fermentation est défectueuse. Peut-on en conclure qu'une partie du gluten sert à l'*alimentation* (nous tenons à ce mot, qui facilite nos démonstrations) du ferment? C'est notre avis, et nous pensons que les faits que nous venons d'exposer sont de nature à nous donner gain de cause. Tout extraordinaire que paraisse ce fait, il s'explique par les résultats que nous venons d'énoncer, et surtout lorsqu'on considère que, dans l'acte de la germination, ce petit végétal microscopique qu'on appelle l'embryon s'assimile également le gluten que la nature seule sait lui présenter dans un état tout particulier de division.

Lorsque le ferment est abandonné au contact de l'air, il éprouve, au bout de quelques jours, la fermentation putride et donne alors tous les produits de la décomposition des matières animales; mais avant d'arriver à cet état, la masse offre quelques caractères qu'il est important d'examiner. Pris au moment où il vient d'être rejeté par la fermentation, le ferment entraîne toujours avec lui une légère portion de sucre; si on l'introduit alors dans un vase et qu'on l'abandonne ainsi à une température de +10°, par exemple, la masse reste inactive pendant au moins vingt-quatre heures; après ce temps, le ferment s'emparant de la portion de sucre qu'il a entraînée avec lui, il y a dégagement d'acide carbonique, et dès que cette portion de sucre a disparu, la masse entière se soulève de plusieurs centimètres, comme pour aller chercher ailleurs une alimentation qui lui manque. Or, c'est à ce moment que le ferment agit sur le sucre avec la plus grande énergie; si on le mêle alors avec du moût de bière, la fermentation s'établit rapidement et la reproduction du ferment a lieu bientôt après, dans une proportion considérable. Si, au contraire, le ferment ne trouve pas promptement le sucre et le gluten qui lui sont indispensables, la masse s'affaisse sur elle-même, comme épuisée de fatigue et de besoin, pour ne plus se relever, car une partie du ferment a déjà perdu les propriétés si énergiques qu'il possédait primitivement; en un mot, il meurt, et, s'il agit encore sur le sucre, ce n'est plus alors qu'à la manière dont il se comporte après avoir été soumis à la trituration ou à la dessiccation, et l'action qu'il exerce devient la même que celle du gluten et des autres agents fermentescibles dont nous avons déjà parlé.

Ceci nous paraît suffisant pour prouver que le ferment peut être considéré comme faisant partie des êtres vivants et organisés. Comment, en effet, ne pas voir dans ce soulèvement de la masse, lorsque les aliments lui manquent, de l'analogie avec les émigrations qu'opèrent les autres animaux poussés par la famine? Comment nier la mort occasionnée par un manque d'alimentation?

Il nous reste encore à faire connaître une expérience que nous avons tentée dans le but de nous assurer du développement que pouvait atteindre l'espèce d'insurrection famélique dont nous venons de parler. Voilà comment nous avons opéré. Dans une boîte cylindrique en fonte à bord supérieur et en forme de chapeau, de $0^m,01$ d'épaisseur et de $0^m,25$ de hauteur, sur $0^m,12$ de largeur, nous introduisîmes par petites couches de la levûre très récente, après l'avoir soumise, entre deux doubles de treillis, à une pression de plusieurs milliers de kilogrammes; en un mot, après l'avoir amenée à l'état sec et pulvérulent. Chaque couche était comprimée au moyen d'une forte presse, et en faisant agir en même temps trois boulons de $0^m,04$ d'épaisseur, dont l'action portait sur un tampon de bois dur, entrant à frottement dans l'intérieur de la boîte. Le bouchon de cette boîte était également en fonte ajustée et raudée, afin de la fermer hermétiquement. La boîte étant absolument pleine, il fallut une pression considérable pour obliger le bouchon à descendre de toute sa hauteur (environ $1^m,06$) dans l'intérieur; mais en faisant agir simultanément l'action de la presse et celle d'un levier pour visser les écrous, nous y parvînmes, après de sérieuses difficultés. Néanmoins le bouchon fut fixé, et comme nous avions ménagé un espace entre les parties saillantes du sommet de la boîte et du bouchon, cet espace fut rempli avec un mastic ferrugineux qui devait en même temps empêcher l'accès de l'air et s'opposer à la sortie de la levûre. Ce mastic, composé de limaille de fer, de soufre pulvérulent, de chlorhydrate d'ammoniaque (sel ammoniac du commerce) et d'urine, est celui que l'on emploie dans la construction des machines à vapeur; c'est l'un des plus durs que l'on connaisse, puisqu'il résiste souvent à l'action du burin; il a aussi l'avantage de se sécher et de durcir très vite.

Quelques heures plus tard, le mastic avait atteint sa plus grande dureté, et, pendant vingt-quatre heures, la boîte présenta le même aspect qu'au moment où elle avait été fermée, c'est-à-dire que rien ne pouvait nous faire prévoir le moindre changement dans l'état de la levûre. Mais au bout de trente-six heures une matière grasse particulière commença à suinter au travers de quelques pores de la fonte, puis du mastic ferrugineux, qui, de plus en plus ébranlé, à mesure que le temps s'écoulait, finit par livrer passage à de petites portions de levûre qui filtraient par des ouvertures si exiguës que la plus forte lentille les rendait à peine visibles. Tout indiquait donc que la masse tendait à se soulever et qu'elle faisait des efforts incroyables pour se frayer un passage; en effet, le troisième jour, le mastic fut perforé, la levûre fit irruption par petites parties dans tout le pourtour du bouchon et vint se répandre sur le sol: les trois quarts de la substance que contenait d'abord la boîte s'échappèrent et passèrent bien vite à l'état putride.

Nous répétons encore que ce fait seul ne saurait donner une certitude absolue aux opinions que nous avons émises précédemment sur la composition du ferment, car on pourrait nous opposer, avec beaucoup de raison, qu'il se produit toutes les fois que la fermentation se développe sous une pression quelconque; mais nous avons voulu montrer combien est grande la connexion qui existe entre ce que nous avons nommé l'émigration du ferment, après quelques jours d'exposition à l'air libre, dans un vase ouvert, et cette espèce d'insurrection probablement déterminée, comme dans le premier cas, par une famine, qui, lorsqu'elle se prolonge quelque peu, amène toujours la mort des animalcules qui constituent le ferment.

Quant à nous, nous devons le dire, il ne nous reste aucun doute. Peut-être le ferment n'est-il qu'une variété de la monade, inconnue jusqu'ici, mais elle appartient dans tous les cas à l'espèce d'infusoires qui occupe les degrés inférieurs dans l'échelle de l'animalité.

Sans doute on pourra toujours nous opposer l'analyse microscopique, mais si tel devait être le dernier mot de la science, nous ne l'en féliciterions guère, car l'argument a plus d'un côté vulnérable, et nous allons le prouver.

« Les micrographes, dit M. Raspail (*Nouveau système de Chimie organique*, tome II, page 665), regardaient la monade comme l'animal le plus simple de la création, et cela parce qu'ils ne pouvaient pas découvrir un seul organe, avec leurs instruments les plus puissants, dans un être d'une aussi petite dimension; leur opinion était donc basée sur un sophisme en vertu duquel Paris, observé à vingt lieues de distance, serait la plus petite des masures de France. Avant la découverte du microscope, les observateurs regardaient, par suite du même raisonnement, comme les animaux les plus simples, les animalcules de 0m,002 ou 0m,003 de diamètre. Il ne faut plus désormais voir les limites de la création dans les limites actuelles de l'observation, et arrêter l'analogie à la puissance de nos grossissements. »

Si, parmi les infusoires de la plus petite espèce, dont

le diamètre est 1/3, 1/10 et même 1/15 de millimètre, il en est chez lesquels on ne peut découvrir aucun organe avec les microscopes les plus puissants, comment s'étonner que les signes d'animalité et la conformation du ferment échappent à l'action grossissante de nos meilleurs appareils, quand, comme l'ont constaté M. Bouchardat et plusieurs autres savants, les globules de ferment n'ont que *un centième de millimètre* de diamètre, souvent même 1/120e et quelquefois 1/150e?

En résumé, si on repousse le sens absolu de nos conclusions à l'égard du ferment, on ne nous contestera pas du moins qu'il procède, agit et se comporte, à l'égard du gluten et du sucre associés, comme le ferait une agglomération d'êtres vivants et organisés. Les petits appendices latéraux qui se développent et qui, lorsqu'ils ont acquis de certaines dimensions, se détachent pour vivre isolément à leur tour et donner naissance à d'autres bourgeons, ne sont autre chose pour nous que des œufs dont l'éclosion est subordonnée à l'existence et à l'alimentation des bourgeons-mères auxquels ils sont annexés. En effet, comme l'a dit M. Bouchardat, ces globulins ne sont pas simplement juxtaposés; ils paraissent procéder des gros globules et être sous leur dépendance, jusqu'à ce qu'ils soient capables de vivre isolés et de se reproduire comme ceux qui leur ont donné naissance.

L'alcool n'enlève-t-il pas au ferment des principes extractifs, comme à la plupart des substances animales, et notamment à la matière cérébrale? L'un et l'autre ne renferment-t-ils pas aussi une graisse phosphorée particulière? Enfin, si la composition du ferment est constante, comme le dit M. Bouchardat, n'est-on pas en droit de répéter après lui que ce fait est l'un de ceux qui doivent nous faire croire que le ferment est un composé d'êtres organisés?

La cuticule qui sert d'enveloppe au ferment, et que nous regardons comme son épiderme propre, ne se rapproche-t-elle pas du tissu épidermique des animaux par plusieurs caractères essentiels? Mais comment ne pas admettre notre opinion, en présence de l'action du chlorure de sodium (sel marin)[1], mais particulièrement des poisons, quand nous les voyons occasionner

(1) Nos lecteurs se rappellent sans doute ce que nous avons dit précédemment des *eaux salées;* le moment est venu de justifier ce que nous avons avancé relativement à cette question.

Toutes les fois que le sel est mis en contact avec le ferment, ce dernier cède immédiatement une partie de son eau et périt à l'instant même. Dans cet état il cesse d'agir sur le sucre, et on n'a plus qu'un mélange de débris animaux avec une dissolution saline, dont la concentration permet de les conserver pendant plusieurs mois, à la manière des salaisons et des pièces anatomiques, c'est-à-dire sans que les phénomènes de la putréfaction se produisent.

Si, dans la fabrication de la bière, on opère avec des eaux contenant du sel marin en dissolution, le même fait a lieu, c'est-à-dire que, lorsqu'on ajoute aux moûts la levûre nécessaire pour développer la fermentation, une partie du ferment est détruite; les débris animaux qui en résultent sont charriés au sein du liquide fermentant, et les matières solubles résultant de cette décomposition sont retenues dans les liqueurs; or, comme la proportion de sel que renferment les eaux est rarement en quantité suffisante pour annihiler tout le ferment introduit, la portion non attaquée agit tant bien que mal sur le sucre et détermine une fermentation plus ou moins régulière; mais comme les matières inertes dissoutes, ou seulement en suspension, ne sauraient rester dans un milieu fermentant sans éprouver des modi-

la mort du ferment comme celle de tous les êtres organisés?

La destruction mécanique du ferment par la trituration n'est-elle pas encore une des preuves les plus capables de confirmer l'opinion que nous avons de sa constitution? Nous en dirons autant de l'analogie qui existe entre les globules de la matière cérébrale et le ferment après la trituration. Mais le fait même de la reproduction est à nos yeux l'un des plus significatifs, car nous devons le consigner ici, on ne conteste que le mode qui lui est spécial. Et quand on retrouve après la fermentation, au fond des tonneaux, une matière inerte, n'agissant plus sur le sucre que comme la caséine animale, le sérum du lait, le gluten, le lait d'amande ou le ferment déchiré par trituration, ne peut-on pas le considérer comme provenant de débris d'animaux morts parce qu'ils étaient arrivés au terme de leur existence?

Et le gluten, dont la présence est *indispensable* à cette reproduction, le gluten qui joue un si grand rôle dans la nutrition de tous les animaux, surtout lorsqu'il

fications notables, il en résulte qu'elles subissent promptement la fermentation putride, comme toutes les matières animales, et que ces phénomènes de décomposition se communiquent bien vite aux liquides dans lesquels ils se produisent. De là la teinte fauve et nébuleuse des bières ainsi fabriquées; de là cette saveur dure et âcre que rien ne peut modifier et que personne ne peut supporter, parce qu'aussitôt la fermentation alcoolique terminée, les produits éprouvent les dernières périodes de la décomposition.

Ces conséquences sont tellement graves qu'elles expliquent suffisamment, à notre avis, l'importance que nous attachons au choix de l'eau dans la fabrication de la bière.

est uni au sucre, ne semble-t-il pas être pour le ferment un aliment d'une absolue nécessité?

Avec le sucre seul, avons-nous dit, le ferment ne se reproduit pas; il lui faut absolument le concours du gluten pour puiser dans les moûts l'alimentation qui lui est propre et sans laquelle par conséquent il ne peut vivre. Ici encore nous trouvons une nouvelle analogie avec ce qui se passe chez les animaux d'un ordre supérieur, quand on n'associe pas la gélatine qu'on leur présente au sel marin qui en augmente les propriétés nutritives. Constatons un autre fait qui a quelque importance dans l'examen de cette question : une fois mélangé et suspendu dans le moût de bière, le ferment se maintient constamment dans cet état, et se comporte exactement comme toutes les variétés d'infusoires, c'est-à-dire que quoiqu'il soit beaucoup plus dense que les liquides auxquels nous l'ajoutons ordinairement, il est toujours impossible d'en retrouver par décantation au fond des cuves dans lesquelles on a opéré ce mélange. Il ne faut pas croire que si le ferment demeure flottant au milieu du liquide, cela tient à ce que de petites bulles de gaz viennent se fixer après lui et facilitent ses mouvements ascensionnels ; ce serait là une grave erreur, car en s'opposant par de basses températures au développement de l'acide carbonique, il est impossible, même après trois, quatre ou cinq heures de repos, d'en retrouver davantage à la base des cuves.

Évidemment donc le ferment n'a pu se maintenir dans cet état que par des mouvements particuliers, analogues à ceux qu'exécutent toutes les variétés d'infusoires pour se soutenir au milieu des liquides dans lesquels on les trouve ordinairement.

Si l'on nous conteste le caractère d'animalité que nous voulons établir par l'énonciation de ce fait, qu'on veuille bien nous dire alors à quel concours de circonstances on peut raisonnablement l'attribuer.

Une dernière comparaison entre le ferment et les êtres auxquels personne ne songe à contester un rang dans le règne animal, et nous nous arrêtons. Si l'on met le ferment en présence de moûts complétement privés d'air, la fermentation ne s'établit pas, ou au moins elle ne s'établit qu'avec une irrégularité manifeste; au contraire, elle suit un cours normal et régulier si, après la cuisson, on a placé les moûts dans des conditions propres à leur faire absorber la plus grande quantité d'air possible[1]. Quant au gaz acide carbonique dégagé par la fermentation, n'est-il pas le produit de l'expiration de tous les animaux après qu'ils ont aspiré l'air atmosphérique?

Maintenant, si l'on ne veut pas admettre le ferment au nombre des êtres appartenant au règne animal, si on lui conteste des organes digestifs analogues à ceux des infusoires et des infiniment petits qui sont de la même famille, qu'on veuille bien nous expliquer d'une autre manière ce besoin d'alimentation que le ferment manifeste avec d'autant plus d'énergie qu'il s'éloigne da-

(1) Nouveau motif à ajouter à ceux que nous avons donnés en parlant du refroidissement, pour proscrire les serpentins ou réfrigérants à eau courante dans lesquels la bière entre au sortir de la chaudière pour passer immédiatement dans la cuve-guilloire.

vantage du jour où il a été rejeté par la fermentation; qu'on veuille bien nous dire pourquoi son action n'est pas la même au bout de quelques heures que lorsque, pour suivre notre opinion, il est privé d'alimentation depuis plusieurs jours. Alors, sans doute, on nous démontrera facilement les causes du changement qui s'opère dans l'action du ferment quand on modifie tout d'un coup les conditions d'alimentation auxquelles il était habitué depuis longtemps, et de la période de temps dont il a besoin pour s'accoutumer à son nouveau régime.

Quoi qu'il en soit des opinions émises sur la question qui nous occupe, personne jusqu'ici n'a contesté les résultats de l'analyse du ferment par le feu, et celle-ci dit positivement que, *soumis à une température élevée, le ferment donne tous les produits de la décomposition des matières animales*. Or, ce fait, reconnu par tous les chimistes, ajoute un poids immense à la valeur de nos assertions, et doit, à notre avis, lever toute incertitude sur la nature de ce produit.

Section III. — Mise en fermentation (en levain).

Le titre que nous donnons à cette partie de la fermentation indique clairement la nature de l'opération que nous allons examiner et le but auquel elle tend.

Lorsque la bière en voie de refroidissement est descendue à une température convenable, dépendante tout à la fois de l'espèce de bière à fabriquer, de l'époque à laquelle cette opération a lieu et de diverses circonstances météorologiques, elle est conduite dans une cuve à fermentation, nommée *cuve-guilloire*[1], destinée à la mise en fermentation et à la fermentation elle-même. Dans un assez grand nombre de brasseries dont l'organisation était défectueuse dans l'origine, on fait servir la cuve-matière de cuve-guilloire. Ce système d'économie n'a pas nos sympathies, car il est très imprudent d'introduire dans une cuve-matière, en quantités considérables, et tous les jours, l'agent fermentescible le plus énergique que l'on connaisse, c'est-à-dire la levûre.

On nous opposera peut-être l'efficacité des lavages; mais qui oserait garantir qu'ils se font toujours avec le soin scrupuleux qu'ils demanderaient, et même qu'on se donne la peine de les faire? D'ailleurs, comment empêcher que le bois, cette éponge de ligneux, ne retienne dans tous ses pores une portion du liquide fermentant avec lequel on le laisse en contact pendant six ou huit heures? Est-ce en lavant la surface de la cuve qu'on la débarrassera complétement des liquides en fermentation qu'elle aura *absorbés*, comme nous l'avons démontré précédemment. Ce qu'il y a de bien certain, c'est que cette manière d'opérer expose fréquemment le brasseur à la perte d'un brassin, dont le prix est toujours de beaucoup inférieur à la dépense d'une cuve-guilloire spécialement affectée aux usages qui lui sont propres.

Nous allons dire maintenant quelques mots de cet appareil.

(1) Le mot *guilloire* est un dérivé de *guiller* (fermenter); ainsi on dit: la bière guille, le guillage marche bien, pour exprimer que la bière fermente, que la fermentation marche bien.

La *cuve à fermentation* doit toujours être d'une capacité égale à la cuve-matière, c'est-à-dire que sa contenance doit être celle de la chaudière de fabrication, plus un tiers environ. Sa forme, qui peut être indistinctement cylindrique, cubique ou elliptique, est subordonnée aux dispositions locales ; le plus souvent pourtant les cuves-guilloires sont cylindriques. On les fait généralement en bois, quelquefois en maçonnerie, mais on les revet, dans ce cas, de ciments insolubles, de la nature des ciments romains de Vassy.

Ce que nous avons dit du goudronnage extérieur des cuves, en parlant des cuves-mouilloires, est également applicable ici. Dans tous les cas, les cuves-guilloires doivent être le plus élevées possible, afin que les liquides qu'elles renferment puissent être amenés par leur propre poids dans les ateliers de fermentation (entonneries) ; elles doivent être situées à proximité de ceux-ci, ou même au dedans, afin d'éviter l'emploi des tuyaux de conduite dont nous croyons avoir suffisamment signalé les nombreux inconvénients. On doit même remplacer les tuyaux fermés par les conduits ouverts dont nous avons conseillé l'usage pour amener la bière des refroidissoirs dans la cuve-guilloire.

A la base de cette cuve, et à sa partie la plus déclive, existe un tuyau armé d'un robinet à l'une de ses extrémités et entrant par l'autre à frottement dans l'épaisseur de la cuve ; ce tuyau, toujours en cuivre, doit être fortement étamé intérieurement et disposé de telle façon qu'on puisse l'enlever à volonté, afin de passer dans toute sa longueur, après chaque opération, une brosse en crin semblable à celle que nous représentons (*fig.* 112).

Figure 112.

Tout ce que nous avons dit des dangers que présente la porosité des bois employés à la confection des cuves est applicable à la cuve-guilloire, puisque les faits relatifs aux refroidissoirs en bois se représentent à son égard et peuvent aboutir aux mêmes résultats.

Nous croyons donc que, pour plus de sécurité, les cuves à fermentation, mais plus particulièrement encore les cuves-matière, devraient être garnies intérieurement d'un métal non susceptible de former des sels vénéneux avec les acides, comme l'étain, par exemple; malheureusement son peu de ductilité rend ses emplois très restreints; quant au plomb, il présente des inconvénients très graves, car les divers sels qu'il forme avec les acides sont autant de poisons fort dangereux. Il en est de même du cuivre, dont la ductilité et la malléabilité le rendent éminemment propre à tous les usages industriels. Toutefois nous pensons qu'il peut être employé ici avec succès, à la condition bien expresse d'être solidement étamé, comme on a l'habitude de le faire pour les vases de cuisine.

Les brasseurs anglais ont introduit dans la construction de leurs cuves-guilloires une amélioration réelle, que nous voudrions voir appliquer dans toutes les brasseries, parce que nous sommes convaincu qu'elle peut rendre de grands services. Cette amélioration consiste dans l'emploi d'un serpentin mobile en cuivre, ajusté dans l'intérieur de la cuve-guilloire, dans lequel on fait arriver un courant d'eau tiède en hiver, si la bière s'est trop refroidie, ou un courant d'eau froide en été, si la température des moûts est encore trop élevée.

A défaut de cet appareil si simple et si peu dispendieux, les brasseurs sont exposés à de nombreux désagréments ; il n'en est peut-être pas un seul qui, surpris par le froid d'une nuit d'hiver, n'ait vu la bière en voie de refroidissement descendre à une température voisine de la congélation, ou même se solidifier en partie; de là, la nécessité toujours regrettable, mais toujours indispensable, de réchauffer les moûts dans les cuves-guilloires au moyen d'une addition d'eau chaude; de là également des excédants de produits, et comme conséquence immédiate de ces accidents, contre lesquels le bon vouloir ne peut malheureusement rien, des contestations avec dame régie, toujours fort chatouilleuse à l'égard des excédants et ne voulant jamais chercher à s'expliquer les causes accidentelles qui les ont déterminés. Ce n'est pas qu'elle en soit toujours aussi fâchée qu'elle en a l'air et qu'elle essaie de vous le faire croire, car le trésor y gagne beaucoup plus en numéraire que le malheureux producteur n'y perd en appauvrissant la qualité de ses produits. D'ailleurs ne faut-il pas que les représentants du fisc justifient de leur zèle, de leur rare intelligence et de leur infatigable activité, et n'en trouverait-on pas au besoin la preuve dans les *soixante mille procès-verbaux* dont les contribuables *assujettis* ont l'insigne honneur de faire annuellement les frais pour assurer les galons de messieurs les commis à pied et les éperons de messieurs les contrôleurs à cheval?

Mais laissons là des questions sur lesquelles nous n'aurons que trop à revenir, et disons que le serpentin dont nous avons conseillé l'usage pour condenser les vapeurs provenant de la coction du houblon remplirait parfaitement le but que nous indiquons.

Les deux points les plus importants de la mise en fermentation sont : 1° le choix du levain convenable à l'espèce de bière que l'on fabrique; 2° la quantité nécessaire pour développer la fermentation. Quant au choix du ferment, ce que nous en avons dit dans le dernier chapitre et dans les développements pratiques qui l'ont précédé suffit pour en faire comprendre toute la gravité; car de l'habileté déployée dans le choix du levain dépend la proportion d'alcool développée par la fermentation, et, nous ne saurions trop le répéter, la durée de la conservation de la bière est en raison directe de cette quantité. Or, si le ferment est acide, les produits fabriqués arriveront plus vite à cet état, en supposant d'ailleurs que toutes les autres conditions de fabrication soient égales, et nous avons vu précédemment que le produit en alcool était d'autant plus abondant que l'invasion de la fermentation acide avait été plus retardée.

Donc il ne saurait rester de doute sur l'influence qu'exerce la nature du ferment, car aux considérations que nous venons de présenter nous devons ajouter encore que, si la fermentation développe de l'acide acétique (vinaigre), celui-ci dissoudra une partie du gluten renfermé dans les moûts et communiquera à la bière dans un temps plus ou moins rapproché, cette viscosité à laquelle on a donné le nom de *graisse*. La réaction se manifestera d'autant plus vite que la quantité d'acide acétique produite sera plus considérable et qu'on aura employé une plus forte proportion d'orge à la fabrication. En outre, et nous devons le répéter encore, la levûre qui en proviendra pourra reproduire les mêmes phénomènes dans les brassins suivants.

Le moyen par lequel on peut s'assurer de l'état d'acidité d'un levain est des plus simples et il est infaillible; il consiste à plonger un papier de tournesol, dont nous indiquerons la préparation au chapitre des *Réactifs*, dans le levain que l'on veut employer. Si le levain est acide, le papier de tournesol passe immédiatement du bleu au rouge. Si, au contraire, le levain provient d'une bonne fermentation, s'il est nouveau, s'il a été conservé en lieu frais, le papier de tournesol pourra être mis en contact avec lui, puis lavé à grande eau, sans que sa couleur bleue éprouve la moindre altération. Si la réaction acide du ferment sur la couleur du tournesol ne se fait que faiblement sentir, ce levain pourra être employé lorsqu'il y aura impossibilité de s'en procurer d'autre.

Il n'est malheureusement pas aussi facile de reconnaître un levain provenant d'une fermentation visqueuse et capable de la développer au sein des moûts. Nous ne pouvons donner sur ce sujet aucune indication précise, et cela est d'autant plus regrettable que plusieurs brassins peuvent être successivement compromis et contracter promptement l'état glaireux appelé *graisse*.

Toutes les fois qu'il y a nécessité de changer un levain, le mieux est de s'assurer de l'origine de celui qu'on se propose d'employer et de l'identité qui existe entre le mode de fabrication que l'on suit et celui qui a produit le levain dont on veut faire usage; car, comme nous l'avons dit, tel ferment pourra donner de très bons résultats à un brasseur et produire des effets opposés chez tel autre dont les procédés de fabrication et les matières premières sont différentes. En un mot, il en est de la nature du levain pour la fabrication de la bière comme du choix du virus du vaccin dans la vaccination, c'est-à-dire que si le ferment employé est dans de mauvaises conditions, les produits qui résulteront de son contact avec les matières sucrées présenteront les mêmes caractères, comme le sujet auquel on aura inoculé un virus malsain pourra éprouver dans la suite les mêmes accidents que celui auquel on aura emprunté le vaccin.

Nous ne saurions trop insister sur la nécessité de s'assurer de l'origine d'un levain et de l'identité de la fabrication qui l'a produit avec celle à laquelle il doit concourir; car aucun signe extérieur ne peut faire connaître s'il est de bonne ou de mauvaise qualité, et les praticiens les plus habiles et les plus exercés se trompent fort souvent quand ils s'en rapportent aux apparences. Ainsi un levain provenant d'une fermentation visqueuse et capable par conséquent de déterminer la *graisse*, a le même aspect qu'un levain produit par une bonne fermentation.

Tantôt le levain offrira des séparations en couches s'il est à l'état pâteux, ou plutôt demi-fluide, lorsqu'on inclinera le vase qui le contient; tantôt au contraire il refusera dans le même état de liquidité de se séparer comme nous venons de le dire, pour ne présenter qu'une masse grenue très homogène. En général pourtant, une consistance ferme est de bon augure. Un levain mou, très divisé, c'est-à-dire ne présentant que l'aspect d'une mousse sans consistance, pourra, dans la grande majorité des cas, être considéré comme suspect; on devra le repousser impitoyablement s'il donne sur le papier de tournesol des signes manifestes d'acidité, et s'il laisse autour des parois du vase qui le contient une mousse jaunâtre analogue à celle que nous avons signalée en parlant de l'altération du malt dans la cuve-matière. Dans ce cas, il développera certainement une odeur âcre et très pénétrante. Quant à la couleur du ferment, elle ne signifie rien; car si celle qui lui est propre tient ordinairement le milieu entre le jaune sale et le gris tendre, on ne saurait nier qu'il emprunte toujours aux moûts une forte proportion de leur matière colorante.

Il ne nous est guère possible d'indiquer dans quelles proportions il convient d'ajouter le ferment aux moûts pour déterminer leur fermentation; car les quantités de levûre à employer sont subordonnées : 1° à la quantité de moût sur laquelle on opère; 2° à la quantité d'eau, de sucre et de gluten que celui-ci contient; 3° à la température des moûts; 4° à l'espèce de bière à fabriquer; 5° à la contenance des fûts, ou, si l'on veut, au volume de la masse; 6° à la nature des matières sucrées employées à la fabrication; 7° à la température ambiante; 8° à l'âge du levain; 9° à la durée de la fermentation; 10° peut-être même aux conditions de culture de l'orge, qui influent considérablement sur sa nature; ce qui suffit pour modifier les circonstances qui accompagnent toujours la conversion du sucre en alcool. Ainsi dans la plupart des villes du midi et particulièrement à Bordeaux, on emploie de grandes quantités de levûre pour déterminer la fermentation, bien que celle-ci soit encore accélérée par une température de + 50°, quel que soit d'ailleurs l'état de la température ambiante. L'énergie avec laquelle elle se développe permet de livrer les bières après quarante-huit et souvent même après trente-six heures de guillage. Il est rare qu'après deux ou trois jours elles ne soient pas parfaitement claires, même sans avoir été clarifiées par la colle de poisson.

Afin de détruire tous les doutes sur l'influence qu'exerce la nature de l'orge sur la fermentation, nous dirons qu'il est prouvé que si on employait dans les contrées septentrionales les mêmes procédés de fabrication qu'à Bordeaux et dans le midi de la France, on obtiendrait des résultats tout différents et certainement moins avantageux.

Dans tous les cas, le mode d'opérer usité dans le midi à l'égard de la fermentation est loin d'être aussi rationnel qu'il devrait l'être. Nous justifierons bientôt notre opinion.

Nous venons d'énoncer dix circonstances dans lesquelles la proportion de ferment à employer peut varier; examinons-les successivement. 1° Il est évident que la quantité relative de ferment à employer devra toujours être en rapport avec celle des moûts, c'est-à-dire augmenter en raison du volume de celui-ci. 2° La proportion de ferment devra être d'autant moindre que la proportion de sucre sera moins considérable ; ainsi les petites bières exigent moins de levûre que celles qui sont d'une qualité supérieure, de même encore les bières pourront réclamer d'autant moins de ferment que la quantité d'orge employée sera plus considérable et que les moûts renfermeront par conséquent plus de gluten. 3° La quantité de levûre doit être en raison inverse de la température de la masse, c'est-à-dire qu'abstraction faite de toutes les autres conditions, la proportion de ferment devra augmenter à mesure que la température des moûts diminuera, et *vice versa*. 4° Si nous avons dit que la somme de ferment à introduire dans les moûts dépendait aussi de l'espèce de bière, c'est qu'en effet ce que nous venons de dire pour le second cas à l'égard de la proportion de sucre qu'elle renferme est applicable ici ; seulement pour les bières très fortes, c'est-à-dire très riches en alcool, comme celles de Lyon, par exemple, il ne faut pas craindre d'employer un léger excès de levûre, attendu qu'en règle générale l'énergie du ferment diminue à mesure que la proportion d'alcool augmente. Par opposition, il est toujours préférable d'en employer une proportion plus faible dans la fabrication des petites bières. 5° Ce que nous avons dit de la quantité de moût sur laquelle on opère nous conduit aux mêmes conclusions, en ce qui concerne la contenance des fûts. 6° Nous ne saurions trop engager à augmenter la proportion de levûre toutes les fois que l'on aura remplacé une certaine quantité d'orge par un sucre quelconque, mais surtout quand on aura employé le glucose. 7° L'élévation de la température ambiante nous conduit aux mêmes conclusions que dans le troisième cas ; car nous ne voudrions pas commettre le lourd contre-sens de ceux qui veulent que la proportion de levûre augmente à mesure que la température atmosphérique s'élève davantage, comme en été, par exemple, alors surtout que, par l'altération du malt, la proportion du sucre diminue, et avec elle par conséquent la quantité d'alcool. 8° Nous renvoyons pour ce paragraphe au chapitre précédent, dans lequel nous avons établi que dans tous les cas la somme de ferment nécessaire devait être d'autant plus considérable que l'on s'éloignait moins du jour où il avait été produit, c'est-à-dire que toutes les fois qu'on employait un levain très nouveau il en fallait beaucoup plus que quand celui-ci avait été rejeté par la fermentation depuis trois, quatre ou cinq jours. 9° Ici comme dans le quatrième cas, la proportion de levûre doit être d'autant moindre que la fermentation doit se terminer plus lentement. 10° Enfin, en ce qui concerne le mode de culture de l'orge employée à la fabrication, comme nous l'avons montré en citant pour exemple Bordeaux et une partie du midi, on comprend qu'il nous est impossible de rien préciser à l'égard des quantités de ferment à employer. Dans ce cas, c'est à l'intelligence du brasseur qu'il appartient de prononcer.

En général pourtant la proportion de levûre varie de

250 à 375 grammes par hectolitre de bière fabriquée; dans certaines localités on emploie quelquefois plus de 375 grammes; mais ce cas est certainement exceptionnel, rarement on emploie moins de 250 grammes.

La mise en levain s'opère de diverses manières auxquelles, pour notre compte, nous n'attachons aucune importance; les uns n'ajoutent d'abord le ferment qu'à une minime quantité de moût qu'ils laissent entrer en fermentation dans un tonneau ouvert à l'une de ses extrémités, pour verser ensuite le tout dans la cuve-guilloire; d'autres se contentent de délayer avec soin la quantité de ferment qu'ils vont employer, dans huit ou dix litres de moût qui sont immédiatement ajoutés à celui que contient la cuve. Dans les deux cas on agite fortement la masse, afin que le levain se trouve uniformément réparti dans le liquide à fermenter.

Dans le premier cas on n'a qu'un but; c'est de s'assurer, dit-on, de l'état du levain; or nous prétendons qu'on ne peut obtenir ainsi aucune indication précise, attendu que si le ferment provient d'une fermentation visqueuse, rien ne l'indique, pas même les signes extérieurs par lesquels la fermentation se manifeste. Cette mesure ne présente d'ailleurs aucune espèce de garantie quand le ferment est dans un état d'acidité évident; aussi les premiers phénomènes de la fermentation apparaissent-ils de la même manière que quand le levain se trouve dans les meilleures conditions. Ce qu'il y a de plus évident pour nous dans ces manières d'opérer, c'est que pendant tout le temps que durent ces essais, les moûts attendent le ferment dont ils ont besoin, fait toujours regrettable, car le sucre qui fait la base des moûts est d'une mobilité telle que la moindre cause peut réagir énergiquement sur lui et lui imprimer un mode de transformation différent de celui qu'exerce la levûre. On sera forcé d'admettre nos conclusions quand on se rappellera que dans les moûts le gluten est toujours associé au sucre, et qu'après la levûre il n'existe pas de matière fermentescible plus énergique que lui. Et qu'on y prenne garde, il ne faut pas croire que la fermentation ne s'est véritablement établie que quand les phénomènes extérieurs par lesquels elle se manifeste sont devenus appréciables à nos sens; car comme nous l'avons dit en parlant de la germination, tous ces signes apparents ne sont, par rapport à l'état d'*imperfection* de nos organes, que la somme d'un nombre infini de réactions qui se sont opérées avant d'atteindre le point où elles deviennent perceptibles pour nous.

Toutes les lenteurs, toutes les pertes de temps que nous venons de signaler ne peuvent donc qu'être préjudiciables à la qualité des produits qui, pour nous servir de l'expression pittoresque adoptée par les auteurs qui nous ont précédé sur ce terrain, sont exposés dans ce cas à une *fermentation sauvage*. Aussi réclamerons-nous la plus grande célérité dans la mise en fermentation lorsque les moûts sont descendus à une température convenable. Il n'est même pas nécessaire, pour opérer le mélange du ferment, d'attendre que toute la masse soit réunie dans la cuve-guilloire; il est toujours prudent, au contraire, de prendre immédiatement les premières parties qui s'écoulent des refroidissoirs pour délayer la levûre, et de les verser ensuite dans la cuve, sauf à agiter le tout de temps en temps, afin que la matière fermentescible se trouve uniformément répartie.

En résumé, il faut dans tous les cas éviter l'emploi des levains trop nouveaux et faire en sorte de ne les employer qu'après quatre ou cinq jours de repos dans un lieu frais. Il faut aussi éviter *le renouvellement des levains* quand il n'y a pas nécessité absolue, c'est-à-dire lorsque ceux dont on peut disposer proviennent d'une fermentation et d'un mode de fabrication identiques à ceux que l'on suit ordinairement. D'ailleurs si les procédés de fabrication se succèdent régulièrement, si l'ensemble des opérations reste toujours le même, si, en un mot, tout se fait à chaque brassin dans des conditions semblables, le même levain pourra servir indéfiniment, à moins d'accidents imprévus; dans ce *cas il* ne faut pas hésiter un instant et faire choix d'un nouveau levain pour le brassin suivant, en se renfermant, autant que possible, dans les prescriptions que nous avons indiquées dans le cours de ce chapitre.

Une fois mélangés au ferment, les moûts peuvent être *entonnés*, et placés sur les chantiers de l'*entonnerie* spécialement destinés à cet usage. Quelquefois pourtant il y a nécessité de laisser la fermentation s'établir et se continuer dans les cuves-guilloires. Bien que ce ne soit pas une règle générale, nous y reviendrons.

Un assez grand nombre de praticiens sont dans l'usage d'attendre, pour procéder à l'entonnement, que la fermentation se soit développée pendant quelques heures. Pour d'autres, c'est *un parti pris* d'entonner, dans tous les cas, aussitôt que le ferment a été ajouté aux moûts. Nous n'approuvons ni les uns ni les autres, car il n'est pires praticiens à nos yeux que ceux qui prétendent se placer, à l'égard de la fermentation, dans des conditions toujours égales, alors qu'une foule de circonstances viennent apporter chaque jour des modifications nouvelles. En hiver, par exemple, les premiers ont toujours raison ; en été, au contraire, ce sont les seconds. Il est évident, en effet, que si les moûts sont descendus à une température trop basse, on ne risquera rien en reculant l'heure de l'entonnement ; cette condition est même indispensable, car la fermentation se développant en raison du volume de la masse, on compense ainsi, en partie du moins, l'abaissement de la température des moûts. En été la même manière d'opérer produirait une fermentation beaucoup trop active ; aussi convient-il alors de procéder à l'entonnement aussitôt que le ferment a été ajouté aux moûts.

Quant à ceux qui retardent l'entonnement afin de prouver aux mécréants, comme nous par exemple, qu'il est de la plus grande importance de voir préalablement au sommet du liquide ce que les vieux cervoisiers du bon vieux temps désignaient sous les noms de *chapeau*, de *choux*, de *bouquet*, d'*artichaut*, de *champignon*, etc. quant à ceux-là, disons-nous, nous les engageons de tout notre pouvoir à mettre de côté des pratiques qui, toutes vieilles qu'elles soient, n'en sont pas moins parfaitement inutiles.

Souvent on passe à l'eau très chaude ou très froide, selon la saison, les fûts qui doivent contenir la bière dès que la mise en fermentation est opérée. Nous ne voyons aucune espèce d'inconvénient dans cette manière d'opérer, et toujours nous en avons vu obtenir d'assez bons résultats.

Indépendamment des petits mystères de fabrication que nous avons eu l'indiscrétion de révéler, au risque de nous perdre dans l'esprit de quelques *sorciers* et de les dépouiller du prestige qui les enveloppe aux yeux des profanes et des ignorants, il en est encore un qui nous pèse trop lourdement pour que nous n'ayons pas hâte de nous en débarrasser. Le voici : vous êtes bien désireux sans doute d'obtenir, après la fermentation et d'un seul coup, une bière d'une limpidité parfaite, sans avoir recours à la clarification. Eh bien ! vous diront les habiles dont nous nous faisons ici l'organe, versez dans votre cuve-guilloire, aussitôt après la mise en levain, deux hectolitres d'eau très froide, et vous serez aussi sorcier que nous : voilà comment nous opérons, et nous nous en trouvons bien.

Dieu nous garde de vous donner un mauvais conseil ! aussi ajouterons-nous : N'en croyez rien et prenez-y garde, car non-seulement monsieur le directeur ne vous accorderait pas la permission d'user de ce procédé, mais encore vous exposeriez vos produits à des accidents que nous vous signalerons quand le moment en sera venu.

Section IV. — Classification de la fermentation.

§ 1. Définitions.

On désigne sous le nom de *fermentation* l'action chimique par laquelle une substance, sans changer elle-même de nature, transforme, dédouble une masse organique complexe, pour en former des produits nouveaux plus simples, ou, pour mieux dire, moins compliqués.

C'est ainsi que le ferment, sans changer de nature, sans se modifier, dédouble les moûts pour en constituer des produits plus simples, puisqu'il transforme le sucre en alcool, qui reste dans la liqueur fermentante, et en gaz acide carbonique, qui se dégage.

On admet en chimie douze espèces de fermentations, dont les caractères principaux offrent des analogies nombreuses; ce sont les fermentations vineuse ou alcoolique, glucosique, visqueuse, lactique, acétique, gallique, pectique, benzoïlique, sinapique, ammoniacale, putride, et enfin celle des graisses.

Nous ne nous occuperons ici que de celles qui nous intéressent directement, de celles dont la connaissance est indispensable à l'étude de la fabrication de la bière et des phénomènes produits pendant les diverses périodes de la fermentation proprement dite. Leur nombre se réduit à trois, qui sont : la *fermentation alcoolique*, la *fermentation acétique* et la *fermentation putride*.

Les noms que l'on a donnés à chacune d'elles indiquent suffisamment que dans la première il se produit de l'alcool, dans la seconde de l'acide acétique (vinaigre), et qu'enfin la troisième donne naissance aux phénomènes de putridité qui constituent les dernières limites de la décomposition.

§ 2. Fermentation alcoolique divisée en trois périodes. Fermentation primaire, secondaire, tertiaire.

La fermentation alcoolique, comme l'immortel Lavoisier l'a établi le premier, est une opération pendant laquelle les principes constituants d'une matière sucrée se transforment en alcool et en acide carbonique, sous les influences de l'eau, de l'air, du ferment et d'une température déterminée.

Dans la fabrication de la bière, la fermentation alcoolique offre trois phases bien distinctes; c'est à ce point de vue que nous allons l'examiner, car la classification de ces trois périodes nous est indispensable pour rendre facile l'étude de la fermentation.

Lorsqu'on met une quantité déterminée de ferment en présence du moût de bière, à une température convenable, on voit se produire un mouvement tumultueux et incessant qui accompagne toujours le dégagement de l'acide carbonique, sous l'apparence de petites bulles qui renferment ce gaz; celles-ci ont ordinairement d'autant moins de surface que le liquide est plus dense, que la fermentation est plus lente, et qu'elle s'opère à une température moins élevée, et *vice versa*. Plus tard et à mesure que la réaction se développe avec plus d'intensité, ces bulles viennent se rassembler en une mousse blanche, fine et persistante à l'ouverture supérieure du vaisseau où elle produit et constitue, dans l'état de succession qu'elle ne tarde pas à offrir, les phénomènes physiques de la fermentation alcoolique.

Telle est la première phase sous laquelle apparaît la

fermentation, phase à laquelle nous croyons devoir donner le nom de *fermentation primaire.*

Quand cette première période est accomplie, il y a un temps d'arrêt; la masse change d'aspect, et c'est alors que s'opère la reproduction du ferment. C'est toujours la fermentation alcoolique qui se continue, mais sous une autre forme; c'est toujours la même cause qui agit, mais elle produit des résultats différents, et bien que les uns deviennent le complément des autres, bien que les phénomènes primitifs n'aient pas complètement disparu pour faire place à ceux qui caractérisent cette seconde période, il n'en est pas moins évident que dans la première période on n'obtient que de l'acide carbonique, entraînant nécessairement avec lui, sous forme de vapeur, une portion d'eau préexistante et une portion d'alcool déjà produit, tandis que ce n'est que dans la période qui nous occupe qu'a lieu cette belle révolution pendant laquelle le ferment se reproduit au point de se décupler.

La reproduction du ferment constitue donc pour nous la deuxième phase de la fermentation; nous l'appellerons alors *fermentation secondaire.*

A ces deux premières périodes en succède une troisième qui, elle aussi, devient la conséquence immédiate des deux premières, mais qui, comme elles, joue un rôle distinctif dans la complète transformation du sucre en alcool et en acide carbonique. Ainsi, bien que la reproduction du ferment soit opérée, que la fermentation semble complète, terminée, et qu'aucune réaction apparente ne paraisse devoir indiquer le retour des phénomènes qui viennent de se passer, tout n'est pas fini pourtant, car la matière sucrée n'a pas complètement disparu sous l'action si belle et si puissante du ferment. Plus tard apparaît une nouvelle effervescence qui semble procéder de chacune des deux premières phases, et qui, quoique moins active que celle de la première période, l'est assez cependant pour déterminer la formation d'une espèce de champignon qui finit par recouvrir l'ouverture pratiquée au sommet du tonneau et qui peut même s'étendre jusqu'à 0m,08 ou 0m,10 au delà de son diamètre. Tels sont les phénomènes de la troisième et dernière période de la fermentation alcoolique, que nous désignerons sous le nom de *fermentation tertiaire*.

Voyons maintenant si chacune de ces périodes offre des nuances assez distinctes pour justifier l'établissement de nos trois catégories et si notre classification doit faciliter l'histoire et l'étude des beaux phénomènes qui se manifestent pendant la fermentation alcoolique.

Pendant la période que nous avons appelée *fermentation primaire*, il ne se produit que de l'alcool et de l'acide carbonique seulement, et la transparence de la masse en est sensiblement troublée; le dégagement de l'acide carbonique a lieu sous l'aspect d'une mousse blanche, fine et déliée, dans laquelle chaque bulle conserve la transparence qui lui est propre.

Dans la deuxième période, dans la *fermentation secondaire*, il y a également production d'alcool et d'acide carbonique; mais le liquide fermentant prend alors un aspect sale et boueux qui indique le moment de la reproduction du ferment; le dégagement gazeux a lieu sous forme d'une matière écumeuse, mêlée à des bulles larges, sans consistance et d'une opacité manifeste.

Enfin, pendant la *fermentation tertiaire*, les caractères qui distinguent essentiellement la seconde période ont complétement disparu, et il ne reste plus qu'une modification des phénomènes qui s'opèrent pendant la première. Elle peut se produire alors même que le liquide est parfaitement limpide; c'est ordinairement pendant qu'elle se manifeste que la bière tend à se clarifier, en déposant au fond des fûts qui la contiennent toutes les matières qui troublent sa transparence. Les deux premières phases, toujours actives et tumultueuses, s'achèvent en général en quelques jours; la troisième, au contraire, est lente et peut durer plusieurs mois.

On s'est assuré que c'est pendant la première période que se produit la plus grande quantité d'alcool; que, pendant la seconde, le seul phénomène remarquable est la reproduction du ferment, et qu'enfin dans la troisième ce n'est qu'avec l'aide du temps que les quelques portions de sucre qui ont échappé à l'action du ferment se transforment complétement en alcool.

L'intensité de cette troisième période est relative, c'est-à-dire qu'elle se produit toujours en sens inverse de celle des deux premières; ainsi elle est d'autant plus active que les précédentes ont été plus lentes : c'est ce qui arrive en hiver, où l'action du ferment est moins énergique à cause du peu d'élévation de la température. En été le contraire a lieu : l'action se faisant sentir avec beaucoup plus de force dès le moment où les premiers phénomènes se produisent, il en résulte presque toujours que la fermentation tertiaire n'est que peu ou point sensible, parce que le principe sucré a été en grande partie transformé en alcool par l'action du ferment pendant les deux premières périodes. Toutefois on peut dire, en règle générale, que les deux premières périodes ne peuvent seules annihiler, transformer complétement la matière sucrée que renferment les moûts, et qu'il reste presque toujours une certaine portion de sucre qui n'a pu être décomposée par l'action du ferment.

Le fait que nous venons de signaler peut être considéré comme l'un des plus heureux dans la fabrication de la bière; si les choses se passaient autrement, la conservation de ce liquide deviendrait extrêmement difficile; car l'envahissement de la fermentation acétique suit toujours de très près les dernières périodes de la fermentation alcoolique; or l'invasion de la première sera d'autant plus retardée, que la seconde durera plus longtemps. Aussi choisit-on de préférence, pour conserver la bière, sans trop se l'expliquer ordinairement, les caves les plus profondes. En effet, leur température peu élevée, en prolongeant la durée de la fermentation tertiaire, ou en retardant, si l'on aime mieux, la complète transformation du sucre en alcool qui la constitue, retarde d'autant les phénomènes de l'acidification, qui est la conséquence immédiate de la terminaison de cette troisième phase.

C'est par ces motifs que la bière fabriquée pendant l'hiver est d'une conservation beaucoup plus facile qu'à aucune autre époque de l'année.

Par contre on peut expliquer d'une manière logique l'impossibilité de conserver les bières dont la fermentation s'est opérée à des températures élevées et dans un milieu où le thermomètre indiquait, par exemple, + 25°, comme dans les temps caniculaires; car dans ce cas tout le sucre soumis à l'action du ferment est presque immédiatement converti en alcool, et dès lors la fermentation tertiaire ne s'établissant que peu ou point, les produits fabriqués arrivent promptement à la période qui la suit immédiatement, c'est-à-dire à la fermentation acétique.

Pour nous résumer, nous dirons : la fermentation *primaire* ne détermine pas toujours les effets de la fermentation *secondaire;* celle-ci n'est jamais que la conséquence immédiate de la première, car il ne peut exister de fermentation secondaire sans le concours de la fermentation primaire, qui peut s'établir elle-même sans amener la fermentation secondaire. La fermentation *tertiaire* est toujours le complément des deux autres.

Les développements pratiques dans lesquels nous allons entrer nous fourniront l'occasion de signaler des exemples de chacun de ces cas, et nos lecteurs comprendront alors qu'il était indispensable d'établir une classification de la fermentation en trois périodes distinctes, puisqu'elles sont toutes différentes entre elles, qu'elles ont chacune des propriétés physiques diverses, et qu'elles offrent à l'observateur des nuances bien tranchées, des caractères bien différents, au moins en ce qui concerne la fabrication de la bière.

§ 3. Fermentation acétique.

On a donné le nom de *fermentation acétique* à la réaction qui, d'instant en instant, opère la conversion en acide acétique de l'alcool développé par la fermentation alcoolique. Diverses circonstances contribuent puissamment à cette transformation ; comme il est extrêmement important pour nous de les bien connaître, nous allons donc les examiner avec soin.

L'alcool est un composé de trois gaz de natures différentes, combinés entre eux dans des proportions inégales. L'acide acétique, le vinaigre, si l'on veut, offre à peu près la même composition que l'alcool, car il est également le produit de la combinaicon des trois gaz dont nous venons de parler, mais dans des rapports autres que ceux qui constituent l'alcool. Comme il existe peu de différence entre ces rapports, il en résulte que, si l'alcool est exposé dans certaines conditions au contact de l'air, les proportions de gaz qui le constituent se modifiant, la liqueur qui le renfermait devient aigre, et, après un temps plus ou moins long, l'analyse démontre que tout l'alcool a disparu et qu'il a été remplacé par l'acide acétique. C'est ainsi que le vin, le cidre, la bière et tous les liquides fermentés peuvent fournir, par leur exposition à l'air, des quantités considérables d'acide acétique.

Que se passe-t-il dans ce cas? le voici : au contact de

l'air, le fer se rouille, il *s'oxyde*, c'est-à-dire qu'il forme une combinaison avec ce principe vivifiant de l'air auquel les chimistes ont donné le nom de gaz oxygène, gaz que nos lecteurs connaissent déjà, puisqu'en parlant de la germination nous avons dit que sans lui toute végétation, toute respiration, toute combustion étaient impossibles. L'alcool, en se transformant en acide acétique, se comporte exactement de la même manière que le fer qui se couvre de rouille; comme lui il absorbe de l'oxygène, en un mot il s'oxyde.

La présence de l'air n'est pas la seule force capable d'opérer la conversion de l'alcool en acide acétique; le gluten tenu en dissolution dans les moûts, comme dans la bière après la fermentation, accélère l'acidification d'une manière très remarquable. En effet, l'alcool lui emprunte sans cesse les quantités d'oxygène dont il a besoin pour se transformer en acide acétique; ce fait explique pourquoi les eaux des amidonniers qui contiennent ordinairement de grandes quantités de gluten en dissolution s'acidifient avec une vitesse sans égale.

« La propriété que possède la bière de passer à l'état de vinaigre au contact de l'air, dit M. Liebig (*Lettres sur la Chimie*, p. 196), dépend constamment de la présence de substances étrangères qui communiquent aux molécules alcooliques voisines la faculté de s'emparer de l'oxygène de l'air. Si l'on enlève ces substances, la bière perd totalement la faculté de s'acidifier. »

Or, au nombre de ces substances étrangères, il faut surtout mettre en première ligne le gluten que nous avons déjà signalé comme un ennemi fort dangereux.

tant par ces motifs que par ceux qui ont précédé et par ceux qui vont suivre.

La lumière exerce également sur l'acidification une action puissante. « L'alcool abandonné sous l'influence de l'oxygène de l'air et à la température ordinaire, au contact du gluten ou de tout tissu ligneux et poreux, donne lieu à la formation d'acide acétique... Mais il est une autre influence dont la théorie n'a tenu aucun compte... Je veux parler de l'influence de la lumière, dont l'absence ou la présence est dans le cas de changer toutes les conditions du problème et la nature de toutes les transformations. En effet, dans l'obscurité, tout se décompose et rien ne végète; mais que le liquide soit pénétré des rayons de la lumière, les substances organisatrices ne tarderont pas à s'organiser et à acquérir des propriétés fermentescibles spéciales.... et la fermentation alcoolique, déviée de ses conditions normales, prendra les caractères de la fermentation acétique. Plus le degré de chaleur s'approchera de la chaleur de la lumière, et plus la marche de la fermentation sera dirigée vers ce résultat final[1]. »

Nous devons donc considérer comme suffisamment démontré, que l'on retarde d'autant plus l'invasion de la fermentation acétique que l'on évite davantage la présence des rayons lumineux.

A part les conditions naturelles qui peuvent amener la conversion de l'alcool en acide acétique, il en existe d'accidentelles qui ont pour nous une très grande im-

(1) Raspail, *Nouveau Système de chimie organique*, tome III, page 551.

portance; ainsi quand, dans la fabrication du vinaigre, le vinaigrier emploie des vases de bois qui n'ont point encore servi à ses opérations, l'acidification est retardée; ce n'est qu'en vieillissant que le bois réagit à son tour et aide à la transformation acétique. C'est après un assez court espace de temps, dit encore M. Liebig, « que le bois suffit pour opérer la conversion de l'alcool en vinaigre, sans avoir besoin du concours d'autres substances en voie de décomposition. »

Si, dans la fabrication du vinaigre, le bois active les progrès de l'acidification, cela tient à deux causes qui se prêtent un mutuel appui et qui trouvent dans la somme d'action qu'elles représentent une force double de celle qu'elles auraient si chacune d'elles agissait isolément. Ainsi le bois agit d'abord comme composé ligneux dont l'effet est de diviser le liquide, c'est-à-dire de lui faciliter le contact de l'air en l'absorbant dans tous ses pores, en le tenant dans un état de division constant; en second lieu, on ne saurait nier que l'imprégnation du bois par l'acide acétique exerce une influence puissante sur les opérations qui se succèdent, car le vinaigre absorbé par le bois sert de véhicule à la fermentation acétique, de même que ces additions d'*eaux mères*, de vinaigre fort, que le vinaigrier mélange avec ses liquides avant de les soumettre à la fermentation acétique.

Parmi les causes qui peuvent retarder l'invasion de la fermentation acide, nous devons en citer particulièrement deux : la présence des huiles essentielles et une forte proportion d'alcool développée préalablement dans les liqueurs. C'est par ces motifs que l'on peut justifier d'une part l'emploi du houblon dans la fabrication de la bière, et de l'autre la nécessité de développer dans cette boisson la plus grande somme possible d'alcool.

Pour réduire la question qui nous occupe à ses termes les plus simples, nous dirons : la fermentation alcoolique est la période de décomposition pendant laquelle le sucre contenu dans les moûts est transformé en alcool ; la fermentation acétique, qui n'est que la conséquence immédiate de celle-ci, est à son tour une nouvelle période de décomposition pendant laquelle l'alcool est transformé en acide acétique ; cette période vient immédiatement après la fermentation alcoolique.

Pour se produire, la fermentation acétique n'a donc besoin, comme nous venons de le voir, que de la présence de l'alcool tout formé et de la présence de l'air. Or, la bière réunit à un haut degré toutes les conditions naturelles et accidentelles capables de lui faire éprouver ces transformations. Voilà ce que nous tenions à constater avant d'aller plus loin ; car nous aurons à revenir sur ces faits en nous occupant des applications pratiques, dans lesquelles nous allons entrer.

§ 4. Fermentation putride.

Nous avons déjà dit que la *fermentation putride* était la dernière période de décomposition qu'éprouvaient les matières végétales ou animales placées dans certaines conditions. Dans cet état elles dégagent des gaz fétides que l'eau retient en dissolution, lorsque c'est dans l'eau que s'opère la décomposition et que ces gaz pestilentiels y sont eux-mêmes solubles. Dans ce cas, ils communiquent aux liquides une saveur repoussante et quelquefois des qualités vénéneuses; lorsqu'ils n'ont pas le contact de l'eau en grande quantité, ils se développent librement dans l'atmosphère et répandent l'infection.

« Les substances végétales et animales qui cessent d'être placées dans des conditions favorables, soit pour s'organiser, soit pour fermenter alcooliquement et acétiquement, ne tardent pas à offrir les caractères de la fermentation putride, fermentation dont les produits, désormais nuisibles à l'organisation, varient à l'infini, en nombre, en proportion et en combinaisons, en raison de toutes les circonstances qui enveloppent la substance, selon que la partie aqueuse est plus ou moins abondante, la température plus ou moins élevée, l'air plus ou moins agité, la substance plus ou moins poreuse, plus ou moins ligneuse, ou glutineuse et albumineuse, et l'obscurité du local plus ou moins grande. C'est sous l'influence du concours varié de toutes ces circonstances que les éléments de l'organisation se désagrègent, pour se combiner de nouveau entre eux deux à deux, trois à trois, etc. [1]. »

Comme toutes les fermentations sont sœurs, c'est-à-dire comme elles naissent d'une cause à peu près analogue, il n'est pour ainsi dire aucune des conditions propres à développer la fermentation acétique qui ne

(1) Raspail, *Nouveau Système de chimie organique*, tome III, page 568.

soit également apte à engendrer celle-ci ; ainsi, la présence de l'air et de l'eau est également indispensable à celle qui nous occupe, et, comme dans la fermentation acétique, la présence des rayons lumineux n'est qu'une condition secondaire.

Dans les deux fermentations précédentes, l'eau ne sert que d'intermédiaire, pour faciliter la réaction ; ici elle agit comme force, comme puissance de désorganisation, puisque ses éléments mêmes se séparent et viennent ajouter à l'énergie de la décomposition.

Parmi les corps qui augmentent les chances de fermentation putride et qui hâtent surtout son développement, nous devons citer spécialement le gluten ; car, comme l'a dit M. Thénard en parlant de l'amidon[1], « les farines d'orge et de froment sont composées de fécule, de gluten, d'albumine, de quelques sels, etc... Quelques portions de fécule, sous l'influence du gluten et de l'eau, passent à l'état de sucre et donnent lieu à la fermentation spiritueuse, par conséquent à de l'alcool et à du gaz acide carbonique. A cette fermentation succède nécessairement la fermentation acide, d'où résulte une certaine quantité de vinaigre. Bientôt la fermentation putride s'établit ; elle est due au gluten, qui par son contact avec l'eau, et en raison des éléments qui le constituent, est susceptible de décomposition spontanée. »

Comme dans la fermentation acétique, le bois en voie de décomposition active ici les chances de désorganisation ; si quelques matières animales se trouvent

(1) *Traité de Chimie*, tome IV, page 568.

encore associées au gluten, toutes les conditions nécessaires au développement de la fermentation putride se trouvent alors réunies et groupées dans un ordre si parfait, qu'il est impossible que toutes ces matières ne l'éprouvent avec violence dans un temps plus ou moins rapproché, pour peu qu'elles soient soumises à l'influence d'une température de quelques degrés au-dessus de 0; car, à ce point et au-dessous, les fermentations alcoolique, acétique et putride sont arrêtées dans leur marche, ou retardées dans leur développement, si elles ne se sont pas encore produites.

Parmi les causes qui peuvent retarder l'invasion de la fermentation putride aussi bien que la fermentation acétique, il faut citer principalement les huiles essentielles; seconde raison pour justifier l'emploi du houblon dans la fabrication de la bière, et pour faire comprendre que la *racine de buis* est tout à fait impropre à le remplacer, puisqu'elle ne renferme aucune trace appréciable d'huiles volatiles.

Ce qu'il nous importait essentiellement de constater ici, c'est que, pour se produire, la fermentation putride des matières végétales ou animales n'a besoin que de la présence de l'eau et de l'air; c'est ensuite qu'elle constitue la troisième et dernière période de décomposition, et qu'elle succède immédiatement à la fermentation acétique.

Maintenant que nous avons bien étudié les principes fondamentaux et les règles générales, occupons-nous des faits particuliers et des applications qui nous intéressent si vivement.

Section V. — Application pratique de la fermentation.

§ 1. Marche de la fermentation.

La fermentation alcoolique a, comme nous venons de le voir, des règles fixes comme toutes les révolutions qui s'opèrent ici-bas ont leurs lois immuables ; la pratique des ateliers sait en général en tenir compte ; si elle s'en éloigne, c'est assez souvent par des causes accidentelles qui dépendent d'une foule de circonstances que nous étudierons avec soin chaque fois que l'une d'elles se présentera.

Le sucre, quelle que soit l'espèce à laquelle il appartienne, est toujours un composé complexe, d'une mobilité sans égale ; or, on comprend qu'en raison de cette mobilité et de toutes les causes qui peuvent influer sur la marche de la fermentation ou même la modifier, les résultats soient variables à l'infini. Mais si le sucre se trouve associé à des corps de nature organique, comme dans le moût de bière par exemple, où il existe à côté du gluten, de la dextrine, de l'albumine végétale, de la lupuline du houblon, souvent même de la gélatine, que de réactions inconnues, que de transformations ne s'opèreront-elles pas, qui produiront de nouvelles combinaisons, des composés de toute espèce, de nouveaux corps enfin dont les éléments, se séparant à chaque minute, affecteront une autre forme, un nouveau groupement et donneront lieu à des composés de nature différente ! Dédale inextricable où la science elle-même vient chaque jour épuiser ses lumières, où la routine trouve à chaque heure qui s'écoule des obstacles contre lesquels vient se briser toute son insouciance.

La fermentation est certainement la plus délicate de toutes les opérations qui constituent la fabrication de la bière, non-seulement à cause de son importance propre et des sérieuses difficultés qu'elle présente, mais encore parce qu'en elle vient se résumer, comme en une seule page, l'histoire de la fabrication tout entière.

Reprenons la fermentation au moment où le ferment commence à agir sur le sucre et où, par conséquent, les phénomènes extérieurs deviennent perceptibles à nos sens. Nous avons dit : dès que l'action du ferment se manifeste, une multitude de petites bulles gazeuses développées du sein de la masse viennent se rassembler au sommet du liquide, ou plutôt à l'ouverture du vaisseau qui renferme le mélange en fermentation; et nous avons ajouté que le nombre infini de ces petites bulles et leur succession non interrompue constituaient les caractères physiques de la fermentation.

La mousse qui se produit alors offre certains caractères auxquels un praticien observateur ne peut se méprendre; ainsi, si elle est blanche, ferme, si elle présente à l'œil un aspect fortement nacré, si toutes les petites bulles qui la composent sont intimement unies entre elles, si enfin avant de crever, avant de se résoudre en un liquide nouveau dans les *baquets* destinés à la recevoir, il s'écoule un temps très long, on peut avancer que les opérations précédentes ont été dirigées avec habileté. On peut également s'attendre à des résultats d'autant meilleurs que chacun de ces caractères sera lui-même plus prononcé, surtout si la projection de cette mousse hors du tonneau se fait avec quelque lenteur, mais d'une manière continue, sans soubresauts et sans secousses.

Si, au contraire, il y a des intermittences, si de temps à autre on voit apparaître à l'ouverture du tonneau de grosses bulles de gaz qui viennent s'épanouir tout à coup au milieu de la mousse, on peut être certain que la fermentation est défectueuse et que le liquide fermentant renferme des germes manifestes d'altération. C'est à ces bulles que le langage pittoresque des ateliers a donné le nom d'*yeux de crapaud ;* fort souvent quand ce phénomène apparaît, la reproduction du ferment n'a pas lieu, et les produits passent très promptement à la fermentation putride.

La surface des petites bulles qui caractérisent les fermentations régulières est très variable et présente à l'œil de l'observateur des indices certains de l'état de concentration du moût, et par conséquent de sa richesse en principes sucrés ; ainsi chacune de ces bulles développe une surface d'autant plus petite que le liquide fermentant est plus dense, toutes les autres conditions étant égales, bien entendu. C'est ainsi que les bulles produites par la fermentation des petites bières offrent une surface beaucoup plus grande que celles fournies par la fermentation des bières fortes. Dans ce cas encore, la surface qu'elles présentent varie selon la température du liquide; plus la température de la masse augmente, plus la surface de chaque bulle prend d'étendue. Ainsi un praticien un peu exercé peut toujours, à première vue, doser approximativement la richesse des moûts fermentants et la température à laquelle a eu lieu la mise en fermentation.

A peine la première phase de la fermentation s'est-elle établie d'une manière régulière qu'il se répand dans les *entonneries*, ou ateliers de fermentation, si l'on veut, un parfum très agréable, d'une délicatesse exquise. M. Liebig, auquel nous avons déjà emprunté quelques citations, va nous expliquer ce qui se passe dans cette circonstance.

« Dans la plupart des fleurs et des substances végétales odorantes, l'odeur est due à la présence d'une certaine huile essentielle; cependant bien des matières n'ont d'odeur qu'autant qu'elles se trouvent dans un état de décomposition. Ainsi l'essence de sureau, plusieurs variétés d'essences de térébenthine, l'essence de citron, etc., n'ont d'odeur qu'au moment où elles s'oxydent, où elles éprouvent une espèce de combustion lente.

« C'est là peut-être la raison pour laquelle le principe odorant de certains sucs végétaux sucrés se forme et se dégage seulement pendant qu'ils fermentent; du moins sait-on que de petites quantités de fleurs de violettes, de sureau, de tilleul, de primevère, ajoutées à ces sucs pendant leur fermentation, suffisent pour leur communiquer à un haut degré l'odeur et la saveur de ces fleurs; et ce résultat ne s'obtient pas en mêlant aux sucs déjà fermentés une quantité cent fois plus considérable d'eau distillée de ces mêmes fleurs[1]. »

Aux faits constatés par M. Liebig, nous croyons devoir ajouter que la production d'une matière odorante très volatile, pendant la fermentation du moût de bière, présente une autre particularité qui n'est pas moins remarquable; c'est que, quand on détache avec l'index une portion de la mousse dont nous venons de parler pour la soumettre à la déglutition, on trouve que le goût spécial au moût de bière, et le parfum si délicat et si recherché de certaines variétés de houblon, sont très développés, et que le bouquet qui est propre au houblon se fait sentir avec une pureté telle que souvent il suffit à des hommes habiles, et doués d'ailleurs d'une grande finesse de goût, pour dire immédiatement : Les houblons employés dans cette bière sont de tel cru; on s'est servi de telle espèce de sucre; on a introduit telle graine aromatique dans les moûts, etc.

Quand nous considérons que la mousse, en se résolvant en un liquide dans la bouche, abandonne de suite tout le gaz acide carbonique qu'elle renferme, nous sommes amené à nous demander si l'effet dont nous venons de parler ne peut pas être raisonnablement attribué à la neutralisation des alcalis que renferment les sucs salivaires, ou bien si le gaz acide carbonique, alors en excès, ne vient pas stimuler, exciter la sensibilité du goût, en le plaçant momentanément dans un état de perfectibilité plus grand, ou enfin si ces deux causes n'agissent pas ensemble. Quoi qu'il en

(1) *Chimie appliquée à la physiologie végétale et à l'agriculture*, 2e édition, page 132.

soit, le fait que nous venons d'énoncer ne saurait être mis en doute.

En établissant trois périodes bien distinctes dans l'étude de la fermentation et en parlant de la fermentation primaire, nous avons dit que c'était à cet instant que se produisait la plus grande quantité d'alcool, et que les bulles d'acide carbonique entraînaient toujours avec elles une certaine portion de vapeur d'eau et de vapeurs alcooliques ; or, l'abondance de ces vapeurs est subordonnée à la température du liquide fermentant, c'est-à-dire que plus cette température sera élevée, plus la quantité d'alcool évaporée sera considérable.

De ce premier fait nous pouvons conclure que, plus la température du liquide fermentant sera abaissée, et plus la proportion d'alcool produit profitera à la masse.

Outre cette première considération, il est encore reconnu que la somme d'alcool développée est en raison directe de la lenteur avec laquelle s'opère la fermentation. Enfin, dans certains cas, le suc des betteraves, mis en fermentation à une température de + 30 et 35°, par exemple, ne fournit pas d'alcool ; il se convertit en diverses substances neutres ou acides, comme la mannite, l'acide lactique, et un mucilage particulier. Au contraire, à mesure que l'on abaisse la température du liquide, la quantité de chacune de ces matière diminue, tandis que la quantité d'alcool augmente.

Une certaine élévation de température au moment de la fermentation, en produisant les faits que nous venons d'examiner, est donc un obstacle à la conservation des bières ; c'est là ce qui contribue puissamment, pendant l'été, à rendre cette opération beaucoup plus difficile qu'à aucune autre époque.

Il est encore une autre cause qui, ajoutée à celles que nous venons de signaler, contribue activement à diminuer la proportion d'alcool que peut produire la fermentation. Nous voulons parler des *qualités de l'eau.* Nous avons dit précédemment que celles qui se rapprochaient le plus de l'état de pureté, comme l'eau distillée, étaient les *moins* propres à la fabrication de la bière. Le moment est venu de justifier cette assertion.

Comme nous allons le voir bientôt, un grand nombre de substances de nature très différentes peut s'opposer à l'action trop énergique de la fermentation, ou même l'empêcher complétement dans certains cas de se développer; or, les sels calcaires que renferment la plupart des eaux de nos puits sont éminemment propres à ralentir la marche de la fermentation, quand les causes que nous avons indiquées lui impriment une activité qu'il est toujours utile de combattre. Pour n'en citer qu'un exemple, nous dirons qu'ayant opéré sur du malt épuisé avec de l'eau distillée, nous avons obtenu après la fermentation un liquide renfermant 4.75 pour 100 d'alcool, tandis qu'avec le même malt, traité dans des conditions absolument identiques, mais avec de l'eau prise dans un puits foré au milieu d'un immense banc de craie, nous avons obtenu près de 6 pour 100 d'alcool.

Quelle pouvait être la cause de cette différence? c'était bien certainement la présence des sels calcaires, car ayant répété la même expérience plusieurs fois dans des conditions différentes, nous obtînmes toujours les mêmes résultats.

Nous pouvons heureusement citer sur ce sujet un fait de la plus haute importance arrivé depuis peu à notre connaissance. C'est la même question, présentée au point de vue pratique et défendue, les chiffres à la main, par un savant distingué de notre époque, M. Dubrunfaut, de Lille, qui en a fait l'objet d'un intéressant mémoire, inséré, dans les *Annales de Physique et de Chimie*, tome XIX, page 75; il a pour titre : *Sur la fabrication des eaux-de-vie de grains et sur l'eau la plus convenable à la fermentation.*

« C'est une opinion généralement admise en théorie et en pratique que l'eau de puits ou de rivière est la plus convenable pour obtenir une bonne fermentation. Ceux qui ont professé un principe différent ont prétendu que toutes les espèces d'eau, pouvu qu'elles soient potables, sont propres à remplir ce but. La première de ces deux opinions, quoique plus déraisonnable peut-être que l'autre, était cependant motivée par la plus grande pureté que l'on reconnait dans les eaux de pluie et de rivière ; aussi a-t-elle prévalu longtemps sans appel dans beaucoup d'ateliers, où l'on se serait fait scrupule d'employer de l'eau de puits ou de source.

« Cette prédilection erronée, ainsi que je compte le prouver plus bas, a trouvé sa source dans une fausse application de la théorie chimique. En effet, que les opérations délicates de l'analyse et que les manipulations scrupuleuses de la teinture exigent une eau bien pure et bien dégagée de tout sel calcaire inutile aux résultats que l'on se propose, cela se conçoit parfaitement; mais vouloir étendre cette précaution à d'autres opérations des arts, sur une simple probabilité et sans examen aucun, c'est préconiser une erreur préjudiciable.

« La distillation des eaux-de-vie de grains, qui paraît avoir puisé ses premiers perfectionnements en Allemagne, et particulièrement en Hollande, est devenue aujourd'hui un auxiliaire important de notre agriculture, surtout dans les départements limitrophes du nord et de l'est de la France.

« La Flandre française, qui a hérité dans cette branche industrielle de la longue pratique des Hollandais, présente des distilleries où l'on tire constamment 50, 60 et même 65 litres d'eau-de-vie à 19°, d'un quintal métrique de farine de seigle.

« Cette assertion pourrait être taxée d'exagération par les distillateurs de l'est et de l'intérieur, si elle n'était appuyée par l'expérience d'un grand nombre d'ateliers. En effet, terme moyen, ceux-ci ne tirent guère plus de 40 à 44 litres de la même quantité de farine; encore cela n'est-il pas donné à tous les fabricants, puisqu'il en est qui ne tirent guère que 30 à 36 litres. Il n'est point d'art, je pense, qui présente d'anomalies plus remarquables d'une fabrique à l'autre.

« Il serait curieux de connaître rigoureusement les causes de ces différences; mais la pratique a tellement devancé la théorie dans ce genre d'industrie que nous en sommes encore réduits à raisonner là-dessus avec beaucoup de timidité. Le fait que je vais avancer pour motiver ces différences me paraît cependant assez concluant, et sans prétendre qu'il en soit la cause unique, je crois qu'il doit en être une très capitale.

« Imbu des doctrines chimiques, j'étais étonné, en fréquentant les ateliers de nos distillateurs, de les voir faire forer à grands frais de vastes puits pour se procurer l'eau nécessaire à la fermentation, quand ils pouvaient prendre avec économie celle qui coulait dans la rivière, au pied de leurs fabriques. Je leur demandai la cause de leur préférence, et, sans pouvoir me la motiver, ils s'accordaient tous à me répondre qu'ils se souvenaient encore des pertes que leur avait fait éprouver l'emploi de l'eau de rivière, et qu'ils n'étaient pas disposés à recommencer. Un praticien plus habile que j'interrogai sur les qualité de l'eau préférable à la fermentation, me répondit que c'était celle qui roulait sur des moellons.

« Ce fut pour moi un trait de lumière; je me rappelai le moyen qu'Hyggius avait jadis indiqué aux colons de la Jamaïque pour prévenir la fermentation acide, et je ne doutai plus que nos eaux de puits, chargées de carbonate de chaux tenu en dissolution à l'aide d'un excès d'acide carbonique, n'opérassent dans les travaux de nos distillateurs comme les pierres calcaires le faisaient moins efficacement dans la fermentation des colons de la Jamaïque. Effectivement, ce carbonate dissous est disséminé également dans toute la masse de la cuve, et il se trouve par là même plus à portée d'agir sur les molécules d'acide qui se développent si facilement dans une fermentation très délayée, et peut empêcher plus complétement les progrès de la fermentation acide si redoutée des distillateurs.

« Je ne balance pas un moment à signaler cette circonstance comme une cause importante de la grande supériorité de nos distillateurs ; et je suis d'autant plus porté à le faire que l'expérience prouve qu'ils n'ont jamais tiré plus de 40 à 44 litres, et souvent moins, d'un quintal métrique de seigle, aussi longtemps qu'ils se sont obstinés à employer l'eau de rivière pour leurs fermentations. »

Bien que les faits relatés ici par M. Dubrunfaut, et constatés bien avant nous par M. Lepileur d'Appligny, à l'égard de la fabrication de la bière, viennent ajouter un grand poids à l'opinion que nous avons émise précédemment sur l'incontestable utilité des *puits forés* dans toutes les brasseries, nous ne saurions cependant admettre sans discussion les conclusions posées par le savant auteur du mémoire qu'on vient de lire. Sans nier l'heureuse influence que peuvent avoir les carbonates alcalins sur l'invasion de la fermentation acide, nous devons ajouter que nous croyons que leur présence a surtout pour effet de tempérer l'action du ferment, car la fermentation est d'autant plus active que l'eau employée se rapproche davantage de l'état de pureté. En d'autres termes, la présence des sels calcaires détermine une fermentation plus lente, d'où résulte toujours la production d'une plus grande quantité d'alcool. C'est par ces motifs que nous n'admettons l'emploi de l'eau de pluie dans la fabrication de la bière que pendant les saisons rigoureuses, parce qu'alors, si la fermentation devient trop active, on peut toujours modérer son action par des courants d'air froid; tandis qu'en été, lorsque la fermentation est une fois développée, il devient pour ainsi dire impossible de ralentir sa marche. Cependant nous aviserons bientôt aux moyens de suppléer à cet inconvénient.

Il est donc de la plus grande importance que la fermentation que nous avons appelée *primaire* s'établisse à de basses températures, car non-seulement alors la quantité d'alcool produite est toujours plus considérable, mais encore une portion de sucre non attaquée sert utilement plus tard au développement de la fermentation tertiaire.

Nous l'avons dit déjà, la durée de la conservation des bières n'est pas seulement proportionnelle à la quantité d'alcool et de houblon qu'elles renferment, mais surtout à la lenteur avec laquelle disparaîtront les dernières traces de sucre pendant la fermentation tertiaire. En effet, il n'est pas un brasseur qui n'ait observé combien est facile et certaine la conservation des bières qui, pour nous servir de l'expression consacrée, poussent bien leur bouquet; or, plus les fermentations primaire et secondaire seront lentes et régulières, plus la troisième le sera également, parce que la portion de sucre non attaquée par les deux premières périodes existera plus abondamment, et qu'ainsi elle aura besoin d'un temps plus long pour se convertir totalement en alcool. De ceci il résulte nécessairement que la mousse fine et déliée qui apparait à l'ouverture du tonneau, quand la fermentation semble terminée, continuera à se montrer tant qu'il restera un atome de sucre dans le liquide, et le temps qui s'écoulera viendra retarder d'autant l'invasion de la fermentation acétique. C'est sur ce fait qu'est basée toute la théorie de la conservation de la bière, théorie que nous développerons en temps opportun, en la justifiant par des faits.

Lorsque la première période de la fermentation s'est accomplie, il y a un temps d'arrêt, avons-nous dit, puis après de nombreux efforts la masse se soulève dans l'intérieur du tonneau et rejette par l'ouverture supérieure un magma épais, espèce de bouillie d'un blanc sale, qui n'est autre chose que le ferment lui-même, uni à une portion de liquide qu'il entraîne toujours avec lui. Tels sont les phénomènes qui se produisent pendant la période de la fermentation alcoolique à laquelle nous avons donné le nom de *secondaire*.

La reproduction du ferment offre toujours aux praticiens expérimentés des caractères qui sont autant d'indices certains de l'habileté plus ou moins grande avec laquelle ont été dirigées les opérations précédentes, et de la qualité du liquide fermentant, lorsque la fabrication sera arrivée à son terme. Ainsi quand la projection de la levûre hors du tonneau s'opère sans avoir recours à un remplissage, quand elle sort abondamment et en une nappe large, s'étendant à plusieurs centimètres autour de l'ouverture par laquelle elle s'écoule, il est permis d'espérer d'heureux résultats, surtout si les temps d'arrêt qui se manifestent quelquefois dans la

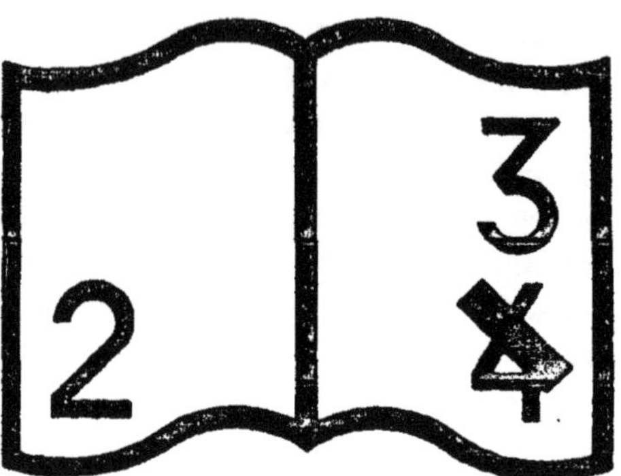

Pagination incorrecte — date incorrecte

NF Z 43-120-12

LIRE PAGE (S) 4-15
AU LIEU DE PAGE (S) 5.15

projection de la levûre ne sont pas de trop longue durée, et si cet effet n'est réellement dû qu'à la distance qui sépare le liquide fermentant de l'ouverture des tonneaux. Alors pourtant la masse est souvent traversée par de grosses bulles de gaz; mais celles-ci, au lieu de s'épanouir au milieu d'une mousse qui s'affaisse pour retomber dans l'intérieur du vaisseau, font corps avec la levûre elle-même, dont elles ne se séparent fort souvent que quand le ferment abandonne la partie inclinée du tonneau sur laquelle il glisse, pour tomber ensuite dans les baquets destinés à le recevoir.

Si la fermentation est vicieuse, la projection de la levûre se fera mal, celle-ci arrivera difficilement jusqu'à l'ouverture du tonneau et ne parviendra pas à s'en échapper. Nous raisonnons, bien entendu, dans l'hypothèse que la fermentation primaire s'est opérée lentement; car il est évident que si elle avait été très active, une grande partie du tonneau se serait ainsi vidée, et dès lors le soulèvement de la masse ne saurait plus être assez considérable pour que le ferment pût s'écouler librement par l'ouverture; dans ce cas il faudrait absolument remplir le fût; or, c'est là une nécessité regrettable, car quoi qu'on fasse, les bières fabriquées dans ces conditions se clarifient toujours difficilement. Mais si la fermentation primaire s'est opérée régulièrement, avec quelque lenteur même, et si la projection de la levûre ne peut s'effectuer seule, la cause en est certainement due à un accident, et il devient indispensable de procéder à un premier remplissage.

Assez ordinairement la projection de la levûre, après

un premier remplissage, offre un tout autre aspect que si elle s'était opérée naturellement. Ainsi, au lieu de couler contre les parois externes du tonneau en une nappe large et sur deux lignes parallèles, le magma boueux qui s'échappe occupe une largeur peu considérable, et les deux lignes parallèles formées de cette manière ont une tendance à se réunir en un seul point, avant d'être parvenues à l'extrémité inférieure du tonneau. Quelquefois pourtant la fermentation secondaire finit par offrir, dans ce cas, le même aspect que si elle s'était opérée sans le secours du remplissage; mais alors c'est que cette dernière opération n'avait été motivée que par la perte d'une trop grande portion de liquide, lors de la fermentation primaire.

Lorsque les liquides en fermentation ont été altérés dans les opérations précédentes, la levûre qui s'écoule après le remplissage et celle qui entoure ordinairement l'orifice du tonneau sont accompagnées d'une mousse fine, écumeuse, d'un aspect jaunâtre, qui leur sert comme d'encadrement. Cet indice ne trompe jamais, et lorsqu'il se manifeste, on peut être assuré qu'il y a dans l'ensemble de la fabrication un vice capital. Cette matière écumeuse, ordinairement grasse au toucher, répand par le frottement une odeur âcre très pénétrante et offre à l'œil la plus grande analogie avec celle qui se produit par l'agitation des vagues dans la cuve-matière, ou à la cuisson et même sur les refroidissoirs, lorsqu'un principe d'altération se trouve déjà développé lors de ces diverses manipulations. Les causes capables de déterminer la présence de cette matière sont très nombreuses; telles sont la présence de *grains moisis* dans le malt, l'altération de celui-ci par le contact de l'air ou par la *mouture à la meule* en raison de l'eau nécessitée par ce système, ou encore au moment de la trempe préparatoire par un commencement de fermentation. Nous ne devons pas oublier de mentionner aussi l'altération des moûts, soit au contact de l'air, soit par la présence de matières fermentescibles dont le principe était développé dans les cuves, dans les tuyaux de conduite, dans les pompes à moût ou même dans les refroidissoirs, soit par une eau renfermant des matières animales, ou encore par un levain qui aurait subi la fermentation acétique à un très haut degré; enfin par toutes les causes d'insuccès que nous avons signalées jusqu'ici.

C'est au praticien placé en présence de ces faits qu'il appartient de rechercher, parmi toutes ces causes, celles qui compromettent dans son usine le succès de la fermentation, car les indices de perturbation et les irrégularités que nous avons signalées en parlant de la fermentation primaire peuvent être attribués aux mêmes causes.

Plus ces causes seront nombreuses, plus les résultats seront désastreux, et si toutes, par une fatalité dont les exemples sont moins rares qu'on ne serait porté à le penser, se sont trouvées réunies, non-seulement la fermentation primaire se fera très mal, mais la fermentation secondaire ne se manifestera pas, car la reproduction du ferment n'aura pas lieu; la levûre restera obstinément dans le liquide qu'il sera impossible de clarifier plus tard, et au bout de quelques jours se développeront tous les phénomènes de la fermentation putride, fermentation qui aura été surtout occasionnée et alimentée par la présence du ferment mort, mort non-seulement parce qu'il n'aura pas trouvé les substances nécessaires à son alimentation et à sa reproduction, mais encore parce qu'on l'aura mis en présence de matières qui se seront comportées envers lui comme l'auraient fait de véritables poisons. Tel est le mode d'action du sel, que nous avons pris précédemment pour exemple.

Quelques-unes des causes d'insuccès dont nous avons parlé viennent s'opposer quelquefois à la régularité de la fermentation, mais sans en suspendre entièrement la marche; ainsi on voit souvent, à l'époque des grandes chaleurs, la fermentation primaire s'établir assez régulièrement, puis le liquide demeurer tout à coup inactif, même après un remplissage, au moment où devrait se produire la fermentation secondaire. Dans ce cas, on peut parvenir à raviver la fermentation en faisant choix d'un levain nouveau, produit depuis trois ou quatre jours par une bonne fermentation, et conservé dans un lieu frais; on y ajoute de suite un litre d'alcool, ou simplement d'eau-de-vie mélangée à une dissolution faite avec 1 kilogr. de sucre brut (cassonade) et 20 ou 50 litres de moût non fermenté, et riche en principes sucrés fournis par le malt. Ce mélange doit être fait à une température de + 20, 22 ou même 24° pour que la fermentation s'établisse promptement et avec énergie; quand elle a pris son cours, on ajoute de temps en temps et par petites parties une portion des moûts qui refusent d'entrer dans la période de fermentation secondaire; on continue de cette manière jusqu'à ce qu'on ait établi dans 1 ou 2 hectolitres, selon la quantité de bière fabriquée, une fermentation très active; ensuite on répartit le tout dans le brassin. Si une cause puissante ne s'oppose pas à la marche de la fermentation, elle reprendra par ce moyen son activité et sa régularité ordinaires.

Quelquefois encore le fait que nous venons de signaler est dû à la trop faible proportion d'orge employée à la fabrication; alors la quantité de gluten nécessaire, comme nous l'avons vu, à la reproduction du ferment n'est pas suffisante. Dans ce cas, on peut en toute assurance ajouter au levain du quart au cinquième de son poids de farine de seigle, et procéder pour le reste comme nous venons de l'indiquer. Il est extrêmement rare qu'à l'aide de ce moyen et après quelques heures la fermentation secondaire ne reprenne un cours normal et régulier. Dans cette circonstance, le gluten contenu dans le seigle vient-il servir à la nutrition du ferment? Nous ne voudrions pas l'affirmer, bien que ce soit un peu notre opinion; mais il est certain que par ce procédé la reproduction du ferment a lieu d'une manière plus satisfaisante.

L'abondance du ferment lors de la fermentation secondaire est toujours un symptôme heureux, surtout s'il est le résultat d'une fermentation calme, mais régulière et continue; c'est un indice certain des soins apportés dans les opérations précédentes. Dans ce cas, en effet, les bières fabriquées se clarifient mieux et plus vite que dans tous les autres; en outre, elles sont d'une digestion plus facile et sont assimilées par les estomacs les plus délicats sans les fatiguer.

En général on peut dire qu'en employant, par exemple, 100 parties de ferment, on devra en trouver après la fermentation 600 environ, c'est-à-dire 5 fois son poids; quelquefois on obtient 8 et même 10 pour 1, mais ce dernier cas est fort rare.

Lorsque la fermentation secondaire touche à ses dernières limites, une partie du tonneau se trouve vide et il devient nécessaire de le remplir, afin que les portions de levûre qui se produisent encore puissent être facilement rejetées au dehors. Tel est le but du remplissage, opération sur laquelle nous aurons bientôt quelques observations à présenter. Après le premier remplissage, c'est encore la fermentation secondaire qui se continue, car, comme auparavant, c'est toujours du ferment qui se reproduit, pour s'écouler par l'ouverture supérieure du tonneau, mais en moins grande quantité que primitivement.

Lorsque cette suite de la fermentation secondaire s'est opérée et que la reproduction du ferment a totalement cessé, on remplit les fûts une dernière fois; mais au lieu de les laisser dans la position inclinée qu'on leur avait d'abord donnée, il faut les redresser, de telle sorte que l'ouverture se trouve exactement à la partie supérieure. Après cette opération, il est prudent d'enlever avec l'index la portion de levûre adhérente à la paroi interne du tonneau et au pourtour de son ouverture.

Si les deux premières périodes de la fermentation se sont opérées dans les conditions que nous venons d'indiquer, c'est-à-dire lentement et à une température maximum de + 12 ou 15°, la bière ne tardera pas à se dépouiller sensiblement de tous les corps qu'elle tient en suspension et qui troublent sa transparence. A mesure que ceux-ci se déposeront à la base des fûts, sous la forme d'un sédiment gris sale, que nous examinerons tout à l'heure, on verra apparaître les derniers signes de la fermentation alcoolique, sous l'aspect d'une mousse jaunâtre, ordinairement ferme et homogène, dont l'abondance et la durée sont subordonnées à la quantité de sucre qui a échappé à l'action du ferment dans les deux premières périodes, à la température ambiante et à celle du liquide lui-même, enfin à la quantité de sédiment jaunâtre déposé à la base des fûts.

Telle est la *fermentation tertiaire* à laquelle les praticiens éclairés attachent ordinairement et avec raison une très grande importance. C'est lorsqu'elle se manifeste dans de bonnes conditionsque l'on dit de la bière: elle pousse bien son bouquet, elle fait bien le champignon.

C'est au moment où elles commencent à éprouver la fermentation tertiaire que les bières sont le plus propres à être mises en bouteilles, dans lesquelles s'établit bientôt la dernière période de la fermentation alcoolique, période pendant laquelle le dégagement de l'acide carbonique a lieu sans troubler la transparence du liquide, lorsque les phénomènes qui la constituent se produisent sous la pression atmosphérique ordinaire ou sous une faible pression; au contraire, elles déposent une nouvelle quantité de marc, de lie, lorsque la pression devient trop considérable, principalement quand la proportion de sucre restée libre ou surajoutée après la *fermentation* est un peu forte.

Lorsque les bières refusent de mousser après la mise en bouteilles, c'est qu'elles ne renferment plus une proportion de sucre suffisante pour que la fermentation tertiaire s'établisse de nouveau.

C'est là qu'est tout entière la théorie des *bières mousseuses*, et nous verrons bientôt comment on peut, dans tous les cas possibles, produire la *fermentation tertiaire* d'une manière active, sans nuire en quoi que ce soit à la qualité des produits.

Si les bières fabriquées ne doivent être livrées au commerce qu'au bout de plusieurs mois, la fermentation tertiaire devient l'un des éléments les plus certains de conservation, puisque si elle demande un mois, par exemple, pour s'achever complétement dans les fûts, c'est un mois de retard apporté à l'invasion de la fermentation acétique. C'est pourquoi dans la fabrication des bières dites de garde on a toujours soin, sans trop se rendre ordinairement compte des motifs, d'opérer la fermentation des moûts aux plus basses températures possible, comme de + 6 à + 12°; dans ce cas, en effet, l'action du ferment dans les deux premières périodes étant moins énergique, il reste dans le liquide une plus forte proportion de sucre à l'état libre, et la fermentation tertiaire se prolonge d'autant plus longtemps que la quantité de sucre était elle-même plus considérable.

Nous trouvons encore ici une nouvelle explication de la difficulté de conservation des bières fabriquées dans l'été et de la promptitude avec laquelle elles passent à la fermentation acétique.

Nous ne tarderons pas à voir comment il est toujours facile d'entretenir la fermentation tertiaire et de la prolonger presque indéfiniment, tout en améliorant la qualité des produits que l'on veut conserver.

Dans le Nord il n'est pas besoin de chercher à prolonger la durée de la troisième période de la fermentation; car les bières y sont livrées à la consommation non-seulement lorsqu'elles ne renferment plus un atome de sucre, mais même lorsqu'une portion de l'alcool, qui constitue toujours l'action bienfaisante d'une boisson, est complétement transformée en acide acétique (vinaigre). Cette manière de procéder n'est peut-être pas d'une logique bien rigoureuse, mais enfin cela est, et nous nous inclinons révérencieusement devant le goût de messieurs les amateurs. La fabrication n'en est que plus facile, et nos honorables confrères de la Flandre française doivent s'estimer heureux d'avoir pour consommateurs des hommes dont les goûts ne se retrouvent nulle part ailleurs, soit en France, soit en Angleterre, en Allemagne, en Prusse, en Russie, en Autriche, etc., etc.

« Quoi qu'on dise des vieilles bières de Flandre, il faut y être accoutumé, et je doute fort que les buveurs de bière de toutes les autres contrées les trouvent de leur goût, à cause de leur aigreur. » (Kolb, *Art du Brasseur*, p. 154.)

§ 2. Des entonneries.

On a donné le nom d'*entonnerie* au local dans lequel s'opère la fermentation de la bière après sa mise en tonneaux. C'est là que l'on procède à l'*entonnement*, auquel le mot entonnerie doit son origine, bien que par le fait l'entonnerie ne soit qu'un véritable *atelier de fermentation*.

Dans une brasserie bien organisée, l'étendue des entonneries doit être en rapport avec l'importance de la fabrication. Une seule est rarement suffisante ; pendant l'hiver, dans les départements où la fabrication est peu importante, une partie du local deviendrait non-seulement superflue, mais elle entraînerait à des frais assez considérables par la quantité de combustible nécessaire pour la chauffer. Aussi, dans la plupart des brasseries des contrées du centre, existe-t-il au moins deux entonneries, l'une pour l'hiver, l'autre pour l'été; on affecte à la première le local le plus facile à chauffer ; on choisit pour la seconde celui dans lequel la température se maintient le plus bas à l'époque des chaleurs. Là où il n'existe qu'une seule entonnerie, elle est dans de bonnes conditions, comme température, si elle réunit toutes celles que nous venons d'indiquer.

Le matériel d'une entonnerie se compose de *chantiers* (*fig.* 113) destinés à recevoir les fûts; à la base de ces chantiers et à quelques centimètres au-dessus du sol, il existe deux traverses fixes parallèles, comme on le voit ici; sur ces traverses sont posés des *baquets* B, espèces de petites cuvettes en bois, cerclées en fer, dont la forme est cylindrique ou elliptique. C'est dans ces

Figure 113.

cuvettes que viennent se résoudre en un liquide que nous examinerons tout à l'heure la mousse produite par la fermentation et la levûre elle-même.

Quelques brasseurs, assez mal inspirés à notre avis, ont eu la pensée de changer cette disposition et de la remplacer par de longs *bacs* quelquefois en pierre, mais fort souvent en sapin, ayant exactement la forme des bacs dans lesquels on donne la nourriture aux bestiaux; les bacs ou *jannets* dont nous parlons ont de 0^{m},20 à 0^{m},25 de profondeur; l'inclinaison qu'on leur donne ordinairement permet de les vider complétement par une ouverture pratiquée dans l'épaisseur du bois, à l'extrémité vers laquelle se dirige la pente.

Ces systèmes présentent d'assez graves inconvénients, entre autres celui de tenir constamment au contact de l'air des liquides qu'il faudrait au contraire soustraire à son influence aussitôt qu'ils n'en ont plus besoin; mais le système des bacs est certainement le plus détestable de tous, non-seulement par le motif que nous venons d'indiquer, mais encore parce qu'ils ne peuvent être nettoyés sans qu'on ait préalablement déplacé tous les fûts; or, pour peu qu'il faille attendre quelques jours, les résidus demi-solides auxquels l'inclinaison n'a pas permis de s'écouler éprouvent bientôt la fermentation acide et répandent dans l'entonnerie d'abord une odeur aigre, puis d'abondantes vapeurs acétiques; le bois lui-même s'imprègne de tous ces liquides, et se trouve dès lors placé dans les conditions les plus favorables pour que la pourriture s'y développe promptement; cela arrive d'autant plus sûrement que les praticiens dont nous parlons ont eu soin d'employer le plus spongieux de tous les bois, c'est-à-dire le sapin; or, nous l'avons déjà vu, le bois détermine en peu de temps dans les liquides sains qu'il contient une fermentation analogue à celle qu'il éprouve lui-même. En été, tous ces résidus, chargés de matières éminemment fermentescibles, passent promptement de la fermentation acide à la fermentation putride, et bientôt les ustensiles qui exigent la plus rigoureuse propreté deviennent de véritables foyers d'infection.

Mais ce n'est pas tout, et nous insistons à dessein sur ces questions, qui passent trop souvent inaperçues aux yeux mêmes de ceux qui se croient les plus clairvoyants. Une partie de la mousse et de la levûre, rejetées dans ces bacs par la fermentation, adhère fortement à leurs parois internes; plus tard alors on est obligé de les remplir d'eau chaude pour détacher toutes ces impuretés, et non-seulement les vapeurs qui se dégagent influent d'une manière fâcheuse sur les bières fabriquées, qu'elles échauffent, mais encore la décomposition de toutes ces matières sature la vapeur d'eau de miasmes infects qui se répandent dans toute l'entonnerie. Tels sont les inconvénients de ce système dont nous avons eu personnellement à subir les fatales conséquences; car avant nous l'imprévoyance la plus complète lui avait accordé une préférence, une supériorité même, que rien ne pouvait justifier.

Un seul motif suffirait au besoin pour corroborer notre réprobation; c'est que ces bacs coûtent quatre et cinq fois plus cher que les chantiers ordinaires; de plus, ils présentent encore l'immense inconvénient de ne pouvoir être déplacés facilement, condition indispensable pour donner aux entonneries tous les soins de propreté qu'elles exigent.

L'usage des chantiers n'offre aucun de ces inconvénients; car par l'emploi des cuvettes en bois ils peuvent être maniés librement sans nuire au service, et on peut toujours laver ces dernières au dehors, dès que leur présence sous les fûts n'est plus nécessaire. Nous croyons donc qu'on ne doit pas hésiter un seul instant à leur accorder la préférence sur les bacs.

Nous ne nous occuperons de l'appareil destiné à éviter les inconvénients qui résultent du contat de l'air et des *remplissages* eux-mêmes qu'en parlant de ceux-ci, dans le paragraphe suivant.

Un des points les plus importants dans la construction d'une entonnerie, c'est l'imperméabilité du sol. Ici, plus encore que dans les germoirs, il est important que les matériaux employés soient inattaquables par les acides que forment les bières et les eaux de lavage au contact de l'air ; car l'acide acétique étant toujours le résultat de ces altérations, il s'opère entre lui et la chaux employée dans les mortiers une combinaison qui produit des acétates de chaux, solubles dans l'eau. De là la dissolution des mortiers et l'infiltration des eaux dans le sol. Ces inconvénients sont d'autant plus redoutables que les entonneries ont besoin d'être balayées très souvent, et que l'action du balai vient s'ajouter à l'action corrosive de l'acide acétique.

Considérée sous le seul point de vue économique, cette question mériterait encore de fixer notre attention ; mais outre les motifs que nous pourrions faire valoir en l'examinant sous ce rapport, il en est d'autres sur lesquels nous ne devons pas craindre de nous arrêter quelques instants ; nous voulons parler des *miasmes* que dégagent les eaux de lavage dans les entonneries, surtout quand le sol est en mauvais état.

Si le sol est en briques, ou même en pierres dures, la dissolution des mortiers, en détruisant leur adhérence mutuelle, amène promptement leur détérioration. S'il est simplement en mortier de chaux et briques pilées, les accidents sont les mêmes ; seulement il se produit ici des excavations dans le sol, tandis que dans le premier cas ce sont les briques qui se soulèvent. En tout état de cause, il en résulte des cavités qui ne permettent plus aux liquides de s'écouler librement ; les eaux de lavage et toutes les impuretés que l'on rencontre sur le sol des entonneries trouvent là un réservoir commun qui va de jour en jour en s'élargissant, pour prendre

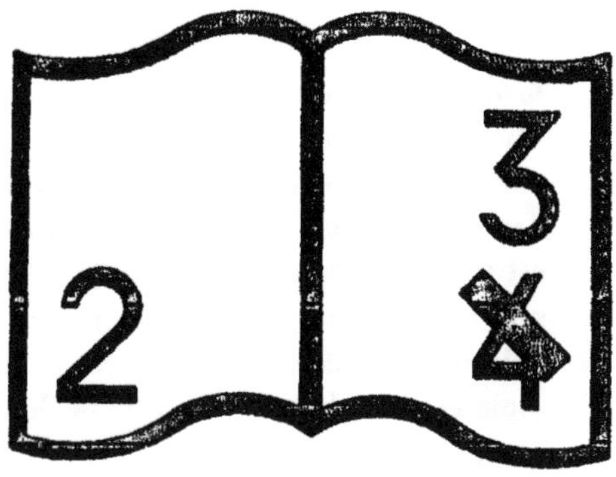

Pagination incorrecte — date incorrecte
NF Z 43-120-12

LIRE PAGE (S) 729
AU LIEU DE PAGE (S) 209

bientôt et en plusieurs endroits les proportions d'un véritable cloaque.

A ces inconvénients déjà si graves et qui constituent des complications fâcheuses et des frais d'entretien qu'il est toujours nécessaire d'éviter, il faut ajouter celui, plus grave encore, de créer au milieu d'une usine un puissant foyer de corruption, car sous l'action incessante de l'air, la levûre en voie de décomposition et les corps étrangers qui l'accompagnent se transforment en combinaisons aériformes dont la présence ne peut être que funeste. « Les effets pestilentiels de la putréfaction des végétaux et des animaux, dit M. Raspail, sont en raison inverse de la quantité d'eau qui forme une nappe au-dessus de la substance [1] ; » c'est-à-dire que moins il y aura d'eau entre les corps en décomposition et la couche atmosphérique qui l'environne, plus les *miasmes* morbides qu'ils répandent seront abondants. Tel est le cas qui nous occupe.

« La présence des miasmes animaux dans les endroits où la respiration est gênée, et où souvent des accidents plus ou moins graves ont lieu, peut être aisément constatée... Cette impureté de l'air se fait surtout remarquer dans les environs des égouts, dans les amas d'eaux stagnantes, de fosses où l'on accumule les immondices, et dans diverses usines.... L'air se charge de gaz particuliers ou de vapeurs pestilentielles qui exercent des effets désastreux sur les hommes obligés d'y séjourner pendant un certain temps.

« On néglige trop les moyens de diminuer les fâcheux

(1) *Nouveau système de chimie organique*, tome III, page 569.

effets d'un air souillé de principes délétères et de lui rendre sa pureté première. Dans la construction de nos demeures, des ateliers où tant d'individus sont entassés pendant une si grande partie de la journée, on ne tient presque jamais compte des conditions indispensables à un bon assainissement de l'air [1]. »

Les émanations miasmatiques ne sont pas dangereuses seulement pour la respiration, leur présence est toujours défavorable à la marche de la fermentation, car celle-ci, comme la germination, a besoin d'air, et surtout d'air pur.

« L'acide carbonique et l'hydrogène sulfuré, qui s'échappent en grande quantité des cloaques, peuvent, dit M. Liebig, être rangés parmi les miasmes les plus dangereux [2]. » Telle est la condition permanente des entonneries, car même dans celles où il n'existe aucun des réceptacles impurs que nous avons signalés, l'hydrogène sulfuré ou l'acide sulfhydrique est toujours développé abondamment quand les résidus de la levûre sont mélangés à l'eau chaude; l'odeur de choux ou d'œufs pourris qu'ils dégagent l'indique suffisamment. Quant à l'acide carbonique, il est évident qu'il ne se développe nulle part, dans une brasserie, en aussi grande quantité que dans les entonneries.

Toutes les exhalaisons pestilentielles produites par la décomposition des matières végétales et animales peuvent donc se comporter à notre égard comme le fe-

(1) J. Girardin, *Leçons de chimie élémentaire*, pages 34 et 35.

(2) *Chimie appliquée à la physiologie végétale et à l'agriculture*, 2e édition, page 531.

raient de véritables poisons; ce fait est acquis à la science d'une manière irrécusable. Heureusement pour le brasseur, il existe à côté de cette triste réalité un autre phénomène dont le bienfait ne saurait être trop apprécié; c'est que la présence des vapeurs acides neutralise l'action exercée sur l'économie animale par les miasmes putrides : admirable combinaison dans laquelle il est impossible de ne pas reconnaître l'œuvre d'une sagesse infinie, puisque dans toutes les brasseries l'air est imprégné et sursaturé de vapeurs acétiques. C'est là, il faut en convenir, une fort heureuse circonstance; sans elle, l'organisation actuelle des usines destinées à la fabrication de la bière en ferait autant d'établissements de la plus complète insalubrité. Aussi voyons-nous dans le fait que nous signalons autre chose que les effets du hasard; car ce qui est digne de remarque, c'est que, de tous les acides qui neutralisent le plus sûrement l'action des miasmes délétères, l'acide acétique est l'un de ceux qui agissent le plus efficacement.

Une autre cause contribue également à l'abondance des émanations dans les entonneries à l'époque des chaleurs; nous voulons parler des *fongosités* qui recouvrent le sol, espèce de végétation cryptogamique, vivant là d'une manière permanente, sous l'aspect d'un corps glaireux qui répand une odeur infecte en se desséchant. Par tous ces motifs, la construction des entonneries, pour être rationnelle, a donc besoin d'une disposition spéciale sur laquelle nous allons bientôt nous expliquer.

Il résulte des expériences de M. Thenard qu'un

gramme de sucre produit par la fermentation $0^{m.c.},26$ de gaz acide carbonique; en supposant que chaque hectolitre de moût renferme $12^{k},500$ de sucre, on trouve qu'il en jette dans l'entonnerie $3^{m.c.},25$, soit, pour 50 hectolitres, $162^{m.c.},50$. Nous pensons que ce dernier chiffre peut être pris comme une moyenne de la quantité d'air que doivent cuber toutes les entonneries; encore supposons-nous que la ventilation ou toute autre cause viendra enlever une partie des gaz à mesure qu'ils se produiront, et qu'ils seront remplacés par un volume d'air atmosphérique égal au leur; car il est évident que si *tous les gaz produits par la fermentation* étaient retenus dans les entonneries, non-seulement la fermentation en souffrirait, puisque la présence d'un air pur lui est indispensable, mais encore le séjour des ouvriers pourrait y devenir fort dangereux.

Nous avons avancé que la présence de l'air était une condition indispensable à la marche régulière de la fermentation, mais nous ne l'avons pas prouvé. La connaissance de ce fait est due à M. Gay Lussac; voici comment il fit cette découverte : il fit arriver, sous une petite cloche de verre renversée dans un bain de mercure et pleine de ce métal, diverses substances capables de subir promptement la fermentation alcoolique; la température de ces corps fut portée à + 20° et même + 25°, afin de faciliter la réaction; mais aucune apparence de transformation ne se manifesta, même en prolongeant le contact du ferment, du sucre et de l'eau pendant plusieurs jours. Dès que l'on introduisit la plus minime quantité d'air au sein du mélange, l'action se fit sentir ; il y eut production d'une quantité considérable de gaz acide carbonique et d'alcool, dont la proportion augmentait à mesure que le sucre disparaissait sous l'action du ferment. Toutes les expériences ayant pour objet la constatation de ce fait et qui ont été répétées depuis ont toujours abouti aux mêmes résultats.

Il importe donc, pour obtenir une fermentation régulière et placée dans de bonnes conditions, que les produits fermentants reçoivent le contact d'un air pur, ou, mieux encore, qu'ils en aient absorbé préalablement des quantités considérables. Ce fait explique pourquoi nous avons condamné les appareils réfrigérants qui privent les moûts de tout contact avec l'air atmosphérique, et pourquoi nous avons donné la préférence aux refroidissoirs qui produisent un effet inverse.

De tout ce qui précède nous devons conclure que les entonneries exigent deux dispositions spéciales, si l'on veut se placer à l'abri des inconvénients que nous avons signalés. Les dégradations du sol, avons-nous dit, n'ont d'autre cause que la présence de la chaux avec laquelle l'acide acétique des eaux de lavage forme des sels solubles dans l'eau ; supprimons la chaux dans les mortiers que nous employons, et en supprimant l'une des causes agissantes, les effets disparaîtront bientôt. De tous les ciments que nous connaissons, un seul paraît résister efficacement à l'action corrosive de l'acide acétique, c'est le ciment romain ; nous en avons fait diverses applications, et là où les grès les plus durs avaient fini par être entamés, le ciment romain qui reliait les pierres entre elles est resté intact pendant plusieurs années.

Depuis quelque temps on a imaginé de rendre inattaquable par les acides et imperméable à l'eau le sol des entonneries, en employant l'asphalte ou le bitume. Tous deux présentent quelques inconvénients que nous allons signaler; sans cela nous leur accorderions la préférence sur tous les autres modes de pavage. L'asphalte est cassant; aussitôt qu'une portion, quelque minime qu'elle soit, se détache et permet l'infiltration des eaux de lavage, les surfaces environnantes se soulèvent sous la pression des gaz qui se dégagent, et une détérioration générale ne se fait pas attendre. Le bitume, au contraire, est mou dès que la température s'accroît sensiblement, comme dans les chaudes journées d'été; les corps pesants y laissent des traces profondes de leur passage, et les empreintes qui restent offrent aux eaux de lavage des points de stagnation toujours trop nombreux.

Le ciment romain ne présente aucun de ces inconvénients, à la condition expresse cependant qu'il soit nouveau, qu'il n'ait pas reçu au moment de l'employer le contact de l'air et qu'il soit préparé par un homme habile et familiarisé depuis longtemps avec des travaux de cette nature. Si nous insistons sur ces détails, c'est que nous avons vu le ciment romain donner dans un cas les plus pitoyables résultats, et dans un autre les résultats les plus satisfaisants. C'est ici le moment de répéter que, pour en obtenir tout ce qu'on peut en attendre, on ne doit établir un mortier de ciment romain que sur un béton d'une épaisseur de $0^{m},08$ ou

$0^m,10$; de cette façon une couche de ciment de $0^m,03$ ou $0^m,04$ est toujours suffisante, et présente avec une sécurité entière des garanties de solidité qu'on ne rencontre pas ailleurs.

Le mètre carré de béton en meulière concassée de $0^m,10$ d'épaisseur coûte 2 fr. 50. Comme nous l'avons vu en parlant des germoirs, le mètre carré de ciment romain de Vassy, de $0^m,05$ d'épaisseur, coûte 6 fr. Ce serait donc 8 fr. 50 par mètre carré qu'il en coûterait pour avoir dans une entonnerie la plus solide de toutes les constructions.

Mais il ne suffit pas de rendre le sol imperméable à l'eau et inattaquable par les acides ; il faut encore en faire disparaître toutes les matières fermentescibles qui le recouvrent ordinairement à l'époque des grandes chaleurs et qui tendent constamment à vicier l'air. Le moyen le plus efficace et le plus rationnel, en été principalement, consiste à placer au niveau du sol, dans l'angle formé par le mur et le sol même, et du côté opposé à l'ouverture qui doit livrer passage aux eaux de lavage, un tuyau de plomb percé d'une multitude de petits trous dans toute sa longueur ; ce tuyau, en communication avec un réservoir placé dans un étage supérieur, projette constamment sur la surface du sol une légère nappe d'eau qui entraîne avec elle les impuretés qu'elle rencontre sur son passage. C'est ainsi qu'en juin 1846, alors que la température du dehors était à + 27°, nous avons pu maintenir pendant tout le jour la température de notre entonnerie à + 19° seulement, bien qu'elle fût construite dans les plus pitoyables conditions.

C'est là un moyen certain d'éviter la formation des miasmes dans les entonneries; de plus, en s'opposant à l'élévation de la température, il exerce la plus heureuse influence sur la marche de la fermentation, puisqu'il s'oppose à son activité, et rend ainsi, comme nous l'avons démontré, la proportion d'alcool plus considérable, et en prolongeant la durée de la fermentation tertiaire, il devient un élément de succès pour la conservation des produits. Ces motifs nous paraissent bien suffisants pour justifier l'application d'un moyen qui n'est nullement dispendieux et qui procure toujours des résultats favorables.

Les entonneries situées au-dessous du sol, et c'est le cas du plus petit nombre, sont toutes vicieuses; car elles offrent de graves difficultés tant à cause des lavages que pour la ventilation, dont nous avons exposé l'indispensable nécessité. Ce qui n'est pas moins grave, c'est qu'avec cette disposition on est obligé de remonter les bières par des moyens mécaniques ou à bras, complication toujours fâcheuse, si ce n'est dangereuse, et qui n'aboutit qu'à augmenter le prix de la main-d'œuvre.

Il est certainement plus convenable, et surtout plus économique, d'élever les entonneries de quelques centimètres au-dessus du sol; par cette disposition un seul homme, le voiturier par exemple, peut rouler sur sa voiture, placée à cette fin au dehors, les fûts au transport desquels il doit procéder.

Quant à la ventilation, et principalement en ce qui concerne les entonneries situées au-dessous du sol, nous ne pourrions que répéter ce que nous avons dit précédemment en parlant de la *ventilation des germoirs*; car ce qui est convenable aux uns est entièrement applicable aux autres. Cette disposition est d'autant plus nécessaire à l'égard des entonneries qu'en été il faut pouvoir les rafraîchir pour ainsi dire d'un seul coup, quand, par exemple, la température extérieure se trouve subitement abaissée par une circonstance météorologique passagère. Nous voudrions qu'il en fût de même pour toutes les autres parties d'une brasserie; pour atteindre ce but, il faut une ventilation active, un tirage constant; celui que l'on peut obtenir par les moyens que nous avons indiqués nous paraît préférable à tous égards.

Nous ne saurions recommander ici trop spécialement de faire pratiquer de fréquents badigeonnages et même des arrosages au lait de chaux; c'est, dans tous les cas possibles, un puissant moyen d'assainissement, et c'est le moins dispendieux de tous.

En conseillant l'emploi de la chaux comme mesure hygiénique générale, nous avons pour but de détruire par sa présence une partie de miasmes qui se condensent sur les murailles; la fermentation ayant besoin d'air, et d'air pur principalement, on offre ainsi à ce dernier un puissant moyen de purification.

Bien que la présence des miasmes dans les brasseries soit toujours regrettable à cause de la fermentation, il faut bien se garder de croire que ceux émanés du corps de quelques individus, dans certaines circonstances, soient suffisants pour faire passer subitement des produits de la fermentation alcoolique à la fermentation putride. Cependant toute déraisonnable et tout extravagante que soit cette manière de voir, elle a encore aujourd'hui des racines tellement vivaces dans certains esprits que nous avons vu des femmes en butte aux vexations les plus humiliantes et les plus brutales dans des moments où elles avaient un droit particulier aux plus grands égards. Dans quelques contrées les roux et les rousses sont frappés des mêmes proscriptions. Notre devoir est de protester contre de semblables préjugés, que nous n'eussions même pas pris la peine de relever s'ils n'avaient motivé des actes qui révèlent l'ignorance la plus complète jointe à la brutalité la plus inqualifiable chez ceux qui s'en rendent coupables.

Nous sommes d'autant plus fondé à tenir ce langage que nous avons procédé à plusieurs reprises et sous plusieurs formes à des expériences comparatives qui ne nous ont laissé aucun doute à cet égard.

§ 3. Emploi des divers sucres. — Alcool produit.

A poids égal tous les sucres ne produisent pas par la fermentation une égale quantité d'alcool. C'est là un principe fixe, une loi applicable à toutes les espèces de sucs et de sucres indistinctement.

Au point de vue de l'application, il est donc de la plus haute importance de rechercher quels sont, parmi les sucres, ceux qui pour le même prix produisent la plus grande quantité d'alcool. La *Maison Rustique du XIXe siècle*, que nous avons déjà signalée à l'attention de nos lecteurs et à laquelle nous devons de précieux documents, nous offre (t. III, p. 191) un aperçu fort utile sur la question qui nous occupe; nous nous empressons de le mettre sous les yeux de nos lecteurs, convaincu qu'ils en tireront des conséquences sur lesquelles nous aurons nous-même à insister.

100 kil.	sucre de canne donnent.	64lit.,90	d'alcool absolu[1].
Id.	sucre de fécule (glucose concret, dur).	30	*id.*
Id.	*id.* à 34° du pèse-sirop. .	18	*id.*
Id.	*id.* du commerce, à 40° d°.	22	*id.*
Id.	Moût de raisin desséché.	50	*id.*
Id.	*id.* du Languedoc. . .	44lit.,60	*id.*

C'est M. Gay-Lussac, l'un des chimistes les plus ditingués, qui a prouvé par des expériences directes qu'un quintal métrique de *sucre de canne* (100 kilogr.) pouvait fournir 64lit.,90 d'alcool absolu, c'est-à-dire d'une densité = à 0,792, mesurée à la température de + 15°. Les distillateurs n'obtiennent guère que 50 litres d'alcool par 100 kilogr. de fécule. De son côté, M. Sébille Auger, de Saumur, a obtenu 50 litres d'alcool absolu de 100 kilogr. de glucose. La même quantité, concentrée à 33 ou 34° du pèse-sirop, n'a donné que 18 litres d'alcool. 100 kilogr. de matière sèche provenant des moûts de raisin ont produit à la distillation de 53 à 55 litres d'alcool. Enfin M. Mathieu de Dombasle a constaté que 100 kilogr d'orge germée lui avaient fourni 42 litres d'eau-de-vie à 19°, soit environ 22 litres d'alcool absolu. Le même poids de

(1) On appelle *alcool absolu* celui qui a été dépouillé de toute la quantité d'eau qu'il renfermait après une première distillation.

pommes de terre a produit 16 litres d'eau-de-vie à 19°, ou environ 8 litres d'alcool absolu.

Pour compléter ces documents confirmés par les expériences de MM. Gay-Lussac, Sébille-Auger, Mathieu de Dombasle et autres, nous dirons qu'en ce qui concerne les quantités d'alcool produites par la fermentation du glucose, du sucre de canne et de l'orge germée, nous avons répété les expériences de ces messieurs, afin de nous en rendre personnellement un compte exact; nous avons obtenu des résultats semblables, ou au moins si peu différents, qu'au point de vue pratique nous pouvons les laisser de côté.

Si nous ne nous trompons, le système de fabrication suivi depuis quelques années dans les brasseries françaises trouve dans chacun de ces faits une bien sanglante critique, et dans chacun de ces chiffres une terrible condamnation. Ce que nous avons dit de l'emploi du glucose dans la *classification des bières* est grave au point de vue de l'hygiène publique, et cependant nous n'avons pas tout dit. Mais comme question d'économie pratique, celle-ci est-elle moins sérieuse et offre-t-elle un intérêt moins direct?

L'expérience a irréfragablement établi que 100 kilogrammes de sucre de canne, ou, si l'on aime mieux, de sirop concentré de sucre de canne, donnent 64^lit.,90 d'alcool, tandis que le même poids de glucose du commerce à 40° ne donne, *pour un prix égal*, que 22 litres d'alcool, c'est-à-dire près de 200 p. 0/0 de moins. Pourquoi donc, par quel aveuglement accorde-t-on à ce dernier une préférence que rien ne justifie?

Voyons un peu ce qui vient de se passer pendant la désastreuse période de 1846-47. Quoi! vous avez consenti à donner 75 fr. pour 100 kilogr. de glucose qui produisent 22 litres d'alcool, et vous avez refusé de donner 100 fr. pour 100 kilogr. de sucre brut qui en produisent 65 litres! Dans quelle autre branche d'industrie pourra-t-on nous citer l'existence de semblables anomalies? Et pourtant voilà ce qui s'est passé à une époque très rapprochée, voilà ce qui se passe encore, devons-nous le dire, à l'heure où nous écrivons.

Nous avons eu la douleur d'entendre dire que c'était là de la théorie! De la théorie! quand il s'agit d'apprécier le rendement des matières premières que vous employez; de la théorie! quand il est question de déterminer la quantité de produits utiles que vous pouvez obtenir! Eh bien! soit, c'est de la théorie; mais quand de la théorie à la pratique il n'y a qu'un pas, quand ce pas peut conduire à des résultats aussi évidents que ceux que nous venons de signaler, il faut traiter la théorie avec un dédain moins superbe et profiter avec empressement des moyens qu'elle met à notre disposition.

Nous savons qu'il existe d'autres arguments en faveur du sucre de fécule et nous ne tarderons pas à les produire; mais nous verrons aussi sur quel pitoyable échafaudage ils sont appuyés, et il ne nous sera pas difficile de prouver qu'on peut facilement et *économiquement* substituer les sucres bruts au glucose; que si nos gouvernants remplissaient leur devoir et si notre *comité de salubrité publique* s'occupait des questions qui sont de sa compétence, dès demain une ordonnance interdirait, sous les peines les plus sévères, tout emploi du glucose dans la fabrication de la bière. Pour notre compte, nous le déclarons hautement, si nous pouvions provoquer cette interdiction, nous en ressentirions toute la satisfaction qu'éprouve un bon citoyen lorsqu'il vient de rendre un véritable service à ses confrères et à ses concitoyens.

Que ceux de nos lecteurs qui croiraient leurs intérêts lésés par nos paroles veuillent bien suspendre toute récrimination jusqu'au moment où nous leur aurons démontré sans réplique la vérité de ce que nous avançons. Nous savons bien que la fabrication a d'impérieuses nécessités dans les moments difficiles; nous en tiendrons compte; car nous ne voulons pas figurer au nombre des démolisseurs, mais bien au rang de ceux qui veulent reconstruire sur des bases solides, en ménageant tout à la fois les intérêts individuels et les intérêts généraux. Notre silence sur une aussi grave question pourrait d'ailleurs paraître inexplicable aux uns; il pourrait peut-être sembler coupable à ceux qui attendent de nous la vérité tout entière.

Si nos lecteurs veulent bien s'en souvenir, nous avons dit que le glucose du commerce se fabrique au moyen de l'acide sulfurique (huile de vitriol), et qu'aussitôt que celui-ci a opéré la conversion de l'amidon ou de la fécule en sucre, on le neutralise au moyen de la craie avec laquelle il forme du plâtre.

Bien que la neutralisation de l'acide sulfurique par la craie soit une opération assez simple en elle-même, elle ne laisse pas que d'être fort délicate; elle peut même entraîner les plus graves conséquences si elle n'est pas confiée à des mains habiles et soumise au contrôle d'hommes qui en comprennent toute la portée. En effet, si la quantité de craie est insuffisante pour saturer tout l'acide employé, la partie restée libre est retenue en dissolution dans les sirops; plus tard elle se retrouve dans les produits livrés au brasseur pour la fabrication de la bière. Aussi *la plupart des sucres de fécule du commerce contiennent-ils de l'acide sulfurique*, mais dans des rapports tellement variables qu'il faudrait recourir à de nombreuses analyses avant de pouvoir établir une moyenne qui ne serait encore que très approximative. C'est ainsi que nous en avons rencontré qui n'en renfermaient que quelques traces, et que précédemment il nous en était tombé sous la main qui, d'après l'analyse qualitative, en contenaient dans un rapport inquiétant.

Sans doute la présence de l'acide sulfurique dans le glucose du commerce dissimule à merveille la saveur pâteuse qu'il laisse au palais après la déglutition des liquides qui le renferment, puisque l'acide sulfurique communique même à l'eau, lorsqu'il y est mélangé en petite quantité, une saveur fraîche dont les marchands de coco ne surent que trop bien tirer parti il y a environ dix ans; heureusement l'on y mit bon ordre. Mais est-ce à dire que de pareils abus doivent être sévèrement réprimés dans un cas et tolérés dans un autre?

Sans doute encore, comme nous le verrons bientôt,

à l'époque des grandes chaleurs, c'est-à-dire dans les moments où la fabrication de la bière présente les plus sérieuses difficultés, le glucose introduit dans les moûts s'oppose à la trop grande activité de la fermentation, et l'acide sulfurique qu'il contient ajoute encore à la force de cette heureuse réaction, ainsi que nous le démontrerons en temps utile. Mais n'y a-t-il pas d'autres moyens de ralentir l'activité de la fermentation? La science ne nous en a-t-elle pas fourni, qui concilient les exigences de la température avec celles de la fabrication?

Nous sommes *certain* que les 99/100es des brasseurs ignorent complétement l'existence du fait que nous venons de signaler, quelque grave qu'il soit en lui-même. Quant aux fabricants de glucose, il n'y a, à notre avis, qu'une responsabilité morale à faire peser sur eux; car nous nous refusons à croire que ce soit avec intention qu'ils livrent à la consommation des produits capables d'exercer sur la santé des consommateurs une influence fâcheuse. Quoi qu'il en soit, le fait n'en existe pas moins depuis plus de dix ans, sans que personne ait songé à appeler sur lui l'attention de ceux dont le devoir est de réprimer tous les abus, et plus particulièrement ceux qui sont de nature à compromettre la santé des citoyens.

Nous espérions depuis longtemps que les pitoyables résultats produits par le glucose dans la fabrication de la bière le feraient bannir de toutes les usines; nous nous sommes trompé; la plupart des brasseurs ont été *contraints* de lui accorder des lettres de naturalisation;

mais s'il a acquis droit de cité chez nous, c'est grâce à la faiblesse du consommateur ; nous allons le prouver dans quelques instants.

Il ne suffit pas de savoir que le glucose du commerce contient de l'acide sulfurique ; il faut encore examiner dans quel état cet acide s'y trouve. La question est assez délicate pour que nous poussions nos investigations jusqu'au bout.

Pour éviter à nos lecteurs des descriptions inutiles sur la fabrication de l'acide sulfurique, nous nous contenterons de dire que dans plusieurs grandes fabriques de France et d'Angleterre on l'extrait des *pyrites de fer*, et que ces pyrites renferment des proportions considérables d'*arsenic*. Ceci posé, nous laissons parler un chimiste recommandable, M. Alph. Dupasquier, qui a présenté à l'Académie des sciences un remarquable travail sur cette intéressante question ; il a pour titre : *Des inconvénients et des dangers que présente l'acide sulfurique arsénifère; moyens de purifier cet acide pendant la fabrication.*

« L'acide sulfurique arsénical, auquel se rapporte le travail de l'auteur, est préparé dans plusieurs grandes fabriques de France et d'Angleterre par la calcination des pyrites (sulfures de cuivre et de fer plus ou moins mélangés de sulfure d'arsenic et d'arséniure de fer). »

Il résulte des expériences et des observations consignées dans ce mémoire :

« 1° Que l'emploi des acides sulfuriques arsénifères dans les travaux de l'industrie, et dans la préparation des composés chimiques et pharmaceutiques, peut entraîner de graves inconvénients et même des dangers;

« 2° Que l'arsenic, dans les acides sulfuriques du commerce, est à l'état d'*acide arsénique* [1];

« 3° Que la proportion de ce toxique dans ces acides est variable, mais qu'on peut l'estimer, en moyenne, à un millième ou un millième et demi. »

L'auteur indique ensuite des procédés de purification fort rationnels, qu'il signale avec raison comme des moyens véritablement industriels, c'est-à-dire très peu coûteux et très faciles à mettre en pratique. »

Voici le résumé de cet important travail :

« D'après tout cela, et particulièrement dans l'intérêt de la santé publique, je crois devoir poser la question suivante, comme conclusion dernière :

« Puisque l'emploi de l'acide sulfurique, souillé d'arsenic, présente des inconvénients et des dangers, puisqu'on possède un moyen de le purifier sans augmenter sensiblement le prix de fabrication, ne serait-il pas convenable que l'autorité défendît à l'avenir la vente des acides sulfuriques *arsénifères* [2]? »

Quel cas a-t-on fait de la proposition à la fois si sage et si prudente de M. Alph. Dupasquier? Aucun!..... Quel cas fera-t-on de la nôtre à l'égard du glucose? Aucun!..... Au moins nous nous y attendons.

(1) C'est un poison beaucoup plus énergique que l'arsenic lui-même; il peut déterminer la mort à la dose de quelques centigrammes seulement.

(2) *Compte rendu de l'Académie des sciences*, 17 mars 1845, n° 11, page 791.

De son côté, M. Raspail explique de la manière suivante la présence de l'*acide sulfurique libre dans le glucose* du commerce. « Toute la difficulté de l'extraction consiste dans la saturation de l'acide sulfurique par la craie, et il arrive fréquemment que, dans les tonneaux, le sucre ou le sirop le plus blanc passe au jaune et même au brun, qu'il reprend alors une acidité prononcée, et que le sirop devient grenu, croquant et même terreux. En effet, le sulfate de chaux (*plâtre*), en se précipitant, emprisonne dans ses molécules et de l'amidon transformé, et de l'*acide sulfurique libre*. Le sucre, à l'état sirupeux, peut renfermer des molécules d'acide sans donner le moindre signe d'acidité aux papiers réactifs, car il est un instant où le sirop ne mouille pas, et l'acidité ne passe au papier que par le véhicule qui mouille; en sorte que l'on sera porté à considérer comme saturé un sirop fortement acide encore, et qu'on le fera cristalliser en toute sécurité. Mais par suite d'une réaction lente et sourde, l'acide ne manquera pas de se reporter sur le sucre d'une manière qui ne deviendra appréciable qu'à la longue et par la somme de ses effets. Le sucre jaunira d'abord, et puis noircira à la longue, et dès lors il produira sur l'économie animale des résultats imprévus. D'un autre côté, le sulfate de chaux, par ses molécules cristallisées les plus ténues, passe avec le sirop à travers les mailles du filtre; car ce sulfate cristallise en aiguilles d'une extrême ténuité. L'excès d'acide en tiendra une certaine quantité en dissolution; en sorte qu'à mesure que cet excès d'acide réagira et sur le sucre et sur les parois du tonneau, le sulfate de chaux cristallisera dans le sirop et lui communiquera un aspect grenu et terreux étrange[1]. »

La formation du sulfate de chaux (plâtre) au sein du glucose, comme l'a si judicieusement établi M. Raspail, est un fait tellement évident qu'il n'est pas un seul praticien peut-être qui n'ait remarqué dans les tonneaux qui le contiennent des couches assez épaisses d'une matière blanche fortement agrégée, qui n'est autre chose que du plâtre proprement dit. Plus tard, c'est-à-dire après la fermentation, on retrouve des quantités considérables de sulfate de chaux dissous dans les bières, et cette circonstance contribue puissamment à leur communiquer un aspect boueux lorsque la fermentation tertiaire se continue dans les bouteilles, et à rendre d'une digestion pénible les bières ainsi fabriquées.

Au point de vue de l'économie pratique, quels plus pauvres résultats que ceux produits par le glucose! vingt-deux litres d'alcool par cent kilogrammes, tandis que les sirops de sucre de canne et le sucre brut lui-même en donnent, *pour un prix égal*, soixante-cinq litres!

Comme question de salubrité, où trouver parmi les matières premières employées à la préparation des substances alimentaires une aussi détestable drogue que celle dans laquelle on rencontre tout à la fois de l'acide sulfurique à l'état libre, de l'acide arsénique et du plâtre? Quel horrible brouet! Ne serait-il pas plus juste d'en attribuer la découverte à la science à jamais exécrable des Borgia, des Brinvilliers, des Tofana,

(1) *Nouveau système de chimie organique*, tome III, page 80.

qu'à cette sublime science dont le flambeau éclaire l'univers entier? Il n'y a pas à discuter ici; les faits sont là pour imposer silence aux théories fort savantes de MM. les intronisateurs du sucre de fécule.

Nous sommes profondément affligé de rencontrer des hommes qui, tout en se posant comme des interprètes de la véritable science, se prêtent cependant à des *complaisances* de la nature de celle-ci, que nous empruntons *textuellement* au *Journal de Chimie médicale* (1835) : « *On confectionne*, EN EMPLOYANT LES SIROPS INCOLORES DE MM. FOUCHARD, *les plus agréables bières blanches qui aient jamais été préparées dans Paris.* » L'expérience avait-elle prononcé? pas le moins du monde; et pourtant voilà la science médicale sanctionnant de son autorité un des plus monstrueux abus de ce genre que nous connaissions. Nous voudrions bien savoir qu'est devenue cette blanche tunique, cette robe d'innocence dans laquelle on drapait si bien le glucose lors de ses interminables apparitions dans le sanctuaire académique? car c'est par là qu'il a fait son entrée dans le monde; mais c'est par l'aveuglement des masses que les brasseurs se sont vus *forcés* de lui ouvrir les portes de leurs usines. Nous allons le prouver comme nous l'avons promis.

Chaque ville de province a ses claqueurs officiels, véritables octroyeurs de crédit, ou plutôt vendeurs de réputation, qui se recrutent ordinairement dans les basfonds de la société. Vivant le jour au cabaret des deniers de certains brasseurs, on les retrouve le soir faisant des discours obscènes sur les banquettes des théâtres ou dans les plus mauvais lieux. Là où il existe des gens de cette espèce et là où le public pousse la bonhomie jusqu'à croire à leur désintéressement, les choses se passent ainsi. Si les orateurs de taverne dont nous parlons font partie de la police secrète d'un brasseur qui a coutume d'employer le sucre de fécule, on peut être certain que, quand même les autres brasseurs de la localité voudraient résister, cela leur deviendrait impossible, car ces hommes qui, sous les apparences du dévouement, n'agissent qu'en vue de gagner la prime accordée par le tarif, ont aussi leurs créatures à dévouement, leurs chauffeurs, comme ils les appellent; seulement ces derniers en sont toujours pour le rôle de dupes, bien qu'ils aient agi tout d'abord avec la plus entière bonne foi.

C'est ainsi que nous avons vu des réputations *fort* suspectes se substituer à des réputations acquises par un travail consciencieux, et cela dans des villes importantes où il semblait pourtant que l'intelligence du public est inaccessible à d'aussi misérables influences[1].

Dans les localités où le grande majorité du public aime qu'on lui présente des jugements tout formés, parce que cela le dispense de tout examen, de toute appréciation, de toute vérification personnelle et de

(1) A Paris, ces indignes trafics ne peuvent être mis en œuvre, car on n'agit pas sur une population de 1,200,000 habitants comme dans une ville de 40,000 âmes; aussi les brasseurs de Paris ont-ils pu repousser toute espèce d'emploi du glucose depuis cinq ou six ans environ dans la fabrication des bières dites de Strasbourg, et nous les en félicitons, car leurs produits en ont été améliorés à ce point que l'on pourrait certifier qu'ils sont sinon les meilleurs, au moins les plus sains.

toute comparaison sérieuse, la réussite des moyens que nous venons d'indiquer est infaillible, et, pour le prouver, nous n'aurions malheureusement que trop d'exemples à citer.

Quant à la lutte, nous en parlons par expérience, elle est impossible. Vos produits fussent-ils de la meilleure qualité, dès que l'habitude de consommer des bières fabriquées avec le glucose aura pris le dessus, ils seront repoussés impitoyablement, et vous serez forcé, si vous ne voulez arriver promptement à une ruine complète, de faire comme les autres, c'est-à-dire de vous rendre sciemment coupable d'empoisonnement sur vos concitoyens.

C'est par de semblables moyens, nous l'affirmons sans crainte d'être démenti, que le plus grand nombre de nos confrères se sont vus *forcés* d'avoir recours au sucre de fécule. Nous n'avions donc pas tort de rejeter le blâme sur le public consommateur, tout en l'engageant à se tenir en garde contre tous ces bohémiens de l'industrie dont les opinions s'estiment ordinairement en raison du prix qu'on les paie.

Pour en finir avec le glucose, nous croyons donc devoir protester une fois encore contre son emploi dans la fabrication de la bière, non-seulement au point de vue hygiénique, mais encore à celui de l'économie pratique.

La réprobation dont nous frappons le glucose ne doit pas faire croire que notre opinion tende à rejeter de la fabrication toute autre matière que le malt; nous croyons avoir suffisamment démontré que le gluten qu'il contient est l'une des principales causes des perturbations et des difficultés qui surgissent pendant les diverses manipulations que nous avons examinées, et que sa présence, en accélérant l'acidification, hâte la dégénérescence, des produits. Or, il est évident que la proportion de gluten augmente toujours avec la quantité de malt employé. Ce qui nous fait insister sur ce point, sur lequel nous aurons encore à revenir dans nos conclusions, c'est que, comme nous l'avons vu au commencement de ce paragraphe, 100 kilogrammes de malt, que nous supposons valoir 25 francs, ne donnent que 22 litres d'alcool, tandis que 100 kilogrammes de sirop concentré de sucre brut, qui coûtent 50 francs au plus, produisent 65 litres. Les Anglais, en cela beaucoup plus rationnels et surtout beaucoup plus habiles que nous dans tout ce qui tient à l'économie pratique, ont employé, dans ces derniers temps, des quantités considérables de sucres bruts à la fabrication de la bière. Un *bill* spécial est venu sanctionner cette heureuse application, et nous sommes convaincu que désormais les bières anglaises seront plus bienfaisantes qu'elles ne l'étaient jadis, puisqu'elles renfermeront, pour un prix égal, une quantité double d'alcool, ce qui en rendra la digestion beaucoup plus facile.

Depuis longtemps déjà quelques praticiens éclairés avaient compris tout ce qu'a de favorable l'emploi des sucres bruts et quels immenses services ces sucres peuvent rendre à la fabrication, surtout dans les momen où elle offre le plus de difficultés. Ainsi M. Rohart, notre oncle, après en avoir fait usage avec succès pendant une période de dix années consécutives, nous exprimait son opinion dans les termes suivants, en août 1842 : « Je crois qu'à cette époque le malt a perdu une grande partie de sa qualité, qu'il s'est décomposé, et que c'est à cette cause qu'il faut attribuer une partie des désagréments que l'on éprouve dans le cours de la fabrication. Il faut donc employer le moins de malt possible, et y suppléer par des sucres bruts introduits dans la chaudière après la rentrée de toutes les trempes et après une heure environ d'ébullition. Si on emploie ordinairement 30 kilogrammes de malt par hectolitre de bière fabriquée, il est bon de réduire cette quantité de moitié et de la remplacer par du sucre brut jusqu'à concurrence du prix de l'orge employée ordinairement. J'avais ainsi l'avantage et la satisfaction de bien fournir mes pratiques et de conserver ma clientèle.

« Par ce changement, le moût peut être mis en fermentation à une température plus élevée qu'en n'employant que du malt pur; et la saison ne permettant pas de descendre le degré de refroidissement aussi bas qu'on le voudrait, la fermentation se fait très bien et sans être trop active. On peut donc mettre en levain comme on le fait ordinairement. La bière ainsi fabriquée paraîtra très légère tout d'abord[1], mais après quelques jours elle sera beaucoup plus forte que les au-

(1) Par les mots : *bière légère*, l'auteur de la lettre désigne une bière qui a, comme on le dit ordinairement, *peu de bouche*. Le fait est exact, mais nous verrons dans nos *Conclusions* comment on peut obvier à cet inconvénient, tout en restant dans les conditions qu'exige une fabrication normale et rationnelle.

tres, et plus elle vieillira, meilleure elle sera. C'est ainsi que, pendant fort longtemps, j'ai obtenu des bières mousseuses et bien claires aux époques les plus difficiles pour la fabrication.

« Quoique tous ces moyens produisent de bons effets, je crois qu'on ne sera guère guidé sur tous les autres points de la fabrication que lorsqu'elle aura été sérieusement examinée par des hommes bien compétents; car tout ce qui a été dit sur ce sujet est très vague. »

Tout en acceptant comme exacts les faits énoncés et les conclusions posées dans la lettre que nous venons de citer, et en nous complaisant à reconnaître dans son auteur un praticien habile et surtout un observateur intelligent, nous ne croyons pas devoir admettre de tout point une manière de faire qui n'est pas rigoureusement rationnelle; ainsi M. Rohart conseille d'introduire le sucre dans les chaudières de fabrication lorsque les moûts ont été soumis pendant une heure à l'ébullition, c'est-à-dire que si la cuisson doit durer huit heures, par exemple, les sucres bruts ajoutés au brassin recevront l'action du feu pendant sept heures. C'est là qu'est l'erreur, et M. Rohart l'eût reconnu bien vite, s'il n'eût pas ignoré que la conversion du sucre cristallisé en mélasse n'est uniquement due qu'à la chaleur[1]. Pour le prouver, il nous suffira de dire que la betterave, qui ne contient pas de sucre incristallisable, en fournit des quan-

(1) C'est ainsi que nos ménagères convertissent en mélasse une partie du beau sucre blanc dont elles se servent pour leurs confitures.

tités énormes à la fabrication, par suite de l'emploi de la chaleur; au contraire, si on évite l'action du feu, ou au moins si on en abrége la durée, la proportion de sucre incristallisable, ou mélasse, diminue, tandis que la proportion de sucre incristallisable augmente.

C'est par ces motifs que nous conseillons d'introduire les sucres bruts dans les chaudières de fabrication le plus tard possible, c'est-à-dire une heure au plus avant de porter sur les refroidissoirs la bière en voie de fabrication. Une seule raison milite en faveur du mode indiqué par M. Rohart; mais encore ne se comprendrait-il qu'à la condition d'introduire le sucre avant la coagulation du gluten, ou des écumes, si l'on veut. Voici dans quel cas : si quelques motifs font présumer que la coagulation du gluten s'opérera mal, ou même pas du tout, il peut être utile d'ajouter le sucre immédiatement, car en augmentant la densité des moûts, il rendra plus facile l'élimination des écumes. Mais alors ce sera avant toute apparence d'ébullition qu'il faudra l'ajouter, et non pas lorsqu'elle aura duré une heure; car alors le sucre introduit n'influerait en rien sur la coagulation du gluten; nous ne comprenons pas, dans ce cas, la nécessité de payer fort cher des sucres cristallisés pour les convertir en mélasse.

Quelque rationnel que soit l'emploi des sucres bruts, nous croyons, avec l'honorable praticien que nous venons de citer, que tout n'est pas encore dit sur cette importante question; aussi est-ce afin de compléter ce sujet que nous l'envisagerons sous un nouveau point de vue dans les paragraphes qui vont suivre.

Avant la découverte du glucose, on faisait usage, dans la fabrication de la bière, de divers sucres bruts, qui, mieux choisis et mieux employés, eussent produit, nous en sommes convaincu, des résultats tout différents. Ces *sirops de sucre*, provenant ou de la canne exotique ou de la betterave indigène, portaient et portent encore *aujourd'hui* le *nom de mélasses*.

Les premières sont aussi exemptes de tout mauvais goût que les autres sont infectes. Les unes peuvent donc rendre encore de très grands services, tandis que les autres doivent être impitoyablement repoussées.

Avec les sirops de sucre de canne que nous avons pu employer pendant près de deux ans, dans la proportion de 45 kilogr. pour 25 hectolitres de bière forte fabriquée, nous avons obtenu des produits complétement dépourvus de tout arrière-goût et d'une pureté telle que *jamais* aucun de nos confrères n'a pu nous indiquer quelle était l'espèce de sucre employé. 100 kilogrammes de sirop, qui nous coûtaient de 45 à 50 francs au maximum, ont produit jusqu'à 70 litres d'alcool. Nous les ajoutions dans la chaudière de fabrication quelques instants avant de la vider.

Les sirops de sucre fournis par la betterave communiquent aux bières une saveur repoussante à laquelle il est impossible de se méprendre; telle est l'unique cause qui a fait condamner, beaucoup trop légèrement, toute espèce d'emploi de sirops de sucre. Malheureusement nous ne connaissons pas encore d'agent chimique qui permette de distinguer les sucres de canne des sucres de betterave; mais nous ne désespérons pas d'en découvrir un, en continuant nos études sur cette question; si nous réussissons, nous emploierons tous les moyens possibles pour en informer nos lecteurs, afin de les mettre à même de déjouer les fraudes par lesquelles on dénature des produits excellents en les *mélangeant* avec des produits de qualité inférieure.

Nous croyons que dans l'état actuel de la question, et eu égard à la difficulté de se procurer des sirops de canne exempts de tout mélange, il faut s'imposer la plus grande réserve dans les acquisitions de cette nature, et s'adresser directement à des maisons de commerce dont les précédents soient bien connus, car c'est le plus souvent dans les mains des intermédiaires que la sophistication s'opère sur une grande échelle et avec la plus inqualifiable effronterie. Pour faire apprécier la différence qui existe entre les produits que donnent les sirops de sucre de canne et ceux que produit la betterave, il nous suffira de dire que c'est avec les premiers que se fabriquent aux Indes les liqueurs les plus recherchées, tandis que c'est avec les seconds que l'on obtient les eaux-de-vie communes du commerce.

§ 4. Du remplissage.

Nous avons dit précédemment que, vers la fin de la seconde période de la fermentation, il fallait, pour faciliter la projection de la levûre hors des tonneaux, remplir ceux-ci à l'aide du liquide produit dans les baquets par la résolution de la mousse; nous avons ajouté que l'emploi de ces petits réservoirs placés au-dessous des tonneaux, quoique vicieux, avait moins d'inconvénients que celui des longs bacs ou jannets. En effet, dans l'un et l'autre cas, les liquides rejetés par la fermentation, présentant une grande surface, reçoivent l'action de l'air d'une manière constante; et comme ils se trouvent ainsi séparés de la masse fermentante, on peut douter qu'ils éprouvent le même mode de transformation en alcool, puisque les conditions auxquelles ils sont soumis diffèrent complétement de celles dans lesquelles se trouvent les moûts placés dans les tonneaux. D'autre part, dans le système de fermentation à ciel ouvert, tel qu'il se pratique généralement, il y a une quantité assez considérable de vapeurs alcooliques et une grande partie du principe extractif du houblon, c'est-à-dire la partie la plus volatile et la plus aromatique, celle en un mot qu'il importe le plus de conserver pour parfumer agréablement les bières qui sont entraînées en pure perte par les courants atmosphériques.

Pour obvier aux inconvénients que nous venons de signaler, M. Chaussenot, dont nous avons déjà eu l'occasion d'entretenir nos lecteurs à propos du calorifère qui porte son nom, *inventa* de la même manière que le calorifère un appareil assez ingénieux, dont nous donnons la construction ci-après (*fig.* 444). Pour prouver, comme nous l'avons promis, que M. Chaussenot a beaucoup étudié les systèmes anglais, et quels sont les droits qu'il peut avoir au titre d'*inventeur*, il nous suffira sans doute de dire que son appareil à fermentation était connu en Angleterre bien avant de l'être dans nos usines. En effet, nous trouvons dans les *Archives des découvertes et des inventions nouvelles faites en*

1820, publiées en 1827, au chapitre *Arts chimiques*, p. 431, un article ainsi conçu :

Classification de la bière par M. Dickson.

« Dans l'ancien procédé de fabrication de la bière, après avoir fait bouillir le moût, on le mettait fermenter dans des cuves, puis on le transvasait dans des barils qu'on laissait débouchés, et la levûre sortait par la bonde; mais il fallait sans cesse surveiller l'opération, afin de remplacer par de nouveau liquide celui qui s'était écoulé.

« M. Dickson, pour éviter cette surveillance gênante, propose de tenir les barils droits, d'y réserver une ouverture dans laquelle on place un tube d'étain de $0^m,30$ à $0^m,40$ de hauteur (c'est celui que nous indiquons en A). Un autre tube est encore placé sur le baril (celui que nous indiquons en B); au fond de ce tube est un trou (C) à travers lequel passe le tube d'étain. On remplit ce dernier de la quantité de moût nécessaire pour remplacer la levûre qui s'élève dans le tube d'étain et se déverse dans l'autre tube. Par ce moyen il n'y a aucune perte de liquide. »

Qu'en pense M. Chaussenot? et qu'en pensent nos lecteurs eux-mêmes, principalement ceux qui ont cru accorder au véritable inventeur la prime de faveur à laquelle toute invention doit avoir droit?

Tout incomplète que soit cette description, il est impossible de n'y pas reconnaître l'appareil qui, à la suite du calorifère, a été présenté par M. Chaussenot comme une *invention nouvelle*. Quoi qu'il en soit, l'idée est bonne, elle nous a paru réunir les conditions qui peusent éviter les inconvénients que nous avons signalés, et si nous avons quelque regret, c'est que l'appareil de M. Dickson n'ait pas été accueilli plus favorablement. La cause en est à l'obligation qu'elle imposait aux brasseurs de changer le matériel des entonneries, ce qui ne pouvait avoir lieu sans des frais que peu de praticiens se sont souciés de faire; mais nous ne doutons pas que l'avenir ne réserve à cette découverte un succès légitime.

L'appareil à fermentation étant encore peu connu, nous allons en dire quelques mots. Il se compose de deux tubes A, B (*fig.* 114) en cuivre fortement

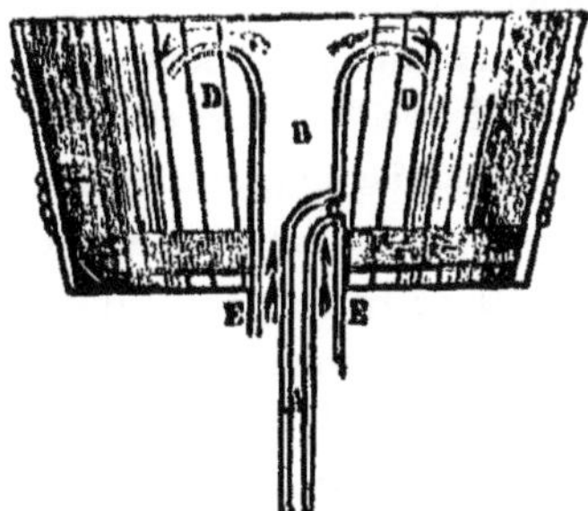

Figure 114.

étamé, fixés dans une cuvette circulaire DD en bois. Le tout est placé sur le tonneau contenant le liquide fermentant; la base E du tuyau B entre à frottement dans l'épaisseur du bois, par l'ouverture pratiquée au sommet du tonneau. Dès que la fermentation s'établit, la mousse qu'elle produit s'élève dans le tube B, et vient se répandre par l'extrémité supérieure de celui-ci dans la cuvette D qui l'environne. A mesure que cette mousse se résoud en un liquide nouveau, celui-ci est immédiatement et sans interruption reporté dans l'intérieur du tonneau par le tube plongeur A, dont l'extrémité supérieure C est placée à une petite distance du fond de la cuvette. Lorsqu'arrive la deuxième période de la fermentation alcoolique, le ferment occupe la base de l'appareil, comme on le voit en E E, et les liquides qui surnagent sont, comme dans le premier cas, ramenés au sein de la masse fermentante.

Lorsque la fermentation est achevée, on enlève l'appareil pour le nettoyer, et on met en réserve la levûre qu'il renferme.

Dans tout état de cause, la levûre produite par la fermentation est immédiatement mise sous presse dans un double sac de treillis, d'où elle est extraite plus tard à l'état de pâte sèche pour être ainsi livrée à des levûriers de Paris qui en ont un débit considérable chez les boulangers, les pâtissiers, les distillateurs, etc. Dans un grand nombre de brasseries, on emploie encore aujourd'hui à cette opération un levier dont l'une des extrémités se trouve engagée dans l'épaisseur d'une muraille; c'est là que le levier prend son point d'appui; la puissance réside dans un poids fixé à l'autre extrémité du levier; la résistance est représentée par l'effort à vaincre, c'est-à-dire par la levûre à presser. C'est là sans doute un moyen fort simple et peu dispendieux, mais il offre l'inconvénient de produire des résultats toujours incomplets. Nous nous sommes servi avec beaucoup de succès de la *presse à levûre* (*fig.* 445) dont nous ne saurions trop recommander l'emploi, attendu qu'elle possède une puissance beaucoup plus considérable que celle du levier dont nous venons de parler. La levûre,

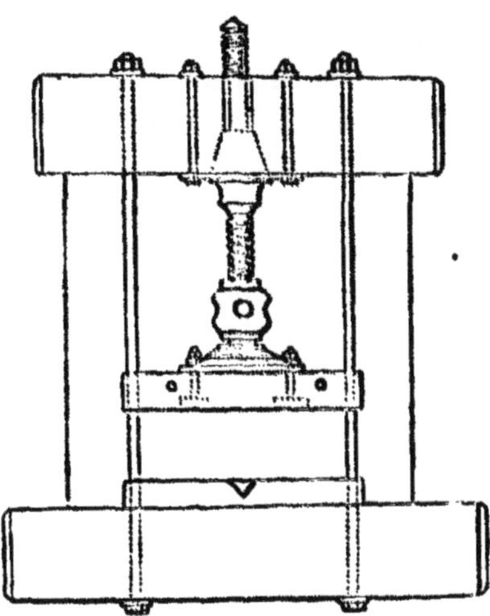

Figure 115.

ainsi pressée, devient d'une conservation plus facile et compense bien vite, par son facile écoulement, la dépense nécessitée par cette presse[1].

L'appareil Dickson, sur lequel nous devons revenir, est d'une extrême simplicité et offre des garanties qu'aucun autre système ne présente. Ainsi, au point de vue de l'économie, il permet de supprimer *complétement* les chantiers à pieds, semblables à celui que nous avons

(1) C'est à Londres que la *levûre de bière* fut employée pour la première fois à la panification, en 1650. Une délibération du parlement de Paris, en date du 21 mars 1670, sanctionne la même application en France.

indiqué (*fig.* 113), et de mettre les bières en fermentation partout ailleurs que dans les entonneries, car en l'employant, on ne voit plus se répandre autour des tonneaux des liquides dont la présence est tout à la fois une cause permanente de dégradation et d'insalubrité. Ce qui n'est pas moins précieux, c'est qu'on évite l'opération du remplissage, trop souvent négligée quand elle doit être faite dans le cours de la nuit. Enfin ce qui mérite encore d'être pris en considération, c'est que les produits rejetés par la fermentation risquent moins de s'altérer au contact de l'air quand la température extérieure est très élevée, et, de plus, qu'ils subissent la fermentation d'une manière aussi uniforme que la masse soumise à cette réaction.

Si nous n'avons pas appliqué cet appareil sur une grande échelle dans le cours de nos travaux, c'est que nous ne voulions pas supprimer un matériel existant et nous engager dans de nouveaux frais; mais nous pouvons attester que, dans les diverses applications que nous avons faites et que nous avons répétées, fort souvent nous en avons obtenu de bons résultats; la fermentation s'est toujours opérée avec une régularité qui s'explique par la continuité du remplissage, toujours intermittent par les procédés suivis jusqu'à ce jour. Les renseignements que nous avons pu recueillir auprès de quelques-uns de nos confrères concordent tous avec ce que nous venons de dire sur ce sujet.

La nécessité de recourir aux remplissages après la fermentation secondaire résulte d'une part de la diminution du volume de liquide déplacé par la mousse, de l'autre, de la contraction qu'éprouvent les produits contenus dans les tonneaux. En effet, c'est pendant la fermentation secondaire, au moment de la reproduction du ferment, que la chaleur s'élève au plus haut degré dans les fûts; à partir de ce moment, la température s'abaisse, parce que la réaction perd de son énergie; or, cet abaissement détermine dans la masse une contraction semblable à celle que nous voyons s'opérer dans le thermomètre lorsque le mercure passe d'une température + à une température —.

Les remplissages, dans le mode de fermentation ordinaire, s'effectuent de plusieurs manières, sur lesquelles nous croyons devoir appeler l'attention de nos lecteurs; car la question présente un assez haut intérêt. D'après un usage consacré depuis longtemps, on se borne, chaque fois qu'il y a nécessité, à remplir le tonneau avec les produits rejetés par la fermentation. Plus tard, c'est-à-dire lorsque la fermentation secondaire est terminée, on soutire les liquides qui se trouvent au-dessus de la levûre, et on les emploie au second et, au besoin, au troisième remplissage.

Les dernières portions de ferment qui s'échappent entraînent toujours avec elles un liquide laissant au palais une saveur prononcée de levûre; son amertume est insupportable. Les produits sous lesquels la levûre séjourne au fond des baquets sont peut-être encore plus âcres; aussi les a-t-on nommés *amers*. L'amertume ou plutôt l'âcreté de ces liquides est-elle due à la présence d'une huile essentielle particulière développée par la fermentation, ou bien à un principe sécrété par le ferment lui-même après sa reproduction? Nous ne saurions l'affirmer; mais nous avons des motifs de croire que cette dernière supposition n'a rien d'inadmissible quand nous considérons que, dans la fabrication du pain, et même en employant de la levûre nouvelle et fortement pressée, on retrouve quelquefois, après la cuisson, cette âcreté, cette saveur de levûre fortement prononcée. Les *amers* forment environ 3 à 5 pour 100 de la totalité d'un brassin; mais les contributions indirectes ne voulant tenir aucun compte des causes accidentelles qui diminuent le rendement, le brasseur est presque toujours obligé d'ajouter ces liquides aux bières qui les ont produits, ce qui est très fâcheux, car il est évident que cette addition n'est pas de nature à améliorer les produits qu'on livre à la consommation. Dans quelques localités les brasseurs mélangent ces amers avec les bières de seconde et de troisième qualité. Malheureusement les prix de revient ne permettent pas qu'il en soit de même partout.

Lorsque toute la matière sucrée employée à la fabrication se trouve rassemblée dans les moûts avant la fermentation, et lorsque la température ambiante et celle du liquide fermentant sont très élevées, la fermentation s'opère avec une très grande énergie, et les périodes se succèdent avec rapidité; alors le sucre, soumis aux causes de transformation les plus puissantes, est presque entièrement converti en alcool dans la première et la seconde période, et pour ainsi dire d'un seul coup; dans ce cas, il n'y a point de fermentation tertiaire, et, par conséquent, il est de toute impossibilité d'obtenir des bières mousseuses ou d'une conservation facile.

Si, au contraire, on réserve une partie, la moitié, par exemple, du sucre brut destiné à la fabrication, pour la faire servir au premier remplissage, qu'en résultera-t-il? le voici : tout le sucre introduit alors dans les tonneaux n'aura à subir l'action du ferment que vers la fin de la seconde période, et comme il aura été soustrait à la décomposition énergique qui caractérise essentiellement la fermentation primaire, il fournira à la fermentation tertiaire les moyens de s'établir dans tous les cas, puisqu'elle pourra agir librement sur la portion de sucre non attaquée par le ferment dans la première période. On peut obtenir ainsi à volonté des bières mousseuses malgré les brûlantes journées de l'été, tout en s'assurant d'un parfait moyen de conservation sur lequel, au surplus, nous aurons encore à revenir.

En d'autres termes, il arrivera, dans le cas qui nous occupe, ce qui arrive pendant l'hiver, époque à laquelle l'action du ferment sur le sucre se trouvant tempérée par le froid, les portions de sucre restées libres dans la première et la seconde période servent à alimenter la fermentation tertiaire, celle à laquelle on a donné le nom de *bouquet*. En un mot, on n'aura fait subir au sucre introduit lors du premier remplissage qu'une période de la fermentation, ou au moins on l'aura soustrait à la plus énergique, tandis que, dans l'autre hypothèse, il en éprouvait deux qui le convertissaient complétement et instantanément en alcool.

Si, malgré ce mode d'opérer, la portion de sucre restée libre pour développer la fermentation tertiaire est insuffisante, on peut n'employer à la cuisson que le tiers de la quantité de sucre que nous avons indiquée, et réserver les deux autres tiers pour le premier et le deuxième remplissage, et *vice versa*. Dans ces circonstances, comme toujours, c'est à l'intelligence du praticien qu'il appartient de discerner.

Nous croyons utile de dire ici que les divers modes d'emploi des sucres et de remplissage que nous venons d'indiquer ne dispensent en rien des soins que nous avons recommandés jusqu'à présent; car si les matières premières étaient profondément altérées, si le mode de fabrication était radicalement vicieux, ces moyens ne suffiraient pas pour rétablir l'équilibre et amener à quoi que ce soit de satisfaisant. Nous reviendrons d'ailleurs, dans nos *Conclusions*, sur les questions de détail et d'ensemble qui constituent la fabrication.

§ 5. Ensemble de la fermentation.

Maintenant que nous connaissons une partie des causes *naturelles* qui peuvent modifier la marche de la fermentation alcoolique, occupons-nous des causes *accidentelles* qui peuvent avoir le même résultat; car elles ont pour nous un intérêt réel et puissant.

L'intensité de chacune des périodes de la fermentation dépend des diverses circonstances sous l'influence desquelles elle se développe. Parmi ces circonstances, nous devons surtout mentionner la capacité des fûts, la température de la masse, la quantité d'eau qu'elle renferme, la quantité de ferment employé, la nature de celui-ci, la qualité de l'eau, l'état de la température ambiante, enfin, la nature du sucre employé, ou, si l'on veut, la composition des moûts.

D'après ce que nous avons établi précédemment, il est évident que le brasseur a tout intérêt à opérer la fermentation aux plus basses températures possible. Il est donc essentiel que la capacité des fûts soit moindre l'été que l'hiver, puisque le calorique produit par la fermentation est en raison directe du volume de la masse. En hiver, on doit au contraire donner la préférence aux vaisseaux dont la capacité est la plus considérable, puisqu'il est toujours facile d'abaisser la température du moût, lors du refroidissement, ou de modérer la marche de la fermentation par des courants d'air si elle est trop active.

Quant à la température de la masse, elle est subordonnée à ce que nous venons de dire ; nous verrons cependant de quelle manière, dans l'impossibilité de s'opposer à un développement excessif de chaleur, on peut néanmoins diminuer l'intensité de la fermentation.

La quantité d'eau que renferment les moûts, en d'autres termes la densité des moûts, exerce aussi une influence considérable sur l'activité de la fermentation ; plus la proportion de sucre contenue dans un volume d'eau déterminé sera considérable, plus la fermentation sera lente ; c'est là un des grands obstacles qui surgissent dans la fabrication d'été, par suite de la détérioration du malt et de diverses causes que nous examinerons avec soin.

La quantité de ferment employé a, sur la marche de

la fermentation, une influence égale à celle des circonstances que nous venons de signaler; nous ne saurions trop insister pour qu'on en emploie moins en été qu'en hiver, attendu qu'à la première de ces époques le sucre existe ordinairement dans un rapport moindre dans les moûts, et que la température ambiante ajoute encore à l'activité de la fermentation.

A l'égard de la nature du ferment, nous avons vu dans les développements qui précèdent combien il était important de tenir compte de l'espèce de bière qui a produit un levain, et nous avons montré comment celui-ci pouvait devenir impropre à un mode de fabrication autre que celui qui l'avait produit. C'est par ces motifs qu'un levain choisi inconsidérément pourra soit modifier la fermentation, soit l'activer, soit la retarder. Nous pensons que si l'on se trouvait dans l'absolue nécessité de faire servir un levain de petite bière à la fermentation d'une bière forte, par exemple, il faudrait en employer plus que si l'on opérait avec un levain provenant d'une bière de même qualité. Nous dirons aussi que, chaque fois qu'il y a obligation de changer un levain, il ne faut pas craindre d'en employer plus que de coutume, car il est certain que dans ce cas l'activité et la régularité de la fermentation ne sont pas les mêmes.

Si, comme nous croyons l'avoir suffisamment démontré, la *qualité de l'eau* influe considérablement sur les phénomènes de la fermentation et sur les résultats qu'elle produit; si, en un mot, les eaux de puits forés dans des terrains calcaires légers tempèrent l'action du ferment, tandis que celles qui proviennent des pluies en augmentent l'énergie, il est évident que les premières mériteront la préférence pour la fabrication d'été, tandis que les secondes conviendront parfaitement à la fabrication d'hiver.

L'élévation de la température ambiante est l'un des plus grands obstables que les brasseurs rencontrent sur leur chemin, puisqu'elle imprime à la fermentation une activité toujours funeste ; il est donc d'un haut intérêt de ne négliger aucun des moyens qui peuvent empêcher l'élévation de la température dans les entonneries, ou qui sont de nature à tempérer l'énergie du ferment. Ceux que nous allons examiner sont de ce nombre.

La fabrication, avons-nous dit, a d'impérieuses nécessités. Si les procédés ordinaires ne sont pas toujours très rationnels, et si les dispositions trop souvent défectueuses des brasseries sont autant d'obstacles sérieux, il en est de bien graves encore parmi ceux dont la cause réside dans les phénomènes météorologiques qui s'accomplissent sans cesse autour de nous; c'est à cette accumulation de circonstances qu'il faut attribuer les difficultés sans nombre qui surgissent dans le cours de la fabrication de la bière, et qui font de la profession du brasseur un art proprement dit, quand celui qui le pratique veut, tout en restant dans la légalité la plus rigoureuse, y apporter des palliatifs toujours efficaces lorsqu'on les emploie avec sagacité.

Pour se métamorphoser en alcool, les solutions faites avec divers sucres peuvent exiger des températures différentes. Ainsi, les moûts dans lesquels on n'aura fait entrer que les principes sucrés du malt se convertiront en alcool à une température plus basse et dans un espace de temps plus court que si une proportion de sucre brut avait été substituée au malt; de même aussi, en employant le glucose, il faut, pour déterminer sa conversion en alcool dans un même espace de temps, opérer la mise en fermentation à une température plus élevée que si on s'était servi de sucre brut, et bien plus encore qu'en faisant usage du sucre produit par la germination de l'orge.

La facilité avec laquelle le sucre provenant du malt se convertit en alcool, même aux plus basses températures, explique suffisamment pourquoi, dans les contrées méridionales, en Afrique par exemple, la fabrication de la bière uniquement avec du malt serait le plus détestable de tous les contre-sens; pourquoi dans les contrées septentrionales, comme en Russie, ce serait pis encore si l'on employait à la fabrication de la bière la plus grande proportion possible de glucose. Dans le premier cas, l'élévation de la température ambiante déterminerait une fermentation tellement active que le sucre produit par l'orge, subitement converti en alcool dans les deux premières périodes de la fermentation, ne fournirait aucun élément à la fermentation tertiaire, et que dès lors les produits ainsi fabriqués, en suivant l'ordre de décomposition que la nature leur a assigné, passeraient promptement de la fermentation alcoolique à la fermentation acétique, et de celle-ci à la fermentation putride. En Russie, au contraire, si on n'employait que du glucose, ou du moins si on l'employait dans un rapport trop considérable, il échapperait en partie à l'action du ferment, et l'on retrouverait, après la fermentation, des quantités énormes de cette substance non décomposée. C'est pour ces motifs que, dans le midi de la France, on est obligé d'employer relativement plus de malt que dans le nord, circonstance qui influe nécessairement sur le coût des produits.

Ces faits ont pour nous une très haute importance; car si nous avons la certitude que diverses espèces de sucre exigent, pour fermenter, des températures plus élevées que le sucre du malt, nous aurons fait un pas immense dans la voie des améliorations, puisque nous aurons ainsi le moyen de lutter avec succès contre les effets produits par l'élévation de la température à l'époque des chaleurs.

De toutes les matières sucrées employées jusqu'ici à la fabrication de la bière, nulle ne possède à un plus haut degré que le glucose les propriétés que nous venons de signaler; c'est le seul argument que l'on puisse invoquer en sa faveur. Diverses circonstances expliqueront cette propriété : d'abord la nature même du glucose; en l'employant pur, c'est-à-dire débarrassé de toutes les matières étrangères qui l'accompagnent ordinairement, il faut, pour opérer sa mise en fermentation, amener le liquide à une température élevée à + 25° environ, et l'entretenir pendant toute l'opération au même point, pour arriver à une complète transformation en alcool. Ce qui ne contribue pas moins à ralentir l'action du ferment sur le glucose, c'est la présence du sulfate de chaux (plâtre), dont il n'est jamais tout à fait exempt, et qui, en se dissolvant dans les moûts, leur communique des propriétés analogues à celles que possèdent les eaux de puits chargées de matières calcaires. Enfin l'acide sulfurique, dont nous avons signalé la présence dans la plupart des glucoses du commerce, augmente cette action avec une grande énergie; car l'un des caractères essentiels des acides minéraux est de s'opposer au développement de la fermentation alcoolique, ou tout au moins de la ralentir, si l'acide ne se trouve pas en excès dans les liqueurs fermentantes.

Quoi qu'il en soit, l'emploi du glucose permet d'opérer la fermentation à des températures beaucoup plus élevées que toutes les autres espèces de sucre, et c'est à cette propriété qu'il faut attribuer les quantités considérables qu'on en introduit dans les bières à l'époque des grandes chaleurs. Malheureusement les emplois du glucose sont toujours dangereux, au point de vue de l'économie animale, et les facilités qu'il apporte dans la fabrication d'été ne sont acquises aux brasseurs qu'aux dépens de l'avenir même de leur industrie.

Le glucose est plus stable que le sucre produit par la germination des céréales; il ne fermente que fort lentement à de basses températures, et même, quelle que soit la quantité de ferment employée, on en retrouve toujours une forte proportion à l'état libre dans les liquides après la fermentation. De là ces bières sucrées, insalubres, que nous avons signalées en parlant de la *classification des bières*, et contre lesquelles nous avons protesté. Un seul fait suffira pour prouver surabondamment ce que nous avançons; c'est que, depuis les nombreux emplois du glucose, les limonadiers, les cabaretiers et les marchands de bière obtiennent des bières mousseuses après deux ou trois jours de mise en bouteilles, tandis que, précédemment, les proportions de sucre qui avaient échappé à la fermentation étant de beaucoup moins considérables, les bières livrées à la consommation ne subissaient une dernière fermentation dans les bouteilles qu'après y être demeurées dix, douze et quelquefois même quinze jours. Les consommateurs, il est vrai, gagnaient en sécurité, et les produits en qualité, ce que les débitants de boissons dépensaient en matériel d'exploitation; mais aujourd'hui qu'importe au marchand, pourvu qu'il fasse ses affaires?

Avant de revenir sur les procédés de fabrication qui permettent d'obtenir, par des moyens légaux, les mêmes avantages qu'avec le glucose sans rencontrer aucun des inconvénients que celui-ci présente, examinons ce qu'est l'alcool qu'il fournit par la fermentation.

On a dit avec raison que les eaux-de-vie de pomme de terre devaient leur odeur infecte et leur saveur empyreumatique à des huiles essentielles particulières connues sous le nom *d'huiles de pommes de terre* (c'est le *fuselöele* des Allemands). Les quantités que l'on sépare à la distillation sont quelquefois si considérables que la distillerie de M. Dubrunfaut en a souvent fourni suffisamment pour éclairer toute l'usine[1]. On a prétendu

(1) Des expériences nombreuses ont établi qu'une addition d'acide tartrique ajoutée aux pommes de terre s'opposait au développement de l'huile essentielle dont nous venons de parler. Il est vivement à désirer que messieurs les fabricants de glucose en fassent l'application désormais.

que les alcools produits par la fermentation du glucose ne contenaient aucune trace de cette huile essentielle volatile, et que, par conséquent, sa présence ne pouvait être attribuée qu'à l'enveloppe corticale du précieux tubercule. C'est à notre avis une erreur, car une simple addition d'acide sulfurique dans les alcools de glucose suffit pour les colorer en rouge, et ce résultat est l'un des signes caractéristiques de la présence des huiles essentielles dont nous parlons. D'ailleurs, sans avoir recours aux moyens d'analyse, il y a un fait constant: c'est que, lorsqu'une bière dans laquelle on a introduit des quantités considérables de glucose va subir la fermentation acétique, ou plutôt dès que les dernières traces de sucre ont disparu, on lui trouve une saveur styptique, d'une âcreté insupportable, accompagnée d'une légère odeur empyreumatique, tandis que la même odeur et la même saveur ne se rencontrent jamais dans les bières à la fabrication desquelles on a employé toute autre espèce de sucre. Évidemment, si ce fait pouvait être attribué aux modifications qu'éprouve la lupuline du houblon après la fermentation alcoolique, on retrouverait cette saveur âcre particulière dans toutes les espèces de bières indistinctement, tandis qu'elle n'existe que dans celles où le glucose a été introduit en proportion un peu considérable. Nous trouvons dans les faits suivants, qui nous ont été communiqués par un négociant de La Villette, une nouvelle preuve de l'impureté des alcools de glucose.

« Les 3/6 de fécule, et généralement tous les esprits qui se font avec des matières autres que le vin, sont détestables; il n'y a rien de bon à en faire, si ce n'est dans quelques préparations chimiques et pharmaceutiques, dans la chapellerie imperméable, ou pour les lampes à esprit-de-vin, etc.

« Toute espèce de mélange des 3/6 de fécule proprement dit avec d'autres liquides peut compromettre la boisson préparée de la sorte, quelle que soit la dose de 3/6 ajoutée.

« Moi-même, qui ai pendant plus de quinze ans fabriqué ce produit, je n'ai jamais voulu en acheter une velte pour ma fabrique de liqueurs. »

Ainsi, il demeure bien établi que par la fermentation le glucose ne peut produire que des alcools infects, capables de communiquer aux liquides avec lesquels ils se trouvent mélangés des propriétés organoleptiques détestables. Le glucose du commerce laisse toujours après la déglutition une saveur astringente qui a la plus grande analogie avec celle dont nous venons de parler; seulement, il est certain qu'elle se développe à mesure que la fermentation approche de ses dernières périodes.

C'est à cette saveur étrange et désagréable, et à cette saveur seule, qu'il faut attribuer l'opinion, malheureusement trop accréditée de nos jours, que l'âcreté des bières n'a d'autre origine que *l'emploi* frauduleux *de la racine de buis*. Le public est le même partout, c'est-à-dire que sous toutes les latitudes possibles il juge et prononce en dernier ressort sur de simples apparences; il conclut sur des effets qu'il croit reconnaître, sans se donner la peine de remonter aux causes.

Après tout, ce n'est pas que son jugement soit dénué de vraisemblance dans la question qui nous occupe, car il y a une assez grande analogie entre la saveur d'une décoction de racine de buis et la saveur que laisse une dissolution de glucose après la fermentation.

Tels sont, en résumé, les pitoyables résultats que l'on obtient de l'*emploi du glucose; nous pensons qu'ils* sont de nature à appeler sérieusement, dans l'avenir, l'attention de nos lecteurs. Nous ne saurions le répéter trop souvent, le *seul* avantage qui lui soit inhérent, c'est de ralentir la fermentation, ou plutôt c'est de permettre d'opérer à des températures élevées; mais, encore une fois, l'emploi des sucres bruts aboutit exactement aux mêmes résultats et n'offre aucun des inconvénients du glucose, quand on évite de les soumettre à la période de décomposition à laquelle nous avons donné le nom de fermentation primaire. Il convient donc de ne les ajouter aux moûts que lors du premier remplissage; car, comme nous le verrons une dernière fois en parlant de la *conservation des bières*, l'emploi des sucres bruts, tel que nous l'indiquons ici, retarde de beaucoup l'invasion de la fermentation acide. Avec les sucres bruts, non-seulement la quantité d'alcool produit est doublée, mais encore la reproduction du ferment se fait mieux, plus abondamment, et la clarification des bières ainsi obtenues devient par conséquent très facile; avec le glucose, c'est toujours le contraire qui a lieu.

On a prétendu que la fermentation des moûts ne pouvait s'établir sans le concours du ferment, ou du moins que si elle s'établissait, ce ne pouvait être qu'en l'absence de la lupuline du houblon ; telle est l'opinion de M. Liebig lui-même, le chimiste qui s'est le plus occupé de la fermentation de la bière ; voilà les explications que M. Liebig donne à ce sujet : « Nous avons déjà fait observer que, *dans beaucoup de localités de la Belgique*, on fabrique avec l'orge, le froment, le blé-sarrasin, l'avoine, sans y ajouter de houblon, des boissons spiritueuses (bière blanche) qui se distinguent par leur saveur sucrée de toutes les bières proprement dites. Une circonstance fort remarquable dans cette fabrication, c'est que la fermentation s'établit d'elle-même dans le moût, *en vertu de l'absence du houblon*, tandis que les parties aromatiques du houblon empêchent la fermentation dans les bières brunes. Pour déterminer la fermentation dans les bières blanches, on n'y ajoute donc pas de levûre, et cependant elle s'y achève entièrement comme dans les raisins et dans d'autres sucs végétaux. »

Quelque respect que nous ayons pour les opinions d'un savant aussi distingué que M. Liebig, il nous est impossible d'admettre que l'absence du houblon soit la cause déterminante de la *fermentation naturelle* dans les bières blanches dont parle l'auteur (d'abord, il n'existe pas de bière fabriquée sans houblon), et que la présence du houblon soit un obstacle à la fermentation naturelle dans les bières brunes. Nous avons vérifié ces faits, et voilà ce qui est résulté de nos expériences : nous avons introduit, le 25 juin 1846, dans une tourille à kirsch, en verre blanc, 70 litres de bière brune très fortement houblonnée; la fermentation s'est établie après quarante heures de repos; le liquide indiquait + 18° au moment de son introduction dans la tourille; pendant les quatorze jours qu'a duré la fermentation, la température moyenne de notre laboratoire a été + 22°. La fermentation s'est opérée sans intermittence, et nous n'avons pu observer qu'un dégagement constant de gaz acide carbonique, sans qu'il y eût projection de la levûre hors de la tourille. Il s'est formé un dépôt aussitôt que la fermentation s'est établie, et ce dépôt adhérent aux parois internes de la tourille devenait d'autant plus abondant que la fermentation avançait davantage vers son terme. Au bout de quatorze jours et alors que la fermentation était complétement achevée, nous avons décanté le liquide afin de séparer le dépôt qui s'était formé. Le produit ainsi obtenu, soumis à la clarification par la colle de poisson, est toujours resté trouble; l'ayant dégusté après quelques jours, nous ne lui trouvâmes aucun des caractères qui distinguent la bière proprement dite; ce n'était, à vrai dire, qu'un détestable breuvage, d'une saveur repoussante, et auquel il était impossible de donner le nom de bière. Comme nous avions conservé le dépôt, nous nous en servîmes le lendemain, en guise de levain, sur une quantité égale de liquide, et celui-ci se comporta exactement comme celui que nous avions employé d'abord; seulement, l'opération terminée, nous eûmes le double de matière déposée sous les apparences d'un sédiment jaune sale, plus gris que la levûre.

Il résulte nécessairement des faits que nous venons

d'énoncer que le houblon ne peut, seul, s'opposer au développement de la fermentation naturelle, et que celle-ci s'établit toujours, dans un temps plus ou moins rapproché, selon diverses circonstances que nous allons passer en revue.

Nos lecteurs ont dû comprendre immédiatement quel était dans ce cas l'agent fermentescible dont l'action amenait la décomposition du sucre et sa transformation en alcool; c'est le gluten évidemment; car, comme nous l'avons déjà dit, le gluten est, après le ferment, le corps qui possède au plus haut degré la propriété de métamorphoser le sucre en alcool; ainsi, dans le raisin, par exemple, c'est le gluten qui joue le rôle de ferment, comme dans le lait c'est le sérum.

Nous avons pu nous convaincre, par des expériences directes et souvent répétées, que dans les moûts de bière abandonnés à eux-mêmes la fermentation naturelle s'établit d'autant plus promptement que le gluten a été plus altéré par l'exposition du malt à l'air, et surtout à l'air humide. Ainsi, nous avons vu fréquemment des moûts fabriqués avec du malt abandonné au contact de l'air depuis plusieurs mois entrer en fermentation, dans une bouteille ordinaire, après vingt-quatre heures, tandis qu'elle ne s'établissait qu'après trois, quatre et même cinq jours lorsque nous avions employé un malt récemment préparé.

De toutes les causes accidentelles de l'infériorité des produits pendant la saison des chaleurs que nous avons signalées jusqu'à présent, celle que nous venons d'indiquer est sans contredit l'une des plus importantes;

c'est là, on peut en être convaincu, que réside la plus grave difficulté. Dans ce cas, en effet, ce n'est pas seulement la levûre ajoutée aux moûts qui réagit sur le sucre; le gluten agit en même temps, car nous l'avons déjà dit, le gluten ne peut servir à la nutrition et à la reproduction du ferment qu'autant qu'il est resté pur; or, c'est positivement quand son altération est arrivée à un certain degré que le ferment agit peu sur les moûts et que le gluten vient pour ainsi dire prendre sa place. En hiver, lorsque le malt est nouveau et que le gluten s'y trouve à un plus grand état de pureté, le contraire a lieu; les produits sont meilleurs, plus purs et d'une conservation plus certaine. Ce qui peut prouver une fois de plus que dans cet état le gluten du malt est impropre à la nutrition et à la reproduction du ferment, et qu'il joue le rôle de ce dernier à l'égard de la transformation du sucre en alcool, c'est que dans ce cas, au lieu d'obtenir 6 de ferment après en avoir employé 1, il arrive souvent qu'on en obtient à peine 2; c'est ainsi que les produits qui en résultent laissent après la déglutition une saveur analogue à celle que produit la bière lorsqu'elle a éprouvé la fermentation naturelle, c'est-à-dire quand le gluten seul a opéré la transformation du sucre en alcool.

Il est facile d'expliquer maintenant pourquoi, en augmentant en été la proportion de malt, même de 30 à 40 pour 100, on est loin d'obtenir des résultats aussi satisfaisants que pendant l'hiver. C'est qu'en effet on ne fait qu'ajouter à la cause agissante cette cause elle-même; dès lors, il est impossible de tirer de cette addition une compensation équivalente au sacrifice que s'impose le praticien. Il faut ajouter à cela qu'une portion de la diastase du malt ayant été profondément altérée, est devenue incapable de transformer l'amidon en sucre pendant les infusions, et que, dans tous les cas, l'acide lactique qui s'est formé s'oppose à l'action de la diastase restée pure. De là, nécessairement, moins de sucre après les infusions, moins d'alcool après la fermentation, par conséquent plus de chances d'acétification, puisque la proportion de gluten altéré y est plus considérable, et que, comme nous l'avons vu, celui-ci facilite la fermentation acétique, en même temps qu'il sert de véhicule à la fermentation putride.

Si à ces causes, que les faits que nous avons apportés à l'appui nous engageraient à nommer *directes*, on ajoute cette myria de depetites causes *indirectes*, de mécomptes, que nous avons signalées dans le cours de notre ouvrage, on parvient à expliquer rationnellement les difficultés sans nombre qui assiégent le brasseur à l'époque des saisons chaudes, et qui frappent les produits d'été d'une défaveur de plus de 55 pour 100 comparativement à ceux d'hiver, bien que les premiers coûtent réellement 25 pour 100 de plus.

L'emploi d'un excédant de malt pendant les mois d'été ne peut donc être qu'un correctif insignifiant des difficultés que présente la fabrication à cette époque; cette insuffisance est d'autant plus manifeste que le sucre produit par le malt est plus facilement décomposable qu'aucun autre, et que, par le mode d'emploi qu'on en fait, il est obligé de passer successivement par toutes les phases de la fermentation alcoolique; or, comme la fermentation peut agir énergiquement sur lui pendant les deux premières périodes, il en résulte que la fermentation tertiaire ne se développe que faiblement; dès lors, la fermentation acétique ne tarde pas à envahir les produits, et cela d'autant plus facilement que l'atmosphère est à une température plus élevée.

Nous avons donc une foule de raisons pour recommander l'emploi des sucres bruts, tant comme moyen d'introduire dans les moûts la moins grande quantité possible de gluten que de prolonger la durée de la fermentation tertiaire, en augmentant ainsi les proportions d'alcool.

Section VI. — Clarification (collage).

§ 1. Préparation de la colle de poisson.

La clarification est une opération qui a pour but de dépouiller la bière de tous les corps en suspension qui troublent sa transparence, et de les précipiter au fond des vaisseaux qui contiennent le liquide.

La substance employée généralement à la clarification des boissons a reçu le nom d'*ichthyocolle*, ou *colle de poisson*. Voici ce que dit à ce sujet M. J. Girardin, dans ses *Leçons de chimie élémentaire*, page 466: « La plus pure de toutes les espèces de gélatine, et en même temps la plus estimée et la plus chère, est la colle de poisson ou ichthyocolle. Ce n'est autre chose que la membrane interne de la vessie natatoire de plusieurs espèces d'esturgeons, très communs dans le Volga et autres fleuves qui se jettent dans la mer Noire et dans la mer Caspienne. On plonge la vessie natatoire dans l'eau froide pour la ramollir et en détacher la membrane extérieure ; l'intérieure est ensuite roulée en forme de lyre, de cœur, ou seulement ployée en carré, puis blanchie à l'acide sulfureux, et séchée. Cette sorte de gélatine vient de Russie.

« Les longues bandes d'ichthyocolle, roulées comme en ruban, sont les intestins de la morue. Il y a aussi de la *colle de morue en tablette.*

« La colle de poisson est fort usitée pour donner du lustre et de la consistance aux étoffes de soie, aux rubans, aux gazes ; pour préparer les fleurs artificielles et le papier glacé ; pour encoller le taffetas et lui communiquer une propriété adhésive qui le fait servir, sous le nom de taffetas d'Angleterre, à rapprocher les deux bords d'une plaie ; pour contrefaire les perles fines ; pour coller la porcelaine et le verre. Les lapidaires l'emploient pour monter les pierreries. On prépare avec sa dissolution, suffisamment concentrée et additionnée de sucre, d'aromates et de vins généreux ou de rhum, des gelées fort agréables qu'on sert sur les tables. C'est avec cette même dissolution pure qu'on clarifie la bière, le vin, l'infusion de café et autres liqueurs ; le collage de la bière en consomme une très grande quantité. »

Dans le commerce, on trouve la colle de poisson en nature, ou disposée d'avance pour le collage des vins. La première surtout existe sous deux formes, savoir :

en rouleaux cintrés et sous forme de couronne, ou en feuilles. C'est généralement dans ce dernier état que l'ichthyocolle est employée par les brasseurs. On reconnait celle qui est de bonne qualité non-seulement à sa blancheur, mais encore à sa transparence et à l'aspect nacré et diapré qu'elle présente en la plaçant entre le rayon visuel et la lumière. Si les feuilles sont souples et minces, c'est encore un indice favorable à ajouter à ceux que nous venons d'énumérer.

Pour convertir la colle de poisson en une gelée transparente capable de servir à la clarification des boissons, il faut d'abord faire macérer les feuilles dans l'eau froide pendant environ douze heures; cette première opération a pour but de faire absorber à la colle de poisson la plus grande quantité d'eau possible, afin de l'assouplir et de la rendre plus propre à être mise en pâte. Lorsque l'imbibition de la colle est suffisante, et elle l'est toujours dans un espace de temps qui peut varier de dix à seize heures, elle est reprise par petites parties, et placée dans la main gauche sous la forme d'une boule qu'on malaxe avec le pouce de la main droite et les autres doigts de la main gauche. Le pouce doit pénétrer jusqu'au centre de la boule; les doigts de la main gauche agissent à peu près de la même manière. Cependant, à la rigueur, ceux-ci pourraient être considérés comme n'ayant qu'un rôle accessoire, celui de maintenir la masse dans sa forme primitive, tandis que le pouce de la main droite, en y pénétrant, la comprime et la déchire, ou plutôt divise la substance au point d'en faire une pâte homogène, ressemblant assez bien à celle que les enfants produisent par la mastication du papier.

Pendant cette opération, la colle s'échauffe tant par le frottement que par la chaleur des mains ; il est bon de la maintenir à une douce température, parce qu'elle s'amollit et se triture ainsi plus facilement, mais il ne faut cependant pas laisser cette température s'élever indéfiniment ; aussi a-t-on soin de plonger les mains et la colle dans l'eau fraîche, quand la chaleur devient trop forte.

Lorsque l'opération est complète, la colle doit présenter l'aspect du papier mâché. En général, on opère d'autant mieux et d'autant plus vite que la colle de poisson est de meilleure qualité. Si, au contraire, elle est d'une qualité inférieure, la malaxation est longue, difficile, la masse renferme de nombreuses fibres, espèces de cartilages qui refusent de se réduire en bouillie et de se dissoudre dans les acides dont nous allons parler.

Après avoir été ainsi amenée à l'état d'une pâte blanche, la colle est délayée au moyen d'un petit balai, dans environ soixante fois son poids d'eau ; le liquide qui en résulte offre un aspect laiteux dû aux molécules de colle qu'il tient en suspension; on passe le tout au travers d'un tamis qui retient sur ses mailles les parties cartilagineuses insolubles, dont la présence est absolument inutile. Dès que cette grossière filtration est terminée, on opère la conversion du liquide en une gelée transparente, en y ajoutant, soit de l'acide acétique (vinaigre), soit de la vieille bière, ce qui revient absolument au même. Pour en faire usage lorsqu'elle est dans cet état, il suffit d'en ajouter une bouteille environ par hectolitre de bière fabriquée et d'agiter fortement le tout pour opérer un mélange bien intime. Lorsque les conditions favorables à la clarification se trouvent suffisamment réunies, l'action de la colle de poisson a lieu après quelques heures de repos, mais il faut compter en moyenne sur douze heures environ.

C'est uniquement pour faire connaître le mode actuel de préparation de la colle de poisson que nous venons de parler d'acide acétique et de vieille bière, car nous ne saurions approuver en aucune façon cette méthode; il est infiniment préférable d'employer l'acide tartrique. Nous reviendrons sur cette question, avec tous les détails nécessaires, en nous occupant de la *conservation des bières.*

Quel que soit l'acide dont on se serve pour la préparation de la colle de poisson, la proportion en doit être telle que tout le liquide se prenne en une gelée toujours très transparente, mais dont la densité sera proportionnelle à la quantité de colle introduite dans un volume donné de liquide.

On doit toujours, autant qu'on le peut, tenir la colle de poisson préparée à l'abri du contact de l'air, c'est-à-dire dans des bouteilles hermétiquement fermées; car cette colle perd promptement à l'air la propriété qu'elle possède à un plus haut degré qu'aucune autre, de clarifier les liquides.

Les proportions d'ichthyocolle liquide nécessaires à la clarification varient avec une foule de circonstances que nous allons bientôt examiner, mais en règle générale quelques grammes de colle en nature, préparés comme nous venons de l'indiquer, suffisent pour un hectolitre. Dans tous les cas, comme le volume de colle préparée, introduit dans un tonneau, remplace un volume de bière égal au sien, il en résulte que la dépense à laquelle entraîne l'emploi de la colle de poisson est à peu près compensée par le prix du volume de bière qu'elle déplace.

Bien que par les raisons que nous venons de donner l'usage de la colle de poisson ne soit nullement dispendieux, ou au moins ne coûte que fort peu de chose, bien qu'elle soit, de toutes les substances employées jusqu'à ce jour, celle qui donne les résultats les meilleurs et les plus certains, nous savons que, dans quelques contrées du département du Nord, on se sert d'une *colle au cuir*, espèce de colle-gélatine infecte, et dont nous avons peine à concevoir l'admission dans la préparation des boissons.

Les brasseurs intelligents et instruits l'ont compris, et, à l'heure où nous écrivons, il n'y a plus que quelques praticiens retardataires qui en fassent usage. Voici comment on procède pour fabriquer la colle au cuir: on soumet à une longue ébullition dans l'eau les rognures de cuir des bourreliers, les débris de parchemin, et spécialement les fragments de cuir blanc de Hongrie, de manière à obtenir une forte décoction gélatineuse que l'on emploie ensuite à la clarification des bières. Non-seulement il y a là un énorme contre-sens au point de vue de la durée de la conservation des produits, comme nous le prouverons bientôt, mais il ne doit même pas y avoir d'économie; car il faut dix fois plus de cette colle que de colle de poisson; en outre, son action est moins efficace et moins prompte.

Nous ne voyons donc aucun argument sérieux qui puisse militer en faveur de la colle au cuir. Nous exposerons dans les conclusions qui vont suivre les dangers auxquels elle expose la qualité des bières avec lesquelles on la mélange, et nous verrons tout ce qu'a de légitime le discrédit dans lequel elle est tombée.

La spéculation commerciale, beaucoup plus préoccupée d'arriver à la fortune que des moyens qu'elle met en œuvre pour y parvenir, a imaginé dans ces derniers temps de remplacer la colle de poisson par une espèce de colle-forte dont l'emploi aurait dû se borner aux usages de la menuiserie ou à l'encollage de certains tissus de laine. On a pris soin de changer le nom et la forme de cette gélatine infecte, on l'a décorée d'un nom nouveau, qui nous échappe, et on l'a présentée aux brasseurs en petites *tablettes* rappelant par leur *forme* celle de la colle à bouche dont se servent les dessinateurs.

Nous devons prévenir nos lecteurs que c'est là une *indigne mystification*, car le merveilleux produit *breveté* n'est autre chose que de la colle-forte de Givet dans laquelle on est parvenu à dissimuler l'odeur nauséabonde qui lui est propre par tous les moyens que la fraude est toujours ingénieuse à découvrir; aussi disons-nous encore une fois que si le devoir et l'intérêt bien entendu des producteurs en général sont d'accord pour les engager, dans tous les cas, à apporter une grande circonspection dans le choix de leurs matières premières, ceux qui s'occupent de la préparation des boissons alimentaires ne sauraient trop se tenir sur leurs gardes.

§ 2. Circonstances qui influent sur le succès de la clarification.

Le succès de la clarification est subordonné à bien des causes; nous allons les examiner successivement, car elles offrent toutes un grand intérêt dans l'application.

Parmi celles qui doivent fixer le plus spécialement notre attention, nous devons mentionner les suivantes: 1° l'état de dessiccation du malt au moment de la fabrication; 2° sa pureté et sa nature; 3° la température de l'eau employée à la trempe préparatoire et aux infusions; 4° la limpidité des moûts après la cuisson; 5° la nature du houblon; 6° l'activité de la fermentation; 7° la nature des sucres introduits dans les moûts; 8° l'élévation de la température ambiante et des bières elles-mêmes lors de la fermentation; 9° l'époque plus ou moins rapprochée de la préparation de la colle de poisson employée à l'opération; 10° la période de fermentation dans laquelle se trouve la bière; 11° le temps qui s'est écoulé depuis la fermentation.

Nous retouvons ici, on le voit, chacune des circonstances qui influent sur la clarification par le feu. Ainsi nous avons établi précédemment que plus la dessiccation du malt avait été complète, et plus la coagulation et la séparation du gluten étaient rendues faciles pendant la cuisson; la clarification des bières sera donc d'autant plus facile, après la fermentation, que le malt employé à la fabrication était lui-même dans un état de siccité plus complet. Toutefois, nous ne saurions trop le répéter, il faut se bien garder de pousser la dessiccation au delà des limites que nous avons indiquées, car les produits contracteraient promptement un goût particulier, désagréable, qui a fait donner aux bières qu'on en obtient le nom de *bières cuites*, tandis que la cuisson peut n'avoir joué aucun rôle dans cette circonstance. Ce qu'il est plus exact de dire alors, c'est que le plus souvent cette saveur est due à l'altération d'une partie notable de sucre par le feu pendant la dessiccation.

L'état de pureté du malt au moment de la fabrication exerce sur la clarification par le feu, comme sur celle par la colle de poisson, une influence semblable à celle que nous venons de signaler dans le cas précédent, c'est-à-dire que, abstraction faite des difficultés que l'on rencontre à l'époque des saisons chaudes, les moûts, et les bières qu'on en obtient, sont d'autant moins faciles à dépouiller de leurs impuretés que le malt a été plus profondément altéré par son exposition à l'air humide; cela tient, ainsi que nous l'avons établi précédemment, à ce que le gluten existant dans le malt a subi une altération qui s'oppose à sa coagulation par le feu, et par suite la précipitation des matières étrangères que les bières contiennent après la fermentation. Donc, plus le malt sera récemment préparé, et plus les produits qu'on en obtiendra seront faciles à dépouiller des marcs qui viennent ordinairement troubler leur transparence.

La *nature du malt* a aussi son action directe sur la clarification; car celui que l'on obtient du froment, tout en le supposant amené au même point de dessiccation et dans le même état de pureté que celui fourni par l'orge, produit des bières qui résistent davantage à l'action de la colle de poisson ; la cause en est à la plus forte proportion de gluten contenue dans le froment ; par les mêmes motifs, les produits du malt de seigle seront plus difficiles à traiter que les autres. Telle est l'une des principales causes qui ont fait repousser l'emploi de cette céréale et restreindre l'usage du froment dans la fabrication de la bière. Ce dernier, pour donner de bons résultats, doit toujours être récemment préparé et avoir subi une dessiccation complète.

La *température de l'eau employée aux infusions* et à la trempe préparatoire a également son importance dans la question qui nous occupe, puisque, comme nous l'avons prouvé, la coagulation et l'élimination du gluten sont d'autant plus faciles que l'eau dont on s'est servi dans ces deux opérations était à une température plus élevée ; or, la clarification par la colle de poisson étant subordonnée, comme nous l'avons montré, à la plupart des causes qui influent sur la clarification par le feu, il en résulte que, plus la difficulté d'obtenir des produits limpides après la fermentation sera grande, plus il sera nécessaire d'élever la température de l'eau dans les opérations de brassage comme nous l'avons indiqué précédemment.

On pourrait nous opposer qu'en procédant ainsi on n'obtiendrait que difficilement plus tard des bières mousseuses. A cette objection fondée nous répondrons que le remplissage par addition de matières sucrées a également pour but d'obvier à cet inconvénient, et nous en avons déduit les motifs en parlant des *remplissages*.

Si la *durée de la cuisson* a également pour résultat de faciliter la clarification des moûts, il est évident que la clarification par la colle de poisson sera d'autant plus certaine que la coagulation du gluten aura été moins rétive à l'action du feu. Cependant, comme les principes sucrés s'altèrent quand on prolonge trop la durée de la cuisson, et que les produits fabriqués contractent ainsi une saveur peu agréable, il est beaucoup plus rationnel d'élever sensiblement la température de l'eau au moment de séparer du malt les principes sucrés qu'il renferme.

La *nature du houblon* influe sur la clarification au même titre que les causes que nous venons d'analyser, puisque, comme nous l'avons démontré, la quantité de tannin renfermée dans la lupuline facilite à un haut degré la coagulation des matières étrangères que les moûts tiennent en suspension. Donc, plus le houblon employé à la fabrication sera riche en tannin, plus la clarification deviendra facile.

En général aussi la précipitation des marcs retenus dans les bières après la fermentation est subordonnée à l'activité de la fermentation elle-même ; c'est ainsi qu'en hiver, par exemple, des produits qui auront complétement fermenté en deux jours se clarifieront bien plus facilement que ceux dont la fermentation aura été conduite avec lenteur. En été pourtant, bien que la fermentation soit très active, il n'en est pas toujours ainsi; mais il ne faut pas perdre de vue que, dans ce cas, l'altération du malt ou des infusions par les causes que nous avons examinées y entre pour quelque chose; pour s'en convaincre, il suffit de tenir compte des difficultés que présente, à cette époque, la séparation des écumes.

La *nature des sucres* employés à la fabrication exerce également une action très sensible sur la clarification par la colle de poisson; ainsi, en supposant deux moûts de bière d'une égale densité, placés dans les mêmes conditions, mais renfermant, l'un une forte proportion de glucose et l'autre ne contenant que le sucre produit par la germination de l'orge, on verra le premier ne se dépouiller que très difficilement de ses marcs, tandis que le second cèdera à la moindre action destinée à précipiter les impuretés qui troublent sa transparence. Il est vrai que, de tous les sucres en usage, le glucose est celui qui retarde le plus la clarification des bières; les sucres bruts de betterave ou les sirops de sucre de canne n'offrent pas les mêmes inconvénients.

Nous venons de voir que, dans l'application, il fallait tenir compte de l'état de la colle de poisson au moment où l'on en faisait usage; en effet, son action sur les bières fermentées est d'autant plus prompte qu'elle est plus récemment préparée.

La *période de fermentation dans laquelle se trouvent les produits* lorsqu'on les soumet à la clarification est certainement l'une des causes qui influent le plus sur le succès de l'opération, principalement si la bière à clarifier passe d'un milieu où la température est basse dans un milieu où elle est plus élevée. Lorsqu'une bière quelconque est retirée d'une cave, par exemple, où elle a opéré lentement ses deux premières périodes de fermentation, pour passer dans un local où le thermomètre indique une température supérieure, voilà ce qui arrive et ce qui empêche la colle de poisson la mieux préparée et la plus pure de produire ses effets habituels. Toutes les fois qu'un liquide ou un corps quelconque passe d'un milieu froid dans un milieu tempéré, il tend nécessairement à se mettre en équilibre avec ce dernier. Or, si la bière placée dans de semblables conditions prend une certaine portion de calorique, ce calorique hâte le développement de la fermentation tertiaire; aussi voit-on, aussitôt que le changement de température se fait sentir, une nouvelle effervescence apparaître à l'ouverture supérieure du tonneau, effervescence due exclusivement à un dégagement de gaz acide carbonique qui, partant de chacun des points de la masse liquide, la soulève de bas en haut pour se rassembler au sommet. Mais en même temps l'action de la colle de poisson tend à opérer de haut en bas la précipitation des matières qui troublent la transparence du liquide. Il y a donc deux effets produits, deux forces agissant en sens inverse; si le dégagement du gaz a plus de puissance que l'action exercée dans le même moment par la colle da poisson, il en résulte que le rôle de cette dernière devient nul, puisque le dégagement d'acide carbonique tend nécessairement à la rejeter dehors.

Ainsi s'explique l'impossibilité où se trouvent quelques brasseurs, qui ne se donnent pas la peine d'en rechercher les causes, d'obtenir des bières d'une limpidité satisfaisante; elle tient en grande partie, peut-être uniquement, à la température beaucoup trop élevée de leurs caves.

D'après ce que nous venons de dire, il est facile de comprendre combien est grande l'influence qu'exerce une température élevée sur le succès de la clarification; il est donc indispensable que les bières à clarifier se trouvent aux plus basses températures possibles; c'est là la condition *sine qua non* du succès de l'opération. Pour le prouver, il nous suffira de rappeler que très souvent l'addition d'un litre d'eau très froide dans un hectolitre de bière suffit pour que la colle de poisson agisse presque immédiatement. Nous ne voyons aucun inconvénient à employer ce moyen lors des chaleurs de l'été.

Le *temps qui s'est écoulé depuis la fermentation* est encore un des éléments qu'il faut faire entrer en ligne de compte; car, comme nous l'avons vu dans les développements pratiques relatifs à la fermentation, c'est à partir du moment où commence la fermentation tertiaire que la bière tend, par un mouvement intestin, par un travail incessant et continu, à se dépouiller des matières de toute espèce qui troublent sa transparence; donc, plus le temps écoulé après la fermentation sera long, plus la précipitation dont nous venons de parler sera complète, et plus par conséquent l'action de la colle de poisson sera simplifiée.

Il est indispensable de tenir compte dans l'application des difficultés que présente la clarification et de modifier les différents procédés de fabrication en raison des circonstances que nous venons d'énumérer.

De misérables spéculateurs ont colporté de ville en ville, dans ces derniers temps, des procédés mystérieux et infaillibles pour assurer dans tous les cas le succès de la clarification ; comme toujours, les praticiens les plus crédules et les moins éclairés ont été dupes de ces sorciers de bas étage auxquels l'insuffisance de notre législation assure l'impunité. La plupart de ces procédés ayant un caractère d'adultération contre lequel il est bon que chacun se tienne en garde désormais, nous y reviendrons avec détail dans notre chapitre relatif aux *falsifications.*

§ 3. Emploi des copeaux de hêtre.

Parmi les moyens légaux que nous avons personnellement mis en œuvre et que nous avons vu pratiquer chez un grand nombre de nos confrères dans le but de clarifier les bières rebelles aux procédés ordinaires, nous devons mentionner en première ligne *l'emploi des copeaux de hêtre,* dont nous allons nous occuper pendant quelques instants.

Disons d'abord comment on opère.

Le titre que nous donnons à ce paragraphe semblerait indiquer que le hêtre dont on veut faire usage a besoin d'être divisé en copeaux minces et contournés en spirales ; pourtant, ce n'est pas dans cet état qu'il conviendrait de l'employer, ni qu'on l'emploie ordinairement ; c'est avec la plane, et non avec le rabot, que l'on parvient à diviser les bûches de hêtre d'une manière convenable. Après cette première opération, le bois est *échaudé*, c'est-à-dire immergé pendant quelques heures dans de l'eau très chaude, puis lavé à l'eau froide et mis à égoutter avant d'en faire usage. On donne ordinairement la préférence au hêtre vert.

Les tonneaux dans lesquels la clarification des bières doit s'opérer à l'aide de ce moyen sont défoncés à l'une de leurs extrémités, afin de pouvoir les emplir du tiers ou du quart de bois de hêtre préparé comme nous venons de l'indiquer, mais toutefois sans le tasser; puis le tonneau est *renfoncé* et rempli complétement de bière, après quoi on le bouche hermétiquement et on l'abandonne à lui-même. Il faut ordinairement près d'une semaine pour que la réaction soit complète; après ce temps, on a des bières aussi limpides que si elles avaient été soumises à l'action de la colle de poisson ; il en est même qui résistent obstinément à cette dernière et qui se dépouillent de toutes les matières étrangères au contact du hêtre divisé. Néanmoins, plus les produits à clarifier sont sains, et plus l'action est prompte.

Le mode d'action du hêtre sur les bières troubles n'a pas encore été expliqué d'une manière satisfaisante; nous pensons que cette réaction est due au tannin que le bois cède aux liquides avec lesquels il est en contact. Ce qui nous fait croire à la vraisemblance de cette opinion, c'est que les bières traitées de la sorte contractent une saveur particulière qui les rend sèches au palais, lors même qu'elles laissaient précédemment, après la déglutition, une saveur épaisse et pâteuse ; or, les propriétés légèrement astringentes du tannin nous paraissent être l'un des motifs principaux de ce phénomène.

Quelle que soit la cause qui détermine cette modification, nous pouvons affirmer qu'elle a toujours lieu en faveur de la qualité des bières ; celles qui ont été traitées de la sorte sont agréables au goût ; le parfum même du houblon semble se développer davantage, et les estomacs les plus délicats se les assimilent avec plus de facilité que toutes les autres boissons de même nature qui n'ont pas subi cette préparation.

Le séjour de la bière sur les copeaux de hêtre a encore pour effet de réveiller la fermentation tertiaire et de la développer sous la forme d'une mousse blanche et déliée ; peut-être même le contact immédiat de l'acide carbonique, mis de cette façon en liberté, avec les papilles et les glandes salivaires, contribue-t-il à développer le parfum du houblon, comme nous l'avons déjà indiqué en parlant de la marche de la fermentation. Dans cette circonstance, les matières qui troublent la transparence du liquide se séparent à mesure que la fermentation se développe avec plus de régulariité.

L'emploi des copeaux de hêtre comme moyen de clarification nous vient d'Allemagne. En Alsace, où la fabrication de la bière est généralement plus rationnelle que dans aucune autre contrée de la France, on n'a pas tardé à faire l'application de ce procédé, avec lequel on obtient toujours de bons résultats. Cependant nous devons ajouter que si dans le cours de la fabrication les bières ont rencontré ces mille causes d'insuccès que nous avons mis tant de soins à signaler, si, en un mot, elles sont radicalement mauvaises, on n'obtiendra par ce moyen qu'une amélioration insignifiante, si même on en obtient; quant à celles qui se refusent à la clarification par les copeaux de hêtre, on peut les considérer comme entièrement perdues.

Les bières qui, après cette opération, conservent une teinte opaline, c'est-à-dire qui ne se laissent traverser que difficilement par les rayons lumineux, peuvent être également considérées comme portant en elles le germe d'une altération profonde.

Si l'emploi des copeaux de hêtre, comme moyen de clarification, est légal, rationnel, et s'il donne toujours de très bons résultats quand l'application en est faite sur des produits de bonne qualité, il n'en résulte pas moins des manipulations fort longues, et par conséquent dispendieuses. Nous pensons que c'est par ces motifs que ce mode d'opérer est encore aussi restreint. Pourtant, la brasserie de Paris s'en est emparée avec beaucoup de succès dans la fabrication des *bières blanches* dites *de Strasbourg* qu'elle fabrique depuis quelques années, et qui ont puissamment contribué à refaire sa réputation quelque peu compromise précédemment par les trop nombreux emplois du glucose. Nous y reviendrons.

Ce procédé donne principalement de bons résultats avec les bières blanches, et cela est d'autant plus concevable que, par sa nature, la fabrication de ces dernières oppose des obstacles sérieux à la clarification ; en effet, le point peu avancé de dessication du malt, la basse température de l'eau dans la trempe préparatoire et les infusions, la courte durée de la cuisson, le peu de malt employé, relativement parlant, etc., etc., sont autant de circonstances qui nuisent à la facile clarification de ces bières.

Pour nous résumer sur cette question, nous dirons que la saveur fine et délicate communiquée aux bières par les copeaux de hêtre nous fait souhaiter vivement que l'application de ce procédé se généralise ; l'hygiène publique y gagnerait, en ce sens que les produits soumis à cette opération sont, comme nous l'avons déjà dit, d'une digestion beaucoup plus facile que les autres.

Le traitement des bières par les copeaux de hêtre ne doit précéder que de quelques jours la mise en consommation de celles-ci; car l'activité avec laquelle elle développe la fermentation tertiaire fait passer les bières promptement à la fermentation acétique. En général, les mêmes copeaux ne servent guère que pour trois ou quatre opérations ; à chacune d'elles, ils doivent être traités par l'eau chaude, comme nous l'avons indiqué au commencement de ce paragraphe.

Section VII. — Conservation des bières.

§ 1. Causes permanentes d'altération.

« Quand tout le monde a tort, tout le monde a raison. »

MIRABEAU.

Nous avons dit précédemment que la conservation des bières ne dépendait pas seulement de la quantité d'alcool produit par la fermentation, ni de la quantité de houblon employé, mais que ces deux causes y contribuaient seulement comme conditions auxiliaires.

Nous avons dit aussi, et nous croyons l'avoir suffisamment prouvé, que la conservation est d'autant plus facile que le développement de la dernière période de la fermentation alcoolique, en d'autres termes la fermentation tertiaire, était plus longtemps retardée. Toute la théorie de la conservation des bières est basée sur ce principe.

Supposons deux fûts de bière provenant d'un même brassin, ayant fermenté dans des conditions égales, mais lentement, et placés, le premier dans un milieu où la température est au-dessous de 0, l'autre dans un milieu d'une température égale à + 18°; dans le premier cas, une force assez puissante, le froid, viendra s'opposer au développement de la fermentation tertiaire; il pourra même la retarder indéfiniment; dans le second cas, au contraire, un agent énergique, la chaleur, en hâtera le développement, et une fois que tout le sucre aura été converti en alcool, les produits, en suivant l'ordre naturel des transformations, éprouveront d'abord la fermentation acétique, plus tard la fermentation putride. Pourtant, dans notre hypothèse, chacun de ces deux fûts contenait des quantités égales d'alcool et de houblon. Ces faits doivent donc nous rendre certain que plus nous prolongerons la durée de la fermentation tertiaire, plus nous retarderons l'invasion de la fermentation acétique, et plus, par conséquent, nous assurerons la longue et facile conservation des produits. Chaque brasseur connaît si bien ces faits qu'il choisit les caves les plus profondes et les plus froides pour y remiser les *bières de garde*, qui ne doivent être livrées à la consommation que quelques mois après leur fabrication. Comment opère-t-on ordinairement à l'égard de ces bières? C'est ce que nous allons examiner.

Le printemps étant l'époque la plus favorable au succès de toutes les opérations qui constituent l'ensemble de la fabrication, c'est ce moment qu'on choisit de préférence pour fabriquer les *bières* fortes dites *de garde*. En effet, c'est au commencement de cette saison, en mars, que la température extérieure est à peu près égale à la température des caves les plus froides; par ces motifs, la germination des grains a lieu régulièrement; l'aérage des grains au sortir du germoir a également lieu sans secousse violente, en raison de l'égalité de température qui existe entre celle des germoirs et des greniers d'aérage; enfin les principes sucrés que la germination a développés dans l'orge étant séparés immédiatement du malt, ce dernier n'a pas le temps de subir au contact de l'air les nombreuses transformations qu'il éprouve ordinairement; par conséquent, on se trouve placé dans les conditions les plus favorables pour extraire du malt tous les principes utiles qu'il peut abandonner au profit de la qualité des moûts.

A ces premiers avantages nous devons encore ajouter la préparation récente du malt et le peu d'élévation de la température ambiante qui, en facilitant la séparation aussi complète que possible, lors de la cuisson, de tout le gluten inutile à la nutrition du ferment, permettent d'obtenir des moûts de la plus grande limpidité. Le refroidissement lui-même s'opère de la manière la plus satisfaisante; car à l'époque que nous avons indiquée, la fraîcheur des nuits fournit ordinairement le moyen de faire descendre les moûts à + 6 ou 8°; cette même température exerce la plus heureuse influence sur la fermentation, puisque les quantités d'alcool produites par l'action du ferment sur le sucre sont d'autant plus grandes que la fermentation s'opère plus lentement; cette même cause qui, comme auxiliaire, agit sur la durée de la conservation, contribue puissamment à laisser à la fermentation tertiaire la plus grande quantité possible de principes sucrés à transformer en alcool.

Il est impossible, on le voit, de grouper plus heureusement les causes de succès et de se trouver dans des conditions de production plus favorables qu'au printemps. Est-ce à dire pourtant que cela suffise? Non, évidemment, et ce qui le prouve, c'est que les bières fabriquées en mars et en avril passent à la fermentation acétique d'une manière très intense dans l'espace de un, deux, trois ou quatre mois après la fabrication; et cependant il serait très aisé de les mener d'une année à l'autre, non seulement sans qu'elles perdent quoi que ce soit de leurs qualités primitives, mais même en les améliorant, c'est-à-dire en les rendant plus généreuses et plus bienfaisantes; car pour un prix égal elles renfermeroient plus d'alcool et deviendraient ainsi plus faciles à digérer en étant plus légères. Telle est du moins la solution du problème qui nous a occupé pendant longtemps et que nous avons enfin résolu par des expériences nombreuses et directes, sur lesquelles nous reviendrons dans quelques instants.

Dans le mode ordinaire de fabrication on se contente,

lorsque les *bières de garde* ont cessé de fermenter dans les entonneries, de les descendre dans une cave, comme nous venons de le dire ; on bouche hermétiquement l'ouverture supérieure des tonneaux ou on en réserve une très petite, pour faciliter la libre expansion des gaz que dégage la fermentation tertiaire ; cela fait, on abandonne les fûts à eux-mêmes, et on se borne à les remplir complétement chaque fois que le besoin l'exige.

Sans doute il est bon de soustraire les liquides fermentés à l'action des rayons lumineux, puisque ceux-ci aident à la transformation de l'alcool en acide acétique, et que c'est là ce qu'on veut éviter ; mais malheureusement il y a bien d'autres causes d'acétification ; car indépendamment du gluten, dont nous avons signalé l'action, le bois qui sert à la confection des tonneaux y contribue de deux manières, et avec une énergie qui nous a souvent désespéré. « Le bois, dit M. Raspail, est un tissu d'orifices étroits, à travers lesquels l'oxygène de l'air peut circuler tout aussi bien qu'à travers l'orifice d'un chalumeau.... Si tous les corps poreux possèdent à un degré plus ou moins inférieur la propriété combustive, c'est parce que dans leurs pores il s'établit des courants, que ces courants déterminent la pression extérieure, et que les gaz ne sauraient être combinés sans rapprocher leurs atomes respectifs, ni rapprocher leurs atomes sans dégager les couches isolantes qui les enveloppent.

« La fermentation n'est qu'une combustion dans un liquide. Elle ne saurait avoir lieu sans la présence de tissus organisés ou de corps poreux d'une structure analogue;.... les courants qui s'y établissent y jouent le rôle d'un piston; les éléments du liquide qui se gazéifient viennent se rencontrer, entraînés par le courant dans l'orifice étroit, et se combiner en produits dont la diversité ne tient plus qu'à la nature des liquides et des tissus qui sont mis en présence, mais qui se réduisent tous en diverses combinaisons et dans des proportions différentes.

« Cette analogie de la fermentation donne très bien la raison pour laquelle la fermentation d'un suc change de caractère et fournit de tout autres produits, selon que la lumière vient des parois du vase ou de la surface du liquide, selon que le liquide s'en imprègne ou en est enveloppé, selon que la chaleur lui arrive par tous les points, ou seulement par le point du vase qui est en contact avec la terre, ce réservoir inépuisable de chaleur selon que les tissus surmontent le liquide, ou le liquide le tissu; toutes circonstances qui impriment aux courants comprimants des intensités et des directions différentes [1]. »

« Pendant le séjour du vin dans les tonneaux, dit M. Liebig, il s'opère à travers les parois ligneuses de ces vaisseaux un renouvellement d'air continu, quoique extrêmement lent; en d'autres termes, le vin est dans un contact non interrompu avec une très faible quantité d'oxygène. C'est pourquoi, au bout d'un certain laps de temps, on voit se déposer sous forme de lie

(1) Raspail, *Nouveau Système de chimie organique*, tome III, pages 765 et 766.

toutes les substances capables d'exciter l'acidification, qui restaient encore dans le vin[1]. »

Ainsi nous ne devrons plus élever de doute sur l'existence des courants qui s'établissent dans les liquides par suite de la porosité des bois, et sur l'action exercée par eux sur les bières destinées à être conservées. Mais ce n'est pas tout; nous avons encore à examiner avec attention les phénomènes produits par la décomposition du bois et par les modifications que ses éléments subissent en changeant de nature.

Nous avons eu occasion d'avancer précédemment un fait qui a pour nous une très grande importance, c'est que, lorsque le vinaigrier opère dans des fûts neufs, il est obligé pour hâter la conversion de l'alcool en vinaigre, d'ajouter dans ces fûts une plus forte proportion de levûre que s'il opérait dans des vaisseaux ayant déjà servi, et même d'y ajouter des vins en voie d'acétification; nous avons vu aussi qu'à mesure que le bois s'imprégnait de liquides acidifiés, l'addition de ces matières devenait inutile, parce que la surface du bois, en agissant à la manière d'un ferment acétique, suffisait pour transformer l'alcool en vinaigre.

Telles sont positivement les conditions permanentes dans lesquelles se trouvent placées les bières que l'on a le plus grand intérêt à conserver. Ici, la solution du problème présente quelque difficulté, et la question ne sera définitivement résolue que quand on aura trouvé le moyen de remplacer les tonneaux par des vases inaltérables au contact de la bière et impénétrables par

(1) *Lettres sur la Chimie*, page 198.

l'air et les liquides; conditions difficiles à concilier avec la solidité et le prix de revient. Ne désespérons pas pourtant; mais, en attendant, occupons-nous de ce qui est immédiatement réalisable pour assurer la conservation des bières en aussi bon état et aussi longtemps que possible; pour cela, examinons d'abord les causes qui contribuent si puissamment à dénaturer les produits que l'on fabrique au printemps pour la consommation d'été.

Les *bières de garde* sont ordinairement remisées dans des caves, sans que l'on tienne compte de l'état dans lequel elles se trouvent, sans avoir égard à leur plus ou moins grande limpidité. Le fait a pourtant une importance sérieuse; car, en supposant deux fûts d'égale capacité, mais dont l'un renferme une bière limpide et l'autre une bière trouble, c'est-à-dire chargée d'une quantité considérable de marcs, il sera certainement bien plus facile de conserver la première que la seconde.

Deux causes puissantes contribuent à ce résultat; la première, c'est que les marcs constituent un ferment proprement dit, moins énergique que la levûre sans doute, mais capable de convertir promptement le sucre en alcool comme pourraient le faire l'albumine, la caséine, le lait d'amandes, la fibrine ou plutôt le *ferment mort*; car, dans notre opinion, telle doit être la composition des *marcs de bière*. Quoi qu'il en soit, le fait que nous constatons n'en est pas moins exact; pour s'en convaincre, il suffit de séparer ces marcs et de les ajouter, en guise de levain, à une dissolution de sucre dans l'eau, pour que la fermentation s'établisse au bout de quelque temps, et comme nous l'avons indiqué pour les moûts de bière abandonnés à eux-mêmes, dans lesquels la fermentation naturelle se développe promptement.

M. Liebig nous fait connaître, à l'égard de la fermentation du vin, un fait identique et qui justifie ce que nous venons de dire. « Dans le jus de raisin peu riche en sucre, il reste, après l'achèvement de la fermentation et après la conversion du sucre en acide carbonique et en alcool, une quantité notable de *principes azotés* qui continuent à jouir des mêmes propriétés qu'avant la fermentation[1]. »

Ce que M. Liebig désigne sous le nom de principes azotés n'est en réalité autre chose que les matières restées au sein des liquides après la fermentation et que, dans le langage pratique, on appelle marcs de vin, *marcs de bière*. Par conséquent, si les substances qui troublent la transparence des bières après leur fermentation sont capables de réagir sur la portion de sucre qui a échappé à l'action première du ferment, il est évident que le terme de la fermentation tertiaire se trouvera d'autant plus abrégé que la proportion en sera plus forte, et que le développement de la fermentation acétique en sera avancé d'autant. Telle est la première. cause qui contribue à l'*altération des bières*

La seconde n'est pas moins énergique. Aussitôt que les dernières portions de sucre ont disparu sous l'action des marcs, ceux-ci continuent sur l'alcool déve

(1) *Lettres sur la Chimie*, page 196.

loppé par la fermentation leur rôle désorganisateur, dont le résultat immédiat est la transformation de l'alcool en acide acétique. Le moyen de le prouver est aussi simple que dans le cas précédent. Il suffit d'introduire dans deux vases une égale quantité d'alcool, mélangé avec dix fois son volume d'eau, de délayer des marcs de bière dans l'un des deux, et de les abandonner ainsi à eux-mêmes. Si, après un temps plus ou moins long, on examine ces deux liquides, on voit que celui dans lequel on n'a pas ajouté de résidu est resté en quelque sorte dans son état primitif, tandis que l'autre développe une odeur aigrelette intense et laisse au palais une saveur acétique très prononcée.

Ici encore les expériences de M. Liebig viennent justifier les recherches auxquelles nous nous sommes livré : « J'ai déjà dit plus haut que les éléments azotés du jus de raisin qui restent dans le vin après la fermentation excitent celle du sucre ; une fois que le sucre a disparu, ces principes exercent sur l'alcool une action tout à fait semblable à celle du bois en voie de décomposition, c'est-à-dire qu'ils provoquent et favorisent l'acidification de l'alcool... Si l'on enlève ces substances, le vin et la bière perdent totalement la faculté de s'acidifier [1]. »

Pour être moins absolu que M. Liebig, nous disons : de toutes les causes qui contribuent à l'*acétification des bières*, celles que nous venons de signaler sont certainement des plus puissantes ; mais leur destruction ne donnerait pas toutes les garanties nécessaires à la

(1) *Lettres sur la Chimie*, pages 196 et 197.

conservation des produits; les conditions essentielles pour y parvenir sont : 1° de prolonger autant que possible la durée de la fermentation tertiaire, parce qu'elle retarde d'autant l'invasion de la fermentation acétique; 2° de séparer tous les résidus insolubles qui exercent une action fermentescible sur les parties sucrées propres à prolonger la durée de la fermentation tertiaire et sur l'alcool produit par la fermentation. De cette façon, en effet, la bière peut perdre, pour un temps fort long, la faculté de s'acidifier, mais dans aucun cas elle ne peut être mise *totalement* à l'abri de la fermentation acétique.

Outre les considérations que nous venons de présenter, il en est encore deux autres qui nous frappent et qui, envisagées de sang-froid, constituent une des plus étranges anomalies parmi toutes celles que nous avons signalées dans la fabrication de la bière. Nous avons dit que, pour préparer la colle de poisson nécessaire à la clarification, on employait l'acide acétique, le vinaigre proprement dit. Est-il possible d'expliquer un semblable contre-sens? On cherche à éviter la formation de l'acide acétique dans la bière parce que cette formation est l'un des premiers degrés de sa dégénérescence, et on introduit bénévolement ce même acide au milieu des produits! Mais on oublie donc que ce vinaigre va servir de véhicule à celui qui, pour se produire, n'attend que le concours d'un agent semblable à lui? C'est faire exactement ce que fait le vinaigrier pour activer l'acétification qu'il veut obtenir, qu'il cherche à développer le plus rapidement possible; c'est offrir à la fermentation acétique un moyen infaillible de se produire instantanément aux dépens des liquides dont on désire assurer la conservation.

Sans doute l'emploi d'un acide est indispensable à la conversion de la colle de poisson en gelée; mais est-ce à dire que l'acide acétique soit le seul sur lequel on puisse jeter les yeux, alors surtout qu'il est seul capable de faciliter l'invasion de la fermentation acide? Non, assurément; car les *acides tartrique*, malique, citrique, etc., peuvent produire les mêmes effets sans avoir les mêmes inconvénients. Les praticiens éclairés l'ont compris, et, depuis quelques années, l'acide tartrique a remplacé l'acide acétique. Nous regrettons que la généralité des brasseurs n'ait pas encore adopté ce moyen dont les bons résultats ne sauraient faire l'objet d'un doute.

Si la prudence conseille d'éloigner les matières dont la présence peut jeter la perturbation dans les produits que l'on fabrique, on devra avec bien plus de raison, ce nous semble, éviter l'introduction volontaire de corps dont la nature peut favoriser les décompositions dont toutes les matières organiques sont susceptibles. Or, à l'égard de la fabrication de la bière, il semble que l'on prend tous les moyens d'arriver à un but contraire à celui qu'on se propose. En effet, si l'emploi de l'acide acétique dans cette fabrication est une faute injustifiable, que dire de celui de la gélatine, ou des *pieds de veau* lors de la cuisson?

Nous avons dit que la fermentation acétique n'avait besoin pour se produire que de la présence de l'alcool, de l'eau et du contact de l'air, et que la dernière période de décomposition, c'est-à-dire la fermentation putride, pouvait se manifester au sein des matières végétales et animales, mais particulièrement dans ces dernières, lorsqu'elles avaient le concours de l'eau, de l'air et d'une température favorable aux autres fermentations; nous avons ajouté que l'agent fermentescible le plus énergique, la levûre, pouvait activer ces décompositions multiples et en rendre l'action cent fois plus énergique. Telles sont encore les conditions dans lesquelles se trouvent la plus grande partie des bières que l'on veut conserver, puisque l'eau, le ferment et la gélatine des pieds de veau se trouvent associés l'un à l'autre de la manière la plus intime, et reçoivent tous également le contact de l'air.

L'emploi de la gélatine est-il logique? Comment expliquer de pareilles contradictions? En thèse générale, vous avez un grand intérêt à développer dans vos bières la plus grande quantité possible d'alcool, et vous fournissez à cet alcool tous les moyens de se dénaturer, de se transformer en vinaigre; puis, sans tenir compte de cette transformation qui sera naturellement et immédiatement suivie de la fermentation putride, vous offrez à cette dernière l'aliment qui lui convient le mieux, vous lui présentez la gélatine à l'état de division le plus complet! Certes, il serait IMPOSSIBLE de faire plus si l'on désirait que l'altération se manifestât avec une extrême rapidité.

Voilà, à notre avis, de quoi justifier la réprobation dont nous avons frappé toute espèce d'emploi de la gélatine ; si la raison ne suffisait pas, l'expérimentation directe serait là pour nous appuyer.

Nous ne devons donc plus être surpris de voir se perdre totalement, en quelques mois, des bières assez riches en alcool et en houblon pour pouvoir se conserver pendant une année si, préalablement, on les avait soustraites à toutes les causes d'altération que nous venons de signaler.

En parlant de la conservation des bières d'une année à l'autre, il est bien entendu que nous n'entendons pas dire que ce soit à la manière des vinaigres d'Orléans et comme cela se pratique à l'égard de certaines bières des départements du Nord ; car ce ne peut être une boisson salutaire que celle dans laquelle l'acide acétique a remplacé l'alcool et dans laquelle on trouve une quantité considérable de matières animales en voie de décomposition. Nous croyons n'avoir rien exagéré en citant dans cet ouvrage l'opinion d'un savant éclairé, M. Rostan, sur les dangers que présente l'introduction de ces liquides dans l'économie animale, et nous croyons de notre devoir de répéter une dernière fois que c'est là une boisson dangereuse.

A Dieu ne plaise que nous ayons l'intention de faire peser sur les brasseurs des départements du Nord la responsabilité de cette manière de fabriquer, car nous savons mieux que personne ce qu'il peut en coûter pour résister aux exigences de la consommation et aux volontés du marchand.

Nous avons prouvé que l'introduction des pieds de veau dans les chaudières, que la gélatine enfin ne pouvait jouer que le rôle d'un épaississant; il nous semble que la *dextrine*, par laquelle nous avons conseillé de la remplacer, et qui peut produire les mêmes résultats, serait de beaucoup préférable, puisque le ferment est sans action sur elle, qu'elle offre par conséquent moins de chances d'altération, et qu'en outre c'est elle, elle seule, qui peut communiquer à quelques variétés de bières cet aspect gommeux que recherchent certains consommateurs, et qui leur fait dire que les bières ainsi fabriquées ont *de la bouche*, qu'elles sont plus nourrissantes. Nous avons eu occasion de dire notre avis sur *la bière qui nourrit*, et nous n'y reviendrons pas; néanmoins, comme il y a toujours avantage pour le producteur à donner satisfaction au goût du consommateur, nous pensons que l'emploi de la dextrine peut, dans cette occasion, remplir avantageusement le but qu'on se propose.

§ 2. Conservation indéfinie des bières.

L'alcool et les principes extractifs du houblon étant deux agents immédiats de conservation, il en résulte nécessairement que le brasseur a tout intérêt à développer l'un et à ajouter l'autre dans ses produits en aussi grande quantité qu'il le peut. Le premier surtout a pour effet de s'opposer à la trop grande activité de la fermentation tertiaire, puisque les phénomènes de fermentation au sein des liquides sont d'autant plus retardés que ces mêmes liquides contiennent plus d'alcool; le second de ces agents, comme toutes les huiles essentielles, a surtout pour objet de s'opposer au libre développement de la *fermentation putride;* en effet, sans elles, le gluten éprouverait promptement les phénomènes de la putridité et communiquerait aux liquides une saveur et une odeur repoussantes.

Dans le paragraphe précédent, nous avons vu que la première condition de conservation était la séparation immédiate et complète, autant que possible, des matières qui troublent la transparence des bières après la fermentation. Voyons comment il convient d'opérer, toujours dans l'hypothèse que nous agissons sur des bières dont les deux premières périodes de fermentation se sont accomplies aux plus basses températures, c'est-à-dire comme cela se pratique toujours à l'égard des bières de garde.

Le *soutirage* n'est pas seulement un moyen incomplet; il offre des inconvénients qu'il est nécessaire de signaler en passant. Le premier est d'appauvrir la bière à tel point qu'en pratiquant deux fois de suite cette opération, les produits en ressentent une altération manifeste. Les causes de cette altération sont faciles à comprendre: d'abord évaporation du parfum si délicat, si subtil et si estimé que l'on trouve dans les houblons fins; ensuite, évaporation d'une portion assez notable d'alcool; enfin, et par-dessus tout, influence du contact de l'air sur cet alcool même, et sur les corps organiques si mobiles auxquels il est associé dans les bières. Aussi dirons-nous, par tous ces motifs, que les soutirages ne devraient jamais être pratiqués qu'à la dernière extrémité, car ils contribuent beaucoup plus qu'on ne le suppose généralement à l'altération des produits.

Il y a un moyen simple, d'une exécution facile et peu dispendieux, de séparer les marcs dont nous parlons, tout en conservant les bières dans l'immobilité; c'est d'adapter à la partie inférieure des fûts, dans le point diamétralement opposé à l'ouverture de la bonde, un robinet qui permette l'écoulement des résidus de toute espèce à mesure qu'ils se déposent; or, ils se déposent assez vite et d'une manière satisfaisante lorsque la fabrication s'est opérée dans de bonnes conditions et avec des matières premières en bon état. Pourtant, comme l'on rencontre souvent des produits qui refusent obstinément de se dépouiller de toutes ces matières, surtout dans le cas où on a employé le glucose en proportion considérable, nous proposerions de soumettre les bières à la clarification par la colle de poisson, aussitôt qu'elles quittent les entonneries pour être remisées dans les caves, afin de les débarrasser ensuite, par le moyen que nous venons d'indiquer, du dépôt qui sera précipité à la base des fûts. Un autre motif nous fait insister sur la séparation de ces matières : c'est qu'elles communiquent aux produits avec lesquels elles sont en contact une saveur âcre très désagréable.

Il ne faut pas croire que le moyen que nous proposons, et que nous avons appliqué avec succès, oblige à avoir autant de petits robinets que l'on a de tonneaux; on peut très bien ne les placer que temporairement, et y substituer un simple bouchon dès que l'opération est terminée; seulement il est indispensable que les chantiers soient un peu élevés, afin de pouvoir mettre et enlever facilement les robinets.

Cette disposition permet de recevoir dans un vase quelconque les résidus, qu'on peut laisser déposer, afin d'utiliser la partie liquide avec laquelle ils sont mélangés à des remplissages partiels. De cette façon il n'y a aucune perte, et l'opération peut donner les résultats les plus satisfaisants.

Nous devons le répéter encore, c'est ordinairement au moment où les bières se dépouillent elles-mêmes de leurs marcs que les parties sucrées qui ont échappé à l'action du ferment dans les deux premières périodes de la fermentation se transforment en alcool, d'une manière lente, presque imperceptible ; c'est là ce qui constitue la fermentation tertiaire, c'est celle qui sera immédiatement suivie de la fermentation acétique.

Dans le mode d'opérer suivi jusqu'ici pour conserver les bières, on peut dire que la conservation finit à l'instant où les dernières traces de principes sucrés ont disparu, puisque, jusqu'à ce jour, personne n'a songé à prolonger la durée de la fermentation tertiaire au delà des limites que lui imposent les diverses circonstances que nous avons énumérées. Prenons un exemple, et supposons deux tonneaux de bière provenant d'un même brassin, mais placés, pendant tout le cours de la fermentation, l'un dans un milieu où le thermomètre indique + 20°, l'autre dans un local où la température ne s'élève pas au-dessus de + 5°. Si, dans la première hypothèse, les quantités de sucres restées libres peuvent entretenir la fermentation tertiaire pendant trois mois, la conservation sera certaine pour un temps égal ; si, dans la seconde, les quantités de sucre restées libres peuvent alimenter la fermentation tertiaire pendant six mois, la conservation sera assurée pour une même période de temps. Nous disons que là s'arrêtent les limites de la conservation ; car, en effet, peu de temps après la terminaison de la fermentation alcoolique apparaîtra la fermentation acétique. Si donc nous pouvons reculer *indéfiniment* l'époque de la fermentation acétique, nous aurons résolu le problème si délicat et si intéressant de la conservation *indéfinie* des bières.

Reprenons l'exemple que nous venons de citer; nous avons dit, en parlant du second fût, que si la conservation durait six mois, c'est parce que la quantité de sucre libre était suffisante pour entretenir la fermentation tertiaire pendant un égal laps de temps ; en parlant du premier, que si la conservation durait trois mois seulement, c'était parce que la quantité de sucre était proportionnelle à ce que la fermentation pouvait transformer en alcool pendant cette même période.

La différence entre les deux limites de conservation tient donc à la différence même qui existe entre les quantités de sucre que contiennent les produits. C'est là une vérité rigoureuse; en effet, si, après la fermentation secondaire, nous ajoutons dans le premier fût la quantité de sucre nécessaire pour qu'il en renferme autant que le second, et si nous les plaçons tous deux dans des conditions égales, c'est-à-dire dans un milieu ayant la même température, nous verrons le premier fût éprouver la fermentation tertiaire en même temps et aussi longtemps que le second, et les deux liquides se conserver pendant une égale période de temps.

Si l'on voulait prolonger la durée de la fermentation tertiaire, il faudrait, avant qu'elle ne fût terminée, ajouter au liquide une nouvelle quantité de sucre qui pût lui servir d'aliment et par conséquent la prolonger. C'est ainsi qu'après avoir soustrait plusieurs tonneaux de bière forte aux causes de désorganisation que nous avons signalées dans le paragraphe précédent, nous avons pu conserver d'une année à l'autre la bière qu'ils renfermaient, en y ajoutant de mois en mois une dissolution de sucre brut dont la présence prolongeait la durée de la fermentation tertiaire, en développant des quantités d'alcool d'autant plus considérables que la fermentation tertiaire s'opérait plus lentement et plus régulièrement que dans aucun autre cas.

Une seule objection peut être opposée à ce mode de conservation : c'est le prix de revient auquel il élève les bières qui en sont l'objet. Nous allons montrer que cette considération est peu sérieuse, et que le moyen que nous proposons est essentiellement pratique.

Dans quelques localités, et notamment à Paris, on ajoute, ou plutôt on ajoutait jadis, aux bières blanches dites *de Strasbourg*, après la fermentation, dans le but de les conserver, un litre d'alcool par hectolitre de bière, soit une valeur de deux francs ; or, pour ce prix, on peut avoir deux kilogrammes de sucre brut de betterave pouvant suffire, sans augmenter le prix des produits, à quatre remplissages successifs, à l'effet de prolonger la durée de la fermentation tertiaire pendant six ou huit mois au moins. Si nous examinons plus attentivement la question d'économie, nous verrons même qu'il y a tout avantage à procéder ainsi ; en effet, si 100 kilogrammes de sucre brut produisent par la fermentation 65 litres d'alcool, 1 kilogramme en produira $0^{lit.},65$, soit pour les 2 kilogrammes dont nous conseillons l'emploi $1^{lit.},30$, c'est-à-dire que, pour un prix égal, nous aurons introduit $0^{lit.},30$ d'alcool de plus dans chaque hectolitre de bière.

Quiconque aura réfléchi aux phénomènes de la fermentation alcoolique et sur la manière dont l'alcool se produit comprendra bien vite qu'il est tout différent d'ajouter l'alcool après la fermentation, ou de le développer au sein des liquides par la fermentation même. Il y a dans ce sujet une intéressante question d'hygiène publique sur laquelle nous croyons utile d'appeler l'attention de nos lecteurs, car elle donne gain de cause aux applications que nous venons de signaler dans la question si importante de la conservation des bières. L'ivresse opiniâtre dont nous avons parlé au commencement de cet ouvrage, qu'on attribue plus spécialement à la bière qu'à tout autre liquide, tient en grande partie à l'addition d'alcool dans les fûts après la fermentation ; car l'ivresse occasionnée par les bières dans lesquelles l'alcool n'est que le résultat direct de la fermentation n'offre nullement les mêmes caractères.

Nous avons eu fréquemment l'occasion de constater que toutes les fois que nous ajoutions, ne fût-ce que 2 pour 100 d'alcool pur à une bière légère qui en contenait déjà 4, cette bière déterminait, à hautes doses, une ivresse fatigante, un embarras du cerveau très opiniâtre, tandis que des bières fortes, contenant 8 et même 10 pour 100 d'alcool développé par la fermentation, ne produisaient que très peu d'effet sur les mêmes individus, ou ne déterminaient l'ivresse que d'une manière passagère; encore fallait-il dans ce cas que les quantités de bière ingérées fussent plus considérables que dans le premier.

Maintes fois nous avons *traîtreusement* répété cette expérience sur les mêmes sujets, et toujours nous avons obtenu les résultats que nous venons de signaler. Comment se comportait l'alcool dans chacune de ces circonstances? Telle était la question dont la solution nous préoccupait, lorsque M. Raspail, à l'autorité scientifique duquel nous avons eu souvent recours, est venu jeter sur elle un jour nouveau. Voici ce qu'il dit à ce sujet:

« Il n'y a pas deux manières de fabriquer les liqueurs fermentées; je ne connais que la fermentation; tout art qui s'en écarte est une *falsification*... *L'alcool surajouté* ne se mêle jamais, quoi qu'on en fasse, ni à l'eau, ni au vin, comme le progrès de la fermentation les mêle. Qui sait ensuite si l'alcool que nous obtenons par la distillation s'y trouvait sous la forme sous laquelle le récipient nous l'offre? Quoi qu'il en soit, il n'en est pas moins vrai que nos vins de Paris, même les vins naturels, dont les marchands augmentent le titre avec une ou deux veltes d'alcool par tonneau, ne valent jamais pour l'estomac le vin du cru, même celui de Suresne. L'estomac, en effet, absorbant vite la partie aqueuse, met à nu, avec la même vitesse, la portion alcoolique qui était, non pas combinée, mais à peine mélangée à la première, et cet alcool, devenu anhydre, cautérise dès lors la muqueuse comme le ferait de l'alcool rectifié que l'on avalerait tout d'un trait[1]. »

Cela est si vrai, à l'égard des bières dans lesquelles l'alcool a été surajouté après la fermentation, que l'ivresse se produit fort souvent d'une manière instantanée.

Ce que M. Raspail a dit sur les moyens naturels et artificiels de fabrication est tellement exact qu'il nous suffira de citer un autre fait pour prouver sans réplique combien l'art d'imitation est pauvre dans ses résultats, quand on le compare à ces combinaisons infinies que la nature seule sait opérer et avec une perfection sans égale. Voyez cette bière dans laquelle on vient d'introduire de l'acide carbonique à l'aide de l'appareil à fabriquer les eaux de Seltz factices ; l'acide carbonique y existe-t-il de la même manière que lorsqu'il est développé par la fermentation? Évidemment non ; par le procédé factice de gazéification, l'arrangement des molécules de liquide et de gaz ne ressemble en rien à celui des mêmes molécules lorsque l'acide carbonique est le résultat de la fermentation du sucre. Dans un cas il est à peine mélangé, tandis que dans l'autre il est en quelque sorte à l'état de combinaison.

Ce qui le prouve, c'est que, dans le premier cas, la bière à peine débouchée abandonne, pour ainsi dire d'un seul coup, tout l'acide carbonique qu'elle contenait, tandis que la bière en fermentation retient et conserve fort longtemps une très grande quantité de

(1) *Histoire naturelle de la santé et de la maladie.*

gaz qui se dégage lentement. Ces faits offrent quelque analogie avec ce qui a lieu dans l'estomac lorsque l'alcool est surajouté ; en présence d'une température élevée, + 56° environ, la première des bières que nous venons de citer abandonne promptement le gaz qu'elle a absorbé, ou plutôt auquel elle a été mélangée de vive force, et celui-ci, se dégageant presque subitement, vient déterminer dans les fosses nasales le picotement insupportable que tout le monde connait.

Avec les bières dans lesquelles la présence du gaz carbonique est le résultat de la fermentation alcoolique, le même fait a souvent lieu, mais cependant tout l'acide carbonique n'est pas mis en liberté d'un seul coup ; il en reste toujours assez pour agir sur les aliments et rendre leur assimilation plus facile.

Ces faits nous montrent qu'on doit en toute circonstance préférer les moyens naturels aux moyens artificiels ; car dans le premier exemple que nous avons cité, l'alcool exerce une action fâcheuse sur les voies digestives, tandis que, lorsque la fermentation l'a développé au sein des liquides, il est absorbé avec eux au profit du mouvement vital, par tous les organes de la digestion. Il en est de même pour le deuxième exemple, sur lequel nous reviendrons au chapitre où nous traiterons des *falsifications*.

La *conservation des bières par addition de houblon* en nature, usitée dans quelques contrées du département du Nord, n'est qu'une véritable fiction, car l'expérience a démontré que le ligneux accélère toujours les phénomènes d'acétification. La suspension des cônes de houblon au milieu des bières fortes produit donc en réalité un effet diamétralement opposé au but que l'on veut atteindre. Si la lupuline pouvait agir avec succès, ce que nous nions parce que la dissolution en est très incomplète dans cette circonstance, il nous semble qu'il serait infiniment plus rationnel de la séparer du houblon, et de la tenir seulement suspendue au sommet du liquide.

Les considérations que nous venons de présenter sur la conservation des bières sont des plus sérieuses au point de vue économique, elles ne le sont pas moins au point de vue de l'hygiène publique; nous croyons que la question est assez grave pour nécessiter d'importantes modifications dans le mode actuel de fabrication, et nous engageons nos lecteurs à l'examiner avec soin, afin de ne pas attendre au dernier moment pour savoir à quel parti ils devront s'arrêter. Nous y reviendrons une dernière fois dans nos *Conclusions*.

Section VIII. — Des caves.

Ce que nous avons dit sur ce sujet, toutes les fois que l'occasion s'en est présentée, nous permet d'être laconique; nous nous bornerons donc à citer ici l'opinion de M. Chaptal sur cette question.

Les recommandations du savant chimiste sont les suivantes: « 1° L'exposition d'une cave doit être au nord; sa température est alors moins variable que lorsque les ouvertures sont tournées vers le midi.

« 2° Elle doit être assez profonde pour que la température y soit constamment la même. *In cellis quæ, non satis profundæ, diurni caloris participes fiunt, vina non diu subsistunt integra*[1]. (Hoffmann.)

« 3° L'humidité doit y être constante sans y être trop forte; l'excès détermine la pourriture des papiers, bouchons, tonneaux, etc., etc. La sécheresse dessèche les futailles, les tourmente et fait transsuder les liquides.

« 4° La lumière doit y être très modérée; une lumière vive dessèche; une obscurité presque absolue pourrit.

« 5° La cave doit être à l'abri des secousses. Les brusques agitations, ou ces légers trémoussements déterminés par le passage rapide d'une voiture sur un pavé, remuent la lie, la mêlent avec le liquide auquel elle est unie, l'y retiennent en suspension, et provoquent l'acétification. Le tonnerre et tous les mouvements produits par des secousses déterminent le même effet.

« 6° Il faut éloigner d'une cave les bois verts, les vinaigres et toutes les matières qui sont susceptibles de fermentation.

« 7° Il faut encore éviter la réverbération du soleil qui, variant nécessairement la température d'une cave, doit en altérer les propriétés.

« D'après cela, une cave doit être creusée à quelques toises sous terre; ses ouvertures doivent être dirigées vers le nord; elle sera éloignée des rues, chemins, ate-

(1) *Traduction libre:* Le vin ne se conserve pas longtemps dans les caves qui ne sont pas assez profondes pour être à l'abri de la chaleur du jour.

liers, égouts, courants, latrines, bûchers, etc. Elle sera recouverte par une voûte[1]. »

Aux sages conseils de M. Chaptal nous n'en ajouterons qu'un seul : c'est de s'occuper plus qu'on ne l'a fait jusqu'ici de la *ventilation des caves ;* nous croyons avoir assez insisté sur ce point pour n'avoir plus besoin d'y revenir. Ce que nous avons dit de la ventilation des germoirs peut servir de guide dans ce cas. La ventilation est d'autant plus nécessaire que, quel que soit l'emplacement choisi pour la construction d'une cave, il est presque impossible de prévoir quel sera son degré d'humidité ; or, comme c'est là une des principales causes de la pourriture des bois, et par conséquent de l'altération des produits, on a le plus grand intérêt à pouvoir renouveler facilement l'atmosphère des caves lorsqu'elle est saturée d'une trop forte quantité de vapeur d'eau.

Section IX. — Des réactifs propres au brasseur.

Nous avons indiqué dans le cours de cet ouvrage divers réactifs indispensables aux brasseurs qui veulent se rendre un compte exact de la marche de certaines opérations et de l'état chimique de quelques-unes de leurs matières premières.

Afin d'éviter toute confusion, nous reviendrons sommairement sur les services qu'ils peuvent rendre, en prenant soin d'indiquer la nature des substances dont ils constatent la présence[2].

(1) Chaptal, *Art de faire le vin*, page 232.

(2) *Voir*, pour l'emploi de ces réactifs, les détails que nous avons donnés tome I, pages 357 et suivantes.

1° *Azotate d'argent* pour constater dans l'eau la présence du chlore et des chlorures.

2° *Bichlorure de mercure* ou *tannin* (*ad libitum*), pour accuser celle des matières organiques[1].

3° *Chlorure de barium*, pour découvrir celle de l'acide sulfurique.

4° *Iode* dissous dans l'alcool, pour connaître s'il existe de l'amidon non attaqué.

5° *Oxalate d'ammoniaque*, pour s'assurer de la présence de la chaux.

6° *Papier de tournesol* pour reconnaître celle des acides en général, mais à la condition que ceux-ci soient dominants. Au contact des acides, le papier de tournesol passe immédiatement du bleu au rouge.

7° *Potasse* ou *ammoniaque* (*ad libitum*), pour précipiter le gluten lorsqu'il est dissous par les acides.

8° *Réactif de Frommherz* pour constater la présence du glucose dans les bières.

Disons quelques mots sur la manière de préparer ce réactif. On dissout dans l'eau parties égales de sulfate de cuivre et de tartrate de potasse; on mêle les deux dissolutions, et on y ajoute de la potasse caustique en quantité suffisante pour dissoudre en grande partie le

(1) *L'Annuaire de chimie* pour 1848, publié par MM. Millon et Reiset, avec la collaboration de M. J. Nicklès, contient, page 133, le résumé d'un mémoire de M. Dupasquier à l'Académie des sciences, sur un nouvel emploi du *chlorure d'or*, pour apprécier la présence d'une matière organique dans l'eau. On trouve également dans le même volume, page 133, le résumé d'un autre mémoire de M. Dupasquier, pour reconnaître la présence du bicarbonate de chaux tenu en dissolution dans les eaux.

précipité. On a ainsi une liqueur d'une belle couleur bleue.

Il suffit, pour constater la présence du glucose, d'ajouter ce réactif au liquide que l'on veut analyser, en quantité suffisante pour lui communiquer une faible réaction alcaline, ce dont on peut se convaincre en mettant un papier de tournesol rougi par les acides en contact avec la liqueur obtenue; si celle-ci exerce réellement une réaction alcaline, le papier de tournesol reprendra sa couleur bleue primitive. Si on emploie le sirop de violette, celui-ci verdira au contact de la potasse. On porte le tout à l'ébullition; si la bière, ou tout autre liquide soumis à l'analyse, contient du glucose, la liqueur se colore en jaune rougeâtre, et il se dépose au fond du vase un précipité rouge de protoxyde de cuivre.

Si on opère sur de la bière colorée elle-même en jaune rougeâtre, on ne pourra reconnaître la présence du glucose qu'à l'abondance du précipité rouge dont nous venons de parler. Il suffit d'ailleurs, pour le recueillir, de jeter le tout sur un filtre de papier joseph[1].

9° *Sous-acétate de plomb*, pour précipiter le gluten, l'albumine végétal, et indiquer la présence du tannin.

10° *Sulfate de protoxyde de fer*, pour constater également celle du tannin, avec lequel il forme de l'encre.

11° *Tannin*, pour précipiter le gluten lorsqu'il est

(1) M. Reich vient de publier, *Archiv. der pharmacie*, t. C, p. 293, un nouveau moyen de constater la présence du glucose, à l'aide de l'*azotate de cobalt*. *Voir* le résumé de ce travail dans l'*Annuaire de chimie*, 1848, de MM. Millon, Reiset et Nicklès, page 260.

en dissolution dans un liquide acide ou dans un liquide alcalin.

Il est bien entendu que chacun de ces réactifs doit toujours être employé à l'état de dissolution dans l'eau distillée.

Malheureusement la science n'a pas encore de réactif propre à déceler directement la présence de l'acide acétique (*vinaigre*) dans les liqueurs, et ce fait est d'autant plus regrettable qu'il nous eût été d'un grand secours dans de nombreuses circonstances. Cependant l'analyse chimique indique des procédés infaillibles pour arriver à ce but, mais ils ne sont guère accessibles qu'aux personnes qui ont quelque habitude des manipulations de cette nature.

Il en est à peu près de même du *réactif de Frommherz* et de la plupart de ceux que nous venons d'indiquer ; c'est par ces motifs, et uniquement dans le but d'être utile à nos lecteurs, que nous leurs offrons de nous tenir à leur disposition, dans le cas où quelques recherches analytiques de la nature de ces dernières pourraient les intéresser. Nous les engageons dans ce cas à consulter l'annotation spéciale qui termine nos *Conclusions*.

TROISIÈME PARTIE

HYGIÈNE

Section I. — Considérations générales.

« L'hygiène est l'art de conserver la santé; le sujet de cette partie de la médecine est la connaissance de l'homme sain dans ses relations et dans ses *différences*, c'est-à-dire en *société* ou *individuellement*.

« La connaissance de l'homme, considéré en *société* ou dans ses relations, comprend : 1° les relations résultant des climats et des lieux ; 2° la réunion des habitations communes ; 3° l'uniformité du genre de vie, quant aux occupations, à l'usage commun de l'air, des aliments, etc. ; 4° l'uniformité dans les coutumes et les mœurs, lois, gouvernements, etc.

« La connaissance de l'homme, considéré *individuellement* ou dans ses différences, comprend : 1° les différences relatives aux âges ; 2° aux sexes ; 3° aux tempéraments ; 4° aux habitudes ; 5° aux différentes circonstances de la vie ; 6° aux professions. C'est de cette dernière partie que nous devons nous occuper ici.

« La plupart des professions exercent une influence nuisible sur la santé de l'homme. Les professions peuvent devenir des sources de maladie par les lieux dans lesquels on est forcé de les exercer, par les substances délétères que l'on inspire pendant le travail, par la réunion dans un même lieu d'un grand nombre de personnes; les unes nuisent parce qu'elles opposent des obstacles à l'accomplissement de quelque fonction vitale, les autres par le degré de force qu'elles exigent, par l'excès ou l'abus du travail, etc.

« Ramazzini, célèbre médecin italien, fut le premier qui publia un ouvrage sur les maladies des artisans, et l'ordre et la classification qu'il a établis ont servi de base à la plupart de ceux qu'on a proposés depuis; voici cette classification, modifiée par Fourcroy et M. Patissier.

« *Première classe.* Maladies causées par des molécules qui, mêlées sous forme de vapeurs ou de poussière à l'air que les ouvriers respirent, pénètrent dans les organes et en troublent les fonctions. Cette classe comprend les maladies causées par les vapeurs ou molécules minérales, les mineurs, les doreurs, les potiers de terre, etc.; les affections causées par les vapeurs ou molécules végétales, les parfumeurs, les ouvriers qui travaillent au tabac, ceux qui sont exposés aux vapeurs du charbon, etc.; enfin les maladies causées par des vapeurs ou des molécules des trois règnes mêlés ensemble, les chimistes et tous ceux en général qui emploient des substances des trois règnes dans leurs travaux et qui sont exposés aux vapeurs malfaisantes qui s'en élèvent.

« *Deuxième classe.* Maladies causées par l'excès ou le défaut d'exercice. Cette classe comprend les affections de tous les ouvriers que leur travail force d'être le plus souvent assis et d'exercer en même temps les membres supérieurs, tels que les tailleurs; les affections causées par la trop grande application des yeux, les horlogers, joailliers, graveurs, copistes, etc. Enfin un dernier ordre comprend les maladies produites par un trop violent ou trop long exercice de la voix, les chanteurs, crieurs publics, acteurs, joueurs d'instruments à vent, etc.

« Une autre classe, qui a été oubliée par Fourcroy, devrait comprendre les ouvriers exposés à une vive lumière, à une forte chaleur, aux intempéries de l'air et de l'humidité. Enfin dans une dernière classe on comprend les savants et les gens de lettres, et toutes les personnes qui exercent principalement le cerveau.

« Les brasseurs appartiennent aux professions dans lesquelles les ouvriers sont exposés à l'action pernicieuse de quelque gaz délétère.

« Les recherches que nous avons faites sur les maladies des brasseurs, et sur l'hygiène de cette profession, nous ont porté à établir :

« 1° Que les brasseurs sont souvent atteints d'ivresse par le transvasement de la bière;

« 2° Qu'ils acquièrent de l'embonpoint, deviennent lourds et languissants, sont sujets aux vertiges et perdent l'appétit;

3° Que les facultés intellectuelles s'anéantissent, et qu'ils perdent de bonne heure l'activité d'esprit et d'imagination;

« 4° Qu'ils sont menacés d'asphyxie par l'action de l'acide carbonique qui se dégage des cu ves.

« Cette dernière maladie affecte aussi les fouleurs de vendanges et les fabricants de cidre; mais elle est plus fréquente chez les brasseurs.

« Le premier sentiment qu'éprouvent les brasseurs frappés de cet accident est celui d'un engourdissement des bras et des jambes, d'un resserrement de la poitrine et du gosier, d'un étourdissement bientôt suivi de perte de connaissance et de suspension de la respiration, puis dans la circulation, et même de cessation complète de ces deux fonctions.

« Pour prévenir les accès d'asphyxie, il faut conseiller aux ouvriers brasseurs de sortir de temps en temps des cuves, pour aller respirer l'air extérieur, et de ne jamais visiter des celliers sans être accompagnés de quelqu'un qui puisse apporter des secours en cas d'accident.

« L'asphyxie qui affecte les brasseurs et tous ceux qui se trouvent en contact avec de l'acide carbonique est le résultat du manque d'énergie dans la conversion du sang veineux en sang artériel, et comme on a proposé de faire inspirer le gaz acide carbonique dans certains cas d'irritation pulmonaire où il serait utile de ralentir la conversion du sang veineux en sang artériel, on pourrait aussi, dans les asphyxies des brasseurs, faire inspirer du gaz oxygène, pour accélérer cette conversion ; mais à cause de la difficulté que l'on peut éprouver dans les fabriques à se procurer l'oxygène, on doit aux ouvriers atteints d'asphyxie insuffler de l'air dans les poumons au moyen d'une sonde de gomme élastique ou d'une canule introduite par la bouche ou le nez, exposer les malades à l'air libre, leur jeter sur le visage de l'eau fraiche mêlée à du vinaigre, et faire sur la poitrine de douces frictions.

« Outre les affections dont nous venons de parler, les brasseurs sont encore sujets à une espèce d'apoplexie que nous avons désignée [1] sous le nom de *coup de sang des brasseurs*, ou simple congestion de l'encéphale.

« Depuis les idées de Wepfer et Rechlin, et les travaux tout récents de MM. Brichetau, Lallemand, Cruveilhier et Rochoux, aucun médecin au courant de la science ne confond plus cette simple affection avec l'hémorrhagie du cerveau.

« Les brasseurs, les fabricants de cidre, les fouleurs de vendanges, les vignerons et tous ceux qui travaillent dans une atmosphère chargée d'acide carbonique sont sujets au coup de sang, qui est plus ou moins intense en raison de la demeure dans les cuves, de l'époque de la fermentation, de l'âge et de la constitution des travailleurs.

« Le coup de sang commence par des vertiges et par la perte de connaissance; la face est d'un rouge-brun, le pouls est plein et très fort; après ces premiers accès, les malades se plaignent de douleurs de tête accompagnées d'obscurcissement de la vue, de gêne dans l'articulation des mots, d'hémiplégie et quelquefois de paralysie dans tous les membres.

« La terminaison du coup de sang est rarement funeste, malgré les grandes ressemblances qu'à son début il offre avec l'apoplexie. Sur un grand nombre de brasseurs attaqués de coup de sang, nous n'avons pu

(1) *Dictionnaire de Médecine usuelle*, VI, art. BRASSEURS (Maladies des).

constater un seul cas de terminaison mortelle. Notre observation vient à l'appui des idées de M. Rochoux : quand il n'existe aucun désordre dans l'organisme, quand il n'y a ni hypertrophie du cœur, ni ramollissement, ni aucune autre altération de la substance cérébrale, et qu'il ne s'agit que d'une simple congestion ou engorgement des vaisseaux du cerveau par suite de la compression de cet organe, il s'établit un collapsus général sous l'influence duquel l'engorgement des vaisseaux ne tarde pas à se dissiper; le cerveau revient bientôt à ses fonctions et exerce sans obstacle son action sur les autres organes.

« Voici la cause du coup de sang chez les brasseurs : l'acide carbonique est antiphlogistique; chez les sujets qui sont sous l'influence de ce gaz, la circulation dans la tête se fait avec lenteur, et par conséquent le retour du sang au cœur éprouve des difficultés, et nous avons remarqué que le coup de sang chez les brasseurs présente quelque analogie avec l'apoplexie des vieillards.

« Le traitement du coup de sang est à peu près celui de l'apoplexie; on pratiquera une ou plusieurs saignées, selon l'intensité de l'affection; on fera usage de lavements purgatifs un peu drastiques, de frictions sur la tête, et d'une tisane délayante donnée abondamment.

« Les individus sujets aux vertiges et aux maux de tête devraient s'abstenir d'exercer la profession de brasseur ; cependant il est juste de dire que les accidents dont nous venons de parler sont moins fréquents aujourd'hui, les brasseries étant disposées de manière à recevoir des courants d'air qui chassent continuellement tout l'acide carboniquequi se dégage des cuves.

« Les ouvriers brasseurs sont généralement sobres; ils boivent de la bière à discrétion et sont nourris aux frais de l'établissement; la plupart de ces ouvriers sont aisés.

« Plusieurs fabricants de bière prétendent que les ouvriers brasseurs sont gras, lourds, et ont peu d'activité d'esprit et d'imagination, et ils attribuent cela à la bonne nourriture et au régime. Nous ne sommes pas de cet avis; nous croyons que c'est dans d'autres faits qu'il faut chercher la cause de cet affaiblissement des facultés de l'intelligence. Nous pensons, nous, que les gaz qui se dégagent pendant le travail, ainsi que le métier en lui-même, ont beaucoup d'influence sur les qualités morales et physiques des brasseurs. Ainsi la bière, dont ils font un grand usage, favorise le relâchement des organes abdominaux, et dispose à un engorgement des viscères ou à un développement excessif du tissu cellulaire graisseux, d'où résulte une obésité physique, et, par la suite, une espèce d'anéantissement des facultés intellectuelles. Enfin nous croyons que le sang chargé d'acide carbonique, et par conséquent plus veineux qu'artériel, qui se porte au cerveau des brasseurs, exerce sur leurs organes une action stupéfiante et ralentit l'activité de l'esprit et de l'imagination, parce qu'il n'a pas la qualité vivifiante du sang artériel. »

Nous avons copié ce qu'on vient de lire sur l'*hygiène des brasseries et de la profession du brasseur* dans une brochure qui a pour titre : *Livre du Brasseur*, et qui a été publiée en 1857 par M. P. Deleschamps, se disant chimiste manufacturier, membre de la Société d'encouragement et de plusieurs sociétés savantes françaises et étrangères, etc. L'article est signé S. FURNARI.

Tel est le *seul* document que nous ayons pu trouver sur ce sujet; c'est à cette circonstance qu'il faut attribuer la citation que nous en avons faite et à laquelle nous eussions désiré en substituer une qui partît d'un homme compétent.

Nous n'examinerons pas le côté médical de la question ; nous nous bornerons à la partie hygiénique.

L'auteur, qui nous paraît avoir visité fort peu de brasseries, s'est contenté de classer les brasseurs dans la catégorie de ceux qui respirent des gaz délétères, et, partant de là, il a indiqué des moyens curatifs qu'il ne nous appartient pas d'apprécier comme nous le voudrions. Pourtant nous aurions désiré quelque chose de plus sérieux que cette canule introduite dans la bouche ou dans le nez des ouvriers brasseurs, et nous pensons que l'auteur eût mieux fait de chercher, en bon et véritable médecin, à combattre les causes que les effets; mais, pour y parvenir, il fallait étudier les causes après les avoir vues se produire sous ses yeux, et c'est ce que M. S. Furnari nous paraît avoir totalement oublié, quoique la question fût grave et vraiment digne d'intérêt. Nous avons le même reproche à lui faire à l'égard de l'*aisance* des ouvriers brasseurs.

Si l'auteur s'était placé au point de vue que nous indiquons, il aurait vu que les ouvriers brasseurs pouvaient encore être rangés dans la catégorie à laquelle il a donné le nom de *Première classe ;* car, soit en retournant à la pelle les tas d'orge brute ou maltée, soit au moment de la dessiccation par le feu, ils sont entourés d'une atmosphère dans laquelle se trouvent suspendues des quantités considérables de poussière. C'est principalement lorsque la dessiccation du malt touche à son terme, ou lorsqu'il est nécessaire de pénétrer dans l'intérieur des tourailles pour les nettoyer, que ces poussières si ténues et si sèches sont portées abondamment dans les organes respiratoires et peuvent en troubler les fonctions. Nous avons exécuté longtemps nous-même ces opérations, et nous pouvons affirmer qu'en contact avec la peau, ces poussières excitent une insupportable sensation de démangeaison, de cuisson qui irrite promptement le cuir épidermique. Qu'on juge par là de ce qui doit se passer dans les voies respiratoires quand ces matières y sont introduites par l'aspiration de l'air au milieu duquel elles flottent.

Ce qui n'est pas moins grave, ce sont les transitions subites du chaud au froid qu'éprouvent les ouvriers brasseurs à chaque instant du jour et de la nuit. Ainsi, en été principalement, les exigences du travail les forcent à quitter le lit pour entrer pieds nus et jusqu'à mi-jambe dans les cuves-matière dont le fond est recouvert de 0m,10, 0m,15, 0m,20 d'eau froide. En même temps s'opère l'addition du *malt concassé* qu'il faut mélanger intimement avec le liquide, comme nous l'avons indiqué au chapitre intitulé *Trempe préparatoire*. Cette opération, assez pénible par elle-même, tient le corps dans un état constant de transpiration cutanée, tandis que les extrémités inférieures sont baignées dans l'eau froide. Un autre danger accompagne pendant cette opération ceux que nous venons de signaler : l'agitation du malt soulève autour des ouvriers une abondante poussière de farine qu'ils aspirent à plein poumon, et qui, après quelques instants, vient gêner le jeu régulier des organes respiratoires. Il en résulte bientôt un sentiment d'altération tellement intense qu'il est difficile d'y résister; et, comme les ouvriers brasseurs ont de la bière à discrétion, c'est ordinairement dans ces circonstances qu'ils en *abusent*, et il est malheureusement moins aisé qu'on ne le pense de leur faire entendre sur ce point le langage de la raison et de la prudence. Un assez grand nombre d'entre eux s'imaginent même qu'il y a là une question d'intérêt personnel, tandis qu'il n'y a le plus souvent qu'une question d'humanité.

Si nous ajoutons que cet état de transpiration cutanée se renouvelle trois ou quatre fois par jour, soit pour nettoyer les chaudières dès qu'on a fait écouler les liquides qui y sont restés en ébullition pendant huit ou dix heures, soit pour pomper ces mêmes liquides, soit dans les germoirs, dans les greniers ou dans l'intérieur de ce détestable *calorifère Chaussenot* que nous avons stigmatisé autant que le devoir nous imposait de le faire; si nous ajoutons qu'après chacune de ces pénibles opérations les ouvriers brasseurs ont la malheureuse habitude d'aller chercher au fond des caves une température qui semble les soulager, mais qui les décime; s'ils vont demander à une boisson dont la fraîcheur les tue un soulagement trompeur, il sera facile de comprendre où se trouve le germe des fluxions de poitrine, des congestions cérébrales et de tout le hideux cortége de fièvres sous le poids desquels ils succombent trop souvent avant l'âge.

Quant aux dangers qui résultent de l'aspiration du gaz acide carbonique, nous croyons avoir suffisamment insisté sur ce sujet, et avoir indiqué d'une manière assez claire les moyens *pratiques* dont nous avons fait nous-même l'application, pour que nos lecteurs comprennent la responsabilité qui pèse sur eux à l'égard de leurs subordonnés et pour les mettre à même de prévenir les accidents ou d'y remédier.

Mais, en signalant avec le plus grand soin les causes de l'insalubrité des brasseries et en indiquant les remèdes que l'on pouvait y apporter, nous n'avons pas prétendu dire que cela suffisait pour placer complétement les ouvriers à l'abri des maladies qui les frappent si souvent; car, si ceux sous les ordres desquels ils travaillent ont beaucoup à faire, ils ont, eux aussi, beaucoup de soins à prendre. Ce dont nous nous plaignons, en ce qui les touche, c'est qu'ils restent trop souvent sourds aux conseils les plus désintéressés; aussi faisons-nous appel à la raison des plus intelligents pour les adjurer de faire comprendre à leurs camarades à quels dangers peut les conduire l'irréflexion ou l'insouciance.

Nous devons nous occuper non-seulement du présent, mais encore de l'avenir; or, le temps est proche où les questions d'hygiène, qui intéressent les travailleurs, recevront enfin une solution que nous appelons de tous nos vœux ; mais pour s'en occuper avec fruit, pour aboutir surtout à d'heureux résultats, il est nécessaire que dès à présent ceux-là mêmes qui y sont intéressés le plus songent sérieusement à justifier l'opportunité de *certaines mesures en réformant* des habitudes funestes, en imposant silence à des besoins que la pénibilité de leurs travaux explique un peu, mais que la prudence et les lois de l'hygiène ne sanctionnent jamais.

Il s'en faut de beaucoup que nous soyons d'accord avec M. S. Furnari sur l'affaiblissement des facultés intellectuelles auquel les brasseurs seraient, selon lui, plus exposés qu'aucun autre. Pour notre compte, nous en connaissons un certain nombre, de tous les âges, avec lesquels nous avons eu de fréquents rapports, et, quoi qu'en dise M. le docteur, nous n'avons jamais vu que les travaux des brasseurs eussent plus que tout autre une influence quelconque sur l'appauvrissement de l'intelligence. Nous pourrions même dire que les plus anciens brasseurs, ceux qui par conséquent ont pu apprécier plus longtemps les causes d'insalubrité, seront les premiers à attester que l'article que nous avons cité est loin de satisfaire ceux dont on ne saurait récuser la compétence pour en apprécier la valeur.

Nous n'avons certes pas l'envie de chagriner M. S. Furnari, car nous devons lui tenir compte de ses louables intentions; seulement nous croyons que, dans des questions de cette nature, il serait au moins convenable de consulter des spécialistes, eussent-ils même le sens intellectuel légèrement affaibli par le poids du travail.

On n'épargnerait peut-être pas à l'histoire et surtout à la science des moyens curatifs aussi divertissants que ceux que M. Furnari nous a fait l'honneur de nous offrir, mais assurément la cause de l'humanité, à laquelle touchent toutes les questions d'hygiène, y gagnerait davantage.

Nous montrerons dans notre *projet de brasserie modèle* comment il est possible de réunir dans une usine de cette nature toutes les conditions réclamées par les lois de l'hygiène.

Section II. — Falsifications.

« Il faut qu'un châtiment public fasse justice de ces négociants déshonnêtes qui spéculent sur la santé des citoyens pour agrandir leur fortune. »

NATIONAL, 7 octobre 1845.

Art. 318 *du Code pénal.* « Quicouque aura vendu ou débité des boissons falsifiées, contenant des mixtions nuisibles à la santé, sera puni d'un emprisonnement de six jours à deux ans, et d'une amende de 16 fr. à 500 fr.

Art. 475 *du même Code.* « Seront punis d'une amende depuis 6 fr. jusqu'à 10 inclusivement... 6° ceux qui auront vendu ou débité des boissons falsifiées, sans préjudice des peines plus sévères qui seront prononcées par les tribunaux de police correctionnelle, dans le cas où elles contiendraient des mixtions nuisibles à la santé. »

Art. 476. « Pourra, suivant les circonstances, être

prononcé, outre l'amende portée à l'article précédent, l'emprisonnement pendant trois jours au plus,... contre les vendeurs et débiteurs de boissons falsifiées. »

Art. 477. « Seront saisies et confisquées les boissons falsifiées trouvées appartenir au vendeur et débitant ; ces boissons seront répandues. »

Art. 478. « La peine de l'emprisonnement pendant cinq jours au plus sera toujours prononcée, en cas de récidive, contre toutes les personnes mentionnées dans l'art. 475. »

Art. 38, *tit.* II, *loi du* 19 *juillet* 1791. « Toute personne convaincue d'avoir vendu des boissons falsifiées par des mixtions nuisibles sera condamnée à une amende qui ne pourra excéder 1,000 livres et à un emprisonnement qui ne pourra excéder une année. Le jugement sera imprimé et affiché. La peine sera double en cas de récidive. »

Telles sont les dispositions pénales applicables à tous ceux qui se rendent coupables du CRIME de falsification. Nous pensons qu'elles sont insuffisantes, puisqu'elles n'ont pas pu empêcher la spéculation, si peu scrupuleuse dans le choix de ses moyens, de lever la tête avec une impudence qui n'est que trop justifiée par l'impunité dont elle a joui jusqu'à présent.

Nous le disons avec un profond sentiment de douleur, c'est principalement sur les denrées destinées à l'ouvrier que s'exercent les indignes trafics du marchand. Si nous avons qualifié de *crime* ce qui n'a été considéré par la loi que comme un *délit*, c'est que, dans notre pensée, la sophistication des substances alimentaires et l'empoisonnement ont ensemble de nombreux points de contact ; ainsi nous ne saurions mieux comparer l'empoisonnement commis en vue d'un héritage, par exemple, qu'à celui pratiqué chaque jour sur les masses pour réaliser des bénéfices illicites. C'est un vol en même temps qu'un empoisonnement, et nous ne savons pas jusqu'à quel point ceux qui s'en rendent coupables ne devraient pas être justiciables de la cour d'assises au même titre que les empoisonneurs ; car, comme le dit le *National* dans un mouvement d'indignation auquel tous les honnêtes gens ne sauraient trop applaudir : « Il faut qu'un châtiment public fasse justice de ces négociants déshonnêtes qui spéculent sur la santé des citoyens pour agrandir leur fortune [1] ! »

De coupables abus ont eu lieu à l'égard de la fabrication de la bière, mais la vérité nous oblige à *dire* qu'ils ont été mis en œuvre non pour réaliser des bénéfices plus considérables, mais dans le but de combattre les effets produits par un système de fabrication radicalement vicieux. Les falsifications dont nous voulons parler concernent l'emploi des poudres à clarification, à fermentation, les prétendus procédés de conservation, etc. Quant aux scandaleux *abus* qu'on a faits *du glucose*, la faute en est au système de compression que le fisc exerce brutalement sur la fabrication au lieu de lui laisser une entière liberté. Les appareils à gazéification factice, dont nous avons parlé précédemment, et sur les-

(1) Nous voudrions que le falsificateur en état de récidive fût obligé d'écrire au-dessus de son enseigne, sur ses factures et pour un temps limité, les mots : *sophisticateur récidiviste*.

quels nous allons bientôt nous expliquer, ne doivent également leur existence qu'aux nombreuses imperfections que l'on rencontre dans l'ensemble des opérations. Nous allons prouver ce que nous venons d'avancer.

Nous avons examiné avec attention les difficultés que présente la clarification des bières et les causes de ces difficultés.

La spéculation s'est bien vite emparée de cette position et y a établi une des batteries à l'aide desquelles elle met à contribution les gens de bonne foi. C'est ainsi que dans ces derniers temps des industriels d'une moralité suspecte se sont répandus de tous côtés, offrant au rabais la panacée mystérieuse à l'aide de laquelle on se plaçait sûrement à l'abri des inconvénients que nous avons signalés ; le procédé consistait tout simplement à introduire dans chaque hectolitre de bière, en même temps que la colle de poisson préparée, 30 grammes environ de cristal minéral (azotate de potasse, ou salpêtre privé de son eau de cristallisation) et 30 grammes environ d'acide tartrique, l'un et l'autre préalablement réduits en poudre.

Nous avons voulu savoir quelle action ces deux agents pouvaient exercer sur la *clarification*, mais malgré toute la bonne volonté que nous avons pu y mettre, nous déclarons n'avoir obtenu aucun résultat satisfaisant. Ce que nous avons vu de plus évident, c'est que le prix des produits fabriqués était augmenté sans compensation aucune de la valeur de ces substances hétérogènes.

Comme on le voit, la vérité de ce procédé n'est autre chose qu'une escroquerie; mais il n'en met pas moins les brasseurs qui en font usage sous le coup des pénalités que nous avons rapportées au commencement de ce chapitre. Toutefois nous devons ajouter que l'emploi de l'azotate de potasse, ou cristal minéral du commerce, ne nous paraît pas offrir de très graves inconvénients lorsqu'il s'agit de bières dans lesquelles on a fait entrer des proportions considérables de glucose. Ces dernières en effet sont lourdes, d'une digestion souvent pénible; la quantité de glucose libre qu'elles retiennent après la fermentation les rend très laxatives au lieu d'être simplement diurétiques; or, comme l'azotate de potasse jouit surtout de cette dernière propriété, nous pensons que sa présence, dans la proportion que nous avons indiquée et dans le cas spécial qui nous occupe, ne peut que contribuer à rendre moins insalubres les bières fabriquées de cette façon; la saveur fraîche de l'azotate de potasse peut aussi contribuer à dissimuler la saveur pâteuse des bières dans lesquelles on a introduit beaucoup de glucose. Quoi qu'il en soit, l'addition d'azotate de potasse dans les bières nous paraît devoir être considérée comme une falsification proprement dite, attendu que si son emploi ne peut être justifié qu'à l'égard des bières contenant une forte proportion de glucose, et pour rendre ces dernières moins dangereuses, il est beaucoup plus simple de frapper celles-ci d'interdiction; c'est ce que nous demandons pour le salut même de la brasserie.

Ce n'est pas sans chagrin que nous avons vu un grand nombre de marchands envoyer des commis-voyageurs dans les brasseries, pour proposer gratuitement ces indignes recettes dont ils chantent les louanges avec un aplomb imperturbable, à la seule condition d'être favorisés d'une commande. Si besoin était, nous pourrions citer des noms *propres*, car nous avons soigneusement mis en réserve les nombreux prospectus qui nous ont été adressés, et Dieu sait que nous n'en manquons pas.

Dans les premiers jours de 1846, nous eûmes également à subir les obsessions d'un brasseur de la Belgique, relativement à un procédé de la nature de celui que nous venons d'examiner; nous croyons devoir taire le nom de l'inventeur-marchand, par un sentiment que sauront apprécier ceux de nos lecteurs qu'il a également visités; quoi qu'il en soit, cet homme colportait de ville en ville une de ces fameuses recettes que le public était prié de ne pas confondre avec toutes celles que le génie de la rapine et de l'astuce avait enfantées précédemment. Il n'était rien moins question que d'opérer sûrement et dans tous les cas *la clarification* des bières les plus défectueuses et les plus troubles, et cela sans même convertir la colle de poisson en gelée; le tout moyennant la *modique somme* de 300 *francs*.

La séduction était grande; car le chimiste nomade était porteur d'une assez belle pacotille d'attestations favorables, *parmi* lesquelles *nous* reconnûmes des noms très recommandables, et par conséquent dignes de foi. Pour montrer tout ce qu'il y a de danger à donner *inconsidérément* une signature, même dans une intention louable, lorsqu'elle peut compromettre les intérêts de ceux auxquels elle sera présentée, il nous suffira sans doute de citer quelques passages des lettres particulières que nous avons reçues à ce sujet de ceux mêmes dont nous avions vu les signatures.

« Rethel, 12 juillet 1846.

« Vous avez été plus prudent que moi avec ce M**, ... car son procédé de clarification est tout à fait insignifiant.... Je vous assure que désormais je mettrai de côté toute considération, et je ne me ferai aucun scrupule de dénoncer des gens de cette espèce.... J'aurai prochainement l'honneur de vous voir, nous en causerons de nouveau. »

« Mézières, 8 août 1846.

« J'ai malheureusement traité avec ce brasseur de*** pour un procédé soi-disant infaillible. J'ai donné 25 francs, et non pas 300; je vous engage à poser les mêmes conditions, si vous tenez à avoir un procédé avec lequel je n'ai obtenu aucun des résultats que j'en attendais..... Mes conditions sont que je dois lui rendre 75 francs à son premier passage si je suis parfaitement content. Il est bien certain que je ne le reverrai pas. »

« Paris, 9 août 1846.

« Le nommé ***, qui s'est présenté chez vous, a pu vous montrer notre signature; nous la lui avons effectivement donnée.... Ce procédé de clarification ne saurait être infaillible; car il manque tout son effet sur les bières résultant d'un travail tant soit peu défec-

mieux, et positivement c'est dans cette circonstance qu'il faudrait qu'il fût bon. »

Est-il possible de ne pas déplorer la légèreté avec laquelle on assume une responsabilité morale aussi grave, puisqu'elle a pour conséquence de duper des honnêtes gens? Au moins nous pourrons nous rendre cette justice que, si nos lecteurs sont encore dupes à l'avenir, ce ne sera pas faute d'avoir été prévenus. Voici, au surplus, l'incomparable recette de M** :

Faites infuser du tan dans l'eau pendant 24 heures; ajoutez l'infusion à la colle de poisson, après avoir préalablement malaxé celle-ci dans les mains, comme on le fait ordinairement. Le magma qu'on obtient ainsi doit être ajouté à la bière pour la coller.

A l'égard des poudres à fermentation et des soi-disant procédés de conservation, la question est beaucoup plus grave; nous espérons que bientôt la justice ouvrira les yeux, et fera sentir à qui de droit le poids d'une sévérité que nous appelons de tous nos vœux. Nous ne saurions mieux faire, pour en démontrer l'urgence, que de reproduire ici une pièce des plus curieuses, et dont nous garantissons l'authenticité, bien que nous soyons forcé de passer sous silence le nom du signataire de la lettre et le nom de la personne brasseur à laquelle s'adressait cette volumineuse correspondance; car avec la loi qui nous régit, les chances ne sauraient être égales devant un tribunal, malgré l'évidence des faits, entre le falsificateur et celui qui l'attaque courageusement en face et les preuves à la main. Avant d'aller plus loin, qu'il nous soit permis de citer un passage du *Siècle*; on comprendra quelles réserves la prudence nous impose, même étant en possession de pièces authentiques.

« Pour arriver plus vite à la fortune, les uns *altèrent les boissons* et les substances alimentaires, les autres profitent de leurs fonctions publiques pour réaliser des bénéfices illicites......

« Quel est donc le gardien de la morale publique contre un pareil débordement de la cupidité la plus éhontée?

« Le ministère public semble partout avoir perdu le sentiment de sa mission sociale;..... toutes les concussions, tous les crimes que nous ont révélés les procès auxquels nous faisons allusion, n'ont dû leur répression qu'à l'initiative généreuse et persistante de quelques citoyens soutenus par la presse. Mais la loi sur la diffamation paralyse les intentions les plus généreuses, car elle condamne toute imputation, *vraie ou fausse*, contre l'honneur d'autrui, sans même permettre la preuve, la preuve si difficile cependant en matière d'improbité! Aussi, pour une infamie révélée, que d'actions déshonorantes, de délits et de crimes qualifiés s'abritent sous le honteux droit d'asile qui leur assure l'impunité! » (*Le Siècle*, janvier 1847.)

Telle est en quelques mots la situation dans laquelle nous nous trouvons à l'égard de gens pour lesquels nous avons tout le respect *que nous impose la loi;* telles sont les armes que notre législation met aux mains de misérables dont il importerait cependant, on ne saurait le contester, de dévoiler les turpitudes.

Maintenant voici les pièces du procès : que le public juge.

« Mulhouse, 30 juin 1845.

« M***..... à Reims.

« Favorisé par votre lettre du 27 courant, je viens répondre aux questions que vous m'adressez.

« La bière fabriquée aussi *lestement* que vous me le dites, et livrée de suite à la consommation, est précisément celle qui a le plus besoin de recevoir les principes de conservation dont celle dite de garde, fabriquée dans une saison convenable, peut se passer. Je sais parfaitement que dans l'intérieur de la France on fabrique peu de bière de garde ; le brasseur travaille en tout temps et suit la consommation.

« En Alsace c'est différent ; nous faisons de grandes provisions de bière. appelée *bière de mars*, qui se fabrique en janvier, février et mars, et le reste de l'année on brasse deux, trois et quatre fois par semaine, suivant les besoins.

« La bière de mars, étant entonnée à un degré convenable, fermente lentement, se dépouille bien, et par cette raison même a plus de délicatesse et se conserve mieux. Il n'en est pas de même de celle entonnée à 12, 14 et 16°, qui fermente dans 48 heures, se dépouille mal et conserve toujours en elle un principe qui tend à la faire aigrir : c'est ce principe que combat notre infusion, et ce procédé ne nuit ni à la clarification, ni à la mousse.

« De tous les renseignements que vous me demandez,

le plus simple, selon moi, si vous ne voulez pas croire mes assertions, est de vous adresser à MM. Gloxin et Deligny, de Strasbourg, négociants de premier ordre, faisant le commerce de houblon. Vous les connaissez sans doute, et ils vous diront comment sont nos produits et si vous pouvez avoir confiance.

«Puisque vous voulez suivre la concurrence que va vous faire le concessionnaire de M. Barrault, c'est bien facile [1], car je connais ce procédé et l'ai étudié et vu sur les lieux. Par ce moyen on rend la bière gazeuse, il est vrai, sans trouble ni dépôt, mais aussi on l'affaiblit; car on introduit dans la bière une eau fortement gazée, comme pour la limonade gazeuse; on a en outre 1,000, 1,200 ou 2,000 francs de frais d'appareil. Dans notre pays, en Alsace, on boit peu de bières mousseuses; *cependant* quelques cafés en prennent pour la consommation des voyageurs de l'intérieur; c'est ainsi que nous en avons fourni et en livrons encore de temps en temps, mais par un procédé différent de celui de M. Barrault et que je ne fais pas breveter, la contrefaçon étant impossible à produire.

« Avec un seul ouvrier pour boucher les bouteilles, j'en puis préparer 10,000 bouteilles par jour; dans une heure, la bière, qui doit être claire, est vendue plus ou moins mousseuse à volonté, sans perdre sa

(1) M. Barrault est le propriétaire d'un appareil à gazéification factice dont nous allons parler. Cet appareil existait à Reims au moment où la personne à laquelle est adressée la lettre que nous citons appelait à son aide les honnêtes moyens que la suite de la correspondance va nous dévoiler. (*Note de l'Auteur.*)

limpidité, sans être affaiblie et sans jamais faire de dépôt. Tout cela moyennant 1 centime par bouteille pour une mousse légère et 2 centimes pour une grande mousse; cela sans appareils ni frais extraordinaires. Ce procédé, je ne l'exploite que depuis 6 mois et je vais y donner de l'extension, j'ai conservé de la bière ainsi gazée pendant plusieurs mois; elle s'est comportée comme celle de M. Barrault, sans changer ni faire de dépôt. Une instruction claire, facile et précise, met dans le cas d'opérer de suite et partout. »

Voilà le prospectus autographe; voyons le tarif qui n'est pas moins intéressant.

« Quant aux conditions pour les deux procédés réunis, je n'y change pas 1 centime; c'est 500 francs comptant, avec liberté pour moi de traiter avec d'autres brasseurs qui se présenteraient; car vous concevez bien, par les avantages réunis que je vous offre, que, pour être seule à Reims, il faudrait une somme trois à quatre fois plus forte.

« J'ai l'intention de faire un petit voyage vers Lyon dans une huitaine de jours; si donc vous tenez à suivre vos idées sur mes procédés, veuillez me répondre de suite, sans cela vous seriez retardée.

« Recevez, M..., mes salutations empressées.

« *Signé :* *****.

« *P. S.* Un de nos forts consommateurs d'Altkirch, limonadier, sert depuis six mois de la bière mousseuse par mon procédé, et en est fort satisfait. Vous pouvez au surplus faire prendre tous les renseignements sur ma brasserie et sur moi ; ils vous confirmeront ce que j'avance. »

Nous ne dirons rien du tarif ; 300 francs, ce n'est vraiment pas trop ; car il faut que le vrai mérite se paie et que des connaissances acquises par un pénible labeur trouvent une digne récompense. Du reste, pour mettre nos lecteurs à même de juger de la valeur des procédés estimés 300 francs, voici, d'*après l'original même*, le mot à mot de ce factum scientifique. Nous reproduisons en *caractères italiques* tous les passages et les mots sur lesquels l'acide employé a non seulement décoloré et corrodé le papier, *mais en même* temps ceux dont l'encre a disparu sous l'action corrosive de ces agents.

« Bière mousseuse. »

« Divers procédés sont indiqués dans les *ouvrages et* manuels de chimie pour rendre gazeuses les eaux, limonades et vins de diverses qualités. Des poudres *mises en* paquets, de cinq et sept centimes pour une bouteille, sont également annoncées ; toutes ont les *mêmes* principes, c'est-à-dire une combinaison d'acide sulfurique, tartrique, acétique et les bicarbonates de soude ou de chaux. Jusqu'à présent personne n'a appliqué ce système à la bière, et cependant c'est la boisson qui se consomme le plus, et c'est aussi celle qui, pour être agréable, *demande* la *mousse* et la limpidité.

« *D'où* vient cette lacune *dans* l'emploi des *agents* chimiques qui produisent le gaz *instantanément* ; il faut bien le *reconnaître*, car des essais nombreux ont été faits : c'est que les proportions et les combinaisons qui réussissent pour les vins, les eaux et les limonades, ont échoué et donné de mauvais résultats pour la bière, boisson plus délicate et chez laquelle le principe acide est si facile à développer.

« Après de longues recherches et des essais répétés pendant plus de dix-huit mois, par tous les temps et toutes les saisons et sur toutes les bières, *nous avons enfin* réussi à obtenir de suite une bière moussant à volonté, sans trouble ni dépôt dans les bouteilles ; nous en avons eu pendant trois et quatre mois, mise alternativement à une chaleur modérée, puis à la fraîcheur de la cave, et sa conservation a été parfaite.

« Manière d'opérer :

« Quand la bière est claire et brillante, on la met en bouteilles ; il ne faut pas se servir de bière un peu trouble ; car, renfermant encore du levain, elle *provoquerait*, avec le gaz, une nouvelle fermentation, et vous auriez infailliblement, avec la bière trouble, casse de bouteilles.

« Vous remplissez la bouteille à 0m,07 ou 0m,08, comme pour le champagne ; ensuite, avec une cuillère à café, vous introduisez dans la bouteille la poudre A ; puis après, celle B. A l'instant il se produit effervescence ; on prend ensuite la bouteille dont on bouche l'ouverture avec la paume de la main et on la renverse deux fois du haut en bas, ce qui a pour but de dégager le gouleau de quelques parcelles de poudre qui pourraient y être *attachées* et se prendraient au bouchon ; cela fait, on a un bouchon tout prêt, et *de suite* on bouche *très fort*. Si cette *opération* ne se *faisait* pas *lestement, le gaz* s'échapperait et la bière *se* perdrait *avec lui.*

« Nous ne ficelons pas ; un bon bouchon fortement enfoncé suffit. M. Barrault ficelle, et nous avons remarqué que cela déplaisait à beaucoup.

« Ce gaz est très sain, plus même que celui fait à la mécanique, et qui a pour base *l'acide sulfurique.* Quand les bouteilles sont bien bouchées, on les laisse droites, et trois ou quatre heures après on les prend les unes après les autres, on les remue trois ou quatre fois du haut en bas en les renversant, ce qui a pour but de bien faire dissoudre les poudres combinées et le gaz ; effectivement, après ce travail, vous pouvez agiter et renverser les bouteilles, il n'y a plus de dépôt, et on ne voit que les globules de gaz. On met à la cave et on livre à la consommation.

Cinq ou six heures environ suffisent donc pour mettre en bouteilles, gazer et livrer. Avec un ouvrier un peu leste, je prépare, dans huit heures, 1000 bouteilles. Je mets la poudre, l'ouvrier remue la bouteille et bouche. Il faut autant de temps et plus de frais pour faire la même quantité avec une machine qui coûte 15 ou 1800 fr.

« Je paie à Strasbourg l'acide tartrique en poudre, que je vous indique A, 4 fr. 40 c. le kilogr., et le bicarbonate de soude, B, 1 fr. 60 c. le kilogr. ; à Paris, sans doute, ce sera meilleur marché, et cela me revient à 1 cent. ou 1 cent. et demi la bouteille, suivant le plus ou moins de mousse que je veux avoir. IL FAUT ÉVITER D'ACHETER CES ARTICLES CHEZ VOUS POUR NE PAS FAIRE CONNAITRE VOS PROcités. Je joins à la présente deux paquets renfermant, l'un A, la quantité nécessaire pour gazer une bouteille au litre; *l'autre* B, aussi pour cette bouteille; en mettant *l'un* et l'autre alternativement dans une *cuillère*, vous verrez à prendre les quantités *nécessaires* pour opérer, car cela doit se faire au coup d'œil: il serait trop long de peser et faire des paquets pour chaque bouteille.

« Que vous augmentiez ou diminuiez les quantités, selon que vous voulez plus ou moins de mousse, il faut le faire dans les mêmes proportions pour chaque quantité. »

Nos lecteurs comprendront facilement, comme le dit l'auteur de cette précieuse découverte, tout ce qu'il lui a fallu de travaux et d'essais, répétés pendant plus de dix-huit mois, par tous les temps, toutes les saisons et sur toutes les bières, pour arriver à produire quelque chose d'aussi phénoménal. Il nous semble que l'inventeur aurait pu s'éviter bien des recherches s'il avait regardé à la quatrième page des journaux où il aurait trouvé, sous la dénomination de *Poudre D. Fèvre*, quelque chose qui a de bien intimes rapports avec son procédé, car c'est exactement le même. Mais qu'importe? 300 fr. à gagner, c'est quelque chose.

Nous n'avons pas vu le plus extraordinaire, car ce qu'il nous reste à citer défie tout ce que l'empirisme le plus effronté a pu imaginer jusqu'ici.

« Pour conserver la bière de garde.

« Pour 42 ou 45 hectolitres de bière on prend :

« 20 litres d'eau;

« 40 kilogrammes vieux fer ;

« 2 kilogrammes mâchefer rouillé ;

« 2 kilogrammes mâchefer oxygéné ;

« 2 onces oxyde de fer ;

« 4 onces alun calciné en poudre ;

« 2 onces gomme arabique ;

« 4 onces d'alcool.

« On fait bouillir le tout pendant 45 minutes, on laisse reposer pendant deux heures, et l'on soutire après.

« On opère sur les quantités au moment de la cuisson ou avant l'entonnement. »

Assurément il faudrait feuilleter bien longtemps les annales de l'escroquerie pour y trouver quelque chose qui valût ce que l'on vient de lire. Autant vaudrait entrer dans l'intérieur du laboratoire d'un fabricant de produits chimiques, tirer au hasard les premières substances qui tomberaient sous la main et les présenter ensuite comme un préservatif certain contre toute altération des bières. Aussi l'impudent vendeur s'est-il bien gardé de déterminer le mode d'action de son affreux mélange.

Que dire maintenant de ces commerçants déshonnêtes qui vont puiser à des sources aussi impures les moyens de déguiser leur incapacité, dans l'espérance de sauvegarder leurs intérêts au détriment de la santé publique? Que conclure, en voyant sur le papier même de cette scandaleuse épître les traces qu'y ont laissées chacun de ces produits pharmaceutiques? Ne semblerait-il pas qu'elles soient gravées là comme une tache ineffaçable et comme un témoignage vivant de la déloyauté et des indignes tripotages mis en œuvre à la suite de cette correspondance?

Ah! vous aviez raison de le dire : *Il ne faut pas acheter ces matières dans votre ville*, si vous ne voulez pas que le public sache à quels moyens vous avez recours pour surprendre sa religion et sa bonne foi, pour le tromper aussi indignement.

Oui, sans doute, et nous le comprenons fort bien maintenant, si quelqu'un a pu encourir la glorieuse qualification de *brasseur à la chimie*, ce n'est pas vous assurément; l'application de pareils moyens vous place efficacement à l'abri de ce titre, car entre cette science que vous avez su calomnier et de laquelle vous avez su vous faire une arme terrible dans un jour de colère, entre cette science et la vôtre il y a toute la distance qui sépare le bien du mal, car le métier ténébreux des Borgia n'a rien de commun avec le commerce des honnêtes gens.

Voilà comment une poignée de misérables met chaque jour en péril les intérêts de la corporation à laquelle ils appartiennent, bien qu'ils en soient indignes, et nous sommes assuré que le corps des brasseurs nous saura gré d'avoir protesté en son nom contre des actes aussi criminels.

Quand on se reconnait incapable de soutenir une lutte avec des moyens honnêtes, on se retire, on succombe plutôt que d'user de pareils artifices; et parmi ceux qui, dans ces derniers temps, sont morts à leur poste, sur le champ de bataille de la concurrence, il en est dont les blessures sont plus honorables que certains succès; et dont les cicatrices ne craignent pas l'éclat de la lumière[1].

Mais poursuivons notre examen, car nous avons promis de passer en revue ces légions de trafiquants et ces appareils nouveaux qui depuis peu d'années ont fait tant de bruit. Si la brasserie semble devenir le point de mire d'une foule d'industriels émérites qui, en général, se préoccupent plus de la fin que des moyens, il faut que l'éveil soit donné pour que chacun puisse désormais se tenir sur ses gardes.

L'année 1845 n'a été que trop féconde en découvertes de cette nature, et la crainte de les voir se multiplier encore davantage nous a déterminé à ne garder aucune espèce de ménagement à l'égard de celles qui nous ont paru dangereuses pour l'avenir de la brasserie française.

Nous commencerons par l'*appareil à gazéification factice*. Voici le prospectus que l'inventeur adressait aux brasseurs :

« Monsieur,

« Je viens vous confirmer ma circulaire du 1er mars 1845, par laquelle je vous annonçais *la prorogation pour quinze années* du brevet d'invention et de

(1) « Le déshonneur pour eux, ce n'est pas le mensonge, c'est la faillite. Plutôt que de *faillir*, l'honneur commercial les poussera jusqu'au point où la fraude équivaut au vol, où la falsification est l'empoisonnement.

« Empoisonnement benin, à petite dose, je le sais, qui ne tue qu'à la longue. » (J. Michelet, *le Peuple*, p. 81.)

perfectionnement (sans garantie du gouvernement), que j'ai pris en 1841, pour un procédé propre à rendre toutes bières limpides, immédiatement mousseuses, et ramener celles qui subissent les avaries provenant d'accidents de fabrication. Les bons résultats obtenus dans mon établissement, dans celui que j'ai formé à Lyon sous la raison sociale Pfrimmer Oger et Cie, ainsi que ceux réalisés par MM. les brasseurs des villes de *Reims*, *Nevers*, *Saint-Etienne*, *Remiremont* et *Mulhouse*, auxquels j'ai fait la cession de mon procédé, me font espérer que vous comprendrez combien peut vous être utile un moyen qui est d'autant plus avantageux que l'on opère dans une saison moins favorable pour la conservation des bières et avec lequel on *ne peut craindre aucune concurrence*.

« Monsieur, dans le cas où vous seriez décidé à traiter avec moi, je dois vous prévenir : 1° que la valeur du matériel nécessaire à l'exploitation du procédé ne dépasse pas la somme de 1,200 fr., qu'il peut être confectionné partout sur la description que je m'engage à fournir ; 2° que, pour éviter un déplacement, je peux aussi vous donner, par correspondance, tous les détails de fabrication ; 3° enfin que le prix de cession, pour chaque ville et son arrondissement, est de 400 fr. par an, payable moitié en prenant connaissance du procédé, l'autre moitié six mois après, pour continuer ainsi pendant toute la durée du brevet, ou jusqu'à l'époque à laquelle il vous conviendrait de cesser, en me prévenant toutefois trois mois à l'avance. Les cessions par département sont de 1,200 fr., avec les mêmes conditions ;

dans ce dernier cas, vous avez le droit exclusif des cessions partielles, et la nouvelle loi vous donne le pouvoir de poursuites contre les contrefacteurs du procédé dans le département que vous habitez.

« J'ai l'honneur de vous saluer,

« Auguste BARRAULT.

« *P. S.* Je dois vous prévenir qu'il existe quelques contrefacteurs de mon procédé, que je suis disposé à poursuivre après des renseignements plus positifs. »

L'appareil qui permet de ne craindre *aucune concurrence* est en tout semblable à celui qu'on emploie depuis longtemps pour la fabrication des eaux de Seltz factices; en deux mots : c'est le même. Quant à l'avantage qu'il offre aux brasseurs, de leur procurer toujours des bières de la plus grande limpidité, il faut bien s'entendre : oui, si vous les avez préalablement amenées à cet état; autrement non ; la circulaire oublie de dire que le procédé n'a pas pour effet de clarifier la bière, mais bien de lui conserver le degré de clarification auquel on a pu l'amener. C'est ce que nous examinerons.

Afin d'éviter des détails inutiles sur la disposition de cet appareil, nous nous contenterons de dire qu'il produit du gaz acide carbonique sous une pression élevée, et que, par ce moyen, l'eau avec laquelle le gaz est maintenu dans un état presque constant d'agitation en absorbe un volume quinze ou vingt fois égal au sien. C'est cette eau, saturée d'acide carbonique, qui est ajoutée à la bière dont on a rempli les bouteilles aux 9/10es, qui sont bouchées et ficelées dès que l'eau chargée d'acide carbonique est venue les emplir complétement. Voilà en quelques mots sur quelles bases repose une application qui ne craint *aucune concurrence*; voilà dans quelles conditions nous est apparue cette nouvelle pierre philosophale dont nous allons faire connaître les inconvénients.

Comme tous les appareils qui fonctionnent sous une pression considérable, celui-ci n'est pas sans danger lorsqu'il est placé entre des mains inexpérimentées, comme nous avons pu le voir; par la même raison, les chances de fuite sont nombreuses, et la projection des acides énergiques qu'on emploie peut devenir une cause de *désagréments* pour un opérateur maladroit ou peu habitué aux manipulations de cette nature.

Nous n'irons pas jusqu'à considérer comme une falsification cette addition tout à fait inutile de 40 pour 100 d'eau à un liquide qui n'en a certainement pas besoin. Cependant, au point de vue de l'hygiène publique, il y a un côté très sérieux au fond de cette question ; le voici : pour produire le gaz acide carbonique, on emploie l'acide chlorhydrique (esprit de sel), ou l'acide sulfurique (huile de vitriol), auxquels on ajoute de l'eau et du carbonate de chaux (craie, marbre). Quel que soit l'acide employé, la réaction a toujours pour résultat un dégagement considérable de calorique; or, comme l'acide chlorhydrique est éminemment volatil, d'abondantes vapeurs acides sont entraînées avec l'acide carbonique et se retrouvent plus tard dans les bières dans un rapport qui peut être compromettant pour la santé publique.

A l'égard de l'acide sulfurique que l'on emploie également, nous dirons : les acides sulfuriques du commerce, et notamment ceux que l'on extrait des pyrites de fer, contiennent de l'arsenic en quantité notable, nous l'avons prouvé ; or, ne doit-on pas craindre que la réaction produite à une température élevée n'introduise des vapeurs arsenicales dans les bières gazées de cette façon?

Le temps nous a manqué pour vérifier cette hypothèse, qui n'a rien de déraisonnable. Quant aux acides dont nous venons de parler, nous allons signaler un fait dont nous pouvons garantir l'authenticité.

Il y a quelques années, plusieurs personnes de Reims furent conviées à un festin de noce qui se célébrait dans le village de Loivre, situé à huit kilomètres de cette ville. Quelques-unes des dames invitées eurent la faiblesse de préférer au vin de Champagne la bière rendue mousseuse par le procédé qui nous occupe. Une de ces petites catastrophes, si commune dans les réunions nombreuses, fit répandre sur une magnifique robe de soie une partie de la bière que renfermait un verre. Aussitôt chacun de s'écrier : La bière ne tache pas, soyez tranquille ! On se contenta donc d'enlever légèrement l'importun liquide et de lui laisser tout le temps nécessaire pour s'évaporer. Mais les convives avaient compté sans le procédé qui ne craint *aucune concurrence*, car, le lendemain matin, couleur et étoffe avaient en partie disparu sous l'action corrosive des acides entraînés sous forme de vapeurs, pendant la gazéification factice de la bière[1].

(1) Ce qui n'empêchait pas l'académie de Reims, à la même époque,

Nous pourrions nous en tenir là sur le compte de cet appareil et du principe sur lequel il repose; mais nous tenons à épuiser la question afin de prouver combien sont impuissants ou irrationnels les procédés qu'imaginent chaque jour des hommes étrangers aux questions qu'ils veulent traiter ou aux difficultés pratiques qu'ils ont la prétention de résoudre.

Est-il vrai, comme on l'a dit, que ce procédé de gazéification permette de conserver aux bières leur limpidité primitive? Nous ne le pensons pas, et en voici les raisons : il est impossible de faire qu'après la fermentation les bières ne renferment quelques traces de matière sucrée ayant échappé à l'action du ferment; or, ce sucre ne saurait rester longtemps inactif au milieu d'un liquide fermenté, et avec le temps il se convertira à son tour en alcool au sein de la bouteille. Mais aussi, nous l'avons dit et prouvé, toutes les fois que la fermentation alcoolique s'établit dans ces conditions, il y a reproduction du ferment, et celui-ci se trouvant suspendu au sein du liquide, vient en troubler la transparence lorsque la masse est agitée, ou se rassembler en un dépôt au fond de la bouteille, si celle-ci est tenue dans l'immobilité.

Voilà ce que nous avons pu constater par cent expériences diverses. Toutefois nous devons ajouter, et nos lecteurs le comprendront très bien, que la reproduction du ferment est d'autant plus abondante que la quantité de sucre contenue dans ces bières est elle-même dans un

d'accorder pour ainsi dire une couronne civique à l'heureux propriétaire de cette détestable machine.

rapport plus considérable. Nous ne devons pas non plus perdre de vue que la bière n'est réellement agréable au palais qu'à la condition de renfermer encore de minimes quantités de principes sucrés échappés à l'action du ferment; mais en employant le glucose à la fabrication, une grande partie de celui-ci n'est pas convertie d'abord en alcool; plus tard il subit dans les bouteilles une nouvelle et active fermentation, qui amène la reproduction du ferment dans une proportion très notable.

Enfin nous croyons qu'au point de vue de la spéculation l'appareil à gazéification factice est une mauvaise affaire; elle ne saurait, dans aucun cas, suffire à la vente d'une brasserie très importante, puisqu'un appareil de cette nature ne peut guère opérer que sur quelques milliers de bouteilles par jour; en outre, les frais de matériel sont énormes, car les transports nécessitent des équipages spéciaux, et par conséquent non susceptibles d'être affectés à une autre destination le jour où l'affaire serait reconnue mauvaise. En un mot, pour nous résumer sur ce sujet, nous dirons que l'application de ce système, au lieu de simplifier le travail, le complique, et qu'au lieu d'offrir plus de garanties aux consommateurs elle les diminue, tant à cause des dangers que nous avons signalés que des accidents qui en sont résultés.

Mais nous serions injuste envers l'homme qui a eu l'idée de cette application si nous n'ajoutions qu'il s'est tout simplement trompé sur l'infaillibilité de son procédé et de son appareil; car nous avons pu nous convaincre qu'il a agi dans cette circonstance avec la plus entière bonne foi.

Une classe d'individus contre laquelle nous voudrions prémunir les consommateurs est celle des *marchands de bière*, petits brasseurs non patentés qui s'imposent aux véritables producteurs, et qui, dans certaines localités, les tiennent sous leur dépendance, tout en spéculant indignement sur l'état de gêne qui pèse si souvent sur leurs fournisseurs. Comme tous les marchands possibles, le marchand de bière ne produit rien[1]; il absorbe au contraire le travail du producteur avec lequel il traite en seigneur, sous le prétexte qu'il est la plus fameuse pratique de l'endroit. Le marchand de bière en gros sert d'intermédiaire entre le producteur et les entrepreneurs de bals publics et particuliers, auxquels il livre, par vingt-cinq, cinquante ou cent bouteilles, des bières ordinairement mousseuses. On comprend tout d'abord que ceux qui ont une nombreuse clientèle et qui se trouvent dans l'obligation de fournir immédiatement beaucoup de bières mousseuses ne se font pas grand scrupule d'employer tous les moyens possibles pour déterminer instantanément une fermentation active, ces petites manœuvres les dispensant d'un matériel de bouteilles qui serait fort dispendieux s'ils opéraient légalement. Les témoignages les plus concluants ne nous manqueraient pas si nous avions besoin de dire dans

(1) « Quant aux Chinois, ils classent le *marchand* bien au-dessous de l'agriculteur et de l'ouvrier, attendu qu'il ne produit rien d'immédiatement utile à l'homme. »

(JOBARD, *Création de la propriété intellectuelle.*)

quel état on a souvent trouvé la bière vendue par ces honnêtes trafiquants ; mais ici encore nous nous contenterons de citer un fait que nous avons mille fois constaté, et que nous saurions bien faire constater à cette heure, s'il le fallait : c'est qu'il nous est fréquemment tombé sous la main des bières qui ne pesaient pas moins de trois degrés au pèse-sirop ; or, ainsi que l'indique le tableau que nous avons donné tome II, page 460, et sans même tenir compte de la quantité d'alcool développé par la fermentation, alcool qui diminue nécessairement la densité du liquide fermenté, on trouve que chaque hectolitre de ces bières ne renferme pas moins de 3 kilogrammes 850 grammes de glucose à l'état libre.

Quand on envisage sérieusement ces faits, y a-t-il lieu d'être surpris de l'énergie avec laquelle certaines bières agissent sur l'économie animale, mais particulièrement sur les organes abdominaux ? Que ceux qui en ont ressenti les effets veuillent bien se reporter à ce que nous avons dit des *bières sucrées* au commencement de cet ouvrage, et qu'ils disent si nous sommes dans le vrai. Ici, pourtant, nous ne considérons le glucose que comme matière fermentescible ; que sera-ce donc quand on se rappellera que nous y avons trouvé du plâtre, de l'arsenic et de l'acide sulfurique ?

Nous avons dit que le glucose avait été la manne du brasseur dans ces dernières années de misères ; nous pouvons dire que c'est, en tout temps et quand même, la manne du marchand de bière. Il faut que tous les consommateurs le sachent : le marchand de bière en gros est un véritable parasite qui vit à leurs dépens et à ceux du brasseur auquel il impose le mode de fabrication qui facilite le mieux ses scandaleux tripotages après la fermentation[1].

« Il n'y a peut-être aucune des substances servant à l'alimentation de l'homme qui ne soit plus ou moins altérée, depuis celles exclusivement réservées à la table des riches jusqu'à celles qui n'ont pour consommateurs que les pauvres; aussi ne doit-on plus être surpris et de la fortune rapide de certains commerçants, et de la fréquence de ces indispositions, de ces maladies même, qui se développent spontanément, sans causes apparentes,

(1) « Le point capital pour le marchand, c'est que le fabricant l'aide à tromper l'acheteur, qu'il entre dans les petites fraudes, qu'il ne recule pas devant les grandes. J'ai entendu des fabricants gémir des choses que l'on *exigeait* d'eux, contre l'honneur; il leur fallait ou perdre leur état, ou devenir complices des tromperies les plus audacieuses. » (J. MICHELET, *le Peuple*, p. 70.)

Ces paroles ne sont que trop vraies, et nous qui avons vécu pendant dix ans dans des usines de toute espèce, nous l'attestons après M. Michelet, et nous sommes en position de présenter les pièces les plus probantes pour justifier nos affirmations. Le coupable, ce n'est pas le producteur, comme on l'admet trop facilement; c'est presque toujours le marchand qui sert d'intermédiaire entre le producteur et le consommateur.

A l'égard de la question qui nous occupe, c'est le marchand de bière qui *contraint* le brasseur à mélanger la bière forte avec une égale quantité de petite bière; seulement, afin de dissimuler la fraude, le marchand de bière fait ajouter du glucose, et il se procure ainsi un bénéfice de 60 à 80 pour 100, tandis que le brasseur se ruine.

Cela est si vrai, d'ailleurs, que la bière de Strasbourg qui se vend au détail dans les brasseries mêmes doit une partie de sa juste réputation à cette circonstance. Il n'est pas un passager ou un habitant de Strasbourg qui puisse dire, peut-être, qu'il en ait jamais été incommodé.

sur un grand nombre d'individus de toutes les classes.

« Si, dans les temps ordinaires, on doit veiller sévèrement à la bonne qualité des aliments vendus au public, il faut, dans les temps de grande calamité, et lorsqu'une épidémie meurtrière a laissé des traces nombreuses de son passage, redoubler de rigueur envers les marchands assez criminels pour sacrifier la santé de leurs concitoyens à leurs avides spéculations. » (*Lettre de M. J. Girardin*, professeur à l'École municipale de Rouen, *à M. Barbet*, maire de cette ville.)

Les alarmes répandues dans l'esprit des masses à l'égard de la sophistication des denrées alimentaires en général, et particulièrement de la bière, n'ont pas d'autre origine que les turpitudes que nous venons de signaler; mais nous insistons à dessein sur ce point, c'est presque toujours le marchand, le spéculateur, qui joue le principal rôle, car eu égard au nombre total des producteurs, on doit compter pour rien quelques misérables sur lesquels tombe exclusivement le blâme qu'ils font encourir à toute une corporation.

Mais patience, le jour approche où nous saurons enfin quelle est la valeur réelle de ce mot : *habileté*, que nous trouvons si souvent sur les lèvres des favoris de la fortune; nous verrons bien s'il sera à toujours la traduction littérale d'un acte qui consiste à acquérir par des moyens qui s'arrêtent juste là où la pénalité commence; nous verrons bien si l'astuce et la ruse pourront toujours s'abriter à l'ombre d'une législation incomplète pour affronter l'impunité et braver la morale publique.

Si le devoir oblige celui qui écrit à dire la vérité, c'est

aussi à la condition de ne point avancer des faits qu'il ne serait pas en mesure de prouver ; hors de là toute imputation peut être considérée comme une calomnie, et tous ceux qui s'en rendent coupables, comme autant de calomniateurs. Ceci posé, examinons une question qui se rattache à celle que nous venons de traiter.

Deux jeunes chimistes, MM. J. Garnier et Ch. Harel, ont publié, il y a plusieurs années, sous ce titre : *Des falsifications des substances alimentaires*, un volume dans lequel nous avons remarqué avec chagrin le passage suivant (p. 477) :

« BIÈRE.

« Cette boisson a donné lieu à plusieurs sortes de falsifications ayant pour but d'économiser le houblon, en le remplaçant par des matières végétales à bon marché, pouvant communiquer au moût une saveur amère, comme le bois de buis, la racine de gentiane, les feuilles de ményante ; et enfin, en Angleterre, on s'est servi de la strychnine, base végétale qui est un poison excessivement violent, etc.

« Lorsque la bière est aigre, on emploie pour la corriger de la chaux, de la potasse et de la magnésie, etc. Dans certains cas aussi, cette boisson contient des oxydes de cuivre ou de plomb[1] provenant des vases dans lesquels elle a été cuite et gardée, etc.

« On ne saurait exercer une trop grande surveillance

(1) La bière qui a fermenté dans un vase de plomb peut renfermer un sel de ce métal. Percival rapporte (*On the poison of lead*) qu'il est arrivé des accidents dans la raffinerie de Manchester, parce qu'on avait bu de la bière contenant du plomb.

sur les brasseurs qui ont souvent de l'avantage à brasser une mauvaise bière. Dans l'intention de lui donner plus de force, on la prépare avec des plantes narcotiques qui la rendent enivrante et vénéneuse. Ces plantes sont, par exemple : *ledum palustre* (lède ou romarin sauvage), *asarum Europæum*, *veratrum nigrum*, *papaver somniferum*, *hyosciamus niger*, *salvia solaria*, etc. »

« On y ajoute quelquefois des grains de paredis, du poivre d'Espagne, coriandre, coque de Levant, des bois de Surinam, suc de réglisse, de la thériaque, du tabac en feuilles?

« Pour arrêter la fermentation de la bière, les brasseurs y jettent des assiettes d'étain, etc., etc. »

Il est impossible d'avancer en moins de mots un plus grand nombre de lourdes erreurs. Expliquons-nous, car l'accusation portée par ces messieurs contre la corporation des brasseurs touche à des intérêts trop respectables pour que nous nous taisions.

Si messieurs Garnier et Harel avaient regardé un peu plus près, ils auraient vu que, dans le plus grand nombre de cas, les bières de vente courante peuvent être aromatisées avec 400 grammes environ de houblon, représentant au maximum une valeur de 75 centimes. Pour ce prix même, on pourrait avoir 500 grammes de houblon de Flandre. Qu'importe le poids d'ailleurs? Si la substitution est faite en vue de spéculation, nous n'avons qu'à envisager le prix de revient. Supposons que ces *matières végétales à bon marché*, dont on nous donne une nomenclature si étendue, coûtent 50 p. 100

de moins, c'est-à-dire qu'avec 38 centimes de l'une d'elles on remplace 75 centimes de houblon. Il en résulterait donc une économie de 1,70 p. 100, en admettant qu'un hectolitre de bière soit vendu 20 fr. (Les bières de garde de Paris se vendent communément 30 fr. l'hectolitre.) Mais il est matériellement impossible de se passer *totalement de houblon*. Si donc nous admettons que l'on n'emploie que moitié de ce qui serait nécessaire et que l'autre moitié soit remplacée par une autre substance, il ne nous restera plus qu'une fraction tellement insignifiante qu'il ne sera pas possible d'admettre que l'on se préoccupe de semblables économies.

Quant à la substitution de la racine de buis au houblon, nous nous bornerons à reproduire ici ce que nous avons dit dans le *Journal d'Agriculture pratique*, n° d'août 1847, page 537, à propos du dégrèvement des droits d'octroi sur les houblons consommés dans Paris.

« Parmi les quelques écrivains, nous pourrions presque dire les quelques *savants*, qui se sont occupés de la falsification des substances alimentaires, il en est qui nous ont affirmé que, dans le but d'économiser le houblon, on employait toute espèce de matières végétales à bon marché; parmi celles-ci nous trouvons la racine de buis; puis, faut-il le dire? la strychnine (*sic*). Oui! la strychnine qui coûte *douze cents francs* le kilogramme, quand on peut se procurer aujourd'hui des houblons français à *quatre-vingts* ou *quatre-vingt dix centimes* le kilogramme.

« Il est fâcheux que les éditeurs responsables de ces

étranges assertions ne nous aient pas offert autre chose que des mots ; et en effet, pas une seule analyse à l'appui, pas un seul fait bien constaté ne nous a été présenté ; en un mot, aucun moyen de vérification n'a été signalé, et partant, aucune preuve ; nous avons donc le droit de déclarer à ceux dont nous parlons qu'ils n'ont jamais bu de bière faite avec la racine de buis, qu'ils n'en ont jamais vu, et que s'il leur était arrivé comme à nous d'en préparer quelques litres, il leur serait resté cette conviction, que la bière fabriquée de cette façon est d'une âcreté tellement insupportable qu'on ne peut en boire un verre sans un profond dégoût ; non pas que la saveur primitive ne puisse être supportée au besoin, mais l'arrière-goût qui reste après la déglutition est des plus tenaces et des plus nauséabonds. D'ailleurs la saveur caractéristique du houblon ne peut être imitée, et il est réellement impossible de s'y méprendre.

« En matière d'application pratique nous avons toujours eu pour règle de conduite de nous en rapporter bien plus à l'absolutisme des chiffres qu'à l'éloquence des détracteurs. Chiffrons donc ; nous conclurons après.

« Admettons que la substitution dont on parle puisse se faire dans un rapport qui égalerait 50 p. 100 de la quantité de houblon à employer, et voyons quelle économie il en résulterait pour le brasseur. Les houblons français des meilleurs crus, ceux de Gerbéviller, par exemple, qui sont les plus riches, coûtent de 2 à 3 fr. le kilogramme. Eh bien, dans les cas ordinaires et pour les bières de seconde qualité, celles du prix de 20 fr.

l'hectolitre, 420 grammes de ces houblons sont suffisants pour préserver de l'acétification des produits qui doivent être consommés promptement. Or, à 2 fr. 50 le kilogramme, ces 420 grammes représentent une valeur de 1 fr. 05, sur laquelle il y aura par conséquent une économie de 52 cent., en supposant que l'on supprime moitié de la quantité de houblon nécessaire à la fabrication; mais pour se prêter à l'infusion d'une manière satisfaisante, il faut que la racine de buis soit divisée, c'est-à-dire mise en copeaux à la manière des bois de teinture; or, dans cet état, la racine de buis coûterait encore 75 cent. le kilogramme, et comme il en faut une quantité double pour obtenir une amertume un peu sentie, il en résulte que si 210 grammes de houblon, qui représentent une valeur de 0 fr. 52 cent., sont remplacés par 420 grammes de copeaux de buis, qui coûtent 0 fr. 75 cent., on trouve une économie de 0 fr. 20 cent. par hectolitre de bière vendu 20 fr.

« Voilà la vérité, voilà à quelles proportions se réduit cette importante spéculation! *vingt centimes* d'économie sur 20 francs! Il y a trente ans, alors que la culture du houblon en France était à peu près limitée aux départements du Nord, cela se comprenait; car la brasserie française était tributaire des États voisins, et les houblons des bons crus, comme ceux de Spalt (Bavière), valaient encore 600 fr., 800 fr. et même jusqu'à 1000 fr. les 100 kilogrammes; alors le brasseur pouvait trouver une économie de 50 p. 100 sur le prix du houblon en y substituant le buis; mais aujourd'hui qu'on peut se procurer dans les départements septentrionaux des houblons, communs il est vrai, à 60 et 80 fr. les 100 kilogrammes, la supposition est absurde.

« Non! nulle part en France, depuis au moins vingt ans, il n'est entré un atome de buis dans la fabrication de la bière, et quiconque y réfléchira un peu le comprendra aisément; quiconque voudra se donner la peine d'examiner la question, n'y trouvera plus qu'une prévention fortement enracinée sans doute, mais exploitée par des *savants* incompris, par quelques génies méconnus, qui n'ont eu d'autre but que d'occuper les gens crédules de leurs personnes et de leurs exploits scientifiques. »

A ces observations, d'ailleurs incomplètes, nous ajouterons que le houblon n'est pas seulement employé comme substance aromatique, mais surtout comme agent immédiat de conservation, en raison des huiles essentielles qu'il abandonne par la coction. Aucun brasseur ne l'ignore; c'est pour ainsi dire la présence seule de ces huiles essentielles qui s'oppose au libre développement de la fermentation putride du gluten; en effet, en l'absence du houblon, la fermentation putride s'établit avec une promptitude telle que les boissons ainsi préparées contractent en très peu de temps le goût et l'odeur spéciale à toutes les matières animales en voie de décomposition.

La racine de buis ne saurait donc être propre aux mêmes usages que le houblon, puisqu'elle ne contient aucune huile essentielle capable de s'opposer, comme nous l'avons prouvé, au développement de la fermentation putride.

Il y a un moyen bien simple, dont nous avons déjà parlé, de constater dans les bières l'absence du houblon ; c'est d'y verser quelques gouttes d'une dissolution d'un sel de fer. Si le houblon a été réellement employé, le tannin qu'il renferme formera, en présence du fer, un précipité noir qui ne sera autre chose que de l'encre, tandis que l'infusion de racine de buis ne formera aucun précipité, puisque ce bois ne renferme que des traces à peine appréciables de tannin.

Tout simple que soit ce moyen d'investigation, MM. Garnier et Harel ont cru devoir s'en dispenser.

A l'égard de *l'emploi de la strychnine* dans la fabrication de la bière, les erreurs de MM. Garnier et Harel sont encore bien plus manifestes et leurs assertions bien plus étranges. Est-il possible qu'un brasseur substitue à une substance inoffensive qui coûte 2 fr., un *poison excessivement violent* qui coûte 1200 fr.? Évidemment il y a là de l'exagération gratuite, dans le but de nous montrer sans doute que ces messieurs sont très érudits, fort savants, et qu'ils peuvent nous apprendre beaucoup de choses encore. Qu'il nous soit permis pourtant de nous interposer entre leur autorité *savante* et cette industrie qu'ils ont essayé de discréditer dans l'intention d'échafauder leur réputation. Entre eux qui accusent et nous qui défendons, il y a un public qui juge, et nous voulons faire passer sous ses yeux toutes les pièces du procès.

Écoutons ce que dit M. Thenard : « Les dissolvants de la strychnine sont l'alcool et les huiles volatiles. L'eau à + 40° en dissout moins de un six milliôme, etc. » Ainsi, non seulement la strychnine coûte six cents fois plus cher que le houblon, mais son usage exigerait encore l'emploi de l'alcool comme dissolvant, et dans le commerce celui-ci ne coûte pas moins de 150 à 200 fr. l'hectolitre. Ce n'est pas tout : quelle est l'action de la strychnine sur l'ensemble des phénomènes de la fermentation? Laissons parler M. Dumas : « On a essayé aussi l'action de différentes substances organiques sur la fermentation, en choisissant de préférence des poisons. La strychnine employée à la dose de *six grains*, triturée longtemps avec l'eau pour en dissoudre le plus possible, a rendu la liqueur légèrement alcaline, et la fermentation ne s'est pas manifestée...... » Comment serait-il possible d'introduire dans des moûts qui ont besoin d'éprouver promptement la fermentation alcoolique une substance qui, à la dose de six grains seulement, peut s'opposer au développement même de cette fermentation, ou au moins la retarder pour un temps indéfini?

Voilà pourtant où viennent aboutir les affirmations de MM. Garnier et Harel, et il en est de même pour tout ce qu'ils ont bien voulu nous faire l'honneur de nous apprendre sur la fabrication de la bière en général, et sur la fermentation en particulier.

Citons un dernier exemple : « Pour arrêter la fermentation de la bière, disent ces messieurs, les brasseurs y jettent des assiettes d'étain. » Ceci est de la science nouvelle assurément, et nous serions bien aise d'apprendre comment l'étain peut agir dans ce cas sur la fermentation, et sur quel point du globe on a pu constater ce fait. D'ailleurs des chimistes, des savants, doivent pouvoir déterminer le mode d'action d'un corps à l'égard de tels phénomènes qu'ils signalent; ils doivent pouvoir dire ce qui se passe, et nous sommes étonné que ces messieurs n'aient pas jugé convenable de nous en dire quelques mots. Quant aux « *brasseurs qui ont de l'avantage à faire de mauvaise bière,* » c'est encore là une nouvelle théorie économique, et les brasseurs ressembleraient assez, dans ce cas, aux auteurs qui feraient de mauvais livres dans l'espérance d'en débiter davantage. Qu'en pensent ces messieurs?

Nous n'eussions pas réfuté aussi longuement MM. Garnier et Harel si leurs opinions n'avaient trouvé un accueil beaucoup trop empressé dans l'esprit d'un grand nombre de leurs lecteurs; tant il est vrai qu'il est encore des gens sensés qui voient dans un auteur un homme revêtu d'un sacerdoce qui doit le rendre inaccessible à l'erreur et surtout au mensonge.

Pour prouver avec quelle facilité la malveillance sait faire son profit des énonciations, même les plus erronées, il nous suffira de jeter les yeux sur un petit livre qui a pour titre l'*Art du brasseur,* espece de prospectus écrit uniquement dans le but d'attaquer la brasserie de Paris pour le plus grand profit de son auteur, M. Godard, se disant fabricant d'extrait de bière, mais par le fait complétement étranger à toutes les questions relatives à la brasserie. Comme il y a au fond de ce mode de fabrication, connu d'ailleurs depuis longtemps, une question de falsification bien manifeste, nous nous y arrêterons un moment.

M. Godard n'a pas voulu rester en arrière à propos de la strychnine ; mais comme il connaît sans doute ce produit par une longue expérience, il a substitué à son véritable nom celui de *strychine*, qui se trouve répété quinze ou vingt fois dans sa savante brochure. Mais passons, et citons ce qu'il dit ; c'est, à notre avis, le meilleur moyen de convaincre nos lecteurs du profond savoir de ce praticien émérite.

« En Allemagne on emploie l'*épiote ;* tout ce qui entre dans la fabrication est *dieurctique*, mais il est beaucoup plus économique de faire sa bière soi-même, en employant le sirop de fécule, » dont l'auteur indique la préparation, que nous nous permettrons d'examiner avec lui. « Les *eaux de pompes* mêlées avec la résine du houblon forment une *bière savonneuse.* » M. Godard pense qu'il est « bien difficile de surveiller vingt-six machines, en parlant des ouvriers, qui ne comprennent rien... » Mais, pour parler le langage de l'auteur, « revenons à la *manière acqueuse*. L'eau de pluie est fort bonne. » Si M. Godard, dans le cours de ses pérégrinations savantes, rencontre, « de l'eau crue, par exemple, il constate la quantité de sels qu'elle contient, il les neutralise, et tout est dit, et sa bière est fort bonne. » Comment M. Godard fait-il l'analyse quantitative des eaux, et comment neutralise-t-il les sels qui s'y trouvent? c'est ce que nous apprendrons sans doute dans une deuxième édition.

« Conculus indicus. Cette drogue, employée qu'en Angleterre dans les bières, est poison » (textuel). C'est sans doute une erreur typographique qui aura fait dire à l'auteur *conculus* au lieu de *cocculus*.

« Coloquinte (*amer*). Quelques mauvais brasseurs en ajoutent à leur bière, par cupidité, pour retrancher du houblon, *principalement à Paris*, depuis que l'on cherche à imiter la bière de Strasbourg. » Ceci est plus grave. Constatons d'abord, avec tous les botanistes et avec les sommités du corps médical, parmi lesquelles ne figure pas le nom de M. Godard, que la coloquinte est tout à la fois un violent purgatif et un drastique d'une très grande énergie, et par conséquent dangereux ; ajoutons en outre qu'il n'y a aucune espèce de similitude entre la saveur du houblon et celle de la coloquinte. M. Godard affirme qu'on emploie de la coloquinte ; nous le croirons quand nous en aurons la preuve. Qui a constaté ce fait? par quels moyens pourrions-nous nous en assurer? C'est ce que M. Godard s'abstient de nous dire, et il a, j'en suis certain, de fort bonnes raisons pour cela. Pourtant, nous trouvons plus loin : « La coloquinte pourrait bien offrir quelques dangers, mais *il est si facile de reconnaître cette fraude !* » Pourquoi donc hésitez-vous à faire connaître ce moyen qui pourrait vous mettre à l'abri d'un soupçon que nous nous abstenons de qualifier? Quand des accusations aussi graves touchent aux intérêts d'une corporation tout entière, c'est un devoir d'en fournir la preuve immédiatement; vous ne l'avez pas fait, vous ne le ferez pas, car vous savez aussi bien que nous qu'il n'y a rien de vrai dans votre allégation.

Quoi qu'on ait pu dire, nous devons à la vérité de déclarer qu'après Lyon et Strasbourg, Paris est la ville qui emploie, dans la fabrication de ses bières, les houblons des meilleurs crus, c'est-à-dire ceux dont l'arome est le plus fin et le plus délicat, après les houblons d'Allemagne et de Bavière; tels sont les houblons d'Alsace, et notamment ceux des provenances de Haguenau, Bischwiller, Wissembourg, Oberhoffen.

Que les nombreuses tracasseries auxquelles M. Godard a été en butte de la part de la régie aient compromis le succès de son entreprise, nous ne le nions pas, et nous avons été des premiers à protester contre les inqualifiables brutalités du fisc dans cette circonstance; mais était-ce une raison pour rendre complices de ces rigueurs des citoyens honorables, et pour voir un délateur dans chaque concurrent? Non, assurément. Les brasseurs de Paris, qui sont d'autres praticiens que M. Godard, connaissaient trop bien les difficultés inhérentes à la fabrication pour admettre que chacun pût jamais fabriquer chez soi la bière nécessaire à sa consommation. Tous savaient que c'était là un rêve qui n'aurait d'autre résultat que de compromettre plus ou moins la savante réputation de l'inventeur, sans qu'il soit besoin pour cela de la coopération d'autrui.

Il y a des gens qui s'imaginent qu'un brassin de bière peut se faire comme un pot au feu. M. Godard nous paraît être de ce nombre, si nous en jugeons par le livre et le mode de fabrication qu'il nous a offert; l'un et l'autre ont plus d'une analogie avec l'*Art du parfait cuisinier*. On va en juger en prenant connaissance du procédé merveilleux qui, dans la pensée de son inventeur, devait amener la ruine des 20,000 établissements de brasserie qui existent aujourd'hui en France.

« *Fabrication en petit du sirop de fécule pour faire la bière à l'usage de tous les ménages, sans avoir besoin d'ustensiles créés exprès.*

« Pour faire la matière sucrée pour un hectolitre de bière :

« Prenez un chaudron de *cuivre, non étamé*, contenant environ 60 litres ; versez-y 30 litres d'eau, mettez sur le feu ; quand l'eau sera tiède, versez-y, en forme de filet, 8 onces d'acide sulfurique (huile de vitriol.)

« Prenez 3 kilog. de fécule sèche ou 7 kilog. 1/2 de fécule verte. Cette dernière est seulement la pomme de terre écrasée, débarrassée de ses fibres et de sa pelure; mélangez-la avec l'eau, de manière à en faire une bouillie un peu épaisse; ayez soin, en versant, de remuer rapidement votre fécule avec une spatule, car sans cela elle s'attacherait facilement au fond, et vous continuerez en excitant le feu. L'eau acidulée attaque la fécule et forme empois; bientôt, en continuant d'agiter, cette matière devient fluide: alors on y jette 10 autres livres de fécule sèche ou 15 livres de fécule verte, et on recommence la même manutention. Bientôt cette seconde opération passe comme la première, on recommence la troisième, qui vous donne par conséquent 30 livres de fécule sèche, ou 45 livres de fécule verte, qui passe à l'état de matière sucrée. Quand votre matière, que vous n'avez pas besoin de remuer lorsqu'elle est passée à l'état de fluide, a passé deux heures à bouillir, vous laissez éteindre le feu de lui-même, etc. » L'auteur indique ensuite le procédé de saturation par la craie, que nous avons donné t. II, p. 179.

Si M. Godard avait possédé les notions les plus élémentaires d'une science dont il ignore certainement les principes, il aurait su qu'en conseillant à ses lecteurs l'emploi d'un « chaudron de cuivre non étamé, » pour mettre un mélange d'eau et d'acide sulfurique en ébullition, il leur indiquait un moyen certain de s'empoisonner, puisque l'acide sulfurique attaque le cuivre, se combine avec lui, et donne lieu à la formation d'un sulfate de cuivre connu dans le commerce sous le nom de vitriol de Chypre, couperose bleue, etc.

En cela donc le procédé de M. Godard est excessivement dangereux; ce qui ne l'est pas moins, c'est que son application chez les particuliers ne tarderait pas à placer entre les mains de gens inhabiles l'un des corrosifs les plus énergiques, l'acide sulfurique. On sait quels affreux malheurs sont arrivés dans maintes circonstances par suite des méprises dont cet acide a été l'objet. Ce qui n'est pas moins grave, c'est de confier à des mains inexpérimentées le soin d'opérer, par la craie, la neutralisation de l'acide sulfurique après la conversion de la fécule en sucre. Il est évident, en effet, que si le glucose du commerce, fabriqué par des hommes pratiques, renferme des quantités toujours trop considérables d'acide sulfurique à l'état libre, celui qui sera préparé par des personnes étrangères à ce genre de manipulations devra à plus forte raison en contenir bien davantage.

M. Godard conseille d'ajouter du houblon au sirop de fécule ainsi préparé, de lui faire subir la coction par les moyens que nous avons indiqués, de faire refroidir le tout à une température convenable, puis d'y ajouter de la levûre pour faire éprouver la fermentation alcoolique au liquide obtenu de cette façon.

On voit que pour M. Godard la fabrication de la bière se réduit à des termes fort simples; seulement on a pu remarquer combien peu il se préoccupe de la nature des matières premières dont il conseille l'emploi. Quant à la manière dont toutes ces substances se comportent les unes à l'égard des autres, cela ne l'arrête pas, il n'en a nul souci; en voici de nouvelles preuves. Il est constant, et tous les brasseurs le savent mieux que M. Godard, que nulle dissolution sucrée n'opère la coction du houblon aussi bien que celles dans lesquelles le malt entre dans une proportion assez considérable. Dans le cas, en effet, où le malt est en faible proportion, la coction du houblon ne produit qu'un liquide chargé du principe amer de la lupuline, tandis que dans l'autre hypothèse les moûts s'empareront de la partie aromatique la plus délicate, de celle que les Allemands recherchent avec tant de raison, et qui communique à la bière ce bouquet spécial à toutes les boissons qui sont d'une qualité supérieure.

M. Godard ne s'est pas arrêté davantage aux difficultés que présente la fermentation; ce qui le prouve, c'est qu'il s'est imaginé que la reproduction du ferment pouvait s'opérer aussi bien sans le concours du gluten qu'avec ce concours; or, c'est là une lourde erreur, comme nous croyons l'avoir prouvé en parlant du ferment. Lorsqu'on met une dissolution de glucose en présence du ferment, la fermentation s'établit tant bien que mal; mais là se borne à peu près le rôle du ferment, c'est-à-dire qu'il ne se reproduit pas comme cela arrive avec les moûts que donnent les infusions de malt, parce que, dans ce dernier cas, le ferment trouve le sucre et le gluten associés en quelque sorte l'un à l'autre; condition essentielle à son alimentation et à sa reproduction.

Les conséquences qui résultent de l'absence absolue du gluten dans les moûts obtenus par les procédés de M. Godard sont faciles à déduire: non-seulement le ferment ne se reproduit pas, mais encore une grande partie de celui qu'on a ajouté aux moûts est retenue au sein du liquide; plus tard, il meurt, se dépose, et offre tous les caractères du ferment mort, c'est-à-dire que comme les matières animales en voie de décomposition, il agit à la manière d'un ferment putride, et contribue à développer promptement dans les liquides auxquels il est mêlé les phénomènes de putridité les plus manifestes et les plus dangereux pour la santé publique.

Ce que nous disons de l'action du ferment sur les dissolutions de glucose est tellement exact que, quelle que soit la quantité de levûre employée pour convertir le sucre de fécule en alcool, il reste toujours une grande partie de sucre non attaquée par le ferment; c'est à ce fait qu'il faut principalement attribuer le danger qui accompagne l'usage de ces *bières sucrées* que l'on trouve dans un assez grand nombre de localités. Tels sont surtout les caractères distinctifs des bières préparées par le procédé de M. Godard.

En résumé, nous croyons avoir assez signalé les inconvénients qui peuvent résulter de l'*emploi du glucose* pour qu'on l'éloigne entièrement de la préparation des boissons fermentées, et pour qu'on puisse considérer son introduction dans ces boissons comme une véritable falsification.

La plupart des brevets pris dans ces *derniers* temps concernant la fabrication de la bière ont en général la même importance que la découverte de M. Godard; il en est même, et nous en connaissons, dans lesquels la justice pourrait certainement trouver deux délits de nature à conduire devant la police correctionnelle ceux qui s'en rendent coupables.

Section III.

Construction des brasseries. — Brasserie-modèle.

Si nous disions qu'il n'existe pas en France *un seul* établissement de brasserie dont la disposition soit irréprochable et qui soit organisé de manière à économiser la main-d'œuvre et à simplifier le travail, en évitant les manipulations inutiles, on nous croirait difficilement, et pourtant nous ne sortirions pas de l'expression de la plus exacte vérité.

Partout, dans toutes les brasseries, la même cause a déterminé cette organisation vicieuse, c'est-à-dire qu'à leur origine les locaux affectés aujourd'hui à la fabrication de la bière avaient une tout autre destination que celle qui leur est devenue spéciale. Or, nous ne devons pas le dissimuler, ces circonstances influent beaucoup plus qu'on ne pense et sur la qualité des produits à certaines époques de l'année, et sur le prix de la main-d'œuvre elle-même, qui dans un très grand nombre de localités représente environ 20 pour 100 de la valeur vénale des produits manufacturés.

Comme tout s'enchaîne dans ces circonstances, il arrive que, par suite de la mauvaise qualité des bières, le brasseur se trouve souvent dans l'obligation de faire à ses clients des concessions onéreuses en même temps qu'il se voit forcé d'augmenter la quantité des matières premières qui lui suffiraient pour obtenir de bons résultats, s'il était placé dans de meilleures conditions. Nous ne ferons donc pas au bon sens de nos lecteurs l'injure de nous arrêter davantage sur ce point; car il est de ces choses qui ne se démontrent pas, tellement leur évidence est manifeste.

Quelques brasseurs l'ont parfaitement compris, et depuis dix ans environ on a tenté dans diverses contrées des améliorations en ce sens. Plusieurs brasseries ont même été entièrement reconstruites à neuf; mais soit que les projets aient été exclusivement confiés à des architectes dépourvus des connaissances qu'exigent des constructions de cette nature, soit que les propriétaires étrangers à toute espèce de construction d'usine en aient fait une question de vanité, toujours est-il que, parmi les nombreuses brasseries que nous avons été admis à l'honneur de visiter, toutes nous ont paru vicieuses; très peu de constructeurs ont su utiliser avec intelligence un capital assez considérable. Pour n'en citer qu'un exemple entre cent autres, nous avons vu diriger à Reims, par un propriétaire complétement étranger d'ailleurs aux questions relatives à la brasserie, les travaux d'une usine de cette nature qui lui a coûté près de 100,000 francs et qui, assurément, ressemble bien plus à une grande cuisine qu'à un établissement industriel.

Un architecte ou un simple particulier ne saurait être plus apte à la construction d'une usine qu'à celle d'un vaisseau de guerre; il faut dans chacun de ces cas le concours réuni des ingénieurs et des hommes spéciaux. Les nombreuses questions de physique appliquée que nous avons signalées dans le cours de cet ouvrage le prouvent suffisamment.

Parmi les établissements de brasserie qu'on nous a indiqués comme présentant des dispositions convenables, nous devons mentionner celui de M. Leleu, brasseur à Cambrai; nous étions même invité à donner notre opinion sur l'organisation de cette importante usine, mais le temps nous a complétement manqué.

La première condition, à notre avis, dans l'établissement d'une brasserie, est qu'elle soit construite loin du voisinage des marais et hors des quartiers populeux des villes, l'air et l'eau pouvant s'y rencontrer dans un moins grand état de pureté que partout ailleurs. Si, dans les grands centres de population, nous donnons la préférence aux brasseries situées *extra muros*, c'est non-seulement par ces deux motifs, mais encore parce que les terrains y ont une valeur moindre, et que, d'autre part, la vente des produits ne peut être affectée sensiblement de la petite augmentation du prix de transport qui en résulte.

Nous considérons également comme très avantageux

le voisinage d'un établissement industriel, car aujourd'hui on trouve dans toutes les manufactures des machines à vapeur d'une grande puissance, de l'eau très propre en excès, et fort souvent même de l'eau chaude. Il est peu d'usines dans lesquelles on dépense autant d'eau que dans les brasseries, surtout pour les lavages de toute espèce; celles qui en ont à profusion jouissent donc d'un immense privilége.

Le voisinage d'une machine à vapeur permet assez souvent d'y prendre la force motrice nécessaire pour faire fonctionner les pompes à eau ou le moulin à concasser le malt, ou même la machine à vaguer, sans entrer dans les dépenses que nécessite l'acquisition d'un moteur que nous considérons comme indispensable.

Quant aux questions d'administration et d'organisation intérieure, nous allons les examiner en expliquant avec les détails nécessaires les dispositions du *projet de brasserie modèle* que nous donnons ici.

La planche 4 représente le *plan général de l'usine* (plan par terre). A, machine à vapeur et générateur. Les pompes et l'ouverture du puits se trouvent dans le même local en *a, a.* B, moulin à orge. C, magasin à houblon. D, D, tourailles. E, E, entonneries. F, cheminée de l'usine. G, G, G, chaudières de coction. H, cuve-matière. I, I, tonnelleries, magasins de dépôt, écuries, etc. K, cour. L, L, trappes des caves et germoirs. M, M, M, cheminées horizontales affectées à la ventilation de toutes les parties de l'usine, et conduisant la fumée des chaudières de coction dans la cheminée centrale. N, N, entrées principales des germoirs.

O, monte-jus. P, fosse à drèche. Q, Q, galeries souterraines allant des trappes L, L dans l'intérieur des caves. R, entrée principale des caves. S, S, passage d'entrée conduisant dans l'intérieur de l'usine.

La planche 2 est une *coupe transversale* de l'usine, prise derrière la cheminée centrale et faisant face à l'ouverture des foyers des chaudières. A, A, A, A, germoirs. B, B, tuyaux de ventilation communiquant avec les cheminées horizontales C, C. D, D, galeries voûtées destinées à recevoir les corbeilles qui transportent l'orge germée dans les greniers d'aérage. E, E, soupiraux des germoirs. F, F, massif des chaudières. G, G, réserves pour le combustible. H, H, H, portes des foyers et cendriers. I, I, escaliers conduisant aux chaudières. J, J, passages communiquant avec le monte-jus, sous la cuve-matière, et dans la cour. K, K, entonneries. L, L, cuves-guilloires. M, M, cuves-mouilloires. N, N, magasins à orge brute. O, O, escaliers conduisant au magasin à orge brute. P, P, portes communiquant des chaudières à la cuve-matière. Q, Q, greniers d'aérage. R R, R, R, partie de bâtiment garnie de persiennes mobiles et affectée spécialement aux refroidissoirs.

La planche 3 est une *coupe longitudinale* de l'ensemble de l'usine. A, machine à vapeur. B, générateurs. C, foyer. D, escalier conduisant au foyer. E, cheminée du générateur. F, cheminée centrale. G, cheminées horizontales des chaudières. H, H, H, fenêtres des entonneries. I, escalier conduisant aux chaudières. J, chaudières. K, foyers. L, monte-jus. M, caves. N, galerie souterraine aboutissant aux trappes des germoirs.

O, réserve affectée au nettoyage et à l'emmagasinage des fûts en état de service. P, tonnellerie, magasins de dépôts, etc. Q, cuve-matière et machine à vaguer. R, réservoir d'eau. S, hotte destinée à porter les vapeurs des chaudières dans la cheminée centrale. T, T, refroidissoirs. U, U, magasin à orge brute. V, V, greniers d'aérage. W, tourcille. X, hotte pour conduire les vapeurs de la touraille dans la cheminée centrale. Y, grenier d'approvisionnement de malt. Z, tarare à ventilateur.

La planche 4 donne l'*élévation générale de* l'établissement. A, A, entrée des germoirs. B, B, entrée des entonneries. C, moulin. D, machine à vapeur. E, magasin à houblon. F, F, magasins à orge brute. G, G, tarare. Toute cette partie du premier étage est destinée à recevoir l'orge à sa sortie des tourailles. Le sommet de ces dernières dépasse le plancher de $0^{m},60$ environ; elles se trouvent à droite et à gauche du premier étage, et au fond de celui-ci. H, H, greniers d'aérage. I, I, grenier d'approvisionnement de malt. L'entrée dans l'intérieur de l'usine a lieu par les portes du rez-de-chaussée conduisant au moulin et au magasin à houblon; on les trouve parfaitement indiqués en S, S, sur le *plan général* (pl. 4).

Maintenant que nous avons clairement indiqué, d'après les plans et les coupes, chacune des dispositions qui constituent l'ensemble du projet, supposons que nous devions mettre l'usine en activité, et voyons si dans chacune des opérations de détail nous avons su concilier les exigences de l'hygiène avec celles du service, tout en économisant la main-d'œuvre dans une

Planche(s) en 2 prises de vue

PLAN D'UNE BRASSERIE MODÈLE.

Plan général de l'usine.

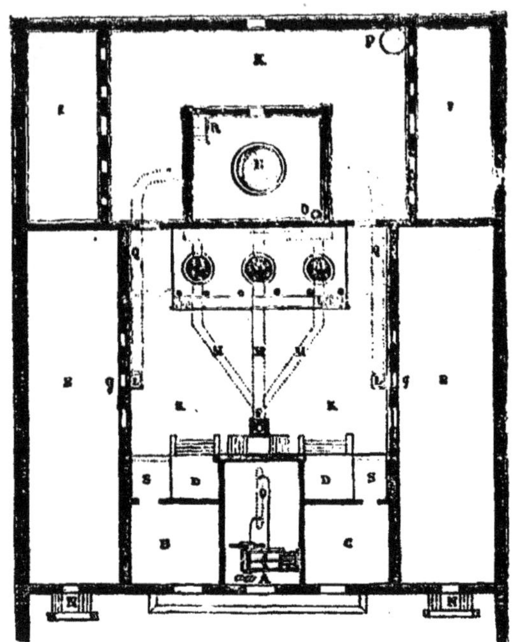

Elévation générale.

proportion considérable et dans des limites que nous apprécierons en terminant.

L'orge brute, amenée sous les fenêtres F (*élévation générale*, pl. 4), est élevée au moyen d'une *grue loco-*

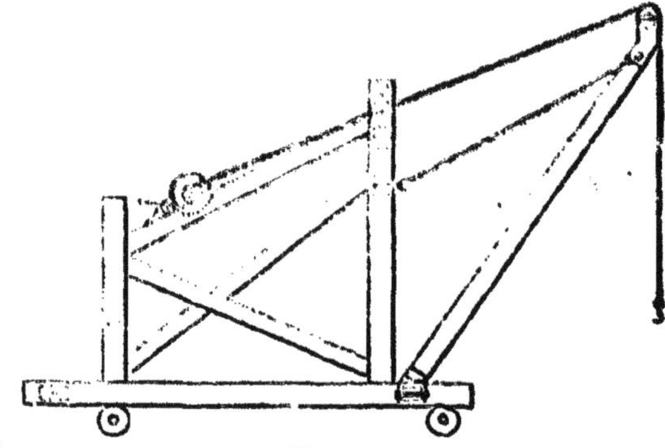

Figure 116.

mobile (fig. 116); *élévation postérieure* (fig. 117); *plan*

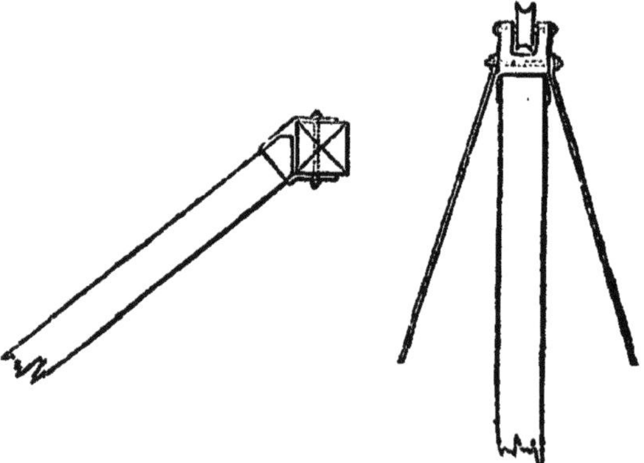

Figure 117. Figure 118.

(fig. 118); *détails de construction* (fig. 119 et 120).

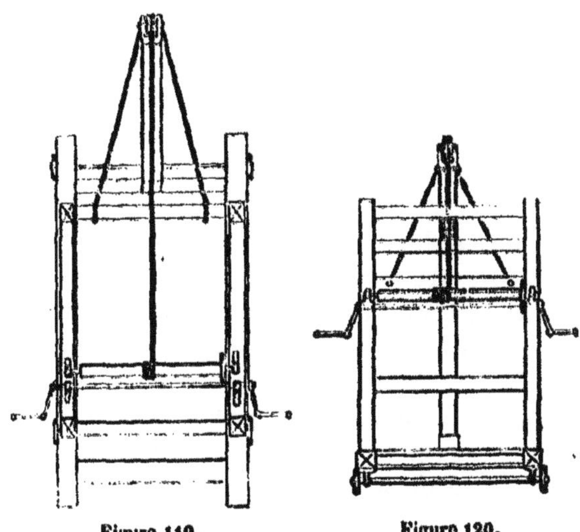

Figure 119. Figure 120.

Chacun des magasins à orge brute offre une surface égale à celle des entonneries (E, E, *plan général*. pl. 1); il est situé immédiatement au-dessus d'elles. Les ouvertures des cuves-mouilloires, placées au fond des magasins à orge brute, sont au niveau des planchers, ainsi qu'on peut le voir en M, M (*coupé transversale*, pl. 2). Il suffit donc de pousser l'orge brute dans les cuves au moyen d'un râteau plein dont nous avons donné la figure (t. I, *fig.* 10.)

L'eau nécessaire à l'imbibition de l'orge, et en général à toutes les opérations, est amenée dans les cuves-mouilloires et dans toutes les parties de l'usine, par des tuyaux de distribution qui sont en communication avec le réservoir d'eau R (*coupe longitudinale*, pl. 3). Les tuyaux de décharge des eaux provenant de l'imbibition de l'orge sont à la base des cuves-mouilloires en *a*, *a* (*coupe transversale*, pl. 2), et conduisent ces eaux sur la voie publique. Après l'imbibition, l'orge descend dans les germoirs A, A, A, A (même pl.) par son propre poids, dès qu'on lui livre passage par les conduits mobiles *b*, *b*, placés à la base des cuves-mouilloires. Ces conduits descendent directement aux germoirs après avoir traversé une partie des entonneries dans leur hauteur. La ventilation des germoirs s'opère, comme nous l'avons dit, par les tuyaux B, B, qui vont porter les gaz délétères dans la cheminée centrale, en passant par les cheminées verticales qui desservent les chaudières. Il importe essentiellement de n'ouvrir les clefs *d*, *d* des tuyaux de ventilation que lorsqu'il est nécessaire de remplacer l'iar vicié des germoirs par l'air du dehors.

Dès que la germination est arrivée à son terme, le grain est déposé dans les corbeilles dont nous avons donné la figure (t. I, p. 153) et qui sont amenées dans les galeries voûtées D, D ; de là elles sont élevées dans les greniers d'aérage Q, au moyen de la grue locomobile dont nous venons de parler. Les greniers d'aérage sont garnis de persiennes sur toutes leurs faces, comme on le voit en H, H (*élévation générale*, pl. 4). Par cette disposition, la ventilation s'opère d'une manière constante, c'est-à-dire que l'abondance des courants d'air, enlevant à l'orge une très grande quantité de vapeur d'eau, arrête non-seulement la germination, mais encore dispose les grains à bien recevoir plus tard l'action du feu sur les tourailles. Ainsi que nous l'avons prouvé, il en résulte une notable économie sur le combustible nécessaire à la dessiccation. Les murailles des greniers sont blanchies au lait de chaux, afin de projeter une vive lumière sur les planchers.

Les tourailles D, D, se trouvant à droite et à gauche du générateur (*plan général*, pl. 4), et leur sommet s'élevant de 0m,60 au-dessus du plancher du premier étage, on comprend parfaitement que pour y amener l'orge des greniers d'aérage, situés à l'étage supérieur, il suffit de la pousser par petites parties à l'aide du râteau plein, et de la faire glisser sur un plan incliné qui la conduit au centre des tourailles, comme on peut le voir dans la *coupe longitudinale* (*pl.* 5). Les hottes X des tourailles ont à leur sommet un tuyau *e*, destiné à porter dans la cheminée centrale les vapeurs produites par la dessiccation.

Lorsque cette opération est terminée, le malt est étendu en un seul tas sur le plancher du premier étage, établi, comme nous l'avons dit, à 0m,60 au-dessous du sommet des tourailles. Il se trouve ainsi déposé directement au-dessus de la machine à vapeur et au pied du tarare, pour être piétiné au besoin. Après cette opération, il est repris par une chaîne à godets *a*, *a*, *a*, *a*, placée près du tarare Z (*coupe longitudinale*, pl. 5), laquelle le transporte à l'étage supérieur I, I (*élévation générale*, pl. 4) dans la trémie du tarare, si on veut le moudre immédiatement, ou sur le plancher lui-même, si on se propose de le tenir en réserve.

En sortant du tarare, le malt descend par son propre poids dans la trémie du moulin situé au rez-de-chaussée. Ces deux appareils et la chaîne à godets, mûs par la machine à vapeur, peuvent fonctionner ensemble ou séparément.

Nos lecteurs ont pu voir que jusqu'ici nous avons soigneusement économisé la main-d'œuvre, en supprimant la plupart des moyens de locomotion ordinairement en usage.

Quoi que nous ayons tenté, nous n'avons pu éviter le transport du malt moulu à dos d'homme, depuis le moulin jusqu'à la cuve-matière. C'est du reste une chose de peu d'importance quand on considère que, dans le plus grand nombre de cas, on n'emploie pas en moyenne vingt sacs de malt par jour. Le poids même de ces sacs ne saurait être considéré comme un fardeau dangereux pour les ouvriers chargés d'en opérer le transport.

Lorsque le malt est déposé dans la cuve-matière Q (*coupe longitudinale*, pl. 3), on fait arriver l'eau de la chaudière au moyen du monte-jus L, dont nous avons expliqué le mécanisme (t. I, pages 511 et suivantes). La machine à vaguer, dont les roues d'angles *b*, *b* reçoivent l'impulsion qui leur est nécessaire au moyen d'un arbre de transmission que commande la machine à vapeur, opère le mélange du malt moulu et de l'eau, et exécute ainsi l'opération du *brassage*. La base de la cuve-matière étant plus élevée que le sommet des chaudières de fabrication, l'écoulement immédiat des infusions dans les chaudières s'opère sans l'intermédiaire d'aucune pompe. Pendant la cuisson des moûts, les vapeurs dont nous avons signalé les inconvénients et même les dangers sont reçues dans la hotte S, d'où elles sont bientôt enlevées par le tirage constant de la cheminée centrale F, qui est en communication avec la hotte, à l'aide du tuyau brisé *d*, *d*.

Après la cuisson et la coction du houblon, les moûts viennent se déverser dans le monte-jus chargé de les élever jusqu'au refroidissoir supérieur par le tuyau d'ascension *e*, *e*, *e*. Les houblons sont retenus dans les chaudières au moyen d'une pomme d'arrosoir au travers de laquelle passent les liquides.

Le refroidissoir supérieur est muni d'un tuyau de décharge *f* et d'un trop-plein mobile, destinés à partager entre les divers refroidissoirs la quantité de liquide que l'on juge convenable. A la rigueur même, principalement en hiver, le refroidissoir inférieur peut suffire à la fabrication. Les refroidissoirs sont en tôle fortement étamée; la partie du bâtiment dans laquelle ils sont placés est garnie de persiennes mobiles sur toutes les faces. Ceux de nos lecteurs qui n'ont pas encore visité de constructions de cette nature se feront difficilement une idée de la ventilation qui y existe et de la rapidité avec laquelle on y opère le refroidissement des liquides.

Des refroidissoirs la bière descend dans les cuves-guilloires I, I (*coupe transversale*, pl. 2). Ces cuves, voisines de celles qui servent à l'imbibition des grains, sont situées dans le fond des entonneries et sont supportées par la même charpente. On comprend qu'au sortir des cuves-guilloires la bière qui doit fermenter est reçue immédiatement dans les tonneaux qui se trouvent à leur base. C'est dans l'endroit des entonneries que nous venons de désigner que le sol est plus élevé; c'est là, par conséquent, qu'il convient de faire adapter, au niveau du sol, et dans le sens de la largeur du local, un tuyau percé d'une multitude de petits trous, versant constamment une mince nappe d'eau sur le sol, excepté pourtant pendant les hivers rigoureux. Nous croyons avoir suffisamment insisté sur l'utilité des mesures que nous proposons pour n'avoir pas besoin d'y revenir.

Si, après la fermentation des bières, on veut les descendre dans les caves pour les conserver, les fûts qui les contiennent sont déposés au bas d'une fenêtre mobile *e, e* (*coupe transversale*, pl. 2) et *g, g* (*plan général*, pl. 4), dont les ouvertures correspondent à celles des trappes L, L (même pl.). Ces trappes servent de fermeture aux galeries souterraines *h*, *h* (*coupe transversale*, pl. 2) qui sont en communication avec les caves M, M (*coupe longitudinale*, pl. 3). Les fûts sont pris au moyen de la grue locomobile, située à l'étage supérieur, et descendus ainsi dans les galeries souterraines conduisant aux caves. Si, au contraire, les bières doivent être livrées de suite à la consommation, elles sont amenées jusque sur le seuil de la porte de l'entonnerie B (*élévation générale*, pl. 4), d'où elles peuvent être dirigées sans efforts sur les voitures de transports, puisqu'en cet endroit le sol des entonneries est de niveau avec la partie la plus élevée des voitures employées au camionnage des bières.

Il est certain, et aucun des praticiens auxquels nous nous adressons ne saurait nous contredire, il est certain que dans une brasserie disposée de cette manière, huit ouvriers brasseurs, suivant une fabrication active, produiront autant, feront mieux et plus vite qu'on ne le fait ordinairement avec dix-huit ou vingt ouvriers dans la grande majorité des brasseries existantes; nous en donnerons la preuve. Mais disons d'abord que l'on se tromperait singulièrement si, en voyant deux cuves-mouilloires, deux germoirs, deux greniers d'aérage, deux greniers à orge brute, deux tourailles, deux cuves-guilloires, etc., on pensait que nous avons voulu faire de la symétrie et de la régularité. Nous avons visé plus haut que cela; nous avons voulu *organiser le travail*, ce dont nous n'aurons pas grand' peine à fournir la preuve.

Si on se rappelle que l'orge brute est amenée dans les magasins au moyen d'une grue, et qu'il suffit de la pousser dans les cuves-mouilloires pour qu'elle arrive ensuite par son propre poids aux germoirs; si on se rappelle la facilité avec laquelle l'orge germée est successivement élevée dans les greniers d'aérage et descendue sur les tourailles pour être portée ensuite dans le grenier d'approvisionnement, au moyen de la chaîne à godets, on ne songera pas à nous contester que deux ouvriers chargés spécialement de la préparation du malt, deux *malteurs* enfin, soient suffisants pour entretenir chacun un grenier et soigner une touraille dans lesquels on a observé avec le plus grand soin toutes les lois de l'hygiène.

Soit donc. . . . . 2 malteurs.

Nous savons en outre, par une expérience personnelle, que, la machine à vapeur et le moulin à malt étant contigus, le chauffeur de la machine peut parfaitement soigner l'un et l'autre sans trop de fatigues, d'autant plus que le moulin et les pompes à eau agissent ordinairement à tour de rôle. Quant à la machine à vaguer, elle ne fonctionne guère que pendant deux heures, les jours où l'on brasse.

Soit donc. . . . . . 1 chauffeur meunier.

Le garçon-chef, le *fachs* si l'on veut, chargé de la direction des chaudières, n'ayant à s'occuper ici ni de l'opération ordinairement si pénible du vaguage, ou brassage proprement dit, et se trouvant également dispensé de pomper, par suite de l'emploi du monte-jus et de l'élévation de la cuve-matière, le fachs n'a plus qu'à alimenter de combustible les foyers de ses chaudières et à diriger la cuisson des moûts. Or, nous disons que, dans des conditions semblables, un fachs pourrait certainement opérer sur 80 ou 100 hectolitres par brassin, d'autant plus facilement que, comme nous allons le voir bientôt, chaque ouvrier a sa spécialité et s'occupe *exclusivement* des travaux qui lui sont confiés.

Soit donc encore. . . . . 1 fachs.

Il nous reste à parler du service des entonneries et des caves. Eh bien! nous disons que, quelque grande que soit une entonnerie, un homme seul peut, lorsqu'elle est disposée convenablement, la surveiller d'une manière irréprochable, et consacrer deux heures chaque jour au service des caves, soit pour leur nettoyage, soit pour le remplissage des tonneaux. Nous avons deux entonneries et deux caves, nous compterons donc pour le service qu'elles exigent. . . . . . 2 ouvriers.

Le nettoyage des fûts et de quelques ustensiles nécessite ordinairement beaucoup de temps ; aussi comptons-nous comme travaillant constamment dans l'usine, pour le nettoyage des fûts et ustensiles, 2 manœuvres.

Il est d'autant plus facile d'affecter spécialement deux hommes à ces diverses opérations que l'emploi d'un générateur permet d'avoir instantanément et constamment de l'eau chaude à sa disposition [1].

(1) Constatons en passant, pour la plus grande gloire des profonds légistes qui nous ont dotés de la loi de 1816, que le brasseur auquel la loi interdit de se procurer de l'eau chaude directement, c'est-à-dire par les moyens ordinaires et par l'action directe du combustible, peut, quand il le juge convenable, s'en procurer à l'aide d'un jet de vapeur. Non-seulement les personnes étrangères à la profession de brasseur croiront ce fait très difficilement, mais nous n'avons pu y croire nous-même qu'en nous trouvant en face de la régie dans le cas que nous venons de signaler. Les exigences sont poussées à tel point que celui qui n'a pas de générateur ne pourra prendre un bain de pied, si tel est son bon plaisir, sans que monsieur le contrôleur à cheval ou messieurs ses commis à pieds lui en aient préalablement octroyé la permission ; à part cela, s'ils vous *prennent*, c'est le mot consacré, ils pourront vous faire un procès-verbal ; la LOI les y autorise.

Sera-t-il maintenant bien difficile de trouver l'origine des soixante mille procès-verbaux annuels que dresse dame régie, procès-verbaux qui rapportent, bon an mal an, à l'État la bagatelle de un million cinq cent mille francs ?

Assurément, deux germeurs habiles, ayant chacun un germoir et une touraille à surveiller exclusivement, alimenteront, dans les conditions où nous les supposons placés, la fabrication la plus active. Il en sera de même à l'égard du fachs chargé de la direction des chaudières, et nous n'exagérons rien en disant que, secondés par deux ouvriers chargés spécialement des entonneries, ils pourront au besoin suffire à une fabrication de quatre-vingts à cent hectolitres de bière par jour. Quant aux manœuvres et au chauffeur-meunier, dont le travail est en quelque sorte en dehors de la fabrication, nous ne les comptons pas moins dans notre personnel, et nous arrivons ainsi à un total de *huit* individus. Existe-t-il en France une brasserie capable de suffire à une fabrication de quatre-vingts à cent hectolitres de bière par jour à l'aide d'un semblable personnel? Quant à nous, nous n'hésitons pas à déclarer, sans crainte d'être démenti, que, dans le plus grand nombre des brasseries françaises, à l'époque où la fabrication demande le plus d'activité, vingt à trente garçons brasseurs et employés sont rigoureusement nécessaires pour fabriquer en moyenne, pendant trois ou quatre mois seulement, cent hectolitres de bière par jour. Encore le plus souvent sortent-ils des brasseries accablés de fatigues, et sont-ils obligés d'aller chercher un repos momentané à l'hôpital.

Les causes de ce surcroît de personnel absolument inutile et toujours ruineux, des maladies qui déciment les ouvriers brasseurs, même dans la vigueur de l'âge, n'ont d'autre origine que la mauvaise *organisation ma-*

térielle et administrative des brasseries. Nous croyons l'avoir suffisamment prouvé à l'égard du premier chef; occupons-nous du second.

En général, le service intérieur des brasseries se fait d'une manière déplorable, et cela parce qu'on ne sait pas diviser le personnel en autant d'éléments qu'il y a d'opérations, d'ailleurs si distinctes; en d'autres termes, au lieu de donner à chacun son travail, de créer des spécialités, on fait faire à tous le travail de chacun, et à chacun le travail de tous. Or, là où il n'y a pas de responsabilité individuelle, il n'y a de garantie ni pour le succès des opérations, ni pour l'ordre et la propreté, ni pour la régularité du service. Ainsi il arrive fort souvent que dans le même instant on a besoin de *tout le personnel* pour un arrivage d'orge brute, tandis que d'une autre part les opérations du vaguage réclament les bras de *tout le monde;* ou bien il faut remonter une couche du germoir au moment d'entonner les bières, ou remplir les fûts quand les tourailles attendent et que le meunier arrive; ou encore il faut nettoyer les entonneries, les germoirs, les tourailles, les chaudières, les greniers, tandis que l'eau destinée au lavage des fûts se refroidit, etc. Au milieu de ce désordre, celui-ci quitte précipitamment les entonneries et va porter la levûre adhérente à ses chaussures sur le malt de la touraille ou des greniers, celui-là abandonne forcément une chaudière dont le bouillonnement projette les liquides au dehors tandis qu'il dispose l'orge pour le mouillage, si même il ne laisse déborder le reverdoir en s'occupant trop de sa chaudière.

Il n'y a pas à nier ici, et quiconque a visité comme nous un grand nombre de brasseries sait parfaitement que nous n'exagérons rien, que nous ne disons que la vérité. Mais est-ce là un travail organisé? Est-ce dans de pareilles conditions qu'on peut faire peser sur un fachs, par exemple, la responsabilité d'une surveillance qu'il est forcé de négliger? C'est impossible! L'ordre ne peut exister au milieu d'un semblable chaos; or, il ne peut y avoir d'éléments de succès que là où l'harmonie des détails peut produire l'harmonie de l'ensemble.

C'est afin d'éviter l'écueil dans lequel sont tombés nos devanciers que nous avons voulu que nos deux malteurs eussent chacun leur magasin à orge brute, leur cuve-*mouilloire*, leur germoir, leur touraille et leur grenier d'aérage, comme les autres auront leur cuve-guilloire, leur entonnerie, leur cave, etc.; chacun d'eux a ainsi une part de responsabilité dont il ne peut, dans aucun cas, se décharger sur un autre; placés dans des conditions égales, on peut donner à titre d'encouragement une prime à celui qui aura dépensé, pendant un certain laps de temps, un poids moindre de combustible pour opérer la dessiccation d'une égale quantité de malt, ou qui aura produit un malt d'un rendement plus considérable.

Non-seulement l'intérêt personnel est un mobile puissant que nous voulons mettre en jeu aussi souvent que possible, mais encore nous disons que, lorsqu'il est accompagné d'un sentiment d'amour-propre, comme dans le cas qui nous occupe, on centuple sa puissance; et nul peut-être n'y est plus sensible que le travailleur laborieux et intelligent. Quoi qu'on en ait dit, l'ouvrier honnête n'est pas accessible seulement à l'appât du gain, il y a quelque chose qui le domine encore, et que peut utiliser honorablement celui qui sait le diriger, celui qui sait comprendre et honorer l'indépendance de son caractère : c'est de lui laisser l'honneur du succès dans le travail qui lui est confié ; c'est d'empêcher que personne puisse le lui disputer ; alors si vous éveillez son émulation par une espèce de concurrence, et si vous savez entretenir cette émulation par quelques primes d'encouragement qui augmenteront son bien-être matériel, soyez certain que vous verrez se développer dans l'ouvrier un être nouveau, un homme inconnu de vous jusqu'ici. On est toujours égoïste du succès, on ne partage jamais sa gloire. Un seul fait va prouver ce que nous disons relativement à l'amour-propre. Il existe un très grand nombre d'ouvriers brasseurs qui aiment mieux être moins payés, et travailler dans une brasserie en réputation, que d'entrer dans un établissement en discrédit pour un salaire plus élevé.

Sachez réserver l'honneur du succès à celui qui le mérite ; vous ne ferez qu'être juste, et cependant vous aurez là un véhicule dont la puissance vous est encore inconnue ; vous aurez ainsi créé au sein de votre usine l'antagonisme de l'émulation et celui de l'amour-propre, parce que vous aurez créé un nouveau point d'honneur, et qu'en France c'est là qu'est la puissance du levier avec lequel on fonde de grandes choses et sans laquelle on ne peut faire des hommes utiles. Si, placé dans les conditions que nous venons d'indiquer, un ouvrier reste impassible et froid, n'hésitez pas à vous en débarrasser sur-le-champ, car c'est un homme sans cœur et dont vous ne tirerez jamais rien.

Qu'on nous permette à ce sujet une dernière observation. Nous avons passé la moitié de notre carrière dans des établissements industriels ou dans des manufactures où nous avons spécialement étudié les qualités de cœur et les petites faiblesses de tous les ouvriers en général; et c'est parce que nous avons vécu avec eux des mêmes fatigues que nous croyons avoir quelque droit d'en parler par expérience directe et en pleine connaissance de cause. Et qu'on ne l'oublie pas : si l'étude est toujours la résultante de l'observation d'une suite de faits acquis, l'expérience, qui en est la conséquence forcée, est bien moins en raison du temps dépensé pour arriver à la déduction logique de ces faits qu'en raison des aptitudes naturelles, de l'intelligence et de la rectitude du jugement. Nier ce principe serait commettre un lourd contresens, ce serait confondre la virilité avec la décrépitude.

Comme toutes les questions qui se rattachent à l'*organisation du travail,* celle qui nous occupe est des plus complexes, on le voit, puisqu'on ne peut arriver à une bonne et sérieuse organisation administrative sans poser préalablement les bases d'une organisation matérielle à laquelle peu de praticiens ont songé jusqu'ici. Si nous n'avons pu résoudre toutes les difficultés du problème, du moins avons-nous la conscience d'avoir fait tout ce qui dépendait de nous pour en hâter la solution.

Mais pour rendre à chacun ce qui lui est dû, nous

devons dire que le projet de brasserie modèle que nous venons de faire passer sous les yeux de nos lecteurs ne nous appartient pas exclusivement. L'honneur de l'exécution en revient tout entier à M. A. Riche, ancien élève de l'Ecole centrale des Arts et Manufactures, et aujourd'hui ingénieur civil. Si l'idée première de ce projet ne pouvait émaner que d'un praticien, l'exécution exigeait impérieusement la coopération d'un homme initié par de sérieuses études aux difficultés qui surgissent toujours dans des travaux de cette nature et surtout dans des questions neuves. Nous ne pouvions mieux faire que de choisir pour collaborateur dans cette circonstance l'un de ces jeunes hommes, si riches d'avenir, dont l'Ecole centrale a le droit de revendiquer l'incontestable supériorité. Les évaluations approximatives faites par notre excellent ami nous permettent de croire que, dans le plus grand nombre de cas, la dépense de construction d'une brasserie ainsi disposée, et d'une grandeur suffisante pour répondre à la fabrication la plus active, atteindrait à peine 100,000 francs.

Nos lecteurs comprendront facilement que nous n'avons pu donner à nos plans les proportions qui conviendraient à un travail disposé pour l'exécution immédiate; les frais de publication de cet ouvrage en eussent été trop augmentés. Néanmoins, comme nous n'avons d'autre ambition que d'être utile à ceux de nos confrères qui auront bien voulu nous faire l'honneur de nous lire, nous nous empressons de les informer qu'ils peuvent s'adresser à nous pour tout ce qui est de nature à les intéresser à ce sujet; nous leur communiquerons avec plaisir les dessins de M. Riche, pourvu toutefois qu'ils veuillent bien se conformer à la simple formalité qui fait l'objet d'une annotation spéciale à la fin de nos *Conclusions*.

De l'organisation matérielle et administrative du travail dans les brasseries, telle que nous venons de l'exposer, à l'*organisation industrielle par association* entre ouvriers et patrons, il n'y a qu'un pas, puisqu'il ne s'agit plus que de la répartition équitable et proportionnelle des bénéfices entre le travail et le capital. Nos matériaux sont prêts sur cette importante question, mais nous en réservons la publication pour des temps meilleurs, qui, nous l'espérons, ne sont pas loin de nous.

L'association et l'organisation du travail doivent devenir, dans un temps plus ou moins rapproché, deux puissants leviers de bien-être et de civilisation pour les déshérités de ce monde; mais, en attendant la réalisation de ce qui est encore aujourd'hui à l'état de théorie, il pourrait se faire que le principe si fécond de l'association se constituât sur des bases telles que l'industrie du brasseur en recevrait de sérieuses atteintes. Ainsi, nous savons *pertinemment* que, depuis quelque temps, et dans plusieurs grands centres de population que nous ne pouvons désigner ici, il est fortement question de centraliser l'industrie du brasseur; on n'admettrait comme actionnaires que ceux mêmes qui commercent sur les produits fabriqués, et qui, par conséquent, peuvent entretenir sans cesse une fabrication active, puisqu'ils ont des débouchés certains; en un mot, les consommateurs réunis sous la bannière de l'association deviendraient en même temps producteurs ; or, en supposant, dans une brasserie de ce genre, une organisation matérielle et administrative telle que nous l'avons indiquée, quel est, dans l'état actuel des choses, l'établissement privé capable de soutenir la concurrence avec quelque espoir de sortir vainqueur de la lutte?

Il serait inutile et peut-être imprudent de se le dissimuler, dans de pareilles conditions toute concurrence serait impossible. Or, le projet dont nous venons de parler peut être fécond en résultats ; nous devons donc le signaler aux réflexions de nos lecteurs ; car les idées de cette nature ne s'arrêtent jamais en chemin, quelles que soient les difficultés qu'elles rencontrent ; il n'y a là qu'une question de temps. Comme nous l'avons dit dans notre *Introduction*, non-seulement les termes du problème sont posés, mais la question est résolue, et elle a la sanction de l'expérience et l'autorité des faits acquis.

Si de simples capitalistes, exposés à toutes les éventualités de la concurrence, ont su, dans différentes branches de l'industrie, réaliser des bénéfices considérables, que serait-ce donc s'il se formait des établissements industriels où les producteurs étant en même temps consommateurs, nous le répétons, seraient placés en dehors de ses atteintes?

Que tous ceux que peut intéresser cette question veuillent bien apporter dans son examen une attention sérieuse, et ils verront comme nous tout ce qu'elle renferme d'éléments de vitalité. Nier les tendances du siècle vers l'association, ce serait nier la lumière quand le soleil nous envoie la chaleur vivifiante de ses rayons. Ne pas voir dans le principe de l'association une idée féconde pour les masses en général, mais par contrecoup et passagèrement une cause de ruine pour quelques-uns, pour les producteurs que l'association déplace, ce serait folie. Or, on n'enraye pas plus la marche des idées que la marche de la civilisation, et rien au monde n'empêchera la société de glisser sur la pente où elle a mis le pied. Chaque siècle a son idée-mère; si la perfectibilité des sociétés est une loi naturelle, un but à atteindre, le progrès est le seul moyen d'y parvenir, et l'association est certainement à cette heure l'un des corollaires du progrès.

Nous avons constaté que le glucose du commerce (sucre de fécule) renfermait de l'acide sulfurique à l'état libre et à l'état de combinaison, et nous avons également expliqué quelles déplorables conséquences il en résultait pour la fabrication des bières et pour l'hygiène publique.

Un mémoire a été publié par un jeune chimiste, M. Calvert, sur certaines réactions chimiques qui se passent dans cette circonstance. Ce travail est inséré dans le *Journal de Pharmacie et de Chimie*, t. IX, page 92. Voici quelques-uns des termes du résumé de ce mémoire, que nous extrayons de l'*Annuaire de Chimie pour* 1847, de MM. Millon, Reiset et Nicklès, page 616 : « Quelle que soit la dose de cet acide, il influe toujours, car un quatre-vingt millième (dose introduite par le sirop de fécule dans le moût de bière que l'auteur a examiné) ralentit encore la fermentation..... »

« On voit, d'après ces observations, que l'acide sulfurique a non-seulement la propriété d'entraver la fermentation, mais encore de créer cette fermentation lente, qui généralement a pour résultat de produire la fermentation visqueuse. Afin d'être sûr que ces faits ne tenaient point au moût de bière, M. Calvert a répété les mêmes séries d'expériences en remplaçant le moût de bière par de l'eau. Les mêmes effets ayant été obtenus, il a dû conclure que le moût n'exerçait aucune influence. »

Les expériences faites par M. Calvert sur cette intéressante question peuvent avoir quelque valeur au point de vue scientifique, mais nous devons dire que la nature des moûts joue un rôle très actif dans cette circonstance; car il est à remarquer que c'est positivement dans les bières faites de malt seulement que la fermentation visqueuse produit la maladie à laquelle on a donné le nom de *graisse*. Nous nous sommes longuement expliqué sur ce sujet, et des faits que nous avons présentés il nous paraît résulter évidemment que le glucose et l'acide sulfurique qu'il contient n'influent en rien dans cette circonstance.

S'il est juste d'attribuer à la présence de l'acide sulfurique le ralentissement de la fermentation alcoolique, il est également exact de dire que, complètement privé d'acide sulfurique, le glucose détermine une fermentation lente, car ce fait est inhérent à sa nature même; et nous eussions désiré que M. Calvert l'employât aussi dans cet état; nous sommes convaincu qu'il serait arrivé à des conclusions différentes; car la *graisse des bières* existait bien avant que l'on songeât à introduire le glucose dans les brasseries.

Nous trouvons étonnant que M. Calvert, après avoir constaté comme nous la présence de l'acide sulfurique dans le glucose du commerce, n'en persiste pas moins à conseiller son emploi.

CONCLUSION

> L'intelligence humaine est INFAILLIBLE quand elle ne prononce que sur ce qu'elle aperçoit clairement et distinctement.
>
> DESCARTES.

PREMIÈRE PARTIE.

De l'examen minutieux auquel nous nous sommes livré, il résulte que jusqu'ici l'art de la brasserie s'est concentré en France dans des pratiques routinières et surannées, souvent même fort irrationnelles sous le rapport économique et fort dangereuses sous le rapport hygiénique.

Depuis bientôt un siècle toutes les industries ont pris un essor nouveau, parce que, dans chaque branche de commerce, le producteur, s'initiant profondément aux lois de la production, a su élever sa profession au niveau de l'art en la faisant incessamment marcher dans la voie du progrès. Mais si nous demandons : Quelle est la découverte digne de ce nom dont la brasserie française puisse se glorifier ? qu'a-t-elle fait pour se tenir à la hauteur de l'Allemagne et de l'Angleterre, ses rivales ? nous ne trouvons qu'une réponse négative. Elle a voulu les imiter ; mais, même dans cette voie, elle s'est bornée à l'emprunt d'appareils dont l'utilité est fort contestable, ou à des économies qui n'offrent en réalité que de faux résultats lorsqu'on les examine de près. En un mot, nous ne trouvons quoi que ce soit qui mérite qu'on s'y arrête un moment.

Il y a plus ; non-seulement on n'a rien fait pour améliorer, mais on a même manqué d'unité dans l'ensemble des procédés de fabrication. Les choses en sont venues au point qu'on peut dire qu'il y a en France autant d'espèces et de variétés de bière qu'il y a de brasseries. Or, c'est là une preuve évidente d'imperfection. Voyez l'Allemagne ; ses procédés de fabrication sont partout les mêmes. En Angleterre, en Belgique, chez toutes nos rivales enfin, vous trouverez la même unité dans l'application.

Les conséquences de l'irrégularité que nous reprochons à la brasserie française sont graves ; en effet, le consommateur se plie difficilement aux changements qu'on impose à ses goûts ou à ses habitudes. Ce que nous disons est tellement vrai que l'habitant du Nord, par exemple, qui fait de la bière sa boisson habituelle, ne s'accoutume qu'avec une difficulté manifeste aux produits de l'Alsace, infiniment supérieurs cependant à ceux de son pays.

On a essayé, disons-nous, d'imiter les produits de l'Allemagne et de l'Angleterre, ceux même de la Belgique ; mais l'imitation n'ayant pas donné des résultats satisfaisants, nos concitoyens en sont réduits à boire les bières provenant directement des pays que nous venons d'indiquer. Or, si les choses se passent ainsi aujourd'hui, malgré l'augmentation que doivent subir ces boissons par suite des frais de transport, que sera-ce lorsque la France sera sillonnée par des chemins de fer qui permettront à ces produits de parvenir à peu de frais sur tous les points de notre territoire?

Eh quoi! il y aurait en Europe des bières allemandes, des bières anglaises, des bières flamandes, et il n'y aurait pas de bières françaises? Non, non, cela ne saurait durer plus longtemps.

Quelle plus sanglante critique, d'ailleurs, de notre mode de fabrication, que ce fait incontestable : LA CONSOMMATION DE LA BIÈRE, EN FRANCE, DÉCROÎT A MESURE QUE LA TEMPÉRATURE ATMOSPHÉRIQUE S'ÉLÈVE, et cette décroissance va jusqu'à 40 pour 100? Quant aux causes, nous les avons suffisamment énumérées, expliquées ; recherchons donc dans l'histoire du passé un enseignement utile pour l'avenir.

Et d'abord, la profession de brasseur exige des connaissances scientifiques trop dédaignées jusqu'ici, et sans lesquelles pourtant on ne peut remonter avec succès des effets aux causes ; ce qu'il faut donc, c'est que désormais chacun de nous devienne un spécialiste ; car, comme l'a dit un homme illustre : *Du jour où chacun sera spécial en son art, nous n'aurons plus besoin de savants.*

En faisant marcher de front la théorie et la pratique, nous avons voulu montrer qu'il faut bien se garder de rejeter *à priori* une amélioration, quelle qu'elle soit, comme nous en avons été plus d'une fois témoin, parce qu'elle sort des usages habituels ; lorsqu'elle n'inspire pas immédiatement une entière confiance, il est au moins sage d'expérimenter et de ne se prononcer que sur des résultats patents.

Afin de ne pas revenir sur des questions de détail que nous croyons avoir suffisamment examinées, nous dirons :

Il ne faut pas craindre, après avoir opéré la germination du malt dans les conditions que nous avons indiquées, d'en remplacer une partie par une certaine proportion de fécule brute ; il y a là non-seulement économie, mais encore, en diminuant la quantité de gluten, on débarrasse les produits d'un agent désorganisateur qui peut les altérer avant la fermentation, ou faire subir à l'alcool, après cette opération, des transformations toujours nuisibles. En procédant ainsi, on obtient, pour un prix moins élevé, des moûts contenant plus de principes sucrés que ceux qui proviennent de l'emploi du malt seul, et, après la fermentation, on retrouve, notamment en faisant usage des sucres bruts, les quantités d'alcool nécessaires pour assurer pendant un certain laps de temps la conservation des produits.

Il ne faut plus désormais perdre de vue que si 100 kilogrammes de glucose produisent par la fermentation 22 litres d'alcool, les sucres bruts peuvent en fournir 64 litres pour un prix à peu près égal. Nous insistons sur ces points à cause de la facilité avec laquelle s'altèrent les bières à l'époque où la température atmosphérique assurerait au fabricant des débouchés considérables si les produits étaient livrés dans un état plus satisfaisant qu'il ne l'est aujourd'hui. Or, cette infériorité tient, en grande partie, à l'altération du malt, qui produit des moûts qui se refusent à toute clarification par le feu.

Il n'est pas indispensable que le gluten soit en forte proportion dans les moûts pour que la reproduction du ferment s'opère d'une manière abondante; mais il est essentiel qu'il y soit dans un grand état de pureté.

A l'époque des grandes chaleurs, les difficultés qu'amène toujours avec elle l'élévation de la température ambiante fait de la vitesse une condition de succès; il faut procéder aux opérations du vaguage avec une rapidité qui rend souvent la dissolution du malt incomplète; le peu de diastase restée pure a à peine le temps de réagir sur l'amidon non altéré, et par conséquent on obtient moins de sucre du malt après les infusions, et moins d'alcool après la fermentation. Le refroidissement des moûts étant incomplet, la fermentation devient trop active, d'où résulte également une plus faible proportion d'alcool. Si, par toutes ces causes, la totalité du sucre contenu dans les moûts s'est trouvée transformée en alcool d'un seul coup, les dernières périodes n'ont plus qu'une durée éphémère, et les produits passent promptement de la fermentation acétique à la fermentation putride. Cette dernière est d'autant plus inévitable que la température est plus favorable à son développement, et que la proportion de malt ajoutée comme compensation de sa défectuosité augmente dans les moûts la quantité de gluten qui fournit à la fermentation putride un aliment énergique.

En employant au remplissage des fûts de bière une partie des sucres dont nous conseillons l'usage, on peut également prolonger d'une manière presque indéfinie les dernières périodes de la fermentation alcoolique, et retarder ainsi le développement de la fermentation acétique.

Pour tout dire en quelques mots, la fabrication se résume à trois points principaux, savoir : 1° obtenir du malt la plus grande quantité possible de principes sucrés ; 2° développer par la fermentation le maximum d'alcool que l'on puisse produire ; 3° assurer la conservation des produits. Or, chacun des termes de cette proposition se lie étroitement aux autres ; ainsi, la deuxième condition découle nécessairement de la première, comme la troisième est l'une des conséquences immédiates de la seconde.

En substituant au tiers environ de la quantité de malt employée ordinairement à la fabrication de la fécule brute que l'on convertit en produits sucrés, ou même du sucre brut, on obtient, pour un prix inférieur à celui du malt remplacé, un rendement plus considérable en alcool, et cet alcool, en communiquant aux boissons une action bienfaisante, rend l'assimilation des produits d'autant plus facile que les bières ainsi obtenues contiennent moins de gluten, et sont par conséquent beaucoup plus légères.

Pour prouver combien la présence d'un excès de gluten rend l'assimilation des bières difficiles, il nous suffira de citer Lyon, où l'on emploie les plus fortes proportions d'orge (50 et même 60 kilogrammes par hectolitre). Or, les bières de cette provenance ne seraient pas buvables, ou du moins ne sauraient être digérées facilement, si elles n'étaient mousseuses ; mais le gaz acide carbonique qu'elles renferment en grande quantité, au moment où les commerçants en boissons les livrent au consommateur, leur permet d'exercer sur les estomacs débiles une action analogue à celle de l'eau de Seltz, dont nous avons constaté les effets.

Il nous est souvent arrivé de fabriquer pour quelques-uns de nos amis, et notamment pour des personnes que toutes les bières françaises indisposaient plus ou moins gravement, une bière dans laquelle il n'entrait que 15 kilogr. de malt par hectolitre, auxquels nous ajoutions un poids égal de fécule brute. Nous avons ainsi obtenu une boisson très légère, d'une délicatesse remarquable. L'emploi d'un kilogramme de sucre brut par hectolitre au moment du premier remplissage, et d'un second kilogramme lors des remplissages successifs, afin de prolonger les dernières périodes de la fermentation alcoolique, nous a permis d'en assurer la conservation pendant toute une année.

Non-seulement cette boisson était véritablement bienfaisante, en raison de la proportion d'alcool qu'elle contenait, mais, en outre, son prix de revient était de moitié moindre que celui des bières dont nous venons de parler. En employant des sucres candis et des houblons fins de Bavière, tels que les spaltville, nous obtînmes une véritable boisson de luxe, préférable à toutes les espèces de bières connues en Europe, et ayant sur les vins ordinaires une supériorité incontestable. Ceux de nos confrères qui ont obtenu d'heureux résultats des moyens que nous venons d'indiquer ont fait à ces bières le reproche de n'avoir *pas assez de bouche;* mais rien n'est plus simple que de remédier à ce défaut, en supposant que c'en soit un ; il suffit d'ajouter au malt un excès de fécule brute, ou de diminuer la proportion de diastase, en poussant la germination moins loin. Dans l'un et l'autre cas, on aura produit une plus grande quantité de dextrine, qui communiquera à la bière l'aspect gommeux qui lui manquait pour *avoir de la bouche*. Dans tout état de cause, on obtiendra une boisson éminemment diurétique, tandis que la plupart des bières qu'on fabrique aujourd'hui, notamment dans les départements du centre, ont l'inconvénient d'être très laxatives.

Il ne faut donc plus préjuger des résultats qu'on pourrait obtenir en se plaçant dans de bonnes conditions d'après ceux qu'on a obtenus dans les conditions vicieuses où l'on s'est trouvé jusqu'ici. Avec les errements actuels, l'horizon de la brasserie française est chargé de bien sombres nuages ; mais il ne tient qu'à elle, et nous avons la conviction d'y avoir contribué dans la mesure de nos forces, de changer, d'améliorer sa situation : il lui suffit pour cela de le vouloir. Qu'elle abandonne ses vieilles routines; qu'elle fasse, par une étude consciencieuse, un art d'une profession qu'on regarde comme fort ordinaire, et la brasserie française pourra alors se mesurer avec ses rivales de l'Allemagne, de l'Angleterre et de la Belgique, sans craindre d'être brisée dans la lutte.

En résumé, nous avons voulu montrer tout ce qu'il y a d'anormal dans le présent, et tout ce qu'il peut y avoir d'avenir désormais dans l'unité des moyens de fabrication qui ont tout à la fois la sanction des faits et l'autorité de la science.

DEUXIÈME PARTIE.

Nous avons dû envisager la fabrication de la bière dans les limites étroites et plus que gênantes qui lui sont imposées par la pitoyable législation de 1816. Voyons comment la *liberté du travail* lèverait comme par enchantement *toutes* les difficultés que nous avons signalées; mais prouvons d'abord ce que nous venons d'avancer à l'égard de la loi de 1816, au risque de déchaîner contre nous toutes les colères de la soldatesque fiscale. Ajoutons encore que ce n'est pas l'impôt que nous venons attaquer, mais tout simplement le mode d'exercice, honteux pour une société qui a quelques prétentions à l'indépendance, et dégradant pour ceux qui ont eu le *courage* de le subir pendant un quart de siècle sans se lever en masse pour protester.

Nous serons généreux, nous ne dirons pas un seul mot de la violation permanente du domicile du citoyen qu'entraîne l'application de la loi; c'est un argument dont nous n'aurons pas besoin, nous en faisons grâce à la régie.

Mais ce que nous devons rappeler, et c'est ici le cas ou jamais, c'est que la consommation de la bière en France est toujours en raison inverse de l'élévation de la température, ce qui tient *uniquement* à la défectuosité des produits pendant l'époque des grandes chaleurs, défectuosité qui découle nécessairement et fatalement des entraves et de l'arbitraire dont la loi dont nous nous occupons enveloppe l'industrie du brasseur, ce qu'il ne nous sera pas difficile de démontrer en remontant aux causes.

Les difficultés qu'on rencontre toutes les fois qu'on veut opérer la germination des grains en été, et la facilité avec laquelle on y parvient en hiver, expliquent suffisamment pourquoi l'on choisit de préférence cette dernière saison pour la préparation du malt. Mais le malt s'altérant profondément au contact de l'air, et les décompositions qu'il subit nuisant considérablement à sa qualité, le brasseur est forcé de l'employer immédiatement, sauf à conserver comme il le pourra, pour les saisons chaudes, les produits qu'il en obtient. Or, la conservation des bières offre autant, si ce n'est plus de difficultés que celle du malt. En outre, le capital engagé est de beaucoup accru, puisqu'il faut ajouter au prix des matières premières celui des droits énormes que le brasseur est forcé d'acquitter d'avance. Enfin le matériel devient aussi bien plus dispendieux, en raison du nombre de tonneaux que nécessite ce mode de fabrication.

Si encore le brasseur pouvait être fixé sur les quantités de produits dont il peut avoir le placement! Mais on comprend qu'il y a là des éventualités qu'il est impossible de prévoir, même approximativement. En outre, il existe un certain nombre de localités où les consommateurs exigent des bières récemment préparées; il n'y a donc pas moyen, dans ces conditions, de profiter des époques les plus favorables à la fabrication.

Tel est donc le cercle infranchissable dans lequel la loi de 1816 enferme la brasserie : préparation du malt dans la saison convenable, sauf à le conserver au risque de lui voir perdre une partie de sa valeur, ou bien emploi immédiat, avec la chance de voir les produits se détériorer au point de n'en pouvoir tirer que peu ou point de profit.

Supposons un instant ce cercle brisé, et nous avons la ferme espérance qu'il ne tardera pas à l'être; supposons que le brasseur ait retrouvé sa liberté d'action, et, *immédiatement*, il voit disparaître la multitude des causes d'insuccès que nous avons signalées, tout en économisant une grande partie de ses dépenses. Car qui l'empêcherait alors d'opérer la germination de son grain dès que la saison le permettrait, de séparer par les moyens ordinaires le sucre qu'elle aurait développé; puis *de vaporiser l'eau en excès, afin d'amener les liquides sucrés à l'état de sirop très concentré*, moyen infaillible, mais unique, d'assurer leur conservation pendant un temps presque indéfini, à la manière des sirops de gomme?

Et ce que nous disons n'est pas basé sur une hypothèse plus ou moins rationnelle; *nous parlons par expérience*, et nous allons faire connaître à nos lecteurs comment nous avons opéré et les résultats que nous avons obtenus.

Après avoir distrait d'un brassin en fabrication deux hectolitres de moût non houblonné, et après l'avoir soumis pendant plusieurs heures à l'ébullition, c'est-à-dire après la vaporisation d'une notable quantité d'eau, le gluten se sépara en partie du liquide qui le contenait; au moyen d'une filtration au travers d'un tissu à larges mailles, les particules de gluten qui flottaient au sein de la masse, sous forme d'écume, furent arrêtées au passage. Après une nouvelle évaporation, une autre portion de gluten, moins abondante que la première, était charriée au sein du liquide; une deuxième et dernière filtration, opérée en quelques minutes comme la première, l'en débarrassa complétement. Les liqueurs sucrées furent alors portées de nouveau dans la chaudière d'évaporation, où nous les concentrâmes jusqu'au point de les transformer en un magma très épais. Placées dans cet état à l'abri du contact de l'air, nous pûmes les conserver pendant huit mois sans y constater la moindre altération.

C'était un résultat immense; mais nous n'avions résolu que la moitié du problème, et nous avions à cœur de ne pas rester en chemin. Pour cela il fallait, avec le sucre de malt ainsi conservé, produire de la bière. Voici comment nous opérâmes.

Nous fîmes redissoudre le sucre dans une quantité d'eau convenable; le tout fut mis en ébullition, et le houblon y fut ajouté. Enfin, après avoir préalablement refroidi le liquide, il fallait y développer la fermentation alcoolique. Chacune de ces opérations fut couronnée d'un succès que nous n'osions pas espérer dans une question aussi délicate et aussi neuve; quelques jours après, nous possédions une boisson d'une délicatesse de saveur et d'une limpidité vraiment remarquables.

Quant à la dépense de combustible que pourrait nécessiter, en opérant sur de fortes quantités, l'évaporation de l'eau en excès, elle ne dépasserait certainement pas, dans un grand nombre de cas, la valeur de 75 centimes à 1 franc par hectolitre de moût, en employant des appareils évaporatoires d'une construction irréprochable, comme dans les fabriques de sucre.

Si nos lecteurs veulent bien y réfléchir, ils verront tout ce que ce *nouveau système de fabrication* a de rationnel et ce qu'il offre de garanties, tant sous le rapport de la conservation des matières premières et de la qualité des produits, après la fabrication, qu'au point de vue économique. Pour le faire mieux comprendre, il nous suffira d'énumérer quelques-uns des avantages qu'on en obtiendrait.

En opérant la germination pendant l'hiver, on est placé dans les conditions les plus favorables au développement du maximum de diastase, sans nuire à la qualité du malt, et sans fatiguer les organes qui communiquent à l'orge le principe de vitalité nécessaire à la conversion de l'amidon des céréales en sucre. A cette époque, la quantité de sucre obtenue est non-seulement plus considérable qu'en aucun autre temps, mais encore la récente préparation du malt permet à la diastase d'agir plus efficacement, et sur une plus forte proportion de fécule brute surajoutée, que lorsqu'il a subi pendant quelque temps les influences de l'air humide. Enfin, le peu d'élévation de la température ambiante, en s'opposant à l'altération du malt au moment de la trempe préparatoire, donne la facilité de prolonger la durée des infusions, et de les multiplier, sans craindre que les liquides sucrés éprouvent au con tact de l'air des décompositions toujours nuisibles. Nous proposons donc ici de multiplier la somme des produits utiles, sans augmenter le poids des matières premières.

Nous devons aussi tenir compte de la facilité avec laquelle les moûts se clarifient lorsque le malt est récemment préparé et la température ambiante peu élevée; car c'est là un des éléments de succès les plus certains.

On éviterait donc par ce mode de fabrication les énormes déperditions de malt qu'entraîne son altération au contact de l'air; de plus, il permettrait non seulement de supprimer les greniers d'approvisionnement, mais il rendrait inutiles les nombreuses manipulations que nécessitent les tas de malt que l'on veut conserver, et mettrait le brasseur à l'abri des dévastations des petits rongeurs, qui sont plus importantes qu'on ne le croit généralement.

Le système de compression suivi jusqu'ici par le fisc à l'égard de la brasserie française a des conséquences incroyables et que nous devons nécessairement faire entrer en ligne de compte; ainsi, l'hiver, qui est dans le plus grand nombre des localités un temps de chômage pour la brasserie et une époque de disette pour l'ouvrier, pourrait être utilement employé dans le système de fabrication que nous proposons; en effet, nous ne verrions plus alors les brasseries *forcément* inactives dans les moments les plus favorables à la fabrication, et surchargées de travaux aux époques les moins propices pour obtenir des produits d'une bonne qualité.

Les infusions de malt étant concentrées pendant l'hiver, la fabrication d'été, ordinairement si difficile, serait ramenée à des termes aussi simples qu'économiques, puisqu'il suffirait de redissoudre les sirops dans la quantité d'eau nécessaire pour opérer la coction du houblon, et de procéder pour tout le reste comme on a coutume de le faire.

Il y a encore dans les procédés que nous indiquons des conditions de régularité qu'il est impossible d'observer aussi mathématiquement avec le mode de fabrication actuel ; aujourd'hui on ne dose jamais la quantité de principes sucrés contenus dans le malt ; avec le nouveau mode de fabrication, il y aurait nécessité absolue de peser le sucre concentré, comme on a coutume de peser le glucose, le houblon, etc. Or cette régularité, cette uniformité de moyens donnerait à l'ensemble de la fabrication une marche méthodique qui lui manque totalement, ce dont nous croyons avoir de justes raisons de nous plaindre. Nous ne croyons pas nécessaire d'insister plus longuement sur les avantages que nous venons d'énumérer ; leur évidence est incontestable ; mais nous avons à présenter une autre considération qui, à nos yeux, n'est pas sans importance.

Les drêches et généralement tous les résidus des brasseries sont, durant les mois d'été, une source d'infection et une cause permanente d'insuccès et d'insalubrité, par suite de la difficulté de leur placement ; les premières sont au contraire une ressource précieuse pour le cultivateur pendant la saison rigoureuse. Par conséquent, avec le mode de fabrication que nous proposons, la vente en serait assurée, et à des conditions qu'on n'obtient jamais à toute autre époque de l'année.

Tout concourt donc à faire de ce mode de fabrication le seul rationnel au point de vue économique et hygiénique, le seul possible au point de vue des garanties qu'exige le travail pour lutter contre les circonstances météorologiques qui l'entravent si souvent.

Sans doute, par le mode de fabrication que nous proposons et que la *liberté du travail* peut seule permettre d'adopter, il reste à vaincre la difficulté que présentent le refroidissement des moûts et leur fermentation; mais nous sommes convaincu qu'en observant avec soin les conseils que donnons en examinant ces deux opérations, toute *difficulté sérieuse disparaîtrait à l'instant même*.

Nous avons peu insisté sur les avantages qui résulteraient de ce mode de fabrication pour la qualité des produits; nous allons en dire quelques mots.

Non-seulement le gluten est une cause énergique d'altération pour les liquides fermentés avec lesquels il se trouve associé, mais de plus il les rend d'une digestion difficile s'il y existe trop abondamment. Or, en le séparant presque complétement des moûts qui le contiennent en excès, nous évitons d'une part les accidents que sa présence occasionne avant et après la fermentation, et de l'autre nous rendons plus facile l'assimilation des produits obtenus.

Quoi qu'on fasse, les *sirops concentrés de sucre de malt* retiennent toujours une certaine proportion de gluten dans un état particulier de dissolution analogue à celui que la germination détermine au sein de la graine, et cette proportion suffit pour que les moûts que produisent ces sirops éprouvent plus tard la fermentation alcoolique avec une régularité d'autant plus satisfaisante que, dans l'état de concentration auquel ils avaient été amenés, ils étaient à l'abri des décompositions que le contact de l'air opère ordinairement sur le malt; et, comme nous l'avons prouvé, le ferment, pour se reproduire abondamment, n'a besoin que d'être associé à des produits qui soient dans un grand état de pureté.

Il est encore évident qu'en se débarrassant d'un excès de gluten inutile, et en prévenant toute transformation acide, due au contact de l'air, soit dans le malt même, soit dans les infusions, on empêche la dissolution acide de cette substance, et par conséquent le développement de la maladie appelée *graisse*, aussi bien que les fermentations acides si préjudiciables aux quantités d'alcool que peut produire la fermentation dans les conditions normales. Enfin l'élimination du gluten diminue non seulement les chances de transformation de l'alcool en acide acétique après la fermentation, mais cette élimination rendant complétement inutile l'emploi de toute espèce de gélatine, on prévient le développement de la fermentation putride, à laquelle le gluten et la gélatine fournissent deux puissants auxiliaires.

Par la concentration des sirops de sucre de malt a l'aide de la vapeur, il serait facile d'assurer leur conservation pendant une année *au moins*; avantage d'autant plus important qu'il permettrait au brasseur de profiter du prix peu élevé des grains dans les années d'abondance, et de n'employer le sucre de malt que dans le courant de l'année suivante.

En résumé, nous n'hésitons pas à affirmer qu'avec la liberté du travail la brasserie pourrait agir, à l'égard du sucre produit par la germination de l'orge, comme on opère relativement aux produits de la betterave dans les fabriques de sucre, où on se garde bien de pratiquer pendant l'été les manipulations que réclame le traitement des sirops exprimés de cette racine, parce qu'à cette époque les opérations sont beaucoup plus difficiles, que les betteraves et les sirops qu'on en obtient s'altèrent promptement, et que les produits sont d'une qualité inférieure pour un prix très élevé. Aussi est-ce à partir d'octobre, jusques et compris le mois de mars, qu'on concentre les liquides fournis par la betterave, de manière à les amener à l'état de sucre brut concret.

Déjà nous avons appelé l'attention de nos lecteurs sur l'analogie qui existe entre les sirops provenant de l'expression de la betterave et ceux qu'on obtient par la lixiviation du malt. Comment ne pas voir dans ce qui précède une analogie plus saisissante encore? En présence d'une aussi parfaite identité, n'y a-t-il pas lieu de se demander par quels moyens les fabricants de sucre sont parvenus à nous donner aujourd'hui un kilogramme de sucre pour *douze sous*, quand ils nous le faisaient jadis payer *douze francs*? Assurément rien de semblable n'existe à l'égard de la brasserie française, car dans un très grand nombre de localités la bière est encore une véritable boisson de luxe, tandis qu'elle devrait, qu'elle pourrait être accessible aux pauvres gens. Il n'est pas difficile de s'expliquer l'origine de la différence que nous tenons à constater ici : c'est que les producteurs de sucre indigène ont accepté avec empressement le concours des hommes spéciaux, bien loin de repousser le flambeau de la science lorsqu'il venait les guider dans les voies ténébreuses où ils marchaient. Cependant, hâtons-nous de le dire, l'essor salutaire qu'imprime toujours au progrès la liberté du travail a permis à l'industrie sucrière de résoudre un problème qui présentait de grandes difficultés, et de réaliser des résultats qu'il était impossible d'espérer à l'époque où elle naquit sur le continent. Sans la liberté du travail dont l'industrie sucrière a joui dès le premier jour de son existence, elle en serait peut-être encore au point où en est la brasserie.

Nous avons nettement imputé à la législation de 1816 l'état de stagnation ou plutôt d'agonie dans lequel se trouve depuis longues annés la fabrication de la bière en France. Nous n'avons pas dit *assez*; nous aurions dû accuser d'un profond aveuglement et d'un mauvais vouloir bien manifeste, non-seulement ceux qui l'ont créée, mais encore tous les gouvernements qui nous en ont imposé le joug pendant si longtemps, alors surtout qu'on nous l'avait fait considérer comme une loi de transition.

Aujourd'hui, dès qu'il s'agit des questions de fiscalité, les *salariés* du fisc, essentiellement *conservateurs* de leurs intérêts personnels, s'écrient fort complaisamment : « L'État ne peut pas perdre ses droits, il faut des impôts au Trésor. » Oui! et nous sommes entièrement de cet avis; une nation comme la France ne peut faire de grandes choses, des choses qui intéressent la société tout entière, sans avoir de l'argent, beaucoup d'argent ; et dans l'état actuel, l'impôt seul peut permettre qu'il en soit ainsi.

Quant à vous, défenseurs officieux des droits de l'État et des intérêts du Trésor, écoutez bien ce que nous allons vous dire : C'est vous qui êtes de trop ; c'est vous qui êtes les parasites du budget, car vous absorbez sans produire le plus liquide de ses écus, sans sauvegarder ses intérêts, nous allons le prouver.

Non-seulement les entraves qui enlacent la brasserie sont un obstacle permanent à l'accroissement de l'impôt, mais encore le fisc est frappé dans la même mesure que le brasseur par la décroissance de la consommation à l'époque où elle devrait prendre un nouvel essor, si la fabrication ne donnait alors de mauvais résultats ; il a donc autant d'intérêt que le fabricant à faire cesser cette anomalie. Nous avons établi que ce n'est pas 40 pour 100 que perdent à cet état de choses le fisc et le brasseur, mais bien 80 pour 100 ; car il est évident que si les bières fabriquées en été présentaient au consommateur les mêmes garanties de qualité que celles qu'on obtient en hiver, la consommation suivrait la même progression ascendante que la température atmosphérique.

Indiquons donc au fisc les moyens de sortir d'embarras, de se mettre *absolument* à l'abri des fraudes qu'il semble redouter dans l'intérêt du Trésor, et de supprimer les quatre-vingt-dix centièmes de cette armée de cryptogames qui lui rongent les flancs sans nécessité et sans compensation sérieuse.

Imposez, dirons-nous à ceux qui nous gouvernent, imposez les bières à leur sortie de la brasserie ; n'en laissez pas circuler un atome sans un acquit-à-caution ; frappez, si vous le voulez, d'une amende considérable les contrevenants; procédez comme à l'égard de la fabrication des sucres, c'est-à-dire en installant un de vos agents devant chaque brasserie; prenez enfin tel moyen que vous jugerez convenable, mais rendez-nous la liberté. N'enfermez pas plus longtemps, dans le cercle étroit d'une législation faite pour une autre époque, une belle industrie dont l'avenir est sérieusement menacé, et qui, pour prendre un rapide essor, pour doubler la quotité des impôts qu'elle vous paie, n'attend que la possibilité de mettre en pratique des procédés qui concilient en même temps ses intérêts, ceux du consommateur et les vôtres.

Supprimer le personnel inutile de la régie, c'est faire plus que des économies, c'est épargner à des hommes libres l'ignominie du droit de visite qui s'exerce toujours brutalement envers eux et dont on abuse trop souvent.

Supprimer le droit de visite, c'est fermer la porte à l'arbitraire, c'est étouffer des ressentiments et des haines qui ne sont que trop souvent légitimes, c'est opposer un frein à l'esprit de délation que la régie soudoie au poids de l'or; car enfin il est de notoriété publique que la régie a ses *indicateurs*, comme elle les appelle dans son pudique langage. Et la loi qui devrait être morale pour être respectable et respectée, sanctionne, de nos jours encore, de pareilles infamies! elle les place sous son égide, elle autorise l'une des plus importantes administrations de l'État à devenir, pour faire dignement ses affaires, un instrument de vengeance, à s'attacher des misérables qui vivent de dénonciation, à servir enfin les rancunes des serviteurs infidèles et des voleurs chassés honteusement! C'est au nom de la loi que la régie a dit, et peut dire encore à d'honnêtes gens qui meurent de misère: *Si tu me livres ton frère, je te donnerai du pain.*

Oui! la régie est une détestable école d'immoralité, et nous ne saurions faire comprendre de quelle profonde douleur, ou plutôt de quel sentiment de dégoût nous avons été saisi lorsqu'une jeune femme, dont le mari appartenait et appartient encore à cette administration, laissa froidement échapper devant nous ces horribles paroles : « Au moins, ce qu'il y a de bon dans notre état, c'est qu'on peut se venger! » La malheureuse tenait son jeune enfant sur ses genoux.

A l'exception des *assujettis*, il ne serait certainement venu à l'esprit de personne qu'il pût exister au sein de la société française, et sous la protection de l'État, une administration semblable. En dévoilant quelques-unes des nombreuses turpitudes dont elle semble avoir le triste privilége, nous avons voulu que le sentiment public pût protester avec nous, et confondre désormais, dans une même pensée d'indignation, son mépris et le nôtre[1].

Nous répétons, en terminant, que rien de ce qui tou-

(1) Ceux de nos lecteurs qui désireront s'initier aux petits mystères de l'administration des contributions indirectes trouveront de curieuses révélations dans une brochure de M. Mallet de Trumilly, ancien directeur de cette administration; elle a pour titre: *Observations soumises à MM. les membres des deux Chambres sur les Contributions indirectes, et sur la fausse direction donnée aux employés de cette régie par l'administration centrale.* Paris, 1818.

che à la brasserie, soit directement, soit indirectement, n'est au niveau de la situation. Partout la production du vin et du cidre tend à s'accroître, partout la fabrication de la bière décroît, en ce sens au moins qu'elle se répartit chaque jour entre un plus grand nombre de producteurs, auxquels des boissons gazeuses ou sucrées viennent, depuis quelques années, faire une nouvelle et redoutable concurrence. Plus nous avançons et plus la brasserie française perd sa raison d'être. La position où elle se trouve ne saurait se prolonger sans qu'elle en reçoive les plus rudes atteintes.

Mais les voies sont ouvertes, les moyens sont prêts pour en sortir ; nous avons la conscience d'avoir frayé le chemin, ou au moins de l'avoir tracé. Ce n'est pas armé d'une théorie que nous nous présentons : nous nous appuyons sur des faits acquis. C'est en les coordonnant que nous sommes arrivés aux conclusions qui précèdent, et dont nous espérons que l'évidence aura convaincu nos lecteurs.

Ce qui prouve que nous n'avons pas cherché à imaginer un *système*, c'est que nous avons envisagé la question au point de vue de ce qui est réalisable dans le présent et de ce qui sera réalisé dans un avenir qui est proche de nous ; c'est que nous n'avons cessé de tenir compte des lois de la production et des exigences de la fabrication à certaines époques de l'année ; en un mot, nous n'avons pas voulu transformer brutalement, mais améliorer progressivement, sans secousse, sans nuire enfin à aucun des intérêts qui sont en présence.

Nous eussions ardemment désiré produire, comme

garantie de nos conclusions, des résultats officiellement constatés Un jour viendra, nous l'espérons, où on ne refusera pas les moyens d'expérimentation à celui qui, après de longues années d'un travail opiniâtre, apportera à l'industrie des perfectionnements qui peuvent intéresser la société tout entière; mais, à cette heure, à quelle porte pouvions-nous frapper avec l'espoir de trouver un accueil favorable? Nous ne pouvions faire plus que de donner à nos travaux toute la publicité possible. De nos jours, les idées se succèdent si rapidement, et nous passons si vite de la conception à l'exécution, que nous avons dû nous préoccuper sérieusement des questions d'avenir, et *l'organisation du travail* qui nous occupe est plus qu'une idée démocratique, une nécessité, car ce levier si puissant aujourd'hui deviendra certainement une planche de salut pour la société. Or, la liberté et l'organisation matérielle et administrative du travail, que nous ne cesserons de réclamer dans l'intérêt de la brasserie française, peuvent seules la sauver et permettre de réaliser les améliorations qu'exigent les industries et les travailleurs.

De toutes les questions qui s'agitent autour de nous, aucune ne touche plus directement à nos intérêts que celle qui vient de nous occuper quelques instants, et malgré le peu de sympathies de nos gouvernants pour les producteurs en général, nous ne devons pas désespérer encore; il faudra bien, tôt ou tard, que les problèmes dont la solution nous intéresse tous se produisent au grand jour, sinon par le bon vouloir de ceux qui nous gouvernent, au moins par la force des choses.

C'est donc en vue de signaler les dangers présents qui menacent la *brasserie française*, et en vue des idées, des besoins de notre époque et d'une régénération intelligente déjà élaborée, que nous avons dû nous mettre à l'œuvre[1]. Nous avons voulu que tous les matériaux fussent prêts pour le jour où les maçons de l'industrie voudront sincèrement reconstruire l'arche sainte du travail sur des bases solides et sur un terrain inébranlable. Non-seulement nous avons voulu que les proportions fussent dignes d'eux et en *harmonie* avec le temps et les nécessités qui se préparent, mais encore qu'elles fussent à la hauteur de cette grande, profonde et mystérieuse révolution que l'avenir saura rendre féconde.

Nous avons promis à nos lecteurs de continuer l'œuvre que nous avons commencé dans cet ouvrage; nous tiendrons parole. Tout est à refaire à l'égard de la brasserie française: *fabrication*, *organisation* matérielle, administration, législation, tout en un mot; car il n'y a ni garanties d'avenir, ni sécurité pour personne au milieu de cet inextricable chaos. Au surplus, le désordre est partout dans l'industrie. Malheur à ceux qui resteront immobiles et qui n'agiront pas en vue de l'avenir!

On veut nous mener au système anglais par la centralisation industrielle; c'est à nous de nous tenir sur nos gardes. On veut nous imposer *quand même* la législation de 1816; nous devons nous efforcer de la renverser, et nous y parviendrons quand nous le voudrons fermement. On veut bien féconder le système de l'association, mais au profit exclusif de ceux qui possèdent beaucoup et au détriment de ceux qui possèdent peu.

Une troisième révolution politique devait nous empêcher de glisser sur cette pente fatale; il faut qu'une révolution industrielle, basée sur l'*organisation du travail*, nous assure un succès définitif, en nous tenant à l'abri des étreintes du capital[1]. A l'œuvre donc, et que les

(1) Que tous les chefs d'industrie, ou plutôt que tous les hommes spéciaux dans chaque branche de la production, en fassent autant que nous, et dans quelques années la question si complexe de *l'organisation du travail* sera définitivement résolue.

hommes du privilége nous trouvent tous debout sur la brèche qu'ils ont eu l'audace de couvrir sous nos yeux.

Pour agir efficacement, il faut que tous les efforts individuels se réunissent en un seul point, il faut organiser un centre, un foyer permanent d'action; nous serons ce centre si les brasseurs le veulent.

Nous nous mettons donc à la disposition de tous nos anciens confrères, et nous prenons ici l'engagement de fournir toute espèce de renseignements à ceux qui nous adresseront, *franco*, un duplicata, signé du libraire, de la quittance de l'ouvrage que nous publions. Cette simple formalité, dont tout le monde comprend d'ailleurs la nécessité, sera suffisante pour avoir droit à toutes les communications concernant la fabrication et les applications nouvelles qui peuvent être tentées dès à présent. Il en sera de même pour les plans de machines ou d'appareils publiés dans cet ouvrage, comme de toutes les questions ayant trait à la brasserie, de quelque nature qu'elles puissent être. Il se pourrait d'ailleurs que nous publiassions quelques nouveaux documents utiles dans le courant de l'année, et dans ce cas nous les livrerions *gratuitement*.

Les lettres peuvent être adressées à Reims, à M. F. Rohart, rédacteur et éditeur des Cours de physique et de chimie de l'école municipale.

Février 1849.

ERRATA.

TOME PREMIER.

La note (1) de la page 65, commençant par ces mots : *à l'époque où M. Proust fit ses analyses*, etc., appartient à la page 71, et doit correspondre au renvoi (1) placé à la suite du mot *gomme*, dans l'analyse de l'orge après la germination.

Page 88, ligne 22, après le mot : *est visiblement cotonneux*, ajoutez : *au centre*.

TOME SECOND.

Page 343, ligne 24, au lieu de : capable de réagir *difficilement*, lisez : capable de réagir *différemment*.

Page 454, ligne 5, au lieu de : la proportion de sucre *incristallisable* augmente, lisez : la proportion de sucre *cristallisable* augmente.

Page 458, ligne 3, au lieu de CLASSIFICATION de la bière, lisez : CLARIFICATION de la bière.

Page 498, ligne 21, au lieu de : *la fermentation se développe*, lisez : la fermentation *tertiaire* se développe.

FIN DU TOME SECOND.

TABLE DES MATIÈRES.

DEUXIÈME PARTIE. — **Partie professionnelle.** (Suite.)

TROISIÈME PARTIE. — Hygiène.

FIN DE LA TABLE.

IMPRIMERIE D'E. DUVERGER,
rue de Verneuil, n° 4.

TABLE ANALYTIQUE

A

B

D

E

G

I

J

K

L

M

Q

R

S

T

FIN DE LA TABLE ANALYTIQUE.

www.ingramcontent.com/pod-product-compliance
Ingram Content Group UK Ltd.
Pitfield, Milton Keynes, MK11 3LW, UK
UKHW022049260726
13993UKWH00001B/2

9 782329 095639